최근 출제경향을 완벽하게 분석한 건축기사·산업기사 필기

이재국

코로나19 이후 많은 분야가 빠르게 변화하고 있고 건축 분야의 패러다임도 달라지고 있습니다. 건축의 질서를 유지하기 위한 최소한의 규범인 건축관계법규 역시 국토의 지속가능한 발전과 부동산 정책의 개편에 따라 많은 변화가 진행되고 있습니다.

이러한 시대상황에서 본 교재는 경제적 · 사회적 · 정치적 요인 등의 변화에 따라 건축법규가 어떻게 제정 · 개정되고 있으며 법률 개정의 취지, 법률 해석을 어떻게 할 것인가에 관해서 쉽게 접근할 수 있도록 하였습니다.

본 교재는 최신 법령을 기준으로 「건축법」은 2022년 1월 1일, 「주차장법」은 2021년 7월 13일, 「국토의 계획 및 이용에 관한 법률」은 2021년 10월 8일에 시행하는 내용을 수록하였습니다.

건축기사에서 건축관계법규 과목은 법령을 공부하는 것이라 따분할 것 같다는 선입관이 있지만 암기보다는 법에 대한 이해 위주의 학습을 하면, 쉽게 접근이 가능한 과목입니다. 이에 본 교재는 단순 암기보다는 이해 위주의 이론적 설명과 문제해설로 수험생의 이해를 높이려고 노력하였으며, 효과적인 학습을 위해 다음과 같이 구성하였습니다.

■ **이 책의 특징과 구성**

1. 기출문제와 출제경향을 철저히 분석한 핵심이론
   학습의 효율성을 극대화하기 위해, 10개년 이상의 기출문제와 출제경향을 면밀히 분석하여 현재 시점에서 시험에 출제되는 이론을 엄선하여 수록하였습니다.
2. 이론 – 핵심문제의 연계
   이론을 공부하고 바로 문제에 적용할 수 있도록 해당 이론과 연계된 핵심문제를 이론 중간 중간에 삽입하여 이론과 문제 간의 연계성을 극대화하였으며, 해당 이론과 문제의 출제빈도를 효과적으로 파악할 수 있도록 각 핵심문제에 중요도를 표기하였습니다.
3. 출제예상문제와 기출문제 수록
   출제예상문제를 통해 이론에서 공부한 사항을 Chapter별로 복습하여 보고, 기출문제를 통해 시험준비를 마무리할 수 있도록 구성하였습니다.

본 교재로 시험을 준비하는 모든 수험생들에게 합격의 영광이 있기를 기원합니다.

저 자 이 재 국

>>> 건축법규 CBT 온라인 모의고사 이용 안내

- 인터넷에서 [예문사]를 검색하여 홈페이지에 접속합니다.
- PC, 휴대폰, 태블릿 등을 이용해 사용이 가능합니다.

STEP 1 회원가입 하기

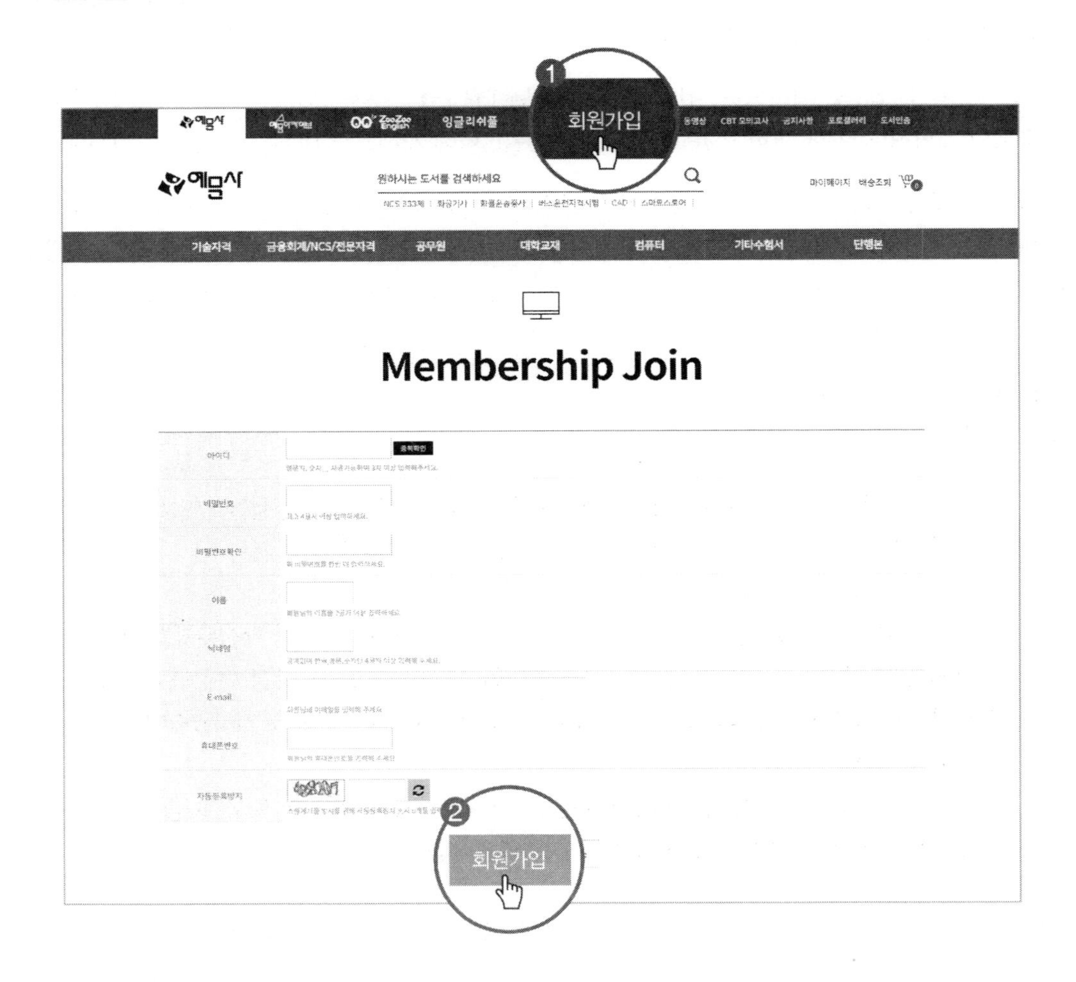

1. 메인 화면 상단의 [회원가입] 버튼을 누르면 가입 화면으로 이동합니다.
2. 입력을 완료하고 아래의 [회원가입] 버튼을 누르면 **인증절차 없이 바로 가입**이 됩니다.

STEP 2 시리얼 번호 확인 및 등록

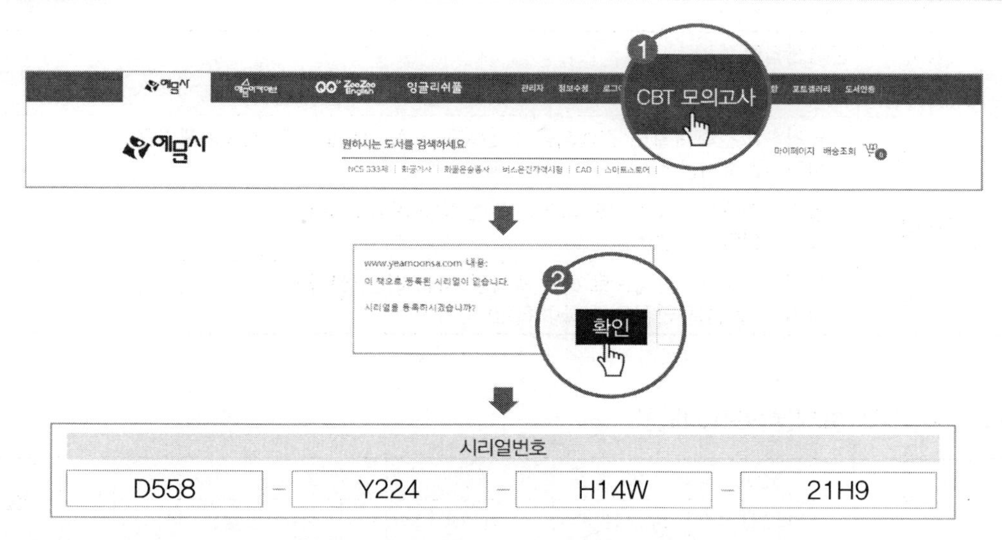

1. 로그인 후 메인 화면 상단의 [CBT 모의고사]를 누른 다음 **수강할 강좌를 선택**합니다.
2. 시리얼 등록 안내 팝업창이 뜨면 [확인]을 누른 뒤 **시리얼 번호를 입력**합니다.

STEP 3 등록 후 사용하기

1. 시리얼 번호 입력 후 [마이페이지]를 클릭합니다.
2. 등록된 CBT 모의고사는 [모의고사]에서 확인할 수 있습니다.

수험정보

시험정보

시행처	한국산업인력공단
관련학과	대학이나 전문대학의 건축, 건축공학, 건축설비, 실내건축 관련학과
시험과목	• 필기 : 1. 건축계획 2. 건축시공 3. 건축구조 4. 건축설비 5. 건축관계법규 • 실기 : 건축시공 실무
검정방법	• 필기 : 객관식 4지 택일형 과목당 20문항(과목당 30분) • 실기 : 필답형(3시간)
합격기준	• 필기 : 100점을 만점으로 하여 과목당 40점 이상, 전과목 평균 60점 이상 • 실기 : 100점을 만점으로 하여 60점 이상

건축기사 출제분석표(5개년)

구분	2018			2019			2020			2021			2022			합계	평균
	1회	2회	4회	1회	2회	4회	1·2회	3회	4회	1회	2회	4회	1회	2회	4회		
1. 건축법	13	13	14	13	14	13	14	14	14	14	14	14	14	14		192	68.6%
2. 주차장법	3	3	3	3	3	3	2	2	2	2	2	2	2	2		34	12.1%
3. 국토의 계획 및 이용에 관한 법률	4	4	3	4	3	4	4	4	4	4	4	4	4	4		54	19.3%
Total 문제	20	20	20	20	20	20	20	20	20	20	20	20	20	20		280	100%

건축산업기사 출제분석표(4개년)

구분	2017			2018			2019			2020			합계	평균
	1회	2회	4회	1회	2회	4회	1회	2회	4회	1·2회	3회	4회		
1. 건축법	14	15	14	14	14	14	15	14	14	16	16		160	72.7%
2. 주차장법	4	4	4	4	4	4	4	4	4	2	2		40	18.2%
3. 국토의 계획 및 이용에 관한 법률	2	1	2	2	2	2	1	2	2	2	2		20	9.1%
Total 문제	20	20	20	20	20	20	20	20	20	20	20		220	100%

※ 건축기사는 2022년 3회, 건축산업기사는 2020년 4회 시험부터 CBT(Computer-Based Test)로 전면 시행되었습니다.

건축기사 필기 출제기준

직무 분야	건설	중직무 분야	건축	자격 종목	건축기사	적용 기간	2020.1.1.~2024.12.31.

○ 직무내용 : 건축시공 및 구조에 관한 공학적 기술이론을 활용하여, 건축물 공사의 공정, 품질, 안전, 환경, 공무관리 등을 통해 건축 프로젝트를 전체적으로 관리하고 공종별 공사를 진행하며 시공에 필요한 기술적 지원을 하는 등의 업무 수행

필기검정방법	객관식	문제수	100	시험시간	2시간 30분

필기과목명	문제수	주요항목	세부항목	세세항목
건축관계법규	20	1. 건축법 · 시행령 · 시행규칙	1. 건축법	1. 총칙 2. 건축물의 건축 3. 건축물의 유지와 관리 4. 건축물의 대지와 도로 5. 건축물의 구조 및 재료 등 6. 지역 및 지구의 건축물 7. 건축설비 8. 특별건축구역 등 9. 보칙
			2. 건축법 시행령	1. 총칙 2. 건축물의 건축 3. 건축물의 유지와 관리 4. 건축물의 대지 및 도로 5. 건축물의 구조 및 재료 등 6. 지역 및 지구의 건축물 7. 건축물의 설비 등 8. 특별건축구역 9. 보칙
			3. 건축법 시행규칙	1. 총칙 2. 건축물의 건축 3. 건축물의 유지와 관리 4. 건축물의 대지와 도로 5. 건축물의 구조 및 재료 등 6. 지역 및 지구의 건축물 7. 건축설비 8. 특별건축구역 등 9. 보칙

필기과목명	문제수	주요항목	세부항목	세세항목
건축관계법규	20		4. 건축물의 설비기준 등에 관한 규칙 및 건축물의 피난 · 방화구조 등의 기준에 관한 규칙	1. 건축물의 설비기준 등에 관한 규칙 2. 건축물의 피난 · 방화구조 등의 기준에 관한 규칙
		2. 주차장법 · 시행령 · 시행규칙	1. 주차장법	1. 총칙 2. 노상주차장 3. 노외주차장 4. 부설주차장 5. 기계식주차장 6. 보칙
			2. 주차장법 시행령	1. 총칙 2. 노상주차장 3. 노외주차장 4. 부설주차장 5. 기계식주차장 6. 보칙
			3. 주차장법 시행규칙	1. 총칙 2. 노상주차장 3. 노외주차장 4. 부설주차장 5. 기계식주차장 6. 보칙
		3. 국토의 계획 및 이용에 관한 법 · 시행령 · 시행규칙	1. 국토의 계획 및 이용에 관한 법률	1. 총칙 2. 광역도시계획 3. 도시 · 군 기본계획 4. 도시 · 군 관리계획 5. 개발행위의 허가 등 6. 용도지역 · 용도지구 및 용도구역에서의 행위제한 7. 도시 · 군 계획시설 사업의 시행 8. 도시계획위원회
			2. 국토의 계획 및 이용에 관한 법률 시행령	1. 총칙 2. 광역도시계획 3. 도시 · 군 기본계획 4. 도시 · 군 관리계획 5. 개발행위의 허가 등 6. 용도지역 · 용도지구 및 용도구역에서의 행위제한 7. 도시 · 군 계획시설 사업의 시행 8. 도시계획위원회
			3. 국토의 계획 및 이용에 관한 법률 시행규칙	1. 총칙 2. 광역도시계획 3. 도시 · 군 기본계획 4. 도시 · 군 관리계획 5. 개발행위의 허가 등 6. 용도지역 · 용도지구 및 용도구역에서의 행위제한 7. 도시 · 군 계획시설 사업의 시행 8. 도시계획위원회

건축산업기사 필기 출제기준

직무분야	건설	중직무분야	건축	자격종목	건축산업기사	적용기간	2020.1.1. ~ 2024.12.31.

○ 직무내용 : 건축시공에 관한 공학적 기술이론을 활용하여, 건축물 공사의 공정, 품질, 안전, 환경, 공무관리 등을 통해 건축 프로젝트를 전체적으로 관리하고 공종별 공사를 진행하며 시공에 필요한 기술적 지원을 하는 등의 업무 수행

필기검정방법	객관식	문제수	100	시험시간	2시간 30분

필기과목명	문제수	주요항목	세부항목	세세항목
건축관계법규	20	1. 건축법 · 시행령 · 시행규칙	1. 건축법	1. 총칙 2. 건축물의 건축 3. 건축물의 유지와 관리 4. 건축물의 대지와 도로 5. 건축물의 구조 및 재료 등 6. 지역 및 지구의 건축물 7. 건축설비 8. 특별건축구역 등 9. 보칙
			2. 건축법 시행령	1. 총칙 2. 건축물의 건축 3. 건축물의 유지와 관리 4. 건축물의 대지 및 도로 5. 건축물의 구조 및 재료 등 6. 지역 및 지구의 건축물 7. 건축물의 설비 등 8. 특별건축구역 9. 보칙
			3. 건축법 시행규칙	1. 총칙 2. 건축물의 건축 3. 건축물의 유지와 관리 4. 건축물의 대지와 도로 5. 건축물의 구조 및 재료 등 6. 지역 및 지구의 건축물 7. 건축설비 8. 특별건축구역 등 9. 보칙

필기과목명	문제수	주요항목	세부항목	세세항목
건축관계법규	20		4. 건축물의 피난 · 방화구조 등의 기준에 관한 규칙 및 건축물의 설비기준 등에 관한 규칙	1. 건축물의 피난 · 방화구조 등의 기준에 관한 규칙 1. 건축물의 설비기준 등에 관한 규칙
		2. 주차장법 · 시행령 · 시행규칙	1. 주차장법	1. 총칙 2. 노상주차장 3. 노외주차장 4. 부설주차장 5. 기계식주차장 6. 보칙
			2. 주차장법 시행령	1. 총칙 2. 노상주차장 3. 노외주차장 4. 부설주차장 5. 기계식주차장 6. 보칙
			3. 주차장법 시행규칙	1. 총칙 2. 노상주차장 3. 노외주차장 4. 부설주차장 5. 기계식주차장 6. 보칙
		3. 국토의 계획 및 이용에 관한 법 · 시행령 · 시행규칙	1. 국토의 계획 및 이용에 관한 법률	1. 총칙 2. 도시 · 군 관리계획 3. 용도지역 · 용도지구 및 용도 구역에서의 행위제한
			2. 국토의 계획 및 이용에 관한 법률 시행령	1. 총칙 2. 도시 · 군 관리계획 3. 용도지역 · 용도지구 및 용도 구역에서의 행위제한
			3. 국토의 계획 및 이용에 관한 법률 시행규칙	1. 총칙 2. 도시 · 군 관리계획 3. 용도지역 · 용도지구 및 용도 구역에서의 행위제한

차례

제1편 건축법

제2편 주차장법

제3편 국토의 계획 및 이용에 관한 법률

부록 과년도 출제문제 및 해설

Engineer Architecture

CHAPTER

01

건축법

CHAPTER 01 건축법

SECTION 01 총칙

>>> 건축법의 목적

- 규정목적 : 공공복리의 증진
- 목적수단 : 건축물의 안전 · 기능 · 환경 및 미관 향상
- 규정내용 : 대지, 구조, 설비, 용도

>>> 용어정의

① 대지
  ㉠ 「건축법」에 따른 대지란 「건축법」에서 기준으로 한 조건을 충족시켰을 경우에 한하여 인정되며, 대지로 인정되어야만 건축적 행위(건축, 대수선, 용도변경)를 할 수 있다.
  ㉡ 「공간정보의 구축 및 관리 등에 관한 법률」에 따른 대(垈)는 토지의 지목 개념인데 비하여 「건축법」에 따른 대지는 건축적 행위가 이루어질 수 있는 한계범위
② 필지
  하나의 지번이 붙은 토지의 등록단위
③ 지번
  토지에 붙이는 번호
④ 지번지역
  리 · 동 또는 이에 준하는 지역으로서 지번을 설정하는 단위지역

1. 건축법의 목적

건축물 규제범위	목적의 내용	목적
• 대지 • 구조 • 설비 • 용도	건축물의 안전 · 기능 · 환경 및 미관 향상	공공복리의 증진

2. 용어정의

(1) 대지

1) 대지의 원칙

건축물의 건축이 가능한 대지는 「공간정보의 구축 및 관리 등에 관한 법률」에 따라 각 필지로 구획된 토지를 기본단위로 한다.

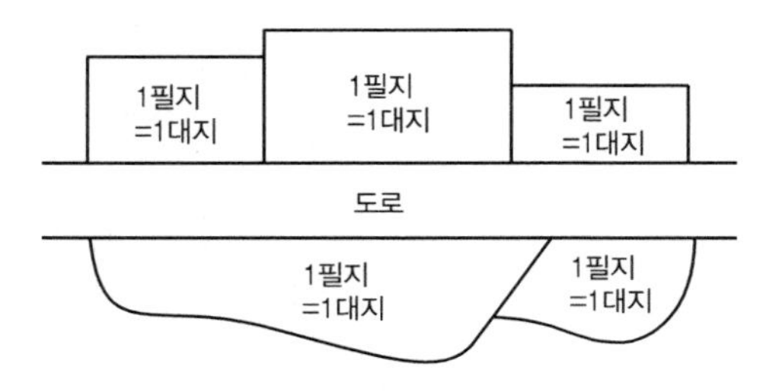

[1필지 1대지 원칙의 경우]

2) 대지 규정의 예외

① 둘 이상의 필지를 하나의 대지로 보는 경우

관계법	내용
「건축법」	• 하나의 건축물을 두 필지 이상에 걸쳐 건축하는 경우에는 그 건축물이 건축되는 각 필지의 토지를 합한 토지 • 도로의 지표 아래에 건축하는 건축물의 경우에 시장 · 군수 · 구청장이 해당 건축물이 건축되는 토지로 정하는 토지 • 사용승인을 신청하는 때에는 둘 이상의 필지를 하나의 필지로 합필할 조건으로 건축허가를 하는 경우에 그 필지가 합쳐지는 토지

<table>
<tr><th>관계법</th><th colspan="3">내용</th></tr>
<tr><td rowspan="3">「공간정보의 구축 및 관리 등에 관한 법률」</td><td rowspan="3">합병이 불가능한 필지의 토지를 합한 토지</td><td>1. 각 필지의 지번부여 지역이 서로 다른 경우</td><td rowspan="3">예외
토지의 소유자가 서로 다르거나 소유권 외의 권리관계가 서로 다른 경우에는 제외</td></tr>
<tr><td>2. 각 필지의 도면 축척이 다른 경우</td></tr>
<tr><td>3. 상호 인접하고 있는 필지로서 각 필지의 지반이 연속되지 아니한 경우</td></tr>
<tr><td>「국토의 계획 및 이용에 관한 법률」</td><td colspan="3">도시 · 군계획시설에 해당하는 건축물을 건축하는 경우에는 해당 도시 · 군계획시설이 설치되는 일단의 토지</td></tr>
<tr><td>「주택법」</td><td colspan="3">사업계획의 승인을 얻어 주택과 그 부대시설 및 복리시설을 건축하는 경우에는 주택건설기준 등에 관한 규정이 정하는 일단의 토지</td></tr>
</table>

② 하나 이상의 필지 일부를 하나의 대지로 보는 경우

하나 이상의 필지 일부에 대하여	
도시 · 군계획시설이 결정 · 고시된 경우	그 결정 · 고시가 있는 부분의 토지
개발행위허가를 받은 경우	그 허가받은 부분의 토지
농지전용허가를 받은 경우	그 허가받은 부분의 토지
산지전용허가를 받은 경우	그 허가받은 부분의 토지
사용승인 신청 시 분필할 것을 조건으로 하여 건축허가를 하는 경우	그 분필 대상이 되는 부분의 토지

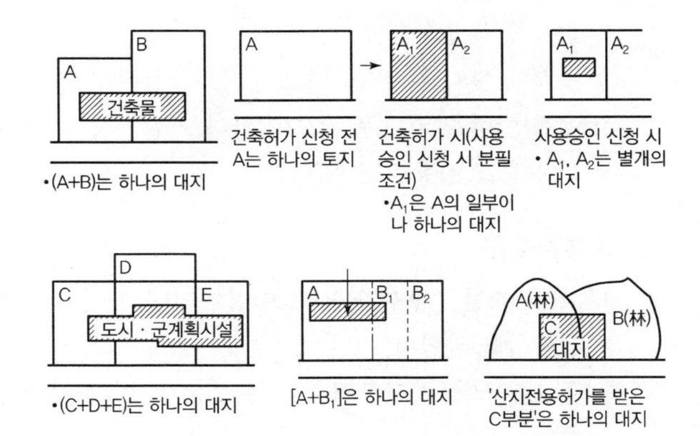

[2 이상의 필지를 하나의 대지로 인정하는 경우]

핵심문제 ●●○

하나 이상의 필지의 일부를 하나의 대지로 할 수 있는 토지 기준에 해당하지 않는 것은? 기 21②

① 도시 · 군계획시설이 결정 · 고시된 경우 그 결정 · 고시된 부분의 토지

② 농지법에 따른 농지전용허가를 받은 경우 그 허가받은 부분의 토지

❸ 국토의 계획 및 이용에 관한 법률에 따른 지목변경 허가를 받은 경우 그 허가받은 부분의 토지

④ 산지관리법에 따른 산지전용허가를 받은 경우 그 허가받은 부분의 토지

해설 하나 이상의 필지 일부를 하나의 대지로 보는 경우

하나 이상의 필지의 일부에 대하여	
도시 · 군계획시설이 결정 · 고시된 경우	그 결정 · 고시가 있는 부분의 토지
개발행위허가를 받은 경우	그 허가받은 부분의 토지
농지전용허가를 받은 경우	그 허가받은 부분의 토지
산지전용허가를 받은 경우	그 허가받은 부분의 토지
사용승인 신청 시 분필할 것을 조건으로 하여 건축허가를 하는 경우	그 분필 대상이 되는 부분의 토지

(2) 건축물

① 토지에 정착하는 것으로서 다음의 조건이 충족되는 것
   ㉠ 지붕과 기둥 또는 지붕과 벽이 있는 것
   ㉡ 위의 ㉠에 부수되는 시설물(건축물에 부수되는 대문, 담장 등)
② 지하 또는 고가의 공작물에 설치하는 사무소, 공연장, 점포, 차고, 창고 등

(3) 부속용도

건축물의 주된 용도의 기능에 필수적인 용도
① 건축물의 설비 · 대피 및 위생 기타 이와 유사한 시설의 용도
② 사무 · 작업 · 집회 · 물품저장 · 주차 · 기타 이와 유사한 시설의 용도
③ 구내식당 · 직장어린이집 · 구내운동시설 등 종업원 후생복리시설, 구내소각시설, 그 밖에 이와 비슷한 시설의 용도. 이 경우 다음의 요건을 모두 갖춘 휴게음식점은 구내식당에 포함되는 것으로 본다.
   ㉠ 구내식당 내부에 설치할 것
   ㉡ 설치면적이 구내식당 전체 면적의 3분의 1 이하로서 50제곱미터 이하일 것
   ㉢ 다류(茶類)를 조리 · 판매하는 휴게음식점일 것

(4) 발코니(balcony, 露臺)

① 건축물의 내부와 외부를 연결하는 완충공간으로서 전망 · 휴식 등의 목적으로 건축물 외벽에 접하여 부가적으로 설치되는 공간을 말한다.
② 주택에 설치되는 발코니로서 국토교통부장관이 정하는 기준에 적합한 발코니는 필요에 따라 거실 · 침실 · 창고 등 다양한 용도로 사용할 수 있다.

(5) 고층건축물

① **고층건축물** : 층수가 30층 이상이거나 높이가 120m 이상인 건축물을 말한다.
② **준고층건축물** : 고층건축물 중 초고층건축물이 아닌 것을 말한다.
③ **초고층건축물** : 층수가 50층 이상이거나 높이가 200m 이상인 건축물을 말한다.

핵심문제 ●●●

건축법령상 고층건축물의 정의로 옳은 것은? 기 17①

① 층수가 30층 이상이거나 높이가 90m 이상인 건축물
❷ 층수가 30층 이상이거나 높이가 120m 이상인 건축물
③ 층수가 50층 이상이거나 높이가 150m 이상인 건축물
④ 층수가 50층 이상이거나 높이가 200m 이상인 건축물

해설 고층건축물
층수가 30층 이상이거나 높이가 120m 이상인 건축물을 말한다.

(6) 다중이용건축물

"다중이용건축물"이란 다음의 어느 하나에 해당하는 건축물을 말한다.

① 다음의 어느 하나에 해당하는 용도로 쓰는 바닥면적의 합계가 5천 제곱미터 이상인 건축물

㉠ 문화 및 집회시설(동물원 · 식물원은 제외한다)

㉡ 종교시설

㉢ 판매시설

㉣ 운수시설 중 여객용 시설

㉤ 의료시설 중 종합병원

㉥ 숙박시설 중 관광숙박시설

② 16층 이상인 건축물

(7) 준다중이용건축물

다중이용건축물 외의 건축물로서 다음의 어느 하나에 해당하는 용도로 쓰는 바닥면적의 합계가 1천 제곱미터 이상인 건축물을 말한다.

① 문화 및 집회시설(동물원 및 식물원은 제외한다)

② 종교시설 ③ 판매시설

④ 운수시설 중 여객용 시설 ⑤ 의료시설 중 종합병원

⑥ 교육연구시설 ⑦ 노유자시설

⑧ 운동시설 ⑨ 숙박시설 중 관광숙박시설

⑩ 위락시설 ⑪ 관광휴게시설

⑫ 장례시설

(8) 특수구조건축물

"특수구조건축물"이란 다음의 어느 하나에 해당하는 건축물을 말한다.

① 한쪽 끝은 고정되고 다른 끝은 지지(支持)되지 아니한 구조로 된 보 · 차양 등이 외벽(외벽이 없는 경우는 외곽기둥)의 중심선으로부터 3미터 이상 돌출된 건축물

② 기둥과 기둥 사이의 거리(기둥의 중심선 사이의 거리를 말하며, 기둥이 없는 경우에는 내력벽과 내력벽의 중심선 사이의 거리를 말한다. 이하 같다)가 20미터 이상인 건축물

③ 특수한 설계 · 시공 · 공법 등이 필요한 건축물로서 국토교통부장관이 정하여 고시하는 구조로 된 건축물

핵심문제 ●●●

건축법령상 다중이용건축물에 속하지 않은 것은? 기 17①

① 층수가 16층인 판매시설
② 층수가 20층인 관광숙박시설
❸ 종합병원으로 쓰는 바닥면적의 합계가 3,000m²인 건축물
④ 종교시설로 쓰는 바닥면적의 합계가 5,000m²인 건축물

해설

종합병원으로 쓰는 바닥면적의 합계가 5,000m²인 건축물

»» 한옥

기둥 및 보가 목구조방식이고 한식지붕틀로 된 구조로서 한식기와, 볏짚, 목재, 흙 등 자연재료로 마감된 우리나라 전통양식이 반영된 건축물 및 그 부속건축물을 말한다.

핵심문제 ●●●

다음 중 건축법상 건축물의 용도 구분에 속하지 않는 것은?(단, 대통령령으로 정하는 세부 용도는 제외)

기 21②

① 공장
❷ 교육시설
③ 묘지 관련 시설
④ 자원순환 관련 시설

해설

② 교육시설이 아니라 교육연구시설이다.

>>> 단독주택

① 단독주택
② 다중주택
③ 다가구주택
④ 공관

>>> 공동주택

① 아파트
② 연립주택
③ 다세대주택
④ 기숙사

(9) 건축물의 용도

"건축물의 용도"란 건축물의 종류를 유사한 구조, 이용 목적 및 형태별로 묶어 분류한 것을 말한다.

〈* 해당 용도로 쓰는 바닥면적의 합계〉

분류	건축물의 종류
1. 단독주택 (어린이집 · 공동생활가정 · 지역아동센터 · 공동육아 나눔터 · 작은 도서관 및 노인복지시설 포함)	가. 단독주택 나. 다중주택 (1) 학생, 직장인 등 다수인이 장기간 거주할 수 있는 구조로 되어 있을 것 (2) 독립된 주거형태를 갖추지 않은 것(각 실별로 욕실은 설치할 수 있으나 취사시설은 설치하지 않은 것을 말함) (3) 1개 동의 주택으로 쓰이는 바닥면적(부설 주차장 면적은 제외한다)의 합계가 660제곱미터 이하이고 주택으로 쓰는 층수(지하층은 제외한다)가 3개 층 이하일 것. 다만, 1층의 전부 또는 일부를 필로티구조로 하여 주차장으로 사용하고 나머지 부분을 주택(주거목적으로 한정한다) 외의 용도로 쓰는 경우에는 해당 층을 주택의 층수에서 제외한다. (4) 적정한 주거환경을 조성하기 위하여 건축조례로 정하는 실별 최소 면적, 창문의 설치 및 크기 등의 기준에 적합할 것 다. 다가구주택 (1) 주택으로 쓰이는 층수(지하층 제외)가 3개 층 이하일 것(1층 바닥면적의 1/2 이상을 필로티구조로 하여 주차장으로 사용하고 나머지 부분을 주택 외의 용도로 사용하는 경우에는 해당 층을 주택의 층수에서 제외) (2) 1개 동의 주택으로 쓰이는 바닥면적의 합계가 660제곱미터 이하일 것 (3) 19세대 이하가 거주할 수 있을 것 라. 공관
2. 공동주택 (어린이집 · 공동생활가정 · 지역아동센터 · 공동육아 나눔터 · 작은도서관 · 노인복지시설 포함)	아파트 또는 연립주택의 경우 층수를 산정함에 있어서 1층 전부를 필로티구조로 하여 주차장으로 사용하는 경우에는 필로티 부분을 층수에서 제외하고, 다세대주택의 경우 층수를 산정함에 있어서 1층 바닥면적의 1/2 이상을 필로티구조로 하여 주차장으로 사용하고 나머지 부분을 주택 외의 용도로 사용하는 경우에는 해당 층을 주택의 층수에서 제외함 가. 아파트 : 주택으로 쓰이는 층수가 5개 층 이상인 주택 나. 연립주택 : 주택으로 쓰이는 1개 동 바닥면적의 합계가 660제곱미터를 초과하고, 층수가 4개 층 이하인 주택

분류	건축물의 종류
2. 공동주택 (어린이집 · 공동생활가정 · 지역아동센터 · 공동육아 나눔터 · 작은도서관 · 노인복지시설 포함)	다. 다세대주택 : 주택으로 쓰이는 1개 동 바닥면적의 합계가 660제곱미터 이하이고, 층수가 4개 층 이하인 주택(2개 이상의 동을 지하주차장으로 연결하는 경우에는 각각의 동으로 보며, 지하주차장 면적은 바닥면적에서 제외함) 라. 기숙사 : 학교 또는 공장 등의 학생 또는 종업원 등을 위하여 쓰는 것으로서 1개 동의 공동취사시설 이용 세대수가 전체의 50퍼센트 이상인 것(「교육기본법」 제27조제2항에 따른 학생복지주택 및 「공공주택 특별법」 제2조제1호의3에 따른 공공매입임대주택 중 독립된 주거의 형태를 갖추지 않은 것을 포함한다)
3. 제1종 근린생활시설	가. 식품 · 잡화 · 의류 · 완구 · 서적 · 건축자재 · 의약품 · 의료기기 등 일용품을 판매하는 소매점으로서 같은 건축물(하나의 대지에 두 동 이상의 건축물이 있는 경우에는 이를 같은 건축물로 본다.) *1천 제곱미터 미만인 것 나. 휴게음식점, 제과점 등 음료 · 차(茶) · 음식 · 빵 · 떡 · 과자 등을 조리하거나 제조하여 판매하는 시설 다. 이용원, 미용원, 목욕장, 세탁소 등 사람의 위생관리나 의류 등을 세탁 · 수선하는 시설(세탁소의 경우 공장에 부설되는 것과 「대기환경보전법」, 「물환경보전법」 또는 「소음 · 진동관리법」에 따른 배출시설의 설치 허가 또는 신고의 대상인 것은 제외한다) 라. 의원, 치과의원, 한의원, 침술원, 접골원(接骨院), 조산원, 안마원, 산후조리원 등 주민의 진료 · 치료 등을 위한 시설 마. 탁구장, 체육도장으로서 같은 건축물 *500제곱미터 미만인 것 바. 지역자치센터, 파출소, 지구대, 소방서, 우체국, 방송국, 보건소, 공공도서관, 건강보험공단 사무소 등 공공업무시설로서 같은 건축물 *1천 제곱미터 미만인 것 사. 마을회관, 마을공동작업소, 마을공동구판장, 공중화장실, 대피소, 지역아동센터(단독주택과 공동주택에 해당하는 것은 제외한다) 등 주민이 공동으로 이용하는 시설 아. 변전소, 도시가스배관시설, 통신용 시설(*1천제곱미터 미만인 것에 한정한다), 정수장, 양수장 등 주민의 생활에 필요한 에너지공급 · 통신서비스 제공이나 급수 · 배수와 관련된 시설 자. 금융업소, 사무소, 부동산중개사무소, 결혼상담소 등 소개업소, 출판사 등 일반업무시설로서 같은 건축물에 해당 용도로 쓰는 바닥면적의 합계가 *30제곱미터 미만인 것 차. 전기자동차 충전소(해당 용도로 쓰는 바닥면적의 합계가 *1천제곱미터 미만인 것으로 한정한다)

핵심문제 

다음의 정의에 알맞은 주택의 종류는? 산 17①

> 주택으로 쓰는 1개 동의 바닥면적 합계가 660m² 이하이고, 층수가 4개 층 이하인 주택

① 연립주택
② 다중주택
❸ 다세대주택
④ 다가구주택

해설 다세대주택
주택으로 쓰이는 1개 동 바닥면적의 합계가 660m² 이하이고, 층수가 4개 층 이하인 주택(2개 이상의 동을 지하주차장으로 연결하는 경우에는 각각의 동으로 보며, 지하주차장 면적은 바닥면적에서 제외함)

핵심문제 ●●●

용도별 건축물의 종류로 연결이 옳지 않은 것은? 기 17①

① 판매시설 : 소매시장
② 의료시설 : 치과병원
③ 문화 및 집회시설 : 수족관
❹ 제1종 근린생활시설 : 동물병원

해설 제2종 근린생활시설
동물병원

핵심문제 ●●●

건축법령상 의료시설에 속하지 않는 것은? 산 18①

❶ 치과의원
② 한방병원
③ 요양병원
④ 마약진료소

해설 치과의원은 제1종 근린생활시설에 해당된다.

분류	건축물의 종류
4. 제2종 근린생활시설	가. 공연장(극장, 영화관, 연예장, 음악당, 서커스장, 비디오물감상실, 비디오물소극장, 그 밖에 이와 비슷한 것을 말한다. 이하 같다)으로서 같은 건축물 * 500제곱미터 미만인 것 나. 종교집회장[교회, 성당, 사찰, 기도원, 수도원, 수녀원, 제실(祭室), 사당, 그 밖에 이와 비슷한 것을 말한다. 이하 같다]으로서 같은 건축물 * 500제곱미터 미만인 것 다. 자동차영업소로서 같은 건축물 * 1천제곱미터 미만인 것 라. 서점(제1종 근린생활시설에 해당하지 않는 것) 마. 총포판매소 바. 사진관, 표구점 사. 청소년게임제공업소, 복합유통게임제공업소, 인터넷컴퓨터게임시설제공업소, 그 밖에 이와 비슷한 게임 관련 시설로서 같은 건축물 *500제곱미터 미만인 것 아. 휴게음식점, 제과점 등 음료 · 차(茶) · 음식 · 빵 · 떡 · 과자 등을 조리하거나 제조하여 판매하는 시설로서 같은 건축물 *300제곱미터 이상인 것 자. 일반음식점 차. 장의사, 동물병원, 동물미용실, 그 밖에 이와 유사한 것 카. 학원(자동차학원 · 무도학원 및 정보통신기술을 활용하여 원격으로 교습하는 것은 제외한다), 교습소(자동차교습 · 무도교습 및 정보통신기술을 활용하여 원격으로 교습하는 것은 제외한다), 직업훈련소(운전 · 정비 관련 직업훈련소는 제외한다)로서 같은 건축물 *500제곱미터 미만인 것 타. 독서실, 기원 파. 테니스장, 체력단련장, 에어로빅장, 볼링장, 당구장, 실내낚시터, 골프연습장, 놀이형시설(「관광진흥법」에 따른 기타 유원시설업의 시설을 말한다. 이하 같다) 등 주민의 체육활동을 위한 시설로서 같은 건축물 *500제곱미터 미만인 것 하. 금융업소, 사무소, 부동산중개사무소, 결혼상담소 등 소개업소, 출판사 등 일반업무시설로서 같은 건축물 *500제곱미터 미만인 것 거. 다중생활시설(「다중이용업소의 안전관리에 관한 특별법」에 따른 다중이용업 중 고시원업의 시설로서 국토교통부장관이 고시하는 기준과 그 기준에 위배되지 않는 범위에서 적정한 주거환경을 조성하기 위하여 건축조례로 정하는 실별 최소 면적, 창문의 설치 및 크기 등의 기준에 적합한 것을 말한다. 이하 같다)로서 같은 건축물에 해당 용도로 쓰는 바닥면적의 합계가 *500제곱미터 미만인 것 너. 제조업소, 수리점 등 물품의 제조 · 가공 · 수리 등을 위한 시설로서 같은 건축물 *500제곱미터 미만이고, 다음 요건 중 어느 하나에 해당하는 것

분류	건축물의 종류
4. 제2종 근린생활시설	(1)「대기환경보전법」, 「물환경보전법」 또는 「소음 · 진동관리법」에 따른 배출시설의 설치 허가 또는 신고의 대상이 아닌 것 (2)「물환경보전법」 제33조제1항 본문에 따라 폐수배출시설의 설치 허가를 받거나 신고해야 하는 시설로서 발생되는 폐수를 전량 위탁처리하는 것 더. 단란주점으로서 같은 건축물*150제곱미터 미만인 것 러. 안마시술소, 노래연습장
5. 문화 및 집회시설	가. 공연장 : 제2종 근린생활시설에 해당하지 아니하는 것 나. 집회장 : 예식장, 회의장, 공회당, 마권 장외 발매소, 마권 전화투표소, 그 밖에 이와 유사한 것으로서 제2종 근린생활시설에 해당하지 아니하는 것 다. 관람장 : 경마장, 경륜장, 경정장, 자동차 경기장, 그 밖에 이와 유사한 것과 체육관 · 운동장으로서 관람석의 바닥면적 합계가 1,000m^2 이상인 것 라. 전시장 : 박물관, 미술관, 과학관, 문화관, 체험관, 기념관, 산업전시장, 박람회장 등 마. 동 · 식물원 : 동물원 · 식물원 · 수족관 등
6. 종교시설	가. 종교집회장 나. 종교집회장(제2종 근린생활시설에 해당하지 아니하는 것을 말함)에 설치하는 봉안당
7. 판매시설	가. 도매시장 : 도매시장(농수산물도매시장, 농수산물공판장, 그 밖에 이와 비슷한 것을 말하며, 그 안에 있는 근린생활시설을 포함) 나. 소매시장 : 「유통산업발전법」에 따른 시장, 대형점, 백화점, 쇼핑센터, 그 밖에 이와 유사한 것(그에 소재한 근린생활시설 포함) 다. 상점(상점 안에 있는 근린생활시설 포함) (1) 식품 · 잡화 · 의류 · 완구 · 건축자재 · 의약품 · 의료기기 등 일용품을 판매하는 소매점으로서 같은 건축물(하나의 대지에 두 동 이상의 건축물이 있는 경우에는 이를 같은 건축물로 본다. 이하 같다)에 해당 용도로 쓰는 바닥면적의 합계가 1천제곱미터 미만에 해당되지 아니하는 것 (2)「게임산업진흥에 관한 법률」에 따른 청소년게임제공업의 시설, 일반게임제공업의 시설, 인터넷컴퓨터게임시설제공업의 시설 및 복합유통게임제공업의 시설로서 제2종 근린생활시설에 해당하지 아니하는 것
8. 운수시설	가. 여객자동차터미널 나. 철도시설 다. 공항시설 라. 항만시설

분류	건축물의 종류
9. 의료시설	가. 병원 : 종합병원, 병원, 치과병원, 한방병원, 정신병원, 요양병원 나. 격리병원 : 전염병원, 마약진료소 등
10. 교육연구시설 (제2종 근린생활시설에 해당하는 것을 제외)	가. 학교 : 유치원, 초등학교, 중학교, 고등학교, 전문대학, 대학, 대학교 등 나. 교육원 : 연수원 등을 포함 다. 직업훈련소 : 운전 · 정비관련 직업훈련소 제외 라. 학원 : 자동차학원, 무도학원은 제외 마. 연구소 : 연구소에 준하는 시험소, 계량계측소 포함 바. 도서관
11. 노유자시설 (노인 및 어린이)	가. 아동관련시설 : 어린이집, 아동복지시설, 그 밖에 이와 유사한 것으로서 단독주택, 공동주택 및 제1종 근린생활시설에 해당하지 아니하는 것 나. 노인복지시설(단독주택과 공동주택에 해당하지 아니하는 것을 말함) 다. 다른 용도로 분류되지 아니한 사회복지시설 및 근로복시설
12. 수련시설	가. 생활권 수련시설 : 청소년수련관, 청소년문화의집, 청소년특화시설 등 나. 자연권 수련시설 : 청소년수련원, 청소년야영장 등 다. 유스호스텔
13. 운동시설	가. 탁구장, 체육도장, 테니스장, 체력단련장, 에어로빅장, 볼링장, 당구장, 실내낚시터, 골프연습장, 놀이형시설, 그 밖에 이와 유사한 것으로서 제1종 및 제2종 근린생활시설에 해당하지 아니하는 것 나. 체육관 : 관람석이 없거나 관람석의 바닥면적이 1,000m² 미만인 것 다. 운동장 : 육상장 · 구기장 · 볼링장 · 수영장 · 스케이트장 · 롤러스케이트장 · 승마장 · 사격장 · 궁도장 · 골프장 등과 이에 딸린 건축물로서 관람석이 없거나 관람석의 바닥면적이 1,000m² 미만인 것
14. 업무시설	가. 공공업무시설 : 국가 또는 지방자치단체의 청사와 외국공관의 건축물로서 제1종 근린생활시설에 해당하지 아니하는 것 나. 일반업무시설 다음 요건을 갖춘 업무시설을 말한다. (1) 금융업소, 사무소, 결혼상담소 등 소개업소, 출판사, 신문사, 그 밖에 이와 비슷한 것으로서 제1종 근린생활시설 및 제2종 근린생활시설에 해당하지 않는 것 (2) 오피스텔(업무를 주로 하며, 분양하거나 임대하는 구획 중 일부 구획에서 숙식을 할 수 있도록 한 건축물로서 국토교통부장관이 고시하는 기준에 적합한 것을 말한다)

분류	건축물의 종류
15. 숙박시설	가. 일반숙박시설 및 생활숙박시설(「공중위생관리법」 제3조제1항 전단에 따라 숙박업 신고를 해야 하는 시설로서 국토교통부장관이 정하여 고시하는 요건을 갖춘 시설) 나. 관광숙박시설 : 관광호텔, 수상관광호텔, 한국전통호텔, 가족호텔, 호스텔, 소형호텔, 의료관광호텔 및 휴양콘도미니엄 다. 다중생활시설(제2종 근린생활시설에 해당하지 아니하는 것을 말한다)의 시설과 유사한 것
16. 위락시설	가. 단란주점 : 제2종 근린생활시설에 해당하는 것 제외 나. 유흥주점이나 그 밖에 이와 비슷한 것 다. 유원시설업의 시설, 그 밖에 이와 유사한 것 : 제2종 근린생활시설에 해당하는 것과 운동시설을 제외 라. 무도장, 무도학원 마. 카지노영업소
17. 공장	물품의 제조, 가공(염색, 도장, 표백, 재봉, 건조, 인쇄 등을 포함) 또는 수리에 계속적으로 이용되는 건축물로서 제1종 근린생활시설, 제2종 근린생활시설, 위험물저장 및 처리시설, 자동차관련시설, 자원순환관련시설 등 따로 분류되지 아니한 시설
18. 창고시설	위험물저장 및 처리시설 또는 그 부속용도에 해당하는 것 제외 가. 창고 : 물품저장시설로서 일반창고와 냉장 및 냉동창고를 포함 나. 하역장 다. 물류터미널 라. 집배송시설
19. 위험물저장 및 처리시설	「위험물안전관리법」, 「석유 및 석유대체연료사업법」, 「도시가스사업법」, 「고압가스 안전관리법」, 「액화석유가스의 안전관리 및 사업법」, 「총포ㆍ도검ㆍ화약류 등 단속법」, 「화학물질 관리법」 등에 따라 설치 또는 영업의 허가를 받아야 하는 건축물로서 다음에 해당하는 것(자가난방, 자기발전과 이와 유사한 목적에 쓰이는 저장시설은 제외) 가. 주유소(기계식 세차설비 포함) 및 석유판매소 나. 액화석유가스 충전소ㆍ판매소ㆍ저장소(기계식 세차설비 포함) 다. 위험물제조소ㆍ저장소ㆍ취급소 라. 액화가스 취급소ㆍ판매소 마. 유독물 보관ㆍ저장ㆍ판매시설 바. 고압가스 충전소ㆍ저장소ㆍ판매소 사. 도료류 판매소 아. 도시가스 제조시설 자. 화학류 저장소 차. 그 밖에 '가~자'의 시설과 비슷한 것

분류	건축물의 종류
20. 자동차 관련시설 (건설기계 관련시설을 포함)	가. 주차장 나. 세차장 다. 폐차장 라. 검사장 마. 매매장 바. 정비공장 사. 운전학원 및 정비학원(운전 및 정비관련 직업훈련시설을 포함) 아. 「여객자동차 운수사업법」, 「화물자동차 운수사업법」 및 「건설기계관리법」에 따른 차고 및 주기장(駐機場)
21. 동물 및 식물 관련시설	가. 축사 : 양잠, 양봉, 양어, 양돈, 양계, 곤충사육시설 및 부화장 등을 포함 나. 가축시설 : 가축용 운동시설, 인공수정센터, 관리사, 가축용 창고, 가축시장, 동물검역소, 실험동물사육시설을 포함 다. 도축장 라. 도계장 마. 작물재배사 바. 종묘배양시설 사. 화초 및 분재 등의 온실 아. 동물 또는 식물과 관련된 '가~사'의 시설과 비슷한 것(동 · 식물원 제외)
22. 자원순환 관련시설	가. 하수 등 처리시설 나. 고물상 다. 폐기물재활용시설 라. 폐기물처분시설 마. 폐기물감량화시설
23. 교정시설 (제1종 근린생활시설에 해당하는 것 제외)	가. 교정시설(보호감호소, 구치소 및 교도소를 말함) 나. 갱생보호시설, 그 밖에 범죄자의 갱생 · 보육 · 교육 · 보건 등의 용도로 쓰는 시설 다. 소년원 및 소년분류심사원
24. 국방 · 군사시설	국방 · 군사시설
25. 방송통신시설 (제1종 근린생활시설에 해당하는 것 제외)	가. 방송국 : 방송프로그램 제작시설 및 송신 · 수신 · 중계시설 포함 나. 전신전화국 다. 촬영소 라. 통신용시설 마. 데이터 센터 바. 그 밖에 '가~마'의 시설과 비슷한 것
26. 발전시설	발전소(집단에너지 공급시설 포함)로 사용되는 건축물로서 제1종 근린생활시설로 분류되지 아니한 것
27. 묘지관련시설	가. 화장시설 나. 봉안당(종교시설에 해당하는 것 제외) 다. 묘지와 자연장지에 부수되는 건축물 라. 동물화장시설, 동물건조장시설 및 동물 전용의 납골시설

분류	건축물의 종류
28. 관광휴게시설	가. 야외음악당 나. 야외극장 다. 어린이회관 라. 관망탑 마. 휴게소 바. 공원, 유원지 또는 관광지에 부수되는 시설
29. 장례시설	가. 장례식장(의료시설의 부수시설에 해당하는 것은 제외) 나. 동물 전용의 장례식장
30. 야영장시설	「관광진흥법」에 따른 야영장시설로서 관리동, 화장실, 샤워실, 대피소, 취사시설 등의 용도로 쓰는 바닥면적의 합계가 300m² 미만인 것

⑽ 건축설비

① 건축물에 설치하는 전기, 전화, 초고속정보통신, 지능형 홈네트워크, 가스, 급수, 배수(配水), 배수(排水), 환기, 난방, 냉방, 소화, 배연설비
② 오물처리의 설비
③ 굴뚝, 승강기, 피뢰침, 국기게양대, 공동시청안테나, 유선방송수신시설, 우편함, 저수조, 방범시설
④ 「건축물의 설비기준 등에 관한 규칙」에서 정하는 설비

⑾ 지하층

① 건축물의 바닥이 지표면 아래에 있는 층으로서 그 바닥으로부터 지표면까지의 평균높이가 해당 층높이의 1/2 이상인 것

$$h \geq \frac{1}{2}H$$

여기서, h : 바닥으로부터 지표면까지의 높이
H : 해당 층높이

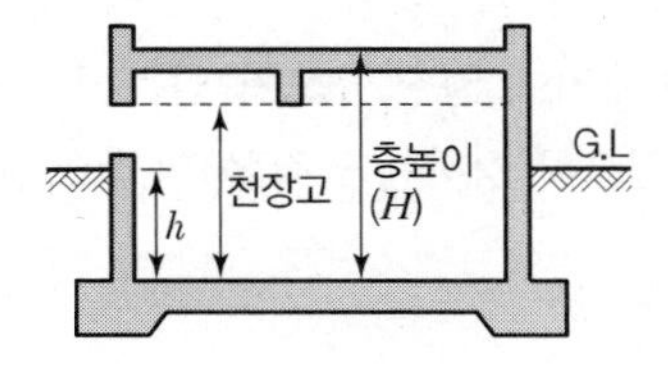

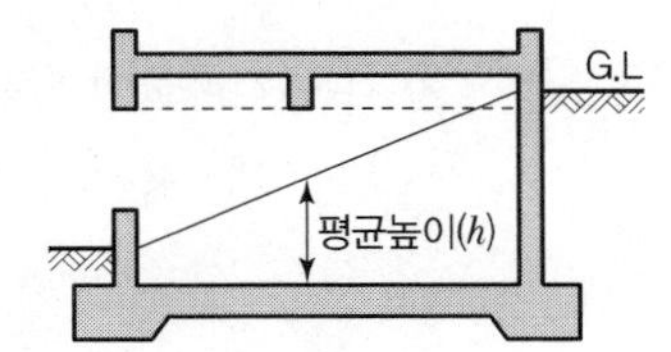

② 지하층의 지표면 산정
지하층의 지표면 산정방법은 건축물 주위에 접하는 각 지표면 부분의 높이를 해당 지표면 부분의 수평거리에 따라 가중평균한 높이의 수평면을 지표면으로 본다.

핵심문제 ●●○

다음은 건축법령상 지하층의 정의 내용이다. ( ) 안에 알맞은 것은?
기 20③

> "지하층"이란 건축물의 바닥이 지표면 아래에 있는 층으로서 바닥에서 지표면까지 평균높이가 해당 층높이의 ( ) 이상인 것을 말한다.

❶ 2분의 1　② 3분의 1
③ 3분의 2　④ 4분의 3

해설 지하층
건축물의 바닥이 지표면 아래에 있는 층으로서 바닥에서 지표면까지 평균높이가 해당 층높이의 2분의 1 이상인 것을 말한다.

※ 가중평균 지표면(h)

$$가중평균\ 지표면(h) = \frac{건축물에\ 접한\ 부분의\ 면적(m^2)}{건축물\ 둘레길이(m)}$$

⑿ 거실

건축물 안에서 거주 · 집무 · 작업 · 집회 · 오락 · 기타 유사한 목적을 위하여 사용되는 방

- 「건축법」에 따른 거실 : 주택의 침실뿐만 아니라 사무소의 사무실, 병원의 병실, 공장의 작업장 등을 말함

예외 현관, 복도, 욕실, 변소, 창고 등

⒀ 주요구조부

화재나 자연재해 등에 대하여 안전을 확보하기 위한 것으로 건축물의 구조상 주요골격 부분인 내력벽 · 기둥 · 바닥 · 보 · 지붕틀 · 주계단을 말한다.

예외 사잇기둥 · 최하층 바닥 · 작은 보 · 차양 · 옥외계단, 그 밖에 이와 유사한 것으로 건축물의 구조상 중요하지 않은 부분

⒁ 건축

1) 신축

① 건축물이 없는 대지에 새로이 건축물을 축조하는 행위

② 기존 건축물이 철거 또는 멸실된 대지에 새로이 건축물을 축조하는 행위

③ 부속건축물만 있는 대지에 새로이 주된 건축물을 축조하는 행위

예외 개축 또는 재축에 해당하는 경우

2) 증축

① 기존 건축물이 있는 대지에 건축물의 건축면적 · 연면적 · 층수 · 높이를 증가시키는 행위

② 기존 건축물이 있는 대지에 일정 규모가 넘는 공작물(대문 · 담장 및 대통령령으로 정하는 공작물)의 축조행위

3) 개축

기존 건축물의 전부 또는 일부[내력벽 · 기둥 · 보 · 지붕틀(한옥의 경우에는 지붕틀의 범위에서 서까래는 제외) 중 3 이상이 포함되는 경우에 한함]를 철거하고 해당 대지 안에 종전과 동일한 규모의 범위 안에서 건축물을 다시 축조하는 행위

>>> 신축과 증축, 개축과 재축 비교

① 신축과 증축의 차이점
  ㉠ 신축 : 건축물이 없는 대지에 건축물을 축조하는 것(부속건축물이 있는 경우도 포함)
  ㉡ 증축 : 기존 건축물이 있는 대지에 건축물을 축조하는 것
② 개축과 재축의 차이점
  ㉠ 개축 : 인위적으로 철거하고 다시 축조하는 것
  ㉡ 재축 : 천재지변으로 멸실되어 다시 축조하는 것
  * 단, 규모를 초과하면 신축행위로 본다.

4) 재축

건축물이 천재지변, 그 밖의 재해에 의하여 멸실된 경우에 그 대지 안에 다음의 요건을 모두 갖추어 다시 축조하는 행위

① 연면적 합계는 종전 규모 이하로 할 것

② 동(棟)수, 층수 및 높이는 다음의 어느 하나에 해당할 것

㉠ 동수, 층수 및 높이가 모두 종전 규모 이하일 것

㉡ 동수, 층수 또는 높이의 어느 하나가 종전 규모를 초과하는 경우에는 해당 동수, 층수 및 높이가 「건축법」(이하 "법"이라 한다), 이 영 또는 건축조례(이하 "법령등"이라 한다)에 모두 적합할 것

5) 이전

건축물의 주요구조부를 해체하지 않고 동일한 대지 안에서 다른 위치로 옮기는 행위

⒂ 내화구조

구분	• 철근콘크리트조 • 철골철근콘크리트조	• 철골조	• 무근콘크리트조 • 콘크리트블록조 • 벽돌조 • 석조	• 철재로 보강된 콘크리트블록조 • 벽돌조 • 석조	기타
벽 ( )속은 외벽 중 비내력벽의 경우	두께 10cm(7cm) 이상일 것	양쪽을 두께 4cm(3cm) 이상의 철망모르타르 또는 두께 5cm(4cm) 이상의 콘크리트블록, 벽돌, 석재로 덮은 것	두께 19cm(7cm) 이상인 것	철재에 덮은 두께 5cm(4cm) 이상인 것	• 벽돌조로서 두께가 19cm 이상인 것 • 고온 · 고압증기양생 된 경량 기포콘크리트패널 또는 경량 기포콘크리트 블록조로서 두께가 10cm 이상
기둥 (작은 지름 25cm 이상인 것) ( )속은 경량골재 사용의 경우	모든 것	• 두께 6cm(5cm) 이상의 철망모르타르 또는 두께 7cm 이상의 콘크리트블록, 벽돌, 석재로 덮은 것 • 두께 5cm 이상의 콘크리트로 덮은 것	×	×	×
바닥	두께 10cm 이상인 것	×	×	철재의 덮은 두께가 5cm 이상인 것	철재의 양면을 두께 5cm 이상의 철망모르타르 또는 콘크리트로 덮은 것
보 ( )속은 경량골재 사용의 경우	모든 것	• 두께 6cm (5cm) 이상의 철망모르타르로 덮은 것 • 두께 5cm 이상의 콘크리트로 덮은 것	×	×	철골조의 지붕틀로서 그 바로 아래에 반자가 없거나 불연재료로 된 반자가 있는 것
지붕	모든 것	×	×	모든 것	철골조로 보강된 유리블록 또는 망입유리로 된 것
계단	모든 것	모든 것	모든 것	모든 것	×

핵심문제 ●●●

다음 중 증축에 속하지 않는 것은? 산 17②

① 기존 건축물이 있는 대지에서 건축물의 높이를 늘리는 것

② 기존 건축물이 있는 대지에서 건축물의 연면적을 늘리는 것

③ 기존 건축물이 있는 대지에서 건축물의 건축면적을 늘리는 것

❹ 기존 건축물이 있는 대지에서 건축물의 개구부 숫자를 늘리는 것

해설 증축

① 기존 건축물이 있는 대지에 건축물의 건축면적 · 연면적 · 층수 · 높이를 증가시키는 행위

② 기존 건축물이 있는 대지에 일정 규모가 넘는 공작물(대문 · 담장 및 대통령령으로 정하는 공작물)의 축조행위

핵심문제 ●●●

철골조인 경우 피복과 상관 없이 내화구조로 인정될 수 있는 것은? 산 17②

❶ 계단 ② 기둥

③ 내력벽 ④ 비내력벽

해설

계단을 철골조로 할 경우 피복두께와 관련 없이 내화구조에 해당된다.

핵심문제 ●●○

다음 중 내화구조에 해당하지 않는 것은? 기 21②

❶ 벽의 경우 철재로 보강된 콘크리트블록조 · 벽돌조 또는 석조로서 철재에 덮은 콘크리트블록 등의 두께가 3cm 이상인 것

② 기둥의 경우 철근콘크리트조로서 그 작은 지름이 25cm 이상인 것

③ 바닥의 경우 철근콘크리트조로서 두께가 10cm 이상인 것

④ 철근콘크리트조로 된 보

해설

① 벽의 경우 철재로 보강된 콘크리트블록조 · 벽돌조 또는 석조로서 철재에 덮은 콘크리트블록 등의 두께가 5cm 이상인 것

핵심문제 ●●●

다음 중 방화구조의 기준으로 틀린 것은? 기 20③

① 시멘트모르타르 위에 타일을 붙인 것으로서 그 두께의 합계가 2.5cm 이상인 것
② 석고판 위에 회반죽을 바른 것으로서 그 두께의 합계가 2.5cm 이상인 것
❸ 철망모르타르로서 그 바름두께가 1.5cm 이상인 것
④ 심벽에 흙으로 맞벽치기한 것

해설 방화구조

- 철망모르타르로서 그 바름두께가 2cm 이상인 것
- 석고판 위에 시멘트모르타르 또는 회반죽을 바른 것으로서 그 두께의 합계가 2.5cm 이상인 것
- 시멘트모르타르 위에 타일을 붙인 것으로서 그 두께의 합계가 2.5cm 이상인 것
- 심벽에 흙으로 맞벽치기한 것
- 한국산업표준이 정하는 바에 따라 시험한 결과 방화 2급 이상에 해당하는 것

⒃ 방화구조

화염의 확산을 막을 수 있는 성능을 가진 구조로서 다음의 방화성능을 가지는 구조를 말한다.

구조	두께
철망모르타르 바르기	바름두께가 2cm 이상인 것
석면시멘트판 또는 석고판 위에 시멘트모르타르 또는 회반죽을 바른 것	두께의 합계가 2.5cm 이상인 것
시멘트모르타르 위에 타일을 붙인 것	두께의 합계가 2.5cm 이상인 것
심벽에 흙으로 맞벽치기한 것	모두 인정
「산업표준화법」에 따른 한국산업표준이 정하는 바에 따라 시험한 결과 방화 2급 이상에 해당하는 것	

⒄ 내수재료 · 불연 · 준불연 · 난연재료

① 내수재료 : 벽돌 · 자연석 · 인조석 · 콘크리트 · 아스팔트 · 도자기질 재료 · 유리, 그 밖에 이와 유사한 내수성의 건축재료를 말한다.

② 불연 · 준불연 · 난연재료

구분	설치규정
불연재료	㉠ 콘크리트 · 석재 · 벽돌 · 기와 · 석면판 · 철강 · 알루미늄 · 유리 · 시멘트모르타르 · 회, 그 밖에 이와 유사한 불연성의 재료 **단서** 시멘트모르타르 · 회 등 미장재료를 사용하는 경우에는 「건설기술 진흥법」에 따라 제정된 건축공사표준시방서에서 정한 두께 이상인 경우에 한함 ㉡ 「산업표준화법」에 따른 한국산업표준이 정하는 바에 따라 시험한 결과 질량감소율 등이 국토교통부장관이 정하여 고시하는 불연재료의 성능기준을 충족하는 것 ㉢ 그 밖에 위의 ㉠과 유사한 불연성의 재료로서 국토교통부장관이 인정하는 재료 **예외** 위의 ㉠의 재료와 불연성 재료가 아닌 재료가 복합으로 구성된 것
준불연재료	「산업표준화법」에 따른 한국산업표준이 정하는 바에 따라 시험한 결과 가스유해성, 열방출량 등이 국토교통부장관이 정하여 고시하는 준불연재료의 성능기준을 충족하는 것을 말한다.
난연재료	「산업표준화법」에 따른 한국산업표준이 정하는 바에 따라 시험한 결과 가스유해성, 열방출량 등이 국토교통부장관이 정하여 고시하는 난연재료의 성능기준을 충족하는 것

(18) 대수선

1) 정의

① 건축물의 기둥 · 보 · 내력벽 · 주계단 등의 구조를 수선 · 변경

② 건축물의 외부 형태를 수선 · 변경

2) 대수선의 범위

건축물의 부분(주요구조부)	대수선에 해당하는 내용
내력벽	증설 · 해체하거나 벽면적 $30m^2$ 이상 수선 · 변경하는 것
기둥 · 보 · 지붕틀(한옥의 경우에는 지붕틀의 범위에서 서까래는 제외)	증설 · 해체하거나 각각 3개 이상 수선 · 변경하는 것
방화벽 · 방화구획을 위한 바닥 및 벽	증설 · 해체하거나 수선 · 변경하는 것
주계단 · 피난계단 · 특별피난계단	
다가구주택 및 다세대주택의 가구 및 세대 간 경계벽	증설 · 해체하거나 수선 · 변경하는 것
건축물의 외벽에 사용하는 마감재료	증설 · 해체하거나 벽면적 $30m^2$ 이상 수선 또는 변경하는 것

(19) 리모델링(Remodeling)

리모델링이란 건축물의 노후화를 억제하거나 기능 향상 등을 위하여 대수선하거나 일부 증축하는 행위를 말한다.

(20) 도로

1) 원칙

보행과 자동차 통행이 가능한 너비 4m 이상의 도로 또는 그 예정도로

「국토의 계획 및 이용에 관한 법률」 · 「도로법」 · 「사도법」, 그 밖의 기타 관계법령에 따라	신설 또는 변경에 관한 고시가 된 도로
건축허가 또는 신고시	시 · 도지사 또는 시장 · 군수 · 구청장이 그 위치를 지정 · 공고한 도로

2) 지형적 조건에 따른 도로의 구조 및 너비

① 차량통행을 위한 도로의 설치가 곤란한 경우

지형적 조건으로 차량통행을 위한 도로의 설치가 곤란하다고 인정하여 특별자치시장 · 특별자치도지사 또는 시장 ·

》》 대수선

대수선 공사는 원칙적으로 해당 건축물에 대한 방재적 기능을 유지하기 위함이다.

군수 · 구청장이 그 위치를 지정 · 공고하는 구간 안의 너비 3m 이상(길이 10m 미만인 막다른 도로의 경우에는 너비 2m 이상)인 도로

② 막다른 도로의 경우

막다른 도로의 길이	도로의 너비
10m 미만	2m 이상
10m 이상 35m 미만	3m 이상
35m 이상	6m 이상 (도시지역이 아닌 읍 · 면지역에서는 4m 이상)

핵심문제 ●●●

막다른 도로의 길이가 20m인 경우, 이 도로가 건축법령상 도로이기 위한 최소 너비는? 산 17②

① 2m ❷ 3m
③ 4m ④ 6m

해설

막다른 도로의 길이가 20m인 경우 10m 이상 35m 미만 사이이므로 도로의 너비는 3m 이상

(21) 건축주, 설계자 등

건축주	건축물의 건축 · 대수선 · 용도변경 · 건축설비의 설치 또는 공작물 등의 축조에 관한 공사를 발주하거나 현장 관리인을 두어 스스로 공사를 행하는 자
설계자	자기책임하에(보조자의 조력을 받는 경우 포함) 설계도서를 작성하고, 그 설계도서에 의도한 바를 해설하며, 지도 · 자문하는 자
공사감리자	자기책임하에(보조자의 조력을 받는 경우 포함) 「건축법」이 정하는 바에 따라 건축물 · 건축설비 또는 공작물이 설계도서의 내용대로 시공되고 있는 여부를 확인하고, 품질관리 · 공사관리 · 안전관리 등에 대하여 감독하는 자
공사시공자	「건설산업기본법」에 따른 건설공사를 행하는 자
관계전문 기술자	건축물의 구조 · 설비 등 건축물과 관련된 전문기술자격을 보유하고 설계 및 공사감리에 참여하여 설계자 및 공사감리자와 협력하는 자

(22) 설계도서

설계도서	관계법령
• 공사용 도면 • 구조계산서 • 시방서	「건축법」에서 정하는 서류
• 건축설비계산관계서류 • 토질 및 지질관계서류 • 그 밖의 공사에 필요한 서류	「건축법 시행규칙」에서 정하는 서류

(23) 실내건축

"실내건축"이란 건축물의 실내를 안전하고 쾌적하며 효율적으로 사용하기 위하여 내부 공간을 칸막이로 구획하거나 벽지, 천

장재, 바닥재, 유리 등 다음에 정하는 재료 또는 장식물을 설치하는 것을 말한다.

① 벽, 천장, 바닥 및 반자틀의 재료
② 실내에 설치하는 난간, 창호 및 출입문의 재료
③ 실내에 설치하는 전기 · 가스 · 급수(給水), 배수(排水) · 환기시설의 재료
④ 실내에 설치하는 충돌 · 끼임 등 사용자의 안전사고 방지를 위한 시설의 재료

3. 건축법 적용 제외

(1) 건축법의 적용지역

구분	대상지역	일부 적용 제외 규정
「건축법」의 전면적인 적용지역	• 도시지역, 지구단위계획구역 • 동 또는 읍의 지역 • 인구 500인 이상인 동 · 읍 지역에 속하는 섬의 지역	–
적용 제외 대상지역	• 농림지역 • 자연환경보전지역 • 인구 500인 미만인 동 · 읍 지역에 속하는 섬의 지역	• 대지와 도로와의 관계 • 도로의 지정 · 폐지 또는 변경 • 건축선의 지정 • 건축선에 따른 건축제한 • 방화지구 안의 건축물 • 대지의 분할제한

(2) 건축법을 적용하지 않는 건축물

「문화재보호법」에 따른 시설	• 지정 · 임시지정 문화재
철도 · 궤도의 선로 부지 내 시설	• 운전보안시설 • 철도선로의 상하를 횡단하는 보행시설 • 플랫폼 • 해당 철도 또는 궤도 사업용 급수 · 급탄 · 급유시설
그 밖의 시설물	• 고속도로 통행료 징수시설 • 컨테이너를 이용한 간이창고(공장의 용도로만 사용되는 건축물의 대지 안에 설치하는 것으로서 이동이 용이한 것에 한함) • 하천구역 내의 수문조작실

4. 건축위원회

(1) 중앙건축위원회

1) 구성

국토교통부에 위원장 및 부위원장을 포함한 70인 이내의 위원으로 구성한다.

2) 위원장 등의 자격 · 임기

위원장	위원 중에서 국토교통부장관이 임명 또는 위촉한다.
위원	관계공무원과 건축에 관한 학식 또는 경험이 풍부한 사람 중 국토교통부장관이 임명 또는 위촉한다.
임기	• 2년으로 하되 연임이 가능하다.(공무원 제외, 필요한 경우에는 한 차례만 연임) • 위원회의 회의를 소집하고 그 의장이 된다.
위원장의 의무	업무수행을 위하여 필요하다고 인정하는 경우에는 관계전문 가를 위원회에 출석하게 하여 발언하게 하거나 관계기관 · 단체에 대하여 자료의 제출을 요구할 수 있다.
위원회의 회의	재적위원 과반수의 출석으로 개의하고, 출석위원 과반수의 찬성으로 의결한다.
수당 및 여비	위원회에 출석한 위원에 대하여는 예산의 범위 안에서 수당 및 여비를 지급할 수 있다. 예외 공무원인 위원이 그의 소관업무와 직접적으로 관련하여 출석하는 경우

(2) 지방건축위원회

1) 구성

특별시 · 광역시 · 특별자치시 · 도 · 특별자치도 · 시 · 군 및 구(자치구를 말함)에 지방건축위원회를 둔다.

2) 심의사항

① 건축선(建築線)의 지정에 관한 사항

② 법 또는 이 영에 따른 조례(해당 지방자치단체의 장이 발의하는 조례만 해당한다)의 제정 · 개정 및 시행에 관한 중요사항

③ 다중이용건축물 및 특수구조건축물의 구조안전에 관한 사항

핵심문제 ●●●

중앙건축위원회에 관한 설명으로 옳지 않은 것은? 기 10②

① 국토교통부에 설치한다.

❷ 위원장은 국토교통부장관이 되고, 부위원장은 위원 중 국토교통부장관이 임명한다.

③ 임기는 2년으로 하되 연임이 가능하다.

④ 위원장 및 부위원장을 포함한 70인 이내의 위원으로 구성한다.

해설

중앙건축위원회의 위원장 및 부위원장은 위원 중에서 국토교통부장관이 임명 또는 위촉한다.

5. 공동주택의 리모델링 특례

공동주택의 건축에 있어 리모델링이 용이한 주택구조를 촉진하기 위하여 다음과 같은 구조로 건축허가를 신청하는 경우 건축기준을 완화하여 적용할 수 있다.

(1) 리모델링이 용이한 주택구조

① 각 세대는 인접한 세대와 수직 · 수평방향으로 통합하거나 분할할 수 있을 것

② 구조체에서 건축설비, 내부 · 외부 마감재료를 분리할 수 있을 것

③ 개별 세대 안에서 구획된 실의 크기, 개수, 위치 등을 변경할 수 있을 것

(2) 완화 적용 범위

완화규정	완화기준
㉠ 건축물의 용적률 ㉡ 건축물의 높이제한 ㉢ 일조 등의 확보를 위한 건축물의 높이제한	㉠~㉢ 기준의 120/100을 적용함

비고 건축조례에서 지역별 특성을 고려하여 그 비율을 강화한 경우 조례가 정하는 기준에 따른다.

핵심문제 ●●○

다음은 건축법령상 리모델링에 대비한 특혜 등에 관한 기준 내용이다. ( ) 안에 들어갈 말로 알맞은 것은? 기 18②

> 리모델링이 쉬운 구조의 공동주택 건축을 촉진하기 위하여 공동주택을 대통령령으로 정하는 구조로 하여 건축허가를 신청하면 제56조(건축물의 용적률), 제60조(건축물의 높이제한) 및 제61조(일조 등의 확보를 위한 건축물의 높이제한)에 따른 기준을 ( )의 범위에서 대통령령으로 정하는 비율로 완화하여 적용할 수 있다.

① 100분의 110 ❷ 100분의 120
③ 100분의 130 ④ 100분의 140

해설 리모델링이 용이한 구조의 공동주택에 대한 완화기준
- 완화대상 : 용적률, 높이제한, 일조권
- 완화기준 : 100분의 120의 범위

SECTION 02 건축물의 건축

1. 건축 관련 입지와 규모의 사전결정

(1) 건축 관련 입지와 규모의 사전결정 신청

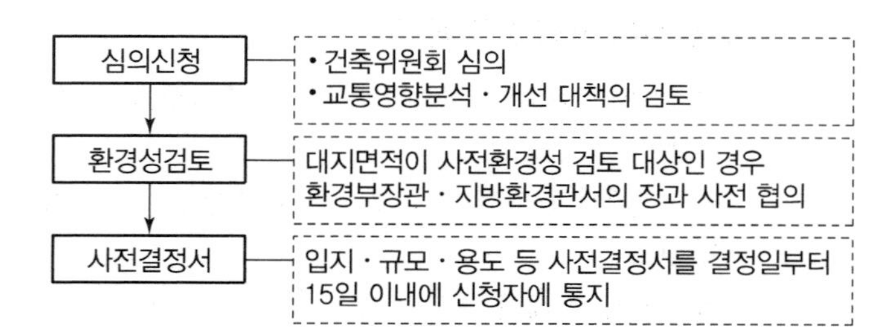

»» 건축허가의 사전결정제도

건축주가 건축허가 대상 건축물을 건축하고자 하는 경우 건축허가를 신청하기 전에 해당 건축물을 해당 대지에 건축하는 것이 「건축법」 및 다른 법령에 의하여 허용되는지 여부를 사전에 결정 받을 수 있도록 함으로써 건축행정의 신뢰성을 높이고자 이 제도를 도입·시행하게 되었다.

(2) 사전결정을 통지받은 경우의 의제처리 사항

허가 · 신고 의제	관련 규정
개발행위허가	「국토의 계획 및 이용에 관한 법률」
산지전용허가와 산지전용신고, 산지일시사용허가 · 신고 (보전산지 : 도시지역에 한함)	「산지관리법」
농지전용허가 · 신고 및 협의	「농지법」
하천점용허가	「하천법」

비고 허가권자는 미리 관계행정기관의 장과 협의하여야 하며, 관계행정기관의 장은 15일 이내에 의견을 제출하여야 한다.

(3) 사전결정의 효력 상실

사전결정을 통지받은 날부터 2년 이내에 건축허가를 신청하지 않는 경우 사전결정의 효력은 없어진다.

(4) 사전결정 시 제출서류

① 간략설계도서(사전결정시 건축위원회 심의 신청인 경우)
② 교통영향분석 · 개선 대책의 검토를 위한 설계도서(사전결정 시 교통영향분석 · 개선 대책의 검토를 신청하는 경우)
③ 의제처리를 위하여 해당 법령에서 제출하도록 한 서류
④ 건축계획서 및 배치도

2. 건축허가

(1) 허가대상 및 허가권자

건축물을 건축 또는 대수선하고자 하는 자는 특별자치시장 · 특별자치도지사 또는 시장 · 군수 · 구청장의 허가를 받아야 한다.

(2) 특별시장 · 광역시장의 허가대상(특별시 · 광역시에 건축하는 경우)

대상지역	허가권자	규모	예외
• 특별시 • 광역시	• 특별시장 • 광역시장	• 21층 이상 건축물 • 연면적의 합계가 100,000m² 이상인 건축물 • 연면적의 3/10 이상의 증축으로 인하여 층수가 21층 이상으로 되거나 연면적의 합계가 100,000m² 이상으로 되는 건축물의 증축 포함	• 공장 • 창고 • 지방건축위원회의 심의를 거친 건축물(초고층 건축물은 제외)

핵심문제 ●●●

특별시나 광역시에 건축할 경우, 특별시장이나 광역시장의 허가를 받아야 하는 건축물의 층수 기준은? 산 15①

① 6층 ② 11층
❸ 21층 ④ 31층

해설 특별시장이나 광역시장의 허가를 받아야 하는 건축물

21층 이상 건축물이거나 연면적 합계가 100,000m² 이상인 건축물

3. 허가의 절차 등

(1) 허가신청시 필요한 서류 및 도서

① 건축물(가설건축물 포함)의 건축 또는 대수선의 허가를 받고자 하는 자는 건축 · 대수선 · 용도변경 신청서에 다음의 서류 및 도서를 첨부하여 허가권자에게 제출(전자문서에 따른 제출을 포함)하여야 한다.

㉠ 건축할 대지의 범위와 그 대지의 소유 또는 그 사용에 관한 권리를 증명하는 서류(분양을 목적으로 공동주택을 건축하는 경우에는 건축할 대지의 범위와 소유에 관한 권리를 증명하는 서류)

㉡ 사전결정서(건축에 관한 입지 및 규모의 사전결정서를 송부받은 경우)

㉢ 설계도서(표준설계도서에 의하여 건축하는 경우에는 건축계획서 및 배치도에 한함)

㉣ 허가 등을 받거나 신고를 하기 위하여 해당 법령에서 제출하도록 의무화하고 있는 신청서 및 구비서류(해당 사항이 있는 것에 한함)

② 방위산업시설의 건축허가를 받고자 하는 경우에는 설계자의 확인으로 관계서류에 갈음할 수 있다.

핵심문제 ●●●

건축허가신청에 필요한 설계도서 중 배치도에 표시하여야 할 사항에 속하지 않는 것은? 산 18③

❶ 건축물의 용도별 면적
② 공개공지 및 조경계획
③ 주차동선 및 옥외주차계획
④ 대지에 접한 도로의 길이 및 너비

해설 건축허가신청에 필요한 기본설계도서 중 배치도에 포함하여야 할 사항
- 축척 및 방위
- 대지에 접한 도로의 길이 및 너비
- 대지의 종 · 횡단면도
- 건축선 및 대지경계선으로부터 건축물까지의 거리
- 주차동선 및 옥외주차계획
- 공개공지 및 조경계획

핵심문제 ●●●

건축허가신청에 필요한 설계도서의 종류 중 건축계획서에 표시하여야 할 사항이 아닌 것은? 기 17②

① 주차장 규모
❷ 대지의 종 · 횡단면도
③ 건축물의 용도별 면적
④ 지역 · 지구 및 도시계획 사항

해설
대지의 종 · 횡단면도는 배치도에 표시하여야 할 사항이다.

참고 건축허가신청에 필요한 설계도서

도서의 종류	도서의 축척	표시하여야 할 사항
건축계획서	임의	1. 개요(위치 · 대지면적 등) 2. 지역 · 지구 및 도시 · 군계획 사항 3. 건축물의 규모(건축면적 · 연면적 · 높이 · 층수 등) 4. 건축물의 용도별 면적 5. 주차장 규모 6. 에너지절약계획서(해당 건축물에 한한다) 7. 노인 및 장애인 등을 위한 편의시설 설치계획서(관계법령에 의하여 설치의무가 있는 경우에 한한다)
배치도	임의	1. 축척 및 방위 2. 대지에 접한 도로의 길이 및 너비 3. 대지의 종 · 횡단면도 4. 건축선 및 대지경계선으로부터 건축물까지의 거리 5. 주차동선 및 옥외주차계획 6. 공개공지 및 조경계획
평면도	임의	1. 1층 및 기준층 평면도 2. 기둥 · 벽 · 창문 등의 위치 3. 방화구획 및 방화문의 위치 4. 복도 및 계단의 위치 5. 승강기의 위치
입면도	임의	1. 2면 이상의 입면계획 2. 외부마감재료 3. 간판의 설치계획(크기 · 위치)
단면도	임의	1. 종 · 횡단면도 2. 건축물의 높이, 각 층의 높이 및 반자높이
구조도(구조안전확인 또는 내진설계 대상건축물)	임의	1. 구조내력상 주요 부분의 평면 및 단면 2. 주요 부분의 상세도면
구조계산서(구조안전확인 또는 내진설계 대상건축물)	임의	1. 구조계산서 목록표(총괄표, 구조계획서, 설계하중, 주요구조도, 배근도 등) 2. 구조내력상 주요 부분의 응력 및 단면 산정 과정 3. 내진설계 내용(지진에 대한 안전 여부 확인 대상건축물)
시방서	임의	1. 시방내용(국토교통부장관이 작성한 표준시방서에 없는 공법인 경우에 한한다) 2. 흙막이공법 및 도면
실내마감도	임의	벽 및 반자의 마감의 종류
소방설비도	임의	「소방시설설치유지 및 안전관리에 관한 법률」에 따라 소방관서의 장의 동의를 얻어야 하는 건축물의 해당 소방 관련 설비
건축설비도	임의	냉 · 난방설비, 위생설비, 환경설비, 전기설비, 통신설비, 승강설비 등 건축설비
토지굴착 및 옹벽도	임의	1. 지하매설구조물 현황 2. 흙막이구조(지하 2층 이상의 지하층을 설치하는 경우에 한한다) 3. 단면상세 4. 옹벽구조

참고 대형건축물의 건축허가 사전승인신청 시 제출도서의 종류

① 건축계획서

분야	도서 종류	표시하여야 할 사항
건축계획서	설계설명서	• 공사개요 : 위치 · 대지면적 · 공사기간 · 공사금액 등 • 사전조사 사항 : 지반고 · 기후 · 동결심도 · 수용인원 · 상하수와 주변지역을 포함한 지질 및 지형, 인구, 교통, 지역, 지구, 토지이용 현황, 시설물현황 등 • 건축계획 : 배치 · 평면 · 입면계획 · 동선계획 · 개략조경계획 · 주차계획 및 교통처리계획 등 • 시공방법 • 개략공정계획 • 주요설비계획 • 주요자재 사용계획 • 그 밖의 필요한 사항
	구조계획서	• 설계근거 기준 • 구조재료의 성질 및 특성 • 하중조건분석 적용 • 구조의 형식 선정계획 • 각부 구조계획 • 건축구조성능(단열 · 내화 · 차음 · 진동장애 등) • 구조안전검토
	지질조사서	• 토질개황 • 각종 토질시험 내용 • 지내력 산출근거 • 지하수위면 • 기초에 대한 의견
	시방서	시방내용(국토교통부장관이 작성한 표준시방서에 없는 공법인 경우에 한한다)

② 기본설계도서

분야	도서 종류	표시하여야 할 사항
건축	투시도 또는 투시도 사진	색채 사용
	평면도 (주요층, 기준층)	• 각 실의 용도 및 면적 • 기둥 · 벽 · 창문 등의 위치
	2면 이상의 입면도	• 축척 • 외벽의 마감재료
	2면 이상의 단면도	• 축척 • 건축물의 높이, 각 층의 높이 및 반자높이
	내외마감표	벽 및 반자의 마감재 종류
	주차장평면도	• 주차장면적 • 도로 · 통로 및 출입구의 위치
설비	건축설비도	• 난방설비 · 환기설비, 그 밖의 건축설비의 설비계획 • 비상조명장치 · 통신설비 설치계획
	상 · 하수도 계통도	상 · 하수도의 연결관계, 저수조의 위치, 급 · 배수 등

핵심문제

대형건축물의 건축허가 사전승인신청서 제출도서 중 설계설명서에 표시하여야 할 사항에 속하지 않는 것은?

기 21① 17①

① 시공방법
② 동선계획
③ 개략공정계획
❹ 각부 구조계획

해설

• 건축계획 : 배치 · 평면 · 입면계획 · 동선계획 · 개략조경계획 · 주차계획 및 교통처리계획 등
• 시공방법
• 개략공정계획
• 주요설비계획

(2) 건축허가의 도지사 사전승인

① 시장 · 군수는 다음의 건축물(특별시 · 광역시가 아닌 경우)을 허가하고자 하는 경우에는 허가 전에 건축계획서와 기본설계도서를 첨부하여 도지사의 승인을 받아야 한다.

승인권자	용도 및 규모
도지사	㉠ 21층 이상인 건축물의 건축이거나 연면적 합계가 100,000 m^2 이상인 건축물의 건축(공장 제외) ㉡ 연면적 3/10 이상의 증축으로 인하여 위 ㉠의 대상이 되는 경우 **예외** 도시환경, 광역교통 등을 고려하여 해당 도의 조례로 정하는 건축물 제외 ㉢ 자연환경 또는 수질보호를 위하여 도지사가 지정 · 공고한 구역에 건축하는 3층 이상 또는 연면적 합계 1,000m^2 이상의 건축물로서 위락시설 · 숙박시설 · 공동주택 · 제2종 근린생활시설(일반음식점에 한함)에 해당하는 건축물 · 업무시설(일반업무시설에 한함)에 해당하는 건축물 ㉣ 주거환경 또는 교육환경 등 주변환경의 보호상 필요하다고 인정하여 도지사가 지정 · 공고한 구역에 건축하는 위락시설 및 숙박시설

② 사전승인의 신청을 받은 건축허가 승인권자는 승인요청을 받은 날부터 50일 이내에 승인 여부를 시장 · 군수에게 통보하여야 한다.

예외 건축물의 규모가 큰 경우 등 불가피한 경우에는 30일의 범위 내에서 그 기간을 연장할 수 있다.

(3) 위락시설, 숙박시설에 대한 허가 제한

허가권자는 위락시설 또는 숙박시설에 해당하는 건축물의 건축을 허가하는 경우 해당 지역에 건축하고자 하는 건축물의 용도 · 규모 또는 형태가 주거환경 또는 교육환경 등 주변환경을 감안할 때 부적합하다고 인정하는 경우 건축위원회의 심의를 거쳐 건축허가를 제한할 수 있다.

(4) 건축허가시 일괄처리대상 및 방법

① 일괄처리 규정의 범위

건축허가를 받는 경우에는 다음의 법령에 따른 허가를 받거나 신고를 한 것으로 본다.

관련법	허가 · 신고 내용
「건축법」	공사용 가설건축물의 축조신고
	공작물의 축조신고
「국토의 계획 및 이용에 관한 법률」	개발행위 허가
	도시 · 군계획시설사업의 시행자 지정
	실시계획의 작성 및 인가
「산지관리법」	산지전용허가와 산지전용신고
	산지일시사용허가 · 신고
「사도법」	사도개설허가
「농지법」	농지전용허가 · 신고 및 협의
「도로법」	도로의 점용허가
	• 비관리청 공사시행 허가 • 도로의 연결허가
「하천법」	하천점용 등의 허가
「하수도법」	배수설비의 설치신고
	개인 하수처리시설의 설치신고
「수도법」	수도사업자가 지방자치단체인 경우 해당 지방자치단체가 정한 조례에 따른 상수도 공급 신청
「전기사업법」	자가용 전기설비 공사계획의 인가 또는 신고
「물환경보전법」	수질오염물질 배출시설 설치의 허가 또는 신고
「대기환경보전법」	대기오염물질 배출시설 설치의 허가 또는 신고
「소음 · 진동 관리법」	소음 · 진동 배출시설 설치의 허가 또는 신고

※ 공장의 경우에는 건축허가를 받게 되면 「산업집적 활성화 및 공장설립에 관한 법률」에 따라 관계법률의 인 · 허가를 받은 것으로 본다.

② 일괄처리 절차

㉠ 허가권자는 일괄처리에 해당하는 사항이 다른 행정기관의 권한에 속하는 경우에는 미리 해당 행정기관의 장과 협의하여야 한다.

㉡ 협의를 요청받은 관계행정기관의 장은 요청받은 날부터 15일 이내에 의견을 제출하여야 한다.

(5) 건축허가의 취소 사유

허가권자는 허가를 받은 자가 다음의 어느 하나에 해당하면 허가를 취소하여야 한다. 다만, 다음의 ①에 해당하는 경우로서 정당한 사유가 있다고 인정되면 1년의 범위에서 공사의 착수기간을 연장할 수 있다.

① 허가를 받은 날부터 2년(「산업집적활성화 및 공장설립에 관한 법률」에 따라 공장의 신설 · 증설 또는 업종변경의 승인을 받은 공장은 3년) 이내에 공사에 착수하지 아니한 경우
② 위 ① 기간 이내에 공사에 착수하였으나 공사의 완료가 불가능하다고 인정되는 경우
③ 착공신고 전에 경매 또는 공매 등으로 건축주가 대지의 소유권을 상실한 때부터 6개월이 경과한 이후 공사의 착수가 불가능하다고 판단되는 경우

(6) 심의 효력 상실

건축위원회의 심의를 받은 자가 심의 결과를 통지받은 날부터 2년 이내에 건축허가를 신청하지 아니하면 건축위원회 심의의 효력이 상실된다.

(7) 건축허가 시 대지의 소유권 확보

건축허가를 받으려는 자는 해당 대지의 소유권을 확보하여야 한다. 다만, 다음의 어느 하나에 해당하는 경우에는 그러하지 아니하다.

① 건축주가 대지의 소유권을 확보하지 못하였으나 그 대지를 사용할 수 있는 권원을 확보한 경우. 다만, 분양을 목적으로 하는 공동주택은 제외한다.
② 건축주가 건축물의 노후화 또는 구조안전 문제 등 대통령령으로 정하는 사유로 건축물을 신축 · 개축 · 재축 및 리모델링하기 위하여 건축물 및 해당 대지의 공유자수의 100분의 80 이상의 동의를 얻고 동의한 공유자의 지분 합계가 전체 지분의 100분의 80 이상인 경우

4. 건축신고

(1) 신고대상 건축물

허가대상 건축물이라 하더라도 다음의 어느 하나에 해당하는 경우에는 미리 특별자치시장 · 특별자치도지사 또는 시장 · 군수 · 구청장에게 국토교통부령으로 정하는 바에 따라 신고를 하면 건축허가를 받은 것으로 본다.

① 바닥면적 합계가 $85m^2$ 이내의 증축 · 개축 · 재축. 다만, 3층 이상 건축물인 경우에는 증축 · 개축 또는 재축하려는 부분의 바닥면적 합계가 건축물 연면적의 10분의 1 이내인 경우로 한정한다.

》》 건축신고 등의 종류

① 건축신고
② 용도변경신고
③ 가설건축물의 축조신고
④ 공작물의 축조신고

② 관리지역 · 농림지역 · 자연환경보전지역 안에서 연면적 200m² 미만이고 3층 미만인 건축물의 건축

예외 1. 지구단위계획구역 안의 건축
2. 방재지구, 붕괴위험지역 안의 건축

③ 대수선(연면적 200m² 미만이고 3층 미만인 대수선에 한함)

④ 주요구조부의 해체가 없는 다음의 어느 하나에 해당하는 대수선

㉠ 내력벽의 면적을 30m² 이상 수선하는 것
㉡ 기둥을 세 개 이상 수선하는 것
㉢ 보를 세 개 이상 수선하는 것
㉣ 지붕틀을 세 개 이상 수선하는 것
㉤ 방화벽 또는 방화구획을 위한 바닥 또는 벽을 수선하는 것
㉥ 주계단 · 피난계단 또는 특별피난계단을 수선하는 것

⑤ 그 밖에 다음에 해당하는 소규모 건축물의 건축

<table>
<tr><th>구분</th><th colspan="2">소규모 건축물</th></tr>
<tr><td>연면적</td><td colspan="2">연면적의 합계가 100m² 이하인 건축물</td></tr>
<tr><td>높이</td><td colspan="2">건축물의 높이 3m 이하의 범위에서 증축하는 건축물</td></tr>
<tr><td>표준설계도서에 의하여 건축하는 건축물</td><td colspan="2">그 용도 · 규모가 주위환경 · 미관상 지장이 없다고 인정하여 건축조례가 정하는 건축물</td></tr>
<tr><td rowspan="4">지역</td><td>공업지역</td><td rowspan="3">2층 이하인 건축물로서 연면적 합계가 500m² 이하인 공장(제조업소 등 물품의 제조 · 가공을 위한 시설 포함)</td></tr>
<tr><td>산업단지</td></tr>
<tr><td>지구단위계획구역(산업 · 유통형에 한함)</td></tr>
<tr><td>읍 · 면지역(도시 · 군계획에 지장이 있다고 지정 · 공고한 구역은 제외)</td><td>• 연면적 200m² 이하의 농업 · 수산업용 창고
• 연면적 400m² 이하의 축사 · 작물재배사, 종묘배양시설, 화초 및 분재 등의 온실</td></tr>
</table>

(2) 효력의 상실

건축신고를 한 자가 신고일로부터 1년 이내에 공사에 착수하지 아니한 경우에는 그 신고의 효력은 없어진다. 다만, 건축주의 요청에 따라 허가권자가 정당한 사유가 있다고 인정하면 1년의 범위에서 착수기한을 연장할 수 있다.

핵심문제 ●●●

건축허가 대상 건축물이라 하더라도 건축신고를 하면 건축허가를 받은 것으로 보는 경우에 속하지 않는 것은?
기 21①

① 연면적의 합계가 100m² 이하인 건축물의 건축
② 바닥면적의 합계가 85m² 이내의 증축
③ 바닥면적의 합계가 85m² 이내의 재축
❹ 연면적이 250m² 미만이고 4층 미만인 건축물의 대수선

해설
연면적이 200m² 미만이고 3층 미만인 건축물의 대수선

5. 허가 · 신고 사항의 변경 등

(1) 허가 · 신고 사항의 변경 시 재허가 · 신고를 해야 할 사항

건축주는 허가를 받았거나 신고를 한 사항을 변경하고자 하는 경우에 이를 변경하기 전에 허가권자의 허가를 받거나, 특별자치시장 · 특별자치도지사 또는 시장 · 군수 · 구청장에게 신고하여야 한다.

재허가 · 신고대상 행위	허가 · 신고 구분
① 바닥면적의 합계가 $85m^2$를 초과하는 부분에 대한 신축 · 증축 · 개축에 해당하는 변경	재허가대상
② 상기 ①에 해당하지 않는 경우	재신고대상
③ 신고로서 허가를 갈음한 건축물 중 변경 후의 건축물 연면적이 신고로서 허가에 갈음할 수 있는 규모 안에서의 변경	
④ 건축주 · 공사시공자 또는 공사감리자를 변경하는 경우	

(2) 사용승인 신청 시 일괄 신고의 범위

허가 또는 신고사항 중 다음의 변경에 대하여는 사용승인을 신청하는 경우에 허가권자에게 일괄 신고할 수 있다.

대상	조건
① 변경 부분 • 바닥면적의 합계가 $50m^2$ 이하 • 연면적 합계가 1/10 이하(연면적 $5,000m^2$ 이상인 건축물은 각 층의 바닥면적이 $50m^2$ 이하의 범위)	건축물의 동수나 층수를 변경하지 아니하는 경우에 한함
② 대수선에 해당하는 경우	–
③ 변경되는 부분 • 높이가 1m 이하이거나 • 전체높이의 1/10 이하인 경우	건축물의 층수를 변경하지 아니하는 경우에 한함
④ 변경되는 부분의 위치가 1m 이하	–

※ 변경되는 부분이 위 조건에 따른 범위 내의 변경인 경우에 한한다.

6. 건축허가 제한 등

(1) 제한의 요건 및 제한권자

제한권자	제한의 요건	제한 사항
국토교통부장관	• 국토관리상 특히 필요하다고 인정하는 경우 • 주무부장관이 국방 · 문화재 보전 · 환경보전 · 국민경제상 특히 필요하다고 요청한 경우	허가권자의 건축허가
특별시장 · 광역시장 · 도지사	지역계획 또는 도시 · 군계획상 특히 필요하다고 인정한 경우	시장 · 군수 · 구청장의 건축허가

(2) 제한 규정

① 제한 기준

제한기간을 2년 이내로 하되, 제한기간의 연장은 1회에 한하여 1년 이내의 범위에서 그 제한기간을 연장할 수 있다.

② 통보 및 공고

건축허가 또는 건축물의 착공을 제한하는 경우에는 그 목적 · 기간 및 대상을 정하여 허가권자에게 통보하여야 하며, 통보를 받은 허가권자는 지체 없이 이를 공고하여야 한다.

7. 용도변경

(1) 용도변경의 허가 또는 신고

① 사용승인을 얻은 건축물의 용도를 변경하고자 하는 자는 특별자치시장 · 특별자치도지사 또는 시장 · 군수 · 구청장의 허가를 받거나 신고를 하여야 한다.

② 건축물의 용도 변경은 변경하고자 하는 용도의 건축기준에 적합하게 하여야 한다.

③ 허가대상과 신고대상의 구분

구분	내용
허가대상	건축물의 용도를 하위시설군 9에서 1의 상위시설군 방향으로 용도를 변경하는 경우
신고대상	건축물의 용도를 상위시설군 1에서 9의 하위시설군 방향으로 용도를 변경하는 경우

≫ 용도변경

무분별한 용도변경을 막기 위해 허가제로서 운영하여 왔으나 신고제로 전환하며 행정절차를 간소화하였고 건축기준이 엄격한 용도의 건축물을 완화된 규정이 적용되는 용도로 변경하거나 변경 전의 용도를 환원시 신고없이 가능토록 하여 사용자의 편의를 도모함

핵심문제 ●●●

다음 중 용도변경과 관련된 시설군과 해당 시설군에 속하는 건축물 용도의 연결이 옳지 않은 것은? 산 18③

① 산업 등 시설군 : 운수시설
② 전기통신시설군 : 발전시설
❸ 문화 · 집회시설군 : 판매시설
④ 교육 및 복지시설군 : 의료시설

해설 영업시설군 : 판매시설

핵심문제 ●●●

다음 중 건축물의 용도변경 시 허가를 받아야 하는 경우에 해당하지 않는 것은? 기 21②

① 주거업무시설군에 속하는 건축물의 용도를 근린생활시설군에 해당하는 용도로 변경하는 경우
❷ 문화 및 집회시설군에 속하는 건축물의 용도를 영업시설군에 해당하는 용도로 변경하는 경우
③ 전기통신시설군에 속하는 건축물의 용도를 산업 등의 시설군에 해당하는 용도로 변경하는 경우
④ 교육 및 복지시설군에 속하는 건축물의 용도를 문화 및 집회시설군에 해당하는 용도로 변경하는 경우

해설

② 문화 및 집회시설군에 속하는 건축물의 용도를 영업시설군에 해당하는 용도로 변경하는 경우는 신고대상이다.

▼ **용도변경 시설군의 분류**

시설군	건축물의 세부 용도
1. 자동차관련 시설군	• 자동차관련시설
2. 산업 등 시설군	• 운수시설 • 창고시설 • 공장 • 장례시설 • 위험물저장 및 처리시설 • 자원순환관련시설 • 묘지관련시설
3. 전기통신 시설군	• 방송통신시설 • 발전시설
4. 문화 및 집회 시설군	• 문화 및 집회시설 • 종교시설 • 위락시설 • 관광휴게시설
5. 영업시설군	• 판매시설 • 운동시설 • 숙박시설 • 제2종 근린생활시설 중 다중생활시설
6. 교육 및 복지 시설군	• 의료시설 • 교육연구시설 • 야영장시설 • 수련시설
7. 근린생활 시설군	• 제1종 근린생활시설 • 제2종 근린생활시설(다중생활시설 제외)
8. 주거업무 시설군	• 단독주택 • 공동주택 • 업무시설 • 교정시설 • 국방 · 군사시설
9. 그 밖의 시설군	• 동물 및 식물관련시설

건축허가 (↑)	용도변경 시설군		건축신고 (↓)
	1	자동차관련 시설군	
	2	산업 등 시설군	
	3	전기통신시설군	
	4	문화 및 집회시설군	
	5	영업시설군	
	6	교육 및 복지시설군	
	7	근린생활시설군	
	8	주거업무시설군	
	9	그 밖의 시설군	

(2) 건축물대장의 변경신청

원칙	① 시설군 중 동일한 시설군 내에서 건축물의 용도를 변경하고자 하는 자는 특별자치시장 · 특별자치도지사 또는 시장 · 군수 · 구청장에게 건축물대장의 기재내용 변경신청을 하여야 한다. ② 제1종 근린생활시설을 다음에 해당하는 제2종 근린생활시설의 용도로 변경하는 경우에도 건축물대장의 기재내용 변경신청을 하여야 한다. ㉠ 단란주점으로서 같은 건축물에 해당 용도로 쓰는 바닥면적의 합계가 $150m^2$ 미만인 것 ㉡ 안마시술소, 안마원 및 노래연습장 ㉢ 고시원으로서 같은 건축물에 해당 용도로 쓰는 바닥면적의 합계가 $1,000m^2$ 미만인 것
예외	① 용도별 건축물의 세부 종류에서 동일한 호 [별표 1]의 각 호별 용도에 속하는 건축물 상호 간의 변경인 경우 ② 「국토의 계획 및 이용에 관한 법률」이나 그 밖의 관계법령에서 정하는 용도제한에 적합한 범위에서 제1종 근린생활시설과 제2종 근린생활시설 상호 간의 용도변경

(3) 용도변경 시 법의 준용 사용승인 및 설계

준용법령	용도변경 적용범위
허가 및 신고대상 건축물의 사용 승인	용도변경 부분의 바닥면적 합계가 $100m^2$ 이상인 경우 건축물의 사용승인을 신청하여야 한다. 예외 용도변경하려는 부분의 바닥면적 합계가 500제곱미터 미만으로서 대수선에 해당되는 공사를 수반하지 아니하는 경우에는 그러하지 아니하다.
허가대상 건축물의 설계	용도변경 부분의 바닥면적 합계가 $500m^2$ 이상인 용도변경의 설계는 건축사가 아니면 할 수 없다. 예외 1층인 축사를 공장으로 용도변경하는 경우로서 증축 · 개축 · 대수선 등을 수반하지 아니하고 구조 안전 · 피난 등에 지장이 없을 경우

8. 가설건축물

(1) 가설건축물의 건축허가

① 설치대상 및 허가

도시 · 군계획시설 또는 도시 · 군계획시설예정지에서 가설건축물을 건축하는 경우에는 특별자치시장 · 특별자치도지사 또는 시장 · 군수 · 구청장의 허가를 받아야 한다.

② 허가 불허 및 설치기준

㉠ 도시 · 군계획시설 부지에서 개발행위에 위배되는 경우

㉡ 4층 이상인 경우

㉢ 다음의 범위에서 조례로 정하는 기준에 따르지 아니한 경우

구분	내용
구조	철근콘크리트조 또는 철골 · 철근콘크리트조가 아닐 것
기간	존치기간은 3년 이내일 것. 다만 도시 · 군계획사업이 시행될 때까지 그 기간을 연장할 수 있다.
설비	전기 · 수도 · 가스 등 새로운 간선공급설비의 설치를 필요로 하지 아니할 것
분양 목적	공동주택 · 판매시설 · 운수시설 등으로서 분양을 목적으로 건축하는 건축물이 아닐 것

㉣ 그 밖에 이 법 또는 다른 법령에 따른 제한규정을 위반하는 경우

(2) 가설건축물의 축조신고(일시 사용하는 가설건축물)

① 신고대상

다음의 가설건축물을 축조하고자 하는 자는 존치기간, 설치기준 및 절차에 따라 특별자치시장 · 특별자치도지사 또는 시장 · 군수 · 구청장에게 신고한 후 착공하여야 한다.

㉠ 재해가 발생한 구역 또는 그 인접구역으로서 특별자치도지사 또는 시장 · 군수 · 구청장이 지정하는 구역 안에서 일시 사용을 위하여 건축하는 것

㉡ 특별자치도지사 또는 시장 · 군수 · 구청장이 도시미관이나 교통소통에 지장이 없다고 인정하는 가설전람회장 농 · 수 · 축산물 직거래용 가설점포, 그 밖에 이와 유사한 것

㉢ 공사에 필요한 규모의 범위 안의 공사용 가설건축물 및 공작물

㉣ 전시를 위한 견본주택, 그 밖에 이와 유사한 것

㉤ 특별자치도지사 또는 시장 · 군수 · 구청장이 도로변 등의 미관정비를 위하여 필요하다고 인정하는 가설점포(물건 등의 판매를 목적으로 하는 것)로서 안전 · 방화 및 위생에 지장이 없는 것

㉥ 조립식 구조로 된 경비용에 쓰이는 가설건축물로서 연면적이 10m² 이하인 것

㉦ 조립식 구조로 된 외벽이 없는 자동차 차고로서 높이 8m 이하인 것

㉧ 컨테이너 또는 이와 유사한 것으로 된 가설건축물로서 임시사무실 · 창고 · 숙소로 사용되는 것(건축물의 옥상에

핵심문제 ●●●

가설건축물을 축조하려고 할 때 특별자치도지사 또는 시장 · 군수 · 구청장에게 신고하여야 할 대상 가설건축물에 해당하지 않는 것은? 기 11①

① 농업용 고정식 온실
② 전시를 위한 견본주택
③ 공장에 설치하는 창고용 천막
❹ 조립식 구조로 된 경비용에 쓰는 가설건축물로서 연면적이 15m² 인 것

해설

조립식 구조로 된 경비용에 쓰이는 가설건축물로서 연면적이 10m² 이하인 것

건축하는 것을 제외한다. 다만, 2009년 7월 1일부터 2015년 6월 30일까지 및 2016년 7월 1일부터 2019년 6월 30일까지 공장의 옥상에 축조하는 것은 포함한다.)

ⓩ 도시지역 중 주거지역 · 상업지역 · 공업지역에 건축하는 농 · 어업용 비닐하우스로서 연면적 100m² 이상인 것

ⓧ 연면적 100m² 이상인 간이축사용 · 가축운동용 · 가축의 비가림용 비닐하우스 · 천막(벽 또는 지붕이 합성수지재질로 된 것을 포함한다)구조의 건축

ⓚ 농업 · 어업용 고정식 온실 및 간이작업장, 가축양육실

ⓣ 물품저장용, 간이포장용, 간이수선작업용 등으로 쓰기 위하여 공장 또는 창고시설에 설치하거나 인접대지에 설치하는 천막(벽 또는 지붕이 합성수지재질로 된 것을 포함한다), 그 밖에 이와 유사한 것

ⓟ 유원지 · 종합휴양업사업지역 등에서 한시적인 관광 · 문화행사 등을 목적으로 천막 또는 경량구조로 설치하는 것

ⓗ 관광특구에 설치하는 야외전시시설 및 촬영시설

② **가설건축물의 축조 신고시 제출서류**

가설건축물을 축조하고자 하는 자는 다음의 서류를 시장 · 군수 · 구청장에게 제출하여야 한다.

신고서류	첨부서류
가설건축물 축조 신고서	• 배치도 • 평면도

예외 건축허가 신청 시 건축물의 건축에 관한 사항과 함께 공사용 가설건축물의 건축에 관한 사항을 제출한 경우

(3) 신고대상 가설건축물의 존치기간

신고대상 가설건축물의 존치기간은 3년 이내로 한다.

9. 착공신고

(1) 착공신고

건축물의 건축허가를 받거나 신고를 한 건축물의 공사를 착수하고자 하는 건축주는 허가권자에게 그 공사계획을 신고하여야 한다.

예외 건축물의 철거를 신고한 때에 착공예정일을 기재한 경우

(2) 착공신고 절차

① 공사계획을 신고하거나 변경신고를 하는 경우 해당 공사감리자 및 공사시공자가 그 신고서에 함께 서명해야 한다.

② 허가를 받은 건축물의 건축주는 착공신고를 하는 때에 착공신고서에 건축관계자 상호 간의 계약서 사본을 첨부하여야 한다.
③ 건축허가 후 1년 이내에 공사를 착수하지 않을 때 공사착수 시기를 연기하고자 하는 경우에는 착공연기신청서를 허가권자에게 제출하여야 한다.

(3) 착공신고 시 제출서류

① 착공신고서(전자문서신고서 포함)
② 건축관계자 상호 간의 계약서 사본(해당 사항이 있는 경우)
③ 흙막이구조 도면(건축신고 대상 건축물로서 지하 2층 이상의 지하층을 설치하는 경우)

10. 건축물의 사용승인 신청

(1) 건축물의 사용승인 신청

① 대상 건축물
㉠ 건축허가를 받은 건축물의 건축공사를 완료한 후
㉡ 건축신고를 한 건축물의 건축공사를 완료한 후

단서 하나의 대지에 둘 이상의 건축물을 건축하는 경우 동별 공사를 완료한 경우를 포함한다.

② 사용승인 신청
㉠ 건축주는 공사감리자가 작성한 감리완료보고서(공사감리자를 지정한 경우에 한함) 및 공사완료도서를 첨부하여 허가권자에게 사용승인을 신청해야 한다.
㉡ 신고대상 건축물의 사용승인신청서에는 배치 및 평면이 표시된 현황도면을 첨부해야 한다.

③ 사용승인서 교부
허가권자는 사용승인신청서를 받은 날부터 7일 이내에 사용승인을 위한 다음 사항에 대한 검사를 한 후 합격된 건축물에 대하여 사용승인서를 내주어야 한다.
㉠ 사용승인을 신청한 건축물이 이 법에 따라 허가 또는 신고한 설계도서대로 시공되었는지의 여부
㉡ 감리완료보고서, 공사완료도서 등의 서류 및 도서가 적합하게 작성되었는지의 여부

>>> 사용승인 신청

① 사용승인 신청서
② 감리 완료보고서
③ 공사 완료도서
④ 배치 및 평면이 표시된 현황도면

핵심문제 ●●●

다음은 사용승인신청과 관련된 기준 내용이다. ( ) 안에 알맞은 것은? 산 16①

허가권자는 사용신청을 받은 경우에는 그 신청서를 받은 날부터 ( ) 이내에 사용승인을 위한 현장검사를 실시하여야 한다.

① 3일 ② 5일
❸ 7일 ④ 10일

해설 허가권자는 사용신청을 받은 경우에는 그 신청서를 받은 날부터 7일 이내에 사용승인을 위한 현장검사를 실시하여야 한다.

(2) 사용승인 효력

① 건축물의 사용

원칙	건축주는 사용승인을 얻은 후가 아니면 그 건축물을 사용하거나 사용하게 할 수 없다.
예외	• 허가권자가 사용승인 신청접수 후 7일 내에 사용승인서를 내주지 아니한 경우 • 임시로 사용승인을 한 경우

② 타법의 의제

㉠ 건축주가 사용승인을 얻은 경우에는 다음의 검사 등을 받거나 등록신청을 한 것으로 본다.

검사 내용
배수설비의 준공검사
지적공부 변동 사항의 등록신청
승강기 설치검사
보일러 설치검사
전기설비 사용 전 검사
정보통신공사 사용 전 검사
도로점용공사 완료 확인
개발행위의 준공검사
도시 · 군계획시설사업의 준공검사
수질오염물질 배출시설의 가동 개시 신고
대기오염물질 배출시설의 가동 개시 신고

㉡ 공장건축물은 관련법률의 검사 등을 받은 것으로 본다.

㉢ 허가권자는 사용승인을 하고자 하는 위 표의 내용이 포함되는 경우에는 관계행정기관의 장과 미리 협의해야 한다.

(3) 임시사용의 승인신청

① 임시사용 승인신청

㉠ 건축주는 사용승인서를 교부받기 전에 공사가 완료된 부분에 대한 임시사용 승인을 받으려는 경우에 임시사용 승인신청서를 허가권자에게 제출(전자문서에 따른 제출을 포함)하여야 한다.

㉡ 허가권자는 임시사용 승인신청을 받은 날로부터 7일 이내에 임시사용 승인서를 신청인에게 내주어야 한다.

② 임시사용 승인의 조건

㉠ 허가권자는 임시사용 승인신청서를 접수한 경우에는 건

>>> 건축허가 및 건축공사의 절차

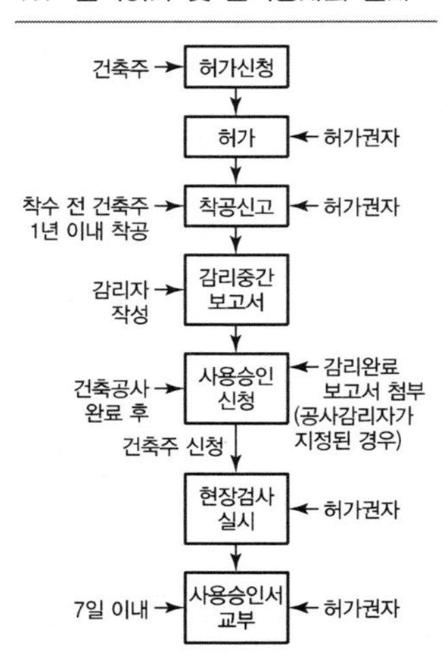

축물 및 대지가 기준에 적합한 경우에 한하여 임시사용을 승인할 수 있다.

예외 법령에 위반하여 건축된 경우

㉡ 식수 등 조경에 필요한 조치를 하기에 부적합한 시기에 건축공사가 완료된 건축물에 대하여는 허가권자가 지정하는 시기까지 식수 등 조경에 필요한 조치를 할 것을 조건으로 하여 임시사용을 승인할 수 있다.

③ **임시사용 승인기간**

임시사용 승인기간은 2년 이내로 한다.

예외 대형건축물 또는 암반공사 등으로 인하여 공사기간이 장기간인 건축물에 대하여는 그 기간을 연장할 수 있다.

11. 건축물의 설계

(1) 건축사에 따른 설계

다음에 해당하는 건축물의 건축 등을 위한 설계는 건축사가 아니면 할 수 없다.

① 건축허가를 받아야 하는 건축물
② 건축신고를 하여야 하는 건축물
③ 사용승인 후 20년 이상 경과된 건축물로서 리모델링을 하는 공동주택의 건축물
④ 바닥면적의 합계가 500m² 이상인 용도변경의 설계
⑤ 다음에 해당하는 가설건축물로서 건축조례로 정하는 가설건축물
㉠ 가설전람회장, 농 · 수 · 축산물 직거래용 가설점포, 그 밖에 이와 유사한 것
㉡ 전시를 위한 견본주택, 그 밖에 이와 유사한 것
㉢ 농업용 고정식 온실
㉣ 유원지 · 종합휴양업 사업지역 등에서 한시적인 관광 · 문화행사 등을 목적으로 천막 또는 경량구조로 설치하는 것

예외
- 바닥면적의 합계가 85m² 미만의 증축 · 개축 또는 재축의 경우
- 연면적이 200m² 미만이고 층수가 3층 미만인 건축물의 대수선인 경우
- 읍 · 면지역(시장 또는 군수가 지역계획 또는 도시 · 군계획에 지장이 있다고 인정하여 지정 · 공고한 구역은 제외)에서 건축하는 건축물 중 연면적이 200m² 이하인 창고 및 농막과 연면적 400m² 이하인 축사 및 작물 재배사, 종묘배양시설, 화초 및 분재 등의 온실
- 그 밖에 위 ⑤ 이외의 가설건축물

(2) 설계기준

① 설계자는 건축법령 및 관계법령에 맞고 안전 · 기능 · 미관에

지장이 없도록 설계할 것

② 설계도서작성기준(국토교통부장관이 고시한 것)에 따라 작성할 것

예외 특수한 공법으로 건축위원회의 심의를 거친 경우

12. 건축시공

(1) 공사시공자의 의무

① 계약에 따라 성실하게 공사를 수행해야 한다.

② 적법하게 건축하여 건축주에게 인도하여야 한다.

(2) 설계변경 요청

공사시공자는 다음의 사유에 해당하는 경우 건축주 및 공사감리자의 동의를 얻어 서면으로 설계자에게 설계변경을 요청할 수 있다.

① 건축법과 관계법령의 규정에 적합하지 않을 때

② 공사의 여건상 불합리하다고 인정되는 경우

※ 설계변경 요청을 받은 설계자는 정당한 사유가 없으면 요청에 따라야 한다.

(3) 상세시공도면 작성

공사시공자는 상세시공도면을 작성하여 공사감리자의 확인을 받은 후 이에 따라 공사를 해야 한다.

① 공사시공자가 해당 공사를 함에 있어 필요하다고 인정한 경우

② 공사감리자로부터 상세시공도면을 작성하도록 요청받은 경우

(4) 설계도서의 비치 및 허가표지판 부착

① 설계도서의 현장비치

공사시공자는 건축허가 또는 용도변경허가 대상건축물의 공사현장에 설계도서를 비치하여야 한다.

② 건축허가표지판 부착

㉠ 공사시공자는 건축허가 또는 용도변경허가 대상건축물의 공사현장에 건축물의 규모 · 용도 · 설계자 · 시공자 · 감리자 등을 표시한 건축허가표지판을 부착하여야 한다.

㉡ 주민이 보기 쉽도록 현장의 주요출입구에 설치하여야 한다.

(5) 현장관리인 지정

「건설산업기본법」에 해당하지 아니하는 건축물의 건축주는 공

사현장의 공정 및 안전을 관리하기 위하여 건설기술자 1명을 현장관리인으로 지정하여야 한다. 이 경우 현장관리인은 공정 및 안전관리업무를 수행하여야 하며, 건축주의 승낙을 받지 아니하고는 정당한 사유 없이 그 공사현장을 이탈하여서는 아니 된다.

(6) 공사시공자의 사진 및 동영상촬영 보관 의무

공동주택, 종합병원, 관광숙박시설 등 대통령령으로 정하는 용도 및 규모의 건축물 공사시공자는 건축주, 공사감리자 및 허가권자가 설계도서에 따라 적정하게 공사되었는지를 확인할 수 있도록 공사의 공정이 대통령령으로 정하는 진도에 다다른 때마다 사진 및 동영상을 촬영하고 보관하여야 한다. 이 경우 촬영 및 보관 등, 그 밖에 필요한 사항은 국토교통부령으로 정한다.

13. 건축물의 공사감리

(1) 공사감리자 지정

① 건축주는 다음에 해당하는 건축물을 건축하는 경우에 건축사 또는 건설기술용역업자를 공사감리자로 지정해야 한다.

감리자	해당 건축물의 용도 · 규모 · 구조
건축사	㉠ 건축허가를 받아야 하는 다음의 건축물(건축신고 대상건축물은 제외)을 건축하는 경우 • 연면적 $200m^2$ 이상 또는 3층 이상인 건축물을 건축하거나 대수선하는 경우 • 건축물의 용도를 상위시설군으로 변경하는 경우 ㉡ 사용승인 후 15년 이상 경과되어 리모델링이 필요한 건축물
건설기술용역업자 또는 건축사 (건설사업관리기술자 배치하는 경우)	다중이용건축물을 건축하는 경우

※ 시공에 관한 감리에 대하여 건설기술용역업자를 공사감리자로 지정하는 때에는 공사시공자 본인이거나 계열회사(「독점규제 및 공정거래에 관한 법률」 제2조)를 공사감리자로 지정하여서는 아니 된다.

※ 다중이용건축물의 공사감리자를 지정하는 경우 감리원의 배치기준 및 감리대가는 「건설기술관리법」이 정하는 바에 따른다.

② 소규모 건축물로서 건축주가 직접 시공하는 건축물 및 주택으로 사용하는 건축물감리 지정

「건설산업기본법」에 해당하지 아니하는 소규모 건축물로서 건축주가 직접 시공하는 건축물 및 주택으로 사용하는 건축

물 중 대통령령으로 정하는 건축물의 경우에는 대통령령으로 정하는 바에 따라 허가권자가 해당 건축물의 설계에 참여하지 아니한 자 중에서 공사감리자를 지정하여야 한다. 다만, 다음의 어느 하나에 해당하는 건축물의 건축주가 국토교통부령으로 정하는 바에 따라 허가권자에게 신청하는 경우에는 해당 건축물을 설계한 자를 공사감리자로 지정할 수 있다.

㉠ 「건설기술 진흥법」에 따른 신기술을 적용하여 설계한 건축물

㉡ 「건축서비스산업 진흥법」에 따른 역량 있는 건축사가 설계한 건축물

㉢ 설계공모를 통하여 설계한 건축물

㉣ 「건설산업기본법」에 해당하지 아니하는 건축물 중 다음 각 목의 어느 하나에 해당하지 아니하는 건축물
 가. 단독주택
 나. 농업 · 임업 · 축산업 또는 어업용으로 설치하는 창고 · 저장고 · 작업장 · 퇴비사 · 축사 · 양어장 및 그 밖에 이와 유사한 용도의 건축물

㉤ 주택으로 사용하는 다음 각 목의 어느 하나에 해당하는 건축물(각 목에 해당하는 건축물과 그 외의 건축물이 하나의 건축물로 복합된 경우를 포함)
 가. 아파트
 나. 연립주택
 다. 다세대주택
 라. 다중주택
 마. 다가구주택

(2) 감리중간보고서 제출

건축주는 공사(하나의 대지에 둘 이상의 건축물이 있는 경우 각각의 건축물)의 공정이 다음에 정하는 진도에 다다른 때에는 감리중간보고서를 공사감리자로부터 제출받아 건축물의 사용승인신청 시 허가권자에게 제출해야 한다.

건축물의 구조	공사의 공정	
• 철근콘크리트조 • 철골철근콘크리트조 • 조적조 • 보강콘크리트블록조	기초공사 시	철근배치를 완료한 경우
	지붕공사 시	지붕슬래브배근을 완료한 경우
	상부 슬래브 배근 완료	지상 5개 층마다 상부 슬래브배근을 완료한 경우

>>> 감리중간보고서 제출 생략

하나의 대지에 여러 동의 건축물을 건축하는 경우 공정이 동마다 달라 중간감리보고가 지연되어 본의 아니게 건축주 또는 감리자가 처벌되는 사례가 있고, 현실적으로도 위법사항 발견 시 공사가 진행되어 시정이 불가능 해지는 점이 있으므로 사용승인 시 일괄 제출토록 하여 건축주의 편의를 도모

건축물의 구조	공사의 공정	
• 철골조	기초공사 시	철근배치를 완료한 경우
	지붕공사 시	지붕철골조립을 완료한 경우
	주요구조부의 조립	지상 3개 층마다 또는 높이 20m마다 완료한 경우
• 그 밖의 구조	기초공사 시	거푸집 또는 주춧돌의 설치를 완료한 경우
• 건축물이 3층 이상의 필로티형식	• 위의 공사공정 진행과정에 해당하는 경우 • 건축물 상층부의 하중이 상층부와 다른 구조형식의 하층부로 전달되는 다음의 어느 하나에 해당하는 부재의 철근배치를 완료한 경우 1) 기둥 또는 벽체 중 하나 2) 보 또는 슬래브 중 하나	

(3) 공사감리의 구분

① 일반공사감리

수시 또는 필요한 때 공사현장에서 감리업무를 수행한다.

② 상주공사감리

공사감리자는 수시 또는 필요한 때 공사현장에서 감리업무를 수행하여야 하지만, 다음에 해당하는 공사감리는 건축사보를 해당 공사기간 동안 각각 공사현장에서 감리업무를 수행하게 해야 한다.

상주공사감리 대상건축물	감리인원	감리기간
• 바닥면적의 합계가 5,000m² 이상인 건축공사(축사 또는 작물 재배사의 건축공사는 제외) • 연속된 5개 층 이상으로서 바닥면적의 합계가 3,000m² 이상인 건축공사 • 아파트의 건축공사 • 준다중이용건축물 건축공사	건축 분야 건축사보 1인 이상	전체 공사기간 동안 상주
	토목, 전기, 기계 분야의 건축사보 1인 이상	각 분야별 해당 공사기간 동안 상주

참고 건축사보

"건축사보"란 제23조에 따른 건축사사무소에 소속되어 제19조에 따른 업무를 보조하는 사람 중 다음 각 목의 어느 하나에 해당하는 사람으로서 국토교통부장관에게 신고한 사람을 말한다.

가. 제13조에 따른 실무수련을 받고 있거나 받은 사람

나. 「국가기술자격법」에 따라 건설, 전기·전자, 기계, 화학, 재료, 정보통신, 환경·에너지, 안전관리, 그 밖에 대통령령으로 정하는 분야의 기사(技士) 또는 산업기사 자격을 취득한 사람

다. 4년제 이상 대학 건축 관련 학과 졸업 또는 이와 동등한 자격으로서 대통령령으로 정하는 학력 및 경력을 가진 사람

핵심문제 ●●○

다음은 공사감리에 관한 기준 내용이다. 밑줄 친 "공사의 공정이 대통령령으로 정하는 진도에 다다른 경우"에 속하지 않는 것은?(단, 건축물의 구조가 철근콘크리트조인 경우) 기 18①

공사감리자는 국토교통부령으로 정하는 바에 따라 감리일지를 기록·유지하여야 하고, 공사의 공정(工程)이 대통령령으로 정하는 진도에 다다른 경우에는 감리중간보고서를 작성하여 건축주에게 제출하여야 한다.

① 지붕슬래브배근을 완료한 경우
② 기초공사 시 철근배치를 완료한 경우
❸ 기초공사에서 주춧돌의 설치를 완료한 경우
④ 지상 5개 층마다 상부 슬래브배근을 완료한 경우

해설 그 밖의 구조
기초공사에서 주춧돌의 설치를 완료한 경우

핵심문제 ●●●

건축 분양의 건축사보 한 명 이상을 전체 공사기간 동안 공사현장에서 감리업무를 수행하게 하여야 하는 건축공사 에 속하지 않는 것은?(단, 건축 분야의 건축공사 설계·시공·시험·검사·공사감독 또는 감리업무 등에 2년 이상 종사한 경력이 있는 건축사보의 경우) 산 17②

① 16층 아파트의 건축공사
② 준다중이용건축물의 건축공사
③ 바닥면적 합계가 5,000m²인 의료시설 중 종합병원의 건축공사
❹ 바닥면적 합계가 2,000m²인 숙박시설 중 일반 숙박시설의 건축공사

해설 건축 분야 상주공사감리 대상건축물
• 바닥면적 5,000m² 이상인 건축공사
• 연속된 5개 층 이상으로 바닥면적 3,000m² 이상인 건축공사
• 아파트 건축공사
• 준다중이용건축물 건축공사

(4) 공사감리자의 임무

① 시정 또는 재시공 요청

공사감리자는 다음의 경우 건축주에게 통지한 후 공사시공자로 하여금 시정 또는 재시공하도록 요청해야 한다.

㉠ 건축법 또는 관계법령에 위반된 사항을 발견한 때

㉡ 공사시공자가 설계도서대로 공사를 하지 아니한 때

② 공사중지 요청

㉠ 공사감리자는 공사시공자가 시공 또는 재시공을 하지 않는 경우에 해당 공사를 중지하도록 요청할 수 있다.

㉡ 공사중지 요청을 받은 공사시공자는 정당한 사유가 없는 한 즉시 공사를 중지해야 한다.

③ 위법 사항의 보고

공사감리자는 공사시공자가 시정 또는 재시공 요청을 받은 후 이에 따르지 아니하거나 공사중지 요청을 받은 후 공사를 계속하는 경우에는 시정 등을 요청할 때에 명시한 기간이 만료되는 날로부터 7일 이내에 위법 건축보고서를 허가권자에게 제출(전자문서에 따른 제출을 포함)하여야 한다.

④ 상세시공도면 작성요청

공사감리자는 연면적 합계가 5,000m^2 이상인 건축공사에 필요하다고 인정하는 경우 공사시공자로 하여금 상세시공도면을 작성하도록 요청할 수 있다.

⑤ 감리일지의 기록 · 유지 등

㉠ 공사감리자는 감리일지를 기록 · 유지하여야 한다.

㉡ 공사감리자는 공사의 공정이 일정 진도에 다다른 때에는 중간감리보고서를, 공사를 완료한 때에는 감리완료보고서를 건축주에게 제출해야 한다.

⑥ 공사감리업무

㉠ 공사시공자가 설계도서에 따라 적합하게 시공하는지 여부의 확인

㉡ 공사시공자가 사용하는 건축자재가 관계법령에 따른 기준에 적합한 건축자재인지 여부의 확인

㉢ 건축물 및 대지가 관계법령에 적합하도록 공사시공자 및 건축주를 지도

㉣ 시공계획 및 공사관리의 적정 여부 확인

㉤ 공사현장에서의 안전관리 지도

>>> 공사감리자의 임무

① 시정 또는 재시공 요청
② 공사중지 요청
③ 위법 사항의 보고
④ 상세시공도면 작성요청
⑤ 감리일지의 기록 · 유지 등
⑥ 공사감리업무

핵심문제 ●●●

건축법령에 따른 공사감리자의 수행 업무가 아닌 것은? 산 15①

① 공정표의 검토
❷ 상세시공도면의 작성
③ 공사현장에서의 안전관리 지도
④ 시공계획 및 공사관리의 적정 여부 확인

해설

상세시공도면의 작성이 아니라 상세시공도면의 검토 · 확인 업무이다.

ⓑ 공정표 검토
ⓢ 상세시공도면의 검토 · 확인
ⓞ 구조물의 위치와 규격의 적정 여부 검토 · 확인
ⓙ 품질시험의 실시 여부 및 시험성과 검토 · 확인
ⓒ 설계변경의 적정 여부 검토 · 확인
ⓚ 그 밖에 공사감리계약으로 정하는 사항

14. 허용오차

「건축법」을 적용함에 있어서 대지의 측량(「공간정보의 구축 및 관리 등에 관한 법률」에 따른 지적측량을 제외)과 건축물의 건축 과정에서 부득이하게 발생하는 오차는 다음의 범위에서 허용한다.

(1) 대지관련 건축기준의 허용오차

항목	허용되는 오차의 범위
• 건폐율	0.5% 이내(건축면적 $5m^2$를 초과할 수 없다.)
• 용적률	1% 이내(연면적 $30m^2$를 초과할 수 없다.)
• 건축선의 후퇴거리	3% 이내
• 인접건축물과의 거리	

(2) 건축물관련 건축기준의 허용오차

항목	허용되는 오차의 범위	
• 건축물의 높이	2% 이내	1m를 초과할 수 없다.
• 출구너비		–
• 반자높이		–
• 평면길이		• 건축물 전체 길이는 1m를 초과할 수 없다. • 벽으로 구획된 각 실은 10cm를 초과할 수 없다.
• 벽체두께	3% 이내	–
• 바닥판두께		

핵심문제 ●●●

건축물 관련 건축기준의 허용오차 범위 기준이 2% 이내가 아닌 것은?
기 21①

① 출구너비
② 반자높이
③ 평면길이
❹ 벽체두께

해설
벽체두께는 3% 이내이다.

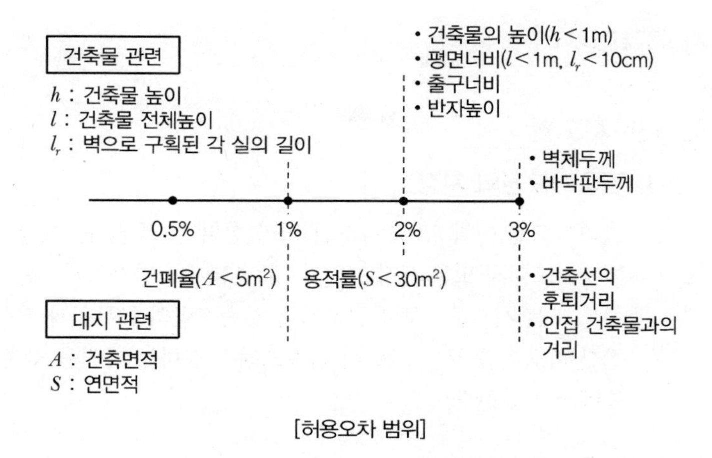

[허용오차 범위]

핵심문제

건축물 관련 건축기준의 허용오차가 옳지 않은 것은? 산 19③

① 반자높이 : 2% 이내
② 출구너비 : 2% 이내
❸ 벽체두께 : 2% 이내
④ 바닥판두께 : 3% 이내

해설 허용오차 범위
- 0.5% 이내 : 건폐율
- 1% 이내 : 용적률
- 2% 이내 : 건축물의 높이, 평면길이, 출구너비, 반자높이
- 3% 이내 : 벽체두께, 바닥판두께, 건축물의 후퇴거리, 인접 대지경계선과의 거리, 인접 건축물과의 거리

SECTION 03 건축물의 유지 · 관리

핵심문제 ●●●

건축지도원에 관한 설명으로 틀린 것은? 기 21①

① 허가를 받지 아니하고 건축하거나 용도변경한 건축물의 단속 업무를 수행한다.
② 건축지도원은 시장, 군수, 구청장이 지정할 수 있다.
❸ 건축지도원의 자격과 업무범위는 국토교통부령으로 정한다.
④ 건축신고를 하고 건축 중에 있는 건축물의 시공 지도와 위법 시공 여부의 확인 · 지도 및 단속 업무를 수행한다.

해설
건축지도원의 자격만 건축조례로 정하고, 건축지도원 업무범위는 건축법 시행령에서 정하고 있다.

1. 건축지도원

(1) 건축지도원의 지정

건축지도원(이하 "건축지도원"이라 한다)은 특별자치시장 · 특별자치도지사 또는 시장 · 군수 · 구청장이 특별자치시 · 특별자치도 또는 시 · 군 · 구에 근무하는 건축직렬의 공무원과 건축에 관한 학식이 풍부한 자로서 건축조례로 정하는 자격을 갖춘 자 중에서 지정한다.

(2) 건축지도원의 자격

① 시 · 군 · 구에 근무하는 건축직렬공무원
② 건축에 관한 학식이 풍부한 자로서 건축조례가 정하는 자격을 갖춘 자

(3) 건축지도원의 업무

① 건축신고를 하고 건축 중에 있는 건축물의 시공지도와 위법 시공 여부 확인 · 지도 및 단속
② 건축물의 대지, 높이 및 형태, 구조안전 및 화재안전, 건축설비 등이 법령 등에 적합하게 유지 · 관리되고 있는지의 확인 · 지도 및 단속
③ 허가를 받지 아니하거나 신고를 하지 아니하고 건축하거나 용도변경한 건축물의 단속

(4) 건축지도원의 지정 절차 · 보수기준

건축지도원의 지정 절차 · 보수기준 등에 관하여 필요한 사항은 건축조례로 정한다.

2. 건축물대장

(1) 건축물대장의 기재 및 보관

특별자치시장 · 특별자치도지사 또는 시장 · 군수 · 구청장은 건축물의 소유 · 이용 및 유지 · 관리상태를 확인하거나 건축정책의 기초자료로 활용하기 위하여 다음에 해당하는 경우 건축물대장에 건축물과 그 대지의 현황을 기록하여 보관하여야 한다.
① 사용승인서를 교부한 경우
② 건축허가 대상건축물(신고대상 건축물 포함) 외의 건축물의 공

사를 완료한 후 그 건축물에 대하여 기재의 요청이 있는 경우
③ 건축물의 유지 · 관리에 관한 사항
④ 「집합건물의 소유 및 관리에 관한 법률」에 따른 가옥대장의 신규등록 및 변경등록의 신청이 있는 경우
⑤ 법 시행일 전에 법령 등의 규정에 적합하게 건축되고 유지 · 관리된 건축물의 소유자가 해당 건축물의 건축물관리대장, 기타 이와 유사한 공부를 법에 따른 건축물대장으로서의 이기신청이 있는 경우
⑥ 기재내용의 변경이 필요한 경우로서 다음에 해당하는 경우
㉠ 건축물의 증축 · 개축 · 재축 · 이전 · 대수선 및 용도변경에 따른 표시 사항이 변경된 경우
㉡ 건축물의 소유권에 관한 사항이 변경된 경우

(2) 건축물대장의 종류 등

① 건축물대장은 건축물 1동을 단위로 하여 각 건축물마다 작성하고, 부속건축물은 주된 건축물에 포함하여 작성한다.
② 건축물대장의 종류

일반건축물대장	「집합건축물의 소유 및 관리에 관한 법률」의 적용을 받는 건축물(집합건축물) 외의 건축물 및 대지에 관한 현황을 기재한 건축물대장
집합건축물대장	집합건축물에 해당하는 건축물 및 대지에 관한 현황을 기재한 건축물대장

SECTION 04 건축물의 대지 및 도로

1. 대지의 안전기준

(1) 대지와 도로면

대지는 인접한 도로면보다 낮아서는 아니 된다.

예외 대지의 배수에 지장이 없거나 용도상 방습의 필요가 없는 경우

(2) 성토 · 지반개량 등의 조치

습한 토지, 물이 나올 우려가 많은 토지, 쓰레기와 그 밖에 이와 유사한 것으로 매립된 토지에 건축물을 건축하는 경우에 성토 · 지반개량 등 필요한 조치를 하여야 한다.

(3) 하수시설의 설치

대지에는 빗물과 오수를 배출하거나 처리하기 위하여 필요한 하수관 · 하수구 · 저수탱크 등의 시설을 하여야 한다.

(4) 옹벽의 설치 등

① 손괴의 우려가 있는 토지에 대지를 조성하려면 다음에 따른 옹벽을 설치하거나 필요한 조치를 하여야 한다.

옹벽의 설치	성토 또는 절토하는 부분의 경사도가 1 : 1.5 이상으로서 높이 1m 이상인 부분
옹벽의 구조	옹벽의 높이가 2m 이상인 경우에는 콘크리트구조로 할 것 예외 국토교통부장관이 정하는 기술적 기준에 적합한 석축인 경우
옹벽의 외벽면	외벽면의 지지 또는 배수를 위한 시설 외의 구조물이 밖으로 튀어 나오지 않게 할 것

예외 건축사 또는 건축구조기술에 의하여 해당 토지의 구조안전이 확인된 경우

② 옹벽의 경사도 · 구조 · 시공방법 및 성토 부분의 높이 등에 관한 기술적 기준은 다음 사항에 적합하여야 한다.

㉠ 석축인 옹벽의 경사도는 높이에 따라 다음 표에 정하는 기준 이하일 것

구분	1.5m까지	3m까지	5m까지
메쌓기	1 : 0.30	1 : 0.35	1 : 0.40
찰쌓기	1 : 0.25	1 : 0.30	1 : 0.35

㉡ 석축인 옹벽의 석축용 돌의 뒷길이 및 뒷채움 돌의 두께는 높이에 따라 다음 표에 정하는 기준 이상일 것

구분/높이		1.5m까지	3m까지	5m까지
석축용 돌의 뒷길이(cm)		30	40	50
뒷채움 돌의 두께(cm)	상부	30	30	30
	하부	40	50	50

㉢ 석축인 옹벽의 윗 가장자리로부터 건축물의 외벽면까지 띄어야 할 거리는 다음 표에 정하는 기준 이상일 것

건축물의 층수	1층	2층	3층 이상
띄는 거리(m)	1.5	2	3

예외 건축물의 기초가 석축의 기초 이하에 있는 경우

(5) 옹벽의 구조, 시공방법, 성토 부분의 높이

① 옹벽의 윗가장자리로부터 안쪽으로 2m 이내에 묻는 배수관은 주철관, 강관 또는 흄관으로 하고 이음 부분은 물이 새지 않도록 할 것

② 옹벽에는 $3m^2$마다 하나 이상의 배수구멍을 설치할 것

③ 옹벽의 윗가장자리로부터 2m 이내에서의 지표수는 지상으로 또는 배수관으로 배수하여 옹벽의 구조상 지장이 없도록 할 것

④ 성토 부분의 높이는 대지의 안정 등에 지장이 없는 한 인접대지의 지표면보다 0.5m 이상 높지 않게 할 것

예외 절토에 의하여 조성된 대지 등 시장 · 군수 · 구청장이 지형조건상 부득이하다고 인정하는 경우

2. 대지의 조경

(1) 조경적용기준

구분	기준	
원칙	적용면적	대지면적이 $200m^2$ 이상인 경우
	적용기준	• 용도지역 및 건축물의 규모에 따라 해당 지방자치단체의 조례가 정하는 기준에 의함 • 국토교통부장관은 식재기준 · 조경시설물의 종류 · 설치 방법 · 옥상조경 등 필요한 사항을 정하여 고시할 수 있다.
조경 제외 대상	• 녹지지역에 건축하는 건축물 • 면적 $5,000m^2$ 미만인 대지에 건축하는 공장 • 연면적의 합계가 $1,500m^2$ 미만인 공장 • 산업단지 안에 건축하는 공장 • 대지에 염분이 함유되어 있는 경우 • 건축물 용도의 특성상 조경 등의 조치를 하기가 곤란하거나 불합리한 경우로서 해당 지방자치단체의 조례가 정하는 건축물 • 축사 • 가설건축물(「건축법」) • 연면적의 합계가 $1,500m^2$ 미만인 물류시설 예외 주거지역 또는 상업지역에 건축하는 것 • 자연환경보전지역 · 농림지역 · 관리지역(지구단위계획구역으로 지정된 지역을 제외) 안의 건축물 • 다음의 어느 하나에 해당하는 건축물 중 건축조례로 정하는 건축물 ㉠ 「관광진흥법」에 따른 관광지 또는 관광단지에 설치하는 관광시설	

핵심문제 ●●○

다음은 대지의 조경에 관한 기준 내용이다. ( ) 안에 알맞은 것은?

기 21①

면적이 ( ) 이상인 대지에 건축을 하는 건축주는 용도지역 및 건축물의 규모에 따라 해당 지방자치단체의 조례로 정하는 기준에 따라 대지에 조경이나 그 밖에 필요한 조치를 하여야 한다.

① $100m^2$ ❷ $200m^2$
③ $300m^2$ ④ $500m^2$

해설 대지의 조경에 관한 기준

면적이 $200m^2$ 이상인 대지에 건축을 하는 건축주는 용도지역 및 건축물의 규모에 따라 해당 지방자치단체의 조례로 정하는 기준에 따라 대지에 조경이나 그 밖에 필요한 조치를 하여야 한다.

	㉡ 「관광진흥법 시행령」에 따른 전문휴양업의 시설 또는 종합휴양업의 시설 ㉢ 「국토의 계획 및 이용에 관한 법률 시행령」에 따른 관광·휴양형 지구단위계획구역에 설치하는 관광시설 ㉣ 「체육시설의 설치·이용에 관한 법률 시행령」에 따른 골프장

(2) 조경설치기준

대상건축물	조경설치기준	
	연면적 합계	대지면적
① 공장	2,000m² 이상	10% 이상
예외 조경 제외 대상에 해당하는 공장 • 면적 5,000m² 미만인 대지에 건축하는 공장 • 연면적의 합계가 1,500m² 미만인 공장 • 산업단지 안에 건축하는 공장 ② 물류시설 **예외** 조경 제외 대상에 해당하는 물류시설 • 연면적의 합계가 1,500m² 미만인 물류시설 • 주거지역 또는 상업지역에 건축하는 물류시설	1,500m² 이상 ~ 2,000m² 미만	5% 이상
③ 공항시설	대지면적의 10% 이상 **예외** 활주로·유도로·계류장·착륙대 등 항공기의 이·착륙시설에 이용하는 면적은 대지면적에서 제외	
④ 철도 중 역시설(「철도의 건설 및 철도시설 유지관리에 관한 법률」)	대지면적의 10% 이상 **예외** 선로·승강장 등 철도운행에 이용되는 시설의 면적은 대지면적에서 제외	
⑤ 대지면적 200m² 이상 300m² 미만인 대지에 건축하는 건축물	대지면적의 10% 이상	

(3) 옥상조경의 기준

건축물의 옥상에 조경을 한 경우	옥상 조경면적의 2/3를 대지 안의 조경면적으로 산정할 수 있다.
대지의 조경면적으로 산정하는 옥상 조경면적	전체 조경면적의 50%를 초과할 수 없다.

핵심문제 ●●●

건축물을 신축하는 경우 옥상에 조경을 150m² 시공했다. 이 경우 대지의 조경면적은 최소 얼마 이상으로 하여야 하는가?(단, 대지면적은 1,500m²이고, 조경설치 기준은 대지면적의 10%이다.) 기 18④

① 25m² ② 50m²
❸ 75m² ④ 100m²

해설 조경면적

옥상 부분의 조경면적 2/3에 해당하는 면적을 대지 안의 조경면적으로 산정할 수 있으며, 이 경우 조경면적의 50/100을 초과할 수 없다.

• 대지면적 1,500m²에 대한 조경면적 10%는 150m²
• 최대 옥상조경면적 기준은 150m²×50/100 = 75m²

그러므로 대지에 설치하여야 하는 조경면적은 150m² − 75m² = 75m²이다.

3. 공개공지 등의 확보 대상

(1) 확보 대상지역 및 규모

다음에 해당하는 대상지역의 환경을 쾌적하게 조성하기 위하여 다음의 용도 및 규모의 건축물은 일반이 사용할 수 있도록 소규모 휴식시설 등의 공개공지 또는 공개공간을 설치해야 한다.

대상지역	용도	규모
• 일반주거지역 • 준주거지역 • 상업지역 • 준공업지역 • 특별자치도지사 또는 시장·군수·구청장이 도시화의 가능성이 크거나 노후 산업단지의 정비가 필요하다고 인정하여 지정·공고하는 지역	• 문화 및 집회시설 • 종교시설 • 판매시설(농·수산물 유통시설은 제외) • 운수시설(여객용시설만 해당) • 업무시설 • 숙박시설	해당 용도로 쓰는 바닥면적의 합계가 5,000m² 이상
	• 다중이 이용하는 시설로서 건축조례가 정하는 건축물	

(2) 확보면적

① 공개공지 또는 공개공간의 면적은 대지면적의 10% 이하의 범위 안에서 건축조례로 정한다.

② 대지의 조경에 따른 조경면적과 「매장 문화재보호 및 조사에 관한 법률」에 따른 매장 문화재의 원형 보존 조치면적을 공개공지 또는 공개공간의 면적으로 제공할 수 있다.

(3) 공개공지 등의 설치시 건축규제완화

① 공개공지 또는 공개공간을 설치하는 경우 다음의 규정에 대한 완화적용범위 안에서 대지면적에 대한 공개공지 등 면적 비율에 따라 용적률과 건축물의 높이제한 규정을 완화하여 적용한다. 다만, 다음의 범위에서 건축조례로 정한 기준이 완화 비율보다 큰 경우에는 해당 건축조례로 정하는 바에 따른다.

법규정	완화범위
용적률	해당 지역의 1.2배 이하
건축물의 높이제한	해당 건축물에 적용되는 높이의 1.2배 이하

② 공개공지 또는 공개공간의 설치대상 건축물(「주택법」에 따른 사업계획승인대상 공동주택을 제외)이 아닌 대지에 설치기준에 맞게 공개공지 등을 설치한 경우 위 ①의 완화규정을 준용한다.

>>> 공개공지 대상 예외지역

전용주거지역, 전용공업지역, 일반공업지역, 녹지지역은 공개공지 대상지역이 아니다.

핵심문제 ●●●

대통령령으로 정하는 용도와 규모의 건축물에 일반이 사용할 수 있도록 대통령령으로 정하는 기준에 따라 소규모 휴식시설 등의 공개공지 또는 공개공간을 설치하여야 하는 대상지역에 속하지 않는 것은?

기 20④ 18① 산 20①②통합 17③

① 상업지역 ② 준주거지역
③ 준공업지역 ❹ 일반공업지역

해설 공개공지 또는 공개공간 설치지역
- 일반주거지역, 준주거지역
- 상업지역
- 준공업지역
- 특별자치시장·특별자치도지사 또는 시장·군수·구청장이 도시화의 가능성이 크거나 노후 산업단지의 정비가 필요하다고 인정하여 지정·공고하는 지역

핵심문제 ●●●

건축법령상 건축물의 대지에 공개공지 또는 공개공간을 확보하여야 하는 대상 건축물에 해당하지 않는 것은? (단, 해당 용도로 쓰는 바닥면적의 합계가 5,000m²인 건축물의 경우로, 건축조례로 정하는 다중이 이용하는 시설의 경우는 고려하지 않는다.)

기 21①

① 종교시설 ② 업무시설
③ 숙박시설 ❹ 교육연구시설

해설
교육연구시설은 공개공지 또는 공개공간을 확보하여야 하는 대상 건축물에 해당하지 않는다.

4. 대지와 도로의 관계

(1) 건축물의 대지가 도로에 접하는 길이

건축물의 대지는 도로(자동차만의 통행에 사용되는 것 제외)에 2m 이상 접해야 한다.

예외 대지가 도로에 접하지 않아도 되는 경우
- 해당 건축물의 출입에 지장이 없다고 인정되는 경우
- 건축물 주변에 광장 · 공원 · 유원지, 그 밖에 관계법령에 따라 건축이 금지되고 공중의 통행에 지장이 없는 공지로서 허가권자가 인정한 경우
- 농막을 건축하는 경우

(2) 건축물의 대지가 도로에 접하는 길이 강화규정

연면적의 합계가 2,000m²(공장인 경우에는 3,000m²) 이상인 건축물(축사, 작물재배사, 그 밖에 이와 비슷한 건축물로서 건축조례로 정하는 규모의 건축물은 제외)의 대지는 너비 6m 이상의 도로에 4m 이상 접하여야 한다.

(3) 허가권자의 도로 지정 · 폐지 또는 변경

구분	내용
이해관계인의 동의사항	• 허가권자가 도로의 위치를 지정 · 공고하고자 할 때 • 해당 도로에 편입된 토지의 소유자 · 건축주 등이 허가권자에게 지정된 도로의 폐지 또는 변경을 신청하는 경우
건축위원회의 심의 (이해관계인의 동의 없이)	• 이해관계인이 해외에 거주하는 등 이해관계인의 동의를 얻기가 곤란하다고 허가권자가 인정하는 경우 • 주민이 장기간 통행로로 이용하고 있는 사실상 도로로서 해당 지방자치단체의 조례로 정하는 것인 경우
도로관리대장의 기재	허가권자는 도로를 지정 또는 변경한 경우에는 도로관리대장에 기재하고 관리하여야 한다.

5. 건축선의 지정

(1) 원칙

건축선(도로에 접한 부분에 있어서 건축물을 건축할 수 있는 선)은 원칙적으로 대지와 도로의 경계선으로 한다.

핵심문제 ●●●

건축물의 대지는 원칙적으로 최소 얼마 이상이 도로에 접하여야 하는가? (단, 자동차만의 통행에 사용되는 도로 제외) 기 21② 17② 산 20③

① 1m ❷ 2m
③ 3m ④ 4m

해설

건축물의 대지는 2m 이상이 도로(자동차 전용도로 제외)에 접해야 한다.

핵심문제 ●●●

다음의 대지와 도로의 관계에 관한 기준 내용 중 ( ) 안에 알맞은 것은? 기 20③ 18④ 17①

> 연면적의 합계가 2,000m²(공장인 경우에는 3,000m²) 이상인 건축물(축사, 작물 재배사, 그 밖에 이와 비슷한 건축물로서 건축조례로 정하는 규모의 건축물은 제외한다)의 대지는 너비 (㉠) 이상의 도로에 (㉡) 이상 접하여야 한다.

① ㉠ 4m, ㉡ 2m
❷ ㉠ 6m, ㉡ 4m
③ ㉠ 8m, ㉡ 6m
④ ㉠ 8m, ㉡ 4m

해설

연면적의 합계가 2,000m²(공장인 경우 3,000m²) 이상인 건축물의 대지는 너비 6m 이상의 도로에 4m 이상 접하여야 한다.

(2) 예외

① 소요너비에 미달되는 도로의 건축선

조건	건축선
도로 양쪽에 대지가 있을 때	미달되는 도로의 중심선에서 소요너비의 1/2 수평거리를 후퇴한 선
도로의 반대쪽에 경사지 · 하천 · 철도 · 선로 부지 등이 있을 때	경사지 등이 있는 쪽의 도로경계선에서 소요너비에 필요한 수평거리를 후퇴한 선

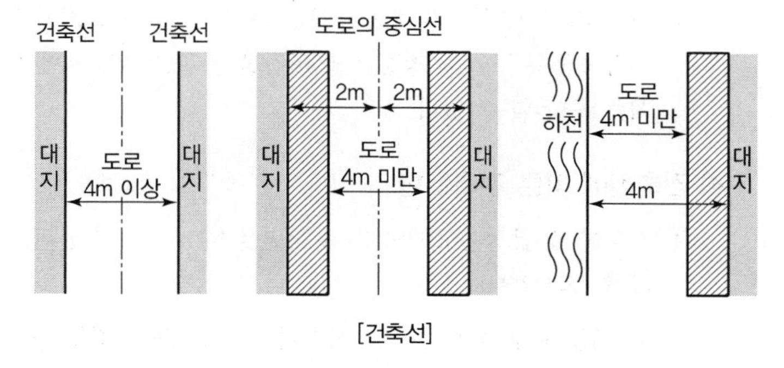

[건축선]

② 교차도로에서의 건축선

교차되는 너비 8m 미만인 도로의 모퉁이에 위치한 대지의 도로모퉁이 부분의 건축선은 도로경계선의 교차점으로부터 도로경계선에 따라 다음의 거리를 각각 후퇴한 2점을 연결한 선으로 한다.

도로의 교차각	해당 도로의 너비		교차되는 도로의 너비
	6m 이상 8m 미만	4m 이상 6m 미만	
90° 미만	4m	3m	6m 이상 8m 미만
	3m	2m	4m 이상 6m 미만
90° 이상 ~ 120° 미만	3m	2m	6m 이상 8m 미만
	2m	2m	4m 이상 6m 미만

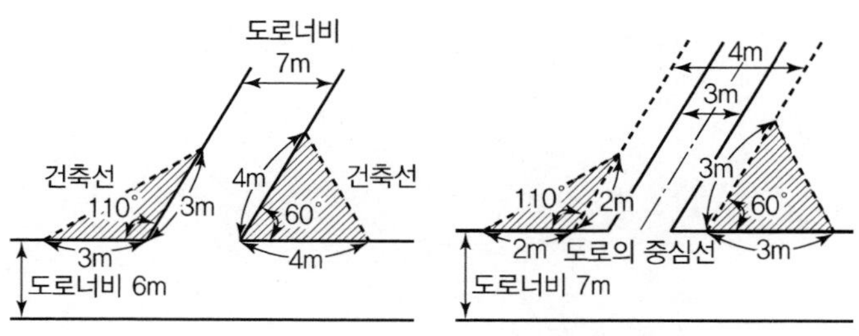

※ 빗금친 부분은 대지면적에서 제외

[도로모퉁이의 건축선]

핵심문제 ●●●

그림과 같은 대지의 도로모퉁이 부분의 건축선으로서 도로경계선의 교차점에서 거리 "A"로 옳은 것은?

기 19①

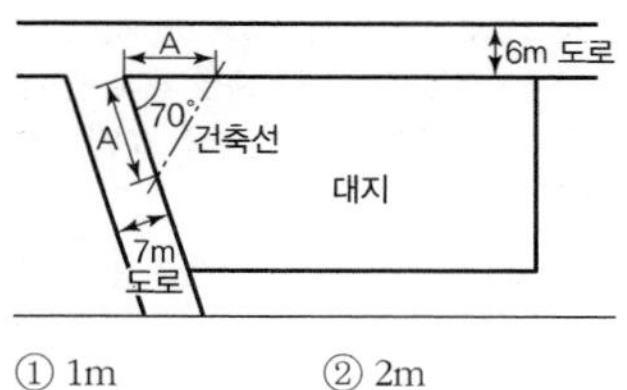

① 1m ② 2m
③ 3m ❹ 4m

해설

90° 미만의 교차도로 너비가 6m와 7m인 경우 각각 4m를 후퇴한다.

(3) 건축선 별도지정

① 특별자치시장 · 특별자치도지사 또는 시장 · 군수 · 구청장은 「국토의 계획 및 이용에 관한 법률」에 따른 도시지역 안에서는 4m 이하의 범위에서 건축선을 따로 지정할 수 있다.

② 특별자치시장 · 특별자치도지사 또는 시장 · 군수 · 구청장은 위 ①에 따라 건축선을 지정하고자 하는 때에는 미리 그 내용을 해당 지방자치단체의 공보 · 일간신문 또는 인터넷 홈페이지 등에 30일 이상 공고하여야 하며, 공고한 내용에 대하여 의견이 있는 자는 공고기간 내에 특별자치도지사 또는 시장 · 군수 또는 구청장에게 의견을 제출(전자문서에 따른 제출 포함)할 수 있다.

(4) 건축선에 따른 건축제한

① 건축물 및 담장은 건축선의 수직면을 넘어서는 안 된다.

예외 지표하의 부분

② 도로면으로부터 높이 4.5m 이하에 있는 출입구 · 창문 등의 구조물은 개폐 시 건축선의 수직면을 넘는 구조로 해서는 안 된다.

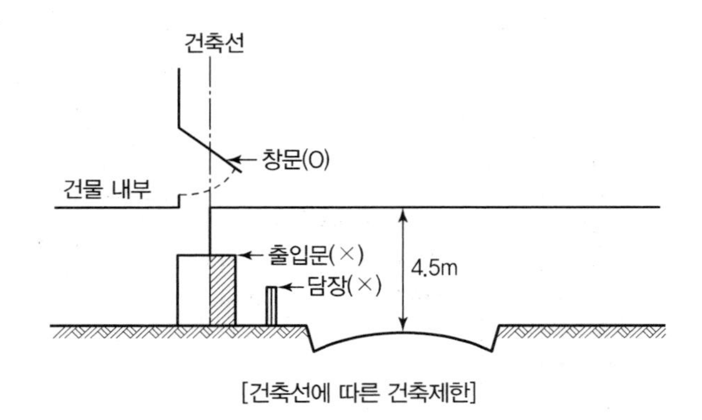

[건축선에 따른 건축제한]

핵심문제 ●●●

다음은 건축선에 따른 건축제한에 관한 기준 내용이다. ( ) 안에 알맞은 것은? 산 19③ 17①

> 도로면으로부터 높이 ( ) 이하에 있는 출입구, 창문, 그 밖에 이와 유사한 구조물은 열고 닫을 때 건축선의 수직면을 넘지 아니하는 구조로 하여야 한다.

① 1.5m ② 3m
❸ 4.5m ④ 6m

해설

도로면으로부터 높이 4.5m 이하에 있는 출입구 · 창문 등의 구조물은 개폐 시 건축선의 수직면을 넘는 구조로 해서는 안 된다.

SECTION 05 건축물의 구조 및 재료

1. 구조내력 등

(1) 구조내력

건축물은 고정하중 · 적재하중 · 적설하중 · 풍압 · 지진, 그 밖의 진동 및 충격 등에 안전한 구조를 가져야 한다.

(2) 구조안전 확인 건축물 중 착공신고시 구조안전의 확인서류 제출대상

구조안전을 확인한 건축물 중 다음의 어느 하나에 해당하는 건축물의 건축주는 해당 건축물의 설계자로부터 구조안전의 확인서류를 받아 착공신고를 하는 때에 그 확인서류를 허가권자에게 제출하여야 한다.

구분	대상규모
층수	2층 이상인 건축물(주요 구조부인 기둥과 보를 설치하는 건축물로서 그 기둥과 보가 목재인 목구조 건축물의 경우에는 3층)
연면적	$200m^2$(목구조 건축물의 경우에는 $500m^2$) 이상(창고, 축사, 작물재배사 및 표준설계도서에 따라 건축하는 건축물은 제외)인 건축물
높이	높이 13m 이상 건축물, 처마높이 9m 이상 건축물
경간	10m 이상
기타	• 건축물의 용도 및 규모를 고려한 중요도가 높은 건축물로서 국토교통부령으로 정하는 건축물 • 국가적 문화유산으로 보존할 가치가 있는 건축물로서 국토교통부령으로 정하는 것 • 제2조제18호(특수구조건축물)의 가목 및 다목의 건축물 • 별표 1 제1호의 단독주택 및 같은 표 제2호의 공동주택

※ 경간 : 기둥과 기둥 사이의 거리(Span). (기둥의 중심선 사이의 거리) 단, 기둥이 없는 경우에는 내력벽과 내력벽 사이의 거리

핵심문제 ●●●

건축물을 건축하는 경우 국토교통부령으로 정하는 구조기준 등에 따라 그 구조의 안전을 확인하여야 하는 대상 건축물 기준으로 옳지 않은 것? 산 14②

① 층수가 2층 이상인 건축물
② 높이가 13m 이상인 건축물
③ 처마높이가 9m 이상인 건축물
❹ 연면적이 $100m^2$ 이상인 건축물

해설

$200m^2$(목구조 건축물의 경우에는 $500m^2$) 이상(창고, 축사, 작물재배사 및 표준설계도서에 따라 건축하는 건축물은 제외)인 건축물

2. 건축물의 내진능력 공개

다음의 어느 하나에 해당하는 건축물을 건축하고자 하는 자는 사용승인을 받는 즉시 건축물이 지진 발생 시에 견딜 수 있는 능력(이하 "내진능력"이라 한다)을 공개하여야 한다. 다만, 구조안전 확인대상 건축물이 아니거나 내진능력 산정이 곤란한 건축물로서 대통령령으로 정하는 건축물은 공개하지 아니한다.

① 층수가 2층[주요구조부인 기둥과 보를 설치하는 건축물로서 그 기둥과 보가 목재인 목구조 건축물(이하 "목구조 건축물"이라

핵심문제 ●●●

건축물을 건축하고자 하는 자가 사용승인을 받는 즉시 건축물의 내진능력을 공개하여야 하는 대상 건축물의 연면적 기준은?(단, 목구조 건축물이 아닌 경우) 산 20①②통합

① $100m^2$ 이상 ❷ $200m^2$ 이상
③ $300m^2$ 이상 ④ $400m^2$ 이상

해설

연면적이 200제곱미터(목구조 건축물의 경우에는 500제곱미터) 이상인 건축물

한다)의 경우에는 3층] 이상인 건축물

② 연면적이 200제곱미터(목구조 건축물의 경우에는 500제곱미터) 이상인 건축물

③ 창고, 축사, 작물재배사 및 표준설계도서에 따라 건축하는 건축물

④ 국토교통부령으로 정하는 소규모 건축구조기준을 적용한 건축물

3. 피난관련 용어의 정의

(1) 피난층

'직접 지상으로 통하는 출입구가 있는 층 및 초고층건축물의 피난안전구역'으로 지형 등에 따라 하나의 건축물에도 1개 이상의 피난층이 될 수 있다.

(2) 직통계단

건축물의 어떤 층에서도 피난층까지 이르는 경로가 계단과 계단참만을 통해서 오르내릴 수 있는 수직선상에 있는 계단을 말한다.

(3) 보행거리

보행거리란 거실의 각 부분으로부터 피난층에 이르는 직통계단 중 거실로부터 가장 가까운 거리에 있는 1개소의 계단까지 최단거리를 말한다.

4. 직통계단의 설치기준

(1) 직통계단까지의 보행거리

건축물의 피난층 이외의 층에서 거실 각 부분으로부터 피난층 또는 지상으로 통하는 직통계단(경사로 포함)에 이르는 보행거리

구분	보행거리
일반건축물	30m 이하
주요구조부가 내화구조 또는 불연재료로 된 건축물	50m 이하 (16층 이상 공동주택 : 40m 이하)
공장	자동화 생산시설에 스프링클러 등 자동식 소화설비를 설치한 공장으로서 국토교통부령으로 정하는 공장인 경우에 그 보행거리가 75m(무인화 공장인 경우에는 100m) 이하

»» 직통계단까지의 보행거리

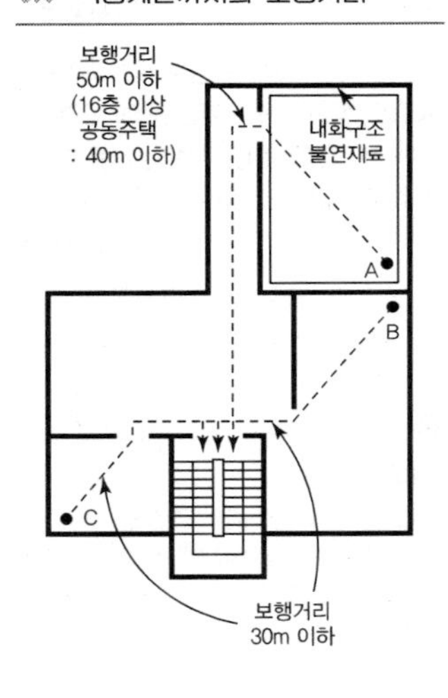

핵심문제 ●●●

건축물의 피난층 외의 층에서 피난층 또는 지상으로 통하는 직통계단을 거실의 각 부분으로부터 계단에 이르는 보행거리가 최대 얼마 이내가 되도록 설치하여야 하는가?(단, 건축물의 주요구조부는 내화구조이고 층수는 15층으로 공동주택이 아닌 경우)

기 21②

① 30m ② 40m
❸ 50m ④ 60m

해설 주요구조부가 내화구조 또는 불연재료로 된 건축물
50m 이하(16층 이상 공동주택 : 40m 이하)

⑵ 2개소 이상의 직통계단 설치대상 건축물

① 건축물의 피난층 이외의 층이 다음에 해당하는 경우 그 층으로부터 피난층 또는 지상으로 통하는 직통계단을 2개소 이상 설치하여야 한다.

㉠ 제2종 근린생활시설 중 공연장 · 종교집회장, 문화 및 집회시설(전시장 및 동 · 식물원은 제외한다), 종교시설, 위락시설 중 주점영업 또는 장례시설의 용도로 쓰는 층으로서 그 층에서 해당 용도로 쓰는 바닥면적의 합계가 200제곱미터(제2종 근린생활시설 중 공연장 · 종교집회장은 각각 300제곱미터) 이상인 것

㉡ 단독주택 중 다중주택 · 다가구주택, 제1종 근린생활시설 중 정신과의원(입원실이 있는 경우로 한정한다), 제2종 근린생활시설 중 인터넷컴퓨터게임시설제공업소(해당 용도로 쓰는 바닥면적의 합계가 300제곱미터 이상인 경우만 해당한다) · 학원 · 독서실, 판매시설, 운수시설(여객용 시설만 해당한다), 의료시설(입원실이 없는 치과병원은 제외한다), 교육연구시설 중 학원, 노유자시설 중 아동 관련 시설 · 노인복지시설 · 장애인 거주시설(「장애인복지법」 제58조제1항제1호에 따른 장애인 거주시설 중 국토교통부령으로 정하는 시설을 말한다. 이하 같다) 및 「장애인복지법」 제58조제1항제4호에 따른 장애인 의료재활시설(이하 "장애인 의료재활시설"이라 한다), 수련시설 중 유스호스텔 또는 숙박시설의 용도로 쓰는 3층 이상의 층으로서 그 층의 해당 용도로 쓰는 거실의 바닥면적의 합계가 200제곱미터 이상인 것

㉢ 공동주택(층당 4세대 이하인 것은 제외한다) 또는 업무시설 중 오피스텔의 용도로 쓰는 층으로서 그 층의 해당 용도로 쓰는 거실의 바닥면적의 합계가 300제곱미터 이상인 것

㉣ ㉠부터 ㉢까지의 용도로 쓰지 아니하는 3층 이상의 층으로서 그 층 거실의 바닥면적의 합계가 400제곱미터 이상인 것

㉤ 지하층으로서 그 층 거실의 바닥면적의 합계가 200제곱미터 이상인 것

② 설치기준

2개소 이상의 직통계단 출입구는 피난에 지장이 없도록 일정한 간격을 두어 설치하고, 각 직통계단 상호간에는 각각 거실과 연결된 복도 등 통로를 설치하여야 한다.

>>> 지하층 계단설치 기준

- 200m² 이상 : 직통계단 2개 설치
- 200m² 미만~50m² 이상 : 직통계단 외에 비상탈출구 및 환기통 설치
- 50m² 미만 : 직통계단 1개 설치

핵심문제 

다음의 직통계단 설치에 관한 기준 내용 중 밑줄 친 "다음 각 호의 어느 하나에 해당하는 용도 및 규모의 건축물"의 기준 내용으로 옳지 않은 것은?

기 20④ 17③

> 피난층 외의 층이 다음 각 호의 어느 하나에 해당하는 용도 및 규모의 건축물에는 국토교통부령으로 정하는 기준에 따라 피난층 또는 지상으로 통하는 직통계단을 2개소 이상 설치하여야 한다.

① 지하층으로서 그 층 거실의 바닥면적 합계가 200m² 이상인 것
② 종교시설의 용도로 쓰는 층으로서 그 층에서 해당 용도로 쓰는 바닥면적의 합계가 200m² 이상인 것
③ 숙박시설의 용도로 쓰는 3층 이상의 층으로서 그 층의 해당 용도로 쓰는 거실의 바닥면적 합계가 200m² 이상인 것
❹ 업무시설 중 오피스텔의 용도로 쓰는 층으로서 그 층의 해당 용도로 쓰는 거실의 바닥면적 합계가 200m² 이상인 것

해설

업무시설 중 오피스텔의 용도로 쓰는 층으로서 그 층의 해당 용도로 쓰는 거실의 바닥면적 합계가 300m² 이상인 것

(3) 2개소 이상의 직통계단을 설치하는 경우

2개소 이상의 직통계단을 설치하는 경우 다음의 기준에 적합해야 한다.

① 가장 멀리 위치한 직통계단 2개소의 출입구 간의 가장 가까운 직선거리(직통계단 간을 연결하는 복도가 건축물의 다른 부분과 방화구획으로 구획된 경우 출입구 간의 가장 가까운 보행거리를 말한다)는 건축물 평면의 최대 대각선 거리의 2분의 1 이상으로 할 것. 다만, 스프링클러 또는 그 밖에 이와 비슷한 자동식 소화설비를 설치한 경우에는 3분의 1 이상으로 한다.

② 각 직통계단 간에는 각각 거실과 연결된 복도 등 통로를 설치할 것

5. 피난안전구역의 설치

(1) 설치대상

① 초고층건축물에는 피난층 또는 지상으로 통하는 직통계단과 직접 연결되는 피난안전구역을 지상층으로부터 최대 30개 층마다 1개소 이상 설치하여야 한다.

② 준초고층건축물에는 피난층 또는 지상으로 통하는 직통계단과 직접 연결되는 피난안전구역을 해당 건축물 전체 층수의 2분의 1에 해당하는 층으로부터 상하 5개 층 이내에 1개소 이상 설치하여야 한다. 다만, 국토교통부령으로 정하는 기준에 따라 피난층 또는 지상으로 통하는 직통계단을 설치하는 경우에는 그러하지 아니하다.

(2) 설치기준

① 피난안전구역은 해당 건축물의 1개 층을 대피공간으로 하며, 대피에 장애가 되지 아니하는 범위에서 기계실, 보일러실, 전기실 등 건축설비를 설치하기 위한 공간과 같은 층에 설치할 수 있다. 이 경우 피난안전구역은 건축설비가 설치되는 공간과 내화구조로 구획하여야 한다.

② 피난안전구역에 연결되는 특별피난계단은 피난안전구역을 거쳐서 상·하층으로 갈 수 있는 구조로 설치하여야 한다.

③ 피난안전구역의 구조 및 설비는 다음의 기준에 적합하여야 한다.

㉠ 피난안전구역의 바로 아래층 및 위층은 「건축물의 설비

핵심문제 ●●●

다음은 건축법령상 직통계단의 설치에 관한 기준 내용이다. ( ) 안에 들어갈 말로 알맞은 것은? 기 18① 산 20③

> 초고층건축물에는 피난층 또는 지상으로 통하는 직통계단과 직접 연결되는 피난안전구역(건축물의 피난 · 안전을 위하여 건축물 중간층에 설치하는 대피공간)을 지상층으로부터 최대 ( ) 층마다 1개소 이상 설치하여야 한다.

① 10개 ② 20개
❸ 30개 ④ 40개

해설 직통계단과 직접 연결되는 피난안전구역

초고층건축물에는 피난층 또는 지상으로 통하는 직통계단과 직접 연결되는 피난안전구역(건축물의 피난 · 안전을 위하여 건축물 중간층에 설치하는 대피공간)을 지상층으로부터 최대 30개 층마다 1개소 이상 설치하여야 한다.

핵심문제 ●●●

피난안전구역(건축물의 피난 · 안전을 위하여 건축물 중간층에 설치하는 대피공간)의 구조 및 설비에 관한 기준 내용으로 옳지 않은 것은? 기 18①

① 피난안전구역의 높이는 2.1m 이상일 것
② 비상용 승강기는 피난안전구역에서 승하차할 수 있는 구조로 설치할 것
❸ 건축물의 내부에서 피난안전구역으로 통하는 계단은 피난계단의 구조로 설치할 것
④ 피난안전구역에는 식수공급을 위한 급수전을 1개소 이상 설치하고 예비전원에 의한 조명설비를 설치할 것

해설

건축물의 내부에서 피난안전구역으로 통하는 계단은 특별피난계단의 구조로 설치할 것

기준 등에 관한 규칙」 제21조 제1항 제1호에 적합한 단열재를 설치할 것. 이 경우 아래층은 최상층에 있는 거실의 반자 또는 지붕 기준을 준용하고, 위층은 최하층에 있는 거실의 바닥 기준을 준용할 것

㉡ 피난안전구역의 내부마감재료는 불연재료로 설치할 것

㉢ 건축물의 내부에서 피난안전구역으로 통하는 계단은 특별피난계단의 구조로 설치할 것

㉣ 비상용 승강기는 피난안전구역에서 승하차할 수 있는 구조로 설치할 것

㉤ 피난안전구역에는 식수공급을 위한 급수전을 1개소 이상 설치하고 예비전원에 의한 조명설비를 설치할 것

㉥ 관리사무소 또는 방재센터 등과 긴급연락이 가능한 경보 및 통신시설을 설치할 것

㉦ 피난안전구역의 높이는 2.1m 이상일 것

6. 피난계단의 설치

(1) 피난계단 · 특별피난계단 설치대상

층의 위치	직통계단의 구조	예외
• 5층 이상 • 지하 2층 이하	• 피난계단 또는 특별피난계단 • 판매시설의 용도로 쓰이는 층으로부터의 직통계단은 1개소 이상 특별피난계단으로 설치해야 한다.	주요구조부가 내화구조, 불연재료로 된 건축물로서 5층 이상의 층의 바닥면적 합계가 200m² 이하이거나 매 200m² 이내마다 방화구획이 된 경우
• 11층 이상(공동주택은 16층 이상) • 지하 3층 이하	특별피난계단	• 갓복도식 공동주택 • 바닥면적 400m² 미만인 층

(2) 피난계단 · 특별피난계단 추가 설치대상

다음에 해당하는 경우에는 직통계단 외에 별도의 피난 또는 특별피난계단(4층 이하의 층에 쓰이지 아니하는 피난계단 또는 특별피난계단에 한함)을 추가로 설치하여야 한다.

핵심문제 ●●●

다음의 피난계단의 설치에 관한 기준 내용 중 ( ) 안에 알맞은 것은?

기 20①②통합 17②

> 5층 이상 또는 지하 2층 이하인 층에 설치하는 직통계단은 피난계단 또는 특별피난계단으로 설치하여야 하는데, ( )의 용도로 쓰는 층으로부터의 직통계단은 그중 1개소 이상을 특별피난계단으로 설치하여야 한다.

① 의료시설 ② 숙박시설
❸ 판매시설 ④ 교육연구시설

해설 피난계단

5층 이상 또는 지하 2층 이하인 층에 설치하는 직통계단은 피난계단 또는 특별피난계단으로 설치하여야 하는데, 판매시설의 용도로 쓰는 층으로부터의 직통계단은 그 중 1개소 이상을 특별피난계단으로 설치하여야 한다.

층의 위치	5층 이상의 층
용도	• 문화 및 집회시설(전시장, 동 · 식물원) • 관광휴게시설(다중이 이용하는 시설만 해당) • 수련시설 중 생활권수련시설 • 판매시설 • 운수시설(여객용 시설만 해당) • 운동시설 • 위락시설
설치 규모	$\dfrac{\left(\begin{array}{c}\text{5층 이상의 층으로서}\\ \text{당해 층에 당해 용도로 쓰이는}\\ \text{바닥면적의 합계}\end{array}\right) - 2{,}000\text{m}^2}{2{,}000\text{m}^2}$

(3) 옥외 피난계단의 추가 설치대상 건축물

다음에 해당하는 경우에는 직통계단 외에 그 층으로부터 지상으로 통하는 별도의 옥외계단을 설치하여야 한다.

층의 위치	해당 용도 층의 거실 바닥면적 합계	용도
제2종 근린생활시설(해당 용도로 쓰이는 바닥면적의 합계가 300m² 이상인 경우) • 공연장(문화 및 집회시설) • 주점영업(위락시설)	300m² 이상	피난층을 제외한 3층 이상의 층
• 집회장(문화 및 집회시설)	1,000m² 이상	

7. 피난계단의 구조기준

(1) 옥내 피난계단의 구조기준

구분	설치 규정
계단실	창문 등을 제외하고는 해당 건축물의 다른 부분과 내화구조의 벽으로 구획할 것
계단실의 실내에 접하는 부분(바닥 및 반자 등 실내에 면한 모든 부분)의 마감(마감을 위한 바탕 포함)	불연재료로 할 것
계단실 조명	채광이 될 수 있는 창문 출입구 등을 설치하거나 예비전원에 따른 조명설비를 할 것
계단실의 바깥쪽에 접하는 창문(망이 들어 있는 붙박이창으로서 그 면적이 각각 1m² 이하인 것을 제외)	해당 건축물의 다른 부분에 설치하는 창문 등으로부터 2m 이상의 거리에 설치할 것

구분	설치 규정
계단실의 옥내에 접하는 창문 등(출입구를 제외)	망이 들어 있는 유리의 붙박이창으로서, 그 면적을 각각 1m² 이하로 할 것
옥내로부터 계단실로 통하는 출입구	• 출입구의 유효너비는 0.9m 이상일 것 • 피난방향으로 열 수 있도록 설치할 것 • 60⁺ 방화문을 설치
계단의 구조	내화구조로 하고, 피난층 또는 지상까지 직접 연결되도록 할 것 주의 돌음계단 금지

참고 **옥내 및 옥외 피난계단의 구조**

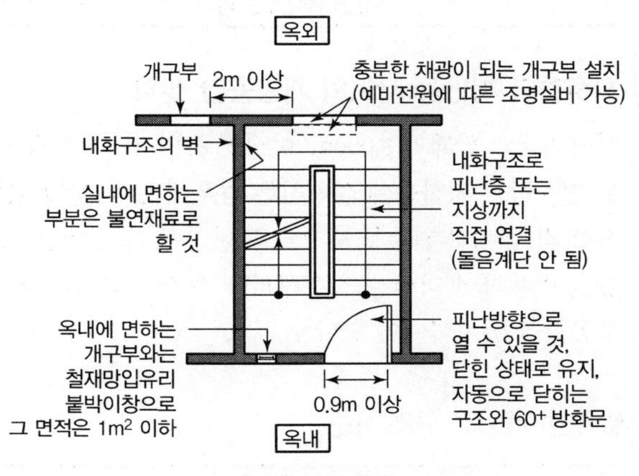

[옥내 피난계단]

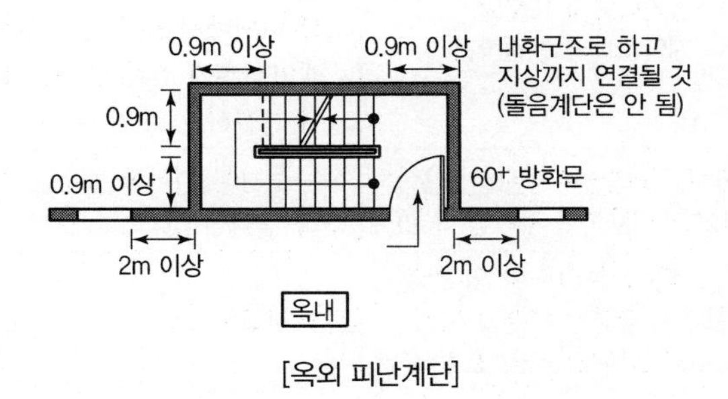

[옥외 피난계단]

>>> 옥외 피난계단의 피난경로

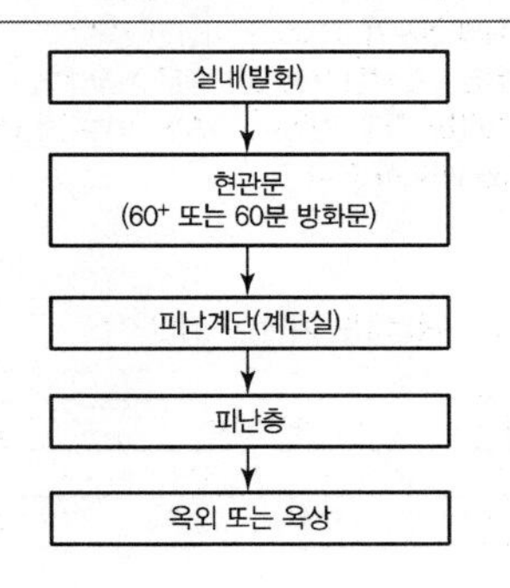

(2) 옥외 피난계단의 구조기준

구분	설치 규정
계단과 출입구 외의 창문 등과의 거리	계단은 그 계단으로 통하는 출입구 외의 창문 등(망이 들어 있는 유리의 붙박이창으로서 그 면적이 각각 1m² 이하인 것을 제외)으로부터 2m 이상 거리에 설치할 것
옥내로부터 계단으로 통하는 출입구	60⁺ 방화문을 설치할 것
계단의 유효너비	0.9m 이상으로 할 것
계단의 구조	내화구조로 하고, 지상까지 직접 연결되도록 할 것 주의 돌음계단 금지

(3) 지하층과 피난층 사이의 개방공간 설치

바닥면적의 합계가 3,000m² 이상인 공연장 · 집회장 · 관람장 또는 전시장을 지하층에 설치하는 경우에는 각 실에 있는 자가 지하층 각 층에서 건축물 밖으로 피난하여 옥외 계단 또는 경사로 등을 이용하여 피난층으로 대피할 수 있도록 천장이 개방된 외부공간을 설치하여야 한다.

8. 특별피난계단의 구조기준

구분	설치 규정
건축물의 내부와 계단실과의 연결방법	• 노대를 통하여 연결하는 경우 • 외부를 향하여 열 수 있는 창문(1m² 이상, 바닥에서 높이 1m 이상에 설치) 또는 배연설비가 있는 부속실(전실)을 통하여 연결하는 경우
계단실 · 노대 · 부속실(비상용 승강장을 겸용하는 부속실 포함)	창문 등을 제외하고는 내화구조의 벽으로 각각 구획할 것
계단실 및 부속실의 벽 및 반자가 실내에 접하는 부분의 마감(마감을 위한 바탕 포함)	불연재료로 할 것
계단실 · 부속실의 조명	채광이 될 수 있는 창문 등이 있거나, 예비전원에 따른 조명설비를 할 것
계단실 · 노대 · 부속실에 설치하는 건축물의 바깥쪽에 접하는 창문 등(망이 들어 있는 유리의 붙박이창으로서 그 면적이 각각 1m² 이하인 것을 제외)	계단실 · 노대 · 부속실 이외의 해당 건축물의 다른 부분에 설치하는 창문 등으로부터 2m 이상의 거리에 설치할 것

핵심문제 ●●●

다음 지하층과 피난층 사이의 개방공간 설치에 관한 기준 내용 중 ( ) 안에 들어갈 말로 알맞은 것은?

산 20①②통합 18③

> 바닥면적의 합계가 ( ) 이상인 공연장 · 집회장 · 관람장 또는 전시장을 지하층에 설치하는 경우에는 각 실에 있는 자가 지하층 각 층에서 건축물 밖으로 피난하여 옥외 계단 또는 경사로 등을 이용하여 피난층으로 대피할 수 있도록 천장이 개방된 외부공간을 설치하여야 한다.

① 1,000m²　② 2,000m²
❸ 3,000m²　④ 4,000m²

해설

지하층과 피난층 사이 개방공간은 바닥면적의 합계가 3,000m² 이상인 공연장 · 집회장 · 관람장 또는 전시장을 지하층에 설치하는 경우 천장이 개방된 외부공간을 설치하여야 한다.

≫ 특별피난계단의 피난경로

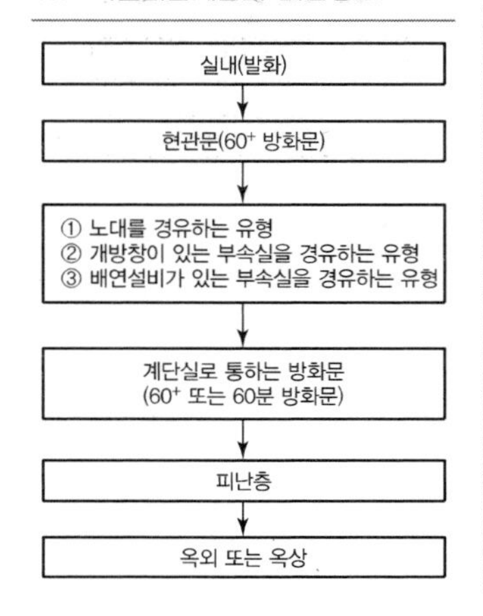

구분		설치 규정
계단실의 옥내에 접하는 창문 등		계단실 · 노대 · 부속실에 접하는 부분 외에 건축물의 안쪽에 접하는 창문 등을 설치하지 아니할 것
계단실의 노대 또는 부속실에 접하는 창문 등(출입구 제외)		망이 들어 있는 유리의 붙박이창으로서, 그 면적을 각각 1m² 이하로 할 것
노대 · 부속실의 창문용		계단실 외의 건축물 내부와 접하는 창문 등(출입구 제외)을 설치하지 아니할 것
출입구	건축물의 안쪽으로부터 노대 또는 부속실로 통하는 출입구	60⁺ 방화문 설치
	노대 또는 부속실로부터 계단실로 통하는 출입구	60⁺ 방화문 또는 60분 방화문 설치
계단의 구조		내화구조로 하고, 피난층 또는 지상까지 직접 연결되도록 할 것 주의 돌음계단 금지
출입구의 유효너비		0.9m 이상으로 하고 피난의 방향으로 열 수 있는 것

참고 특별피난계단의 구조

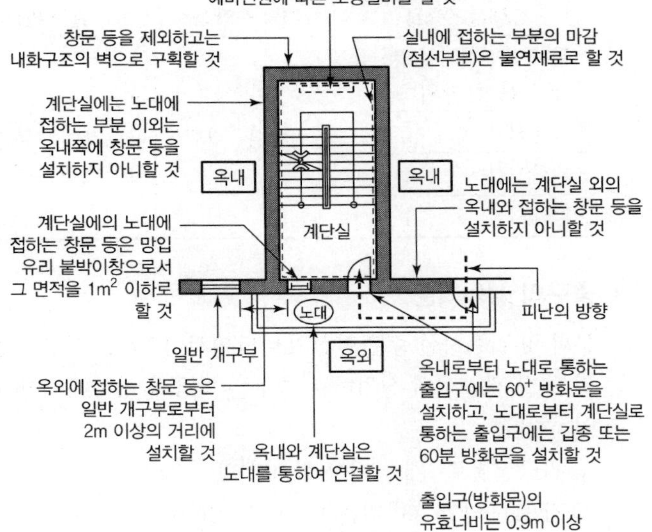

[노대가 있는 특별피난계단의 구조]

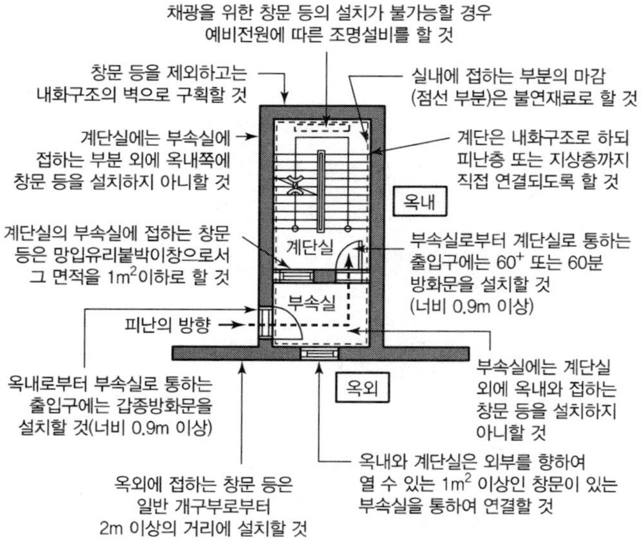

채광을 위한 창문 등의 설치가 불가능할 경우 예비전원에 따른 조명설비를 할 것

창문 등을 제외하고는 내화구조의 벽으로 구획할 것

실내에 접하는 부분의 마감(점선 부분)은 불연재료로 할 것

계단실에는 부속실에 접하는 부분 외에 옥내쪽에 창문 등을 설치하지 아니할 것

계단은 내화구조로 하되 피난층 또는 지상층까지 직접 연결되도록 할 것

옥내

계단실의 부속실에 접하는 창문 등은 망입유리붙박이창으로서 그 면적을 $1m^2$이하로 할 것

계단실

부속실로부터 계단실로 통하는 출입구에는 60^+ 또는 60분 방화문을 설치할 것 (너비 0.9m 이상)

부속실

피난의 방향

옥내로부터 부속실로 통하는 출입구에는 갑종방화문을 설치할 것(너비 0.9m 이상)

옥외

부속실에는 계단실 외에 옥내와 접하는 창문 등을 설치하지 아니할 것

옥외에 접하는 창문 등은 일반 개구부로부터 2m 이상의 거리에 설치할 것

옥내와 계단실은 외부를 향하여 열 수 있는 $1m^2$ 이상인 창문이 있는 부속실을 통하여 연결할 것

[부속실이 있는 특별피난계단의 구조]

9. 관람석 등으로부터의 출구 설치

(1) 관람석 등으로부터의 출구 설치

대상 건축물	해당 층의 용도	출구 방향
• 문화 및 집회시설(전시장 및 동 · 식물원 제외)	관람실 · 집회실	바깥쪽으로 나가는 출구로 쓰이는 문은 안여닫이로 할 수 없다.
• 종교시설		
• 위락시설		
• 장례시설		

(2) 출구의 설치기준

문화 및 집회시설 중 관람실의 바닥면적이 $300m^2$ 이상인 공연장의 개별 관람석에 설치하는 출구는 다음의 기준에 적합하도록 설치한다.

① 관람실별로 2개소 이상 설치할 것

② 각 출구의 유효너비는 1.5m 이상일 것

③ 개별 관람실 출구의 유효너비 합계는 개별 관람실의 바닥면적 $100m^2$마다 0.6m의 비율로 산정한 너비 이상으로 할 것

핵심문제 ●●●

문화 및 집회시설 중 공연장의 개별 관람실 바닥면적이 $800m^2$인 경우 설치하여야 하는 최고 출구수는?(단, 각 출구의 유효너비는 기준상 최소로 한다.) 산 19②

① 5개소 ❷ 4개소

③ 3개소 ④ 2개소

해설 바닥면적 $300m^2$ 이상 공연장의 개별 관람실 출구설치 기준

• 바깥쪽으로의 출구로 쓰이는 문은 안여닫이로 하여서는 아니 된다.

• 관람실별로 2개소 이상 설치할 것

• 각 출구의 유효너비는 1.5m 이상일 것

• 개별 관람실 출구의 유효너비 합계는 개별 관람실의 바닥면적 $100m^2$마다 0.6m의 비율로 산정한 너비 이상으로 할 것

그러므로

$(800m^2/100m^2) \times 0.6m = 4.8m/1.5m$(출구 유효너비) = 3.2개소이므로 4개소를 설치해야 한다.

10. 건축물 바깥쪽으로의 출구 설치

(1) 건축물 바깥쪽으로의 출구 보행거리 설치기준

① 다음의 대상건축물에는 그 건축물로부터 바깥쪽으로 나가는 출구를 설치하여야 하며, 피난층의 출구에 이르는 보행거리 기준을 준수하여야 한다.

대상 건축물	보행거리	예외
• 문화 및 집회시설(전시장, 동 · 식물원 제외) • 종교시설 • 판매시설 • 업무시설(국가 또는 지방자치단체의 청사) • 위락시설 • 연면적 5,000m² 이상인 창고시설 • 교육연구시설 중 학교 • 장례시설 • 승강기를 설치해야 하는 건축물	계단으로부터 옥외로의 출구에 이르는 보행거리 30m 이하	• 주요구조부가 내화구조 · 불연재료일 경우 50m 이하 • 16층 이상의 공동주택의 경우 40m 이하
	거실로부터 옥외로의 출구에 이르는 보행거리(피난에 지장이 없는 출입구가 있는 것을 제외) 60m 이하	• 주요구조부가 내화구조 · 불연재료일 경우 100m 이하 • 16층 이상의 공동주택의 경우 80m 이하

② 건축물 바깥쪽으로 나가는 출입문에 유리를 사용하는 경우에는 안전유리를 사용하여야 한다.

(2) 출구의 기준

구분	설치 대상	설치 규정
출구수	바닥면적 합계 300m² 이상인 집회장 · 공연장	건축물 바깥쪽으로의 주된 출구 외에 보조 출구 또는 비상구를 2개소 이상 설치
출구 방향	• 문화 및 집회시설(전시장 및 동 · 식물원 제외) • 종교시설 • 위락시설 • 장례시설	건축물의 바깥쪽으로의 출구로 쓰이는 문은 안여닫이로 할 수 없다.
건축물 바깥쪽으로의 출구 유효 너비 합계	• 판매시설	$\dfrac{\left(\text{당해 용도로 쓰이는 바닥면적이 최대인 층의 바닥면적}(\text{m}^2)\right)}{100\text{m}^2}\times 0.6\text{m}$ 이상

핵심문제 ●●●

건축물의 관람실 또는 집회실로부터 바깥쪽으로의 출구로 쓰이는 문을 안여닫이로 해서는 안 되는 건축물은?
기 21①

❶ 위락시설
② 수련시설
③ 문화 및 집회시설 중 전시장
④ 문화 및 집회시설 중 동 · 식물원

해설 관람석 등으로부터의 출구설치 대상건축물

대상 건축물	해당 층의 용도	출구 방향
• 문화 및 집회시설(전시장 및 동 · 식물원 제외)	관람실 · 집회실	바깥쪽으로 나가는 출구로 쓰이는 문은 안여닫이로 할 수 없다.
• 종교시설		
• 위락시설		
• 장례시설		

핵심문제 ●●●

건축물의 관람실 또는 집회실로부터 바깥쪽으로의 출구로 쓰이는 문을 안여닫이로 하여서는 안 되는 건축물은?
기 17① 산 18②

❶ 위락시설
② 수련시설
③ 문화 및 집회시설 중 전시장
④ 문화 및 집회시설 중 동 · 식물원

해설 안여닫이로 하여서는 안 되는 관람실 등으로부터의 출구 설치

- 제2종 근린생활시설 중 공연장 · 종교집회장(바닥면적의 합계가 각각 300m² 이상인 경우)
- 문화 및 집회시설(전시장 및 동 · 식물원 제외)
- 종교시설
- 위락시설
- 장례시설

(3) 경사로 설치

다음에 해당하는 건축물의 피난층 또는 피난층의 승강장으로부터 건축물의 바깥쪽에 이르는 통로에는 경사로를 설치하여야 한다.

① 바닥면적 합계가 1,000m² 미만인 제1종 근린생활시설 중 지역자치센터 · 파출소 · 지구대 · 소방서 · 우체국 · 방송국 · 보건소 · 공공도서관 · 지역건강보험조합

② 제1종 근린생활시설 중 마을회관 · 마을공동작업소 · 마을공동구판장 · 변전소 · 양수장 · 정수장 · 대피소 · 공중화장실 등

③ 연면적 5,000m² 이상인 판매시설, 운수시설

④ 교육연구시설 중 학교

⑤ 업무시설 중 국가 또는 지방자치단체의 청사와 외국공관의 건축물로서 제1종 근린생활시설에 해당하지 않는 것

⑥ 승강기를 설치하여야 하는 건축물

11. 회전문의 설치기준

① 계단이나 에스컬레이터로부터 2m 이상의 거리에 설치할 것

② 회전문과 문틀 사이 및 바닥 사이는 다음에서 정하는 간격을 확보하고, 틈 사이를 고무와 고무펠트의 조합체 등을 사용하여 신체나 물건 등에 손상이 없도록 할 것

회전문과 문틀 사이	5cm 이상
회전문과 바닥 사이	3cm 이상

③ 출입에 지장이 없도록 일정한 방향으로 회전하는 구조로 할 것

④ 회전문의 중심축에서 회전문과 문틀 사이의 간격을 포함한 회전문 날개 끝부분까지의 길이는 140cm 이상이 되도록 할 것

⑤ 회전문의 회전속도는 분당 회전수가 8회를 넘지 아니하도록 할 것

⑥ 자동회전문은 충격이 가하여지거나 사용자가 위험한 위치에 있는 경우에는 전자감지장치 등을 사용하여 정지하는 구조로 할 것

12. 옥상광장 등의 설치

(1) 난간설치

옥상광장 또는 2층 이상인 층에 있는 노대 등의 주위에는 높이 1.2m 이상의 난간을 설치해야 한다.

예외 해당 노대 등에 출입할 수 없는 구조인 경우

≫ 회전문 설치

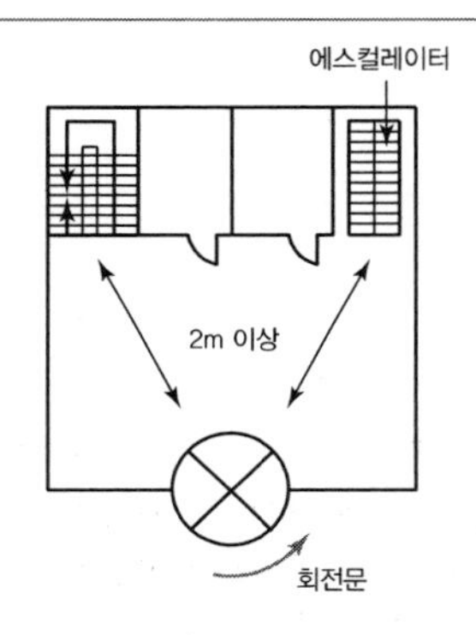

핵심문제 ●●○

건축물의 출입구에 설치하는 회전문은 계단이나 에스컬레이터로부터 최소 얼마 이상의 거리를 두어야 하는가? 기 18②③

① 1m ② 1.5m
❸ 2m ④ 3m

해설

회전문은 계단이나 에스컬레이터로부터 2m 이상의 거리를 둘 것

(2) 옥상광장의 설치

① 옥상광장 설치대상

5층 이상의 층으로 다음에 해당하는 시설이 대상이다.

㉠ 제2종 근린생활시설 중 공연장 · 종교집회장 · 인터넷컴퓨터게임시설제공업소(바닥면적의 합계가 각각 300m² 이상인 경우)

㉡ 문화 및 집회시설(전시장, 동 · 식물원 제외)

㉢ 종교시설

㉣ 판매시설

㉤ 위락시설 중 주점영업시설

㉥ 장례시설

② 옥상광장의 설치기준

피난계단 또는 특별피난계단을 설치하는 경우 해당 건축물의 옥상광장으로 통하도록 설치하여야 한다.

(3) 옥상으로 통하는 출입문에 비상문자동개폐장치 설치

다음 각 호의 어느 하나에 해당하는 건축물은 옥상으로 통하는 출입문에 「화재예방, 소방시설 설치 · 유지 및 안전관리에 관한 법률」 제39조 제1항에 따른 성능인증 및 같은 조 제2항에 따른 제품검사를 받은 비상문자동개폐장치(화재 등 비상시에 소방시스템과 연동되어 잠김 상태가 자동으로 풀리는 장치를 말한다)를 설치해야 한다. 〈신설 2021.1.8.〉

① 피난 용도로 쓸 수 있는 광장을 옥상에 설치해야 하는 건축물

② 피난 용도로 쓸 수 있는 광장을 옥상에 설치하는 다음 각 목의 건축물

㉠ 다중이용건축물

㉡ 연면적 1천제곱미터 이상인 공동주택

(4) 헬리포트 설치

① 헬리포트(인명 등을 구조할 수 있는 공간 포함)의 설치대상

층수가 11층 이상인 건축물로서 11층 이상인 층의 바닥면적 합계가 1만 제곱미터 이상인 건축물의 옥상에는 다음의 구분에 따른 공간을 확보하여야 한다.

㉠ 건축물의 지붕을 평지붕으로 하는 경우 : 헬리포트를 설치하거나 헬리콥터를 통하여 인명 등을 구조할 수 있는 공간

㉡ 건축물의 지붕을 경사지붕으로 하는 경우 : 경사지붕 아래에 설치하는 대피공간

핵심문제 ●●●

피난 용도로 쓸 수 있는 광장을 옥상에 설치하여야 하는 대상 기준으로 옳지 않은 것은? 기 21②

① 5층 이상인 층이 종교시설의 용도로 쓰는 경우

❷ 5층 이상인 층이 업무시설의 용도로 쓰는 경우

③ 5층 이상인 층이 판매시설의 용도로 쓰는 경우

④ 5층 이상인 층이 장례식장의 용도로 쓰는 경우

해설 **피난 용도로 쓸 수 있는 광장을 옥상에 설치하여야 하는 대상 기준**

5층 이상의 층이 제2종 근린생활시설 중 공연장 · 종교집회장 · 인터넷컴퓨터게임시설제공업소(바닥면적의 합계가 각각 300m² 이상인 경우), 문화 및 집회시설(전시장, 동 · 식물원 제외), 종교시설, 판매시설, 위락시설 중 주점영업, 장례시설

》》 헬리포트 설치기준

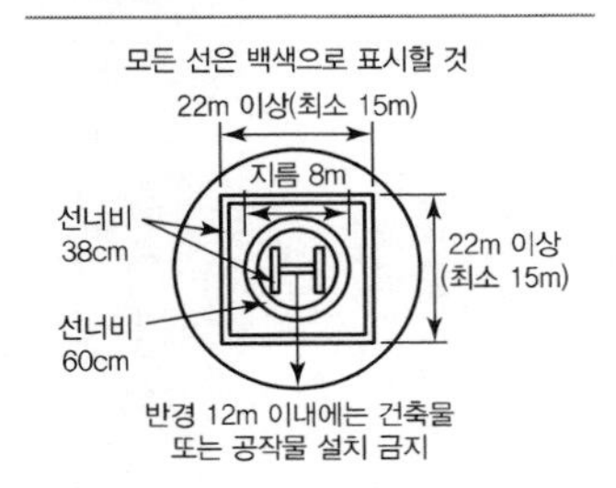

>>> 피난규정의 적용 예

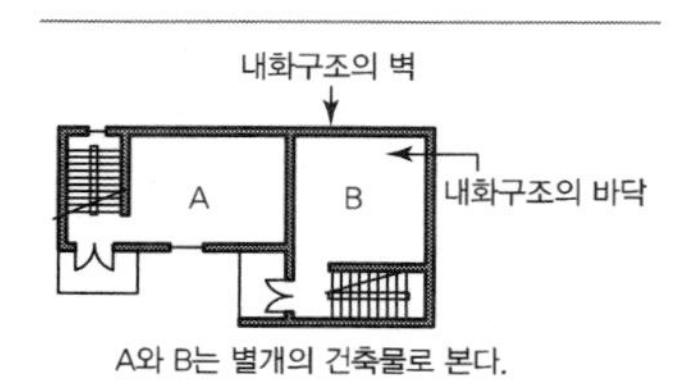

A와 B는 별개의 건축물로 본다.

② 헬리포트 및 구조공간

㉠ 헬리포트의 길이와 너비는 각각 22m 이상으로 할 것

예외 옥상의 길이와 너비가 22m 이하인 경우에 15m까지 감축 가능

㉡ 헬리포트의 중심에서 반경 12m 이내에는 헬리콥터 이착륙에 장애가 되는 건축물 또는 공작물 등을 설치하지 않을 것

㉢ 헬리포트의 주위한계선 : 백색으로 너비 38cm로 할 것

㉣ 헬리포트의 중앙 부분에는 지름 8m의 Ⓗ 표지를 백색으로 하되 "H" 표지의 선너비는 38cm, "○" 표지의 선너비는 60cm로 할 것

(5) 경사지붕 아래에 설치하는 대피공간

① 대피공간의 면적은 지붕 수평투영면적의 1/10 이상일 것

② 특별피난계단 또는 피난계단과 연결되도록 할 것

③ 출입구 · 창문을 제외한 부분은 해당 건축물의 다른 부분과 내화구조의 바닥 및 벽으로 구획할 것

④ 출입구는 유효너비 0.9m 이상으로 하고, 그 출입구에는 60^+ 방화문을 설치할 것

⑤ 내부마감재료는 불연재료로 할 것

⑥ 예비전원으로 작동하는 조명설비를 설치할 것

⑦ 관리사무소 등과 긴급 연락이 가능한 통신시설을 설치할 것

13. 대지 안의 피난 및 소화에 필요한 통로 설치

건축물의 대지 안에는 그 건축물 바깥쪽으로의 주된 출구와 지상으로 통하는 피난계단 및 특별피난계단으로부터 도로 또는 공지(공원 · 광장, 그 밖에 이와 유사한 것으로서 피난 및 소화를 위하여 해당 대지에의 출입에 지장이 없는 것)로 통하는 통로를 다음의 기준에 따라 설치하여야 한다.

대상	설치기준
단독주택	유효너비 0.9m 이상
바닥면적의 합계가 500m² 이상인 문화 및 집회시설, 종교시설, 의료시설, 위락시설, 장례시설	유효너비 3m 이상
그 밖의 용도의 건축물	유효너비 1.5m 이상

14. 방화구획

(1) 방화구획의 기준

건축물의 주요구조부가 내화구조 또는 불연재료로 된 건축물로서 연면적이 1,000m^2를 넘는 것은 다음 기준에 의하여 내화구조로 된 바닥 · 벽 · 자동방화셔터(국토교통부령으로 정하는 기준에 적합한 것을 말한다. 이하 "자동방화셔터"라 한다) 및 60⁺ 방화문(기준에 적합한 자동방화셔터 포함)으로 구획하여야 한다.

단위 구획의 종류		구획의 기준		구획의 구조
층 단위	매 층마다	바닥면적의 규모가 비록 작다 하더라도 각 층마다 구획. 다만, 지하 1층에서 지상으로 직접 연결하는 경사로 부위는 제외		• 내화구조의 벽 · 바닥 • 60⁺ 방화문(국토교통부장관이 정하는 기준에 적합한 자동방화셔터 포함)
면적 단위	10층 이하의 층	바닥면적 1,000m^2(3,000m^2) 이내마다 구획		
	11층 이상의 층	실내마감재가 불연재료가 아닌 경우	200m^2 (600m^2) 이내마다 구획	
		실내마감재가 불연재료인 경우	500m^2 (1,500m^2) 이내마다 구획	

※ ( ) 내의 숫자는 스프링클러, 그 밖에 이와 유사한 자동식 소화설비를 설치한 경우의 기준면적임

예외 「원자력법」에 따른 원자력 및 관계시설은 「원자력법」이 정하는 바에 따른다.

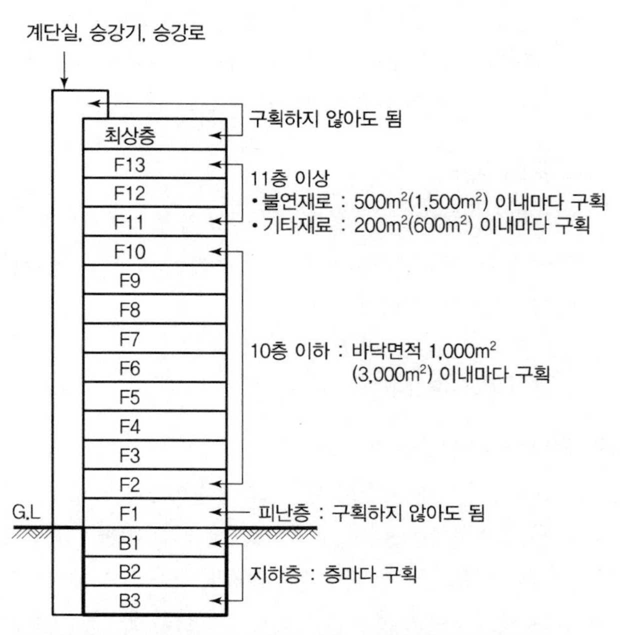

단, 최상층, 피난층은 대규모 회의장, 강당, 스카이라운지, 로비 등의 용도로 쓰일 경우 구획하지 않아도 된다.

(2) 방화구획 완화대상

다음에 해당하는 건축물 부분에는 방화구획의 규정을 적용하지 아니하거나 완화하여 적용할 수 있다.

① 문화 및 집회시설(동·식물원을 제외한다), 종교시설, 운동시설 또는 장례시설의 용도에 쓰이는 거실로서 시선 및 활동공간의 확보를 위하여 불가피한 경우

② 물품의 제조·가공·보관 및 운반 등에 필요한 대형기계·설비의 설치 및 이동식 물류설비의 작업활동을 위하여 불가피한 경우

③ 계단실 부분·복도 또는 승강기의 승강로 부분 : 해당 건축물의 다른 부분과 방화구획으로 구획된 부분

④ 건축물의 최상층 또는 피난층 : 대규모 회의장, 강당, 스카이라운지, 로비 또는 피난안전구역 등 해당 용도로의 사용상 불가피한 경우

⑤ 복층형인 공동주택 : 세대별 층간 바닥 부분

⑥ 주요구조부가 내화구조·불연재료로 된 주차장 부분

⑦ 단독주택, 동물 및 식물관련시설 또는 교정 및 군사시설 중 군사시설(집회·체육·창고 등의 용도로 사용되는 시설에 한함) : 해당 용도에 쓰이는 건축물

⑧ 건축물의 1층과 2층의 일부를 동일한 용도로 사용하며, 그 건축물의 다른 부분과 방화구획으로 구획된 부분(바닥면적의 합계가 500제곱미터 이하인 경우로 한정한다)

(3) 적용의 특례

건축물의 일부가 건축물의 내화구조와 방화벽(법 제50조 ①) 규정에 따른 건축물에 해당하는 경우에는 그 부분과 다른 부분을 방화구획으로 구획하여야 한다.

15. 아파트 발코니의 대피공간 설치

(1) 발코니 대피공간의 설치

아파트로서 4층 이상의 층의 각 세대가 2개 이상의 직통계단을 사용할 수 없는 경우에는 발코니에 인접세대와 공동으로 또는 각 세대별로 다음 요건(인접세대와 공동으로 설치하는 대피공간은 인접세대를 통하여 2개 이상의 직통계단을 사용할 수 있는 위치)을 갖춘 대피공간을 하나 이상 설치하여야 한다.

① 대피공간은 바깥의 공기와 접할 것
② 대피공간은 실내의 다른 부분과 방화구획으로 구획될 것
③ 대피공간의 바닥면적 기준
㉠ 인접세대와 공동으로 설치하는 경우 : $3m^2$ 이상
㉡ 각 세대별로 설치하는 경우 : $2m^2$ 이상

참고 아파트 발코니의 대피공간

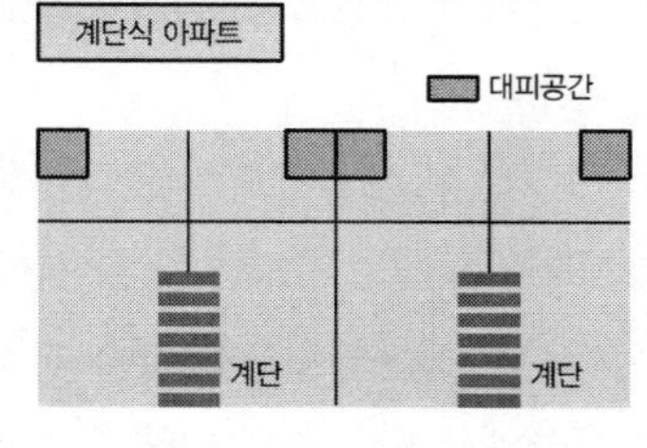

[대피공간을 별도로 설치하는 경우]

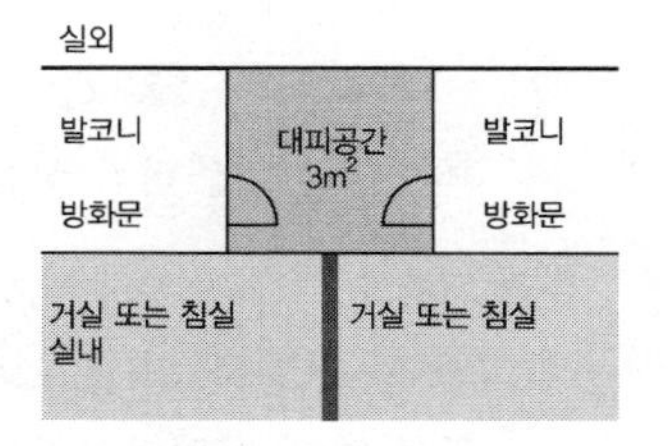

[인접 세대와 공동으로 설치하는 경우]

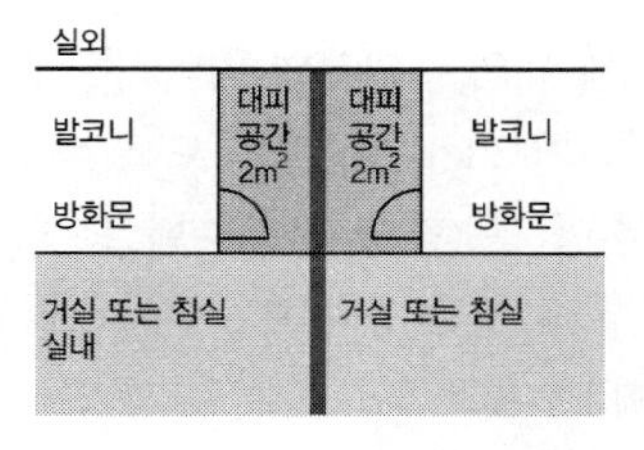

[각 세대별로 설치하는 경우]

16. 방화에 장애가 되는 용도의 제한

(1) 복합용도의 제한

① 같은 건축물 안에는 노유자시설(아동관련시설, 노인복지시설)과 판매시설 중 도매시장 · 소매시장을 함께 설치할 수 없다.
② 같은 건축물 안에는 다음의 "공동주택 등"의 용도와 "위락시설 등"의 용도는 원칙적으로 함께 설치할 수 없다.

공동주택 등(A용도)	위락시설 등(B용도)
• 공동주택 • 의료시설 • 아동관련시설 • 노인복지시설 • 장례시설 • 제1종 근린생활시설(산후조리원만 해당)	• 위락시설 • 위험물 저장 및 처리시설 • 공장 • 자동차정비공장

(2) 복합용도 제한의 완화대상 및 기준

① 완화대상
㉠ 공동주택 중 기숙사와 공장이 같은 건축물 안에 있는 경우

핵심문제

다음은 대피공간의 설치에 관한 기준 내용이다. 밑줄 친 요건 내용으로 옳지 않은 것은? 기 19②

> 공동주택 중 아파트로서 4층 이상인 층의 각 세대가 2개 이상의 직통계단을 사용할 수 없는 경우에는 발코니에 인접 세대와 공동으로 또는 각 세대별로 다음 각 호의 요건을 모두 갖춘 대피공간을 하나 이상 설치하여야 한다.

❶ 대피공간은 바깥의 공기와 접하지 않을 것
② 대피공간은 실내의 다른 부분과 방화구획으로 구획될 것
③ 대피공간의 바닥면적은 각 세대별로 설치하는 경우에 $2m^2$ 이상으로 할 것
④ 대피공간의 바닥면적은 인접 세대와 공동으로 설치하는 경우에 $3m^2$ 이상으로 할 것

해설
대피공간은 바깥의 공기와 접할 것

핵심문제

방화와 관련하여 같은 건축물에 함께 설치할 수 없는 것은? 기 20①②통합

① 의료시설과 업무시설 중 오피스텔
② 위험물 저장 및 처리시설과 공장
③ 위락시설과 문화 및 집회시설 중 공연장
❹ 공동주택과 제2종 근린생활시설 중 다중생활시설

해설
공동주택과 제2종 근린생활시설 중 고시원(다중생활시설)은 같은 건축물에 함께 설치할 수 없다.

㉡ 상업지역(중심상업지역, 일반상업지역, 근린상업지역) 안에서 「도시 및 주거환경정비법」에 따른 도시재개발을 시행하는 경우

㉢ 공동주택과 위락시설이 같은 초고층건축물에 있는 경우. 다만, 사생활을 보호하고 방범 · 방화 등 주거안전을 보장하며 소음 · 악취 등으로부터 주거환경을 보호할 수 있도록 주택의 출입구 · 계단 및 승강기 등을 주택 외의 시설과 분리된 구조로 하여야 한다.

㉣ 지식산업센터와 직장어린이집이 같은 건축물에 있는 경우

② 기준

"공동주택 등"의 용도와 "위락시설 등"의 용도를 같은 건축물에 함께 설치하고자 하는 경우에는 다음의 기준에 적합하여야 한다.

㉠ 공동주택 등의 출입구와 위락시설 등의 출입구는 서로 그 보행거리가 30m 이상이 되도록 설치할 것

㉡ "공동주택 등"(해당 공동주택 등에 출입하는 통로를 포함)과 "위락시설 등"(해당 위락시설 등에 출입하는 통로를 포함)은 내화구조로 된 바닥 및 벽으로 구획하여 서로 차단할 것

㉢ "공동주택 등"과 "위락시설 등"은 서로 이웃하지 아니하도록 배치할 것

㉣ 건축물의 주요구조부를 내화구조로 할 것

㉤ 거실의 벽 및 반자가 실내에 면하는 부분(반자돌림대 · 창대, 그 밖에 이와 유사한 것을 제외)의 마감은 불연재료 · 준불연재료 또는 난연재료로 할 것

㉥ 거실로부터 지상으로 통하는 주된 복도 · 계단 · 통로의 벽 및 반자가 실내에 면하는 부분의 마감은 불연재료 또는 준불연재료로 할 것

(3) 그 밖의 복합용도 제한

다음의 어느 하나에 해당하는 용도의 시설은 같은 건축물에 함께 설치할 수 없다.

① 노유자시설 중 아동관련시설 또는 노인복지시설과 판매시설 중 도매시장 또는 소매시장

② 단독주택(다중주택, 다가구주택에 한정한다), 공동주택, 제1종 근린생활시설 중 조산원 또는 산후조리원과 제2종 근린생활시설 중 고시원

17. 계단의 설치기준

연면적 200m²를 초과하는 건축물에 설치하는 계단은 다음의 기준에 적합하게 설치하여야 한다.

설치	대상	설치기준
계단참	높이 3m를 넘는 계단	높이 3m 이내마다 너비 1.2m 이상
난간	높이 1m를 넘는 계단 및 계단참	양옆에 난간(벽 또는 이에 대치되는 것)을 설치
중앙난간	너비 3m를 넘는 계단	계단의 중간에 너비 3m 이내마다 설치 예외 계단의 단높이 15cm 이하이고 단너비 30cm 이상인 것 제외 단너비 / 단높이 / 계단
계단의 유효높이(계단의 바닥마감면으로부터 상부 구조체의 하부 마감면까지의 연직방향 높이)		2.1m 이상

예외 승강기 기계실용 계단 · 망루용 계단 등 특수용도의 계단

> **핵심문제**
>
> 연면적 200m²를 초과하는 건축물에 설치하는 계단의 설치기준에 관한 내용이 틀린 것은? 산 20①②통합
>
> ① 높이가 1m를 넘는 계단 및 계단참의 양옆에는 난간을 설치할 것
> ❷ 너비가 4m를 넘는 계단에는 계단의 중간에 너비 4m 이내마다 난간을 설치할 것
> ③ 높이가 3m를 넘는 계단에는 높이 3m 이내마다 유효너비 120cm 이상의 계단참을 설치할 것
> ④ 계단의 유효높이(계단의 바닥마감면부터 상부 구조체의 하부 마감면까지의 연직방향 높이)는 2.1m 이상으로 할 것
>
> **해설** 중앙난간
> 너비가 3m를 넘는 계단에는 계단의 중간에 너비 3m 이내마다 난간을 설치할 것

18. 계단의 구조

(1) 계단 및 계단참의 치수 등

(단위 : cm)

계단의 용도		계단 및 계단참 너비	단높이	단너비
초등학교 학생용 계단		150 이상	16 이하	26 이상
중 · 고등학교의 학생용 계단		150 이상	18 이하	26 이상
문화 및 집회시설(공연장 · 집회장 · 관람장)		120 이상	–	–
판매시설		120 이상		
바로 위층 거실의 바닥면적 합계가 200m² 이상인 계단		120 이상		
거실의 바닥면적 합계가 100m² 이상인 지하층의 계단		120 이상		
그 밖의 계단		60 이상	–	–
준초고층 건축물 직통계단	공동주택	120 이상	–	–
	공동주택이 아닌 건축물	150 이상		

예외 승강기 기계실용 계단 · 망루용 계단 등 특수용도의 계단

> **핵심문제**
>
> 계단 및 복도의 설치기준에 관한 설명으로 틀린 것은? 기 21②
>
> ① 높이가 3m를 넘은 계단에는 높이 3m 이내마다 유효너비 120cm 이상의 계단참을 설치할 것
> ② 거실 바닥면적의 합계가 100m² 이상인 지하층에 설치하는 계단인 경우 계단 및 계단참의 유효너비는 120cm 이상으로 할 것
> ❸ 계단을 대체하여 설치하는 경사로의 경사도는 1 : 6을 넘지 아니할 것
> ④ 문화 및 집회시설 중 공연장의 개별 관람실(바닥면적이 300m² 이상인 경우)의 바깥쪽에는 그 양쪽 및 뒤쪽에 각각 복도를 설치할 것
>
> **해설**
> 계단을 대체하여 설치하는 경사로 1 : 8을 넘지 아니할 것

(2) 돌음계단

돌음계단의 단너비는 좁은 폭의 끝부분으로부터 30cm의 위치에서 측정한다.

19. 계단 난간 등에 대한 구조제한

기숙사를 제외한 공동주택 · 근린생활시설 등의 용도에 쓰이는 건축물의 계단에 설치하는 난간 등은 다음의 구조에 적합하여야 한다.

구분	내용
설치대상 용도	• 공동주택(기숙사 제외) • 제1종 근린생활시설 • 제2종 근린생활시설 • 문화 및 집회시설 • 판매시설 • 의료시설 • 노유자시설 • 업무시설 • 숙박시설 • 위락시설 • 관광휴게시설
설치위치	건축물의 주계단 · 피난계단 · 특별피난계단
설치대상	난간 · 벽 등의 손잡이
구조	아동의 이용에 안전하고, 노약자 및 신체장애인의 이용에 편리한 구조로 할 것 주의 양측에 벽 등이 있어 난간이 없는 경우에는 손잡이를 설치하여야 한다.
손잡이의 설치기준	• 손잡이는 최대 지름이 3.2cm~3.8cm인 원형 또는 타원형의 단면으로 할 것 • 손잡이는 벽 등으로부터 5cm 이상, 계단으로부터 85cm의 위치에 설치할 것 • 계단이 끝나는 수평 부분에서의 손잡이는 30cm 이상 밖으로 나오도록 설치할 것

20. 계단에 대체되는 경사로

① 경사도는 1 : 8 이하로 할 것

② 표면은 거친면으로 하거나 미끄러지지 않는 재료로 마감할 것

21. 복도의 너비 및 설치기준

(1) 건축물에 설치하는 복도의 유효너비

구분	양옆에 거실이 있는 복도	기타의 복도
1. 유치원 · 초등학교 · 중학교 · 고등학교	2.4m 이상	1.8m 이상
2. 공동주택 · 오피스텔	1.8m 이상	1.2m 이상
3. 해당 층 거실의 바닥면적 합계가 200m² 이상인 경우	1.5m 이상	1.2m 이상
	의료시설 1.8m 이상	

(2) 관람실 또는 집회실과 접하는 복도의 유효너비

대상	위치	바닥면적의 합계	복도의 유효너비
• 문화 및 집회시설(공연장 · 집회장 · 관람장 · 전시장) • 종교시설(종교집회장) • 노유자시설(아동관련 시설 · 노인복지시설 • 수련시설 중 생활권수련시설 • 위락시설 중 유흥주점 • 장례시설	관람실 또는 집회실과 접하는 복도	500m² 미만	1.5m 이상
		500m² 이상 1,000m² 미만	1.8m 이상
		1,000m² 이상	2.4m 이상

(3) 공연장에 설치하는 복도

① 공연장의 개별 관람석(바닥면적 300m² 이상인 경우)의 바깥쪽에는 그 양쪽 및 뒤쪽에 각각 복도를 설치할 것

② 하나의 층에 개별 관람석(바닥면적이 300m² 미만인 경우)을 2개소 이상 연속하여 설치하는 경우에는 그 관람석 바깥쪽의 앞쪽과 뒤쪽에 각각 복도를 설치할 것

핵심문제 ●●○

연면적이 200m²를 초과하는 건축물에 설치하는 복도의 유효너비는 최소 얼마 이상으로 하여야 하는가?(단, 건축물은 초등학교이며, 양옆에 거실이 있는 복도의 경우) 산 19②

① 1.2m ② 1.5m
③ 1.8m ❹ 2.4m

해설
유치원 · 초등학교 · 중학교 · 고등학교 양 옆에 거실이 있는 복도 : 2.4m 이상

>>> 관람석에 설치하는 복도 · 출구의 기준

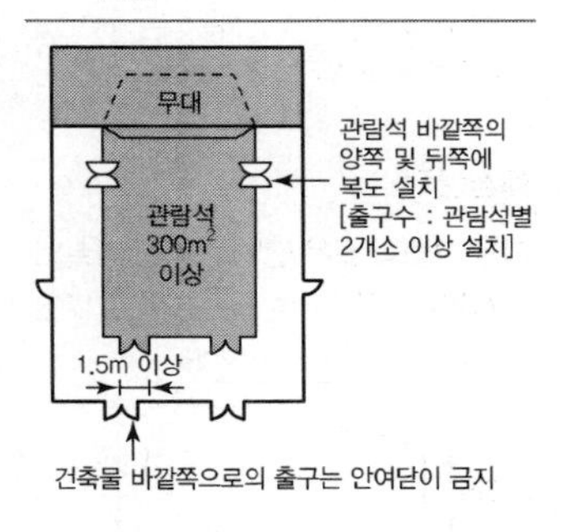

22. 거실의 기준

(1) 거실의 반자높이

거실의 반자높이는 다음의 기준에 적합하도록 설치해야 한다. (단, 반자가 없는 경우에는 보 또는 바로 위층 바닥판의 밑면까지로 한다)

핵심문제 ●●●

공동주택의 거실 반자의 높이는 최소 얼마 이상으로 하여야 하는가? 산 20①②통합

① 2.0m ❷ 2.1m
③ 2.7m ④ 3.0m

해설 거실의 반자높이
거실의 반자는 2.1m 이상

핵심문제 ●●●

문화 및 집회시설 중 집회장의 용도에 쓰이는 건축물의 집회실로서 그 바닥면적이 $200m^2$ 이상인 경우, 반자 높이는 최소 얼마 이상이어야 하는가? (단, 기계환기장치를 설치하지 않은 경우) 산 19①

① 1.8m ② 2.1m
③ 2.7m ❹ 4.0m

해설 거실의 반자높이

- 거실의 반자높이는 2.1m 이상
- 문화 및 집회시설(전시장 및 동 · 식물원은 제외), 종교시설, 장례시설 또는 위락시설 중 유흥주점의 용도에 쓰이는 건축물의 관람석 또는 집회실로서 그 바닥면적이 $200m^2$ 이상인 것의 반자높이는 4m(노대의 아랫 부분 높이는 2.7m) 이상

핵심문제 ●●●

다음 그림과 같은 단면을 가진 거실의 반자높이는? 산 17①

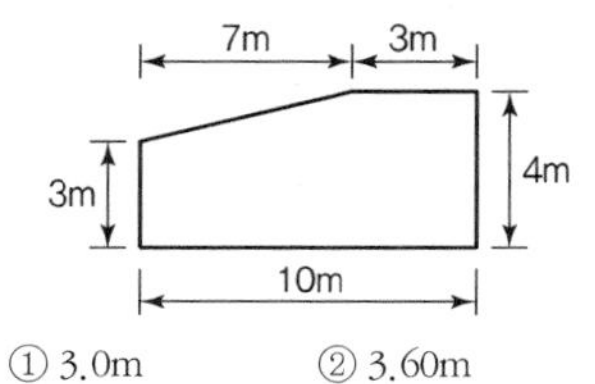

① 3.0m ② 3.60m
❸ 3.65m ④ 4.0m

해설 거실 반자높이

면적(m^2)/밑변길이(m)

따라서

$(3m\times10m)+(3m\times1m)+(7m\times1m\times1/2)/10m=36.5m^2/10m=3.65m$

핵심문제 ●●●

교육연구시설 중 학교 교실의 바닥면적이 $400m^2$인 경우, 이 교실에 채광을 위하여 설치하여야 하는 창문의 최소 면적은?(단, 창문으로만 채광을 하는 경우) 산 20③

① $10m^2$ ② $20m^2$
③ $30m^2$ ❹ $40m^2$

해설 채광창

거실 바닥면적의 1/10 이상

따라서 $400m^2\times1/10=40m^2$ 이상

거실의 용도		반자높이	예외 규정
모든 건축물		2.1m 이상	공장, 창고시설, 위험물저장 및 처리시설, 동물 및 식물 관련시설, 자원순환 관련시설, 묘지관련시설
• 문화 및 집회시설(전시장, 동 · 식물원 제외) • 종교시설 • 장례시설 • 위락시설 중 유흥주점	바닥면적 $200m^2$ 이상인 • 관람실 • 집회실	4.0m 이상 **예외** 노대 밑부분은 2.7m 이상	기계환기장치를 설치한 경우

(2) 거실의 채광 및 환기

구분	건축물의 용도	창문 등의 면적	예외
채광	• 단독주택의 거실 • 공동주택의 거실 • 학교의 교실 • 의료시설의 병실 • 숙박시설의 객실	거실 바닥면적의 1/10 이상	기준조도 이상의 조명장치를 설치한 경우 [별표 1의 3]
환기		거실 바닥면적의 1/20 이상	기계환기장치 및 중앙관리방식의 공기조화설비를 설치하는 경우

단서 수시로 개방할 수 있는 미닫이로 구획된 2개의 거실은 이를 1개로 본다.

(3) 거실의 배연설비 설치대상

설치대상	건축물의 규모	설치 위치
가. 제2종 근린생활시설 중 공연장, 종교집회장, 인터넷컴퓨터게임시설제공업소 및 다중생활시설(공연장, 종교집회장 및 인터넷컴퓨터게임시설제공업소는 해당 용도로 쓰는 바닥면적의 합계가 각각 300제곱미터 이상인 경우만 해당한다) 나. 문화 및 집회시설 다. 종교시설 라. 판매시설 마. 운수시설 바. 의료시설(요양병원 및 정신병원은 제외한다) 사. 교육연구시설 중 연구소 아. 노유자시설 중 아동관련시설, 노인복지시설(노인요양시설은 제외한다) 자. 수련시설 중 유스호스텔	6층 이상	거실

차. 운동시설 카. 업무시설 타. 숙박시설 파. 위락시설 하. 관광휴게시설 거. 장례시설		
다음 각 목의 어느 하나에 해당하는 용도로 쓰는 건축물 가. 의료시설 중 요양병원 및 정신병원 나. 노유자시설 중 노인요양시설 · 장애인 거주시설 및 장애인 의료재활시설	–	거실

예외 피난층의 경우는 제외

(4) 추락방지 시설의 설치

오피스텔에 거실 바닥으로부터 높이 1.2m 이하 부분에 여닫을 수 있는 창문을 설치하는 경우에는 국토교통부령으로 정하는 기준에 따라 추락방지를 위한 안전시설을 설치하여야 한다.

(5) 거실의 방습기준

구분	대상건축물	기준
방습조치	건축물의 최하층에 있는 거실의 바닥이 목조인 경우	건축물의 최하층에 있는 거실 바닥의 높이는 지표면으로부터 45cm 이상 예외 지표면을 콘크리트바닥으로 설치하는 등의 방습조치를 한 경우
내수재료의 마감	• 제1종 근린생활시설(일반목욕장의 욕실과 휴게음식점의 조리장)	바닥으로부터 높이 1m까지는 내수재료로 안벽마감
	• 제2종 근린생활시설(일반음식점 및 휴게음식점의 조리장) • 숙박시설의 욕실	

핵심문제

건축물의 거실에 국토교통부령으로 정하는 기준에 따라 배연설비를 하여야 하는 대상 건축물에 속하지 않는 것은?(단, 피난층의 거실은 제외하며, 6층 이상인 건축물의 경우) 기 21②

① 종교시설　② 판매시설
③ 위락시설　❹ 방송통신시설

해설 거실에 배연설비 설치대상 건축물

규모	건축물의 용도	설치장소
6층 이상의 건축물	• 문화 및 집회시설 • 종교시설 • 판매시설 • 운수시설, 의료시설, 교육연구시설 중 연구소 • 노유자시설 중 아동 관련시설 • 노인복지시설 • 수련시설 중 유스호스텔 • 운동시설 • 업무시설, 숙박시설 • 위락시설, 관광휴게시설, 제2종 근린생활시설 중 고시원 및 장례식장	건축물의 거실

》》 거실의 방습기준

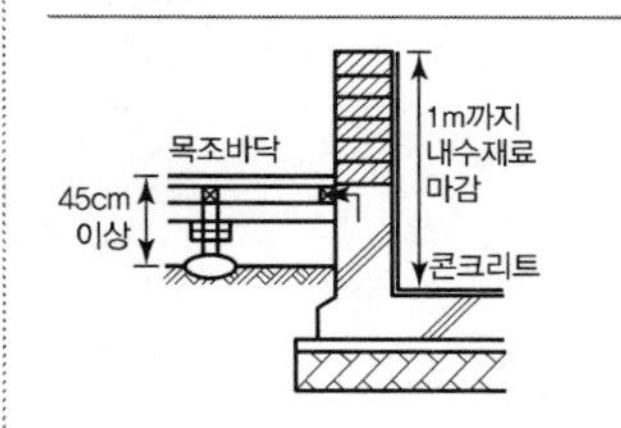

23. 경계벽 등의 설치 차음구조

(1) 경계벽 등의 설치

경계벽 등의 설치	용도
각 가구 간 경계벽	단독주택 중 다가구주택 또는 공동주택(기숙사는 제외) 예외 거실 · 침실 등의 용도로 사용되지 아니하는 발코니 부분
객실 간 경계벽	• 기숙사의 침실 • 의료시설의 병실 • 학교의 교실 • 숙박시설의 객실
경계벽	제1종 근린생활시설 중 산후조리원 • 임산부실 간 경계벽 • 신생아실 간 경계벽 • 임산부실과 신생아실 간 경계벽
호실 간 경계벽	제2종 근린생활시설 중 다중생활시설
각 세대 간 경계벽	노인복지주택
호실 간 경계벽	노인요양시설

(2) 경계벽 등의 구조

① 경계벽은 내화구조로 한다.

② 지붕 또는 바로 위층의 바닥판까지 닿게 해야 한다.

(3) 경계벽 등의 차음구조기준

구조	기준
• 철근콘크리트조 • 철골철근콘크리트조	두께 10cm 이상인 것
• 무근콘크리트조 • 석조	두께 10cm 이상인 것 (시멘트 모르타르 · 회반죽 · 석고 플라스터의 바름두께를 포함)
• 콘크리트블록조 • 벽돌조	두께가 19cm 이상인 것

(4) 건축물의 층간바닥 소음방지 설치기준

① 다음의 어느 하나에 해당하는 건축물의 층간바닥(화장실의 바닥은 제외한다)

㉠ 단독주택 중 다가구주택

㉡ 공동주택(「주택법」 제16조에 따른 주택건설사업계획승인 대상은 제외한다)

㉢ 업무시설 중 오피스텔
㉣ 제2종 근린생활시설 중 다중생활시설
㉤ 숙박시설 중 다중생활시설

② 가구·세대 등 층간 소음방지를 위한 바닥의 세부 기준은 국토교통부장관이 정하여 고시한다.

24. 굴뚝의 구조

굴뚝의 분류	굴뚝의 부분	방화제한	예외
일반굴뚝	굴뚝의 옥상 돌출부	지붕면으로부터의 수직거리를 1m 이상으로 할 것	용마루·계단탑·옥탑 등이 있는 건축물에 있어서 굴뚝 주위에 연기 배출을 방해하는 장애물이 있는 경우에는 그 굴뚝의 상단이 용마루·계단탑·옥탑 등보다 높게 할 것
	굴뚝 상단으로부터의 수평거리 1m 이내에 다른 건축물이 있는 경우	굴뚝의 높이는 그 건축물의 처마로부터 1m 이상 높게 할 것	–
금속제 또는 석면제 굴뚝	지붕 속, 반자 위 및 가장 아래 바닥 밑에 있는 부분	금속 외의 불연재료로 덮을 것	–
	목재, 기타 가연재료로부터	15cm 이상 떨어져서 설치할 것	두께 10cm 이상인 금속 외의 불연재료로 덮은 경우

≫ 굴뚝의 구조

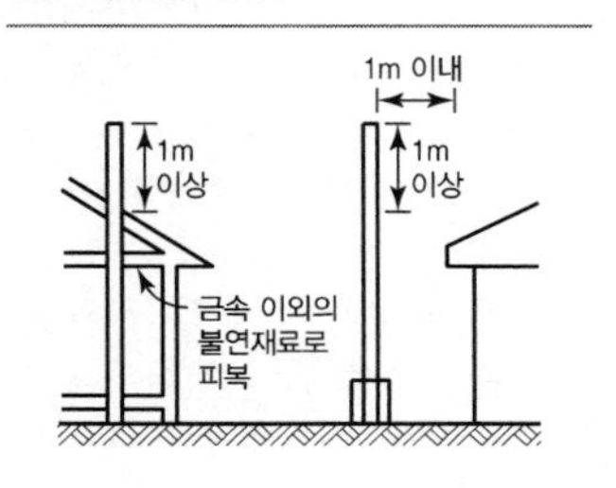

25. 창문 등의 차면시설

인접대지 경계선으로부터 직선거리 2m 이내에 이웃주택의 내부가 보이는 창문 등을 설치하는 경우에는 차면시설을 설치하여야 한다.

≫ 「민법」 제243조(차면시설의무)

경계로부터 2m 이내의 거리에서 이웃 주택의 내부를 관망할 수 있는 창이나 마루를 설치하는 경우에는 적당한 차면시설을 하여야 한다.

26. 건축물의 내화구조

(1) 내화구조대상 건축물

	건축물의 용도	바닥면적 합계
①	• 제2종 근린생활시설 중 공연장 · 종교집회장(바닥면적의 합계가 각각 300m² 이상인 경우) • 문화 및 집회시설(전시장, 동 · 식물원 제외) • 장례시설 • 위락시설 중 주점영업으로 사용되는 건축물의 관람실 · 집회실	200m² (옥외 관람석 : 1,000m²) 이상
②	• 문화 및 집회시설(전시장, 동 · 식물원) • 판매시설 • 운수시설 • 수련시설 • 운동시설(체육관, 운동장) • 위락시설(주점영업 제외) • 창고시설 • 위험물저장 및 처리시설 • 자동차관련시설 • 방송통신시설(방송국 · 전신전화국 · 촬영소) • 묘지관련시설(화장시설 · 동물화장시설) • 관광휴게시설	500m² 이상
③	공장 예외 [별표 2]의 업종에 해당하는 공장으로서 주요구조부가 불연재료로 되어 있는 2층 이하의 공장	2,000m² 이상
④	건축물의 2층 • 단독주택 중 다중주택 · 다가구주택 • 공동주택 • 제1종 근린생활시설(의료용도에 쓰이는 시설) • 제2종 근린생활시설 중 고시원 • 의료시설 • 노유자시설(아동관련시설 · 노인복지시설) • 수련시설 중 유스호스텔 • 업무시설(오피스텔) • 숙박시설의 용도	400m² 이상
⑤	• 3층 이상인 건축물 • 지하층이 있는 건축물(2층 이하인 경우는 지하층 부분)	모든 건축물

예외
- 위의 ①, ②에 해당하는 용도에 쓰이지 아니하는 건축물로서 그 지붕틀을 불연재료로 한 경우
- 위 ⑤의 건축물 중 단독주택(다중주택 및 다가구주택 제외), 동물 및 식물관련시설, 발전시설(발전소의 부속용도로 사용되는 시설 제외), 교도소 및 감화원, 묘지관련시설(화장시설 및 동물화장시설 제외)의 용도에 쓰이는 건축물

핵심문제 ●●●

건축물의 주요구조부를 내화구조로 하여야 하는 대상 건축물에 속하지 않는 것은? 기 19④

❶ 공장의 용도로 쓰는 건축물로서 그 용도로 쓰는 바닥면적의 합계가 500m²인 건축물
② 판매시설의 용도로 쓰는 건축물로서 그 용도로 쓰는 바닥면적의 합계가 500m²인 건축물
③ 창고시설의 용도로 쓰는 건축물로서 그 용도로 쓰는 바닥면적의 합계가 500m²인 건축물
④ 문화 및 집회시설 중 전시장의 용도로 쓰는 건축물로서 그 용도로 쓰는 바닥면적의 합계가 500m²인 건축물

해설 건축물 주요구조부의 내화구조대상
- 문화 및 집회시설(전시장 및 동 · 식물원 제외), 종교시설, 위락시설 중 유흥주점의 용도로 사용되는 관람석 또는 집회실, 장례시설 바닥면적의 합계가 200m²(옥외관람석의 경우에는 1,000m²) 이상인 건축물
- 제2종 근린생활시설 중 공연장 · 종교집회장의 바닥면적 합계가 각각 300m² 이상인 경우
- 문화 및 집회시설 중 전시장 또는 동 · 식물원, 판매시설, 운수시설, 교육연구시설에 설치하는 체육관 · 강당, 수련시설, 운동시설 중 체육관 · 운동장, 위락시설(유흥주점의 용도로 쓰는 것은 제외), 창고시설, 위험물저장 및 처리시설, 자동차 관련 시설, 방송통신시설 중 방송국 · 전신전화국 · 촬영소, 묘지관련시설 중 화장시설 · 동물화장시설, 관광휴게시설의 용도로 쓰는 건축물로서 그 용도로 쓰는 바닥면적의 합계가 500m² 이상인 건축물
- 공장의 용도로 쓰는 건축물로서 그 용도로 쓰는 바닥면적의 합계가 2,000m² 이상인 건축물

(2) 제외대상

① 연면적이 50m² 이하인 단층의 부속건축물로서 외벽 및 처마 밑면을 방화구조로 한 것

② 무대의 바닥

27. 방화벽

(1) 설치대상 및 구획기준

① 대상 : 연면적이 1,000m² 이상인 건축물

예외
- 주요구조부가 내화구조이거나 불연재료인 건축물
- 단독주택, 동물 및 식물관련시설, 공공용시설 중 교도소 · 감화원, 묘지 관련시설(화장시설 및 동물화장시설 제외)로 사용되는 건축물
- 창고(내부 설비구조상 방화벽으로 구획할 수 없는 경우)

② 구획단위 : 바닥면적의 합계 1,000m² 미만마다 방화벽으로 구획

(2) 방화벽의 구조기준

① 내화구조로서 홀로 설 수 있는 구조일 것

② 방화벽의 양쪽 끝과 위쪽 끝을 건축물의 외벽면 및 지붕면으로부터 0.5m 이상 튀어나오게 할 것

③ 방화벽에 설치하는 출입문의 너비 및 높이는 2.5m 이하로 하고 60⁺ 방화문을 설치할 것

④ 방화벽에 설치하는 60⁺ 방화문은 언제나 닫힌 상태를 유지하거나 화재 시 연기의 발생, 온도의 상승에 의하여 자동적으로 닫히는 구조로 할 것

⑤ 급수관, 배전관 등의 관이 방화벽을 관통하는 경우 관과 방화벽과의 틈을 시멘트 모르타르 등의 불연재료로 메워야 한다.

⑥ 환기 · 난방 · 냉방시설의 풍도가 방화구획을 관통하는 경우에는 그 관통 부분 또는 이에 근접하는 부분에 다음의 열거 기준에 적합한 댐퍼를 설치하여야 한다.

㉠ 철재로서 철판의 두께가 1.5mm 이상일 것

㉡ 화재 시 연기의 발생 또는 온도의 상승에 의하여 자동적으로 닫힐 것

㉢ 닫힌 경우에는 방화에 지장이 있는 틈이 생기지 아니할 것

㉣ 「산업표준화법」에 따른 한국산업표준에 따른 방화댐퍼의 방연시험에 적합할 경우

핵심문제 ●●●

국토교통부령으로 정하는 바에 따라 방화구조로 하거나 불연재료로 하여야 하는 목조 건축물의 최소 연면적 기준은? 기 21①

① 500m² 이상 ❷ 1,000m² 이상
③ 1,500m² 이상 ④ 2,000m² 이상

해설 방화구조로 하거나 불연재료로 하여야 하는 목조 건축물의 최소 연면적 기준
1,000m² 이상

(3) 연면적 1,000m² 이상인 목조건축물의 구조

① 외벽 및 처마 밑의 연소 우려가 있는 부분은 방화구조로 할 것
② 지붕은 불연재료로 할 것
※ 연소할 우려가 있는 부분

기준	1층	2층 이상
• 인접대지 경계선 • 도로중심선 • 동일 대지 내에 2동 이상 건축물의 상호 외벽 간의 중심선(연면적 합계가 500m² 이하인 건축물은 하나의 건축물로 본다.)	3m 이내 부분	5m 이내 부분

예외 공원, 광장, 하천의 공지나 수면 또는 내화구조의 벽 등에 접하는 부분

28. 방화지구 안의 건축물

방화지구는 건물이 밀집한 도심지에서 화재가 발생할 경우 그 피해가 다른 건물에 미칠 것을 고려하여 건물의 구조를 화재에 안전하도록 주요구조부 및 지붕 · 외벽을 내화구조로 하고 공작물의 주요부는 불연재료로 하는 등 화재안전에 대한 규제를 강화하고 있다.

(1) 건축물의 구조제한

구분	내용
원칙	「국토의 계획 및 이용에 관한 법률」에 따른 방화지구 안에서는 건축물의 주요구조부와 지붕 · 외벽을 내화구조로 해야 한다.
예외	• 연면적이 30m² 미만인 단층 부속건축물로서 외벽 및 처마면이 내화구조 또는 불연재료로 된 것 • 주요구조부가 불연재료로 된 도매시장의 용도로 쓰는 건축물

(2) 공작물의 구조제한

방화지구 안의 공작물로서 다음에 해당하는 경우에는 그 주요구조부를 불연재료로 해야 한다.

① 간판 · 광고탑
② 지붕 위에 설치하는 공작물
③ 높이 3m 이상의 공작물

(3) 방화지구 안의 지붕 · 방화문 · 인접대지 경계선에 접하는 외벽

① 방화지구 안 건축물의 지붕으로서 내화구조가 아닌 것은 불연재료로 해야 한다.

② 방화지구 내 건축물의 인접대지경계선에 접하는 외벽에 설치하는 창문 등으로서 연소할 우려가 있는 부분에는 다음의 기준에 적합한 방화문 등의 방화설비를 설치해야 한다.

㉠ 60⁺ 방화문 또는 60분 방화문

㉡ 소방법령이 정하는 기준에 적합하게 창문 등에 설치하는 드렌처

㉢ 해당 창문 등과 연소할 우려가 있는 다른 건축물의 부분을 차단하는, 즉 관계 내화구조나 불연재료로 된 벽 · 담장 등의 방화설비

㉣ 환기구멍에 설치하는 불연재료로 된 방화커버 또는 그물눈 2mm 이하인 금속망

29. 건축물의 마감재료

(1) 설치대상

다음에 해당하는 건축물의 용도 및 건축물의 마감재료는 방화상 지장이 없는 재료로서 다음의 기준에 적합하여야 하며, 실내공기질 유지기준 및 권고기준(「실내공기질 관리법」)을 고려하여야 한다.

건축물의 용도	해당 용도에 쓰이는 거실 바닥면적 합계 (자동식 소화설비를 설치한 부분의 바닥면적을 뺀 면적)	마감재료	
		거실 부분 (반자돌림대 · 창대 등 제외) 벽 및 반자	복도 · 계단 · 통로의 벽 및 반자
• 단독주택 중 다중주택 · 다가구주택 • 공동주택	바닥면적과 관계없이 적용	불연재료 준불연재료 난연재료	불연재료 준불연재료
제2종 근린생활시설 중 공연장 · 종교집회장 · 인터넷컴퓨터게임시설제공업소 · 학원 · 독서실 · 당구장 · 다중생활시설의 용도로 쓰이는 건축물			

>>> 내장재료와 화재

화재시 건축물의 내부를 마감한 내장재의 연소를 통하여 건축물의 다른 부분으로 화염이 확산되므로 연소를 지연시켜 화재의 규모를 최소화하며 연기 및 유독가스의 발생을 억제하여 질식으로 인한 인명피해 등을 줄이기 위해 대상 건축물의 거실의 실내마감부분에는 불연 · 준불연 · 난연재료 중 어느 것이나 사용이 가능하도록 규정하고 있으나, 피난의 통로가 되는 복도 · 계단의 경우와 지하층에 설치하는 거실에 대하여는 난연재료를 제외한 불연 · 준불연재료를 사용하도록 그 규정을 강화하고 있다. 한편, 최근 노래연습장 · 단란주점 등에서 화재사고가 자주 발생하는 것에 대비하여 거실의 마감재에 대하여 강화하였다.

<table>
<tr><th rowspan="2">건축물의 용도</th><th rowspan="2">해당 용도에 쓰이는 거실 바닥면적 합계 (자동식 소화 설비를 설치한 부분의 바닥면적을 뺀 면적)</th><th colspan="2">마감재료</th></tr>
<tr><th>거실 부분 (반자돌림대 · 창대 등 제외) 벽 및 반자</th><th>복도 · 계단 · 통로의 벽 및 반자</th></tr>
<tr><td>위험물 저장 및 처리시설 (자가난방 · 자가발전시설물 포함)
• 자동차관련시설
• 방송국 · 촬영소
• 발전시설</td><td rowspan="2">바닥면적과 관계없이 적용</td><td rowspan="3">불연재료
준불연재료
난연재료</td><td rowspan="3">불연재료
준불연재료</td></tr>
<tr><td>공장의 용도에 사용되는 건축물. 다만, 건축물이 1층 이하이고, 연면적이 1,000m² 미만으로서 다음 요건을 모두 갖춘 경우 제외한다.
• 국토교통부령이 정하는 화재위험이 적은 공장용도로 사용할 것
• 화재 시 대피가 가능한 국토교통부령이 정하는 출구를 갖출 것
• 복합자재[불연성인 재료와 불연성이 아닌 재료가 복합된 자재로서 외부의 양면(철판, 알루미늄, 콘크리트박판, 그 밖에 이와 유사한 재료로 이루어진 것을 말한다)과 심재(心材)로 구성된 것을 말한다]를 내부 마감재료로 사용하는 경우에는 국토교통부령으로 정하는 품질기준에 적합할 것</td></tr>
<tr><td>5층 이상 건축물</td><td>5층 이상의 층으로서 500m² 이상</td></tr>
<tr><td>• 문화 및 집회시설
• 종교시설
• 판매시설</td><td>바닥면적과 관계없이 적용</td><td>불연재료
준불연재료</td><td>불연재료
준불연재료</td></tr>
</table>

• 운수시설 • 교육연구시설 중 학교 · 학원 • 노유자시설, 수련시설 • 업무시설 중 오피스텔 • 장례시설 • 숙박시설 • 위락시설 • 다중이용업의 용도로 쓰는 건축물	바닥면적과 관계없이 적용	불연재료 준불연재료	불연재료 준불연재료
창고	바닥면적 600m² 이상 (자동식 소화설비 설치 시 1,200m² 이상)	불연재료 준불연재료 난연재료	불연재료 준불연재료

예외 주요구조부가 내화구조 또는 불연재료로 된 건축물로서 그 거실의 바닥면적(스프링클러 등 자동식 소화설비를 설치한 면적을 뺀 면적) 200m² 이내마다 방화구획이 되어 있는 건축물

>>> 사용제한

샌드위치패널은 화재 시 발포폴리스틸렌의 유독가스방출로 인해 인명안전에 치명적인 결과를 초래하고 있어 이에 대한 사용이 제한될 필요가 있다.

(2) 오염물질 방출 건축자재의 사용금지

공동주택에는 환경부장관이 고시한 오염물질 방출 건축자재를 사용하여서는 아니 된다.

30. 지하층 규정

(1) 지하층의 구조기준

바닥면적 규모	구조기준
거실의 바닥면적이 50m² 이상인 층	직통계단 외에 피난층 또는 지상으로 통하는 비상탈출구 및 환기통 설치 예외 직통계단이 2개소 이상 설치되어 있는 경우
그 층의 거실 바닥면적의 합계가 50m² 이상 • 제2종 근린생활시설 중 공연장 · 단란주점 · 당구장 · 노래연습장 • 문화 및 집회시설 중 예식장 · 공연장	직통계단 2개소 이상 설치

바닥면적 규모	구조기준
• 수련시설 • 숙박시설 중 여관 · 여인숙 • 위락시설 중 단란주점 · 주점영업 • 다중이용업의 용도	직통계단 2개소 이상 설치
바닥면적 1,000m^2 이상인 층	피난층 또는 지상으로 통하는 직통계단을 방화구획으로 구획하는 각 부분마다 1개소 이상의 피난계단 또는 특별피난계단 설치
거실의 바닥면적 합계가 1,000m^2 이상인 층	환기설비설치
지하층의 바닥면적이 300m^2 이상인 층	식수공급을 위한 급수전을 1개소 이상 설치

(2) 비상탈출구의 구조기준

비상탈출구	구조기준
비상탈출구의 크기	유효너비 0.75m 이상 × 유효높이 1.5m 이상
비상탈출구의 방향	• 피난방향으로 열리도록 하고, 실내에서 항상 열 수 있는 구조 • 내부 및 외부에는 비상탈출구 표시를 할 것
비상탈출구의 설치 위치	출입구로부터 3m 이상 떨어진 곳에 설치할 것
지하층의 바닥으로부터 비상탈출구의 하단까지 높이가 1.2m 이상이 되는 경우	벽체에 발판의 너비가 20cm 이상인 사다리를 설치할 것
비상탈출구에서 피난층 또는 지상으로 통하는 복도 또는 직통계단까지 이르는 피난통로의 유효너비	• 피난통로의 유효너비는 0.75m 이상 • 피난통로의 실내에 접하는 부분의 마감과 그 바탕은 불연재료로 할 것
비상탈출구의 진입 부분 및 피난통로	통행에 지장이 있는 물건을 방치하거나 시설물을 설치하지 아니할 것
비상탈출구의 유도등과 피난통로의 비상조명등	소방관계법령에서 정하는 바에 따라 설치할 것

예외 주택의 경우

참고

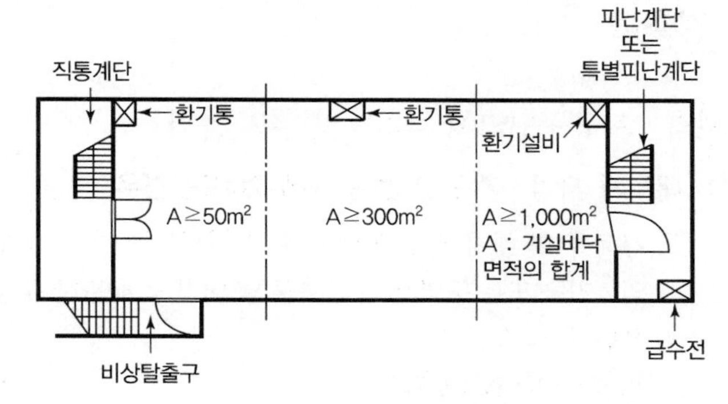

[지하층의 구조]

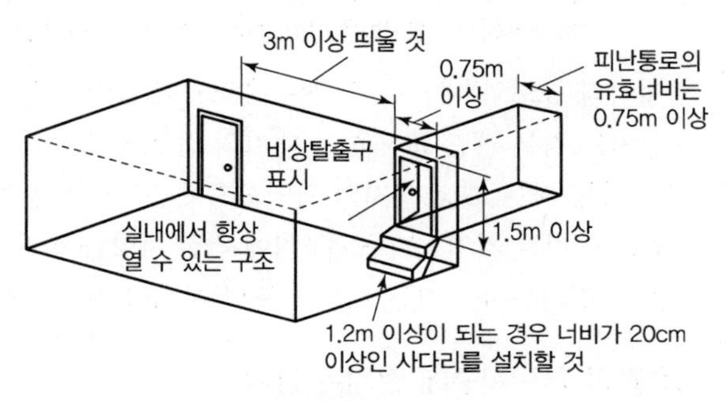

[비상탈출구의 구조]

31. 방화문의 구조

60^{+} 방화문 및 60분 방화문은 국토교통부장관이 고시하는 시험기준에 따라 시험한 결과 다음과 같은 성능이 확보되어야 한다.

구분	내화시험
60^{+} 방화문	비차열 1시간 이상의 성능
60분 방화문	비차열 30분 이상의 성능

32. 건축물의 범죄예방 기준에 따라 건축하는 건축물

① 다가구주택, 아파트, 연립주택 및 다세대주택
② 제1종 근린생활시설 중 일용품을 판매하는 소매점
③ 제2종 근린생활시설 중 다중생활시설
④ 문화 및 집회시설(동 · 식물원은 제외한다)
⑤ 교육연구시설(연구소 및 도서관은 제외한다)
⑥ 노유자시설
⑦ 수련시설
⑧ 업무시설 중 오피스텔
⑨ 숙박시설 중 다중생활시설

핵심문제 ●●●

국토교통부장관이 정한 범죄예방 기준에 따라 건축하여야 하는 대상 건축물에 속하지 않는 것은? 기 16②④

① 수련시설
❷ 공동주택 중 기숙사
③ 업무시설 중 오피스텔
④ 숙박시설 중 다중생활시설

해설 범죄예방 대상 건축물
㉠ 다가구주택, 아파트, 연립주택 및 다세대주택
㉡ 제1종 근린생활시설 중 일용품을 판매하는 소매점
㉢ 제2종 근린생활시설 중 다중생활시설
㉣ 문화 및 집회시설(동 · 식물원은 제외)
㉤ 교육연구시설(연구소 및 도서관은 제외)
㉥ 노유자시설
㉦ 수련시설
㉧ 업무시설 중 오피스텔
㉨ 숙박시설 중 다중생활시설

SECTION 06 지역 및 지구의 건축물

1. 지역 · 지구 · 구역에 걸치는 경우의 조치

(1) 대지가 지역 · 지구 또는 구역에 걸치는 경우

① 건축물 및 대지 전부에 대하여 그 대지의 과반이 속하는 지역 · 지구 또는 구역 안의 건축물 및 대지 등에 관한 규정을 적용한다.

예외 • 녹지지역 및 방화지구
• 해당 대지의 규모와 대지가 속하는 용도지역 · 지구 또는 구역의 성격 등 해당 대지에 관한 주변여건상 필요하다고 인정하여 지방자치단체의 조례에서 적용방법을 따로 정하는 경우에는 그에 따른다.

② 대지의 규모와 대지가 속하는 용도지역 · 지구 또는 구역에 걸치는 경우 관련 규정을 그 대지의 전부에 대하여 적용받고자 하는 자는 해당 대지의 지역 · 지구 · 구역별 면적과 적용받고자 하는 지역 · 지구 · 구역에 관한 사항을 허가권자에게 제출(전자문서에 따른 제출을 포함)하여야 한다.

(2) 건축물이 경관지구에 걸치는 경우

건축물 및 대지의 전부에 대하여 경관지구 안의 건축물 및 대지 등에 관한 규정을 적용한다.

(3) 하나의 건축물이 방화지구와 그 밖의 구역에 걸치는 경우

건축물 전부에 대하여 방화지구 안의 건축물에 관한 규정을 적용한다.

예외 건축물이 방화지구 밖의 경계에서 방화벽으로 구획되는 경우에는 그 밖의 구역에 있는 부분

(4) 대지가 녹지지역과 그 밖의 지역 · 지구 · 구역에 걸치는 경우

각 지역 · 지구 · 구역 안의 건축물 및 대지에 관한 규정을 적용한다.

예외 녹지지역 안의 건축물이 경관지구, 방화지구에 걸치는 경우에는 위 (2) 또는 (3)의 규정에 따른다.

참고 대지가 지역 · 지구 · 구역에 걸치는 경우의 조치 예

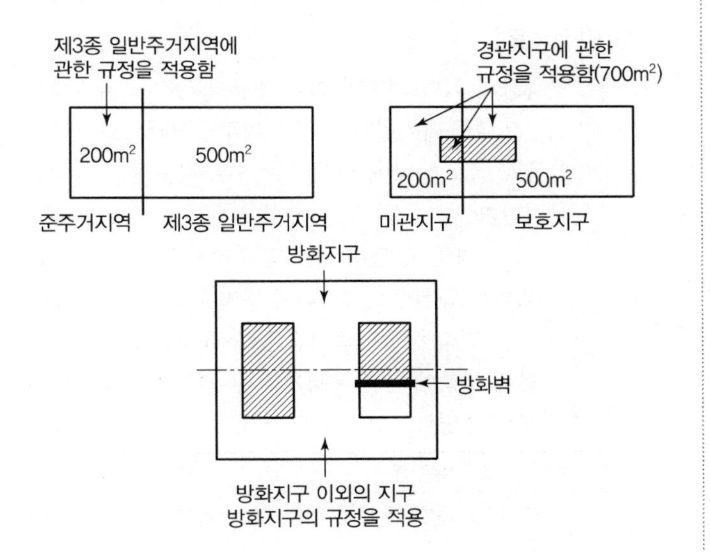

2. 대지면적

(1) 면적 산정

대지면적이란 대지의 수평투영면적으로 한다.

(2) 대지면적에 포함되지 않는 경우

① 예정도로의 부분

② 소요너비에 미달되는 도로에서의 건축선과 도로경계선 사이 부분

소요너비에 미달되는 도로	건축선
도로 양쪽이 대지인 경우	도로의 중심선으로부터 소요너비의 1/2만큼 후퇴한 선
도로의 반대쪽에서 경사지 · 하천 · 철도 · 부지 등이 있는 경우	경사지 등이 있는 쪽의 도로경계선에서 소요너비에 상당하는 수평거리에 상당하는 선

③ 대지 안에 도시 · 군계획시설인 도로 · 공원 등이 있는 경우 그 도시 · 군계획시설에 포함되는 대지(「국토의 계획 및 이용에 관한 법률」에 따라 건축물 또는 공작물을 설치하는 도시 · 군계획시설의 부지는 제외) 면적

핵심문제 ●●○

면적 등의 산정방법과 관련한 용어의 설명 중 틀린 것은? 기 21②

① 대지면적은 대지의 수평투영면적으로 한다.

② 건축면적은 건축물의 외벽의 중심선으로 둘러싸인 부분의 수평투영면적으로 한다.

❸ 용적률을 산정할 때에는 지하층의 면적을 포함하여 연면적을 계산한다.

④ 건축물의 높이는 지표면으로부터 그 건축물의 상단까지의 높이로 한다.

해설 용적률 산정 시 연면적에서 제외되는 부분

- 지하층 면적
- 지상층의 주차용(당해 건축물의 부속용도에 한함)으로 사용되는 면적
- 초고층 건축물의 피난안전구역의 면적
- 경사지붕 아래 대피공간

3. 건축면적

(1) 면적 산정

① 건축물의 외벽(외벽이 없는 경우에는 외곽 부분의 기둥) 중심선으로 둘러싸인 부분의 수평투영면적으로 산정한다.

② 다음의 어느 하나에 해당하는 경우에는 해당 각 기준에 따라 산정한다.

㉠ 처마, 차양, 부연(附椽), 그 밖에 이와 비슷한 것으로서 그 외벽의 중심선으로부터 수평거리 1m 이상 돌출된 부분이 있는 건축물의 건축면적은 그 돌출된 끝부분으로부터 다음의 구분에 따른 수평거리를 후퇴한 선으로 둘러싸인 부분의 수평투영면적으로 한다.

기준	산정
1. 「전통사찰보존법」에 따른 전통사찰	4m 이하의 범위에서 외벽의 중심선까지 거리
2. 사료 투여, 가축 이동 및 가축 분뇨 유출 방지 등을 위하여 처마, 차양, 부연, 그 밖에 이와 비슷한 것이 설치된 축사	3미터 이하의 범위에서 외벽의 중심선까지 거리(2개 동의 축사가 하나의 차양으로 연결된 경우에는 6미터 이하의 범위에서 축사 양쪽 외벽의 중심선까지 거리를 말한다)
3. 한옥	2m 이하의 범위에서 외벽의 중심선까지 거리
4. 충전시설(그에 딸린 충전 전용 주차구획을 포함한다)의 설치를 목적으로 처마, 차양, 부연, 그 밖에 이와 비슷한 것이 설치된 공동주택(사업계획승인 대상으로 한정한다)	2m 이하의 범위에서 외벽의 중심선까지 거리
5. 「신에너지 및 재생에너지 개발·이용·보급촉진법」 제2조 제3호에 따른 신·재생에너지 설비(신·재생에너지를 생산하거나 이용하기 위한 것만 해당한다)를 설치하기 위하여 처마, 차양, 부연, 그 밖에 이와 비슷한 것이 설치된 건축물로서 제로에너지건축물 인증을 받은 건축물	
6. 그 밖의 건축물	1m

>>> 부연(附椽)

원형 서까래 끝 위에 덧대 얹은 짧고 각진 서까래

㉡ 다음에 해당하는 건축물의 건축면적은 각 기준에 따라 산정한다.

기준	산정
1. 태양열을 주된 에너지원으로 이용하는 주택	건축물의 외벽 중 내측 내력벽의 중심선을 기준으로 한다.
2. 창고 중 물품을 입출고하는 부위의 상부에 한쪽 끝은 고정되고 다른 쪽 끝은 지지되지 아니한 구조로 설치된 돌출차양	다음에 따라 산정한 면적 중 작은 값으로 한다. • 해당 돌출차양을 제외한 창고의 건축면적 10%를 초과하는 면적 • 해당 돌출차양의 끝부분으로부터 수평거리 3m를 후퇴한 선으로 둘러싸인 부분의 수평투영면적
3. 단열재를 구조체의 외기측에 설치하는 단열공법으로 건축된 건축물	

(2) 제외되는 부분

다음의 경우에는 건축면적에 산입하지 아니한다.

① 지표면으로부터 1m 이하에 있는 부분(창고 중 물품을 입출고하기 위하여 차량을 접안시키는 부분의 경우에는 지표면으로부터 1.5m 이하에 있는 부분)

② 「다중이용업소의 안전관리에 관한 특별법 시행령」에 따라 기존의 다중이용업소(2004년 5월 29일 이전의 것만 해당)의 비상구에 연결하여 설치하는 폭 2m 이하의 옥외 피난계단(기존 건축물에 옥외 피난계단을 설치함으로써 건폐율의 기준에 적합하지 아니하게 된 경우만 해당)

③ 건축물의 지상층에 일반인이나 차량이 통행할 수 있도록 설치한 보행통로나 차량통로

④ 지하주차장의 경사로

⑤ 건축물 지하층의 출입구 상부(출입구 너비에 상당하는 규모의 부분을 말함)

⑥ 생활폐기물 보관함(음식물쓰레기, 의류 등의 수거함을 말함)

⑦ 「영유아보육법」 제15조에 따른 어린이집(2005년 1월 29일 이전에 설치된 것만 해당한다)의 비상구에 연결하여 설치하는 폭 2미터 이하의 영유아용 대피용 미끄럼대 또는 비상계단(기존 건축물에 영유아용 대피용 미끄럼대 또는 비상계단을 설치함으로써 법 제55조에 따른 건폐율 기준에 적합하지 아니하게 된 경우만 해당한다)

⑧ 장애인 · 노인 · 임산부 등의 편의증진 보장에 관한 법률 시행령에 따른 장애인용 승강기, 장애인용 에스컬레이터, 휠체어리프트, 경사로

핵심문제 ●●●

태양열을 주된 에너지원으로 이용하는 주택의 건축면적 산정 기준이 되는 것은?

기 20①②통합 18②③ 14④ 산 18①

① 건축물 외벽의 중심선
② 건축물 외벽의 외측 외곽선
❸ 건축물 외벽 중 내측 내력벽의 중심선
④ 건축물 외벽 중 외측 비내력벽의 중심선

해설 **태양열을 주된 에너지원으로 이용하는 주택의 건축면적 산정의 기준**
건축물 외벽 중 내측 내력벽의 중심선

핵심문제 ●●●

다음 중 건축면적에 산입하지 않는 대상기준으로 틀린 것은? 기 20④

① 지하주차장의 경사로
❷ 지표면으로부터 1.8m 이하에 있는 부분
③ 건축물 지상층에 일반인이 통행할 수 있도록 설치한 보행통로
④ 건축물의 지상층에 차량이 통행할 수 있도록 설치한 차량통로

해설 **건축면적에 산입하지 아니하는 경우**
지표면으로부터 1m 이하에 있는 부분(창고 중 물품을 입출고하기 위하여 차량을 접안시키는 부분의 경우에는 지표면으로부터 1.5m 이하에 있는 부분)

4. 바닥면적

(1) 바닥면적 산정의 원칙

건축물의 각 층 또는 그 일부로서 벽, 기둥, 그 밖에 이와 유사한 구획의 중심선으로 둘러싸인 수평투영면적으로 산정한다.

(2) 바닥면적 산정의 특례

① 벽 · 기둥의 구획이 없는 건축물의 바닥면적

벽 · 기둥의 구획이 없는 건축물에 있어서 그 지붕 끝부분으로부터 수평거리 1m를 후퇴한 선으로 둘러싸인 수평투영면적으로 한다.

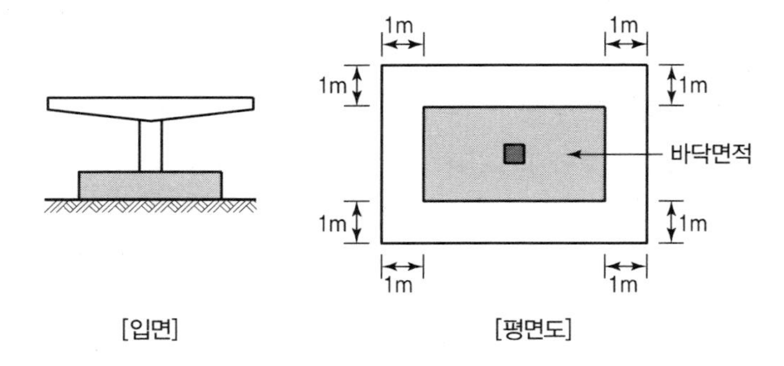

[입면] [평면도]

② 주택의 발코니 등 건축물 노대 등의 바닥면적

건축물의 노대, 그 밖에 이와 유사한 것의 바닥은 난간 등의 설치 여부에 관계 없이 노대 등의 면적(외벽의 중심선으로부터 노대 등의 끝부분까지 면적)에서 노대 등에 접한 가장 긴 외벽의 길이에 1.5m를 곱한 값을 공제한 면적을 바닥면적에 산입한다.

참고 노대 등의 바닥면적 산정

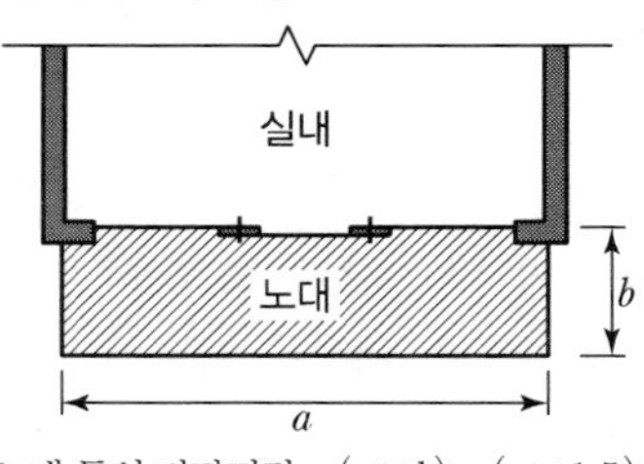

노대 등의 바닥면적 $= (a \times b) - (a \times 1.5)$

③ 필로티 등의 바닥면적

필로티, 그 밖에 이와 유사한 구조(벽면적의 1/2 이상이 해당 층의 바닥면에서 위층 바닥 아랫면까지 공간으로 된 것)의 부분은 해당 부분이 다음과 같은 용도에 전용되는 경우에 이를 바닥면적에 산입하지 않는다.

핵심문제 ●●●

다음은 바닥면적의 산정과 관련된 기준 내용이다. ( ) 안에 알맞은 것은? 기 15①

> 벽 · 기둥의 구획이 없는 건축물은 그 지붕 끝부분으로부터 수평거리 ( )를 후퇴한 선으로 둘러싸인 수평투영면적으로 한다.

① 0.5m ❷ 1m
③ 1.5m ④ 2m

해설 벽 · 기둥의 구획이 없는 건축물의 바닥면적

벽 · 기둥의 구획이 없는 건축물에 있어서 그 지붕 끝부분으로부터 수평거리 1m를 후퇴한 선으로 둘러싸인 수평투영면적으로 한다.

핵심문제 ●●●

건축물의 필로티 부분을 건축법령상의 바닥면적에 산입하는 경우에 속하는 것은? 기 17①

① 공중의 통행에 전용되는 경우
② 차량의 주차에 전용되는 경우
❸ 업무시설의 휴식공간으로 전용되는 경우
④ 공동주택의 놀이공간으로 전용되는 경우

해설 필로티 등의 바닥면적

필로티, 그 밖에 이와 유사한 구조(벽면적의 1/2 이상이 해당 층의 바닥면에서 위층 바닥 아랫면까지 공간으로 된 것)의 부분은 해당 부분이 다음과 같은 용도에 전용되는 경우에는 이를 바닥면적에 산입하지 않는다.
㉠ 공중의 통행에 전용되는 경우
㉡ 차량의 통행 · 주차에 전용되는 경우
㉢ 공동주택의 경우

㉠ 공중의 통행에 전용되는 경우
㉡ 차량의 통행 · 주차에 전용되는 경우
㉢ 공동주택의 경우

④ 바닥면적에 산입되지 않는 부분
㉠ 승강기탑 · 계단탑 · 망루 · 장식탑 · 층고 1.5m 이하(경사진 형태의 지붕인 경우 1.8m 이하)인 다락 · 건축물의 내부에 설치하는 냉방설비 배기장치 전용 설치공간(각 세대나 실별로 외부 공기에 직접 닿는 곳에 설치하는 경우로서 1제곱미터 이하로 한정한다), 건축물의 외부 또는 내부에 설치하는 굴뚝 · 더스트슈트 · 설비덕트 등의 바닥면적
㉡ 옥상, 옥외 또는 지하에 설치하는 물탱크 · 기름탱크 · 냉각탑 · 정화조 · 도시가스 정압기, 그 밖에 이와 비슷한 것을 설치하기 위한 구조물과 건축물 간에 화물의 이동에 이용되는 컨베이어벨트만을 설치하기 위한 구조물은 바닥면적에 산입하지 않는다.
㉢ 공동주택으로서 지상층에 설치한 기계실 · 전기실 · 어린이놀이터 · 조경시설 및 생활폐기물 보관함의 바닥면적
㉣ 기존의 다중이용업소(2004년 5월 29일 이전의 것에 한함)의 비상구에 연결하여 설치하는 폭 1.5m 이하의 옥외피난계단(기존 건축물에 옥외피난계단을 설치함에 따라 용적률 기준에 적합하지 아니하게 된 경우에 한함)
㉤ 건축물을 리모델링하는 경우로서 미관 향상, 열의 손실 방지 등을 위하여 외벽에 부가하여 마감재 등을 설치하는 부분은 바닥면적에 산입하지 아니한다.
㉥ 단열재를 구조체의 외기측에 설치하는 단열공법으로 건축된 건축물의 경우에는 단열재가 설치된 외벽 중 내측 내력벽의 중심선을 기준으로 산정한 면적을 바닥면적으로 한다.
㉦ 어린이집(2005년 1월 29일 이전에 설치된 것만 해당한다)의 비상구에 연결하여 설치하는 폭 2미터 이하의 영유아용 대피용 미끄럼대 또는 비상계단의 면적은 바닥면적(기존 건축물에 영유아용 대피용 미끄럼대 또는 비상계단을 설치함으로써 법 제56조에 따른 용적률 기준에 적합하지 아니하게 된 경우만 해당한다)에 산입하지 아니한다.
㉧ 「장애인 · 노인 · 임산부 등의 편의증진 보장에 관한 법률 시행령」 [별표 2]의 기준에 따라 설치하는 장애인용 승강기, 장애인용 에스컬레이터, 휠체어리프트 또는 경사로는

핵심문제 ●●●

다음은 건축법령상 바닥면적 산정에 관한 기준 내용이다. ( ) 안에 포함되지 않는 것은? 기 17②

공동주택으로서 지상층에 설치한 ( )의 면적은 바닥면적에 산입하지 아니한다.

① 기계실 ❷ 탁아소
③ 조경시설 ④ 어린이놀이터

해설
공동주택으로서 지상층에 설치한 기계실 · 전기실 · 어린이놀이터 · 조경시설 및 생활폐기물 보관함의 바닥면적에 산입하지 아니한다.

바닥면적에 산입하지 아니한다.

㉧ 「가축전염병 예방법」 제17조 제1항 제1호에 따른 소독설비를 갖추기 위하여 같은 호에 따른 가축사육시설(2015년 4월 27일 전에 건축되거나 설치된 가축사육시설로 한정한다)에서 설치하는 시설은 바닥면적에 산입하지 아니한다.

㉨ 「매장문화재 보호 및 조사에 관한 법률」 제14조 제1항 제1호 및 제2호에 따른 현지보존 및 이전보존을 위하여 매장문화재 보호 및 전시에 전용되는 부분은 바닥면적에 산입하지 아니한다.

㉩ 「영유아보육법」 제15조에 따른 설치기준에 따라 직통계단 1개소를 갈음하여 건축물의 외부에 설치하는 비상계단 면적은 바닥면적(같은 조에 따른 어린이집이 2011년 4월 6일 이전에 설치된 경우로서 기존 건축물에 비상계단을 설치함으로써 법 제56조에 따른 용적률 기준에 적합하지 않게 된 경우만 해당한다)에 산입하지 않는다.

㉪ 지하주차장의 경사로는 바닥면적에 산입하지 않는다.

5. 연면적

(1) 연면적 산정

하나의 건축물 각 층의 바닥면적 합계로 한다.

(2) 용적률 산정시 제외되는 부분

① 지하층 면적

② 지상층의 주차용(해당 건축물의 부속용도에 한함)으로 사용되는 면적

③ 초고층건축물과 준초고층건축물에 설치하는 피난안전구역의 면적

④ 건축물의 경사지붕 아래에 설치하는 대피공간의 면적

핵심문제 ●●●

건축물 면적 산정방법의 기본 원칙으로 옳지 않은 것?

기 20①②통합 18② 산 19③

① 대지면적은 대지의 수평투영면적으로 한다.

❷ 연면적은 하나의 건축물 각 층의 거실면적 합계로 한다.

③ 건축면적은 건축물의 외벽(외벽이 없는 경우에는 외곽 부분의 기둥) 중심선으로 둘러싸인 부분의 수평투영면적으로 한다.

④ 바닥면적은 건축물의 각 층 또는 그 일부로서 벽, 기둥, 그 밖에 이와 비슷한 구획의 중심선으로 둘러싸인 부분의 수평투영면적으로 한다.

해설

연면적은 하나의 건축물 각 층의 바닥면적 합계로 한다.

6. 건축물의 건폐율

(1) 정의

건폐율은 대지면적에 대한 건축면적(대지에 둘 이상의 건축물이 있는 경우에는 이들 건축면적의 합계)의 비율을 말한다.

$$건폐율 = \frac{건축면적(둘\ 이상\ 건축물의\ 경우는\ 이들\ 건축면적의\ 합계)}{대지면적} \times 100(\%)$$

(2) 목적

① 대지 안에 최소한의 공지 확보
② 건축물의 과밀 방지
③ 일조 · 채광 · 통풍 등 위생적인 환경 조성
④ 화재, 그 밖의 재해 시 연소의 차단이나 소화 · 피난 등에 필요한 공간 확보

(3) 건폐율의 최대한도

건폐율의 최대한도는 「국토의 계획 및 이용에 관한 법률」에 따른 건폐율의 기준(법 제77조)에 따른다. 다만, 「건축법」에서 그 기준을 완화 또는 강화하여 적용하도록 규정한 경우에는 그에 따른다.

참고 **「국토의 계획 및 이용에 관한 법률」에 따른 지역 안에서의 건폐율**

1. 건폐율의 한도
지역 안에서의 건폐율은 다음의 범위 안에서 도시 · 군계획조례가 정하는 비율을 초과하여서는 아니 된다.

용도지역	최대한도	지역의 세분	건폐율 한도	비 고
주거지역	70% 이하	제1종 전용주거지역	50% 이하	–
		제2종 전용주거지역		
		제1종 일반주거지역	60% 이하	
		제2종 일반주거지역		
		제3종 일반주거지역	50% 이하	
		준주거지역	70% 이하	
상업지역	90% 이하	근린상업지역	70% 이하	
		일반상업지역		
		유통상업지역		
		중심상업지역		
공업지역	70% 이하	전용공업지역	70% 이하	산업단지에 건축하는 공장은 80% 이하
		일반공업지역		
		준공업지역		
녹지지역	20% 이하	보전녹지지역	20% 이하	자연취락지구는 40% 이하
		생산녹지지역		
		자연녹지지역		

핵심문제 ●●●

건폐율에 관한 설명으로 가장 알맞은 것은? 산 14①

① 대지면적에 대한 연면적의 비율
② 대지면적에 대한 바닥면적의 비율
❸ 대지면적에 대한 건축면적의 비율
④ 대지면적에 대한 공지면적의 비율

해설 건폐율
대지면적에 대한 건축면적의 비율

핵심문제 ●●○

용도지역에 따른 건폐율의 최대한도가 옳지 않은 것은?(단, 도시지역의 경우) 기 15①

❶ 녹지지역 : 30% 이하
② 주거지역 : 70% 이하
③ 공업지역 : 70% 이하
④ 상업지역 : 90% 이하

해설 녹지지역
20% 이하

7. 건축물의 용적률

(1) 정의

용적률은 대지면적에 대한 건축물의 연면적(대지에 둘 이상의 건축물이 있는 경우에는 이들 연면적의 합계)의 비율을 말한다.

$$용적률 = \frac{연면적(둘\ 이상\ 건축물이\ 있는\ 경우에는\ 이들\ 연면적의\ 합계)}{대지면적} \times 100(\%)$$

참고 용적률 산정 시 연면적에서 제외되는 부분

① 지하층 면적
② 지상층의 주차용(당해 건축물의 부속용도에 한함)으로 사용되는 면적
③ 초고층건축물의 피난안전구역의 면적
④ 경사지붕 아래 대피공간

(2) 목적

건축물의 높이 및 층 규모를 규제함으로써 주거 · 상업 · 공업 · 녹지지역의 면적배분이나 도로 · 상하수도 · 광장 · 공원 · 주차장 등 공동시설의 설치 등 효율적인 도시 · 군계획이 되도록 하는 데 있다.

(3) 용적률의 최대한도

용적률의 최대한도는 「국토의 계획 및 이용에 관한 법률」에 따른 용적률의 기준(법 제78조)에 따른다. 다만, 「건축법」에서 그 기준을 완화 또는 강화하여 적용하도록 규정한 경우에는 그에 따른다.

참고 「국토의 계획 및 이용에 관한 법률」에 따른 용도지역 안에서의 용적률 한도

지역 안에서의 용적률은 다음의 범위 안에서 도시 · 군계획조례가 정하는 비율을 초과하여서는 아니 된다.

용도지역	최대한도	지역의 세분	용적률 한도
1. 주거지역	500% 이하	• 제1종 전용주거지역	50% 이상, 100% 이하
		• 제2종 전용주거지역	100% 이상, 150% 이하
		• 제1종 일반주거지역	100% 이상, 200% 이하
		• 제2종 일반주거지역	150% 이상, 250% 이하
		• 제3종 일반주거지역	200% 이상, 300% 이하
		• 준주거지역	200% 이상, 500% 이하
2. 상업지역	1,500% 이하	• 중심상업지역	400% 이상, 1,500% 이하
		• 일반상업지역	300% 이상, 1,300% 이하
		• 근린상업지역	200% 이상, 900% 이하
		• 유통상업지역	200% 이상, 1,100% 이하
3. 공업지역	400% 이하	• 전용공업지역	150% 이상, 300% 이하
		• 일반공업지역	200% 이상, 350% 이하
		• 준공업지역	200% 이상, 400% 이하

핵심문제 ●●●

면적 등의 산정방법에 대한 기본원칙으로 옳지 않은 것은? 기17④

① 대지면적은 대지의 수평투영면적으로 한다.
② 건축면적은 건축물 외벽의 중심선으로 둘러싸인 부분의 수평투영면적으로 한다.
③ 바닥면적은 건축물의 각 층 또는 그 일부로서 벽, 기둥, 그 밖에 이와 비슷한 구획의 중심으로 둘러싸인 부분의 수평투영면적으로 한다.
❹ 용적률 산정 시 적용하는 연면적은 지하층을 포함하여 하나의 건축물 각 층의 바닥면적 합계로 한다.

해설
연면적 산정에는 지하층의 면적을 산입하나 용적률 산정 시에는 지하층의 면적을 산입하지 않는다.

핵심문제 ●●●

국토의 계획 및 이용에 관한 법률에 따른 용도지역에서의 용적률 최대한도 기준이 옳지 않은 것은?(단, 도시지역의 경우) 기 18③

① 주거지역 : 500% 이하
② 녹지지역 : 100% 이하
③ 공업지역 : 400% 이하
❹ 상업지역 : 1,000% 이하

해설 용적률 최대한도 기준
• 주거지역 : 500% 이하
• 상업지역 : 1,500% 이하
• 공업지역 : 400% 이하
• 녹지지역 : 100% 이하

용도지역	최대한도	지역의 세분	용적률 한도
4. 녹지지역	100% 이하	• 보전녹지지역 • 생산녹지지역 • 자연녹지지역	50% 이상, 80% 이하 50% 이상, 100% 이하 50% 이상, 100% 이하
5. 관리지역	[보전] 80% 이하 [생산] 80% 이하 [계획] 100% 이하 다만, 성장관리방안을 수립한 지역의 경우 해당 지방자치단체의 조례로 125% 이내에서 완화하여 적용할 수 있다.	• 보전관리지역 • 생산관리지역 • 계획관리지역	50% 이상, 80% 이하 50% 이상, 80% 이하 50% 이상, 100% 이하
6. 농림지역	80% 이하	–	50% 이상, 80% 이하
7. 자연환경보전지역	80% 이하	–	50% 이상, 80% 이하

단서 도시 · 군계획조례로 지역별 용적률을 정하는 경우에는 해당 지역의 구역별로 용적률을 세분하여 정할 수 있다.

8. 대지의 분할제한

(1) 대지의 분할제한 규모

건축물이 있는 대지는 다음의 범위 안에서 지방자치단체의 조례가 정하는 면적에 미달되게 분할할 수 없다.

용도지역	분할 규모
주거지역	60m² 이상
상업지역	150m² 이상
공업지역	
녹지지역	200m² 이상
기타 지역	60m² 이상

(2) 대지의 분할제한 관련 규정

건축물이 있는 대지는 다음의 기준에 미달되게 분할할 수 없다.

규정	조항
대지와 도로의 관계	법 제44조
건축물의 건폐율	법 제55조
건축물의 용적률	법 제56조
대지 안의 공지	법 제58조
건축물의 높이제한	법 제60조
일조 등의 확보를 위한 건축물의 높이제한	법 제61조

핵심문제 ●●●

다음은 건축물이 있는 대지의 분할제한에 관한 기준 내용이다. 밑줄 친 "대통령령으로 정하는 범위" 기준으로 옳지 않은 것은? 기 21① 산 20③

건축물이 있는 대지는 대통령령으로 정하는 범위에서 해당 지방자치단체의 조례로 정하는 면적에 못 미치게 분할할 수 없다.

❶ 주거지역 : 100m² 이상
② 상업지역 : 150m² 이상
③ 공업지역 : 150m² 이상
④ 녹지지역 : 200m² 이상

해설 주거지역
60m² 이상

대지의 분할제한 의의

대지면적을 너무 적게 세분하면 토지 이용상 불리하며, 과소건축물의 밀집으로 일조·채광·통풍·소방 등에 지장을 주게 되므로 대지의 분할규모를 설정하여 일정 규모이상의 대지만이 건축이 가능하도록 한 것이다.

9. 대지 안의 공지

건축선 · 인접대지경계선으로부터의 거리 6m 이내의 범위에서 건축조례가 정하는 거리 이상을 띄어야 한다.

(1) 건축선으로부터 건축물까지 띄어야 하는 거리

대상 건축물	건축조례에서 정하는 건축기준
가. 해당 용도로 사용되는 바닥면적의 합계가 500m² 이상인 공장(전용공업지역 및 일반공업지역 또는 「산업입지 및 개발에 관한 법률」에 따른 산업단지에서 건축하는 공장 제외)으로서 건축조례가 정하는 건축물	• 준공업지역 : 1.5m 이상 6m 이하 • 준공업지역 외의 지역 : 3m 이상 6m 이하
나. 해당 용도로 사용되는 바닥면적의 합계가 500m² 이상인 창고(전용공업지역 및 일반공업지역 또는 「산업입지 및 개발에 관한 법률」에 따른 산업단지에서 건축하는 창고 제외)로서 건축조례가 정하는 건축물	• 준공업지역 : 1.5m 이상 6m 이하 • 준공업지역 외의 지역 : 3m 이상 6m 이하
다. 해당 용도로 사용되는 바닥면적의 합계가 1,000m² 이상인 판매시설, 숙박시설(여관 및 여인숙 제외), 문화 및 집회시설(전시장 및 동 · 식물원 제외) 및 종교시설	3m 이상 6m 이하
라. 다중이 이용하는 건축물로서 건축조례가 정하는 건축물	3m 이상 6m 이하
마. 공동주택	• 아파트 : 2m 이상 6m 이하 • 연립주택 : 2m 이상 5m 이하 • 다세대주택 : 1m 이상 4m 이하
바. 그 밖에 건축조례가 정하는 건축물	1m 이상 6m 이하(한옥의 경우에는 처마선 2m 이하, 외벽선 1m 이상 2m 이하)

(2) 인접대지경계선으로부터 건축물까지 띄어야 하는 거리

대상 건축물	건축조례에서 정하는 건축기준
가. 전용주거지역에 건축하는 건축물(공동주택 제외)	1m 이상 6m 이하(한옥의 경우에는 처마선 2m 이하, 외벽선 1m 이상 2m 이하)

대상 건축물	건축조례에서 정하는 건축기준
나. 해당 용도로 사용되는 바닥면적의 합계가 500m² 이상인 공장(전용공업지역 및 일반공업지역 또는 「산업입지 및 개발에 관한 법률」에 따른 산업단지에서 건축하는 공장 제외)으로서 건축조례가 정하는 건축물	• 준공업지역 : 1m 이상 6m 이하 • 준공업지역 외의 지역 : 1.5m 이상 6m 이하
다. 해당 용도로 사용되는 바닥면적의 합계가 1,000m² 이상인 판매시설, 숙박시설(여관 및 여인숙 제외), 문화 및 집회시설(전시장 및 동 · 식물원 제외) 및 종교시설. 다만, 상업지역에서 건축하는 건축물을 제외한다.	1.5m 이상 6m 이하
라. 다중이 이용하는 건축물(상업지역에서 건축하는 건축물 제외)로서 건축조례가 정하는 건축물	1.5m 이상 6m 이하
마. 공동주택(상업지역에서 건축하는 공동주택으로서 스프링클러나 그 밖에 이와 비슷한 자동식 소화설비를 설치한 공동주택 제외)	• 아파트 : 2m 이상 6m 이하 • 연립주택 : 1.5m 이상 5m 이하 • 다세대주택 : 0.5m 이상 4m 이하
바. 그 밖에 건축조례가 정하는 건축물	0.5m 이상 6m 이하(한옥의 경우에는 처마선 2m 이하, 외벽선 1m 이상 2m 이하)

10. 맞벽건축과 연결복도

(1) 적용 배제

다음에 해당하는 경우 대지 안의 공지(법 제58조) · 일조 등의 확보를 위한 건축물의 높이제한(법 제61조) 및 경계선 부근의 건축(「민법」 제242조)에 따른 규정을 적용하지 않는다.

적용 배제대상	대상지역 및 기준
도시미관 등을 위하여 2 이상의 건축물의 벽을 맞벽(대지경계선으로부터 50cm 이내인 경우)으로 하여 건축하는 경우	• 상업지역 • 주거지역(건축물 및 토지의 소유자 간 맞벽건축을 합의한 경우에 한정한다.) • 허가권자가 도시미관 또는 한옥 보전 · 진흥을 위하여 건축조례로 정하는 구역 • 건축협정구역
인근 건축물과 연결복도 또는 연결통로를 설치하는 경우	• 주요구조부가 내화구조일 것 • 마감재료는 불연재료일 것 • 밀폐된 구조인 경우 벽면적 1/10 이상 면적의 창을 설치할 것 예외 지하층으로서 환기설비를 설치하는 경우

적용배제대상	대상지역 및 기준
인근 건축물과 연결복도 또는 연결통로를 설치하는 경우	• 너비 및 높이가 각각 5m 이하일 것 예외 허가권자가 건축물의 용도나 규모 등을 고려할 때 원활한 통행을 위하여 필요하다고 인정하면 지방건축위원회의 심의를 거쳐 그 기준을 완화하여 적용할 수 있다. • 건축물과 복도 또는 통로의 연결 부분에 자동방화 셔터 또는 방화문을 설치할 것 • 연결복도가 설치된 대지의 면적 합계가 「국토의 계획 및 이용에 관한 시행령」 규정에 따른 개발행위의 최대 규모 이하일 것 예외 지구단위계획구역 안

(2) 맞벽건축의 구조 및 연결복도의 안전 확인

① 맞벽은 방화벽으로 축조하여야 한다.

② 연결복도 및 연결통로는 건축사 또는 건축구조기술사부터 안전 확인을 받아야 한다.

참고 맞벽건축 및 연결복도에 대한 도해

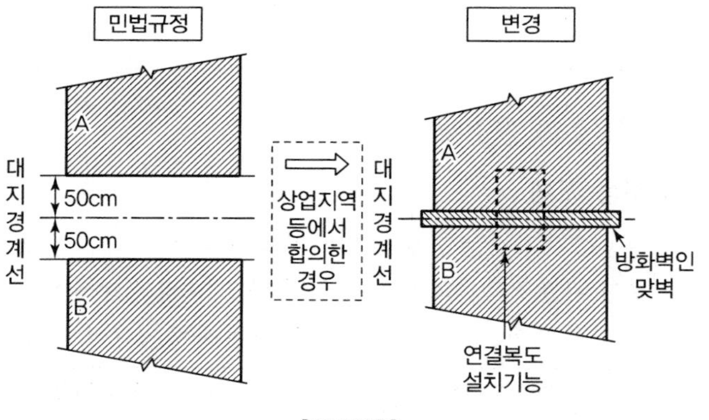

[맞벽건축]

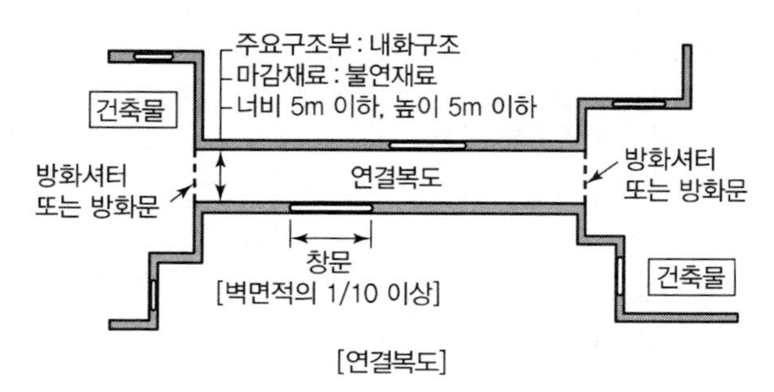

[연결복도]

11. 건축물의 높이

> 건축물의 높이 제한
>
> ① 도로 사선 제한
> ② 일조권 등을 위한 높이 제한
> ③ 구조 높이 제한

(1) 일반적인 높이 산정의 기준

건축물의 높이는 지표면으로부터 해당 건축물의 상단까지 높이로 한다.

단서 건축물의 1층 전체에 필로티(건축물의 사용을 위한 경비실 · 계단실 · 승강기실 등 포함)가 설치되어 있는 경우에는 건축물의 높이제한(영 제82조)과 일조 등의 확보를 위한 공동주택의 높이제한(영 제86조 제2항) 규정을 적용함에 있어 필로티의 층고를 제외한 높이를 건축물 높이로 한다.

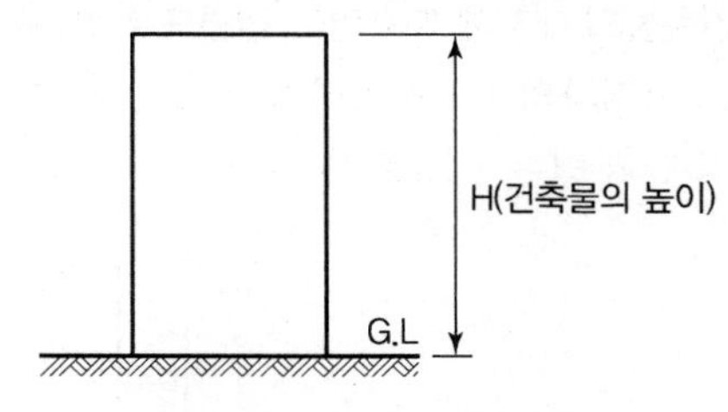

[건축물 높이 산정의 원칙]

(2) 건축물의 최고 높이제한에 따른 높이산정 기준

1) 원칙

건축물의 최고 높이제한에 따른 건축물 높이 산정시 전면도로의 중심선으로부터 높이로 한다.

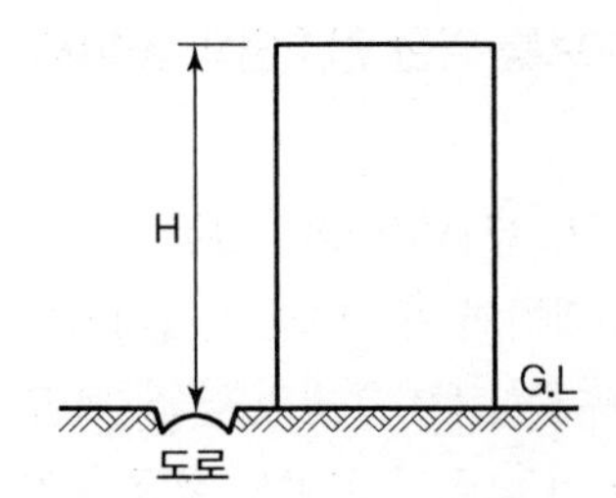

[전면도로면의 중심선에서 높이 산정]

2) 적용기준

① 건축물이 대지에 접하는 전면도로의 노면에 고저차가 있는 경우

접하는 범위의 전면도로 부분의 수평거리에 따라 가중평균한 높이의 수평면을 전면도로면으로 한다.

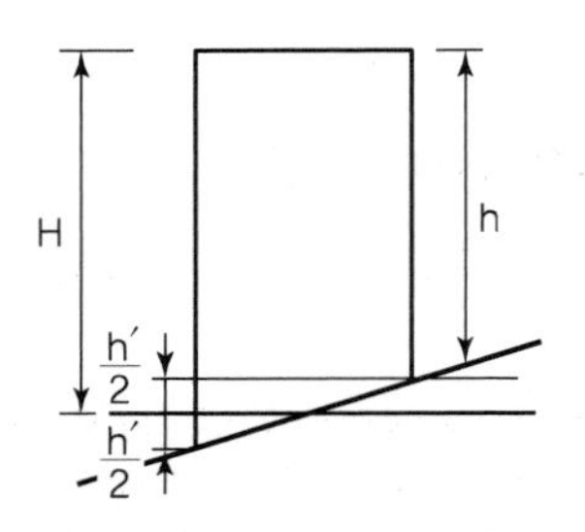

[경사도로면의 높이 산정]

② 건축물의 대지에 지표면이 전면도로보다 높은 경우
그 고저차의 1/2 높이만큼 올라온 위치에 해당 전면도로의 면이 있는 것으로 본다.

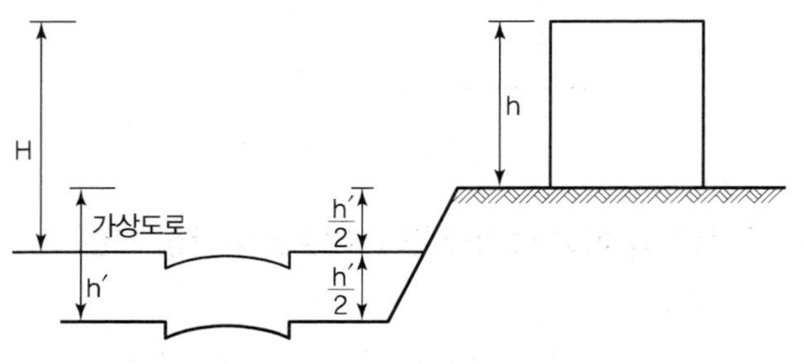

[전면도로가 낮은 경우의 높이 산정]

(3) 일조 등의 확보를 위한 건축물의 높이제한에 따른 높이 산정의 기준

1) 인접대지 간 고저차가 있는 경우
건축물의 대지의 지표면과 인접대지의 지표면 간에 고저차가 있는 경우에는 그 지표면의 평균수평면을 지표면(공동주택의 높이는 높이 산정에 있어서 해당 대지가 인접대지의 높이보다 낮은 경우에 해당 대지의 지표면을 말함)으로 본다.

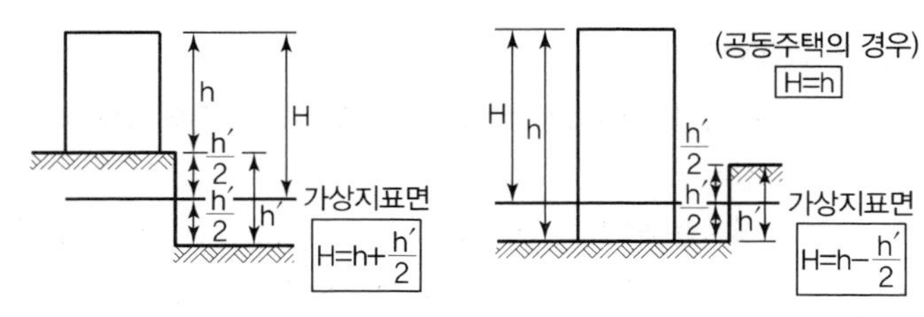

[인접대지의 지표면이 낮은 경우] [인접대지의 지표면이 높은 경우]

2) 복합건축물의 경우

전용주거지역 및 일반주거지역을 제외한 지역에서 공동주택을 다른 용도와 복합하여 건축하는 경우 공동주택의 가장 낮은 부분을 지표면으로 본다.

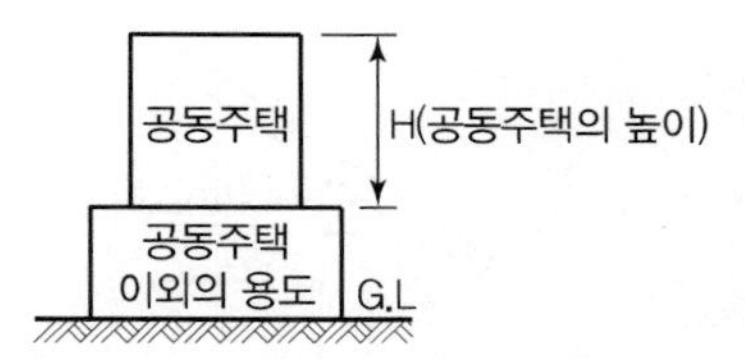

[복합용도인 공동주택의 높이 산정(전용, 일반주거지역이 아닌 지경)]

(4) 건축물 옥상 부분의 높이 산정 기준

① 거실 외의 용도로 쓰이는 옥상 부분(승강기탑, 계단탑, 망루, 장식탑, 옥탑 등)으로서 그 수평투영면적의 합계가 해당 건축물의 건축면적의 1/8(「주택법」에 따른 사업계획 승인대상 공동주택 중 세대별 전용면적이 85m² 이하인 경우는 1/6) 이하인 경우로서 그 부분의 높이가 12m를 넘는 경우에는 그 넘는 부분에 한하여 해당 건축물의 높이에 산입한다.

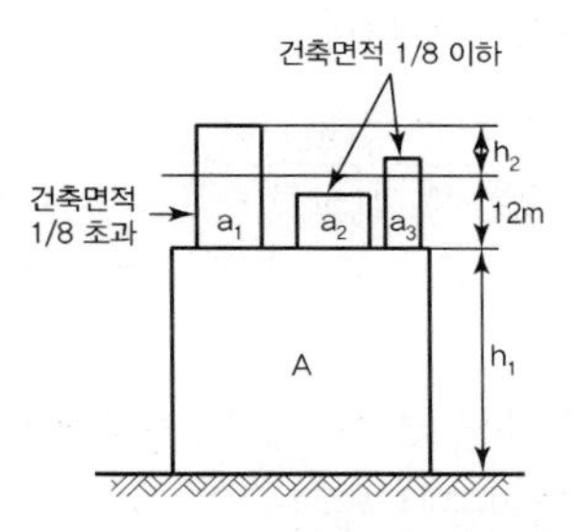

(A+a_1)의 H=h_1+a1의 높이(12m+h_2)
(A+a_2)의 H=h_1
(A+a_3)의 H=h_1+a_3의 높이에서 12m를 넘는 부분

[건축물 옥상 부분 높이 산정]

② 지붕마루장식, 굴뚝, 방화벽의 옥상돌출부, 그 밖에 이와 유사한 옥상돌출물과 난간벽(그 벽면적의 1/2 이상의 공간으로 되어 있는 것)은 높이 산정시 제외한다.

핵심문제 ●●●

건축법 제61조 제2항에 따른 높이를 산정할 때, 공동주택을 다른 용도와 복합하여 건축하는 경우 건축물의 높이 산정을 위한 지표면 기준은? 기 19①

> 건축법 제61조(일조 등의 확보를 위한 건축물의 높이제한)
> ② 다음 각 호의 어느 하나에 해당하는 공동주택(일반상업지역과 중심상업지역에 건축하는 것은 제외한다.)은 채광 등의 확보를 위하여 대통령령으로 정하는 높이 이하로 하여야 한다.
> 1. 인접 대지경계선 등의 방향으로 채광을 위한 창문 등을 두는 경우
> 2. 하나의 대지에 두 동 이상을 건축하는 경우

① 전면도로의 중심선
② 인접 대지의 지표면
❸ 공동주택의 가장 낮은 부분
④ 다른 용도의 가장 낮은 부분

해설
일조 확보를 위한 건축물의 높이제한에서 전용주거지역, 일반주거지역이 아닌 지역의 공동주택을 다른 용도와 복합하여 건축하는 경우 건축물 지표면 산정은 공동주택의 가장 낮은 부분을 지표면으로 본다.

핵심문제 ●●●

다음은 건축물의 높이 산정방법에 관한 기준 내용이다. ( ) 안에 알맞은 것은? (단, 공동주택이 아닌 경우) 기 15①

> 건축물의 옥상에 설치되는 승강기탑 · 계단탑 · 망루 · 장식탑 · 옥탑 등으로서 그 수평투영면적의 합계가 해당 건축물 건축면적의 8분의 1 이하인 경우로서 그 부분의 높이가 ( ) 를 넘는 경우에는 그 넘는 부분만 해당 건축물의 높이에 산입한다.

① 4m ② 6m
③ 10m ❹ 12m

해설
거실 외의 용도로 쓰이는 옥상 부분(승강기탑, 계단탑, 망루, 장식탑, 옥탑 등)으로서 그 수평투영면적의 합계가 해당 건축물의 건축면적의 1/8(「주택법」에 따른 사업계획 승인대상 공동주택 중 세대별 전용면적이 85m² 이하인 경우는 1/6) 이하인 경우로서 그 부분의 높이가 12m를 넘는 경우에는 그 넘는 부분에 한하여 해당 건축물의 높이에 산입한다.

12. 처마높이

지표면으로부터 건축물의 지붕틀 또는 이와 유사한 수평재를 지지하는 벽, 깔도리 또는 기둥 상단까지의 높이(H)

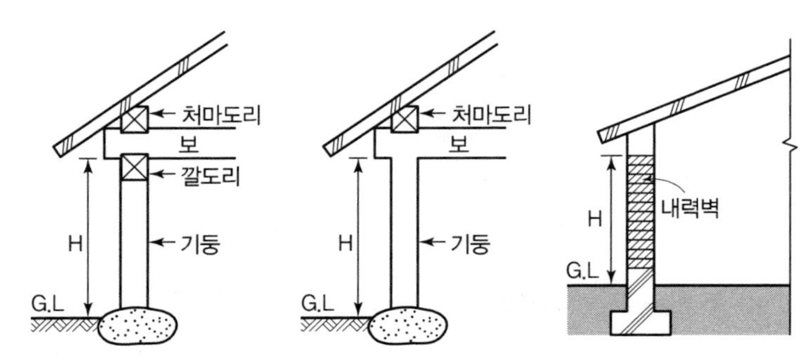

처마높이 : H = 깔도리 상단까지　처마높이 : H = 기둥 상단까지　처마높이 : H = 내력벽 상단까지 (테두리보 하단까지)

핵심문제 ●●●

지표면으로부터 건축물의 지붕틀 또는 이와 비슷한 수평재를 지지하는 벽 · 깔도리 또는 기둥 상단까지의 높이로 산정하는 것은? 산 18③

① 층고　❷ 처마높이
③ 반자높이　④ 바닥높이

해설 처마높이

지표면으로부터 건축물의 지붕틀 또는 이와 유사한 수평재를 지지하는 벽, 깔도리 또는 기둥의 상단까지의 높이

13. 반자높이

(1) 원칙

방의 바닥면으로부터 반자까지의 높이

$$h = \frac{\text{방의 부피}(\mathrm{m}^3)}{\text{방의 면적}(\mathrm{m}^2)}$$

(2) 적용기준

동일한 방에서 반자높이가 다른 부분이 있는 경우에는 그 각 부분의 반자 면적에 따라 가중평균한 높이

핵심문제 ●●●

다음 그림과 같은 단면을 갖는 실의 반자높이는?(단, 실의 형태는 직사각형임) 산 14③

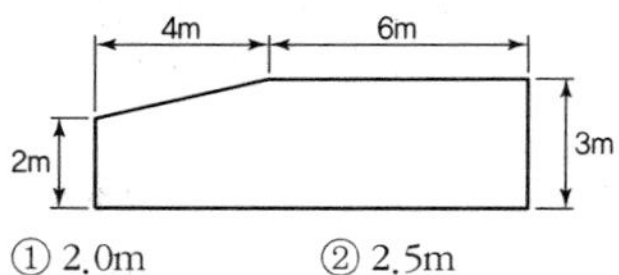

① 2.0m　② 2.5m
❸ 2.8m　④ 3.0m

해설

$$\frac{(10\times3)-\left(4\times1\times\frac{1}{2}\right)}{10} = 2.8\mathrm{m}$$

14. 층고

(1) 원칙

방의 바닥구조체 윗면으로부터 위층 바닥구조체 윗면까지 높이

(2) 적용기준

동일한 방에서 층의 높이가 다른 부분이 있는 경우에는 그 각 부분의 높이에 따른 면적에 따라 가중평균한 높이

핵심문제 ●●●

한 방에서 층의 높이가 다른 부분이 있는 경우 층고 산정방법으로 옳은 것은? 기 19①

① 가장 낮은 높이로 한다.
② 가장 높은 높이로 한다.
❸ 각 부분 높이에 따른 면적에 따라 가중평균한 높이로 한다.
④ 가장 낮은 높이와 가장 높은 높이의 산술평균한 높이로 한다.

해설

각 부분 높이에 따른 면적에 따라 가중평균한 높이로 한다.

15. 층수

① 승강기탑 · 계단탑 · 망루 · 장식탑 · 옥탑 등 건축물의 옥상부분으로서 그 수평투영면적의 합계가 해당 건축물 건축면적의 1/8 이하(「주택법」에 따른 사업계획 승인대상 공동주택 중 세대별 전용면적이 85m² 이하인 경우는 1/6)인 것은 층수에 산입하지 않는다.

② 지하층은 건축물의 층수에 산입하지 않는다.

③ 층의 구분이 명확하지 않은 건축물에 있어서는 해당 건축물의 높이 4m마다 하나의 층으로 산정한다.

④ 건축물의 부분에 따라 그 층수를 달리한 경우에는 그 중 가장 높은 층수를 그 건축물의 층수로 본다.

16. 지표면에 고저차가 있는 경우의 지표면 높이 산정

지표면에 고저차가 있는 때에는 건축물이 주위에 접하는 각 지표면 부분의 높이를 해당 지표면 부분의 수평거리에 따라 가중평균한 높이의 수평면을 지표면으로 본다. 이 경우 고저차가 3m를 넘을 때에는 해당 고저차 3m 이내의 부분마다 그 지표면을 산정한다.

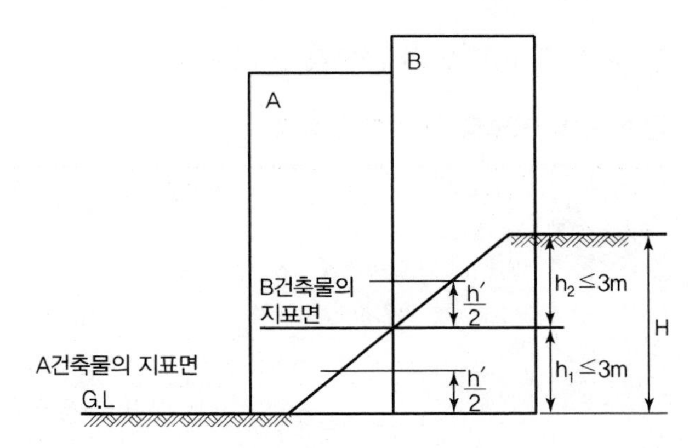

[고저차가 있는 지표면 산정]

17. 건축물의 높이제한

(1) 높이의 지정절차

① 허가권자(특별자치도지사 또는 시장 · 군수 · 구청장)는 가로구역(도로로 둘러싸인 일단의 지역)을 단위로 하여 높이 지정기준에 따라 건축물의 높이를 지정할 수 있다.

② 허가권자는 가로구역의 높이를 완화하여 적용할 필요가 있다고 판단되는 대지에 대하여 건축위원회의 심의를 거쳐 최고높이를 완화하여 적용할 수 있다.

핵심문제 ●●●

다음은 건축물의 층수 산정방법에 관한 기준 내용이다. ( ) 안에 알맞은 것은? 기 19③ 산 19①

층의 구분이 명확하지 아니한 건축물은 그 건축물의 높이 ( )마다 하나의 층으로 보고 그 층수로 산정

① 2m ② 3m
❸ 4m ④ 5m

해설

층의 구분이 명확하지 않은 건축물에 있어서는 해당 건축물의 높이 4m마다 하나의 층으로 산정한다.

(2) 높이의 지정기준

허가권자는 다음의 사항을 고려하여 가로구역별로 건축물의 높이를 지정 · 공고하여야 한다.

① 도시 · 군관리계획 등의 토지이용계획
② 해당 가로구역이 접하는 도로의 너비
③ 해당 가로구역의 상 · 하수도 등 간선시설 수용능력
④ 도시미관 및 경관계획
⑤ 해당 도시의 장래발전계획

(3) 높이의 완화적용 등

① 허가권자는 위의 (2)에 따라 가로구역별 건축물의 높이를 지정하려면 지방건축위원회의 심의를 거쳐야 한다.
② 허가권자는 건축물의 용도 및 형태에 따라 동일한 가로구역 안에서의 건축물 높이를 달리 정할 수 있다.
③ 특별시장 · 광역시장은 도시관리를 위하여 필요한 경우에는 가로구역별 건축물의 최고높이를 특별시 · 광역시의 조례로 정할 수 있다.

18. 일조 등의 확보를 위한 건축물 높이제한

(1) 일조 등의 확보를 위한 대상지역

<table>
<tr><th>방위</th><th>위치</th><th colspan="2">대상지역</th></tr>
<tr><td>정북방향
(원칙)</td><td>인접대지
경계선</td><td colspan="2">• 전용주거지역
• 일반주거지역</td></tr>
<tr><td rowspan="7">정남방향
(가능)</td><td rowspan="7">인접대지
경계선</td><td>택지개발지구</td><td>「택지개발촉진법」</td></tr>
<tr><td>대지조성사업시행지구</td><td>「주택법」</td></tr>
<tr><td>• 광역개발권역
• 개발촉진지구</td><td>「지역균형개발 및 지방중소기업육성에 관한 법률」</td></tr>
<tr><td>• 국가산업단지
• 일반산업단지
• 도시첨단산업단지
• 농공단지</td><td>「산업입지 및 개발에 관한 법률」</td></tr>
<tr><td>도시개발구역</td><td>「도시개발법」</td></tr>
<tr><td>정비구역</td><td>「도시 및 주거환경정비법」</td></tr>
<tr><td colspan="2">• 정북방향으로 도로 · 공원 · 하천 등 건축이 금지된 공지에 접하는 대지
• 정북방향으로 접하고 있는 대지의 소유자와 합의한 경우의 대지</td></tr>
</table>

(2) 일조 등의 확보를 위한 건축물 높이제한

① 정북방향의 인접대지 경계선으로부터 띄우는 거리

높이	인접대지 경계선으로부터 띄우는 거리
9m 이하인 부분	1.5m 이상
9m를 초과하는 부분	해당 건축물 각 부분의 높이 1/2 이상

예외 1. 다음 어느 하나에 해당하는 구역 안의 대지 상호간에 건축하는 건축물로서 해당 대지가 너비 20미터 이상의 도로(자동차 · 보행자 · 자전거 전용도로를 포함하며, 도로에 공공공지, 녹지, 광장, 그 밖에 건축미관에 지장이 없는 도시 · 군계획시설이 접한 경우 해당 시설을 포함한다)에 접한 경우

가. 지구단위계획구역, 경관지구

나. 「경관법」에 따른 중점 경관관리구역

다. 특별가로구역

라. 도시미관 향상을 위하여 허가권자가 지정 · 공고하는 구역

2. 건축협정구역 안에서 대지 상호간에 건축하는 건축물(법 제77조의4제1항에 따른 건축협정에 일정 거리 이상을 띄어 건축하는 내용이 포함된 경우만 해당한다)

3. 건축물 정북방향의 인접대지가 전용주거지역이나 일반주거지역이 아닌 용도지역에 해당하는 경우

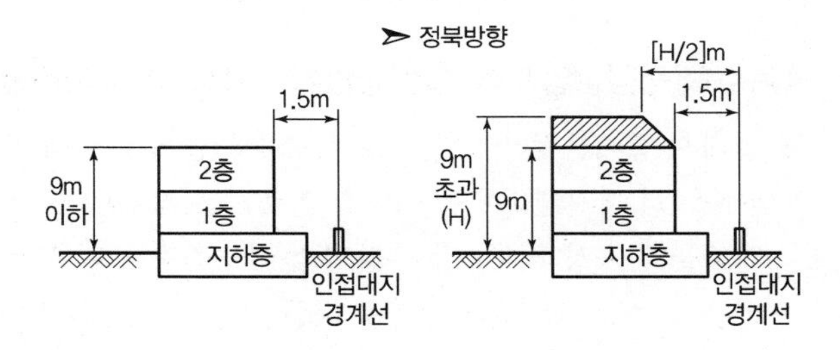

② 정남방향의 인접대지 경계선으로부터 띄우는 거리

㉠ 위 ①에 따른 높이의 범위 안에서 특별자치도지사 또는 시장 · 군수 · 구청장이 고시하는 높이를 말한다.

㉡ 특별자치시 · 지사 또는 시장 · 군수 · 구청장은 건축물의 높이를 고시하고자 할 때에는 미리 그 내용을 30일 간 공람시켜야 하며, 해당 지역주민의 의견을 들어야 한다.

예외 해당 지역인 경우로서 건축위원회의 심의를 거친 경우

(3) 공지가 있는 경우 인접대지 경계선의 적용

① 건축물을 건축하려는 대지와 다른 대지 사이에 다음의 시설 또는 부지가 있는 경우에는 그 반대편의 대지경계선을 인접대지 경계선으로 한다.

㉠ 공원(도시공원 중 지방건축위원회의 심의를 거쳐 허가권자가 공원의 일조 등을 확보할 필요가 있다고 인정하는 공원은 제외한다), 도로, 철도, 하천, 광장, 공공공지, 녹지, 유수지, 자동차 전용도로, 유원지

핵심문제 ●●●

일조 등의 확보를 위한 건축물의 높이제한 기준 중 ㉠과 ㉡에 해당하는 내용이 옳은 것은? 기 21①

> 전용주거지역이나 일반주거지역에서 건축물을 건축하는 경우에는 건축물의 각 부분을 정북(正北)방향으로의 인접 대지경계선으로부터 다음 각 호의 범위에서 건축조례로 정하는 거리 이상을 띄어 건축하여야 한다.
> 1. 높이 9미터 이하인 부분 : 인접 대지경계선으로부터 (㉠) 이상
> 2. 높이 9미터를 초과하는 부분 : 인접 대지 경계선으로부터 해당 건축물 각 부분 높이의 (㉡) 이상

① ㉠ 1m ❷ ㉠ 1.5m
③ ㉡ 3분의 1 ④ ㉡ 3분의 2

해설 정북방향의 인접대지 경계선으로부터 띄우는 거리
- 높이 9m 이하인 경우에는 1.5m 이상
- 높이 9m를 초과하는 경우에는 해당 건축물 각 부분 높이의 1/2 이상

핵심문제 ●●●

전용주거지역 또는 일반주거지역 안에서 높이 8m의 2층 건축물을 건축하는 경우, 건축물의 각 부분은 일조 등의 확보를 위하여 정북방향으로의 인접대지경계선으로부터 최소 얼마 이상 띄어 건축하여야 하는가? 기 19①

① 1m ❷ 1.5m
③ 2m ④ 3m

해설 정북방향의 인접대지 경계선으로부터 띄우는 거리
- 높이 9m 이하인 경우에는 1.5m 이상
- 높이 9m를 초과하는 경우에는 해당 건축물 각 부분 높이의 1/2 이상

㉡ 다음 각 목에 해당하는 대지

가. 너비(대지 경계선에서 가장 가까운 거리를 말한다)가 2미터 이하인 대지

나. 면적이 제80조 각 호에 따른 분할제한 기준 이하인 대지

㉢ 제1호 및 제2호 외에 건축이 허용되지 아니하는 공지

② 공공주택에 있어서는 위 ①의 경우 인접대지 경계선과 그 반대편 경계선과의 중심선을 인접대지 경계선으로 본다.

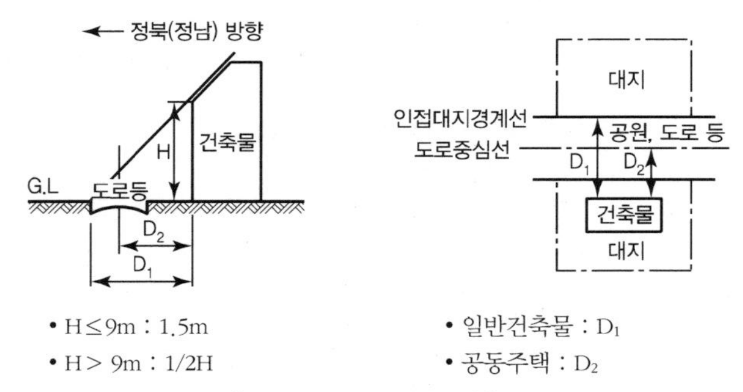

• H≤9m : 1.5m
• H> 9m : 1/2H

• 일반건축물 : D_1
• 공동주택 : D_2

[인접대지 경계선의 적용]

(4) 공동주택(중심상업지역, 일반상업지역 제외)의 높이제한 강화

(인접대지 경계선 등의 방향으로 채광을 위한 창문 등을 두는 경우와 하나의 대지에 2개 동 이상을 건축하는 경우)

① 건축물(기숙사 제외) 각 부분의 높이 : 건축물 각 부분의 높이는 그 부분으로부터 채광을 위한 창문 등이 있는 벽면에서 직각방향으로 인접대지 경계선까지 수평거리의 2배(근린상업지역 · 준주거지역 안의 건축물은 4배) 이하의 높이로 할 것

예외 채광을 위한 창문 등이 있는 벽면에서 직각방향으로 인접대지 경계선까지의 수평거리가 1m 이상으로서 건축조례가 정하는 거리 이상인 다세대주택인 경우

② 동일 대지 내에서 2개동 이상의 건축물이 서로 마주보고 있는 경우 : 동일 대지 내에서 2개 동 이상의 건축물이 서로 마주보고 있는 경우(1개 동의 건축물의 각 부분이 서로 마주보고 있는 경우 포함)의 두 건축물 각 부분 사이의 거리는 다음에 따라 산정하는 거리 이상을 띄어 건축할 것. 다만 그 대지의 모든 세대가 동지일을 기준으로 9시에서 15시 사이에 2시간 이상을 연속하여 일조를 확보할 수 있는 거리 이상으로 할 수 있다.

㉠ 채광을 위한 창문 등이 있는 벽면으로부터 직각방향으로 건축물 각 부분 높이의 0.5배(도시형생활주택의 경우에는 0.25배) 이상의 범위에서 건축조례로 정하는 거리 이상

㉡ 서로 마주보는 건축물 중 남쪽 방향(마주보는 두 동의 축이 남동에서 남서 방향인 경우만 해당한다)의 건축물 높이가 낮고, 주된 개구부(거실과 주된 침실이 있는 부분의 개구부를 말한다)의 방향이 남쪽을 향하는 경우에는 높은 건축물 각 부분의 높이의 0.4배(도시형 생활주택의 경우에는 0.2배) 이상의 범위에서 건축조례로 정하는 거리 이상이고 낮은 건축물 각 부분의 높이의 0.5배(도시형 생활주택의 경우에는 0.25배) 이상의 범위에서 건축조례로 정하는 거리 이상

㉢ 위 ㉠에도 불구하고 건축물과 부대시설 또는 복리시설이 서로 마주보고 있는 경우에는 부대시설 또는 복리시설 각 부분 높이의 1배 이상

㉣ 채광창(창넓이 0.5m² 이상의 창)이 없는 벽면과 측벽이 마주보는 경우는 8m 이상

㉤ 측벽과 측벽이 마주보는 경우[마주보는 측벽 중 1개의 측벽에 한하여 채광을 위한 창문 등이 설치되어 있지 않은 바닥면적 3m² 이하의 발코니(출입을 위한 개구부 포함)를 설치한 경우를 포함]는 4m 이상

㉥ 사업계획승인을 얻은 주택단지 안에 2개 동 이상의 건축물이 도로(「건축법」에 따른 도로)를 사이에 두고 서로 마주보는 경우의 높이제한은 위 ㉡, ㉢의 높이 규정을 적용하지 아니하고 해당 도로의 중심선을 인접대지경계선으로 보아 위 ①의 규정을 적용한다.

SECTION 07 건축설비

1. 건축설비 설치의 원칙

① 건축물의 안전·방화·위생·에너지 및 정보통신의 합리적 이용에 지장이 없도록 하여야 한다.

② 배관피트 및 덕트의 단면적과 수선구의 크기를 해당 설비의 수선에 지장이 없도록 하는 등 설비의 유지·관리가 용이하도록 설치하여야 한다.

③ 건축물에 설치하는 급수·배수·냉방·난방·환기·피뢰 등 건축설비의 설치에 관한 기술적 기준은 국토교통부령으로 정하되, 에너지 이용 합리화와 관련한 건축설비의 기술적 기준에 관하여는 지식경제부장관과 협의하여 정한다.

④ 건축물에 설치하여야 하는 장애인 관련시설 및 설비는 「장애인·노인·임산부 등의 편의증진보장에 관한 법률」에서 정하는 바에 따른다.

⑤ 건축물에는 방송수신에 지장이 없도록 공동시청 안테나, 유선방송 수신시설, 위성방송 수신설비, 에프엠(FM)라디오방송 수신설비 또는 방송 공동수신설비를 설치할 수 있다. 다만, 다음의 건축물에는 방송 공동수신설비를 설치하여야 한다.

㉠ 공동주택

㉡ 바닥면적의 합계가 5,000m² 이상으로서 업무시설이나 숙박시설의 용도로 쓰는 건축물

2. 공동주택 등의 환기설비 기준

(1) 공동주택 등의 환기설비 기준

공동주택 등을 신축하거나 리모델링하는 때에는 다음과 같이 자연환기설비 또는 기계환기설비를 설치하여야 한다.

신축·리모델링	설비기준	
100세대 이상 공동주택	0.7회/시간	자연환기설비 또는 기계환기설비
주택이 100세대 이상인 복합건축물		

(2) 다중이용시설의 기계환기설비 기준

① 다중이용시설의 기계환기설비 용량기준은 시설이용 인원당 환기량을 원칙으로 산정할 것

② 기계환기설비는 다중이용시설로 공급되는 공기의 분포를 최대

핵심문제 ●●●

방송 공동수신설비를 설치하여야 하는 대상 건축물에 속하지 않는 것은?

산 20③ 18①

① 공동주택
② 바닥면적의 합계가 5,000m² 이상으로서 업무시설의 용도로 쓰는 건축물
❸ 바닥면적의 합계가 5,000m² 이상으로서 판매시설의 용도로 쓰는 건축물
④ 바닥면적의 합계가 5,000m² 이상으로서 숙박시설의 용도로 쓰는 건축물

해설 방송공동수신설비를 설치하여야 하는 대상
- 공동주택
- 바닥면적 합계가 5,000m² 이상으로서 업무시설, 숙박시설의 용도로 쓰는 건축물

한 균등하게 하여 실내기류의 편차가 최소화될 수 있도록 할 것

③ 공기공급체계 · 공기배출체계 또는 공기흡입구 · 배기구 등에 설치되는 송풍기는 외부의 기류로 인하여 송풍능력이 떨어지는 구조가 아닐 것

④ 바깥공기를 공급하는 공기공급체계 또는 공기흡입구는 입자형 · 가스형 오염물질의 제거 · 여과장치 등 외부로부터 오염물질이 유입되는 것을 최대한 차단할 수 있는 설비를 갖추어야 하며, 제거 · 여과장치 등의 청소 및 교환 등 유지관리가 쉬운 구조일 것

⑤ 공기배출체계 및 배기구는 배출되는 공기가 공기공급체계 및 공기흡입구로 직접 들어가지 아니하는 위치에 설치할 것

3. 온돌 및 난방설비 등의 시공

(1) 온수온돌

① 바탕층이란 온돌이 설치되는 건축물의 최하층 또는 중간층의 바닥을 말한다.

② 단열층이란 온수온돌의 배관층에서 방출되는 열이 바탕층 아래로 손실되는 것을 방지하기 위하여 배관층과 바탕층 사이에 단열재를 설치하는 층을 말한다.

③ 채움층이란 온돌구조의 높이 조정, 차음성능 향상, 보조적인 단열기능 등을 위하여 배관층과 단열층 사이에 완충재 등을 설치하는 층을 말한다.

④ 배관층이란 단열층 또는 채움층 위에 방열관을 설치하는 층을 말한다.

⑤ 방열관이란 열을 발산하는 온수를 순환시키기 위하여 배관층에 설치하는 온수배관을 말한다.

⑥ 마감층이란 배관층 위에 시멘트, 모르타르, 미장 등을 설치하거나 마루재, 장판 등 최종 마감재를 설치하는 층을 말한다.

>>> 온수온돌의 구조

상부마감층
배관층(방열관)
채움층
단열층
단열바탕

(2) 온수온돌의 설치 기준

① 단열층은 제21조 제1항 제1호에 따른 기준에 적합하여야 하며, 바닥난방을 위한 열이 바탕층 아래 및 측벽으로 손실되는 것을 막을 수 있도록 단열재를 방열관과 바탕층 사이에 설치하여야 한다. 다만, 바탕층의 축열을 직접 이용하는 심야전기이용 온돌(「한국전력공사법」에 따른 한국전력공사의 심야전력이용기기 승인을 받은 것만 해당하며, 이하 "심야전기이용 온돌"이라 한다)의 경우에는 단열재를 바탕층 아래에 설치할 수 있다.

② 배관층과 바탕층 사이의 열저항은 층간 바닥인 경우에는 해당 바닥에 요구되는 열관류저항([별표 4]에 따른 열관류율의 역수를 말한다. 이하 같다)의 60% 이상이어야 하고, 최하층 바닥인 경우에는 해당 바닥에 요구되는 열관류저항이 70% 이상이어야 한다. 다만, 심야전기이용 온돌의 경우에는 그러하지 아니하다.

③ 단열재는 내열성 및 내구성이 있어야 하며 단열층 위의 적재하중 및 고정하중에 버틸 수 있는 강도를 가지거나 그러한 구조로 설치되어야 한다.

④ 바탕층이 지면에 접하는 경우에는 바탕층 아래와 주변 벽면에 높이 10cm 이상의 방수처리를 하여야 하며, 단열재의 윗부분에 방습처리를 하여야 한다.

⑤ 방열관은 잘 부식되지 아니하고 열에 견딜 수 있어야 하며, 바닥의 표면온도가 균일하도록 설치하여야 한다.

⑥ 배관층은 방열관에서 방출된 열이 마감층 부위로 최대한 균일하게 전달될 수 있는 높이와 구조를 갖추어야 한다.

⑦ 마감층은 수평이 되도록 설치하여야 하며, 바닥의 균열을 방지하기 위하여 충분하게 양생하거나 건조시켜 마감재의 뒤틀림이나 변형이 없도록 하여야 한다.

(3) 구들온돌

① 구들온돌이란 연탄 또는 그 밖의 가연물질이 연소할 때 발생하는 연기와 연소열에 의하여 가열된 공기를 바닥 하부로 통과시켜 난방하는 방식을 말한다.

② 구들온돌은 아궁이, 환기구, 공기흡입구, 고래, 굴뚝 및 굴뚝목 등으로 구성된다.

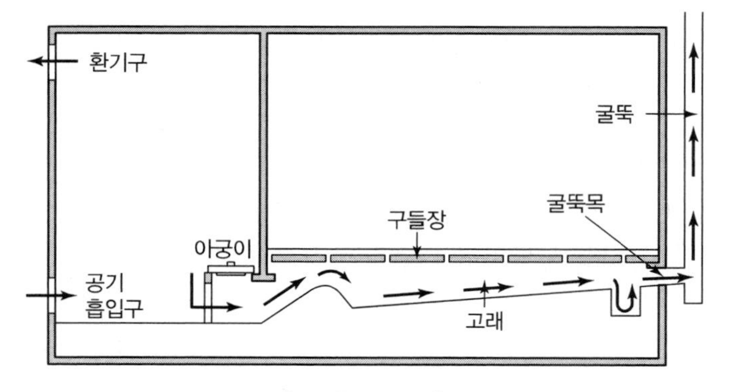

[구들온돌의 구성]

㉠ 아궁이란 연탄이나 목재 등 가연물질의 연소를 통하여 열을 발생시키는 부위를 말한다.
㉡ 환기구란 아궁이가 설치되는 공간에서 연탄 등 가연물질의 연소를 통하여 발생하는 가스를 원활하게 배출하기 위한 통로를 말한다.
㉢ 공기흡입구란 아궁이가 설치되는 공간에서 연탄 등 가연물질의 연소에 필요한 공기를 외부에서 공급받기 위한 통로를 말한다.
㉣ 고래란 아궁이에서 발생한 연소가스 및 가열된 공기가 굴뚝으로 배출되기 전에 구들 아래에서 최대한 균일하게 흐르도록 하기 위하여 설치된 통로를 말한다.
㉤ 굴뚝이란 고래를 통하여 구들 아래를 통과한 연소가스 및 가열된 공기를 외부로 원활하게 배출하기 위한 장치를 말한다.
㉥ 굴뚝목이란 고래에서 굴뚝으로 연결되는 입구 및 그 주변부를 말한다.

(4) 구들온돌의 설치 기준

① 연탄아궁이가 있는 곳은 연탄가스를 원활하게 배출할 수 있도록 그 바닥면적의 1/10 이상에 해당하는 면적의 환기용 구멍 또는 환기설비를 설치하여야 하며, 외기에 접하는 벽체의 아랫부분에는 연탄의 연소를 촉진하기 위하여 지름 10cm 이상 20cm 이하의 공기흡입구를 설치하여야 한다.
② 고래바닥은 연탄가스를 원활하게 배출할 수 있도록 높이/수평거리가 1/5 이상이 되도록 하여야 한다.
③ 부뚜막식 연탄아궁이에 고래로 연기를 유도하기 위하여 유도관을 설치하는 경우에는 20° 이상 45° 이하의 경사를 두어야 한다.
④ 굴뚝의 단면적은 150cm² 이상으로 하여야 하며, 굴뚝목의 단면적은 굴뚝의 단면적보다 크게 하여야 한다.

핵심문제 ●●●

공동주택과 오피스텔 난방설비를 개별 난방방식으로 하는 경우에 관한 기준 내용으로 틀린 것은? 기 21①

① 보일러의 연도는 내화구조로서 공동연도로 설치할 것
② 보일러실의 윗부분에는 그 면적이 0.5m² 이상인 환기창을 설치할 것
③ 오피스텔의 경우에는 난방구획을 방화구획으로 구획할 것
❹ 보일러는 거실 외의 곳에 설치하되, 보일러를 설치하는 곳과 거실 사이의 경계벽은 출입구를 제외하고는 방화구조의 벽으로 구획할 것

해설 보일러는 거실 외의 곳에 설치하되, 보일러실과 거실 사이의 경계벽은 내화구조의 벽으로 구획할 것

핵심문제 ●●○

오피스텔의 난방설비를 개별 난방방식으로 하는 경우에 관한 기준 내용으로 틀린 것은? 기 20③

① 보일러의 연도는 내화구조로서 공동연도로 설치할 것
② 보일러는 거실 외의 곳에 설치할 것
③ 보일러실의 윗부분에는 그 면적이 0.5m² 이상인 환기창을 설치할 것
❹ 기름보일러를 설치하는 경우에는 기름저장소를 보일러실에 설치할 것

해설
기름보일러를 설치하는 경우 기름저장소를 보일러실 외의 다른 곳에 설치할 것

4. 개별 난방설비

공동주택과 오피스텔의 난방설비를 개별 난방방식으로 하는 경우에는 다음의 기준에 적합하여야 한다.

구분	설치기준
보일러 설치	• 거실 외의 곳에 설치 • 보일러실과 거실 사이의 경계벽은 내화구조의 벽으로 구획(출입구 제외)
보일러실 환기	윗부분에 면적 0.5m² 이상의 환기창을 설치하고 윗부분과 아랫부분에 지름 10cm 이상의 공기흡입구 및 배기구를 항상 개방된 상태로 외기와 접하도록 설치 **예외** 전기보일러의 경우
보일러와 거실 사이의 출입구	출입구가 닫힌 경우에는 보일러 가스가 거실에 들어갈 수 없는 구조
오피스텔의 난방구획	• 난방구획마다 내화구조의 벽, 바닥으로 구획 • 60⁺ 방화문으로 된 출입문으로 구획
보일러실 연도	내화구조로서 공동연도로 설치
중앙집중공급방식의 가스보일러	• 가스관계법령에 정하는 기준에 의함 • 오피스텔은 난방구획마다 내화구조로 된 방 · 바닥 · 60⁺ 방화문으로 된 출입문으로 구획

5. 배연설비

(1) 거실에 설치하는 배연설비

① 배연설비 설치대상 건축물

규모	건축물의 용도	설치장소
6층 이상의 건축물	• 문화 및 집회시설 • 종교시설 • 판매시설 • 운수시설, 의료시설, 교육연구시설 중 연구소 • 노유자시설 중 아동관련시설 • 노인복지시설 • 수련시설 중 유스호스텔 • 운동시설 • 업무시설, 숙박시설 • 위락시설, 관광휴게시설, 제2종 근린생활시설 중 고시원 및 장례식장	건축물의 거실

예외 피난층인 경우

② 배연설비의 구조기준

구분	구조기준
배연구의 설치 개소	방화구획마다 1개소 이상의 배연창의 상변과 천장 또는 반자로부터 수직거리가 0.9m 이내일 것 예외 반자높이가 바닥으로부터 3m 이상인 경우에는 배연창의 하변이 바닥으로부터 2.1m 이상의 위치에 놓이도록 설치하여야 한다.
배연구의 유효면적	배연창의 유효면적은 [별표 2]의 산정기준에 의하여 산정된 면적이 $1m^2$ 이상으로서 바닥면적의 1/100 이상(방화구획이 설치된 경우에는 그 구획된 부분의 바닥면적을 말함) 예외 바닥면적 산정시 거실바닥면적의 1/20 이상으로 환기창을 설치할 거실면적
배연구의 구조	• 연기감지기, 열감지기에 의해 자동으로 열 수 있는 구조로하되 손으로 여닫을 수 있도록 할 것 • 예비전원에 의해 열 수 있도록 할 것
기계식 배연설비	• 소방관계법령의 규정을 따른다.

(2) 특별피난계단 및 비상용 승강장에 설치하는 배연설비 구조

구분	구조기준
배연구 · 배연풍도	불연재료로 하고, 화재 발생 시 원활하게 배연시킬 수 있는 규모로서 외기 또는 평상시에 사용하지 아니하는 굴뚝에 연결할 것
배연구	• 수동개방장치 또는 자동개방장치(열 또는 연기감지기에 따른 것)는 손으로도 열고 닫을 수 있도록 할 것 • 평상시에는 닫힌 상태를 유지하고, 연 경우에는 배연에 따른 기류로 인하여 닫히지 아니하도록 할 것 • 외기에 접하지 않는 경우에는 배연기를 설치할 것
배연기	• 배연구의 열림에 따라 자동적으로 작동하고, 충분한 공기배출 또는 가압능력이 있을 것 • 예비전원을 설치할 것
공기유입 방식	급기가압방식 또는 급 · 배기방식으로 하는 경우 소방관계법령의 규정에 따를 것

핵심문제 ●●●

다음 중 피난층이 아닌 거실에 배연설비를 설치하여야 하는 대상 건축물에 속하지 않는 것은?(단, 6층 이상인 건축물의 경우) 기 20④

① 판매시설
② 종교시설
❸ 교육연구시설 중 학교
④ 운수시설

해설

교육연구시설 중 학교는 피난층이 아닌 거실에 배연설비를 설치하여야 하는 대상 건축물에 속하지 않는다.

핵심문제 ●●●

건축물에 설치하여야 하는 배연설비에 관한 기준 내용으로 틀린 것은?(단, 기계식 배연설비를 하지 않는 경우) 산 20③

① 배연구는 예비전원에 의하여 열 수 있도록 할 것
② 배연구는 연기감지기 또는 열감지기에 의하여 자동으로 열 수 있는 구조로 할 것
③ 건축물이 방화구획으로 구획된 경우에는 그 구획마다 1개소 이상의 배연창을 설치할 것
❹ 배연창의 유효면적은 $0.7m^2$ 이상으로서 그 면적의 합계가 당해 건축물의 바닥면적 200분의 1 이상이 되도록 할 것

해설

배연구의 유효면적은 최소 $1m^2$ 이상으로서 바닥면적의 1/100 이상으로 한다.

6. 배관설비

(1) 급수 · 배수용 배관설비의 설치 및 구조

배관 구분	설치 및 구조
① 급수 · 배수용 배관설비의 설치 및 구조	• 배관설비를 콘크리트에 묻는 경우 부식의 우려가 있는 재료는 부식방지 조치를 할 것 • 건축물의 주요 부분을 관통하여 배관하는 경우에는 건축물의 구조내력에 지장이 없도록 할 것 • 승강기의 승강로 안에는 승강기의 운행에 필요한 배관설비 외의 배관설비를 설치하지 아니할 것 • 압력탱크 및 급탕설비에는 폭발 등의 위험을 막을 수 있는 시설을 설치할 것
② 배수용으로 쓰이는 배관설비의 설치 및 구조	• 배출시키는 빗물 또는 오수의 양 및 수질에 따라 그에 적당한 용량 및 경사를 지게 하거나 그에 적합한 재질을 사용할 것 • 위 ①의 구조기준 포함 • 배관설비에는 배수트랩을 설치할 것 • 통기관을 설치하는 등 위생에 지장이 없도록 할 것 • 배관설비의 오수에 접하는 부분은 내수재료를 사용할 것 • 지하실 등 공공하수도로 자연배수를 할 수 있는 곳에는 배수용량에 맞는 강제배수시설을 설치할 것 • 우수관과 오수관은 분리하여 배관할 것 • 콘크리트구조체에 배관을 매설하거나 배관이 콘크리트구조체를 관통할 경우에는 구조체에 덧관을 미리 매설하는 등 배관의 부식을 방지하고 그 수선 및 교체가 용이하도록 할 것

참고 [별표 3] 주거용 건축물 급수관의 지름

가구 또는 세대수	급수관 지름의 최소 기준(mm)
1	15
2, 3	20
4, 5	25
6~8	32
9~16	40
17 이상	50

비고

1. 가구 또는 세대의 구분이 불분명한 건축물에 있어서 주거에 쓰이는 바닥면적의 합계에 따라 다음과 같이 가구수를 산정한다.
   가. 바닥면적 85m² 이하 : 1가구
   나. 바닥면적 85m² 초과 150m² 이하 : 3가구
   다. 바닥면적 150m² 초과 300m² 이하 : 5가구
   라. 바닥면적 300m² 초과 500m² 이하 : 16가구
   마. 바닥면적 500m² 초과 : 17가구
2. 가압설비 등을 설치하여 급수되는 각 기구에서의 압력이 1cm 당 0.7kg 이상인 경우에는 위 표의 기준을 적용하지 아니할 수 있다.

핵심문제 ●●●

주거용 건축물 급수관의 지름 산정에 관한 기준 내용으로 틀린 것은?

기 20 ①②통합

① 가구 또는 세대수가 1일 때 급수관 지름의 최소 기준은 15mm이다.
❷ 가구 또는 세대수가 7일 때 급수관 지름의 최소 기준은 25mm이다.
③ 가구 또는 세대수가 18일 때 급수관 지름의 최소 기준은 50mm이다.
④ 가구 또는 세대의 구분이 불분명한 건축물에 있어서 주거에 쓰이는 바닥면적의 합계가 85m² 초과 150m² 이하인 경우는 3가구로 산정한다.

해설

가구 또는 세대수가 7일 때 급수관 지름의 최소 기준은 32mm이다.

(2) 음용수용 배관설비의 설치 및 구조

① 급수·배수 등의 용도로 쓰이는 배관설비의 설치 및 구조의 기준에 적합할 것

② 음용수용 배관설비는 다른 용도의 배관설비와 직접 연결하지 아니할 것

③ 급수관 및 수도계량기는 얼어서 깨지지 아니하도록 기준에 적합하게 설치할 것

④ 위 ③의 기준 외에 급수관 및 수도계량기가 얼어서 깨지지 아니하도록 하기 위하여 지역 설정에 따라 해당 지방자치단체의 조례로 기준을 정한 경우 그에 따른 기준에 적합하게 설치할 것

⑤ 급수 및 저수탱크는 수도시설의 청소 및 위생관리 등에 관한 규칙에 따른 저수조 설치기준에 적합한 구조로 할 것

⑥ 음용수의 급수관 지름은 건축물의 용도 및 규모에 적정한 규격 이상으로 할 것

예외 주거용 건축물은 해당 배관에 의해 급수되는 가구수 또는 바닥면적의 합계에 따라 [별표 3]의 기준에 적합한 지름의 관으로 배관하여야 한다.

7. 피뢰설비

(1) 설치대상 건축물

① 낙뢰의 우려가 있는 건축물

② 높이 20m 이상의 건축물

③ 공작물로서 높이 20m 이상의 공작물(공작물을 설치하여 그 전체 높이가 20m 이상인 것을 포함)

(2) 설치기준

설비	설치기준
① 피뢰설비	한국산업표준이 정하는 보호등급의 설비일 것 (위험물저장 및 처리시설 → 피뢰시스템 레벨 Ⅱ 이상일 것)
② 돌침	• 건축물 맨 윗부분으로부터 25cm 이상 돌출하여 설치할 것 • 풍하중기준에 견딜 수 있는 구조일 것
③ 피뢰설비 재료	최소 단면적 (피복이 없는 동선을 기준으로 함) • 수뢰부 인하도선 접지극 : 50mm² 이상
④ 인하도선	철골조, 철골·철근콘크리트조의 철근구조체를 사용하는 경우 • 전기적 연속성이 보장될 것 • 건축물 금속구조체 상·하단부 사이의 전기저항값 : 0.2Ω 이하일 것

핵심문제

주거에 쓰이는 바닥면적의 합계가 200제곱미터인 주거용 건축물에 설치하는 음용수용 급수관의 최소 지름 기준은? 기 21①

❶ 25mm ② 32mm
③ 40mm ④ 50mm

해설 주거용 건축물 급수관의 지름

가구 또는 세대수	주거용 건축물 바닥면적(m^2)	급수관 지름의 최소 기준(mm)
1	85 이하	15
2~3	85 초과~150 이하	20
4~5	150 초과~300 이하	25
6~8	300 초과~500 이하	32
9~16		40
17 이상	500 초과	50

핵심문제

세대의 구분이 불분명한 건축물로 주거에 쓰이는 바닥면적의 합계가 300m² 인 주거용 건축물의 음용수용 급수관 지름의 최소기준은? 기 21②

① 20mm ❷ 25mm
③ 32mm ④ 40mm

핵심문제

피뢰설비를 설치하여야 하는 대상 건축물의 높이 기준은? 산 20①② 통합 18③ 17③

① 10m 이상 ② 15m 이상
❸ 20m 이상 ④ 30m 이상

해설
피뢰설비를 설치하여야 하는 대상 건축물의 높이 : 20m 이상

>>> 뇌(雷)보호시스템의 보호등급 효율

보호등급	시스템 효율(E)
I	0.98
II	0.95
III	0.90
IV	0.80

핵심문제 ●●●

다음 중 승용승강기를 가장 많이 설치해야 하는 건축물의 용도는?(단, 6층 이상의 거실면적의 합계가 10,000 m^2이며, 8인승 승강기를 설치하는 경우) 기 21①

❶ 의료시설 ② 위락시설
③ 숙박시설 ④ 공동주택

해설 6층 이상의 거실면적의 합계가 10,000m^2인 건축물을 건축하고자 하는 경우 설치하여야 하는 승용승강기의 최소 대수가 가장 많은 건축물

문화 및 집회시설(공연장 · 집회장 · 관람장), 판매시설, 의료시설(병원 · 격리병원)

핵심문제 ●●●

각 층의 거실 바닥면적이 3,000m^2인 지하 3층 지상 12층의 숙박시설을 건축하고자 할 때, 설치하여야 하는 승용승강기의 최소 대수는?(단, 16인승 승용승강기를 설치하는 경우) 산 18①

① 4대 ❷ 5대
③ 9대 ④ 10대

해설 숙박시설

숙박시설 승용승강기 설치는 6층이상 거실 바닥면적이 3,000m^2인 이하에서 기본 1대이므로

1대+[(12층−5층)×3,000m^2]
−3,000m^2/2,000m^2=10대

- 16인승 승강기 설치 시 2대로 산정되어 10대/2대=5대이다.

설비	설치기준
⑤ 낙뢰방지 수뢰부의 설치	높이 60m를 초과하는 건축물 • 높이 4/5 지점부터 상단부까지 측면에 수뢰부를 설치 • 지표레벨에서 최상단부 높이가 150미터를 초과하는 건축물은 120미터 지점부터 최상단부까지의 측면에 수뢰부를 설치할 것
⑥ 접지	환경오염을 일으킬 수 있는 시공방법 또는 화학첨가물을 사용하지 아니할 것
⑦ 전기적 접속	건축물에 설치하는 금속배관 및 금속재 설비는 전위(電位)가 균등하게 이루어지도록 할 것

8. 승용승강기

(1) 설치대상

층수가 6층 이상으로서 연면적 2,000m^2 이상인 건축물

예외 층수가 6층인 건축물로서 각 층 거실바닥면적 300m^2 이내마다 1개소 이상 직통계단을 설치한 경우

(2) 설치기준

건축물의 용도 \ 6층 이상의 거실면적 합계(Am^2)	3,000m^2 이하	3,000m^2 초과
• 문화 및 집회시설(공연장 · 집회장 · 관람장) • 판매시설 • 의료시설(병원 · 격리병원)	2대	2대에 3,000m^2를 초과하는 2,000m^2 이내마다 1대의 비율로 가산한 대수 이상 $\left(2\text{대}+\frac{A-3,000m^2}{2,000m^2}\text{대}\right)$
• 문화 및 집회시설(전시장 및 동 · 식물원) • 업무시설 • 숙박시설 • 위락시설	1대	1대에 3,000m^2를 초과하는 2,000m^2 이내마다 1대의 비율로 가산한 대수 이상 $\left(1\text{대}+\frac{A-3,000m^2}{2,000m^2}\text{대}\right)$
• 공동주택 • 교육연구시설 • 노유자시설 • 기타시설	1대	1대에 3,000m^2를 초과하는 3,000m^2 이내마다 1대의 비율로 가산한 대수 이상 $\left(1\text{대}+\frac{A-3,000m^2}{3,000m^2}\text{대}\right)$

예외 승용승강기가 설치되어 있는 건축물에 1개 층을 증축하는 경우에는 승용승강기의 승강로를 연장하여 설치하지 아니할 수 있다.

참고 승강기의 대수기준을 산정함에 있어서 8인승 이상 15인승 이하 승강기는 위 표에 따른 1대의 승강기로 보고, 16인승 이상의 승강기는 위 표에 따른 2대의 승강기로 본다.

(3) 승강기 대수 계산 및 복합용도 설치기준

① 승강기 대수 계산

승강기의 대수를 계산할 때 8인승 이상 15인승 이하의 승강기는 1대의 승강기로 보고, 16인승 이상의 승강기는 2대의 승강기로 본다.

② 건축물의 용도가 복합된 경우

승용승강기의 설치기준은 다음의 구분에 따른다.

㉠ 둘 이상의 건축물의 용도가 위 설치기준의 표에 따른 같은 호에 해당하는 경우 : 하나의 용도에 해당하는 건축물로 보아 6층 이상의 거실면적 총합계를 기준으로 설치하여야 하는 승용승강기 대수를 산정한다.

㉡ 둘 이상의 건축물 용도가 위 설치기준의 표에 따른 둘 이상의 호에 해당하는 경우 : 다음의 기준에 따라 산정한 승용승강기 대수 중 적은 대수

- 각각의 건축물 용도에 따라 산정한 승용승강기 대수를 합산한 대수. 이 경우 둘 이상의 건축물 용도가 같은 호에 해당하는 경우 가목에 따라 승용승강기 대수를 산정한다.
- 각각의 건축물 용도별로 6층 이상의 거실면적을 모두 합산한 면적을 기준으로 각각의 건축물 용도별 승용승강기 설치기준 중 가장 강한 기준을 적용하여 산정한 대수

9. 고층건축물의 피난용 승강기

>>> 고층건축물

① 30층 이상
② 120m 이상

(1) 피난용 승강기의 설치 및 구조

① 고층건축물에는 건축물에 설치하는 승용승강기 중 1대 이상을 피난용승강기의 설치기준에 적합하게 설치하여야 한다. 다만, 준초고층건축물 중 공동주택은 제외한다.

② 고층건축물에 설치하는 피난용승강기의 구조는 「승강기시설안전관리법」으로 정하는 바에 따른다.

(2) 피난용 승강기의 설치기준

① 피난용 승강기 승강장의 구조

㉠ 승강장의 출입구를 제외한 부분은 해당 건축물의 다른 부분과 내화구조의 바닥 및 벽으로 구획할 것

㉡ 승강장은 각 층의 내부와 연결될 수 있도록 하되 그 출입구에는 60^{+} 방화문을 설치할 것. 이 경우 방화문은 언제나

닫힌 상태를 유지할 수 있는 구조이어야 한다.

㉢ 실내에 접하는 부분(바닥 및 반자 등 실내에 면한 모든 부분을 말한다)의 마감(마감을 위한 바탕을 포함한다)은 불연재료로 할 것

㉣ 예비전원으로 작동하는 조명설비를 설치할 것

㉤ 승강장의 바닥면적은 피난용 승강기 1대에 대하여 6제곱미터 이상으로 할 것

㉥ 승강장의 출입구 부근에는 피난용 승강기임을 알리는 표지를 설치할 것

㉦ 배연설비를 설치할 것(제연설비를 설치한 경우에는 예외)

② 피난용 승강기 승강로의 구조

㉠ 승강로는 해당 건축물의 다른 부분과 내화구조로 구획할 것

㉡ 각 층으로부터 피난층까지 이르는 승강로를 단일구조로 연결하여 설치할 것

㉢ 승강로 상부에 「건축물의 설비기준 등에 관한 규칙」 제14조에 따른 배연설비를 설치할 것

③ 피난용 승강기 기계실의 구조

㉠ 출입구를 제외한 부분은 해당 건축물의 다른 부분과 내화구조의 바닥 및 벽으로 구획할 것

㉡ 출입구에는 60^{+} 방화문을 설치할 것

④ 피난용 승강기 전용 예비전원

㉠ 정전시 피난용 승강기, 기계실, 승강장 및 폐쇄회로 텔레비전 등의 설비를 작동할 수 있는 별도의 예비전원 설비를 설치할 것

㉡ 가목에 따른 예비전원은 초고층건축물의 경우에는 2시간 이상, 준초고층건축물의 경우에는 1시간 이상 작동이 가능한 용량일 것

㉢ 상용전원과 예비전원의 공급을 자동 또는 수동으로 전환이 가능한 설비를 갖출 것

㉣ 전선관 및 배선은 고온에 견딜 수 있는 내열성 자재를 사용하고, 방수조치를 할 것

10. 비상용 승강기의 설치

(1) 설치대상 건축물

높이 31m를 넘는 건축물

예외 1. 승용승강기를 비상용 승강기 구조로 한 경우
2. 높이 31m를 넘는 부분이 다음에 해당하는 경우
- 각 층을 거실 외의 용도로 쓰는 건축물
- 각 층 바닥면적합계가 500m² 이하인 건축물
- 4개 층 이하로서 해당 각 층의 바닥면적 합계 200m²(벽 및 반자가 실내에 접하는 부분의 마감을 불연재료로 한 경우에는 500m²) 이내마다 방화구획으로 구획한 건축물

(2) 설치기준

높이 31m를 넘는 각 층의 바닥면적 중 최대바닥면적(Am²)	설치 대수
1,500m² 이하	1대 이상
1,500m² 초과	1대에 1,500m²를 넘는 3,000m² 이내마다 1대씩 가산 $\left(1+\frac{A-1,500m^2}{3,000m^2}대\right)$

※ 2대 이상의 비상용 승강기를 설치하는 경우에는 화재 시 소화에 지장이 없도록 일정한 간격을 유지할 것

(3) 비상용 승강기의 승강장 및 승강로의 구조

① 비상용 승강기의 승강장 구조

㉠ 승강장의 창문, 출입구, 그 밖의 개구부를 제외한 부분은 해당 건축물의 다른 부분과 내화구조의 바닥 · 벽으로 구획할 것

예외 공동주택의 경우에는 승강장과 특별피난계단의 부속실과의 겸용 부분을 계단실과 별도로 구획하는 때에는 승강장을 특별피난계단의 부속실과 겸용할 수 있다.

㉡ 승강장은 각 층의 내부와 연결될 수 있도록 하되, 그 출입구(승강로의 출입구를 제외한다)에는 60⁺ 방화문을 설치할 것. 다만, 피난층에는 60⁺ 방화문을 설치하지 아니할 수 있다.

㉢ 노대 또는 외부를 향하여 열 수 있는 창문이나 배연설비를 설치할 것

㉣ 벽 및 반자가 실내에 접하는 부분의 마감재료(마감을 위한 바탕포함)는 불연재료로 할 것

㉤ 채광이 되는 창문이 있거나 예비전원에 따른 조명설비를 할 것

㉥ 승강장의 바닥면적은 비상용 승강기 1대에 대하여 6m² 이상으로 할 것

예외 옥외에 승강장을 설치하는 경우

핵심문제 ●●●

비상용 승강기 승강장의 바닥면적은 비상용 승강기 1대에 대하여 최소 얼마 이상으로 하여야 하는가?(단, 옥내 승강장인 경우) 기 21①

① 3m² ② 4m²
③ 5m² ❹ 6m²

해설 비상용 승강기 1대에 대한 승강장의 바닥면적 : 6m²

>>> 비상용 승강기 승강로 구조

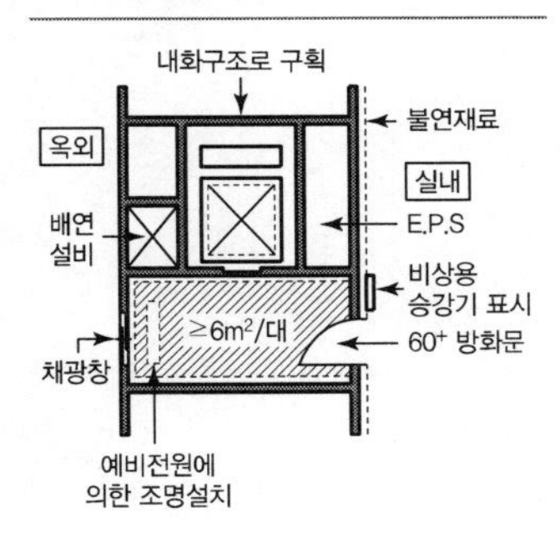

핵심문제 ●●●

비상용 승강기의 승강장 및 승강로 구조에 관한 기준 내용으로 틀린 것은?

기 20③

① 옥내 승강장의 바닥면적은 비상용 승강기 1대에 대하여 6m² 이상으로 한다.
② 각 층으로부터 피난층까지 이르는 승강로를 단일구조로 연결하여 설치하여야 한다.
③ 피난층이 있는 승강장의 출입구로부터 도로 또는 공지에 이르는 거리는 30m 이하로 한다.
❹ 승강장에는 배연설비를 설치하여야 하며, 외부를 향하여 열 수 있는 창문 등을 설치하여서는 안 된다.

해설

승강장에는 노대 또는 외부를 향하여 열 수 있는 창문이나 배연설비를 설치할 것

ⓢ 피난층이 있는 승강장의 출입구(승강장이 없는 경우에는 승강로의 출입구)로부터 도로 또는 공지에 이르는 거리가 30m 이하일 것
ⓞ 승강장 출입구 부근의 잘 보이는 곳에 해당 승강기가 비상용 승강기임을 알 수 있는 표시를 할 것

② 비상용 승강기의 승강로 구조
㉠ 승강로는 해당 건물이 다른 부분과 내화구조로 구획할 것
㉡ 각 층으로부터 피난층까지 이르는 승강로를 단일구조로서 연결하여 설치할 것

11. 관계전문기술자와의 협력

(1) 협력 사유

설계자 및 공사감리자는 다음에 해당하는 사유를 위한 설계 및 공사감리를 함에 있어 관계전문기술자의 협력을 받아야 한다.

① 대지의 안전
② 건축물의 구조상 안전
③ 건축설비의 설치

(2) 건축구조기술사의 협력

건축물 설계자는 건축물에 대한 구조의 안전을 확인하는 경우 건축구조기술사의 협력을 받아야 한다.

구분	자격 · 대상 건축물
구조계산의 자격	• 건축구조기술사
구조계산 대상 건축물	• 층수가 6층 이상인 건축물 • 특수구조건축물 • 다중이용건축물 • 준다중이용건축물 • 지진구역의 건축물 중 국토교통부령으로 정하는 건축물

(3) 기술사 및 관계전문기술자의 협력대상 건축물

<table>
<tr><th>관계전문기술자</th><th colspan="2">건축물의 규모</th><th>용도 및 대상</th></tr>
<tr><td rowspan="3">• 전기, 승강기(전기 분야만 해당) 및 피뢰침 : 건축전기설비기술사 또는 발송배전기술사
• 급수 · 배수(配水) · 배수(排水) · 환기 · 난방 · 소화 · 배연 · 오물처리 설비 및 승강기(기계 분야만 해당) : 건축기계설비기술사 또는 공조냉동기계기술사
• 가스설비 : 「기술사법」에 따라 등록한 건축기계설비기술사, 공조냉동기계기술사 또는 가스기술사</td><td colspan="2">연면적 10,000m^2 이상</td><td>창고시설을 제외한 모든 건축물</td></tr>
<tr><td rowspan="2">에너지를 대량으로 소비하는 건축물로서 급수 · 배수 · 난방 · 환기설비를 설치하는 경우</td><td>바닥면적 합계 500m^2 이상</td><td>• 냉동냉장시설
• 항온항습시설
• 특수청정시설</td></tr>
<tr><td colspan="2">에너지절약계획서를 제출해야 하는 건축물</td></tr>
<tr><td>토목 분야 기술사 또는 국토개발 분야의 지질 및 기반기술사</td><td colspan="3">• 깊이 10m 이상의 토지굴착공사
• 높이 5m 이상의 옹벽 등 공사
• 지질조사
• 토공사의 설계 및 감리
• 흙막이벽 · 옹벽 설치 등에 관한 위해방지, 그 밖의 필요한 사항</td></tr>
</table>

핵심문제 ●●●

건축물의 건축 시 설계자가 건축물에 대한 구조의 안전을 확인하는 경우 건축구조기술사의 협력을 받아야 하는 대상 건축물에 속하지 않는 것은? 산 18①

① 특수구조 건축물
② 다중이용건축물
③ 준다중이용건축물
❹ 층수가 5층인 건축물

해설 건축구조기술사의 협력대상
• 6층 이상인 건축물
• 특수구조 건축물
• 다중이용건축물
• 준다중이용건축물
• 3층 이상의 필로티 형식 건축물
• 국토교통부령으로 정하는 건축물

(4) 급수 · 배수(配水) · 배수(排水) · 환기 · 난방 등의 건축설비를 건축물에 설치하는 경우, 건축기계설비기술사 또는 공조냉동기계기술사의 협력을 받아야 하는 대상 건축물

용도	바닥면적 합계
냉동 · 냉장시설, 항온항습시설, 특수청정시설	500m^2
아파트, 연립주택	—
목욕장, 물놀이형 시설, 수영장	500m^2
기숙사, 의료시설, 유스호스텔, 숙박시설	2,000m^2
판매시설, 연구소, 업무시설	3,000m^2
문화 및 집회시설, 종교시설, 교육연구시설, 장례시설	10,000m^2

(5) 특수구조 건축물 및 고층건축물의 공사감리자 협력

특수구조 건축물 및 고층건축물의 공사감리자는 지상 5개 층마다 상부 슬래브배근을 완료한 경우(다만, 철골조구조의 건축물의 경우에는 지상 3개 층마다 또는 높이 20미터마다 주요구조부

핵심문제 ●●●

급수, 배수, 환기, 난방 등의 건축설비를 설치하는 경우 건축기계설비기술사 또는 공조냉동기계기술사의 협력을 받아야 하는 대상 건축물에 속하지 않은 것은? 산 17①

① 아파트
② 기숙사로 해당 용도에 사용되는 바닥면적의 합계가 2,000m^2인 건축물
❸ 판매시설로서 해당 용도에 사용되는 바닥면적의 합계가 2,000m^2인 건축물
④ 의료시설로서 해당 용도에 사용되는 바닥면적의 합계가 2,000m^2인 건축물

해설
판매시설로서 해당 용도에 사용되는 바닥면적의 합계가 3,000m^2인 건축물

의 조립을 완료한 경우)에 해당하는 공정에 다다를 때 건축구조 기술사의 협력을 받아야 한다.

SECTION 08 특별건축구역

1. 특별건축구역의 지정

>>> 특별건축구역의 신설

조화롭고 창의적인 건축물의 건축을 통하여 도시경관의 창출, 건설기술 수준향상 및 건축관련 제도개선을 도모하기 위하여 이 법 또는 관계 법령에 따른 일부 규정을 적용하지 아니하거나 완화 또는 통합하여 적용할 수 있도록 특별히 지정하는 구역을 특별건축구역이라 정의한다.

국토교통부장관 또는 시 · 도지사는 다음의 구분에 따라 도시나 지역의 일부가 특별건축구역으로 특례적용이 필요하다고 인정하는 경우에는 특별건축구역을 지정할 수 있다.

(1) 국토교통부장관이 지정하는 경우

① 국가가 국제행사 등을 개최하는 도시 또는 지역의 사업구역

② 관계법령에 따른 국가정책사업으로서 다음의 어느 하나에 해당하는 사업구역

해당 사업구역	관계법률
행정중심복합도시 안의 사업구역	「신행정수도 후속대책을 위한 연기 · 공주 지역 행정중심복합도시 건설을 위한 특별법」
혁신도시 안의 사업구역	「공공기관 지방이전에 따른 혁신도시 건설 및 지원에 관한 특별법」
경제자유구역	「경제자유구역의 지정 및 운영에 관한 특별법」
택지개발사업구역	「택지개발촉진법」
공공주택지구	「공공주택 특별법」
도시개발구역	「도시개발법」
국제자유도시 안의 사업구역	「제주특별자치도 설치 및 국제자유도시 조성을 위한 특별법」
국립아시아문화전당 건설사업구역	「아시아문화중심도시 조성에 관한 특별법」
창의적 개발을 위한 특별계획구역	「국토의 계획 및 이용에 관한 법률」

(2) 시 · 도지사가 지정하는 경우

① 지방자치단체가 국제행사 등을 개최하는 도시 또는 지역의 사업구역

② 관계법령에 따른 도시개발 · 도시재정비 및 건축문화진흥사업으로서 건축물 또는 공간환경을 조성하기 위하여 다음에서 정하는 사업구역

1. 경제자유구역
2. 택지개발사업구역
3. 정비구역
4. 도시개발구역
5. 재정비촉진구역
6. 국제자유도시의 사업구역
7. 지구단위계획구역 중 현상설계(懸賞設計) 등에 따른 창의적 개발을 위한 특별계획구역
8. 관광지, 관광단지 또는 관광특구
9. 문화지구

③ 그 밖에 다음의 어느 하나에 해당하는 도시 또는 지역의 사업구역

㉠ 건축문화진흥을 위하여 국토교통부령으로 정하는 건축물 또는 공간환경을 조성하는 지역

㉡ 주거, 상업, 업무 등 다양한 기능을 결합하는 복합적인 토지 이용을 증진시킬 필요가 있는 지역으로서 다음의 요건을 모두 갖춘 지역

ⓐ 도시지역일 것

ⓑ 용도지역 안에서의 건축제한 적용을 배제할 필요가 있을 것

㉢ 그 밖에 도시경관의 창출, 건설기술 수준 향상 및 건축관련제도 개선을 도모하기 위하여 특별건축구역 지정이 필요하다고 시 · 도지사가 인정하는 도시 또는 지역

예외 다음의 어느 하나에 해당하는 지역 · 구역 등에 대하여는 특별건축구역으로 지정할 수 없다.

1. 개발제한구역
2. 자연공원
3. 접도구역
4. 보전산지
5. 군사기지 및 군사시설보호구역

2. 특별건축구역의 건축물

특별건축구역에서 건축기준 등의 특례 사항을 적용하여 건축할 수 있는 건축물은 다음의 어느 하나에 해당되어야 한다.

① 국가 또는 지방자치단체가 건축하는 건축물

② 공공기관 중 다음에 해당하는 공공기관이 건축하는 건축물

㉠ 한국토지주택공사

㉡ 한국수자원공사

㉢ 한국도로공사

㉣ 한국철도공사

㉤ 한국철도시설공단

㉥ 한국관광공사

핵심문제 ●●●

특별건축구역의 지정과 관련한 다음의 내용에서 밑줄 친 부분에 해당하지 않는 것은? 기 20①②통합

> 국토교통부장관 또는 시 · 도지사는 다음 각 호의 구분에 따라 도시나 지역의 일부가 특별건축구역으로 특례 적용이 필요하다고 인정하는 경우에는 특별건축구역을 지정할 수 있다.
> 1. 국토교통부장관이 지정하는 경우
>   가. 국가가 국제행사 등을 개최하는 도시 또는 지역의 사업구역
>   나. <u>관계법령에 따른 국가정책사업으로서 대통령령으로 정하는 사업구역</u>

❶ 「도로법」에 따른 접도구역
② 「도시개발법」에 따른 도시개발구역
③ 「택지개발촉진법」에 따른 택지개발사업구역
④ 「혁신도시 조성 및 발전에 관한 특별법」에 따른 혁신도시의 사업구역

해설 특별건축구역으로 지정할 수 없는 사업구역
- 「개발제한구역의 지정 및 관리에 관한 특별조치법」에 따른 개발제한구역
- 「자연공원법」에 따른 자연공원
- 「도로법」에 따른 접도구역
- 「산지관리법」에 따른 보전산지

㉦ 한국농어촌공사

③ 그 밖에 [별표 3]에 해당하는 용도 · 규모의 건축물로서 도시경관의 창출, 건설기술 수준 향상 및 건축관련제도 개선을 위하여 특례 적용이 필요하다고 허가권자가 인정하는 건축물

참고 특별건축구역의 특례사항 적용대상 건축물

용도	규모(연면적, 세대 등)
문화 및 집회시설, 판매시설, 운수시설, 의료시설, 교육연구시설, 수련시설	2천 제곱미터 이상
운동시설, 업무시설, 숙박시설, 관광휴게시설, 방송통신시설	3천 제곱미터 이상
종교시설	–
노유자시설	5백 제곱미터 이상
공동주택 (아파트 및 연립주택만 해당한다)	300세대 이상(주거용 외의 용도와 복합된 경우에는 200세대 이상)
단독주택 (한옥이 밀집되어 있는 지역의 건축물로 한정하며, 단독주택 외의 용도로 쓰이는 건축물을 포함할 수 있다)	50동 이상
그 밖의 용도	1천 제곱미터 이상

3. 특별건축구역의 지정절차 등

① 중앙행정기관의 장, 사업구역을 관할하는 시 · 도지사 또는 시장 · 군수 · 구청장(이하 이 장에서 “지정신청기관”이라 한다)은 특별건축구역의 지정이 필요한 경우에는 다음의 자료를 갖추어 중앙행정기관의 장 또는 시 · 도지사는 국토교통부장관에게, 시장 · 군수 · 구청장은 특별시장 · 광역시장 · 도지사에게 각각 특별건축구역의 지정을 신청할 수 있다.
  ㉠ 특별건축구역의 위치 · 범위 및 면적 등에 관한 사항
  ㉡ 특별건축구역의 지정 목적 및 필요성
  ㉢ 특별건축구역 내 건축물의 규모 및 용도 등에 관한 사항
  ㉣ 특별건축구역의 도시 · 군관리계획에 관한 다음에 해당하는 사항
    ⓐ 용도지역, 용도지구 및 용도구역에 관한 사항
    ⓑ 도시 · 군관리계획으로 결정되었거나 설치된 도시 · 군계획시설의 현황 및 도시 · 군계획시설의 신설 · 변경 등에 관한 사항
    ⓒ 지구단위계획구역의 지정, 지구단위계획의 내용에 관한 사항 및 지구단위계획의 수립 · 변경 등에 관한 사항
  ㉤ 건축물의 설계, 공사감리 및 건축시공 등의 발주방법 등에 관

한 사항

ⓗ 특별건축구역 전부 또는 일부를 대상으로 통합하여 적용하는 미술장식, 부설주차장, 공원 등의 시설에 대한 운영관리 계획서

ⓢ 그 밖에 특별건축구역의 지정에 필요한 다음에 해당하는 사항

ⓐ 특별건축구역의 주변지역에 도시 · 군관리계획으로 결정되었거나 설치된 도시 · 군계획시설에 관한 사항

ⓑ 특별건축구역의 주변지역에 대한 지구단위계획구역 지정 및 지구단위계획 내용 등에 관한 사항

ⓒ 민간전문가를 위촉한 경우 그에 관한 사항

② 국토교통부장관 또는 특별시장 · 광역시장 · 도지사는 제1항에 따라 지정신청이 접수된 경우에는 특별건축구역 지정의 필요성, 타당성 및 공공성 등과 피난 · 방재 등의 사항을 검토하고, 지정 여부를 결정하기 위하여 지정신청을 받은 날부터 30일 이내에 국토교통부장관이 지정신청을 받은 경우에 국토교통부장관이 두는 건축위원회(이하 "중앙건축위원회"라 한다), 특별시장 · 광역시장 · 도지사가 지정신청을 받은 경우에는 각각 특별시장 · 광역시장 · 도지사가 두는 건축위원회의 심의를 거쳐야 한다.

③ 국토교통부장관 또는 특별시장 · 광역시장 · 도지사는 각각 중앙건축위원회 또는 특별시장 · 광역시장 · 도지사가 두는 건축위원회의 심의 결과를 고려하여 필요한 경우 특별건축구역의 범위, 도시 · 군관리계획 등에 관한 사항을 조정할 수 있다.

④ 국토교통부장관 또는 시 · 도지사는 필요한 경우 직권으로 특별건축구역을 지정할 수 있다. 이 경우 제1항 각 호의 자료에 따라 특별건축구역 지정의 필요성, 타당성 및 공공성 등과 피난 · 방재 등의 사항을 검토하고 각각 중앙건축위원회 또는 시 · 도지사가 두는 건축위원회의 심의를 거쳐야 한다.

⑤ 국토교통부장관은 특별건축구역을 지정하거나 변경 · 해제하는 경우에는 다음에 해당하는 주요 내용을 관보(시 · 도지사는 공보)에 고시하고, 국토교통부장관 또는 특별시장 · 광역시장 · 도지사는 지정신청기관에 관계서류의 사본을 송부하여야 한다.

㉠ 지정 · 변경 또는 해제의 목적

㉡ 특별건축구역의 위치, 범위 및 면적

㉢ 특별건축구역 내 건축물의 규모 및 용도 등에 관한 주요사항

㉣ 건축물의 설계, 공사감리 및 건축시공 등 발주방법에 관한 사항

㉤ 도시 · 군계획시설의 신설 · 변경 및 지구단위계획의 수립 · 변경 등에 관한 사항

㉥ 그 밖에 국토교통부장관이 필요하다고 인정하는 사항

>>> 특례적용계획서

① 개략설계도서
② 배치도
③ 내화 · 방화 · 피난 또는 건축설비도
④ 신기술의 세부 설명 자료

4. 특별건축구역 내 건축물의 심의 등

① 특별건축구역에서 건축기준 등의 특례 사항을 적용하여 건축허가를 신청하고자 하는 자는 다음의 사항이 포함된 특례적용계획서를 첨부하여 해당 허가권자에게 건축허가를 신청하여야 한다.
   ㉠ 기준을 완화하여 적용할 것을 요청하는 사항
   ㉡ 특별건축구역의 지정요건에 관한 사항
   ㉢ 적용배제 특례를 적용한 사유 및 예상효과 등
   ㉣ 완화적용 특례의 동등 이상의 성능에 대한 증빙내용
   ㉤ 건축물의 공사 및 유지 · 관리 등에 관한 계획

② 위의 건축허가는 해당 건축물이 특별건축구역의 지정 목적에 적합한지 여부와 특례적용계획서 등 해당 사항에 대하여 시 · 도지사 및 시장 · 군수 · 구청장이 설치하는 지방건축위원회의 심의를 거쳐야 한다.

③ 허가신청자는 위 ①에 따른 건축허가 시 「도시교통정비촉진법」에 따른 교통영향분석 · 개선대책의 검토를 동시에 진행하고자 하는 경우에 교통영향분석 · 개선대책에 관한 서류를 첨부하여 허가권자에게 심의를 신청할 수 있다.

④ 교통영향분석 · 개선대책에 대하여 지방건축위원회에서 통합심의한 경우에는 교통영향분석 · 개선대책의 심의를 한 것으로 본다.

5. 관계법령의 적용 특례

① 특별건축구역에 건축하는 건축물에 대하여 다음의 규정을 적용하지 아니할 수 있다.

규정
• 대지의 조경 • 건축물의 건폐율 • 대지 안의 공지 • 건축물의 높이제한 • 일조 등의 확보를 위한 건축물의 높이제한 • 주택건설기준 등에 관한 다음의 규정 – 공동주택의 배치(제10조) – 기준척도(제13조) – 조경시설 등(제29조) – 비상급수시설(제35조) – 난방설비(제37조) – 근린생활시설 등(제50조) – 유치원(제52조)

② 특별건축구역에 건축하는 건축물이 다음에 해당하는 때에는 해당 규정에서 요구하는 기준 또는 성능 등을 다른 방법으로 대신할 수 있는 것으로 지방건축위원회가 인정하는 경우에 한하여 해당 규정의 전부 또는 일부를 완화하여 적용할 수 있다.

규정
• 건축물의 피난시설 · 용도제한 등 • 건축물의 내화구조 및 방화벽 • 방화지구 안의 건축물 • 건축물의 내부마감재료 • 지하층 • 건축설비기준 등 • 승강기

③ 다음의 규정에서 요구하는 기준 또는 성능 등을 지방소방기술심의위원회의 심의를 거치거나 소방본부장 또는 소방서장과 협의하여 다른 방법으로 대신할 수 있는 경우 전부 또는 일부를 완화하여 적용할 수 있다.

규정
• 특정소방대상물에 설치하는 소방시설 등의 유지 · 관리 등 • 소방시설기준 적용의 특례

6. 통합적용계획의 수립 및 시행

① 특별건축구역에서는 다음의 규정에 대하여 개별 건축물마다 적용하지 아니하고 특별건축구역 전부 또는 일부를 대상으로 통합하여 적용할 수 있다.

규정
• 건축물에 대한 미술장식 • 부설주차장의 설치 • 공원의 설치

② 지정신청기관은 관계법령의 규정을 통합적용하고자 하는 경우에는 특별건축구역 전부 또는 일부에 대하여 미술장식, 부설주차장, 공원 등에 대한 수요를 개별법에서 정한 기준 이상으로 산정하여 파악하고 이용자의 편의성, 쾌적성 및 안전 등을 고려한 통합적용계획을 수립하여야 한다.

③ 지정신청기관이 통합적용계획을 수립하는 때에는 해당 구역을 관할하는 허가권자와 협의하여야 하며, 협의요청을 받은 허가권자는 요청받은 날부터 20일 이내에 지정신청기관에게 의견을 제출하여야 한다.

>>> 건축물에 대한 미술장식

① 대통령령으로 정하는 종류 또는 규모 이상의 건축물을 건축하려는 자는 건축 비용의 일정 비율에 해당하는 금액을 회화조각공예 등 미술장식에 사용하여야 한다.
② 제1항에 따른 미술장식에 사용하는 금액은 건축비용의 100분의 1 이하의 범위에서 대통령령으로 정한다.
③ 제1항에 따른 미술장식의 설치 절차방법 등에 관하여 필요한 사항은 대통령령으로 정한다.

④ 지정신청기관은 도시 · 군관리계획의 변경을 수반하는 통합적 용계획이 수립된 때에 관련 서류를 도시 · 군관리계획 결정권자에게 송부하여야 하며, 이 경우 해당 도시 · 군관리계획 결정권자는 특별한 사유가 없는 한 도시 · 군관리계획의 변경에 필요한 조치를 취하여야 한다.

7. 특별가로구역

>>> 특별가로구역의 지정

① 지정자
국토교통부장관 및 허가권자
② 지정목적
- 도로에 인접한 건축물의 건축을 통한 조화로운 도시경관의 창출
- 일부 규정을 적용하지 아니하거나 완화하여 적용
③ 지정위치
도로에 접한 대지의 일정 구역
- 경관지구
- 지구단위계획구역 중 미관유지를 위하여 필요하다고 인정하는 구역
④ 지정, 변경, 해제
- 지정 시 : 건축위원회의 심의
- 지정, 변경, 해제 시 : 지역 주민에게 알림

(1) 특별가로구역의 지정

① 국토교통부장관 및 허가권자는 도로에 인접한 건축물의 건축을 통한 조화로운 도시경관의 창출을 위하여 이 법 및 관계법령에 따라 일부 규정을 적용하지 아니하거나 완화하여 적용할 수 있도록 경관지구, 지구단위계획구역 중 미관 유지를 위하여 필요하다고 인정하는 구역에서 다음에 정하는 도로에 접한 대지의 일정 구역을 특별가로구역으로 지정할 수 있다.

1. 건축선을 후퇴한 대지에 접한 도로로서 허가권자(허가권자가 구청장인 경우에 특별시장이나 광역시장을 말한다. 이하 이 조에서 같다)가 건축조례로 정하는 도로
2. 허가권자가 리모델링 활성화가 필요하다고 인정하여 지정 · 공고한 지역 안의 도로
3. 보행자전용도로로서 도시미관 개선을 위하여 허가권자가 건축조례로 정하는 도로
4. 「지역문화진흥법」 제18조에 따른 문화지구 안의 도로
5. 그 밖에 조화로운 도시경관 창출을 위하여 필요하다고 인정하여 국토교통부장관이 고시하거나 허가권자가 건축조례로 정하는 도로

② 국토교통부장관 및 허가권자는 특별가로구역을 지정하려는 경우에 다음 각 호의 자료를 갖추어 국토교통부장관 또는 허가권자가 두는 건축위원회의 심의를 거쳐야 한다.

ㄱ. 특별가로구역의 위치 · 범위 및 면적 등에 관한 사항
ㄴ. 특별가로구역의 지정 목적 및 필요성
ㄷ. 특별가로구역 내 건축물의 규모 및 용도 등에 관한 사항
ㄹ. 그 밖에 특별가로구역의 지정에 필요한 사항으로서 다음에 정하는 사항
  1. 특별가로구역에서 이 법 또는 관계법령의 규정을 적용하지 아니하거나 완화하여 적용하는 경우에 해당 규정과 완화 등의 범위에 관한 사항
  2. 건축물의 지붕 및 외벽의 형태나 색채 등에 관한 사항

3. 건축물의 배치, 대지의 출입구 및 조경의 위치에 관한 사항
4. 건축선 후퇴 공간 및 공개공지 등의 관리에 관한 사항
5. 그 밖에 특별가로구역의 지정에 필요하다고 인정하여 국토교통부장관이 고시하거나 허가권자가 건축조례로 정하는 사항

③ 국토교통부장관 및 허가권자는 특별가로구역을 지정하거나 변경 · 해제하는 경우에 국토교통부령으로 정하는 바에 따라 이를 지역 주민에게 알려야 한다.

(2) 특별가로구역의 관리 및 건축물의 건축기준 적용 특례 등

① 국토교통부장관 및 허가권자는 특별가로구역을 효율적으로 관리하기 위하여 국토교통부령으로 정하는 바에 따라 제77조의2 제2항 각 호의 지정 내용을 작성하여 관리하여야 한다.

② 특별가로구역의 변경절차 및 해제, 특별가로구역 내 건축물에 관한 건축기준의 적용 등에 관하여 제71조 제7항 · 제8항(각 호 외의 부분 후단은 제외한다), 제72조 제1항부터 제5항까지, 제73조 제1항 · 제2항, 제75조 제1항 및 제77조 제1항을 준용한다. 이 경우 "특별건축구역"은 각각 "특별가로구역"으로, "지정신청기관", "국토교통부장관 또는 시 · 도지사" 및 "국토교통부장관, 시 · 도지사 및 허가권자"는 각각 "국토교통부장관 및 허가권자"로 본다.

SECTION 09 보칙 및 벌칙

1. 위반건축물 등에 대한 조치

>>> 위반건축물 등에 대한 조치

① 허가 취소 및 시정명령
② 영업 및 그 밖의 행위허가 중지
③ 위반건축물 등의 표시 설치
④ 위반건축물에 대한 조사 및 정비

(1) 허가 취소 및 시정명령

허가권자는 대지 또는 건축물이 「건축법」 또는 「건축법」에 따른 명령이나 처분에 위반한 경우 다음과 같은 조치를 하거나 명할 수 있다.

① 건축허가 또는 승인의 취소
② 건축주 등에게 공사중지명령
③ 상당한 기간을 정하여 건축물의 철거 · 개축 · 증축 · 수선 · 용도변경 · 사용금지 · 사용제한, 그 밖에 필요한 조치명령

(2) 영업 및 그 밖의 행위허가 중지

① 추가조치 요청

허가권자는 위 (1)의 조치에 따르지 아니한 건축물에 대하여는 해당 건축물을 사용하여 행할 다른 법령에 따른 영업, 그 밖의 행위 허가 · 면허 · 인가 · 등록 · 지정 등을 하지 아니하도록 요청할 수 있다.

② 추가조치 요청의 제외대상

㉠ 허가권자가 기간을 정하여 그 사용 또는 영업, 그 밖의 행위를 허용한 주택

㉡ 바닥면적의 합계가 200m² 미만인 축사

㉢ 바닥면적의 합계가 200m² 미만인 농업 · 임업 · 축산업 또는 수산업용 창고

③ 추가조치 요청을 받은 자는 특별한 이유가 없으면 요청에 따라야 한다.

(3) 위반건축물 등의 표지 설치

① 허가권자는 허가 취소 및 시정명령을 하는 경우에 국토교통부령이 정하는 표지를 일반이 보기 쉽도록 해당 위반건축물의 출입구 또는 그 대지 안에 설치하여야 하며, 건축물대장에 위반 내용을 기록하여야 한다.

② 누구든지 표지 설치를 거부 또는 방해하거나 훼손하여서는 아니된다.

(4) 위반건축물에 대한 조사 및 정비

① 특별자치시장 · 특별자치도지사 또는 시장 · 군수 · 구청장은 매년 정기적으로 법령 등에 위반하게 된 건축물의 실태조사를 실시하여야 한다.

② 위반건축물의 시정조치를 위한 정비계획을 수립 · 시행하여야 하며, 그 결과를 시 · 도지사에게 보고해야 한다.

③ 특별자치시장 · 특별자치도지사 또는 시장 · 군수 · 구청장은 위반건축물의 체계적인 사후관리와 정비를 위하여 위반건축물관리대장을 작성 · 비치해야 한다.

④ 위반건축물관리대장은 전자적 처리가 불가능한 특별한 사유가 없으면 전자적 처리가 가능한 방법으로 작성 · 관리하여야 한다.

⑤ 특별자치시장 · 특별자치도지사 또는 시장 · 군수 · 구청장은 위반건축물의 실태조사결과와 시정조치 등 필요한 사항을 기록 · 관리해야 한다.

2. 옹벽 등 공작물에의 준용

(1) 신고대상 공작물

대지를 조성하기 위한 옹벽 · 굴뚝 · 광고탑 · 고가수조 · 지하대피호 등으로서 다음에 해당하는 공작물을 축조하고자 하는 자는 특별자치시장 · 특별자치도지사 또는 시장 · 군수 · 구청장에게 신고하여야 한다.

공작물의 종류	규모
• 옹벽 · 담장 • 장식탑 · 기념탑 · 첨탑 · 광고탑 · 광고판 등	높이 2m를 넘는 것 높이 4m를 넘는 것
• 굴뚝 등	높이 6m를 넘는 것
• 골프연습장 등의 운동시설을 위한 철탑 • 주거지역 · 상업지역 안에 설치하는 통신용 철탑 등	높이 6m를 넘는 것
고가수조 등	높이 8m를 넘는 것
기계식 주차장 및 철골조립식 주차장(바닥면이 조립식이 아닌 것 포함)으로서 외벽이 없는 것	높이 8m 이하 (난간높이를 제외)인 것
지하대피호	바닥면적 $30m^2$를 넘는 것
건축조례로 정하는 제조시설 · 저장시설(시멘트저장용 사일로 포함) · 유희시설 등	
건축물의 구조에 심대한 영향을 줄 수 있는 중량물로서 건축조례로 정하는 것	

핵심문제 ●●●

공작물을 축조할 때 특별자치도지사 또는 시장 · 군수 · 구청장에게 신고하여야 하는 대상 공작물 기준으로 옳지 않은 것? 기 14④

① 높이 4m를 넘는 광고판
② 높이 4m를 넘는 기념탑
③ 높이 8m를 넘는 고가수조
❹ 바닥면적 $20m^2$를 넘는 지하대피호

해설
지하대피호 : 바닥면적 $30m^2$를 넘는 것

(2) 공작물 축조신고

① 옹벽 등 공작물 축조신고를 하고자 하는 자는 공작물축조신고서와 공작물 등의 배치도 · 구조도를 특별자치도지사 또는 시장 · 군수 · 구청장에게 제출(전자문서에 따른 제출 포함)하여야 한다.

예외 건축허가를 신청할 때에 공작물 등의 축조신고에 관한 사항을 제출한 경우에는 공작물 축조신고서의 제출을 생략할 수 있다.

② 특별자치시장 · 특별자치도지사 또는 시장 · 군수 · 구청장은 공작물축조신고를 받은 때에 기재내용 확인 후 공작물축조신고필증을 신고인에게 내주어야 한다.

(3) 공작물관리대장의 기재

공작물의 축조신고를 수리한 경우에는 공작물관리대장에 이를 기재하고 관리하여야 한다.

(4) 공작물 축조 시 「건축법」의 준용

규정	비고
건축신고 (법 제14조)	높이 4m를 넘는 광고탑 · 광고판 등이 「옥외 광고물 등 관리법」에 따라 허가 또는 신고를 받은 것은 적용 제외
건축물의 건폐율 (법 제55조)	적용 높이 8m 이하의 기계식 주차장 및 철골조립식 주차장으로서 외벽이 없는 것은 적용 제외
일조 등의 확보를 위한 건축물의 높이제한 (법 제61조)	높이 4m를 넘는 광고탑 · 광고판 등에 한하여 적용

3. 건축분쟁전문위원회의 설치

(1) 건축분쟁전문위원회의 설치

건축물의 건축 등에 관하여 발생되는 분쟁의 조정 및 재정을 위하여 다음과 같이 건축분쟁전문위원회를 설치한다.

구분	설치	조정사항
건축분쟁 전문위원회	국토교통부	• 건축관계자와 해당 건축물의 건축 등으로 인하여 피해를 입은 인근주민 간의 분쟁 • 관계전문기술자와 인근주민 간의 분쟁 • 건축관계자와 관계전문기술자 간의 분쟁 • 건축관계자 간의 분쟁 • 인근주민 간의 분쟁 • 관계전문기술자 간의 분쟁 • 그 밖에 대통령령으로 정하는 사항

(2) 조정 등의 신청 및 선정대표자

① 조정 등의 신청

㉠ 조정신청은 해당 사건의 당사자 중 1인 이상이 하며, 재정신청은 해당 사건의 당사자 간에 합의로 한다.

㉡ 조정위원회는 당사자의 조정신청을 받은 때에는 60일 이내에, 재정신청을 받은 때에는 120일 이내에 그 절차를 완료하여야 한다.

예외 부득이한 사정이 있는 경우에는 조정위원회의 의결로 그 기간을 연장할 수 있다.

② 선정대표자

㉠ 여러 사람이 공동으로 조정 등의 당사자가 될 때에는 그중에서 3명 이하의 대표자를 선정할 수 있다.

㉡ 분쟁위원회는 당사자가 대표자를 선정하지 아니한 경우

필요하다고 인정하면 당사자에게 대표자를 선정할 것을 권고할 수 있다.

㉢ 선정된 대표자는 다른 신청인 또는 피신청인을 위하여 그 사건의 조정 등에 관한 모든 행위를 할 수 있다. 다만, 신청을 철회하거나 조정안을 수락하려는 경우에는 서면으로 다른 신청인 또는 피신청인의 동의를 받아야 한다.

㉣ 대표자가 선정된 경우에는 다른 신청인 또는 피신청인은 그 선정대표자를 통해서만 그 사건에 관한 행위를 할 수 있다.

㉤ 대표자를 선정한 당사자는 필요하다고 인정하면 선정대표자를 해임하거나 변경할 수 있다. 이 경우 당사자는 그 사실을 지체 없이 분쟁위원회에 통지하여야 한다.

4. 이행강제금

(1) 의의

이행강제금은 건축주가 위반사항에 대한 시정명령을 받은 후 이행하지 않을 경우 반복하여 부과 · 징수할 수 있도록 함으로써 1회만 부과 · 징수할 수 있는 벌금 · 과태료가 지닌 결함을 보완할 수 있도록 마련된 제도이다.

(2) 이행강제금의 부과 · 징수대상 및 범위

① 원칙

허가권자는 건축주 등에 대하여 시정명령의 이행 기한까지 시정명령을 이행하지 않는 경우 다음의 이행강제금을 부과한다.

부과 · 징수대상	부과 · 징수 범위
㉠ • 건폐율 · 용적률을 초과하여 건축된 경우 • 허가를 받지 않고 건축된 경우 • 신고를 하지 않고 건축된 경우	$1m^2$당 시가 표준액의 50/100에 상당하는 금액에 위반면적을 곱한 금액 이하
㉡ 위의 규정 외의 위반건축물에 해당하는 경우	시가 표준액의 10/100 범위안에서 그 위반내용에 따라 정하는 금액

② 예외

다음의 경우는 앞의 표에 해당하는 금액의 1/2 범위 안에서 해당 지방자치단체가 정하는 금액을 부과한다.

㉠ 연면적(공동주택의 경우는 세대면적을 기준) $60m^2$ 이하의 주거용 건축물

>>> 행정벌의 종류

① 행정형벌(형법상 규제) : 징역, 벌금
② 행정질서벌 : 과태료
③ 행정강제 : 이행강제금, 대집행(강제집행), 강제징수
④ 행정처분 : 허가취소, 등록취소, 지정취소, 자격취소, 자격정지, 업무정지 등

㉡ 앞의 표에서 ㉡ 중 주거용 건축물로서 다음에 해당하는 경우
ⓐ 사용승인을 얻지 않고 건축물을 사용한 경우
ⓑ 건축물의 유지 · 관리 의무사항 중 대지의 조경에 따른 조경면적을 위반한 경우
ⓒ 건축물의 높이제한에 위반한 경우
ⓓ 일조 등의 확보를 위한 건축물의 높이제한에 위반한 경우
ⓔ 그 밖의 법 또는 법에 따른 명령이나 처분에 위반한 경우로서 건축조례로 정하는 경우

(3) 이행강제금의 부과 · 징수 절차

① 계고

허가권자는 이행강제금을 부과하기 전에 이행강제금을 부과 · 징수한다는 뜻을 미리 문서로써 계고하여야 한다.

② 부과방법

허가권자는 이행강제금을 부과하는 경우에 이행강제금의 금액, 이행강제금의 부과 사유, 이행강제금의 납부기한 및 수납기관, 이의 제기방법 및 이의제기 기관 등을 명시한 문서로써 행하여야 한다.

③ 부과 · 징수기한

허가권자는 최초의 시정명령이 있는 날을 기준으로 하여 1년에 2회 이내의 범위 안에서 해당 지방자치단체의 조례로 정하는 횟수만큼 그 해당 시정명령이 이행될 때까지 반복하여 이행강제금을 부과 · 징수할 수 있다.

④ 부과중지

허가권자는 시정명령을 받은 자가 시정명령을 이행한 경우에는 새로운 이행강제금 부과를 즉시 중단하되 이미 부과된 이행강제금은 징수하여야 한다.

⑤ 미납부 시 징수방법

허가권자는 이행강제금 부과처분을 받은 자가 이행강제금을 납부기한까지 내지 아니하면 「지방행정제재 · 부과금의 징수 등에 관한 법률」에 따라 징수한다.

CHAPTER 01

출제예상문제

Section 01

총칙

01 건축법령상 초고층건축물의 정의로 옳은 것은? 산 19④

① 층수가 30층 이상이거나 높이가 90m 이상인 건축물
② 층수가 30층 이상이거나 높이가 120m 이상인 건축물
③ 층수가 50층 이상이거나 높이가 150m 이상인 건축물
④ 층수가 50층 이상이거나 높이가 200m 이상인 건축물

해설

고층 건축물

- 고층 건축물 : 층수가 30층 이상이거나 높이가 120m 이상인 건축물
- 초고층 건축물 : 층수가 50층 이상이거나 높이가 200m 이상인 건축물

02 건축법령상 다중이용건축물에 속하지 않는 것은?(단, 16층 미만으로, 해당 용도로 쓰는 바닥면적의 합계가 5,000m^2인 건축물인 경우) 산 19③

① 종교시설
② 판매시설
③ 의료시설 중 종합병원
④ 숙박시설 중 일반숙박시설

해설

숙박시설 중 관광숙박시설

03 다음 중 다중이용건축물에 속하지 않는 것은?(단, 층수가 10층인 건축물의 경우) 산 20③

① 판매시설의 용도로 쓰는 바닥면적의 합계가 5,000m^2인 건축물
② 종교시설의 용도로 쓰는 바닥면적의 합계가 5,000m^2인 건축물
③ 의료시설 중 종합병원의 용도로 쓰는 바닥면적의 합계가 5,000m^2인 건축물
④ 숙박시설 중 일반숙박시설의 용도로 쓰는 바닥면적의 합계가 5,000m^2인 건축물

해설

다중이용건축물

- 바닥면적 합계가 5,000m^2 이상인 문화 및 집회시설(전시장 및 동 · 식물원 제외), 판매시설, 종교시설, 운수시설, 의료시설 중 종합병원, 숙박시설 중 관광숙박시설
- 16층 이상의 건축물

04 건축법령상 공동주택에 속하는 것은? 산 20③

① 공관　② 다중주택
③ 다가구주택　④ 다세대주택

해설

- 단독주택 : 단독주택, 다중주택, 다가구주택, 공관
- 공동주택 : 아파트, 연립주택, 다세대주택, 기숙사

05 건축법령상 다가구주택이 갖추어야 할 요건에 해당하지 않는 것은? 산 19①

① 독립된 주거의 형태가 아닐 것
② 19세대 이하가 거주할 수 있는 것
③ 주택으로 쓰이는 층수(지하층 제외)가 3개 층 이하일 것

정답 01 ④ 02 ④ 03 ④ 04 ④ 05 ①

④ 1개 동의 주택으로 쓰는 바닥면적(부설주차장 면적 제외)의 합계가 660m² 이하일 것

해설

다가구주택의 요건
- 주택으로 쓰는 층수(지하층 제외)가 3개 층 이하일 것
- 1개 동의 주택으로 쓰이는 바닥면적 합계가 660m² 이하일 것
- 19세대 이하가 거주할 수 있을 것

따라서 독립된 주거형태가 아닌 것은 다중주택의 요건에 해당된다.

06 건축법령상 연립주택의 정의로 가장 알맞은 것은?
산 19②

① 주택으로 쓰는 1개 동의 바닥면적 합계가 660m² 이하이고, 층수가 4개 층 이하인 주택
② 주택으로 쓰는 1개 동의 바닥면적 합계가 660m²를 초과하고, 층수가 4개 층 이하인 주택
③ 1개 동의 주택으로 쓰이는 바닥면적 합계가 330m² 이하이고, 주택으로 쓰는 층수가 3개 층 이하인 주택
④ 1개 동의 주택으로 쓰이는 바닥면적 합계가 330m²를 초과하고, 주택으로 쓰는 층수가 3개 층 이하인 주택

해설

연립주택
주택으로 쓰는 1개 동의 바닥면적 합계가 660m²를 초과하고, 층수가 4개 층 이하인 주택

07 건축법령상 아파트의 정의로 가장 알맞은 것은?
기 19④

① 주택으로 쓰는 층수가 3개 층 이상인 주택
② 주택으로 쓰는 층수가 5개 층 이상인 주택
③ 주택으로 쓰는 층수가 7개 층 이상인 주택
④ 주택으로 쓰는 층수가 10개 층 이상인 주택

해설

아파트
주택으로 쓰이는 층수가 5개 층 이상인 주택

08 건축법령상 제1종 근린생활시설에 속하지 않는 것은?
산 19③

① 정수장　② 마을회관
③ 치과의원　④ 일반음식점

해설

일반음식점
제2종 근린생활시설

09 다음 중 건축물의 용도 분류가 옳은 것은?
기 20③

① 식물원 : 동물 및 식물관련시설
② 동물병원 : 의료시설
③ 유스호스텔 : 수련시설
④ 장례식장 : 묘지관련시설

해설

- 식물원 : 문화 및 집회시설
- 동물병원 : 제2종 근린생활시설
- 장례식장 : 장례시설

10 건축물과 해당 건축물의 용도로 연결이 옳지 않은 것은?
기 19②

① 주유소 : 자동차관련시설
② 야외음악당 : 관광휴게시설
③ 치과의원 : 제1종 근린생활시설
④ 일반음식점 : 제2종 근린생활시설

해설

주유소 : 위험물저장 및 처리시설

정답　06 ②　07 ②　08 ④　09 ③　10 ①

11 건축법령상 의료시설에 속하지 않는 것은?

산 19②

① 치과병원 ② 동물병원
③ 한방병원 ④ 마약진료소

해설

동물병원은 제2종 근린생활시설에 해당된다.

12 건축물의 용도 분류상 자동차관련시설에 속하지 않는 것은?

산 20 ①②통합

① 주유소 ② 매매장
③ 세차장 ④ 정비학원

해설

주유소는 위험물저장 및 처리시설에 속한다.

13 건축법령상 건축물과 해당 건축물의 용도가 옳게 연결된 것은?

기 20①②통합

① 의원 : 의료시설
② 도매시장 : 판매시설
③ 유스호스텔 : 숙박시설
④ 장례식장 : 묘지관련시설

해설

- 의원 : 제1종 근린생활시설
- 유스호스텔 : 수련시설
- 장례식장 : 장례시설

14 건축물의 주요구조부를 해체하지 아니하고 같은 대지의 다른 위치로 옮기는 것을 의미하는 용어는?

산 18③

① 증축 ② 이전
③ 개축 ④ 재축

해설

이전
건축물의 주요구조부를 해체하지 아니하고 같은 대지의 다른 위치로 옮기는 것

15 다음 중 건축에 속하지 않는 것은?

기 19①

① 이전
② 증축
③ 개축
④ 대수선

해설

건축
신축, 증축, 개축, 재축, 이전

16 다음 중 방화구조에 해당하지 않는 것은?

산 20①②통합

① 철망모르타르로서 그 바름두께가 1.5cm인 것
② 시멘트모르타르 위에 타일을 붙인 것으로서 그 두께의 합계가 2.5cm인 것
③ 석고판 위에 회반죽을 바른 것으로서 그 두께의 합계가 2.5cm인 것
④ 석고판 위에 시멘트모르타르를 바른 것으로서 그 두께의 합계가 2.5cm인 것

해설

방화구조
- 철망모르타르로서 그 바름두께가 2cm 이상인 것
- 석고판 위에 시멘트모르타르 또는 회반죽을 바른 것으로서 그 두께의 합계가 2.5cm 이상인 것
- 시멘트모르타르 위에 타일을 붙인 것으로서 그 두께의 합계가 2.5cm 이상인 것
- 심벽에 흙으로 맞벽치기한 것
- 한국산업표준이 정하는 바에 따라 시험한 결과 방화 2급 이상에 해당하는 것

정답 11 ② 12 ① 13 ④ 14 ② 15 ④ 16 ①

17 막다른 도로의 길이가 20m인 경우, 이 도로가 건축법령상 도로이기 위한 최소 너비는? 기 19③

① 2m ② 3m
③ 4m ④ 6m

해설

막다른 도로의 너비

막다른 도로의 길이	도로의 너비
10m 미만	2m 이상
10m 이상 35m 미만	3m 이상
35m 이상	6m 이상 (도시지역이 아닌 읍 · 면지역 4m)

18 건축법령상 다음과 같이 정의되는 용어는? 기 19②

> 건축물의 건축 · 대수선 · 용도변경, 건축설비의 설치 또는 공작물의 축조에 관한 공사를 발주하거나 현장관리인을 두어 스스로 그 공사를 하는 자

① 건축주 ② 건축사
③ 설계자 ④ 공사시공자

해설

건축주

건축물의 건축 · 대수선 · 용도변경, 건축설비의 설치 또는 공작물 축조에 관한 공사를 발주하거나 현장관리인을 두어 스스로 그 공사를 하는 자

19 건축법상 다음과 같이 정의되는 용어는? 산 19①

> 건축물의 실내를 안전하고 쾌적하며 효율적으로 사용하기 위하여 내부공간을 칸막이로 구획하거나 벽지, 천장재, 바닥재, 유리 등 대통령령으로 정하는 재료 또는 장식물을 설치하는 것

① 리모델링 ② 실내건축
③ 실내장식 ④ 실내디자인

해설

실내건축

건축물의 실내를 안전하고 쾌적하며 효율적으로 사용하기 위하여 내부공간을 칸막이로 구획하거나 벽지, 천장재, 바닥재, 유리 등 재료 또는 장식물을 설치하는 것

20 다음 중 건축법이 적용되는 건축물은? 기 19①

① 역사(驛舍)
② 고속도로 통행료 징수시설
③ 철도의 선로 부지에 있는 플랫폼
④ 「문화재보호법」에 따른 임시지정 문화재

해설

건축법 적용 제외 대상

- 지정 문화재, 임시지정 문화재
- 철도나 궤도의 선로 부지에 있는 다음의 시설
  - 운전보안시설
  - 철도 선로의 위나 아래를 가로지르는 보행시설
  - 플랫폼
  - 해당 철도 또는 궤도사업용 급수 · 급탄 및 급유시설
- 고속도로 통행료 징수시설
- 컨테이너를 이용한 간이창고
- 하천구역 내의 수문조작실

21 지방건축위원회의가 심의 등을 하는 사항에 속하지 않는 것은? 기 20④

① 건축선의 지정에 관한 사항
② 다중이용건축물의 구조안전에 관한 사항
③ 특수구조 건축물의 구조안전에 관한 사항
④ 경관지구 내의 건축물 건축에 관한 사항

해설

경관지구 내의 건축물 건축에 관한 사항은 해당되지 않는다.

정답 17 ② 18 ① 19 ② 20 ① 21 ④

22 공동주택을 리모델링이 쉬운 구조로 하여 건축허가를 신청할 경우 100분의 120 범위에서 완화하여 적용받을 수 없는 것은? 기 20①②통합

① 대지의 분할제한
② 건축물의 용적률
③ 건축물의 높이제한
④ 일조 등의 확보를 위한 건축물의 높이제한

해설

리모델링이 용이한 구조의 공동주택에 대한 완화기준
- 완화대상 : 용적률, 높이제한, 일조권 확보를 위한 높이제한
- 완화기준 : 100분의 120 범위

23 중앙도시계획위원회에 관한 설명으로 옳지 않은 것은? 기 10②

① 위원장 · 부위원장 각 1명을 포함한 25명 이상 30명 이내의 위원으로 구성한다.
② 위원장은 국토교통부장관이 되고, 부위원장은 위원 중 국토교통부장관이 임명한다.
③ 공무원이 아닌 위원의 수는 10명 이상으로 하고, 그 임기는 2년으로 한다.
④ 도시 · 군계획에 관한 조사 · 연구 등의 업무를 수행한다.

해설

중앙도시계획위원회의 위원장 및 부위원장은 위원 중에서 국토교통부장관이 임명 또는 위촉한다.

Section 02 건축물의 건축

24 건축허가신청에 필요한 설계도서에 해당하지 않는 것은? 기 19③ 20④

① 배치도 ② 투시도
③ 건축계획서 ④ 실내마감도

해설

투시도는 건축허가신청에 필요한 설계도서에 해당하지 않는다.

건축허가신청에 필요한 설계도서
건축계획서, 배치도, 평면도, 입면도, 단면도, 구조도, 구조계산서, 시방서, 실내마감도, 소방설비도, 건축설비도, 토지굴착 및 옹벽도

25 건축허가신청에 필요한 설계도서의 종류 중 건축계획서에 표시하여야 할 사항이 아닌 것은? 기 11② 산 20③

① 주차장 규모
② 공개공지 및 조경계획
③ 건축물의 용도별 면적
④ 지역 · 지구 및 도시계획 사항

해설

건축계획서에 표시하여야 할 사항
- 개요(위치 · 대지면적 등)
- 지역 · 지구 및 도시계획 사항
- 건축물의 규모(건축면적 · 연면적 · 높이 · 층수 등)
- 건축물의 용도별 면적
- 주차장 규모
- 에너지절약계획서(해당 건축물에 한함)
- 노인 및 장애인 등을 위한 편의시설 설치계획서

26 다음 중 건축허가신청에 필요한 기본설계도서에 해당되지 않는 것은? 산 11①

① 시방서
② 공정표
③ 실내마감도
④ 토지굴착 및 옹벽도

해설

건축허가신청에 필요한 설계도서
건축계획서, 배치도, 평면도, 입면도, 단면도, 구조도, 구조계산서, 시방서, 실내마감도, 소방설비도, 건축설비도, 토지굴착 및 옹벽도

정답 22 ① 23 ② 24 ② 25 ③ 26 ②

27 건축허가신청에 필요한 설계도서 중 배치도에 표시하여야 할 사항에 해당하지 않는 것은? 산 12②

① 축척 및 방위
② 승강기의 위치
③ 대지의 종·횡단면도
④ 주차동선 및 옥외주차계획

해설

설계도서 중 배치도에 표시하여야 할 사항
- 축척 및 방위
- 대지에 접한 도로의 길이 및 너비
- 대지의 종·횡단면도
- 건축선 및 대지경계선으로부터 건축물까지의 거리
- 주차동선 및 옥외주차계획
- 공개공지 및 조경계획

28 건축물을 특별시나 광역시에 건축하려는 경우 특별시장이나 광역시장의 허가를 받아야 하는 대상 건축물의 규모기준은? 산 20①②통합

① 층수가 21층 이상이거나 연면적 합계가 100,000m² 이상인 건축물
② 층수가 21층 이상이거나 연면적 합계가 300,000m² 이상인 건축물
③ 층수가 41층 이상이거나 연면적 합계가 100,000m² 이상인 건축물
④ 층수가 41층 이상이거나 연면적 합계가 300,000m² 이상인 건축물

해설

특별시장 또는 광역시장의 허가대상
- 21층 이상이거나 연면적 합계가 100,000m² 이상인 건축물의 건축
- 연면적 3/10 이상을 증축하여 층수가 21층 이상으로 되거나 연면적 합계가 100,000m² 이상으로 되는 경우의 증축

예외 공장, 창고, 지방건축위원회의 심의를 거친 건축물

29 건축허가를 하기 전에 건축물의 구조안전과 인접 대지의 안전에 미치는 영향 등을 평가하는 건축물 안전영향평가를 실시하여야 하는 대상 건축물 기준으로 옳은 것은? 산 19③

① 고층건축물
② 초고층건축물
③ 준초고층건축물
④ 다중이용건축물

해설

건축물 안전영향평가 실시 대상
- 초고층건축물
- 다음의 요건을 모두 충족하는 건축물
  - 연면적이 100,000m² 이상인 건축물
  - 16층 이상일 것

30 건축허가를 하기 전에 건축물의 구조안전과 인접 대지의 안전에 미치는 영향 등을 평가하는 건축물 안전영향평가를 실시하여야 하는 대상 건축물 기준으로 옳은 것은? 기 19②

① 층수가 6층 이상으로 연면적 1만 제곱미터 이상인 건축물
② 층수가 6층 이상으로 연면적 10만 제곱미터 이상인 건축물
③ 층수가 16층 이상으로 연면적 1만 제곱미터 이상인 건축물
④ 층수가 16층 이상으로 연면적 10만 제곱미터 이상인 건축물

해설

건축물 안전영향평가 실시 대상
- 초고층 건축물
- 다음의 요건을 모두 충족하는 건축물
  - 연면적이 100,000m² 이상인 건축물
  - 16층 이상일 것

정답 27 ② 28 ① 29 ② 30 ④

31 건축허가대상 건축물이라 하더라도 국토교통부령으로 정하는 바에 따라 신고를 하면 건축허가를 받은 것으로 보는 경우에 해당하지 않는 것은? 산 11②

① 바닥면적의 합계 50m²의 증축
② 바닥면적의 합계 80m²의 재축
③ 바닥면적의 합계 60m²의 개축
④ 연면적 200m²이고 층수가 3층인 건축물의 대수선

해설

건축신고 대상

- 바닥면적의 합계가 85m² 이내의 증축 · 개축 또는 재축
- 연면적 200m² 미만이고 3층 미만인 건축물의 대수선

32 허가대상 건축물이라 하더라도 신고를 하면 건축허가를 받은 것으로 볼 수 있는 경우에 관한 기준 내용으로 옳지 않은 것은? 산 12①

① 바닥면적의 합계가 85m² 이내의 개축
② 바닥면적의 합계가 85m² 이내의 증축
③ 연면적의 합계가 100m² 이하인 건축물의 건축
④ 연면적인 200m² 미만이고 4층 미만인 건축물의 대수선

해설

건축신고 대상

연면적 200m² 미만이고 3층 미만인 건축물의 대수선

33 다음은 건축물의 사용승인에 관한 기준 내용이다. ( ) 안에 알맞은 것은? 기 20④

> 건축주가 허가를 받았거나 신고를 한 건축물의 건축공사를 완료한 후 그 건축물을 사용하려면 공사감리자가 작성한 (㉠)와 국토교통부령으로 정하는 (㉡)를 첨부하여 허가권자에게 사용승인을 신청하여야 한다.

① ㉠ 설계도서, ㉡ 시방서
② ㉠ 시방서, ㉡ 설계도서
③ ㉠ 감리완료보고서, ㉡ 공사완료도서
④ ㉠ 공사완료도서, ㉡ 감리완료보고서

해설

건축주가 허가를 받았거나 신고를 한 건축물의 건축공사를 완료한 후 그 건축물을 사용하려면 공사감리자가 작성한 감리완료보고서와 국토교통부령으로 정하는 공사완료도서를 첨부하여 허가권자에게 사용승인을 신청하여야 한다.

34 대형건축물의 건축허가 사전승인신청 시 제출도서 중 설계설명서에 표시하여야 할 사항에 속하지 않는 것은? 기 20③

① 시공방법
② 동선계획
③ 개략공정계획
④ 각부 구조계획

해설

대형건축물의 건축허가 사전승인신청 시 제출도서 중 설계설명서에 표시하여야 할 사항

- 공사개요 : 위치 · 대지면적 · 공사기간 · 공사금액 등
- 사전조사사항 : 지반고 · 기후 · 동결심도 · 수용인원 · 상하수와 주변지역을 포함한 지질 및 지형, 인구, 교통, 지역, 지구, 토지이용현황, 시설물현황 등
- 건축계획 : 배치 · 평면 · 입면계획 · 동선계획 · 개략조경계획 · 주차계획 및 교통처리계획 등
- 시공방법
- 개략공정계획
- 주요설비계획
- 주요자재 사용계획
- 기타 필요한 사항

35 공사감리자의 업무에 속하지 않는 것은? 기 20④

① 시공계획 및 공사관리의 적정 여부 확인
② 상세 시공도면의 검토 · 확인
③ 설계변경의 적정 여부 검토 · 확인
④ 공정표 및 현장설계도면 작성

정답 31 ④ 32 ④ 33 ③ 34 ④ 35 ④

해설

공정표의 검토와 상세 시공도면의 검토 · 확인이다.

공사감리자의 감리업무 내용

- 공사시공자가 설계도서에 따라 적합하게 시공하는지 여부의 확인
- 공사시공자가 사용하는 건축자재가 관계법령에 의한 기준에 적합한 건축자재인지 여부의 확인
- 건축물 및 대지에 관계법령에 적합하도록 공사시공자 및 건축주를 지도
- 시공계획 및 공사관리에 적정 여부의 확인
- 공사현장에서의 안전관리의 지도
- 공정표의 검토
- 상세시공도면의 검토 · 확인
- 구조물의 위치와 규격의 적정 여부 검토 · 확인
- 품질시험의 실시 여부 및 시험성과의 검토 · 확인
- 설계변경의 적정 여부 검토 · 확인

36 건축법령에 따른 공사감리자의 수행업무가 아닌 것은?

산 19③

① 공정표의 검토
② 상세시공도면의 작성
③ 공사현장에서의 안전관리 지도
④ 시공계획 및 공사관리의 적정여부 확인

해설

상세시공도면의 검토 · 확인

37 공사감리자가 수행하여야 하는 감리업무에 해당하지 않는 것은?(단, 기타 공사감리계약으로 정하는 사항은 제외)

기 12①

① 상세시공도면의 검토 · 확인
② 공사현장에서의 안전관리 지도
③ 설계변경의 적정 여부 검토 · 확인
④ 공사금액의 적정 여부 검토 · 확인

해설

공사금액의 적정 여부 검토 · 확인은 감리업무에 해당하지 않는다.

38 다음 중 허가대상에 속하는 용도변경은?

기 19①

① 숙박시설에서 의료시설로의 용도변경
② 판매시설에서 문화 및 집회시설로의 용도변경
③ 제1종 근린생활시설에서 업무시설로의 용도변경
④ 제1종 근린생활시설에서 공동주택으로의 용도변경

해설

판매시설에서 문화 및 집회시설로의 용도변경은 허가대상에 속하는 용도변경이다.

39 다음 중 허가대상에 속하는 용도변경은?

산 19①

① 수련시설에서 업무시설로의 용도변경
② 숙박시설에서 위락시설로의 용도변경
③ 장례시설에서 의료시설로의 용도변경
④ 관광휴게시설에서 판매시설로의 용도변경

해설

허가대상 용도변경의 경우

주거업무시설군(업무시설) → 근린생활시설군 → 교육 및 복지시설군(수련시설, 의료시설) → 영업시설군(숙박시설, 판매시설) → 문화집회시설군(위락시설, 관광휴게시설) → 전기통신시설군 → 산업 등의 시설군(장례시설) → 자동차관련 시설군

40 다음 중 용도변경 시 허가를 받아야 하는 경우에 해당하지 않는 것은?

기 12①

① 주거업무시설군에 속하는 건축물의 용도를 근린생활시설군에 해당하는 용도로 변경하는 경우
② 문화 및 집회시설군에 속하는 건축물의 용도를 영업시설군에 해당하는 용도로 변경하는 경우
③ 전기통신시설군에 속하는 건축물의 용도를 산업 등의 시설군에 해당하는 용도로 변경하는 경우
④ 교육 및 복지시설군에 속하는 건축물의 용도를 문화 및 집회시설군에 해당하는 용도로 변경하는 경우

정답 36 ② 37 ④ 38 ② 39 ② 40 ②

해설

문화 및 집회시설군에 속하는 건축물의 용도를 영업시설군에 해당하는 용도로 변경하는 경우는 신고사항이다.

41 도시 · 군계획시설 또는 도시 · 군계획시설예정지에 건축하는 가설건축물에 관한 기준 내용으로 옳지 않은 것은?

산 11②

① 조적조가 아닐 것
② 철근콘크리트조가 아닐 것
③ 철골 · 철근콘크리트조가 아닐 것
④ 판매시설로서 분양을 목적으로 건축하는 건축물이 아닐 것

해설

가설건축물 설치기준

- 철근콘크리트 또는 철골 · 철근콘크리트조가 아닐 것
- 존치기간은 3년 이내일 것
- 3층 이하일 것
- 전기, 수도, 가스 등 새로운 간섭공급설비의 설치를 요하지 아니할 것
- 공동주택, 판매 및 운수시설 등으로서 분양을 목적으로 하는 건축물이 아닐 것

42 다음 중 건축기준의 허용오차(%)가 가장 큰 항목은?

기 11④ 산 19②

① 건폐율
② 용적률
③ 평면길이
④ 인접 건축물과의 거리

해설

3% 이내 : 벽체두께, 바닥판두께, 건축물의 후퇴거리, 인접 대지경계선과의 거리, 인접 건축물과의 거리

43 건축물의 높이가 100m일 때 건축물의 건축과정에서 허용되는 건축물 높이 오차의 범위는?

산 20①②통합

① ± 1.0m 이내
② ± 1.5m 이내
③ ± 2.0m 이내
④ ± 3.0m 이내

해설

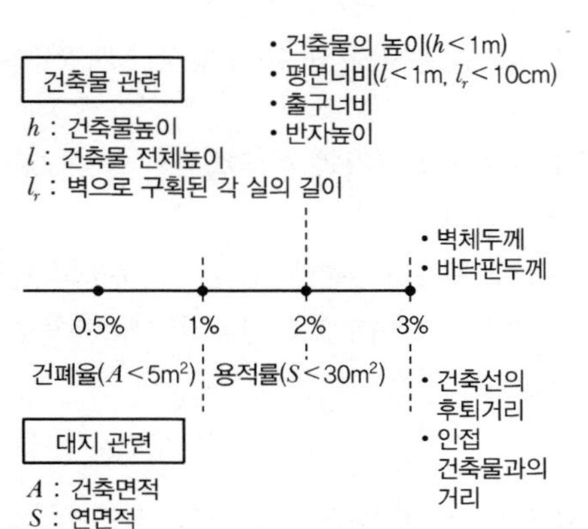

44 다음 중 건축물 관련 건축기준의 허용되는 오차의 범위(%)가 가장 큰 것은?

산 12②

① 평면길이
② 출구너비
③ 반자높이
④ 바닥판두께

해설

3% 이내 : 벽체두께, 바닥판두께, 건축물의 후퇴거리, 인접 대지경계선과의 거리, 인접 건축물과의 거리

정답 41 ① 42 ④ 43 ① 44 ④

Section 03 건축물의 유지 · 관리

45 건축지도원에 관한 설명으로 틀린 것은? 기 21①

① 허가를 받지 아니하고 건축하거나 용도변경한 건축물의 단속 업무를 수행한다.
② 건축지도원은 시장, 군수, 구청장이 지정할 수 있다.
③ 건축지도원의 자격과 업무범위는 국토교통부령으로 정한다.
④ 건축신고를 하고 건축 중에 있는 건축물의 시공 지도와 위법 시공 여부의 확인 · 지도 및 단속 업무를 수행한다.

해설

건축지도원의 자격과 업무범위는 국토교통부령으로 정하는 것이 아니라 건축조례로 정한다.

Section 04 건축물의 대지 및 도로

46 다음은 대지의 조경에 관한 기준 내용이다. ( ) 안에 알맞은 것은? 기 17③

> 면적이 ( ) 이상인 대지에 건축을 하는 건축주는 용도지역 및 건축물의 규모에 따라 해당 지방자치단체의 조례로 정하는 기준에 따라 대지에 조경이나 그 밖에 필요한 조치를 하여야 한다.

① $100m^2$ ② $200m^2$
③ $300m^2$ ④ $500m^2$

해설

면적이 $200m^2$ 이상인 대지에 건축을 하는 건축주는 용도지역 및 건축물의 규모에 따라 해당 지방자치단체의 조례로 정하는 기준에 따라 대지에 조경이나 그 밖에 필요한 조치를 하여야 한다.

47 대지면적이 $600m^2$인 건축물의 옥상에 조경면적을 $60m^2$ 설치한 경우, 대지에 설치하여야 하는 최소 조경면적은?(단, 조경설치기준은 대지면적의 10%) 기 15①

① $10m^2$ ② $20m^2$
③ $30m^2$ ④ $40m^2$

해설

옥상조경면적
옥상 부분의 조경면적 2/3에 해당하는 면적을 대지 안에 조경면적으로 산정할 수 있으며, 이 경우 조경면적의 50/100을 초과할 수 없다.
그러므로 $60m^2 \times 50/100 = 30m^2$

48 대지면적이 $1,000m^2$인 건축물의 옥상에 조경면적을 $90m^2$ 설치한 경우, 대지에 설치하여야 하는 최소 조경면적은?(단, 조경설치기준은 대지면적의 10%) 기 18②

① $10m^2$ ② $40m^2$
③ $50m^2$ ④ $100m^2$

해설

옥상조경면적
옥상 부분의 조경면적 2/3에 해당하는 면적을 대지 안의 조경면적으로 산정할 수 있으며, 이 경우 조경면적의 50/100을 초과할 수 없다. 따라서
• 대지면적 $1,000m^2$에 대한 조경면적 10%는 $100m^2$
• 최대 옥상조경면적 기준은 $100m^2 \times 50/100 = 50m^2$
그러므로 대지에 설치하여야 하는 조경면적은
$100m^2 - 50m^2 = 50m^2$이다.

49 건축물을 신축하는 경우 옥상에 조경을 $150m^2$ 시공했다. 이 경우 대지의 조경면적은 최소 얼마 이상으로 하여야 하는가?(단, 대지면적은 $1,500m^2$이고, 조경설치 기준은 대지면적의 10%이다.) 기 18④

① $25m^2$ ② $50m^2$
③ $75m^2$ ④ $100m^2$

정답 45 ③ 46 ② 47 ③ 48 ③ 49 ③

해설

조경면적

옥상 부분의 조경면적 2/3에 해당하는 면적을 대지 안의 조경면적으로 산정할 수 있으며, 이 경우 조경면적의 50/100을 초과할 수 없다.

- 대지면적 1,500m²에 대한 조경면적 10%는 150m²
- 최대 옥상조경면적 기준은 150m²×50/100=75m²

그러므로 대지에 설치하여야 하는 조경면적은 150m²−75m²=75m²이다.

50 200m²인 대지에 10m²의 조경을 설치하고 나머지는 건축물의 옥상에 설치하고자 할 때 옥상에 설치하여야 하는 최소 조경면적은? 기 20①②통합

① 10m² ② 15m²
③ 20m² ④ 30m²

해설

20m²(필요 조경면적)−10m²(대지 내 조경면적)=10m²
그러므로 10m²의 조경면적으로 옥상조경 시 2/3에 해당하는 조경면적을 적용하므로 최소 15m²의 옥상조경면적이 되어야 한다.

51 대지면적이 600m²이고 조경면적이 대지면적의 15%로 정해진 지역에 건축물을 신축할 경우, 옥상에 조경을 90m² 시공하였다면, 지표면의 조경면적은 최소 얼마 이상이어야 하는가? 산 19①

① 0m² ② 30m²
③ 45m² ④ 60m²

해설

옥상조경면적

옥상 부분의 조경면적 2/3에 해당하는 면적을 대지 안의 조경면적으로 산정할 수 있으며, 이 경우 조경면적의 50/100을 초과할 수 없다.

- 대지면적 600m²에 대한 조경면적 15%는 90m²
- 최대 옥상조경면적 기준은 90m²×50/100=45m²

그러므로 지표면에 설치하여야 하는 조경면적은 90m²−45m²=45m²

52 대통령령으로 정하는 용도와 규모의 건축물에 일반이 사용할 수 있도록 대통령령으로 정하는 기준에 따라 소규모 휴식시설 등의 공개공지 또는 공개공간을 설치하여야 하는 대상 지역에 속하지 않는 것은? 기 18① 산 20①②통합 19② 17③

① 상업지역 ② 준주거지역
③ 준공업지역 ④ 일반공업지역

해설

공개공지 또는 공개공간 설치지역

- 일반주거지역, 준주거지역
- 상업지역
- 준공업지역
- 특별자치시장 · 특별자치도지사 또는 시장 · 군수 · 구청장이 도시화의 가능성이 크거나 노후산업단지의 정비가 필요하다고 인정하여 지정 · 공고하는 지역

53 지역의 환경을 쾌적하게 조성하기 위하여 대통령령으로 정하는 용도와 규모의 건축물에 일반이 사용할 수 있도록 대통령령으로 정하는 기준에 따라 소규모 휴식시설 등의 공개공지 또는 공개공간을 설치하여야 하는 대상 지역에 속하지 않는 것은? 산 18①

① 준주거지역 ② 준공업지역
③ 보전녹지지역 ④ 일반주거지역

해설

보전녹지지역은 대상 지역에 속하지 않는다.

54 건축물의 대지에 공개공지 또는 공개공간을 확보해야 하는 대상 건축물에 속하지 않는 것은? (단, 일반주거지역이며, 해당 용도로 쓰는 바닥면적의 합계가 5,000m² 이상인 건축물인 경우) 산 19①

① 운동시설 ② 숙박시설
③ 업무시설 ④ 문화 및 집회시설

정답 50 ② 51 ③ 52 ④ 53 ③ 54 ①

해설

공개공지 또는 공개공간 확보대상 건축물

연면적의 합계	용도
5,000m²	• 문화 및 집회시설 · 판매시설 · 업무시설 • 숙박시설 · 종교시설 · 운수시설

55 건축법령상 건축물의 대지에 공개공지 또는 공개공간을 확보하여야 하는 대상 건축물에 속하지 않는 것은?(단, 해당 용도로 쓰는 바닥면적의 합계가 5,000m²인 건축물의 경우) 기 18② 15①

① 종교시설 ② 의료시설
③ 업무시설 ④ 숙박시설

해설

공개공지 또는 공개공간 확보대상 건축물

연면적의 합계	용도
5,000m²	• 문화 및 집회시설 · 판매시설 · 업무시설 • 숙박시설 · 종교시설 · 운수시설

56 다음 중 건축물의 대지에 공개공지 또는 공개공간을 확보하여야 하는 대상 건축물에 속하는 것은?(단, 일반주거지역의 경우) 기 19①

① 업무시설로서 해당 용도로 쓰는 바닥면적의 합계가 3,000m²인 건축물
② 숙박시설로서 해당 용도로 쓰는 바닥면적의 합계가 4,000m²인 건축물
③ 종교시설로서 해당 용도로 쓰는 바닥면적의 합계가 5,000m²인 건축물
④ 문화 및 집회시설로서 해당 용도로 쓰는 바닥면적의 합계가 4,000m²인 건축물

해설

공개공지 또는 공개공간 확보대상 건축물

연면적의 합계	용도
5,000m²	• 문화 및 집회시설 · 판매시설 · 업무시설 • 숙박시설 · 종교시설 · 운수시설

57 건축물의 대지에 공개공지 또는 공개공간을 확보하여야 하는 대상 건축물에 속하지 않는 것은? 산 14③

① 판매시설로서 해당 용도로 쓰는 바닥면적의 합계가 4,000m²인 건축물
② 업무시설로서 해당 용도로 쓰는 바닥면적의 합계가 5,000m²인 건축물
③ 숙박시설로서 해당 용도로 쓰는 바닥면적의 합계가 6,000m²인 건축물
④ 문화 및 집회시설로서 해당 용도로 쓰는 바닥면적의 합계가 5,000m²인 건축물

해설

공개공지 또는 공개공간 확보대상 건축물

연면적의 합계	용도
5,000m²	• 문화 및 집회시설 · 판매시설 · 업무시설 • 숙박시설 · 종교시설 · 운수시설

58 건축물의 대지는 원칙적으로 최소 얼마 이상이 도로에 접하여야 하는가?(단, 자동차만의 통행에 사용되는 도로 제외) 기 17② 산 20③

① 1m ② 2m
③ 3m ④ 4m

해설

건축물의 대지는 2m 이상이 도로(자동차 전용도로 제외)에 접해야 한다.

59 다음의 대지와 도로의 관계에 관한 기준 내용 중 ( ) 안에 알맞은 것은? 기 20③ 18④ 17①

> 연면적의 합계가 2,000m²(공장인 경우에는 3,000m²) 이상인 건축물(축사, 작물 재배사, 그 밖에 이와 비슷한 건축물로서 건축조례로 정하는 규모의 건축물은 제외한다)의 대지는 너비 (㉠) 이상의 도로에 (㉡) 이상 접하여야 한다.

① ㉠ 4m, ㉡ 2m ② ㉠ 6m, ㉡ 4m
③ ㉠ 8m, ㉡ 6m ④ ㉠ 8m, ㉡ 4m

정답 55 ② 56 ③ 57 ① 58 ② 59 ②

해설

연면적의 합계가 2,000m²(공장인 경우 3,000m²) 이상인 건축물의 대지는 너비 6m 이상의 도로에 4m 이상 접하여야 한다.

60 그림과 같은 대지의 도로모퉁이 부분의 건축선으로서 도로경계선의 교차점에서 거리 "A"로 옳은 것은?

기 19①

① 1m
② 2m
③ 3m
④ 4m

해설

90° 미만의 교차도로 너비가 6m와 7m인 경우 각각 4m를 후퇴한다.

도로의 모퉁이에 위치한 건축선 지정

도로의 교차각	해당 도로의 너비		교차되는 도로의 너비
	6m 이상 8m 미만	4m 이상 6m 미만	
90° 미만	4	3	6m 이상 8m 미만
	3	2	4m 이상 6m 미만
90° 이상 ~ 120° 미만	3	2	6m 이상 8m 미만
	2	2	4m 이상 6m 미만

61 그림과 같은 도로모퉁이에서 건축선의 후퇴길이 "a"는?

기 15① 산 20①②통합

① 2m
② 3m
③ 4m
④ 5m

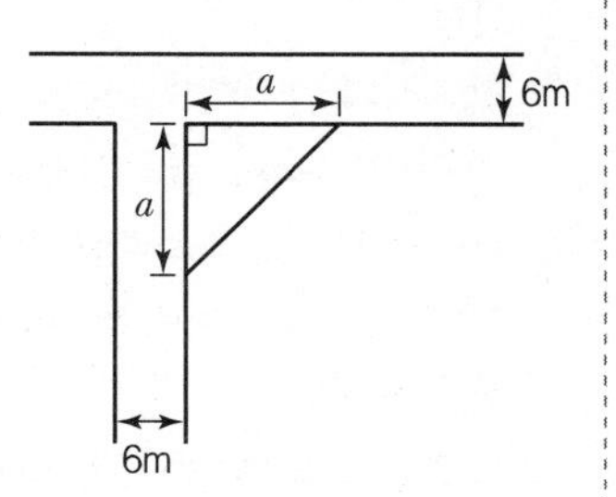

해설

너비 8m 미만인 도로의 모퉁이에 위치한 건축선 지정

90° 이상~120° 미만의 교차도로 너비가 각각 6m인 경우 각각 3m를 후퇴한다.

62 그림과 같은 대지조건에서 도로모퉁이에서의 건축선에 의한 공제 면적은?

산 20③

① 2m²
② 3m²
③ 4.5m²
④ 8m²

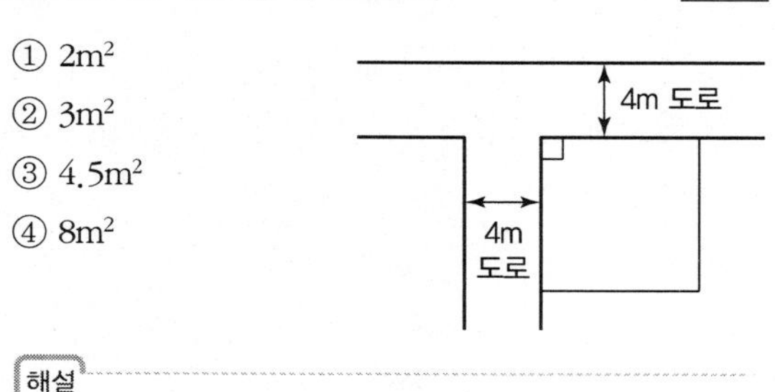

해설

너비 8m 미만인 도로의 모퉁이에 위치한 건축선 지정

도로의 교차각	해당 도로의 너비		교차되는 도로의 너비
	6m 이상 8m 미만	4m 이상 6m 미만	
90° 미만	4	3	6m 이상 8m 미만
	3	2	4m 이상 6m 미만
90° 이상 ~ 120° 미만	3	2	6m 이상 8m 미만
	2	2	4m 이상 6m 미만

그러므로 90° 이상~120° 미만의 교차도로 너비가 각각 4m인 경우 각각 2m를 후퇴하여, $(2m^2 \times 2m^2)/2 = 2m^2$이다.

63 두 도로의 너비가 각각 6m이고 교차각이 90°인 도로의 모퉁이에 위치한 대지의 도로모퉁이 부분의 건축선은 그 대지에 접한 도로경계선의 교차점으로부터 도로경계선을 따라 각각 얼마를 후퇴한 두 점을 연결한 선으로 하는가?

기 20①②통합

① 후퇴하지 아니한다. ② 2m
③ 3m ④ 4m

해설

90°의 교차도로 너비가 각각 6m인 경우 각각 3m를 후퇴한다.

정답 60 ④ 61 ② 62 ① 63 ③

64 건축선에 관한 설명으로 옳지 않은 것은?

산 14③

① 건축선은 대지와 도로의 경계선으로 하는 것이 원칙이다.

② 건축선은 도로와 접한 부분에 건축물을 건축할 수 있는 선을 의미한다.

③ 지표 아래 부분을 포함하여 건축물은 건축선의 수직면을 넘어서는 아니 된다.

④ 도로면으로부터 높이 4.5m 이하에 있는 창문을 열고 닫을 때 건축선의 수직면을 넘지 아니하는 구조로 하여야 한다.

해설

건축물과 담장은 건축선의 수직면을 넘어서는 아니 된다. 다만, 지표 아래 부분은 그러하지 아니하다.

65 시장 · 군수 · 구청장이 「국토의 계획 및 이용에 관한 법률」에 따른 도시지역에서 건축선을 따로 지정할 수 있는 최대 범위는?

기 20③

① 2m ② 3m

③ 4m ④ 6m

해설

특별자치시장 · 특별자치도지사 또는 시장 · 군수 또는 구청장은 도시지역에서 4m 이하의 범위 안에서 건축선을 따로 지정할 수 있다.

66 다음은 건축선에 따른 건축제한에 관한 기준 내용이다. ( ) 안에 알맞은 것은?

기 19②

> 도로면으로부터 높이 ( ) 이하에 있는 출입구, 창문, 그 밖에 이와 유사한 구조물은 열고 닫을 때 건축선의 수직면을 넘지 아니하는 구조로 하여야 한다.

① 3m ② 4.5m

③ 6m ④ 10m

해설

도로면으로부터 높이 4.5m 이하에 있는 출입구, 창문, 그 밖에 이와 유사한 구조물은 열고 닫을 때 건축선의 수직면을 넘지 아니하는 구조로 하여야 한다.

67 건축선에 관한 설명으로 옳지 않은 것은?

산 17②

① 담장의 지표 위 부분은 건축선의 수직면을 넘어서는 아니 된다.

② 건축물의 지표 위 부분은 건축선의 수직면을 넘어서는 아니 된다.

③ 도로와 접한 부분에서 건축선은 대지와 도로의 경계선으로 하는 것이 기본 원칙이다.

④ 도로면으로부터 높이 4.5m에 있는 창문은 열고 닫을 때 건축선의 수직면을 넘는 구조로 할 수 있다.

해설

도로면으로부터 높이 4.5m에 있는 창문은 열고 닫을 때 건축선의 수직면을 넘는 구조로 할 수 없다.

68 건축물의 대지 및 도로에 관한 설명으로 틀린 것은?

기 20④

① 손궤의 우려가 있는 토지에 대지를 조성하고자 할 때 옹벽의 높이가 2m 이상인 경우에는 이를 콘크리트구조로 하여야 한다.

② 면적이 100m² 이상인 대지에 건축을 하는 건축주는 대지에 조경이나 그 밖에 필요한 조치를 하여야 한다.

③ 연면적의 합계가 2천m²(공장인 경우 3천m²) 이상인 건축물(축사, 작물재배사, 그 밖에 이와 비슷한 건축물로서 건축조례로 정하는 규모의 건축물은 제외)의 대지는 너비 6m 이상의 도로에 4m 이상 접하여야 한다.

④ 도로면으로부터 높이 4.5m 이하에 있는 창문은 열고 닫을 때 건축선의 수직면을 넘지 아니하는 구조로 하여야 한다.

정답 64 ③ 65 ① 66 ② 67 ④ 68 ②

해설

면적이 200m^2 이상인 대지에 건축을 하는 건축주는 용도지역 및 건축물의 규모에 따라 해당 지방자치단체의 조례로 정하는 기준에 따라 대지에 조경이나 그 밖에 필요한 조치를 하여야 한다.

Section

05 건축물의 구조 및 재료

69 건축물을 건축하고자 하는 자가 사용승인을 받는 즉시 건축물의 내진능력을 공개하여야 하는 대상 건축물의 연면적 기준은?(단, 목구조건축물이 아닌 경우) 산 20①②통합

① 100m^2 이상　② 200m^2 이상
③ 300m^2 이상　④ 400m^2 이상

해설

연면적이 200제곱미터(목구조건축물의 경우에는 500제곱미터) 이상인 건축물

70 다음의 직통계단 설치에 관한 기준 내용 중 밑줄 친 "다음 각 호의 어느 하나에 해당하는 용도 및 규모의 건축물"의 기준 내용으로 옳지 않은 것은? 기 17③

> 피난층 외의 층이 다음 각 호의 어느 하나에 해당하는 용도 및 규모의 건축물에는 국토교통부령으로 정하는 기준에 따라 피난층 또는 지상으로 통하는 직통계단을 2개소 이상 설치하여야 한다.

① 지하층으로서 그 층 거실의 바닥면적 합계가 200m^2 이상인 것
② 종교시설의 용도로 쓰는 층으로서 그 층에서 해당 용도로 쓰는 바닥면적의 합계가 200m^2 이상인 것
③ 숙박시설의 용도로 쓰는 3층 이상의 층으로서 그 층의 해당 용도로 쓰는 거실의 바닥면적 합계가 200m^2 이상인 것
④ 업무시설 중 오피스텔 용도로 쓰는 층으로서 그 층의 해당 용도로 쓰는 거실의 바닥면적 합계가 200m^2 이상인 것

해설

업무시설 중 오피스텔 용도로 쓰는 층으로서 그 층의 해당 용도로 쓰는 거실의 바닥면적 합계가 300m^2 이상인 것

71 주요구조부가 내화구조 또는 불연재료로 된 층수가 16층 이상인 공동주택의 경우, 피난층 외의 층에서는 피난층 또는 지상으로 통하는 직통계단을 거실의 각 부분으로부터 계단에 이르는 보행거리가 최대 얼마 이하가 되도록 설치하여야 하는가?(단, 계단은 거실로부터 가장 가까운 거리에 있는 1개소의 계단을 말한다.) 기 20③

① 30m　② 40m
③ 50m　④ 75m

해설

층수가 16층 이상인 공동주택의 보행거리는 최대 40m까지 가능하다.

72 피난층 외의 층으로서 피난층 또는 지상으로 통하는 직통계단을 2개소 이상 설치하여야 하는 대상 기준으로 옳지 않은 것은? 기 20④

① 지하층으로서 그 층 거실의 바닥면적 합계가 200m^2 이상인 것
② 종교시설의 용도로 쓰는 층으로서 그 층에서 해당 용도로 쓰는 바닥면적의 합계가 200m^2 이상인 것
③ 판매시설의 용도로 쓰는 3층 이상의 층으로서 그 층의 해당 용도로 쓰는 거실의 바닥면적 합계가 200m^2 이상인 것
④ 업무시설 중 오피스텔 용도로 쓰는 층으로서 그 층의 해당 용도로 쓰는 거실의 바닥면적 합계가 200m^2 이상인 것

정답　69 ②　70 ④　71 ②　72 ④

해설

업무시설 중 오피스텔 용도로 쓰는 층으로서 그 층의 해당 용도로 쓰는 거실 바닥면적의 합계가 $300m^2$ 이상인 것

73 다음은 건축법령상 직통계단의 설치에 관한 기준 내용이다. ( ) 안에 들어갈 말로 알맞은 것은?

기 18① 산 20③

> 초고층건축물에는 피난층 또는 지상으로 통하는 직통계단과 직접 연결되는 피난안전구역(건축물의 피난 · 안전을 위하여 건축물 중간층에 설치하는 대피공간)을 지상층으로부터 최대 ( ) 층마다 1개소 이상 설치하여야 한다.

① 10개　② 20개
③ 30개　④ 40개

해설

직통계단과 직접 연결되는 피난안전구역

초고층 건축물에는 피난층 또는 지상으로 통하는 직통계단과 직접 연결되는 피난안전구역(건축물의 피난 · 안전을 위하여 건축물 중간층에 설치하는 대피공간)을 지상층으로부터 최대 30개 층마다 1개소 이상 설치하여야 한다.

74 피난안전구역의 구조 및 설비에 관한 기준 내용으로 옳지 않은 것은?

산 17③

① 피난안전구역의 높이는 1.8m 이상일 것
② 피난안전구역의 내부마감재료는 불연재료로 설치할 것
③ 건축물의 내부에서 피난안전구역으로 통하는 계단은 특별피난계단의 구조로 설치할 것
④ 피난안전구역에는 식수공급을 위한 급수전을 1개소 이상 설치하고 예비전원에 의한 조명설비를 설치할 것

해설

피난안전구역의 높이는 2.1m 이상일 것

75 피난안전구역의 설치에 관한 기준 내용으로 옳지 않은 것은?

기 18① 산 17①

① 피난안전구역의 높이는 2.1m 이상일 것
② 비상용 승강기는 피난안전구역에서 승하차할 수 있는 구조로 설치할 것
③ 건축물의 내부에서 피난안전구역으로 통하는 계단은 피난계단의 구조로 설치할 것
④ 관리사무소 또는 방재센터 등과 긴급연락이 가능한 경보 및 통신시설을 설치할 것

해설

건축물의 내부에서 피난안전구역으로 통하는 계단은 특별피난계단 구조로 설치할 것

76 건축물의 피난 · 안전을 위하여 건축물 중간에 설치하는 대피공간인 피난안전구역의 면적 산정식으로 옳은 것은?

산 18②

① (피난안전구역 위층의 재실자수×0.5)×$0.12m^2$
② (피난안전구역 위층의 재실자수×0.5)×$0.28m^2$
③ (피난안전구역 위층의 재실자수×0.5)×$0.33m^2$
④ (피난안전구역 위층의 재실자수×0.5)×$0.45m^2$

해설

피난안전구역의 면적

(피난안전구역 위층의 재실자수×0.5)×$0.28m^2$ 이상으로 한다.

77 다음의 피난계단 설치에 관한 기준 내용 중 ( ) 안에 알맞은 것은?

기 20①②통합 17②

> 5층 이상 또는 지하 2층 이하인 층에 설치하는 직통계단은 피난계단 또는 특별피난계단으로 설치하여야 하는데, ( )의 용도로 쓰는 층으로부터 직통계단은 그중 1개소 이상을 특별피난계단으로 설치하여야 한다.

① 의료시설　② 숙박시설
③ 판매시설　④ 교육연구시설

정답　73 ③　74 ①　75 ③　76 ②　77 ③

해설

피난계단

5층 이상 또는 지하 2층 이하인 층에 설치하는 직통계단은 피난계단 또는 특별피난계단으로 설치하여야 하는데, 판매시설의 용도로 쓰는 층으로부터 직통계단은 그중 1개소 이상을 특별피난계단으로 설치하여야 한다.

78 건축물의 바깥쪽에 설치하는 피난계단의 구조에서 피난층으로 통하는 직통계단의 최소 유효너비 기준이 옳은 것은? 기 20①②통합

① 0.7m 이상

② 0.8m 이상

③ 0.9m 이상

④ 1.0m 이상

해설

건축물의 바깥쪽에 설치하는 피난계단의 구조기준

- 계단은 그 계단으로 통하는 출입구 외의 창문 등(망이 들어 있는 유리의 붙박이창으로서 그 면적이 각각 $1m^2$ 이하인 것을 제외)으로부터 2m 이상의 거리를 두고 설치할 것
- 건축물의 내부에서 계단으로 통하는 출입구에는 60^+ 방화문을 설치할 것
- 계단의 유효너비는 0.9m 이상으로 할 것
- 계단은 내화구조로 하고 지상까지 직접 연결되도록 할 것

79 다음은 지하층과 피난층 사이의 개방공간 설치에 관한 기준 내용이다. ( ) 안에 들어갈 말로 알맞은 것은? 산 20①②통합 18③

> 바닥면적의 합계가 ( ) 이상인 공연장 · 집회장 · 관람장 또는 전시장을 지하층에 설치하는 경우에는 각 실에 있는 자가 지하층 각 층에서 건축물 밖으로 피난하여 옥외계단 또는 경사로 등을 이용하여 피난층으로 대피할 수 있도록 천장이 개방된 외부공간을 설치하여야 한다.

① $1,000m^2$　② $2,000m^2$

③ $3,000m^2$　④ $4,000m^2$

해설

지하층과 피난층 사이의 개방공간 설치

바닥면적의 합계가 $3,000m^2$ 이상인 공연장 · 집회장 · 관람장 또는 전시장을 지하층에 설치하는 경우에는 각 실에 있는 자가 지하층 각 층에서 건축물 밖으로 피난하여 옥외계단 또는 경사로 등을 이용하여 피난층으로 대피할 수 있도록 천장이 개방된 외부공간을 설치하여야 한다.

80 다음 피난계단의 설치에 관한 기준 내용 중 ( ) 안에 들어갈 말로 알맞은 것은?(단, 공동주택이 아닌 경우) 산 18③

> 건축물의 ( ) 이상인 층(바닥면적이 $400m^2$ 미만인 층은 제외한다)으로부터 피난층 또는 지상으로 통하는 직통계단은 특별피난계단으로 설치하여야 한다.

① 6층　② 11층

③ 16층　④ 21층

해설

피난계단 설치 기준

건축물(갓복도식 공동주택 제외)의 11층(공동주택의 경우에는 16층) 이상인 층(바닥면적 $400m^2$ 미만인 층 제외) 또는 지하 3층 이하인 층(바닥면적 $400m^2$ 미만인 층 제외)으로부터 피난층 또는 지상으로 통하는 직통계단은 특별피난계단으로 설치하여야 한다.

81 특별피난계단의 구조에 관한 기준 내용으로 옳지 않은 것은? 기 17①

① 계단은 내화구조로 하되 피난층 또는 지상까지 직접 연결되도록 한다.

② 계단실 및 부속실의 실내에 접하는 부분의 마감은 불연재료로 한다.

③ 출입구의 유효너비는 0.9m 이상으로 하고 피난 방향으로 열 수 있도록 한다.

④ 건축물의 내부에서 노대 또는 부속실로 통하는 출입구에는 60^+ 방화문 또는 60분 방화문을 설치하고, 노대 또는 부속실로부터 계단실로 통하는 출입구에는 60^+ 방화문을 설치하도록 한다.

정답 78 ③ 79 ③ 80 ② 81 ④

해설

건축물의 내부에서 노대 또는 부속실로 통하는 출입구에는 60^{+} 방화문을 설치하고, 노대 또는 부속실로부터 계단실로 통하는 출입구에는 60^{+} 방화문 또는 60분 방화문을 설치할 것

82 특별피난계단의 구조에 관한 기준 내용으로 옳지 않은 것은? 산 17②

① 출입구는 피난의 방향으로 열 수 있을 것
② 출입구의 유효너비는 0.9m 이상으로 할 것
③ 계단은 내화구조로 하되 피난층 또는 지상까지 직접 연결되도록 할 것
④ 노대 및 부속실에는 계단실의 내부와 접하는 창문 등을 설치하지 아니할 것

해설

노대 및 부속실에는 계단실 외의 건축물 내부와 접하는 창문 등(출입구 제외)을 설치하지 아니할 것

83 문화 및 집회시설 중 공연장의 개별 관람실을 다음과 같이 계획하였을 경우, 옳지 않은 것은?(단, 개별 관람실의 바닥면적은 1,000m²이다.) 기 19④

① 각 출구의 유효너비는 1.5m 이상으로 하였다.
② 관람실로부터 바깥쪽으로의 출구로 쓰이는 문을 밖여닫이로 하였다.
③ 개별 관람실의 바깥쪽에는 그 양쪽 및 뒤쪽에 각각 복도를 설치하였다.
④ 개별 관람실의 출구는 3개소 설치하였으며, 출구의 유효너비 합계는 4.5m로 하였다.

해설

바닥면적 300m² 이상 공연장의 개별 관람실 출구설치 기준
- 바깥쪽으로의 출구로 쓰이는 문은 안여닫이로 하여서는 아니 된다.
- 관람실별로 2개소 이상 설치할 것
- 각 출구의 유효너비는 1.5m 이상일 것
- 개별 관람실 출구의 유효너비의 합계는 개별 관람실의 바닥면적 100m²마다 0.6m의 비율로 산정한 너비 이상으로 할 것

∴ $(1{,}000\text{m}^2/100\text{m}^2)\times 0.6\text{m}=6\text{m}$

84 문화 및 집회시설 중 공연장의 개별 관람실 출구에 관한 기준 내용으로 옳지 않은 것은?(단, 개별 관람실의 바닥면적이 300m² 이상인 경우) 산 19③ 17①

① 관람실별로 2개소 이상 설치할 것
② 각 출구의 유효너비는 1.5m 이상일 것
③ 바깥쪽으로의 출구로 쓰이는 문은 안여닫이로 할 것
④ 개별 관람실 출구의 유효너비 합계는 개별 관람실의 바닥면적 100m²마다 0.6m의 비율로 산정한 너비 이상으로 할 것

해설

바깥쪽으로의 출구로 쓰이는 문은 안여닫이로 하여서는 안 된다.

85 문화 및 집회시설 중 공연장의 개별 관람실 바닥면적이 2,000m²일 경우 개별 관람실의 출구는 최소 몇 개소 이상 설치하여야 하는가?(단, 각 출구의 유효너비를 2m로 하는 경우) 기 17③

① 3개소 ② 4개소
③ 5개소 ④ 6개소

해설

바닥면적 300m² 이상 공연장의 개별 관람실 출구설치 기준
- 바깥쪽으로의 출구로 쓰이는 문은 안여닫이로 하여서는 아니 된다.
- 관람실별로 2개소 이상 설치할 것
- 각 출구의 유효너비는 1.5m 이상일 것
- 개별 관람실 출구의 유효너비 합계는 개별 관람실의 바닥면적 100m²마다 0.6m의 비율로 산정한 너비 이상으로 할 것

∴ $(2{,}000\text{m}^2/100\text{m}^2)\times 0.6\text{m}$
$=12\text{m}/2\text{m}$(출구 유효너비)
=6개소

정답 82 ④ 83 ④ 84 ③ 85 ④

86 문화 및 집회시설 중 공연장의 개별 관람실의 바닥면적이 1,000m^2인 경우, 개별 관람실 출구의 유효너비 합계는 최소 얼마 이상으로 하여야 하는가? 산 17③

① 1.5m ② 3.0m
③ 4.5m ④ 6.0m

해설

개별 관람실 출구의 유효너비 합계는 개별 관람실의 바닥면적 100m^2마다 0.6m의 비율로 산정한 너비 이상으로 할 것

87 문화 및 집회시설 중 공연장의 개별 관람실의 바닥면적이 800m^2인 경우 설치하여야 하는 최대 출구수는?(단, 각 출구의 유효너비는 기준상 최소로 한다.) 산 19②

① 5개소 ② 4개소
③ 3개소 ④ 2개소

해설

바닥면적 300m^2 이상 공연장의 개별 관람실 출구설치 기준

- 바깥쪽으로의 출구로 쓰이는 문은 안여닫이로 하여서는 아니 된다.
- 관람실별로 2개소 이상 설치할 것
- 각 출구의 유효너비는 1.5m 이상일 것
- 개별 관람실 출구의 유효너비의 합계는 개별 관람실의 바닥면적 100m^2마다 0.6m의 비율로 산정한 너비 이상으로 할 것

∴ $(800m^2/100m^2) \times 0.6m$
$= 4.8m/1.5m$(출구 유효너비)
$= 3.2$개소이므로 4개소를 설치해야 한다.

88 건축물의 관람실 또는 집회실로부터 바깥쪽으로의 출구로 쓰이는 문을 안여닫이로 하여서는 안 되는 건축물은? 기 17① 산 18②

① 위락시설
② 수련시설
③ 문화 및 집회시설 중 전시장
④ 문화 및 집회시설 중 동 · 식물원

해설

건축물의 관람실 또는 집회실로부터 바깥쪽으로의 출구

구분	설치 대상	설치 규정
출구수	바닥면적합계 300m^2 이상인 집회장 · 공연장	건축물 바깥쪽으로의 주된 출구 외에 보조 출구 또는 비상구를 2개 이상 설치
출구방향	• 문화 및 집회시설(전시장 및 동 · 식물원 제외) • 종교시설 • 위락시설 • 장례시설	건축물 바깥쪽으로의 출구로 쓰이는 문은 안여닫이로 할 수 없다.
건축물 바깥쪽으로의 출구 유효너비 합계	• 판매시설	$\frac{\text{당해 용도로 쓰이는 바닥면적이 최대인 층의 바닥면적}(m^2)}{100m^2} \times 0.6m$ 이상

89 건축물의 관람실 또는 집회실로부터 바깥쪽 출구로 쓰이는 문을 안여닫이로 하여서는 안 되는 대상 건축물에 속하지 않는 것은? 산 17③

① 종교시설 ② 위락시설
③ 판매시설 ④ 장례시설

해설

안여닫이로 하여서는 안 되는 관람실 등으로부터의 출구 설치

- 제2종 근린생활시설 중 공연장 · 종교집회장(바닥면적의 합계가 각각 300m^2 이상인 경우)
- 문화 및 집회시설(전시장 및 동 · 식물원 제외)
- 종교시설 • 위락시설 • 장례시설

90 건축물의 피난층 또는 피난층의 승강장으로부터 건축물의 바깥쪽에 이르는 통로에, 관련 기준에 따른 경사로를 설치하여야 하는 대상 건축물에 속하지 않는 것은?(단, 건축물의 층수가 5층인 경우) 산 19③

① 교육연구시설 중 학교
② 연면적이 5,000m^2인 종교시설
③ 연면적이 5,000m^2인 판매시설
④ 연면적이 5,000m^2인 운수시설

정답 86 ④ 87 ② 88 ① 89 ③ 90 ②

해설

경사로 설치 대상 건축물

- 제1종 근린생활시설 중 지역자치센터 · 파출소 · 지구대 · 소방서 · 우체국 · 방송국 · 보건소 · 공공도서관 · 지역건강보험조합, 기타 이와 유사한 것으로서 동일한 건축물 안에서 해당 용도에 쓰이는 바닥면적의 합계가 1,000m² 미만인 것
- 제1종 근린생활시설 중 마을회관 · 마을공동작업소 · 마을공동구판장 · 변전소 · 양수장 · 정수장 · 대피소 · 공중화장실, 기타 이와 유사한 것
- 연면적이 5,000m² 이상인 판매시설, 운수시설
- 교육연구시설 중 학교
- 업무시설 중 국가 또는 지방자치단체의 청사와 외국공관의 건축물로서 제1종 근린생활시설에 해당하지 아니하는 것
- 승강기를 설치하여야 하는 건축물

91 건축물의 출입구에 설치하는 회전문은 계단이나 에스컬레이터로부터 최소 얼마 이상의 거리를 두어야 하는가? 기 18②③통합

① 1m ② 1.5m
③ 2m ④ 3m

해설

회전문은 계단이나 에스컬레이터로부터 2m 이상의 거리를 둘 것

92 건축물의 출입구에 설치하는 회전문의 설치 기준으로 틀린 것은? 기 20①②통합

① 계단이나 에스컬레이터로부터 2m 이상의 거리를 둘 것
② 회전문의 회전속도는 분당 회전수가 15회를 넘지 아니하도록 할 것
③ 출입에 지장이 없도록 일정한 방향으로 회전하는 구조로 할 것
④ 회전문의 중심축에서 회전문과 문틀 사이의 간격을 포함한 회전문 날개 끝부분까지의 길이는 140cm 이상이 되도록 할 것

해설

회전문의 회전속도는 분당 회전수가 8회를 넘지 아니하도록 할 것

93 다음의 옥상광장 등의 설치에 관한 기준 내용 중 ( ) 안에 들어갈 말로 알맞은 것은? 기 18② 15①

> 옥상광장 또는 2층 이상인 층에 있는 노대나 그 밖에 이와 비슷한 것의 주위에는 높이 ( ) 이상의 난간을 설치하여야 한다. 다만, 그 노대 등에 출입할 수 없는 구조인 경우에는 그러하지 아니하다.

① 1.0m ② 1.2m
③ 1.5m ④ 1.8m

해설

옥상광장

옥상광장 또는 2층 이상인 층에 있는 노대나 그 밖에 이와 비슷한 것의 주위에는 높이 1.2m 이상의 난간을 설치하여야 한다. 다만, 그 노대 등에 출입할 수 없는 구조인 경우에는 그러하지 아니하다.

94 다음 방화구획의 설치에 관한 기준을 적용하지 아니하거나 그 사용에 지장이 없는 범위에서 완화하여 적용할 수 있는 건축물의 부분에 해당되지 않는 것은? 기 20③

> 주요구조부가 내화구조 또는 불연재료로 된 건축물로서 연면적이 1,000m²를 넘는 것은 내화구조로 된 바닥 · 벽 및 60⁺ 방화문으로 구획하여야 한다.

① 복층형 공동주택의 세대별 층간 바닥 부분
② 주요구조부가 내화구조 또는 불연재료로 된 주차장
③ 계단실 부분 · 복도 또는 승강기의 승강로 부분으로서 그 건축물의 다른 부분과 방화구획으로 구획된 부분
④ 문화 및 집회시설 중 동물원의 용도로 쓰는 거실로서 시선 및 활동공간의 확보를 위하여 불가피한 부분

정답 91 ③ 92 ② 93 ② 94 ④

해설

문화 및 집회시설(동·식물원 제외), 종교시설, 장례시설, 운동시설의 용도로 쓰는 거실로서 시선 및 활동공간의 확보를 위하여 불가피한 부분

95 주요구조부가 내화구조 또는 불연재료로 된 건축물로서 국토교통부령으로 정하는 기준에 따라 내화구조로 된 바닥·벽 및 60+ 방화문으로 구획하여야 하는 연면적 기준은? 기 20④

① 400m² 초과 ② 500m² 초과
③ 1,000m² 초과 ④ 1,500m² 초과

해설

주요구조부가 내화구조 또는 불연재료로 된 건축물로서 연면적이 1,000m²를 넘는 것은 국토교통부령으로 정하는 기준에 따라 내화구조로 된 바닥·벽 및 60+ 방화문으로 구획하여야 한다.

96 다음은 대피공간의 설치에 관한 기준 내용이다. 밑줄 친 요건 내용으로 옳지 않은 것은? 기 19②

공동주택 중 아파트로서 4층 이상인 층의 각 세대가 2개 이상의 직통계단을 사용할 수 없는 경우에는 발코니에 인접 세대와 공동으로 또는 각 세대별로 다음 각 호의 요건을 모두 갖춘 대피공간을 하나 이상 설치하여야 한다.

① 대피공간은 바깥의 공기와 접하지 않을 것
② 대피공간은 실내의 다른 부분과 방화구획으로 구획될 것
③ 대피공간의 바닥면적은 각 세대별로 설치하는 경우에 2m² 이상일 것
④ 대피공간의 바닥면적은 인접 세대와 공동으로 설치하는 경우에 3m² 이상일 것

해설

대피공간은 바깥의 공기와 접할 것

97 건축물의 경사지붕 아래에 설치하여야 하는 대피공간에 관한 기준 내용으로 옳지 않은 것은? 산 17②

① 특별피난계단 또는 피난계단과 연결되도록 할 것
② 관리사무소 등과 긴급 연락이 가능한 통신시설을 설치할 것
③ 대피공간의 면적은 지붕 수평투영면적의 10분의 1 이상일 것
④ 대피공간에 설치하는 창문 등은 망이 들어 있는 유리의 붙박이창으로서 그 면적을 각각 1m² 이하로 할 것

해설

대피공간에 설치하는 창문 등은 망이 들어 있는 유리의 붙박이창으로서 그 면적을 각각 1m² 이하로 하는 규정은 없다.

경사지붕 아래에 설치하는 대피공간

- 대피공간의 면적은 지붕 수평투영면적의 1/10 이상일 것
- 특별피난계단 또는 피난계단과 연결되도록 할 것
- 출입구·창문을 제외한 부분은 해당 건축물의 다른 부분과 내화구조의 바닥 및 벽으로 구획할 것
- 출입구는 유효너비 0.9m 이상으로 하고, 그 출입구에는 60+ 방화문을 설치할 것
- 내부마감재료는 불연재료로 할 것
- 예비전원으로 작동하는 조명설비를 설치할 것
- 관리사무소 등과 긴급 연락이 가능한 통신시설을 설치할 것

98 건축법령에 따라 건축물의 경사지붕 아래에 설치하는 대피공간에 관한 기준 내용으로 옳지 않은 것은? 기 17③

① 특별피난계단 또는 피난계단과 연결되도록 할 것
② 관리사무소 등과 긴급 연락이 가능한 통신시설을 설치할 것
③ 대피공간 면적은 지붕 수평투영면적의 20분의 1 이상일 것
④ 출입구는 유효너비 0.9m 이상으로 하고, 그 출입구에는 60+ 방화문을 설치할 것

해설

대피공간 면적은 지붕 수평투영면적의 10분의 1 이상일 것

정답 95 ③ 96 ① 97 ④ 98 ③

99 같은 건축물 안에 공동주택과 위락시설을 함께 설치하고자 하는 경우에 관한 기준 내용으로 옳지 않은 것은? 기 19②

① 건축물의 주요구조부를 내화구조로 할 것
② 공동주택과 위락시설은 서로 이웃하도록 배치할 것
③ 공동주택과 위락시설은 내화구조로 된 바닥 및 벽으로 구획하여 서로 차단할 것
④ 공동주택의 출입구와 위락시설의 출입구는 서로 그 보행거리가 30m 이상이 되도록 설치할 것

해설

공동주택과 위락시설은 서로 이웃하지 아니하도록 배치할 것

100 같은 건축물 안에 공동주택과 위락시설을 함께 설치하고자 하는 경우, 공동주택의 출입구와 위락시설의 출입구는 서로 그 보행거리가 최소 얼마 이상이 되도록 설치하여야 하는가? 기 17②

① 10m ② 20m
③ 30m ④ 50m

해설

공동주택의 출입구와 위락시설의 출입구는 서로 그 보행거리가 30m 이상이 되도록 설치할 것

101 같은 건축물 안에 공동주택과 위락시설을 함께 설치하고자 하는 경우에 관한 기준 내용으로 옳지 않은 것은? 산 18③

① 건축물의 주요구조부를 방화구조로 할 것
② 공동주택과 위락시설은 서로 이웃하지 아니하도록 배치할 것
③ 공동주택과 위락시설은 내화구조로 된 바닥 및 벽으로 구획하여 서로 차단할 것
④ 공동주택의 출입구와 위락시설의 출입구는 서로 그 보행거리가 30m 이상이 되도록 설치할 것

해설

건축물의 주요구조부를 내화구조로 할 것

102 공동주택 중 아파트로서 4층 이상인 층의 각 세대가 2개 이상의 직통계단을 사용할 수 없는 경우 발코니에 설치하는 대피공간에 갖추어야 할 요건으로 옳지 않은 것은? 산 18①

① 대피공간은 바깥의 공기와 접하지 않을 것
② 대피공간은 실내의 다른 부분과 방화구획으로 구획될 것
③ 대피공간의 바닥면적은 각 세대별로 설치하는 경우에 $2m^2$ 이상일 것
④ 대피공간의 바닥면적은 인접 세대와 공동으로 설치하는 경우에 $3m^2$ 이상일 것

해설

대피공간은 바깥의 공기와 접할 것

103 연면적 $200m^2$를 초과하는 초등학교에 설치하는 계단 및 계단참의 유효너비는 최소 얼마 이상으로 하여야 하는가? 산 17②

① 60cm ② 120cm
③ 150cm ④ 180cm

해설

연면적 $200m^2$를 초과하는 초등학교 및 중 · 고등학교의 계단 및 계단참 유효너비는 최소 150cm 이상으로 하여야 한다.

104 연면적 $200m^2$를 초과하는 건축물에 설치하는 계단에 관한 기준 내용으로 옳지 않은 것은? 산 18①

① 높이 3m를 넘는 계단에는 높이 3m 이내마다 너비 120cm 이상의 계단참을 설치하여야 한다.
② 높이가 1m를 넘는 계단 및 계단참의 양옆에는 난간(벽 또는 이에 대치되는 것을 포함)을 설치하여야 한다.
③ 판매시설의 용도에 쓰이는 건축물의 계단인 경우에는 계단 및 계단참의 너비를 120cm 이상으로 하여야 한다.

정답 99 ② 100 ③ 101 ① 102 ① 103 ③ 104 ④

④ 계단의 유효높이(계단의 바닥 마감면부터 상부 구조체의 하부 마감면까지 연직방향의 높이)는 1.8m 이상으로 하여야 한다.

해설

계단의 유효높이는 2.1m 이상으로 하여야 한다.

105 오피스텔에 설치하는 복도의 유효너비는 최소 얼마 이상이어야 하는가?(단, 건축물의 연면적은 300m²이며, 양옆에 거실이 있는 복도의 경우이다.) 기 20③ 산 20③

① 1.2m ② 1.8m

③ 2.4m ④ 2.7m

해설

복도의 유효너비 기준

구분	양옆에 거실이 있는 복도	그 밖의 복도
유치원 · 초등학교 · 중학교 · 고등학교	2.4m 이상	1.8m 이상
공동주택 · 오피스텔	1.8m 이상	1.2m 이상
해당 층 거실 바닥면적이 200m² 이상인 경우	1.5m 이상 (의료시설의 복도는 1.8m 이상)	1.2m 이상

106 종교시설의 용도에 쓰이는 건축물에서 집회실의 반자높이는 최소 얼마 이상으로 하여야 하는가?(단, 집회실의 바닥면적은 300m²이며, 기계환기 장치를 설치하지 않은 경우) 산 18①

① 2.1m ② 2.4m

③ 3.3m ④ 4.0m

해설

거실의 반자높이

- 거실의 반자는 2.1m 이상
- 문화 및 집회시설(전시장 및 동 · 식물원 제외), 종교시설, 장례시설 또는 위락시설 중 유흥주점의 용도에 쓰이는 건축물의 관람석 또는 집회실로서 그 바닥면적이 200m² 이상인 것의 반자의 높이는 4m(노대 아랫부분의 높이는 2.7m) 이상

107 다음 거실의 반자높이와 관련된 기준 내용 중 ( ) 안에 해당되지 않는 건축물의 용도는? 기 20④

( )의 용도에 쓰이는 건축물의 관람실 또는 집회실로서 그 바닥면적이 200m² 이상인 것의 반자의 높이는 4m(노대의 아래 부분 높이는 2.7m) 이상이어야 한다. 다만, 기계환기장치를 설치하는 경우에는 그러하지 아니하다.

① 문화 및 집회시설 중 동 · 식물원

② 장례식장

③ 위락시설 중 유흥주점

④ 종교시설

해설

문화 및 집회시설(전시장 및 동 · 식물원 제외), 종교시설, 장례시설 또는 위락시설 중 유흥주점의 용도에 쓰이는 건축물의 관람석 또는 집회실로서 그 바닥면적이 200m² 이상인 것의 반자높이는 4m(노대 아래 부분의 높이는 2.7m) 이상

108 공동주택의 거실 반자높이는 최소 얼마 이상으로 하여야 하는가? 산 20①②통합

① 2.0m ② 2.1m

③ 2.7m ④ 3.0m

해설

거실의 반자높이

거실의 반자는 2.1m 이상

109 다음 그림과 같은 단면을 가진 거실의 반자높이는? 산 20③

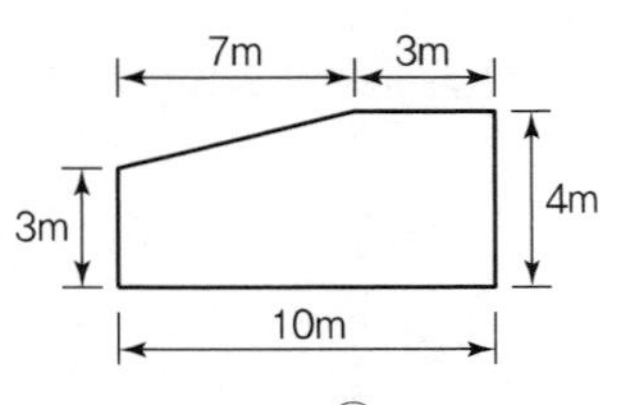

① 3.0m ② 3.3m

③ 3.65m ④ 4.0m

정답 105 ② 106 ④ 107 ① 108 ② 109 ③

해설

반자높이 = 실의 단면적(36.5m²)/실의 길이(10m) = 3.65m이다.

110 국토교통부령으로 정하는 기준에 따라 채광 및 환기를 위한 창문 등이나 설비를 설치하여야 하는 대상에 속하지 않는 것은? 산 18②

① 의료시설의 병실
② 숙박시설의 객실
③ 업무시설의 사무실
④ 교육연구시설 중 학교의 교실

해설

업무시설의 사무실은 채광 및 환기를 위한 창문 등이나 설비의 설치기준이 없다.

채광 및 환기를 위한 창문 등 설비를 설치하여야 하는 대상
- 단독주택 및 공동주택의 거실
- 교육연구시설 중 학교의 교실
- 의료시설의 병실
- 숙박시설의 객실

111 교육연구시설 중 학교의 교실 바닥면적이 400 m^2인 경우, 이 교실에 채광을 위하여 설치하여야 하는 창문의 최소 면적은?(단, 창문으로만 채광을 하는 경우) 산 20③

① $10m^2$　② $20m^2$
③ $30m^2$　④ $40m^2$

해설

채광창
거실 바닥면적의 1/10 이상
따라서, 교실 바닥면적 $400m^2 \times 1/10 = 40m^2$ 이상

112 거실의 채광 및 환기에 관한 규정으로 옳은 것은? 기 20④

① 교육연구시설 중 학교의 교실에는 채광 및 환기를 위한 창문 등이나 설비를 설치하여야 한다.
② 채광을 위하여 거실에 설치하는 창문 등의 면적은 그 거실의 바닥면적 20분의 1 이상이어야 한다.
③ 환기를 위하여 거실에 설치하는 창문 등의 면적은 그 거실의 바닥면적 10분의 1 이상이어야 한다.
④ 채광 및 환기를 위한 창문 등의 면적에 관한 규정을 적용함에 있어서 수시로 개방할 수 있는 미닫이로 구획된 2개의 거실은 이를 2개의 거실로 본다.

해설

- 채광을 위하여 거실에 설치하는 창문 등의 면적 : 그 거실 바닥면적의 10분의 1 이상
- 환기를 위하여 거실에 설치하는 창문 등의 면적 : 그 거실 바닥면적의 20분의 1 이상
- 채광 및 환기를 위한 창문 등의 면적에 관한 규정을 적용함에 있어서 수시로 개방할 수 있는 미닫이로 구획된 2개의 거실은 이를 1개의 거실로 본다.
- 학교의 교실은 거실에 해당되므로 채광 및 환기규정을 적용한다.

113 바닥으로부터 높이 1m까지의 안벽 마감을 내수재료로 하지 않아도 되는 것은? 기 18②

① 아파트의 욕실
② 숙박시설의 욕실
③ 제1종 근린생활시설 중 휴게음식점의 조리장
④ 제2종 근린생활시설 중 일반음식점의 조리장

해설

바닥으로부터 높이 1m까지 안벽 마감을 내수재료로 하여야 하는 경우
- 제1종 근린생활시설인 목욕장의 욕실, 휴게음식점 및 제과점의 조리장
- 제2종 근린생활시설인 일반음식점, 휴게음식점 및 제과점의 조리장과 숙박시설의 욕실

정답　110 ③　111 ④　112 ①　113 ①

114 가구 · 세대 등 간의 소음 방지를 위하여 건축물의 층간바닥(화장실바닥은 제외)을 국토교통부령으로 정하는 기준에 따라 설치하여야 하는 대상 건축물에 속하지 않는 것은? 산 18②

① 단독주택 중 다중주택
② 업무시설 중 오피스텔
③ 숙박시설 중 다중생활시설
④ 제2종 근린생활시설 중 다중생활시설

해설

단독주택 중 다가구주택

소음방지대상 건축물
- 단독주택 중 다가구주택
- 공동주택
- 업무시설 중 오피스텔
- 제2종 근린생활시설 중 다중생활시설
- 숙박시설 중 다중생활시설

115 주요구조부를 내화구조로 하여야 하는 대상 건축물에 속하지 않는 것은?(단, 지붕틀은 제외) 산 17②

① 종교시설의 용도로 쓰는 건축물로서 집회실의 바닥면적 합계가 400m²인 건축물
② 판매시설의 용도로 쓰는 건축물로서 그 용도로 쓰는 바닥면적 합계가 500m²인 건축물
③ 문화 및 집회시설 중 전시장의 용도로 쓰는 건축물로서 그 용도로 쓰는 바닥면적의 합계가 400m²인 건축물
④ 문화 및 집회시설 중 공연장의 용도로 쓰는 건축물로서 옥내관람석의 바닥면적 합계가 500m²인 건축물

해설

주요구조부를 내화구조로 하여야 하는 대상 건축물
문화 및 집회시설 중 전시장, 동 · 식물원의 용도로 쓰는 바닥면적의 합계가 500m² 이상인 건축물

116 건축물의 주요구조부를 내화구조로 하여야 하는 대상 건축물에 속하지 않는 것은? 기 19④

① 공장 용도로 쓰는 건축물로서 그 용도로 쓰는 바닥면적의 합계가 500m²인 건축물
② 판매시설 용도로 쓰는 건축물로서 그 용도로 쓰는 바닥면적의 합계가 500m²인 건축물
③ 창고시설 용도로 쓰는 건축물로서 그 용도로 쓰는 바닥면적의 합계가 500m²인 건축물
④ 문화 및 집회시설 중 전시장 용도로 쓰는 건축물로서 그 용도로 쓰는 바닥면적의 합계가 500m²인 건축물

해설

건축물 주요구조부의 내화구조대상
- 문화 및 집회시설(전시장 및 동 · 식물원 제외), 종교시설, 위락시설 중 유흥주점의 용도로 사용되는 관람석 또는 집회실, 장례시설 바닥면적의 합계가 200m²(옥외관람석의 경우에는 1,000m²) 이상인 건축물
- 제2종 근린생활시설 중 공연장 · 종교집회장 바닥면적의 합계가 각각 300m² 이상인 경우
- 문화 및 집회시설 중 전시장 또는 동 · 식물원, 판매시설, 운수시설, 교육연구시설에 설치하는 체육관 · 강당, 수련시설, 운동시설 중 체육관 · 운동장, 위락시설(유흥주점의 용도로 쓰는 것은 제외), 창고시설, 위험물저장 및 처리시설, 자동차관련시설, 방송통신시설 중 방송국 · 전신전화국 · 촬영소, 묘지관련시설 중 화장시설 · 동물화장시설, 관광휴게시설의 용도로 쓰는 건축물로서 그 용도로 쓰는 바닥면적의 합계가 500m² 이상인 건축물
- 공장 용도로 쓰는 건축물로서 그 용도로 쓰는 바닥면적의 합계가 2,000m² 이상인 건축물

117 건축물의 주요구조부를 내화구조로 하여야 하는 대상 건축물에 속하지 않는 것은?(단, 해당 용도로 쓰는 바닥면적의 합계가 500m²인 경우) 산 20③

① 판매시설
② 수련시설
③ 업무시설 중 사무소
④ 문화 및 집회시설 중 전시장

정답 114 ① 115 ③ 116 ① 117 ③

해설

- 업무시설 중 사무소는 해당되지 않는다.
- 문화 및 집회시설 중 전시장 또는 동·식물원, 판매시설, 운수시설, 교육연구시설에 설치하는 체육관·강당, 수련시설, 운동시설 중 체육관·운동장, 위락시설(유흥주점의 용도로 쓰는 것은 제외), 창고시설, 위험물저장 및 처리시설, 자동차관련시설, 방송통신시설 중 방송국·전신전화국·촬영소, 묘지관련시설 중 화장시설·동물화장시설, 관광휴게시설의 용도로 쓰는 건축물로서 그 용도로 쓰는 바닥면적의 합계가 500m² 이상인 건축물

118 주요구조부를 내화구조로 해야 하는 대상 건축물 기준으로 옳은 것은? 기 18②

① 장례시설의 용도로 쓰는 건축물로서 집회실의 바닥면적 합계가 150m² 이상인 건축물
② 판매시설의 용도로 쓰는 건축물로서 그 용도로 쓰는 바닥면적의 합계가 300m² 이상인 건축물
③ 운수시설의 용도로 쓰는 건축물로서 그 용도로 쓰는 바닥면적의 합계가 400m² 이상인 건축물
④ 문화 및 집회시설 중 전시장의 용도로 쓰는 건축물로서 그 용도로 쓰는 바닥면적의 합계가 500m² 이상인 건축물

해설

건축물 주요구조부의 내화구조대상

- 문화 및 집회시설(전시장 및 동·식물원 제외), 종교시설, 위락시설 중 유흥주점의 용도로 사용되는 관람석 또는 집회실, 장례시설 바닥면적의 합계가 200m²(옥외관람석의 경우에는 1,000m²) 이상인 건축물
- 제2종 근린생활시설 중 공연장·종교집회장 바닥면적의 합계가 각각 300m² 이상인 경우
- 문화 및 집회시설 중 전시장 또는 동·식물원, 판매시설, 운수시설, 교육연구시설에 설치하는 체육관·강당, 수련시설, 운동시설 중 체육관·운동장, 위락시설(유흥주점의 용도로 쓰는 것은 제외), 창고시설, 위험물저장 및 처리시설, 자동차관련시설, 방송통신시설 중 방송국·전신전화국·촬영소, 묘지관련시설 중 화장시설·동물화장시설, 관광휴게시설의 용도로 쓰는 건축물로서 그 용도로 쓰는 바닥면적의 합계가 500m² 이상인 건축물
- 공장의 용도로 쓰는 건축물로서 그 용도로 쓰는 바닥면적의 합계가 2,000m² 이상인 건축물

119 다음의 대규모 건축물의 방화벽에 관한 기준 내용 중 ( ) 안에 공통으로 들어갈 내용은? 기 19①

> 연면적 ( ) 이상인 건축물은 방화벽으로 구획하되, 각 구획된 바닥면적의 합계는 ( ) 미만이어야 한다.

① 500m² ② 1,000m²
③ 1,500m² ④ 3,000m²

해설

연면적 1,000m² 이상인 건축물은 방화벽으로 구획하되, 각 구획된 바닥면적의 합계는 1,000m² 미만이어야 한다.

120 목조건축물의 외벽 및 처마 밑의 연소 우려가 있는 부분을 방화구조로 하고, 지붕을 불연재료로 해야 하는 대규모 목조건축물의 규모 기준은? 산 20③

① 연면적 500m² 이상 ② 연면적 1,000m² 이상
③ 연면적 1,500m² 이상 ④ 연면적 2,000m² 이상

해설

연면적 1,000m² 이상인 목조건축물의 외벽 및 처마 밑의 연소 우려가 있는 부분을 방화구조로 하되, 그 지붕은 불연재료로 하여야 한다.

121 건축물에 설치하는 지하층의 구조 및 설비에 관한 기준 내용으로 옳지 않은 것은? 기 17②

① 거실의 바닥면적 합계가 1,000m² 이상인 층에는 환기설비를 설치할 것
② 지하층의 바닥면적이 300m² 이상인 층에는 식수공급을 위한 급수전을 1개소 이상 설치할 것
③ 거실의 바닥면적이 30m² 이상인 층에는 직통계단 외에 피난층 또는 지상으로 통하는 비상탈출구 및 환기통을 설치할 것
④ 바닥면적이 1,000m² 이상인 층에는 피난층 또는 지상으로 통하는 직통계단을 관련 규정에 의한 방화구획으로 구획되는 각 부분마다 1개소 이상 설치하되, 이를 피난계단 또는 특별피난계단의 구조로 할 것

정답 118 ④ 119 ② 120 ② 121 ③

해설

거실의 바닥면적이 $50m^2$ 이상인 층에는 직통계단 외에 피난층 또는 지상으로 통하는 비상탈출구 및 환기통을 설치할 것

122 건축물에 설치하는 지하층의 구조 및 설비에 관한 기준 내용으로 옳지 않은 것은? 기 19①

① 거실의 바닥면적 합계가 $1,000m^2$ 이상인 층에는 환기설비를 설치할 것
② 거실의 바닥면적이 $30m^2$ 이상인 층에는 피난층으로 통하는 비상탈출구를 설치할 것
③ 지하층의 바닥면적이 $300m^2$ 이상인 층에는 식수공급을 위한 급수전을 1개소 이상 설치할 것
④ 문화 및 집회시설 중 공연장의 용도에 쓰이는 층으로서 그 층의 거실 바닥면적 합계가 $50m^2$ 이상인 건축물에는 직통계단을 2개소 이상 설치할 것

해설

실의 바닥면적이 $50m^2$ 이상인 층에는 피난층으로 통하는 비상탈출구를 설치할 것

123 다음은 지하층의 구조에 관한 기준 내용이다. ( ) 안에 알맞은 것은? 산 14③

> 문화 및 집회시설 중 공연장의 용도에 쓰이는 층으로서 그 층의 거실 바닥면적 합계가 ( ) 이상인 건축물에는 직통계단을 2개소 이상 설치할 것

① $50m^2$ ② $100m^2$
③ $200m^2$ ④ $300m^2$

해설

문화 및 집회시설 중 공연장의 용도에 쓰이는 층으로서 그 층의 거실 바닥면적 합계가 $50m^2$ 이상인 건축물에는 직통계단을 2개소 이상 설치할 것

124 지하층에 설치하는 비상탈출구의 유효너비 및 유효높이 기준으로 옳은 것은?(단, 주택이 아닌 경우) 기 19②

① 유효너비 0.5m 이상, 유효높이 1.0m 이상
② 유효너비 0.5m 이상, 유효높이 1.5m 이상
③ 유효너비 0.75m 이상, 유효높이 1.0m 이상
④ 유효너비 0.75m 이상, 유효높이 1.5m 이상

해설

비상탈출구의 유효너비는 0.75m 이상, 유효높이는 1.5m 이상으로 한다.

Section

06 지역 및 지구의 건축물

125 다음과 같은 대지의 대지면적은? 산 14②

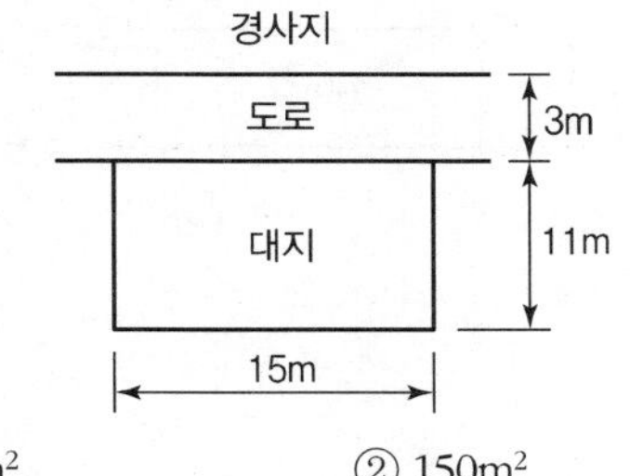

① $135m^2$ ② $150m^2$
③ $157.5m^2$ ④ $165m^2$

해설

통과도로는 4m 이상이어야 하므로 1m 후퇴하게 된다.
그러므로 대지면적 = 10m×15m = $150m^2$

126 다음 중 건축면적에 산입하지 않는 대상기준으로 틀린 것은? 기 20④

① 지하주차장의 경사로
② 지표면으로부터 1.8m 이하에 있는 부분
③ 건축물 지상층에 일반인이 통행할 수 있도록 설치한 보행통로
④ 건축물 지상층에 차량이 통행할 수 있도록 설치한 차량통로

정답 122 ② 123 ① 124 ④ 125 ② 126 ②

해설

건축면적에 산입하지 아니하는 경우
지표면으로부터 1m 이하에 있는 부분(창고 중 물품을 입출고하기 위하여 차량을 접안시키는 부분의 경우에는 지표면으로부터 1.5m 이하에 있는 부분)

127 그림과 같은 일반 건축물의 건축면적은?(단, 평면도 건물 치수는 두께 300mm인 외벽의 중심치수이고, 지붕선 치수는 지붕외곽선 치수임) 기 19④

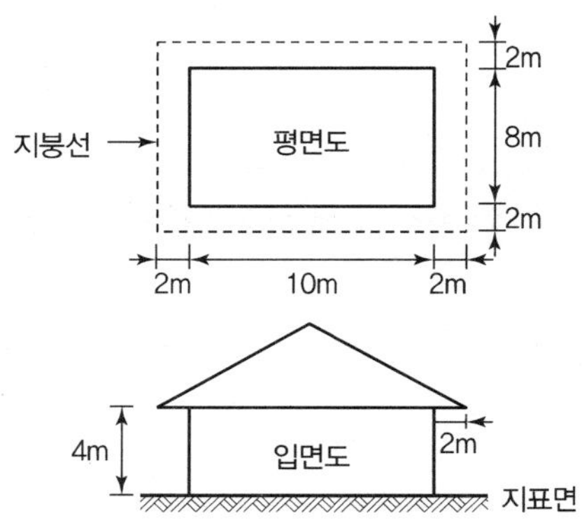

① $80m^2$ ② $100m^2$
③ $120m^2$ ④ $168m^2$

해설

건축면적
처마, 차양, 부연, 그 밖에 이와 비슷한 것으로서 그 외벽의 중심선으로부터 수평거리 1m 이상 돌출된 부분의 경우 그 돌출된 끝부분으로부터 1m의 수평거리를 후퇴한 선으로 둘러싸인 부분의 수평투영면적
그러므로 $12m \times 10m = 120m^2$

128 태양열을 주된 에너지원으로 이용하는 주택의 건축면적 산정 기준이 되는 것은?

기 20①②통합, 20③, 18②③, 14④, 산 18①

① 건축물 외벽의 중심선
② 건축물 외벽의 외측 외곽선
③ 건축물 외벽 중 내측 내력벽의 중심선
④ 건축물 외벽 중 외측 비내력벽의 중심선

해설

태양열을 주된 에너지원으로 이용하는 주택의 건축면적 산정의 기준 : 건축물 외벽 중 내측 내력벽의 중심선

129 다음은 바닥면적의 산정과 관련된 기준 내용이다. ( ) 안에 알맞은 것은? 기 15①

> 벽 · 기둥의 구획이 없는 건축물은 그 지붕 끝부분으로부터 수평거리 ( )를 후퇴한 선으로 둘러싸인 수평투영면적으로 한다.

① 0.5m ② 1m
③ 1.5m ④ 2m

해설

벽 · 기둥의 구획이 없는 건축물의 바닥면적 : 벽 · 기둥의 구획이 없는 건축물에 있어서는 그 지붕 끝부분으로부터 수평거리 1m를 후퇴한 선으로 둘러싸인 수평투영면적으로 한다.

130 바닥면적 산정기준에 관한 내용으로 틀린 것은? 산 20①②통합

① 층고가 2.0m인 다락은 바닥면적에 산입하지 아니한다.
② 승강기탑, 계단탑은 바닥면적에 산입하지 아니한다.
③ 공동주택으로서 지상층에 설치한 기계실의 면적은 바닥면적에 산입하지 아니한다.
④ 벽 · 기둥의 구획이 없는 건축물은 그 지붕 끝부분으로부터 수평거리 1m를 후퇴한 선으로 둘러싸인 수평투영면적으로 한다.

해설

- 승강기탑, 계단탑, 장식탑, 다락[1.5m(경사진 형태의 지붕인 경우에는 1.8m) 이하인 것], 건축물의 외부 또는 내부에 설치하는 굴뚝, 더스트슈트, 설비덕트, 그 밖에 이와 비슷한 것과 옥상 · 옥외 또는 지하에 설치하는 물탱크, 기름탱크, 냉각탑, 정화조, 도시가스 정압기, 그 밖에 이와 비슷한 것을 설치하기 위한 구조물과 건축물 간에 화

정답 127 ③ 128 ③ 129 ② 130 ①

물의 이동에 이용되는 컨베이어벨트만을 설치하기 위한 구조물은 바닥면적에 산입하지 아니함

바닥면적 산정기준

- 벽 · 기둥의 구획이 없는 건축물은 그 지붕 끝부분으로부터 수평거리 1m를 후퇴한 선으로 둘러싸인 수평투영면적
- 주택의 발코니 등 건축물의 노대나 그 밖에 이와 비슷한 것의 바닥은 난간 등의 설치 여부에 관계없이 노대 등의 면적에서 노대 등이 접한 가장 긴 외벽에 접한 길이에 1.5m를 곱한 값을 뺀 면적을 바닥면적에 산입
- 필로티나 그 밖에 이와 비슷한 구조의 부분은 그 부분이 공중의 통행이나 차량의 통행 또는 주차에 전용되는 경우와 공동주택의 경우에는 바닥면적에 산입하지 아니함
- 승강기탑, 계단탑, 장식탑, 다락[1.5m(경사진 형태의 지붕인 경우에는 1.8m) 이하인 것], 건축물의 외부 또는 내부에 설치하는 굴뚝, 더스트슈트, 설비덕트, 그 밖에 이와 비슷한 것과 옥상 · 옥외 또는 지하에 설치하는 물탱크, 기름탱크, 냉각탑, 정화조, 도시가스 정압기, 그 밖에 이와 비슷한 것을 설치하기 위한 구조물과 건축물 간에 화물의 이동에 이용되는 컨베이어벨트만을 설치하기 위한 구조물은 바닥면적에 산입하지 아니함
- 공동주택으로서 지상층에 설치한 기계실, 전기실, 어린이놀이터, 조경시설 및 생활폐기물 보관함의 면적은 바닥면적에 산입하지 아니함

131 건축물의 필로티 부분을 건축법령상의 바닥면적에 산입하는 경우에 속하는 것은? 기 17①

① 공중의 통행에 전용되는 경우
② 차량의 주차에 전용되는 경우
③ 업무시설의 휴식공간으로 전용되는 경우
④ 공동주택의 놀이공간으로 전용되는 경우

해설

필로티 등의 바닥면적

필로티, 그 밖에 이와 유사한 구조(벽면적의 1/2 이상이 해당 층의 바닥면에서 위층 바닥 아래면까지 공간으로 된 것)의 부분은 해당 부분이 다음과 같은 용도에 전용되는 경우에는 이를 바닥면적에 산입하지 않는다.
㉠ 공중의 통행에 전용되는 경우
㉡ 차량의 통행 · 주차에 전용되는 경우
㉢ 공동주택의 경우

132 건축물의 면적 산정방법의 기본 원칙으로 옳지 않은 것은? 기 20①②통합, 18②, 산 19③

① 대지면적은 대지의 수평투영면적으로 한다.
② 연면적은 하나의 건축물 각 층의 거실면적의 합계로 한다.
③ 건축면적은 건축물의 외벽(외벽이 없는 경우에는 외곽 부분의 기둥)의 중심선으로 둘러싸인 부분의 수평투영면적으로 한다.
④ 바닥면적은 건축물의 각 층 또는 그 일부로서 벽, 기둥, 그 밖에 이와 비슷한 구획의 중심선으로 둘러싸인 부분의 수평투영면적으로 한다.

해설

연면적은 하나의 건축물 각 층의 바닥면적 합계로 한다.

133 건축법령상 대지면적에 대한 건축면적의 비율로 정의되는 것은? 산 18②

① 용적률 ② 건폐율
③ 수용률 ④ 대지율

해설

- 건폐율 : 대지면적에 대한 건축면적의 비율
- 용적률 : 대지면적에 대한 연면적의 비율

134 건폐율에 관한 설명으로 가장 알맞은 것은? 산 14①

① 대지면적에 대한 연면적의 비율
② 대지면적에 대한 바닥면적의 비율
③ 대지면적에 대한 건축면적의 비율
④ 대지면적에 대한 공지면적의 비율

해설

건폐율 : 대지면적에 대한 건축면적의 비율

정답 131 ③ 132 ② 133 ② 134 ③

135 다음 용도지역 안에서의 건폐율 기준이 틀린 것은? 산 20③

① 준주거지역 : 60% 이하
② 중심상업지역 : 90% 이하
③ 제3종 일반주거지역 : 50% 이하
④ 제1종 전용주거지역 : 50% 이하

해설

준주거지역 : 70% 이하

136 국토의 계획 및 이용에 관한 법률에 따른 용도지역의 건폐율 기준으로 옳지 않은 것은? 산 19①

① 주거지역 : 70% 이하
② 상업지역 : 80% 이하
③ 공업지역 : 70% 이하
④ 녹지지역 : 20% 이하

해설

건폐율의 최대한도
- 70% 이하 : 주거지역, 공업지역
- 90% 이하 : 상업지역
- 20% 이하 : 녹지지역

137 용도지역의 건폐율 기준으로 옳지 않은 것은? 기 19②

① 주거지역 : 70% 이하
② 상업지역 : 90% 이하
③ 공업지역 : 70% 이하
④ 녹지지역 : 30% 이하

해설

건폐율의 최대한도
- 70% 이하 : 주거지역, 공업지역
- 90% 이하 : 상업지역
- 20% 이하 : 녹지지역

138 건축법령상 용적률의 정의로 가장 알맞은 것은? 산 17①

① 대지면적에 대한 연면적의 비율
② 연면적에 대한 건축면적의 비율
③ 대지면적에 대한 건축면적의 비율
④ 연면적에 대한 지상층 바닥면적의 비율

해설

용적률 : 대지면적에 대한 연면적의 비율

139 용적률 산정에 사용되는 연면적에 포함되는 것은? 기 14②

① 지하층의 면적
② 층고가 2.1m인 다락의 면적
③ 준초고층건축물에 설치하는 피난안전구역의 면적
④ 건축물의 경사지붕 아래에 설치하는 대피공간의 면적

해설

용적률 산정 시 연면적 예외 기준
- 지하층의 면적
- 지상층의 주차장으로 사용되는 면적
- 초고층건축물과 준초고층건축물에 설치하는 피난안전구역의 면적
- 건축물의 경사지붕 아래에 설치하는 대피공간의 면적

140 국토의 계획 및 이용에 관한 법률에 따른 용도지역에서의 용적률 최대 한도 기준이 옳지 않은 것은?(단, 도시지역의 경우) 기 18③

① 주거지역 : 500% 이하
② 녹지지역 : 100% 이하
③ 공업지역 : 400% 이하
④ 상업지역 : 1,000% 이하

해설

용적률 최대한도 기준
- 주거지역 : 500% 이하
- 상업지역 : 1,500% 이하
- 공업지역 : 400% 이하
- 녹지지역 : 100% 이하

정답 135 ① 136 ② 137 ④ 138 ① 139 ② 140 ④

141 다음은 대지 안의 공지에 관한 기준 내용이다. ( ) 안에 알맞은 것은? 산 17③

> 건축물을 건축하는 경우에는 「국토의 계획 및 이용에 관한 법률」에 따른 용도지역 · 용도지구, 건축물의 용도 및 규모 등에 따라 건축선 및 인접 대지경계선으로부터 ( ) 이내의 범위에서 대통령령으로 정하는 바에 따라 해당 지방자치단체의 조례로 정하는 거리 이상을 띄어야 한다.

① 2m ② 3m
③ 5m ④ 6m

해설

건축물을 건축하거나 용도변경하는 경우에는 용도지역 · 지구, 건축물의 용도 및 규모에 따라 건축선 및 인접대지경계선으로부터 6m 이내의 범위에서 해당 지방자치단체의 조례로 정하는 거리 이상을 띄어야 한다.

142 다음은 건축물의 높이 산정방법에 관한 기준 내용이다. ( ) 안에 알맞은 것은?(단, 공동주택이 아닌 경우) 기 15①

> 건축물의 옥상에 설치되는 승강기탑 · 계단탑 · 망루 · 장식탑 · 옥탑 등으로서 그 수평투영면적의 합계가 해당 건축물 건축면적의 8분의 1 이하인 경우로서 그 부분의 높이가 ( )를 넘는 경우에는 그 넘는 부분만 해당 건축물의 높이에 산입한다.

① 4m ② 6m
③ 10m ④ 12m

해설

건축물의 옥상에 설치되는 승강기탑 · 계단탑 · 망루 · 장식탑 · 옥탑 등으로서 그 수평투영면적의 합계가 해당 건축물 건축면적의 1/8 이하인 경우로서 그 부분의 높이가 12m를 넘는 경우에는 그 넘는 부분만 해당 건축물의 높이에 산입한다.

143 지표면으로부터 건축물의 지붕틀 또는 이와 비슷한 수평재를 지지하는 벽 · 깔도리 또는 기둥의 상단까지 높이로 산정하는 것은? 산 18③

① 층고 ② 처마높이
③ 반자높이 ④ 바닥높이

해설

처마높이

지표면으로부터 건축물의 지붕틀 또는 이와 유사한 수평재를 지지하는 벽, 깔도리 또는 기둥의 상단까지 높이

144 다음 그림과 같은 단면을 갖는 실의 반자높이는?(단, 실의 형태는 직사각형임) 산 14③

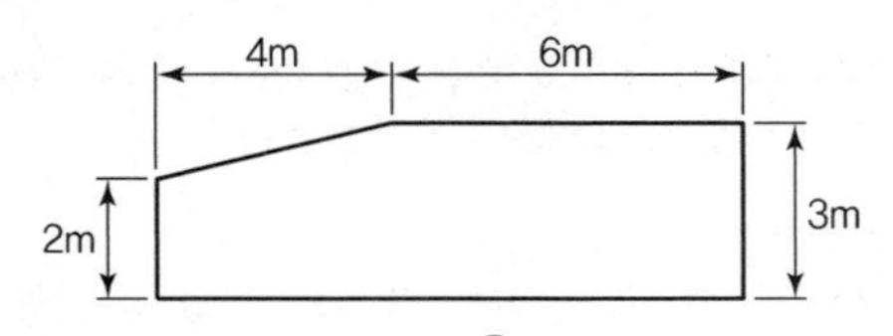

① 2.0m ② 2.5m
③ 2.8m ④ 3.0m

해설

반자높이

$$\frac{(10\times3)-\left(4\times1\times\frac{1}{2}\right)}{10}=2.8\text{m}$$

145 한 방에서 층의 높이가 다른 부분이 있는 경우 층고 산정방법으로 옳은 것은? 기 19①

① 가장 낮은 높이로 한다.
② 가장 높은 높이로 한다.
③ 각 부분 높이에 따른 면적에 따라 가중평균한 높이로 한다.
④ 가장 낮은 높이와 가장 높은 높이의 산술평균한 높이로 한다.

해설

각 부분 높이에 따른 면적에 따라 가중평균한 높이로 한다.

정답 141 ④ 142 ④ 143 ② 144 ③ 145 ③

146 건축물의 층수 산정에 관한 기준 내용으로 옳지 않은 것은? 기 18①

① 지하층은 건축물의 층수에 산입하지 아니한다.
② 층의 구분이 명확하지 아니한 건축물은 그 건축물의 높이 4m마다 하나의 층으로 보고 그 층수를 산정한다.
③ 건축물이 부분에 따라 그 층수가 다른 경우에는 바닥면적에 따라 가중평균한 층수를 그 건축물의 층수로 본다.
④ 계단탑으로서 그 수평투영면적의 합계가 해당 건축물 건축면적의 8분의 1 이하인 것은 건축물의 층수에 산입하지 아니한다.

해설

건축물의 부분에 따라 그 층수를 달리한 경우에는 그중 가장 높은 층수를 그 건축물의 층수로 본다.

층수 산정방법

① 승강기탑 · 계단탑 · 망루 · 장식탑 · 옥탑 등 건축물의 옥상부분으로서 그 수평투영면적의 합계가 해당 건축물의 건축면적의 1/8 이하(「주택법」에 따른 사업계획승인대상 공동주택 중 세대별 전용면적이 85m^2 이하인 경우는 1/6)인 것은 층수에 산입하지 않는다.
② 지하층은 건축물의 층수에 산입하지 않는다.
③ 층의 구분이 명확하지 않은 건축물에 있어서는 해당 건축물의 높이 4m마다 하나의 층으로 산정한다.
④ 건축물의 부분에 따라 그 층수를 달리한 경우에는 그 중 가장 높은 층수를 그 건축물의 층수로 본다.

147 다음은 건축물의 층수 산정방법에 관한 기준 내용이다. ( ) 안에 알맞은 것은? 기 19③ 산 19①②

> 층의 구분이 명확하지 아니한 건축물은 그 건축물의 높이 (　　)마다 하나의 층으로 보고 그 층수로 산정

① 2m　② 3m
③ 4m　④ 5m

해설

층의 구분이 명확하지 아니한 건축물은 그 건축물의 높이 4m마다 하나의 층으로 보고 그 층수로 산정

148 층의 구분이 명확하지 않은 건축물의 층수 산정방법으로 옳은 것은? 산 14①

① 건축물의 높이 3m마다 하나의 층으로 보고 층수를 산정한다.
② 건축물의 높이 4m마다 하나의 층으로 보고 층수를 산정한다.
③ 건축물의 높이 4.5m마다 하나의 층으로 보고 층수를 산정한다.
④ 건축물의 높이 5.5m마다 하나의 층으로 보고 층수를 산정한다.

해설

층의 구분이 명확하지 아니한 건축물은 그 건축물의 높이 4m마다 하나의 층으로 보고 그 층수로 산정

149 건축물의 면적, 높이 및 층수 등의 산정방법에 관한 설명으로 옳은 것은? 기 20③

① 건축물의 높이 산정 시 건축물의 대지에 접하는 전면도로의 노면에 고저차가 있는 경우에는 그 건축물이 접하는 범위의 전면도로 부분의 수평거리에 따라 가중평균한 높이의 수평면을 전면도로면으로 본다.
② 용적률 산정 시 연면적에는 지하층의 면적과 지상층의 주차용으로 쓰는 면적을 포함시킨다.
③ 건축면적은 건축물의 내벽의 중심선으로 둘러싸인 부분의 수평투영면적으로 한다.
④ 건축물의 층수는 지하층을 포함하여 산정하는 것이 원칙이다.

해설

건축물의 면적, 높이 및 층수 등의 산정방법

- 용적률 산정 시 연면적에는 지하층 면적과 지상층의 주차용으로 쓰는 면적을 포함시키지 않는다.
- 건축면적은 건축물 외벽의 중심선으로 둘러싸인 부분의 수평투영면적으로 한다.
- 건축물의 층수산정에서 지하층은 포함하지 않는다.

정답　146 ③　147 ③　148 ②　149 ①

150 다음은 일조 등의 확보를 위한 건축물의 높이 제한에 관한 기준 내용이다. ( ) 안에 알맞은 것은?

기 14②

> 전용주거지역과 일반주거지역 안에서 건축하는 건축물의 높이는 일조 등의 확보를 위하여 ( )의 인접 대지경계선으로부터 거리에 따라 대통령령으로 정하는 높이 이하로 하여야 한다.

① 정동방향 ② 정서방향
③ 정남방향 ④ 정북방향

해설

전용주거지역과 일반주거지역 안에서 건축하는 건축물의 높이는 일조 등의 확보를 위하여 정북방향의 인접 대지경계선으로부터 거리에 따라 대통령령으로 정하는 높이 이하로 하여야 한다.

151 일조 등의 확보를 위한 건축물의 높이제한과 관련하여 일반주거지역에서 건축물을 건축하는 경우, 건축물의 높이 9m 이하인 부분은 정북방향으로 인접 대지경계선으로부터 최소 얼마 이상의 거리를 띄어야 하는가?(단, 건축물의 미관 향상을 위한 경우는 제외)

산 14②

① 1m ② 1.5m
③ 2m ④ 2.5m

해설

정북방향의 인접 대지경계선으로부터 띄우는 거리
- 높이 9m 이하인 경우에는 1.5m 이상
- 높이 9m를 초과하는 경우에는 해당 건축물 각 부분 높이의 1/2 이상

152 전용주거지역 또는 일반주거지역 안에서 높이 8m의 2층 건축물을 건축하는 경우, 건축물의 각 부분은 일조 등의 확보를 위하여 정북방향으로의 인접 대지경계선으로부터 최소 얼마 이상 띄어 건축하여야 하는가?

기 19①

① 1m ② 1.5m
③ 2m ④ 3m

해설

정북방향의 인접 대지경계선으로부터 띄우는 거리
- 높이 9m 이하인 경우에는 1.5m 이상
- 높이 9m를 초과하는 경우에는 해당 건축물 각 부분 높이의 1/2 이상

153 일반주거지역에서 건축물을 건축하는 경우 건축물의 높이 5m인 부분은 정북방향의 인접 대지경계선으로부터 원칙적으로 최소 얼마 이상을 띄어 건축하여야 하는가?

기 18③

① 1.0m ② 1.5m
③ 2.0m ④ 3.0m

해설

정북방향의 인접 대지경계선으로부터 띄우는 거리
- 높이 9m 이하인 경우 : 1.5m 이상
- 높이 9m를 초과하는 경우 : 해당 건축물 각 부분 높이의 1/2 이상

154 다음은 건축물이 있는 대지의 분할제한에 관한 기준 내용이다. 밑줄 친 "대통령령으로 정하는 범위" 기준으로 옳지 않은 것은?

산 20③ 18①

> 건축물이 있는 대지는 <u>대통령령으로 정하는 범위</u>에서 해당 지방자치단체의 조례로 정하는 면적에 못 미치게 분할할 수 없다.

① 주거지역 : $100m^2$ 이상
② 상업지역 : $150m^2$ 이상
③ 공업지역 : $150m^2$ 이상
④ 녹지지역 : $200m^2$ 이상

해설

주거지역 : $60m^2$ 이상

정답 150 ④ 151 ② 152 ② 153 ② 154 ①

Section

07 건축설비

155 방송 공동수신설비를 설치하여야 하는 대상 건축물에 속하지 않는 것은? 기 17③

① 다가구주택
② 다세대주택
③ 바닥면적의 합계가 5,000m²로서 업무시설의 용도로 쓰는 건축물
④ 바닥면적의 합계가 5,000m²로서 숙박시설의 용도로 쓰는 건축물

해설

방송 공동수신설비를 설치하여야 하는 대상
- 공동주택(아파트, 연립주택, 다세대주택, 기숙사)
- 바닥면적 합계가 5,000m² 이상으로 업무시설, 숙박시설의 용도

156 방송 공동수신설비를 설치하여야 하는 대상 건축물에 속하지 않은 것은? 산 20③ 18①

① 공동주택
② 바닥면적의 합계가 5,000m² 이상으로서 업무시설의 용도로 쓰는 건축물
③ 바닥면적의 합계가 5,000m² 이상으로서 판매시설의 용도로 쓰는 건축물
④ 바닥면적의 합계가 5,000m² 이상으로서 숙박시설의 용도로 쓰는 건축물

해설

바닥면적의 합계가 5,000m² 이상으로서 판매시설의 용도로 쓰는 건축물은 해당되지 않는다.

방송 공동수신설비를 설치하여야 하는 대상
- 공동주택(아파트, 연립주택, 다세대주택, 기숙사)
- 바닥면적 합계가 5,000m² 이상으로 업무시설, 숙박시설의 용도

157 다음은 공동주택에 설치하는 환기설비에 관한 기준 내용이다. ( ) 안에 알맞은 것은?(단, 30세대 이상의 공동주택인 경우) 산 17②

> 신축 또는 리모델링하는 공동주택은 시간당 ( )회 이상의 환기가 이루어질 수 있도록 자연환기설비 또는 기계환기설비를 설치해야 한다.

① 0.5 ② 0.7
③ 1.0 ④ 1.2

해설

신축 또는 리모델링하는 공동주택은 시간당 0.5회 이상의 환기가 이루어질 수 있도록 자연환기설비 또는 기계환기설비를 설치하여야 한다.

158 오피스텔의 난방설비를 개별 난방방식으로 하는 경우에 관한 기준 내용으로 틀린 것은? 기 20③

① 보일러의 연도는 내화구조로서 공동연도로 설치할 것
② 보일러는 거실 외의 곳에 설치할 것
③ 보일러실의 윗부분에는 그 면적이 0.5m² 이상인 환기창을 설치할 것
④ 기름보일러를 설치하는 경우에는 기름저장소를 보일러실에 설치할 것

해설

기름보일러를 설치하는 경우 기름저장소를 보일러실 외의 다른 곳에 설치할 것

159 공동주택의 난방설비를 개별 난방방식으로 하는 경우에 관한 기준 내용으로 옳지 않은 것은? 기 20④ 17①

① 보일러의 연도는 내화구조로서 공동연도로 설치할 것
② 보일러실 윗부분에는 그 면적이 최소 1.0m² 이상인 환기창을 설치할 것
③ 기름보일러를 설치하는 경우에는 기름저장소를 보일러실 외의 다른 곳에 설치할 것
④ 보일러를 설치하는 곳과 거실 사이의 경계벽은 출입구를 제외하고는 내화구조의 벽으로 구획할 것

정답 155 ① 156 ③ 157 ① 158 ④ 159 ②

해설

보일러실의 윗부분에는 면적이 $0.5m^2$ 이상인 환기창을 설치하고, 보일러실의 윗부분과 아랫부분에는 각각 지름 10cm 이상의 공기흡입구 및 배기구를 항상 열려 있는 상태로 바깥공기에 접하도록 설치할 것

160 공동주택과 오피스텔의 난방설비를 개별 난방방식으로 하는 경우에 관한 기준 내용으로 옳은 것은? 산 20③

① 보일러의 연도는 내화구조로서 공동연도로 설치할 것
② 공동주택의 경우에는 난방구획을 방화구획으로 구획할 것
③ 보일러실의 윗부분에는 그 면적이 $1m^2$ 이상인 환기창을 설치할 것
④ 기름보일러를 설치하는 경우에는 기름저장소를 보일러실에 설치할 것

해설

- 오피스텔의 경우에는 난방구획을 방화구획으로 구획할 것
- 보일러실의 윗부분에는 면적이 $0.5m^2$ 이상인 환기창을 설치하고, 보일러실의 윗부분과 아랫부분에는 각각 지름 10cm 이상의 공기흡입구 및 배기구를 항상 열려 있는 상태로 바깥공기에 접하도록 설치할 것
- 기름보일러를 설치하는 경우에는 기름저장소를 보일러실 외의 다른 곳에 설치할 것

161 건축물의 거실(피난층의 거실 제외)에 국토교통부령으로 정하는 기준에 따라 배연설비를 설치하여야 하는 대상 건축물에 속하지 않는 것은? 기 18②

① 6층 이상인 건축물로서 종교시설의 용도로 쓰는 건축물
② 6층 이상인 건축물로서 판매시설의 용도로 쓰는 건축물
③ 6층 이상인 건축물로서 방송통신시설 중 방송국의 용도로 쓰는 건축물
④ 6층 이상인 건축물로서 교육연구시설 중 연구소의 용도로 쓰는 건축물

해설

6층 이상인 건축물로서 배연설비를 설치하여야 하는 대상

- 제2종 근린생활시설 중 공연장, 종교집회장, 인터넷컴퓨터게임시설제공업소 및 다중생활시설(공연장, 종교집회장 및 인터넷컴퓨터게임시설 제공업소는 바닥면적의 합계가 각각 $300m^2$ 이상인 경우만 해당)
- 문화 및 집회시설, 종교시설, 판매시설, 운수시설, 의료시설(요양병원 및 정신병원 제외)
- 교육연구시설 중 연구소
- 노유자시설 중 아동관련시설, 노인복지시설(노인요양시설 제외)
- 수련시설 중 유스호스텔
- 운동시설, 업무시설, 숙박시설, 위락시설, 관광휴게시설, 장례시설

162 건축물의 거실에 국토교통부령으로 정하는 기준에 따라 배연설비를 하여야 하는 대상건축물에 속하지 않는 것은?(단, 피난층의 거실은 제외하며, 6층 이상인 건축물의 경우) 기 18③

① 종교시설 ② 판매시설
③ 위락시설 ④ 방송통신시설

해설

방송통신시설은 해당되지 않는다.

163 배연설비의 설치에 관한 기준 내용으로 옳지 않은 것은? 산 17①

① 배연창의 유효면적은 최소 $2m^2$ 이상으로 할 것
② 배연구는 예비전원에 의하여 열 수 있도록 할 것
③ 관련 규정에 의하여 건축물에 방화구획이 설치된 경우에는 그 구획마다 1개소 이상의 배연창을 설치할 것
④ 배연구는 연기감지기 또는 열감지기에 의하여 자동으로 열 수 있는 구조로 하되, 손으로도 열고 닫을 수 있도록 할 것

해설

배연창의 유효면적은 최소 $1m^2$ 이상으로 할 것

정답 160 ① 161 ③ 162 ④ 163 ①

164 특별피난계단에 설치하는 배연설비의 구조에 관한 기준 내용으로 옳지 않은 것은? 산 18①

① 배연구는 평상시에는 닫힌 상태를 유지할 것
② 배연구 및 배연풍도는 평상시에 사용하는 굴뚝에 연결할 것
③ 배연구에 설치하는 수동개방장치 또는 자동개방장치는 손으로도 열고 닫을 수 있도록 할 것
④ 배연기는 배연구의 열림에 따라 자동적으로 작동하고, 충분한 공기배출 또는 가압능력이 있을 것

해설

배연구 및 배연풍도는 불연재료로 하고, 화재가 발생할 경우 원활하게 배연할 수 있는 규모로서 외기 또는 평상시에 사용하지 아니하는 굴뚝에 연결할 것

165 세대수가 20세대인 주거용 건축물에 설치하는 음용수용 급수관의 최소 지름은? 산 19②

① 25mm ② 32mm
③ 40mm ④ 50mm

해설

주거용 건축물 급수관의 지름

가구 또는 세대수	급수관 지름의 최소 기준(mm)
1	15
2~3	20
4~5	25
6~8	32
9~16	40
17 이상	50

166 주거용 건축물 급수관의 지름 산정에 관한 기준 내용으로 틀린 것은? 기 20①②통합

① 가구 또는 세대수가 1일 때 급수관 지름의 최소 기준은 15mm이다.
② 가구 또는 세대수가 7일 때 급수관 지름의 최소 기준은 25mm이다.
③ 가구 또는 세대수가 18일 때 급수관 지름의 최소 기준은 50mm이다.
④ 가구 또는 세대의 구분이 불분명한 건축물에 있어서는 주거에 쓰이는 바닥면적의 합계가 85m² 초과 150m² 이하인 경우는 3가구로 산정한다.

해설

가구 또는 세대수가 7일 때 급수관 지름의 최소 기준은 32mm이다.

167 주거에 쓰이는 바닥면적의 합계가 550m²인 주거용 건축물의 음용수용 급수관 지름은 최소 얼마 이상이어야 하는가? 산 20①②통합

① 20mm ② 30mm
③ 40mm ④ 50mm

해설

주거용 건축물 급수관의 지름

가구 또는 세대수	주거용 건축물 바닥면적(m²)	급수관 지름의 최소 기준(mm)
1	85 이하	15
2~3	85~150	20
4~5	150~300	25
6~8	300~500	32
9~16		40
17 이상	500 초과	50

168 다음은 차수설비의 설치에 관한 기준 내용이다. ( ) 안에 알맞은 것은? 기 19④

> 「국토의 계획 및 이용에 관한 법률」에 따른 방재지구에서 연면적 ( ) 이상의 건축물을 건축하려는 자는 빗물 등의 유입으로 건축물이 침수되지 아니하도록 해당 건축물의 지하층 및 1층의 출입구(주차장의 출입구를 포함한다.)에 차수설비를 설치하여야 한다. 다만, 법 제5조 제1항에 따른 허가권자가 침수의 우려가 없다고 인정하는 경우에는 그러하지 아니하다.

① 3,000m² ② 5,000m²
③ 10,000m² ④ 20,000m²

정답 164 ② 165 ④ 166 ② 167 ④ 168 ③

해설

차수설비 설치대상

연면적 10,000m^2 이상의 건축물을 건축하려는 자는 빗물 등의 유입으로 건축물이 침수되지 아니하도록 해당 건축물의 지하층 및 1층의 출입구에 차수판 등 해당 건축물의 침수를 방지할 수 있는 설비를 설치하여야 한다.

169 피뢰설비를 설치하여야 하는 대상 건축물의 높이 기준은? 산 20①②통합 19③ 18③ 17③

① 10m 이상 ② 15m 이상
③ 20m 이상 ④ 30m 이상

해설

피뢰설비를 설치하여야 하는 대상 건축물의 높이 : 20m 이상

170 다음과 같은 경우 연면적 1,000m^2인 건축물의 대지에 확보하여야 하는 전기설비 설치공간의 면적 기준은? 기 19①

㉠ 수전전압 : 저압
㉡ 전력수전 용량 : 200kW

① 가로 2.5m, 세로 2.8m ② 가로 2.5m, 세로 4.6m
③ 가로 2.8m, 세로 2.8m ④ 가로 2.8m, 세로 4.6m

해설

전기설비 설치공간 확보 기준

수전전압	전력수전 용량	확보면적(가로×세로)
특고압 또는 고압	100kW	2.8m×2.8m
저압	75kW 이상~150kW 미만	2.5m×2.8m
	150kW 이상~200kW 미만	2.8m×2.8m
	200kW 이상~300kW 미만	2.8m×4.6m
	300kW 이상	2.8m 이상×4.6m 이상

171 주거지역에서 건축물에 설치하는 냉방시설의 배기구는 도로면으로부터 최소 얼마 이상의 높이에 설치하여야 하는가? 기 15①

① 1m ② 1.8m
③ 2m ④ 2.4m

해설

주거지역에서 건축물에 설치하는 냉방시설의 배기구는 도로면으로부터 최소 2m 이상의 높이에 설치하여야 한다.

172 층수가 12층이고 6층 이상의 거실면적 합계가 12,000m^2인 교육연구시설에 설치하여야 하는 8인승 승용승강기의 최소 대수는? 기 18②

① 2대 ② 3대
③ 4대 ④ 5대

해설

교육연구시설 : $1+(12,000m^2-3,000m^2)/3,000m^2=4$대

173 각 층의 바닥면적이 5,000m^2이고 각 층의 거실 면적이 3,000m^2인 14층 숙박시설에 설치하여야 하는 승용승강기의 최소 대수는?(단, 24인승 승용승강기를 설치하는 경우) 기 17②

① 6대 ② 7대
③ 12대 ④ 13대

해설

- 6층 이상 거실 바닥면적
  (14층−5층)×3,000m^2=27,000m^2
- 숙박시설
  $1+(27,000m^2-3,000m^2)/2,000m^2=13$대

그러므로 24인승 승용승강기(16인승 이상 승용승강기 설치 시 2대로 산정)=13대/2대=6.5대(7대)

174 각 층의 거실면적이 1,300m^2이고, 층수가 15층인 숙박시설에 설치하여야 하는 승용승강기의 최소 대수는?(단, 24인승 승용승강기의 경우) 산 17②

① 2대 ② 3대
③ 4대 ④ 6대

정답 169 ③ 170 ④ 171 ③ 172 ③ 173 ② 174 ②

해설

숙박시설 : $1+\{(15-5)\times1{,}300m^2\}-3{,}000m^2)/2{,}000m^2$
$=6$대/2(16인승 이상)$=3$대

175 각 층의 거실면적이 $1{,}000m^2$이며, 층수가 15층인 다음 건축물 중 설치하여야 하는 승용승강기의 최소 대수가 가장 많은 것은?(단, 8인승 승용승강기인 경우) 기 17① 산 18②

① 위락시설
② 업무시설
③ 교육연구시설
④ 문화 및 집회시설 중 집회장

해설

승용승강기 설치기준

건축물의 용도 \ 6층 이상의 거실면적 합계 (Am^2)	$3{,}000m^2$ 이하	$3{,}000m^2$ 초과
• 문화 및 집회시설(공연장 · 집회장 · 관람장) • 판매시설 • 의료시설(병원 · 격리병원)	2대	2대에 $3{,}000m^2$를 초과하는 $2{,}000m^2$ 이내마다 1대의 비율로 가산한 대수 이상 $\left(2\text{대}+\dfrac{A-3{,}000m^2}{2{,}000m^2}\text{대}\right)$
• 문화 및 집회시설(전시장 및 동 · 식물원) • 업무시설 • 숙박시설 • 위락시설	1대	1대에 $3{,}000m^2$를 초과하는 $2{,}000m^2$ 이내마다 1대의 비율로 가산한 대수 이상 $\left(1\text{대}+\dfrac{A-3{,}000m^2}{2{,}000m^2}\text{대}\right)$
• 공동주택 • 교육연구시설 • 노유자시설 • 기타 시설	1대	1대에 $3{,}000m^2$를 초과하는 $3{,}000m^2$ 이내마다 1대의 비율로 가산한 대수 이상 $\left(1\text{대}+\dfrac{A-3{,}000m^2}{3{,}000m^2}\text{대}\right)$

[예외] 승용승강기가 설치되어 있는 건축물에 1개 층을 증축하는 경우에는 승용승강기의 승강로를 연장하여 설치하지 아니할 수 있다.

• 6층 이상 거실 바닥면적
(15층$-$5층)$\times1{,}000m^2=10{,}000m^2$
• 위락시설
$1+(10{,}000m^2-3{,}000m^2)/2{,}000m^2=4.5$대(5대)
• 업무시설
$1+(10{,}000m^2-3{,}000m^2)/2{,}000m^2=4.5$대(5대)
• 교육연구시설
$1+(10{,}000m^2-3{,}000m^2)/3{,}000m^2=3.5$대(4대)
• 문화 및 집회시설 중 집회장
$2+(10{,}000m^2-3{,}000m^2)/2{,}000m^2=5.5$대(6대)

176 층수가 15층이고, 6층 이상의 거실면적의 합계가 $10{,}000m^2$인 업무시설에 설치하여야 하는 승용승강기의 최소 대수는?(단, 8인승 승강기의 경우) 기 15① 산 17③

① 4대 ② 5대
③ 6대 ④ 7대

해설

업무시설
$1+(10{,}000m^2-3{,}000m^2)/2{,}000m^2=4.5$대(5대)

177 층수가 15층이며, 6층 이상의 거실면적의 합계가 $15{,}000m^2$인 종합병원에 설치하여야 하는 승용승강기의 최소 대수는?(단, 8인승 승용승강기의 경우) 기 19④

① 6대 ② 7대
③ 8대 ④ 9대

해설

의료시설(종합병원)
$2+(15{,}000m^2-3{,}000m^2)/2{,}000m^2=8$대

178 다음 중 6층 이상 거실면적의 합계가 $10{,}000m^2$인 경우 설치하여야 하는 승용승강기의 최소 대수가 가장 많은 것은?(단, 15인승 승용승강기의 경우) 산 20①②통합 17①

① 의료시설 ② 숙박시설
③ 노유자시설 ④ 교육연구시설

정답 175 ④ 176 ② 177 ③ 178 ①

해설

승용승강기 설치대수 기준이 강화된 용도
- 문화 및 집회시설(공연장 · 집회장 · 관람장)
- 판매시설
- 의료시설(병원 · 격리병원)

179 6층 이상의 거실면적 합계가 3,000m²인 경우, 건축물의 용도별 설치하여야 하는 승용승강기의 최소 대수가 옳은 것은?(단, 15인승 승강기의 경우) 기 20④ 18①

① 업무시설 : 2대 ② 의료시설 : 2대
③ 숙박시설 : 2대 ④ 위락시설 : 2대

해설

6층 이상의 거실면적의 합계가 3,000m² 이하 승용승강기 설치대수 기준
다음 건축물에는 기본 2대를 설치한다.
- 문화 및 집회시설(공연장 · 집회장 · 관람장)
- 판매시설
- 의료시설(병원 · 격리병원)

180 6층 이상의 거실면적 합계가 4,000m²인 경우, 다음 중 설치하여야 하는 승용승강기의 최소 대수가 가장 많은 건축물의 용도는?(단, 8인승 승강기의 경우) 산 18③

① 업무시설
② 숙박시설
③ 문화 및 집회시설 중 전시장
④ 문화 및 집회시설 중 공연장

해설

문제 179번 해설 참조

181 업무시설로서 6층 이상의 거실면적 합계가 10,000m²인 경우, 설치하여야 하는 승용승강기의 최소 대수는?(단, 8인승 승용승강기를 사용하는 경우) 기 15①

① 3대 ② 4대
③ 5대 ④ 6대

해설

업무시설
1 + (10,000m² − 3,000m²/2,000m²) = 4.5대(5대)

182 다음은 승용 승강기의 설치에 관한 기준 내용이다. 밑줄 친 "대통령령으로 정하는 건축물"에 대한 기준 내용으로 옳은 것은? 기 17③

> 건축주는 6층 이상으로서 연면적이 2,000m² 이상인 건축물(대통령령으로 정하는 건축물은 제외한다)을 건축하려면 승강기를 설치하여야 한다.

① 층수가 6층인 건축물로서 각 층 거실의 바닥면적 300m² 이내마다 1개소 이상의 직통계단을 설치한 건축물
② 층수가 6층인 건축물로서 각 층 거실의 바닥면적 500m² 이내마다 1개소 이상의 직통계단을 설치한 건축물
③ 층수가 10층인 건축물로서 각 층 거실의 바닥면적 300m² 이내마다 1개소 이상의 직통계단을 설치한 건축물
④ 층수가 10층인 건축물로서 각 층 거실의 바닥면적 500m² 이내마다 1개소 이상의 직통계단을 설치한 건축물

해설

승용승강기 설치 제외 대상
- 층수가 6층인 건축물로서 각 층 거실의 바닥면적 300m² 이내마다 1개소 이상의 직통계단을 설치한 경우
- 승용승강기가 설치되어 있는 건축물에 1개 층을 증축하는 경우

정답 179 ② 180 ④ 181 ③ 182 ①

183 높이 31m를 넘는 각 층의 바닥면적 중 최대 바닥면적이 5,000m²인 업무시설에 원칙적으로 설치하여야 하는 비상용 승강기의 최소 대수는?

기 18③

① 1대　　② 2대
③ 3대　　④ 4대

해설

비상승용승강기 설치기준

높이 31m를 넘는 각 층의 바닥면적 중 최대 바닥면적(Am^2)	설치대수
1,500m² 이하	1대 이상
1,500m² 초과	1+(A−1,500m²/3,000m²)

따라서 1대+(5,000m²−1,500m²/3,000m²)=2.2대로, 3대 이상을 설치한다.

184 비상용 승강기의 승강장에 설치하는 배연설비의 구조에 관한 기준 내용으로 옳지 않은 것은?

산 18③

① 배연기에는 예비전원을 설치할 것
② 배연구가 외기에 접하지 아니하는 경우에는 배연기를 설치할 것
③ 배연구는 평상시에는 열린 상태를 유지하고, 배연에 의한 기류에 의해 닫히도록 할 것
④ 배연기는 배연구의 열림에 따라 자동적으로 작동하고, 충분한 공기배출 또는 가압능력이 있을 것

해설

배연구는 평상시에는 닫힌 상태를 유지하고, 연 경우에는 배연에 의한 기류로 인하여 닫히지 아니하도록 할 것

185 피난용 승강기의 승강장 및 승강로의 구조에 관한 기준 내용으로 옳지 않은 것은? 산 17①

① 승강장은 각 층의 내부와 연결되지 않도록 할 것
② 승강로는 해당 건축물의 다른 부분과 내화 구조로 구획할 것
③ 승강장의 바닥면적은 피난용 승강기 1대에 대하여 6m² 이상으로 할 것
④ 각 층으로부터 피난층까지 이르는 승강로를 단일 구조로 연결하여 설치할 것

해설

승강장은 각 층의 내부와 연결될 수 있도록 하되, 그 출입구에는 60⁺ 방화문을 설치할 것

186 다음은 비상용 승강기의 승강장 구조에 관한 기준내용이다. ( ) 안에 알맞은 것은? 산 17②

> 피난층이 있는 승강장의 출입구로부터 도로 또는 공지에 이르는 거리가 ( ) 이하일 것

① 10m　　② 20m
③ 30m　　④ 40m

해설

피난층이 있는 승강장의 출입구로부터 도로 또는 공지에 이르는 거리가 30m 이하일 것

187 비상용 승강기의 승강장 구조에 관한 기준 내용으로 옳지 않은 것은? 기 15①

① 승강장 각 층의 내부와 연결될 수 있도록 할 것
② 벽 및 반자가 실내에 접하는 부분의 마감재료는 불연재료로 할 것
③ 옥내 승강장의 바닥면적은 비상용 승강기 1대에 대하여 5m² 이상으로 할 것
④ 피난층이 있는 승강장의 출입구로부터 도로 또는 공지에 이르는 거리가 30m 이하일 것

해설

옥내 승강장의 바닥면적은 비상용 승강기 1대에 대하여 6m² 이상으로 할 것

정답　183 ③　184 ③　185 ①　186 ③　187 ③

188 비상용 승강기의 승강장 구조에 관한 기준 내용으로 옳지 않은 것은? 기 18③

① 승강장은 각 층의 내부와 연결될 수 있도록 할 것
② 벽 및 반자가 실내에 접하는 부분의 마감재료는 준불연재료로 할 것
③ 옥내에 설치하는 승강장의 바닥면적은 비상용 승강기 1대에 대하여 $6m^2$ 이상으로 할 것
④ 피난층이 있는 승강장의 출입구로부터 도로 또는 공지에 이르는 거리가 30m 이하일 것

해설

벽 및 반자가 실내에 접하는 부분의 마감재료는 불연재료로 할 것

189 비상용 승강기의 승강장 구조기준에 관한 내용으로 틀린 것은? 기 20①②통합

① 승강장은 각 층의 내부와 연결될 수 있도록 한다.
② 벽 및 반자가 실내에 접하는 부분의 마감재료는 불연재료로 하여야 한다.
③ 피난층에 있는 승강장의 경우 내부와 연결되는 출입구에는 60^+ 방화문을 반드시 설치하여야 한다.
④ 옥내에 설치하는 승강장의 바닥면적은 비상용 승강기 1대에 대하여 $6m^2$ 이상으로 하여야 한다.

해설

승강장은 각 층의 내부와 연결될 수 있도록 하되, 그 출입구(승강장 출입구 제외)에는 60^+ 방화문을 설치할 것. 다만, 피난층에는 60^+ 방화문을 설치하지 아니할 수 있다. 예외 규정이 있어 반드시 설치하는 곳은 아니다.

190 비상용 승강기의 승강장 및 승강로 구조에 관한 기준 내용으로 틀린 것은? 기 20③

① 옥내 승강장의 바닥면적은 비상용 승강기 1대에 대하여 $6m^2$ 이상으로 한다.
② 각 층으로부터 피난층까지 이르는 승강로를 단일구조로 연결하여 설치하여야 한다.
③ 피난층이 있는 승강장의 출입구로부터 도로 또는 공지에 이르는 거리는 30m 이하로 한다.
④ 승강장에는 배연설비를 설치하여야 하며, 외부를 향하여 열 수 있는 창문 등을 설치하여서는 안 된다.

해설

승강장에는 노대 또는 외부를 향하여 열 수 있는 창문이나 배연설비를 설치할 것

191 건축물의 건축 시 설계자가 건축물에 대한 구조의 안전을 확인하는 경우 건축구조기술사의 협력을 받아야 하는 대상 건축물에 속하지 않는 것은? 산 18①

① 특수구조 건축물
② 다중이용건축물
③ 준다중이용건축물
④ 층수가 5층인 건축물

해설

건축구조기술사의 협력대상

- 6층 이상인 건축물
- 특수구조 건축물
- 다중이용건축물
- 준다중이용건축물
- 3층 이상의 필로티 형식 건축물
- 국토교통부령으로 정하는 건축물

192 건축물을 건축하는 경우 해당 건축물의 설계자가 국토교통부령으로 정하는 구조기준 등에 따라 그 구조의 안전을 확인할 때, 건축구조기술사의 협력을 받아야 하는 대상 건축물기준으로 틀린 것은? 기 20③

① 다중이용건축물
② 6층 이상인 건축물
③ 3층 이상의 필로티 형식 건축물
④ 기둥과 기둥 사이의 거리가 20m 이상인 건축물

정답 188 ② 189 ③ 190 ④ 191 ④ 192 ④

해설

건축구조기술사의 협력대상

- 6층 이상인 건축물
- 특수구조 건축물
- 다중이용건축물
- 준다중이용건축물
- 3층 이상의 필로티 형식 건축물
- 국토교통부령으로 정하는 건축물

193 급수 · 배수(配水) · 배수(排水) · 환기 · 난방 등의 건축설비를 건축물에 설치하는 경우, 건축기계설비기술사 또는 공조냉동기계기술사의 협력을 받아야 하는 대상 건축물에 속하지 않는 것은?

기 18①

① 의료시설로서 해당 용도에 사용되는 바닥면적의 합계가 2,000m²인 건축물
② 업무시설로서 해당 용도에 사용되는 바닥면적의 합계가 2,000m²인 건축물
③ 숙박시설로서 해당 용도에 사용되는 바닥면적의 합계가 2,000m²인 건축물
④ 유스호스텔로서 해당 용도에 사용되는 바닥면적의 합계가 2,000m²인 건축물

해설

관계전문기술자 협력대상 건축물

업무시설로서 해당 용도에 사용되는 바닥면적의 합계가 3,000m²인 건축물

용 도	바닥면적 합계
냉동 · 냉장시설, 항온항습시설, 특수청정시설	500m²
아파트, 연립주택	–
목욕장, 물놀이형 시설, 수영장	500m²
기숙사, 의료시설, 유스호스텔, 숙박시설	2,000m²
판매시설, 연구소, 업무시설	3,000m²
문화 및 집회시설, 종교시설, 교육연구시설, 장례시설	10,000m²

194 급수, 배수, 환기, 난방 등의 건축설비를 설치하는 경우, 건축기계설비기술사 또는 공조냉동기계기술사의 협력을 받아야 하는 대상 건축물에 속하지 않은 것은?

산 17①

① 아파트
② 기숙사로 해당 용도에 사용되는 바닥면적의 합계가 2,000m²인 건축물
③ 판매시설로서 해당 용도에 사용되는 바닥면적의 합계가 2,000m²인 건축물
④ 의료시설로서 해당 용도에 사용되는 바닥면적의 합계가 2,000m²인 건축물

해설

판매시설로서 해당 용도에 사용되는 바닥면적의 합계가 3,000m²인 건축물

195 급수, 배수, 환기, 난방설비를 건축물에 설치하는 경우, 건축기계설비기술사 또는 공조냉동기계기술사의 협력을 받아야 하는 대상 건축물에 속하지 않는 것은?

기 17①

① 아파트
② 연립주택
③ 기숙사로서 해당 용도에 사용되는 바닥면적의 합계가 2,000m²인 건축물
④ 업무시설로서 해당 용도에 사용되는 바닥면적의 합계가 2,000m²인 건축물

해설

업무시설로서 해당 용도에 사용되는 바닥면적의 합계가 3,000m²인 건축물

196 급수 · 배수(配水) · 배수(排水) · 환기 · 난방 설비를 건축물에 설치하는 경우 관계전문기술자(건축기계설비기술사 또는 공조냉동기계기술사)의 협력을 받아야 하는 대상 건축물에 속하지 않는 것은?(단, 해당 용도에 사용되는 바닥면적의 합계가 2,000m²인 건축물의 경우)

산 18②

정답 193 ② 194 ③ 195 ④ 196 ①

① 판매시설 ② 연립주택
③ 숙박시설 ④ 유스호스텔

해설

관계전문기술자 협력대상 건축물
판매시설로서 해당 용도에 사용되는 바닥면적의 합계가 3,000m²인 건축물

197 건축물에 급수 · 배수 · 난방 및 환기설비를 설치할 경우 건축기계설비기술사 또는 공조냉동기계기술사의 협력을 받아야 하는 건축물의 연면적 기준은? 산 18③

① 1,000m² 이상 ② 2,000m² 이상
③ 5,000m² 이상 ④ 10,000m² 이상

해설

연면적 10,000m² 이상인 건축물(창고시설 제외) 또는 에너지를 대량으로 소비하는 건축물로서 건축설비를 설치하는 경우에는 관계전문기술자의 협력을 받아야 한다.

Section 08 특별건축구역

198 다음 중 특별건축구역으로 지정할 수 없는 구역은? 기 19②

① 「도로법」에 따른 접도구역
② 「택지개발촉진법」에 따른 택지개발사업구역 지역의 사업구역
③ 국가가 국제행사 등을 개최하는 도시 또는 지역의 사업구역
④ 지방자치단체가 국제행사 등을 개최하는 도시 또는 지역의 사업구역

해설

특별건축구역으로 지정할 수 없는 사업구역
- 「개발제한구역의 지정 및 관리에 관한 특별조치법」에 따른 개발제한구역
- 「자연공원법」에 따른 자연공원
- 「도로법」에 따른 접도구역
- 「산지관리법」에 따른 보전산지

199 특별건축구역의 지정과 관련한 다음의 내용에서 밑줄 친 부분에 해당하지 않는 것은? 기 20①②통합

> 국토교통부장관 또는 시 · 도지사는 다음 각 호의 구분에 따라 도시나 지역의 일부가 특별건축구역으로 특례 적용이 필요하다고 인정하는 경우에는 특별건축구역을 지정할 수 있다.
> 1. 국토교통부장관이 지정하는 경우
>   가. 국가가 국제행사 등을 개최하는 도시 또는 지역의 사업구역
>   나. 관계법령에 따른 국가정책사업으로서 대통령령으로 정하는 사업구역

① 「도로법」에 따른 접도구역
② 「도시개발법」에 따른 도시개발구역
③ 「택지개발촉진법」에 따른 택지개발사업구역
④ 「혁신도시 조성 및 발전에 관한 특별법」에 따른 혁신도시의 사업구역

정답 197 ④ 198 ① 199 ①

해설

특별건축구역으로 지정할 수 없는 사업구역
- 「개발제한구역의 지정 및 관리에 관한 특별조치법」에 따른 개발제한구역
- 「자연공원법」에 따른 자연공원
- 「도로법」에 따른 접도구역
- 「산지관리법」에 따른 보전산지

200 국토교통부장관 또는 시·도지사는 도시나 지역의 일부가 특별건축구역으로 특례 적용이 필요하다고 인정하는 경우에는 특별건축구역을 지정할 수 있는데, 다음 중 국토교통부장관이 지정하는 경우에 속하는 것은?(단, 관계법령에 따른 국가정책사업의 경우는 고려하지 않는다. 산 20①②통합

① 국가가 국제행사 등을 개최하는 도시 또는 지역의 사업구역
② 지방자치단체가 국제행사 등을 개최하는 도시 또는 지역의 사업구역
③ 관계법령에 따른 건축문화진흥사업으로서 건축물 또는 공간환경을 조성하기 위하여 대통령령으로 정하는 사업구역
④ 관계법령에 따른 도시개발·도시재정비사업으로서 건축물 또는 공간환경을 조성하기 위하여 대통령령으로 정하는 사업구역

해설

국토교통부장관이 지정하는 특별건축구역
- 국가가 국제행사 등을 개최하는 도시 또는 지역의 사업구역
- 관계법령에 따른 국가정책사업으로서 대통령령으로 정하는 사업구역

Section 09
보칙 및 벌칙

201 공작물을 축조할 때 특별자치도지사 또는 시장·군수·구청장에게 신고를 하여야 하는 대상 공작물 기준으로 옳지 않은 것은? 기 14④

① 높이 4m를 넘는 광고판
② 높이 4m를 넘는 기념탑
③ 높이 8m를 넘는 고가수조
④ 바닥면적 $20m^2$를 넘는 지하대피호

해설

지하대피호 : 바닥면적 $30m^2$를 넘는 것

신고대상 공작물
대지를 조성하기 위한 옹벽·굴뚝·광고탑·고가수조·지하대피호 등으로서 다음에 해당하는 공작물을 축조하고자 하는 자는 특별자치시장·특별자치도지사 또는 시장·군수·구청장에게 신고하여야 한다.

공작물의 종류	규모
• 옹벽·담장	높이 2m를 넘는 것
• 장식탑·기념탑·첨탑·광고탑·광고판 등	높이 4m를 넘는 것
• 굴뚝 등	높이 6m를 넘는 것
• 골프연습장 등의 운동시설을 위한 철탑 • 주거지역·상업지역 안에 설치하는 통신용 철탑 등	높이 6m를 넘는 것
고가수조 등	높이 8m를 넘는 것
기계식주차장 및 철골조립식 주차장(바닥면이 조립식이 아닌 것을 포함)으로서 외벽이 없는 것	높이 8m 이하(난간높이를 제외)인 것
지하대피호	바닥면적 $30m^2$를 넘는 것
건축조례로 정하는 제조시설·저장시설(시멘트저장용 사일로 포함)·유희시설 등	
건축물의 구조에 심대한 영향을 줄 수 있는 중량물로서 건축조례로 정하는 것	

정답 200 ① 201 ④

202 공작물을 축조하는 경우, 특별자치시장 · 특별자치도지사 또는 시장 · 군수 · 구청장에게 신고를 하여야 하는 대상 공작물에 속하지 않는 것은? 산 17③

① 높이가 3m인 담장
② 높이가 5m인 굴뚝
③ 높이가 5m인 광고탑
④ 바닥면적이 $35m^2$인 지하대피호

해설

굴뚝 : 높이가 6m를 넘는 것

203 공작물을 축조할 때 특별자치시장 · 특별자치도지사 또는 시장 · 군수 · 구청장에게 신고를 하여야 하는 대상 공작물에 속하지 않는 것은? 기 18①

① 높이 3m인 담장
② 높이 5m인 굴뚝
③ 높이 5m인 광고탑
④ 높이 5m인 광고판

해설

굴뚝 : 높이가 6m를 넘는 것

204 공작물을 축조할 때 특별자치시장 · 특별자치도지사 또는 시장 · 군수 · 구청장에게 신고를 하여야 하는 대상 공작물에 속하지 않는 것은?(단, 건축물과 분리하여 축조하는 경우) 산 18②

① 높이가 3m인 담장
② 높이가 3m인 옹벽
③ 높이가 5m인 굴뚝
④ 높이가 5m인 광고탑

해설

굴뚝 : 높이가 6m를 넘는 것

205 공작물을 축조할 때 특별자치시장 · 특별자치도지사 또는 시장 · 군수 · 구청장에서 신고를 하여야 하는 대상 공작물 기준으로 옳지 않은 것은?(단, 건축물과 분리하여 축조하는 경우) 기 18④

① 높이 6m를 넘는 굴뚝
② 높이 4m를 넘는 광고탑
③ 높이 4m를 넘는 장식탑
④ 높이 1m를 넘는 옹벽 또는 담장

해설

높이 2m를 넘는 옹벽 또는 담장

정답 202 ② 203 ② 204 ③ 205 ④

CHAPTER

02

주차장법

CHAPTER 02

주차장법

SECTION 01 총칙

1. 주차장법의 목적

「주차장법」은 주차장의 설치 · 정비 및 관리에 관하여 필요한 사항을 정함으로써 자동차교통을 원활하게 하여 공중의 편의를 도모함을 목적으로 한다.

규제수단		목적
주차장의	• 설치 • 정비 • 관리	공중의 편의 도모

2. 용어 정의

(1) 주차장

노상주차장	도로의 노면 또는 교통광장(교차점 광장)의 일정한 구역에 설치된 주차장으로 일반의 이용에 제공되는 것
노외주차장	도로의 노면 또는 교통광장 중 교차점 광장 외의 장소에 설치된 주차장으로 일반의 이용에 제공되는 것
부설주차장	건축물, 골프연습장, 기타 주차수요를 유발하는 시설에 부대하여 설치된 주차장으로서 해당 건축물 · 시설의 이용자 또는 일반의 이용에 제공되는 것

(2) 기계식 주차장치

노외주차장 및 부설주차장에 설치하는 주차설비로서 기계장치에 의하여 자동차를 주차할 장소로 이동시키는 설비

(3) 기계식 주차장

기계식 주차장치를 설치한 노외주차장 및 부설주차장

(4) 자동차

자동차 및 원동기장치자전거를 말한다.

(5) 주차단위구획

자동차 1대를 주차할 수 있는 구획을 말한다.

핵심문제 ●●○

주차장법령상 다음과 같이 정의되는 주차장의 종류는? 기 17④

> 도로의 노면 또는 교통광장(교차점 광장만 해당)의 일정한 구역에 설치된 주차장으로서 일반의 이용에 제공되는 것

① 노외주차장 ❷ 노상주차장
③ 부설주차장 ④ 공영주차장

해설 노상주차장
도로의 노면 또는 교통광장(교차점 광장만 해당)의 일정한 구역에 설치된 주차장으로서 일반의 이용에 제공되는 것

(6) 주차구획

하나 이상의 주차단위구획으로 이루어진 구획 전체를 말한다.

(7) 전용주차구획

경형자동차 등 일정한 자동차에 한하여 주차가 허용되는 주차구획을 말한다.

(8) 주차전용 건축물의 주차면적비율

1) 주차면적비율

주차장 사용비율 (건축물의 연면적)	건축물의 용도	예외 규정
95% 이상	아래의 용도가 아닌 경우	시장(특별시 · 광역시 · 특별자치도지사 포함)은 노외주차장 또는 부설주차장의 설치를 제한하는 지역의 주차전용 건축물의 경우에는 지방자치단체의 조례가 정하는 바에 따라 주차장 외의 용도로 설치할 수 있는 시설의 종류를 해당 지역 안의 구역별로 제한할 수 있다.
70% 이상	• 단독주택 • 공동주택 • 제1종 및 제2종 근린생활시설 • 문화 및 집회시설 • 종교시설 • 판매시설 • 운수시설 • 운동시설 • 업무시설, 창고시설 • 자동차관련시설	

2) 면적의 산정

주차전용 건축물의 연면적 산정은 「건축법」에 따른다.

예외 기계식 주차장의 연면적 산정은 기계식 주차장치에 의하여 자동차를 주차할 수 있는 면적과 기계실, 관리사무소 등의 면적을 합산하여 계산한다.

참고
- 주차면적비율이 70% 이상인 용도
  ① 제1종 및 제2종 근린생활시설 ② 문화 및 집회시설
  ③ 판매시설 ④ 운동시설
  ⑤ 업무시설 ⑥ 자동차관련시설
- 주차면적비율이 95% 이상인 용도
  ① 위락시설 ② 숙박시설 ③ 의료시설

(9) 주차장 수급실태의 조사

특별자치도지사 · 시장(「제주특별자치도 설치 및 국제자유도시 조성을 위한 특별법」에 따른 시장은 제외) · 군수 또는 구청장(자치구의 구청장을 말한다. 이하 "시장 · 군수 또는 구청장"이

핵심문제 ●●●

주차전용 건축물이란 건축물의 연면적 중 주차장으로 사용되는 부분의 비율이 최소 얼마 이상인 건축물을 말하는가?(단, 주차장 외의 용도로 사용되는 부분이 숙박시설인 경우) 기 14①

① 70% ② 80%
③ 85% ❹ 95%

해설 주차전용 건축물

건축물의 용도	주차면적 비율
건축물의 연면적 중 주차장으로 사용되는 부분	95% 이상
제1종 및 제2종 근린생활시설, 문화 및 집회시설, 종교시설, 판매시설, 운수시설, 운동시설, 업무시설, 자동차관련 시설	70% 이상

핵심문제 ●●●

주차전용 건축물이란 건축물의 연면적 중 주차장으로 사용되는 부분의 비율이 최소 얼마 이상인 건축물을 말하는가?(단, 주차장 외의 용도로 사용되는 부분이 자동차관련시설인 건축물의 경우) 기 20③

❶ 70% ② 80%
③ 90% ④ 95%

해설 주차면적비율이 70% 이상인 용도
① 제1종 및 제2종 근린생활시설
② 문화 및 집회시설
③ 판매시설
④ 운동시설
⑤ 업무시설
⑥ 자동차관련시설

라 함)은 주차장의 설치 및 관리를 위한 기초자료로 활용하기 위하여 행정구역 · 용도지역 · 용도지구 등을 종합적으로 고려한 조사구역을 정하여 정기적으로 조사구역별로 다음의 주차장 수급실태를 조사하여야 한다.

구분	내용
① 실태조사구역의 설정 기준	• 사각형 또는 삼각형 형태로 조사구역을 설정하되 조사구역 바깥 경계선의 최대 거리가 300m를 넘지 아니하도록 한다. • 각 조사구역은 「건축법」에 따른 도로를 경계로 구분한다. • 아파트단지와 단독주택단지가 혼재된 지역 또는 주거기능과 상업 · 업무기능이 혼재된 지역의 경우에는 주차시설 수급의 적정성, 지역적 특성 등을 고려하여 동일한 특성을 가진 지역별로 조사구역을 설정한다.
② 실태조사의 주기	조사 주기는 2년으로 한다.
③ 실태조사의 방법	• 시장 · 군수 또는 구청장은 특별시 · 광역시(군을 제외) · 시 또는 군의 조례가 정하는 바에 따라 위 ①에 따른 기준에 의하여 설정된 조사구역별로 주차수요조사와 주차시설 현황조사로 구분하여 실태조사를 하여야 한다. • 시장 · 군수 또는 구청장이 실태조사를 한 때에는 각 조사구역별로 주차수요와 주차시설 현황을 대조 · 확인할 수 있도록 [별지 제1호]서식의 주차실태조사 결과 입력대장에 기재(전산프로그램을 제작하여 입력하는 경우를 포함)하여 관리한다.

⑽ 주차환경개선지구

① 주차환경개선지구의 지정

㉠ 시장 · 군수 또는 구청장은 다음의 지역 안의 조사구역으로서 주차장 실태조사 결과 주차장 확보율이 해당 지방자치단체의 조례가 정하는 비율 이하인 조사구역에 대하여는 주차난 완화와 교통의 원활한 소통을 위하여 이를 주차환경개선지구로 지정할 수 있다.

ⓐ 「국토의 계획 및 이용에 관한 법률」에 따른 주거지역

ⓑ 위 ⓐ의 주거지역과 인접한 지역으로서 해당 지방자치단체의 조례가 정하는 지역

$$주차장\ 확보율 = \frac{주차단위구획의\ 수}{자동차\ 등록대수}$$

(이 경우 다른 법령에서 일정한 자동차에 대하여 별도로 차고를 확보하도록 하고 있는 경우 그 자동차의 등록대수 및 차고의 수는 비율의 계산에 산입하지 않음)

핵심문제 ●●●

다음은 주차장 수급실태조사의 조사구역에 관한 설명이다. ( ) 안에 알맞은 것은? 기 14④

> 사각형 또는 삼각형 형태로 조사구역을 설정하되 조사구역 바깥 경계선의 최대 거리가 ( )를 넘지 아니하도록 한다.

① 100m ② 200m
❸ 300m ④ 400m

해설
사각형 또는 삼각형 형태로 조사구역을 설정하되 조사구역 바깥 경계선의 최대 거리가 300m를 넘지 아니하도록 한다.

㉡ 앞의 ①에 따른 주차환경개선지구 지정은 시장 · 군수 또는 구청장이 주차환경개선지구 지정 · 관리계획을 수립하여 이를 결정한다.

② **주차환경개선지구 지정 · 관리계획**

㉠ 주차환경개선지구 지정 · 관리계획에는 다음의 사항이 포함되어야 한다.

ⓐ 주차환경개선지구의 지정구역 및 지정의 필요성

ⓑ 주차환경개선지구의 관리목표 및 방법

ⓒ 주차장의 수급실태 및 이용특성

ⓓ 장 · 단기 주차수요에 대한 예측

ⓔ 연차별 주차장 확충 및 재원조달 계획

ⓕ 노외주차장 우선공급 등 주차환경개선지구의 지정목적을 달성하기 위하여 필요한 조치

㉡ 시장 · 군수 또는 구청장은 주차환경개선지구 지정 · 관리계획을 수립하고자 하는 때에 관리 공청회를 개최하여 지역 주민 · 관계전문가 등의 의견을 청취하여야 한다. 다음의 중요사항을 변경하고자 하는 경우에도 또한 같다.

ⓐ 주차환경개선지구 지정구역의 10% 이상을 변경하는 경우

ⓑ 예측된 주차수요를 30% 이상 변경하는 경우

3. 주차장 설비기준 등

(1) 주차장의 형태

구분	형식	종류
자주식 주차장	운전자가 직접 운전하여 주차장으로 들어가는 형식	• 지하식 • 지평식 • 건축물식(공작물식 포함)
기계식 주차장	기계식 주차장치를 설치한 노외주차장 및 부설주차장	• 지하식 • 건축물식(공작물식 포함)

핵심문제 ●●●

기계식 주차장의 형태에 속하지 않는 것은? 산 14①

① 지하식 ❷ 지평식
③ 건축물식 ④ 공작물식

해설

지평식 주차장은 자주식 주차장 형식에 해당된다.

(2) 주차장의 주차구획 크기 등

① 평행주차형식의 경우

구분	너비	길이
경형	1.7m 이상	4.5m 이상
일반형	2.0m 이상	6.0m 이상
보도와 차도의 구분이 없는 주거지역의 도로	2.0m 이상	5.0m 이상
이륜자동차전용	1.0m 이상	2.3m 이상

② 평행주차형식 외의 경우

구분	너비	길이
경형	2.0m 이상	3.6m 이상
일반형	2.5m 이상	5.0m 이상
확장형	2.6m 이상	5.2m 이상
장애인전용	3.3m 이상	5.0m 이상
이륜자동차전용	1.0m 이상	2.3m 이상

※ 경형자동차는 「자동차관리법」에 따른 1,000cc 미만의 자동차를 말한다.
※ 주차단위구획은 백색실선(경형자동차 전용주차구획의 경우 청색실선)으로 표시하여야 한다.

③ 「자동차관리법」에 따른 배기량 1,000cc 미만의 자동차("경형자동차"라 함) 및 환경친화적 자동차에 대하여는 전용주차구획을 일정비율 이상 정할 수 있다.

핵심문제 ●●●

주차장의 주차단위구획 기준으로 옳은 것은?(단, 평행주차형식으로 일반형인 경우) 기 15①

① 너비 1.0m 이상, 길이 2.3m 이상
② 너비 1.7m 이상, 길이 4.5m 이상
❸ 너비 2.0m 이상, 길이 6.0m 이상
④ 너비 2.3m 이상, 길이 5.0m 이상

해설 주차장의 주차단위구획 기준(평행주차형식의 경우)

- 경형 : 1.7m×4.5m 이상
- 일반형 : 2.0m×6.0m 이상
- 보도와 차도의 구분이 없는 주거지역의 도로 : 2.0m×5.0m 이상
- 이륜자동차 전용 : 1.0m×2.3m 이상

핵심문제 ●●●

주차장 주차단위구획의 최소 크기로 옳지 않은 것은?(단, 평행주차형식 외의 경우) 기 18①

① 경형 : 너비 2.0m, 길이 3.6m
❷ 일반형 : 너비 2.0m, 길이 6.0m
③ 확장형 : 너비 2.6m, 길이 5.2m
④ 장애인전용 : 너비 3.3m, 길이 5.0m

해설 주차장의 주차구획 기준

주차형식	구분	주차구획
평행주차형식의 경우	경형	1.7m×4.5m 이상
	일반형	2.0m×6.0m 이상
	보도와 차도의 구분이 없는 주거지역의 도로	2.0m×5.0m 이상
평행주차형식 외의 경우	경형	2.0m×3.6m 이상
	일반형	2.5m×5.0m 이상
	확장형	2.6m×5.2m 이상
	장애인전용	3.3m×5.0m 이상

SECTION 02 노상주차장 및 노외주차장

1. 노상주차장의 설치 및 폐지 등

(1) 설치

노상주차장은 특별시장 · 광역시장 · 시장 · 군수 · 구청장이 설치한다. 이 경우 「국토의 계획 및 이용에 관한 법률」의 도시관리계획에 따른 도시 · 군계획시설의 설치(제43조 제1항) 규정은 적용하지 아니한다.

(2) 폐지

특별시장 · 광역시장 · 군수 · 구청장은 다음의 경우 지체 없이 노상주차장을 폐지해야 한다.

① 주차로 인하여 대중교통수단의 운행장애를 유발하는 경우
② 교통소통에 장애를 주는 경우
③ 노상주차장에 대체되는 노외주차장의 설치로 필요 없게 된 경우

(3) 관리

① 노상주차장을 관리할 수 있는 자
㉠ 설치한 특별시장 · 광역시장, 시장 · 군수 · 구청장
㉡ 특별시장 · 광역시장, 시장 · 군수 · 구청장으로부터 관리를 위탁받은 자(노상주차장 관리수탁자)
② 노상주차장 관리수탁자의 자격, 기타 노상주차장의 관리에 관하여 필요한 사항은 해당 지방자치단체의 조례로 정한다.
③ 노상주차장 관리수탁자와 그 관리를 직접 담당하는 자는 「형법」 제129조부터 제132조까지의 규정을 적용할 때에는 이를 공무원으로 본다.

2. 노상주차장 설치금지 장소

설치금지 장소	예외
주간선도로	분리대, 그 밖의 도로 부분으로서 도로교통에 지장을 초래하지 않는 부분
너비 6m 미만의 도로	보행자의 통행이나 인도의 이용에 지장이 없는 경우로써 지방자치단체의 조례로 따로 정한 경우
종단경사도 4%를 초과하는 도로	
고속도로 · 자동차전용도로 · 고가도로	

>>> 노상주차장

도로의 노면 또는 교통광장(교차점광장에 한함)의 일정한 구역에 설치된 주차장으로서 일반의 이용에 제공되는 것

핵심문제

노상주차장의 구조 · 설비에 관한 기준 내용으로 옳지 않은 것은? 산 14①

① 고속도로에 설치하여서는 안 된다.
② 자동차전용도로에 설치하여서는 아니 된다.
❸ 너비 8m 미만의 도로에 설치하여서는 아니 된다.
④ 주차대수 규모가 20대 이상인 경우에는 장애인전용주차구획을 한 면 이상 설치하여야 한다.

해설
너비 6m 미만의 도로에 설치하여서는 아니 된다.

3. 노상주차장의 장애인전용주차구획

(1) 주차대수 규모가 20대 이상 50대 미만인 경우

장애인전용주차구획을 한 면 이상 설치해야 한다.

(2) 주차대수 규모가 50대 이상인 경우

주차대수 2%부터 4%까지의 범위에서 장애인의 주차수요를 고려하여 해당 지방자치단체의 조례로 정하는 비율 이상으로 한다.

4. 노상주차장의 일부에 대하여 전용주차구획을 설치

① 주거지역에 설치된 노상주차장으로서 인근 주민의 자동차를 위한 경우
② 하역주차구획으로서 인근 이용자의 화물자동차를 위한 경우
③ 대한민국에 주재하는 외교공관 및 외교관의 자동차를 위한 경우
④ 승용차공동이용 지원을 위하여 사용되는 자동차를 위한 경우

5. 노외주차장의 설치 등

(1) 설치

① 노외주차장을 설치 또는 폐지한 자는 노외주차장 설치(폐지) 통보서에 주차시설 배치도(설치통보에 한함)를 첨부하여 주차장을 설치(폐지)한 날로부터 7일 이내에 주차장 소재지를 관할하는 시장 · 군수 · 구청장에게 통보하여야 한다.

② 화물자동차의 주차공간 확보
㉠ 특별시장 · 광역시장, 시장 · 군수 또는 구청장은 노외주차장을 설치한 경우 화물자동차의 주차를 위한 구역을 지정할 수 있다.
㉡ 지정 규모, 지정방법 및 절차 등은 해당 지방자치단체의 조례로 정한다.

③ 특별시장 · 광역시장 · 특별자치도지사 · 시장은 노외주차장의 설치로 인하여 교통혼잡을 가중시킬 우려가 있는 다음에 해당하는 지역에 대하여는 해당 지방자치단체의 조례에 의하여 설치를 제한할 수 있다.

1. 자동차교통이 혼잡한 상업지역 또는 준주거지역
2. 「도시교통정비 촉진법」에 따른 교통혼잡 특별관리구역(제42조)으로서 도시철도 등 대중교통수단의 이용이 편리한 지역

핵심문제 ●●●

노상주차장의 일부에 대하여 전용주차구획을 설치할 수 있는 경우에 속하지 않는 것은?(단, 지방자치단체의 조례로 정하는 자동차를 위한 경우는 제외) 산 14③

① 하역주차구획으로서 인근 이용자의 화물자동차를 위한 경우
② 대한민국에 주재하는 외교공관 및 외교관의 자동차를 위한 경우
❸ 상업지역에 설치된 노상주차장으로서 인근 상점의 자동차를 위한 경우
④ 주거지역에 설치된 노상주차장으로서 인근 주민의 자동차를 위한 경우

해설
상업지역에 설치된 노상주차장으로서 인근 상점의 자동차를 위한 경우는 노상주차장 전용주차구획 설치의 경우에 속하지 않는다.

④ 앞 ③의 노외주차장 설치제한 기준은 그 지역의 자동차교통 여건을 감안하여 정한다.

(2) 관리

① 노외주차장은 해당 노외주차장을 설치한 자가 관리한다.
② 특별시장 · 광역시장, 시장 · 군수 · 구청장이 노외주차장을 설치한 경우 그 관리를 시장 · 군수 · 구청장 외의 자에게 위탁할 수 있다.
③ 특별시장 · 광역시장, 시장 · 군수 · 구청장의 위탁을 받아 노외주차장을 관리할 수 있는 자의 자격은 해당 지방자치단체의 조례로 정한다.

6. 노외주차장의 주차전용 건축물에 대한 특례

노외주차장의 주차전용 건축물의 건폐율, 용적률, 대지면적의 최소한도 및 높이제한은 다음의 기준에 따른다.

건폐율	90/100 이하	
용적률	1,500% 이하	
대지면적의 최소한도	$45m^2$ 이상	
전면도로에 따른 높이제한 (대지가 2 이상의 도로에 접할 경우에는 가장 넓은 도로를 기준으로 한다.)	대지가 도로에 접한 폭이 12m 미만인 경우	건축물 각 부분의 높이는 그 부분으로부터 대지에 접한 도로의 반대쪽 경계선까지 수평거리의 3배 이하
	대지가 도로에 접한 폭이 12m 이상인 경우	건축물 각 부분의 높이는 그 부분으로부터 대지에 접한 도로의 반대쪽 경계선까지 수평거리의 $\frac{36}{\text{도로의 폭}}$배 이하 예외 배율이 1.8배 미만인 경우 1.8배로 한다.

핵심문제 ●●●

노외주차장인 주차전용 건축물의 건축제한에 관한 기준 내용으로 옳지 않은 것은? 산 17③

① 용적률 : 1,500% 이하
❷ 높이제한 : 30m 이하
③ 건폐율 : 100분의 90 이하
④ 대지면적의 최소한도 : $45m^2$ 이상

해설
노외주차장 주차전용 건축물의 전면도로에 의한 높이제한

① 대지가 너비 12m 미만의 도로에 접한 경우	대지에 접한 도로 반대쪽 경계선까지 수평거리의 3배
② 대지가 너비 12m 이상의 도로에 접한 경우	대지에 접한 도로 반대쪽 경계선까지 수평거리의 (36/도로의 폭)배

7. 노외주차장 설치 계획기준

(1) 설치기준

① 노외주차장은 녹지지역이 아닌 지역에 설치한다.

예외 다음에 해당하는 경우에는 자연녹지지역 내에도 설치 가능하다.

㉠ 하천구역 및 공유수면(단, 주차장 설치로 인해 하천 및 공유수면의 관리에 지장이 없는 경우)
㉡ 토지의 형질변경 없이 주차장 설치가 가능한 지역
㉢ 주차장 설치를 목적으로 토지의 형질변경 허가를 받은 지역
㉣ 특별시장 · 광역시장, 시장 · 군수 또는 구청장이 특히 주

차장의 설치가 필요하다고 인정하는 지역

② 단지조성사업 등에 따른 노외주차장은 주차수요가 많은 곳에 설치하여야 하며, 가급적 공원 · 광장 · 대로변 · 도시철도역 및 상가 인접지역 등에 인접하여 배치하여야 한다.

(2) 노외주차장의 출 · 입구 설치기준

① 노외주차장의 입구와 출구를 설치할 수 없는 곳은 다음과 같다.

㉠ 육교 및 지하 횡단보도를 포함한 횡단보도에서 5m 이내의 도로 부분

㉡ 종단기울기 10%를 초과하는 도로

㉢ 유아원, 유치원, 초등학교, 특수학교, 노인복지시설, 장애인복지시설 및 아동전용시설 등의 출입구로부터 20m 이내의 도로 부분

㉣ 폭 4m 미만의 도로

예외 주차대수 200대 이상인 경우에는 폭 10m 미만의 도로에는 설치할 수 없다.

㉤ 「도로교통법」에 따른 정차 및 주차금지 장소에 해당하는 도로의 부분

② **출구 및 입구의 설치 위치**

노외주차장과 연결되는 도로가 2 이상인 경우에는 자동차 교통에 미치는 지장이 적은 도로에 노외주차장 출구와 입구를 설치하여야 한다.

예외 보행자의 교통에 지장을 가져올 우려가 있거나 기타 특별한 이유가 있는 경우에는 예외

③ **출구와 입구의 분리 설치**

주차대수 400대를 초과하는 규모의 노외주차장인 경우에 노외주차장의 출구와 입구는 각각 따로 설치하여야 한다.

예외 출입구 너비의 합이 5.5m 이상으로서 출구와 입구가 차선 등으로 분리되는 경우에는 함께 설치할 수 있다.

(3) 장애인전용주차구획 설치

특별시장 · 광역시장 · 시장 · 군수 · 구청장이 설치하는 노외주차장에는 주차대수 규모가 50대 이상인 경우에는 주차대수의 2%부터 4%까지의 범위에서 지방자치단체 조례로 장애인 전용주차구획을 설치하여야 한다.

핵심문제 ●●●

노외주차장의 출구와 입구(노외주차장의 차로의 노면이 도로의 노면에 접하는 부분)를 설치하여서는 안 되는 도로의 종단기울기 기준은? 산 15①

① 종단기울기가 3%를 초과하는 도로
② 종단기울기가 5%를 초과하는 도로
③ 종단기울기가 7%를 초과하는 도로
❹ 종단기울기가 10%를 초과하는 도로

해설 노외주차장 출구 및 입구 설치금지 장소

- 정차 · 주차가 금지되는 도로의 부분
- 횡단보도에서 5m 이내의 도로 부분
- 너비 4m 미만의 도로(주차대수 200대 이상인 경우에는 너비 10m 미만의 도로)
- 종단기울기가 10%를 초과하는 도로
- 유아원, 유치원, 초등학교, 특수학교, 노인복지시설, 장애인복지시설 및 아동전용시설 등의 출입구로부터 20m 이내의 도로 부분

핵심문제 

주차대수 규모가 50대 이상인 노외주차장 출입구의 최소 너비는?(단, 출구와 입구를 분리하지 않은 경우) 산 15①

① 3.3m ② 3.5m
③ 4.5m ❹ 5.5m

해설

출입구 너비의 합이 5.5m 이상으로서 출구와 입구가 차선 등으로 분리되는 경우에는 함께 설치할 수 있다.

8. 노외주차장의 구조 및 설비기준

(1) 출입구의 가각전제

노외주차장의 입구와 출구는 자동차의 회전을 쉽게 하기 위해 필요한 때에 차로와 도로가 접하는 부분을 곡선형으로 하여야 한다.

(2) 출구 부근의 구조

출구로부터 2m 후퇴한 차로의 중심선상 1.4m의 높이에서 도로의 중심선에 직각으로 향한 왼쪽·오른쪽 각각 60°의 범위에서 해당 도로를 통행하는 자의 존재를 확인할 수 있어야 한다.

(3) 차로의 구조기준

① 주차구획선의 긴 변과 짧은 변 중 한 변 이상이 차로에 접하여야 한다.

② 이륜자동차전용 노외주차장 차로너비

주차형식	차로의 너비	
	출입구가 2개 이상인 경우	출입구가 1개인 경우
평행주차	2.25m	3.5m
직각주차	4.0m	4.0m
45° 대향주차	2.3m	3.5m

③ 위 ② 이외의 노외주차장

주차형식	차로의 너비	
	출입구가 2개 이상인 경우	출입구가 1개인 경우
평행주차	3.3m	5.0m
직각주차	6.0m	6.0m
60° 대향주차	4.5m	5.5m
45° 대향주차	3.5m	5.0m
교차주차	3.5m	5.0m

(4) 노외주차장 출입구의 폭

① 노외주차장 출입구의 폭은 3.5m 이상으로 하여야 한다.

② 주차대수 규모가 50대 이상인 경우에 출구와 입구를 분리하거나 폭 5.5m 이상의 출입구를 설치하여 소통이 원활하도록 하여야 한다.

핵심문제 ●●●

노외주차장 차로의 최소 너비가 작은 것에서 큰 것 순으로 올바르게 나열한 것은?(단, 이륜자동차전용 외의 노외주차장으로서 출입구가 2개 이상인 경우) 산 14①

① 평행주차 < 직각주차 < 교차주차
❷ 평행주차 < 교차주차 < 직각주차
③ 45° 대향주차 < 60° 대향주차 < 교차주차
④ 45도 대향주차 < 평행주차 < 60° 대향주차

핵심문제 ●●●

다음 중 이륜자동차전용 외의 노외주차장으로서 출입구가 1개인 경우 차로의 너비가 다른 주차형식은? 기 14②

① 평행주차
② 교차주차
③ 45° 대향주차
❹ 60° 대향주차

해설

60° 대향주차 출입구가 1개인 경우 차로폭 : 5.5미터

(5) 지하식 또는 건축물식인 자주식 주차장의 차로

① 자주식 주차장으로서 지하식 또는 건축물식 노외주차장에는 벽면에서부터 50cm 이내를 제외한 바닥면의 최소 조도(照度)와 최대 조도를 다음과 같이 한다.

㉠ 주차구획 및 차로 : 최소 조도는 10럭스 이상, 최대 조도는 최소 조도의 10배 이내

㉡ 주차장 출구 및 입구 : 최소 조도는 300럭스 이상, 최대 조도는 없음

㉢ 사람이 출입하는 통로 : 최소 조도는 50럭스 이상, 최대 조도는 없음

② 차로의 구조

자주식 주차장으로서 지하식 또는 건축물식에 따른 노외주차장과 기계식 주차장으로서 자동차용 승강기로 주차구획까지 자주식으로 들어가는 노외주차장의 차로는 다음의 기준에 적합하여야 한다.

㉠ 노외주차장의 차로의 구조기준을 적용한다.

㉡ 높이 : 주차바닥면으로부터 2.3m 이상으로 하여야 한다.

㉢ 굴곡부의 내변반경

원칙	6m 이상
같은 경사로를 이용하는 주차장의 총 주차대수가 50대 이하	5m 이상
이륜자동차전용 노외주차장	3m 이상

㉣ 경사로의 차로폭

직선인 경우	3.3m 이상(2차로인 경우 6m 이상)
곡선인 경우	3.6m 이상(2차로인 경우 6.5.m 이상)

㉤ 경사로의 종단기울기

직선인 경우	17% 이하
곡선인 경우	14% 이하

※ 경사로의 양쪽 벽면으로부터 30cm 이상의 지점에 높이 10cm 이상 15cm 미만의 연석을 설치해야 한다.(이 경우 연석 부분은 차로의 너비에 포함되는 것으로 본다.)

※ 경사로의 노면은 거친면으로 하여야 한다.

ⓗ 주차대수 규모가 50대 이상인 경우의 경사로는 너비 6m 이상인 2차로를 확보하거나 진입차로와 진출차로를 분리하여야 한다.

참고 주차장 차로의 구조

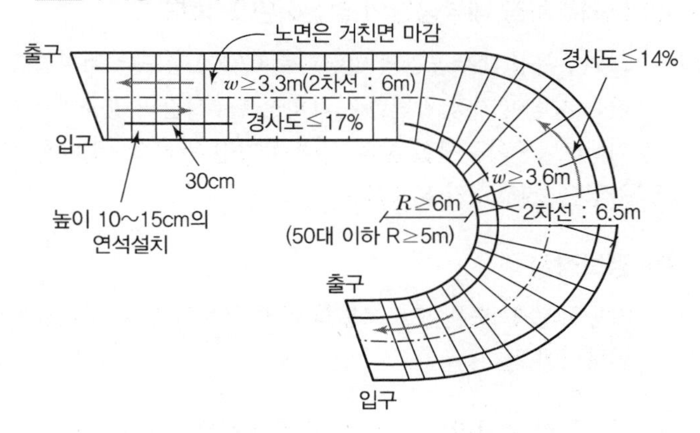

(6) 자동차용 승강기의 설치

자동차용 승강기로 운반된 자동차가 주차구획까지 자주식으로 들어가는 노외주차장의 경우에는 주차대수 30대마다 1대의 자동차용 승강기를 설치하여야 한다.

(7) 감시설비

① 주차대수 30대를 초과하는 규모의 자주식 주차장으로서 지하식 또는 건축물식에 따른 노외주차장에는 주차장 내부 전체를 볼 수 있는 폐쇄회로텔레비전 및 녹화장치를 포함하는 방범설비를 설치 · 관리하여야 하되, 다음의 사항을 준수하여야 한다.

㉠ 방범설비는 주차장의 바닥면으로부터 170cm의 높이에 있는 사물을 식별할 수 있도록 설치하여야 한다.

㉡ 폐쇄회로텔레비전과 녹화장치의 모니터수가 일치하여야 한다.

㉢ 선명한 화질이 유지될 수 있도록 관리하여야 한다.

㉣ 촬영한 자료는 컴퓨터보안시스템을 설치하여 1개월 이상 보관하여야 한다.

② 시장 · 군수 또는 구청장은 위 준수사항에 대하여 연 1회 이상 지도 · 점검을 실시하여야 한다.

핵심문제 ●●●

지하식 또는 건축물식 노외주차장의 차로에 관한 기준 내용으로 옳지 않은 것은? 산 14②

① 높이는 주차바닥면으로부터 2.3m 이상으로 하여야 한다.

❷ 경사로의 종단경사도는 직선 부분에서 14%를 초과하여서는 아니 된다.

③ 경사로의 양쪽 벽면으로부터 30cm 이상의 지점에 높이 10cm 이상 15cm 미만의 연석을 설치하여야 한다.

④ 주차대수 규모가 50대 이상인 경우의 경사로는 너비 6m 이상인 2차로를 확보하거나 진입차로와 진출차로를 분리하여야 한다.

해설 지하식 노외주차장 경사로의 종단경사도

- 직선형 : 17% 이하
- 곡선형 : 14% 이하

>>> 노외주차장

도로의 노면 및 교통광장 외의 장소에 설치된 주차장으로서, 일반의 이용에 제공되는 것

(8) 노외주차장 내 주차 부분 높이

노외주차장의 주차 부분 높이는 주차바닥면으로부터 2.1m 이상으로 하여야 한다.

(9) 노외주차장 내부공간의 일산화탄소 농도

노외주차장 내부공간의 일산화탄소(CO) 농도는 주차장을 이용하는 차량이 가장 빈번한 시각의 앞뒤 8시간의 평균치가 50ppm 이하(「다중이용시설 등의 실내 공기질 관리법」에 따른 실내주차장은 25ppm)가 되도록 한다.

(10) 경보장치

자동차 출입 또는 도로교통의 안전 확보를 위한 경보장치를 설치하여야 한다.

(11) 건축물식 주차장의 주차장 및 특별시장 · 광역시장 · 특별자치도지사 · 시장 · 군수가 정하여 고시하는 안전시설은 2층 이상의 건축물식 주차장 및 특별시장 · 광역시장 · 특별자치도지사 · 시장 · 군수가 정하여 고시하는 주차장에는 자동차의 추락을 방지하기 위한 안전시설을 다음과 같이 설치하여야 한다.

① 2t 차량이 시속 20km의 주행속도로 정면충돌하는 경우에 견딜 수 있는 강도의 구조물로서 구조계산에 의하여 안전하다고 확인된 구조물
② 방호울타리
③ 2t 차량이 시속 20km의 주행속도로 정면충돌하는 경우에 견딜 수 있는 강도의 구조물로서 한국도로공사 · 교통안전공단, 그 밖에 국토교통부장관이 정하여 고시하는 전문연구기관에서 인정하는 제품

(12) 주차단위구획의 경사도

노외주차장의 주차단위구획은 평평한 장소에 설치하여야 한다. 다만, 경사도가 7% 이하인 경우로서 시장 · 군수 또는 구청장이 안전에 지장이 없다고 인정하는 경우에 그러하지 아니하다.

(13) 확장형 주차단위구획의 설치

노외주차장에는 확장형 주차단위구획을 총 주차단위구획수(평행주차형식의 주차단위구획수는 제외)의 30% 이상 설치하여야 한다.

(14) 노외주차장에 설치할 수 있는 부대시설

① 부대시설의 총 면적은 주차장 총 시설면적의 20%를 초과하여서는 아니 된다.

예외 도로 · 광장 · 공원 · 초, 중, 고등학교 · 공용의 청사 · 주차장 · 운동장의 지하에 설치하는 노외주차장과 공용의 청사 · 하천 · 유수지주차장 및 운동장의 지상에 설치하는 노외주차장은 부대시설의 종류 및 주차장의 총 시설면적 중 부대시설이 차지하는 비율에 대해서 특별시 · 광역시 · 시 · 군 · 구의 조례로 따로 정할 수 있다. 이 경우 부대시설이 차지하는 면적의 비율은 주차장 총 시설면적의 40%를 초과할 수 없다.

② 부대시설의 종류

㉠ 관리사무소, 휴게소, 공중화장실

㉡ 간이매점, 자동차의 장식품판매점 및 전기자동차 충전시설

㉢ 기타 노외주차장의 관리 · 운영상 필요한 편의시설

③ 시장 · 군수 또는 구청장이 노외주차장 안에 도시 · 군계획시설을 부대시설로서 중복하여 설치하려는 경우에는 노외주차장의 용도로 사용하려는 도시 · 군계획시설이 차지하는 면적의 비율은 부대시설을 포함하여 주차장 총 시설면적의 40%를 초과할 수 없다.

핵심문제

노외주차장에 설치하는 부대시설의 총 면적은 주차장 총 시설면적의 최대 얼마를 초과하여서는 아니 되는가? 기 21①

① 5% ② 10%
❸ 20% ④ 30%

해설 노외주차장에 설치할 수 있는 부대시설
부대시설의 총 면적은 주차장 총 시설면적의 20%를 초과하여서는 아니 된다.

SECTION 03 부설주차장

1. 부설주차장의 설치

(1) 부설주차장의 설치대상 및 이용

설치대상 지역	설치대상 시설물	설치 위치	사용자의 범위
• 「국토의 계획 및 이용에 관한 법률」에 따른 도시지역, 지구단위계획구역 • 지방자치단체의 조례가 정하는 관리지역	• 건축물의 건축 • 골프연습장 등 주차수요를 유발하는 시설의 설치	해당 시설물의 내부 또는 그 부지 안에	• 해당 시설물 이용자 • 일반인 이용

부설주차장

건축물, 골프 연습장, 기타 주차수요를 유발하는 시설에 부대하여 설치된 주차장으로서, 해당 건축물 · 시설의 이용자 또는 일반의 이용에 제공되는 것

2. 부설주차장의 설치기준

(1) 부설주차장의 설치대상 종류 및 부설주차장 설치기준 [별표 1]

용도	설치기준
1. 위락시설	시설면적 $100m^2$당 1대 (시설면적/$100m^2$)
2. • 문화 및 집회시설(관람장 제외) • 종교시설 • 판매시설 • 운수시설 • 의료시설(정신병원 · 요양소 · 격리병원을 제외) • 운동시설(골프장 · 골프연습장 · 옥외수영장 제외) • 업무시설(외국공관 및 오피스텔 제외) • 방송통신시설 중 방송국 • 장례식장	시설면적 $150m^2$당 1대 (시설면적/$150m^2$)
3. • 제1종 근린생활시설 예외 – 지역자치센터, 파출소, 지구대, 소방서, 우체국, 방송국, 보건소, 공공도서관, 건강보험공단사무소 등 공공업무시설로서 같은 건축물에 해당 용도로 쓰는 바닥면적의 합계가 1천 제곱미터 미만인 것 – 마을회관, 마을공동작업소, 마을공동구판장 등 주민이 공동으로 이용하는 시설 • 제2종 근린생활시설 • 숙박시설	시설면적 $200m^2$당 1대 (시설면적/$200m^2$)
4. 단독주택(다가구주택 제외)	• 시설면적 $50m^2$ 초과 $150m^2$ 이하의 경우에는 1대 • 시설면적 $150m^2$ 초과의 경우에는 1대에 $150m^2$를 초과하는 $100m^2$당 1대를 더한 대수 $\left[1+\frac{(\text{시설면적}-150m^2)}{100m^2}\right]$
5. • 다가구주택 • 공동주택(기숙사를 제외) • 업무시설 중 오피스텔	「주택 건설기준 등에 관한 규정」 제27조 제1항에 따라 산정된 주차대수(이 경우 다가구주택 및 오피스텔의 전용면적은 공동주택의 전용면적 산정방법을 따름)
6. • 골프장	1홀당 10대 (홀의 수×10)
• 골프연습장	1타석당 1대 (타석의 수×1)
• 옥외수영장	정원 15인당 1대 (정원/15명)
• 관람장	정원 100인당 1대 (정원/100명)

핵심문제 ●●○

부설주차장 설치 대상 시설물로서 시설면적이 $1,400m^2$인 제2종 근린생활시설에 설치하여야 하는 부설주차장의 최소 대수는? 기 15①

❶ 7대 ② 9대
③ 10대 ④ 14대

해설
제2종 근린생활시설의 부설주차장 설치대수는 시설면적 $200m^2$당 1대씩을 설치한다. 따라서 $1,400m^2/200m^2=7$대

핵심문제 ●●●

다음 중 부설주차장의 설치기준이 다른 시설물은? 기 14①

❶ 숙박시설 ② 종교시설
③ 판매시설 ④ 운수시설

해설 부설주차장 설치기준
• 숙박시설 : 시설면적 $200m^2$당 1대
• 종교 · 판매 · 운수시설 : 시설면적 $150m^2$당 1대

핵심문제 ●●●

다음 중 부설주차장의 최소 설치대수가 가장 많은 시설물은?(단, 시설면적이 $1,000m^2$인 경우) 산 14①

① 장례식장 ② 종교시설
③ 판매시설 ❹ 위락시설

해설
• 위락시설 : 시설면적 $100m^2$당 1대
• 장례식장 · 종교시설 · 판매시설 : 시설면적 $150m^2$당 1대

용도	설치기준
7. 수련시설, 공장(아파트형은 제외), 발전시설	시설면적 $350m^2$당 1대 (시설면적/$350m^2$)
8. 창고시설	시설면적 $400m^2$당 1대 (시설면적/$400m^2$)
9. 학생용 기숙사	시설면적 $400m^2$당 1대 (시설면적/$400m^2$)
10. 그 밖의 건축물	시설면적 $300m^2$당 1대 (시설면적/$300m^2$)

(2) 산정기준

① 부설주차장 설치 제외 대상

㉠ 제1종 근린생활시설 중 변전소 · 양수장 · 정수장 · 대피소 · 공중화장실, 기타 이와 유사한 시설

㉡ 문화 및 집회시설 중 수도원 · 수녀원 · 제실 및 사당

㉢ 동물 및 식물관련시설(도축장 및 도계장 제외)

㉣ 방송통신시설(방송국 · 전신전화국 · 통신용시설 및 촬영소에 한함) 중 송신 · 수신 및 중계시설

㉤ 주차전용 건축물(노외주차장인 주차전용 건축물에 한함)에 주차장 외의 용도로 설치하는 시설물(판매시설 중 백화점 · 쇼핑센터 · 대형점과 문화 및 집회시설 중 영화관 · 전시장 · 예식장을 제외)

㉥ 역사(공공철도역사 포함)

② 시설물의 시설면적은 공용면적을 포함한 바닥면적의 합계를 말하되, 하나의 부지 안에 둘 이상의 시설물이 있는 경우에는 각 시설물의 시설면적을 합한 면적을 시설면적으로 하며, 시설물 안의 주차를 위한 시설의 바닥면적은 해당 시설물의 시설면적에서 제외한다.

③ 시설물 소유자는 부설주차장(해당 시설물의 부지에 설치하는 부설주차장 제외) 부지(주차장 지목에 한함)의 소유권을 취득하여 이를 주차장전용으로 제공하여야 한다. 다만, 주차전용 건축물에 부설주차장을 설치하는 경우에는 그 건축물의 소유권을 취득하여야 한다.

④ 용도가 다른 시설물이 복합된 시설물에 설치하여야 하는 부설주차장의 주차대수는 용도가 다른 각 시설물별로 설치기준에 의하여 산정한 소수점 이하 첫째자리까지의 주차대수를 합하여 산정한다. 다만, 단독주택(다가구주택은 제외)의 용도로 사용되는 시설의 면적이 $50m^2$ 이하인 경우에는 단독

핵심문제 ●●●

부설주차장의 설치대상 시설물 종류와 설치기준의 연결이 옳은 것은?

기 14④

① 판매시설 : 시설면적 $100m^2$당 1대
② 위락시설 : 시설면적 $150m^2$당 1대
③ 종교시설 : 시설면적 $200m^2$당 1대
❹ 숙박시설 : 시설면적 $200m^2$당 1대

해설

- 위락시설 : 시설면적 $100m^2$당 1대
- 장례식장 · 종교시설 · 판매시설 : 시설면적 $150m^2$당 1대

주택에 설치하여야 하는 부설주차장의 주차대수는 단독주택 면적을 $100m^2$로 나눈 대수로 한다.

⑤ 시설물을 용도변경하거나 증축함에 따라 추가로 설치하여야 하는 부설주차장의 주차대수는 용도변경하는 부분 또는 증축으로 인하여 면적이 증가하는 부분에 대하여만 설치기준을 적용하여 산정한다.

⑥ 주차대수를 산정함에 있어서 소수점 이하의 수가 0.5 이상인 경우에는 이를 1로 본다.

예외 해당 시설물 전체에 대하여 산정된 총 주차대수가 1대 미만인 경우에는 주차대수를 0으로 본다.

⑦ 용도변경되는 부분에 대하여 설치기준을 적용하여 산정한 주차대수가 소수점 이하인 경우에는 주차대수를 0으로 본다.

예외 용도변경되는 부분에 대하여 설치기준을 적용하여 산정하는 주차대수의 합(2회 이상 나누어 용도변경하는 경우를 포함)이 1대 이상인 경우

⑧ 단독주택 및 공동주택 중 「주택건설기준 등에 관한 규정」이 적용되는 주택에 대하여는 같은 규정에 따른 기준을 적용한다.

⑨ 승용차와 승용차 외의 자동차가 함께 이용하는 부설주차장의 경우에는 승용차 외의 자동차 주차가 가능하도록 하여야 하며, 승용차 외의 자동차가 더 많이 이용하는 부설주차장의 경우에는 그 이용 빈도에 따라 승용차 외의 자동차 주차에 적합하도록 승용차 외의 자동차가 이용할 주차장을 승용차용 주차장과 구분하여 설치하여야 한다. 이 경우 주차대수 산정은 승용차를 기준으로 한다.

⑩ 장애인전용주차구획을 설치하여야 하는 시설물에는 부설주차장 주차대수의 2～4% 범위에서 장애인의 주차수요를 감안하여 지방자치단체의 조례가 정하는 비율 이상을 장애인전용주차장으로 구분 · 설치하여야 한다.

예외 부설주차장의 주차대수가 10대 미만인 경우

⑪ 지방자치단체의 조례로 부설주차장의 설치기준을 강화 또는 완화하는 때에는 시설물의 시설면적 · 홀 · 타석 · 정원을 기준으로 한다.

⑫ 경형자동차의 전용주차구획으로 설치된 주차단위구획은 전체 주차단위구획수의 10%까지 부설주차장의 설치기준에 따라 설치된 것으로 본다.

3. 부설주차장 설치의 강화 및 완화

① 다음의 경우에는 특별시 · 광역시 · 특별자치도 · 시 또는 군(광

역시의 군은 제외)의 조례로 시설물의 종류를 세분하거나 부설 주차장의 설치기준을 따로 정할 수 있다.

오지 · 벽지 · 도서지역, 도심지의 간선도로변, 기타 해당 지역의 특수성으로	부설주차장의 설치대상 시설물 종류 및 설치의 기준을 적용하는 것이 현저히 부적합한 경우
관리지역	주차난이 발생할 우려가 없는 경우
• 단독주택 • 공동주택 • 업무시설 중 오피스텔	설치해야 하는 부설주차장의 설치기준을 세대별로 정하고자 하는 경우

② 특별시 · 광역시 · 특별자치도 · 시 또는 군은 주차수요의 특성 또는 증감에 효율적으로 대처하기 위하여 부설주차장 설치기준의 1/2 범위 안에서 지방자치단체조례로 강화하거나 완화할 수 있다.

4. 용도변경에 따른 부설주차장 설치

① 건축물의 용도를 변경하는 경우에는 용도변경 시점의 주차장 설치기준에 따라 변경 후 용도의 주차대수와 변경 전 용도의 주차대수를 산정하여 그 차이에 해당하는 부설주차장을 추가로 확보하여야 한다.

② 부설주차장을 추가로 확보하지 않고 용도변경할 수 있는 경우

용도변경 행위	예외
사용승인 후 5년이 지난 연면적 1,000m^2 미만의 건축물의 용도를 변경하는 경우	• 문화 및 집회시설 중 －공연장 －집회장 －관람장 • 위락시설 • 주택 중 다세대주택 · 다가구주택
해당 건축물 안에서 용도 상호 간의 변경을 하는 경우	부설주차장 설치기준이 높은 용도의 면적이 증가하는 경우

5. 부설주차장의 인근 설치

(1) 인근 설치대상

① 부설주차장의 설치기준에 따라 산정된 주차대수가 300대 이하인 경우 시설물의 부지 인근에 단독 또는 공동으로 부설주차장을 설치할 수 있다.

② 다음에 해당하는 경우에는 부설주차장 설치기준에 의하여 산정한 주차대수에 상당하는 규모의 부설주차장을 설치할 수 있다.

㉠ 「도로교통법」에 따라 차량의 통행이 금지된 장소의 시설물인 경우
㉡ 시설물의 부지에 접한 대지나 시설물의 부지와 통로로 연결된 대지에 부설주차장을 설치하는 경우
㉢ 시설물의 부지가 너비 12m 이하인 도로에 접해 있는 경우 도로의 맞은편 토지(시설물의 부지에 접한 도로의 건너편에 있는 시설물 정면의 필지와 그 좌우에 위치한 필지)에 부설주차장을 그 도로에 접하도록 설치하는 경우
㉣ 산업단지 안에 있는 공장인 경우

(2) 부지 인근의 범위

시설물의 부지 인근의 범위는 다음 범위 안에서 특별자치도·시·군·구의 조례로 정한다.

① 해당 부지경계선으로부터 부설주차장의 경계선까지

직선거리	300m 이내
도보거리	600m 이내

② 해당 시설물이 있는 동·리(행정 동·리를 말함)
③ 그 시설물과의 통행여건이 편리하다고 인정되는 인접 동·리(행정 동·리를 말함)

핵심문제 ●●●

시설물의 부지 인근에 단독 또는 공동으로 설치할 수 있는 부설주차장의 규모 기준은? 기 14①

① 200대 이하 ② 250대 이하
❸ 300대 이하 ④ 350대 이하

해설
부설주차장의 주차대수가 300대 이하인 때에는 시설물의 부지인근에 단독 또는 공동으로 부설주차장을 설치할 수 있다.

6. 부설주차장의 설치의무 면제대상

시설물의 위치	• 차량통행의 금지 또는 주변의 토지이용상황으로 인하여 부설주차장의 설치가 곤란하다고 특별자치도지사·시장·군수·구청장이 인정하는 장소 • 부설주차장의 출입구가 도심지 등의 간선도로변에 위치하여 자동차교통의 혼잡을 가중시킬 우려가 있다고 특별자치도지사·시장·군수·구청장이 인정하는 장소	
시설의 용도 및 규모	연면적 10,000m² 이상의 판매시설 및 운수시설에 해당하지 않는 경우	차량통행이 금지된 장소의 시설물인 경우에는 「건축법」이 정하는 용도별 건축허용 연면적의 범위에서 설치하는 시설물을 말함
	연면적 15,000m² 이상의 문화 및 집회시설(공연장·집회장 및 관람장에 한함)·위락시설·숙박시설·업무시설에 해당하지 않는 경우	차량통행이 금지된 장소의 시설물인 경우에는 「건축법」이 정하는 용도별 건축허용 연면적의 범위에서 설치하는 시설물을 말함
부설주차장의 규모	주차대수 300대 이하(차량통행이 금지된 장소에서는 부설주차장 설치기준에 따라 산정한 주차대수에 상당하는 규모)	

핵심문제 ●●●

부설주차장의 설치의무가 면제되는 부설주차장의 규모 기준은?(단, 차량통행이 금지된 장소가 아닌 경우) 산 17②

① 주차대수 100대 이하의 규모
② 주차대수 200대 이하의 규모
❸ 주차대수 300대 이하의 규모
④ 주차대수 400대 이하의 규모

해설
주차대수 300대 이하의 규모로 부설주차장을 설치 시 설치의무 면제기준에 해당된다.

7. 부설주차장의 구조 및 설비기준

(1) 부설주차장의 구조 및 설비기준

부설주차장의 구조 및 설비기준은 다음과 같다.(단독주택 및 다세대주택으로서 해당 부설주차장을 이용하는 차량의 소통에 지장이 없다고 시장 · 군수 또는 구청장이 인정하는 주택의 부설주차장은 제외)

① 부설주차장과 연결되는 도로가 2 이상인 경우에는 자동차 교통이 적은 도로에 출구와 입구를 설치한다.

예외 보행자의 교통에 지장이 있는 경우

② 주차대수 400대를 초과하는 부설주차장은 출구와 입구를 따로 설치할 것

③ 다음에 해당하는 노외주차장의 구조 및 설비기준을 준용한다.

㉠ 입구와 출구는 차로와 도로가 접하는 경우 곡선형으로 할 것
㉡ 출구 부근의 구조
㉢ 주차장 내의 차로
㉣ 출입구의 너비
㉤ 자주식 주차장의 기준
㉥ 자동차용 승강기 설치기준
㉦ 주차장의 높이
㉧ 일산화탄소 농도
㉨ 경보장치의 설치
㉩ 건축물식 주차장의 안전시설 설치
㉪ 주차단위구획의 경사도(평지 설치)

예외 기계식 주차장으로 기능 및 성능을 국토교통부장관이 인정하는 경우 그 기준에 따라 설치할 수 있다.

(2) 부설주차장의 조명 및 방범설비

건축물의 용도	조명설비	방범설비
• 30대를 초과하는 지하식, 건축물식의 자주식 주차장으로 판매시설 · 숙박시설 · 운동시설 · 위락시설 · 문화 및 집회시설 · 종교시설 또는 업무시설로 이용되는 건축물(판매시설 등) • 판매시설 등의 용도와 다른 용도가 복합된 건축물의 주차장으로 각각 시설에 대한 부설주차장이 구분되지 않은 경우	70lux 이상 (바닥으로부터 85cm 높이 지점)	폐쇄회로 텔레비전 및 녹화장치 설치
위의 용도가 아닌 용도(단독 및 다세대주택 제외)		–

핵심문제 ●●●

부설주차장의 총 주차대수 규모가 8대 이하인 자주식 주차장에서 주차형식에 따른 주차단위구획과 접하여 있는 차로의 너비 기준이 옳지 않은 것은? 산 10②

① 평행주차 : 3m 이상
② 직각주차 : 6m 이상
③ 교차주차 : 3.5m 이상
❹ 45° 대향주차 : 3m 이상

해설 45° 대향주차 : 3.5m 이상
소규모(8대 이하) 자주식 부설주차장 설치 기준

주차형식	차로의 너비
평행주차	3.0m 이상
직각주차	6.0m 이상
60° 대향주차	4.0m 이상
45° 대향주차 교차주차	3.5m 이상

참고

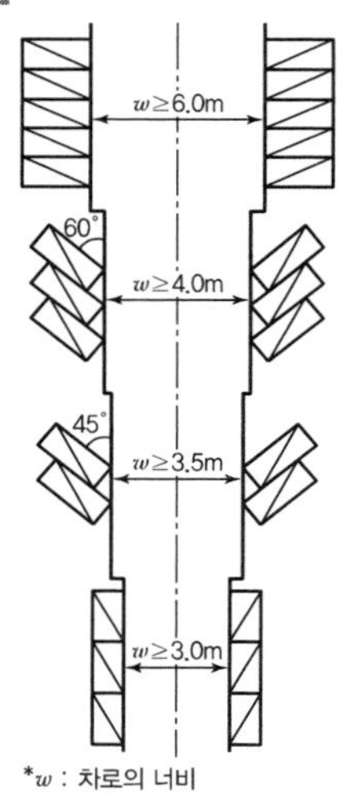

(3) 주차대수가 8대 이하인 자주식 주차장(지평식)의 구조 및 설비기준

① 차로의 너비는 2.5m 이상으로 하되 주차단위구획과 접하여 있는 차로의 너비는 다음과 같다.

주차형식	차로의 너비
평행주차	3.0m 이상
45° 대향주차 교차주차	3.5m 이상
60° 대향주차	4.0m 이상
직각주차	6.0m 이상

② 너비 12m 미만인 도로(보도와 차로의 구분이 없는 경우)에 접한 부설주차장인 경우에는 그 도로를 차로로 하여 주차단위구획을 배치할 수 있다. 이 경우 차로의 너비는 도로를 포함하여 6m 이상(평행주차인 경우 4m 이상)으로 하며, 도로의 범위는 중앙선까지로 하되 중앙선이 없는 경우에는 도로 반대쪽 경계선까지로 한다.

③ 보도와 차도의 구분이 있는 12m 이상의 도로에 접하여 있고 주차대수가 5대 이하인 부설주차장 : 해당 주차장의 이용에 지장이 없는 경우에 한하여 그 도로를 차도로 하여 직각주차 형식으로 주차단위구획을 배치할 수 있다.

④ 5대 이하의 주차단위구획 : 차로를 기준으로 하여 세로로 2대까지 접하여 배치할 수 있다.

⑤ 출입구의 너비는 3m 이상

예외 막다른 도로에 접한 경우로서 시장 · 군수 · 구청장이 차량소통에 지장이 없다고 인정하는 경우에 2.5m 이상으로 할 수 있다.

⑥ 보행인의 통로가 필요한 경우에는 시설물과 주차구획 사이에 0.5m 이상의 거리를 두어야 한다.

(4) 도로를 차로로 하여 설치한 부설주차장

도로와 주차구획선 사이에는 담장 등 주차장의 이용을 곤란하게 하는 장애물을 설치할 수 없다.

참고 차도에 연접하여 배치할 수 있는 경우

① 도로를 차로로 할 수 있는 주차대수 규모 5대 이하는 해당 부지 안에 설치하여야 할 총 주차대수가 5대 이하인 경우에만 적용하도록 한 규정이 아니라 총 주차대수 규모가 8대 이하인 소규모 주차장이 보차도 구분이 있는 너비 12m 이상의 도로에 접하여 있는 경우에 그 도로를 차로로 하여 주차단위구획을 배치할 수 있는 것이므로 8대 이하인 소규모 주차장을 설치하여야 하는 건축물이 2개의 보차도 구분이 없는 너비 12m 미만의 도로와 접하는 경우에는 각각 도로를 차로로 하여 주차단위구획을 배치할 수도 있다.

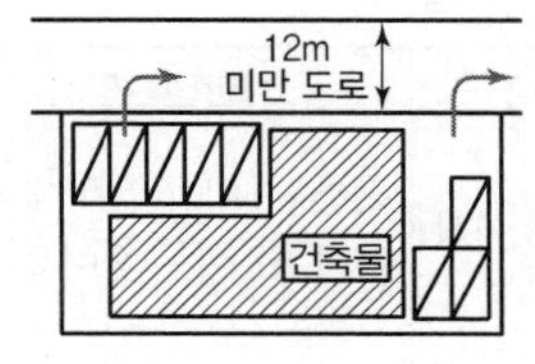

1개의 도로가 접한 경우
(인도가 없는 12m 미만 도로)

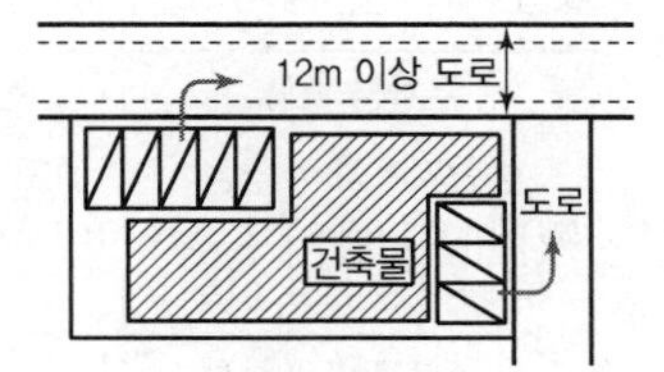

2개의 도로가 접한 경우
(인도가 있는 12m 이상 도로)

- 차로의 너비 : 6m 이상
- 도로 : 중앙선이 없는 경우 반대측 경계선

(주차대수 5대 이하인 경우 직각주차 형식으로 배치)

② 차로를 기준으로 하여 주차단위구획을 세로로 연접하여 주차대수 2대까지 배치할 수 있도록 한 것은 전면의 차량을 이동할 경우 뒷면의 차량이 원활한 소통을 할 수 있는 구조가 되도록 하기 위하여 연접 주차대수를 제한한 것이므로 총 주차대수의 규모가 8대 이하인 소규모 주차장에서는 같은 대지 안에서 도로를 달리하거나 일정한 차로간격을 띄어 2대씩 연접 배치할 수도 있다.

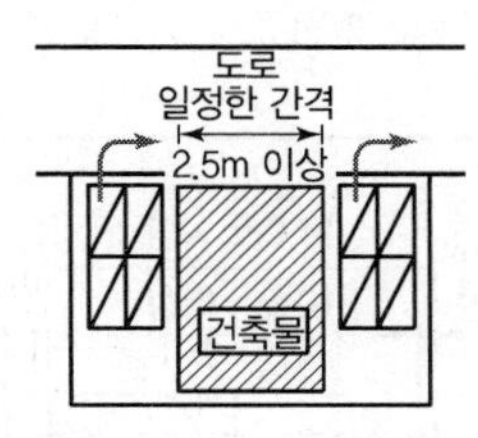

1개의 도로가 접한 경우

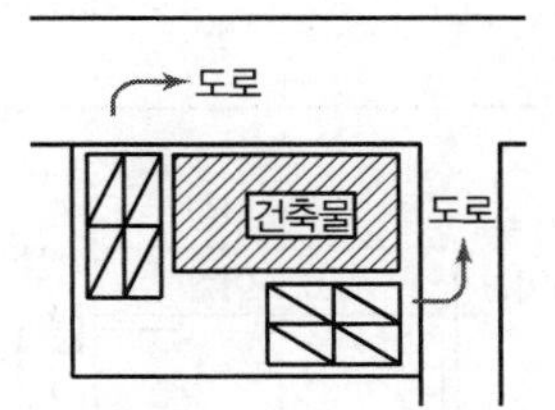

2개의 도로가 접한 경우

SECTION 04 기계식 주차장

1. 기계식 주차장의 설치기준

① 노외주차장 설비기준을 준용한다.

예외 주차형식에 따른 차로의 너비, 주차 부분의 높이, 내부공간의 일산화탄소 농도기준은 제외한다.

② 출입구의 전면공지 또는 방향전환장치 설치

주차장 종류	전면공지	방향전환장치
중형기계식 주차장 5.05m×1.85m×1.55m (무게 1,850kg 이하)	8.1m×9.5m 이상	직경 4m 이상 및 이에 접한 너비 1m 이상의 여유공지
대형기계식 주차장 5.75m×2.15m×1.85m (무게 2,200kg 이하)	10m×11m 이상	직경 4.5m 이상 및 이에 접한 너비 1m 이상의 여유공지

③ 정류장(자동차 대기장소)의 설치

정류장 확보	주차대수가 20대를 초과하는 매 20대마다 한 대분의 정류장 확보
정류장 규모	중형기계식 주차장 : 5.05m × 1.85m
	대형기계식 주차장 : 5.3m × 2.15m
완화 규정	주차장의 출구와 입구가 따로 설치되어 있거나, 종단경사도가 6% 이하인 진입로의 너비가 6m 이상인 경우 진입로 6m마다 한 대분의 정류장을 확보한 것으로 인정

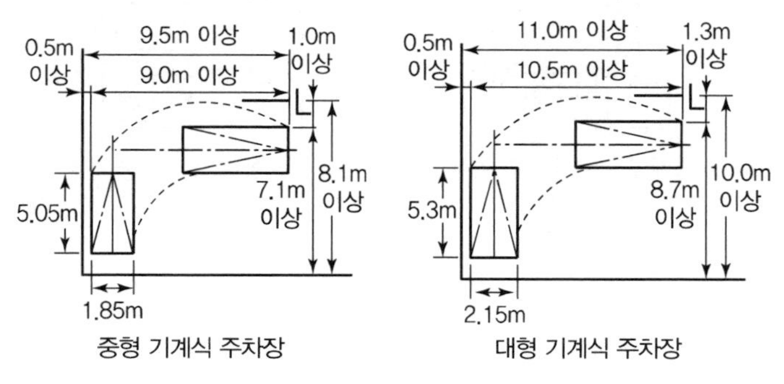

[기계식 주차장 출입구 전면공지]

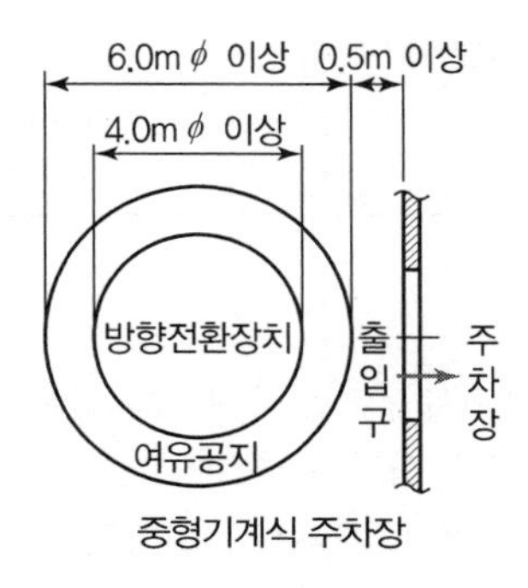

중형기계식 주차장

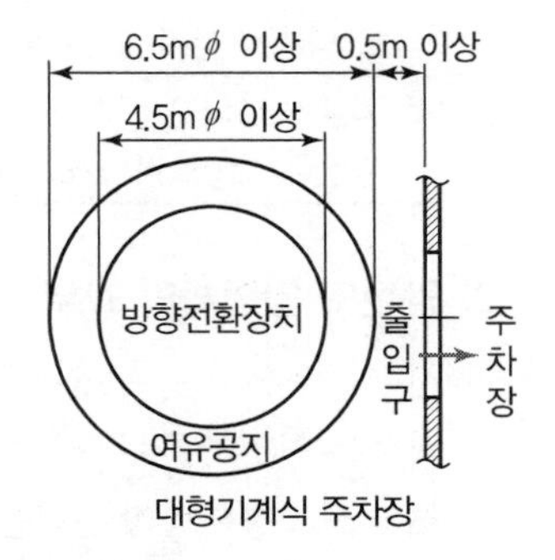

대형기계식 주차장

[기계식주차장 방향전환장치]

2. 안전도 인증서의 교부

(1) 기계식 주차장치의 안전기준

① 재료	한국산업표준 또는 그 이상으로 할 것
② 출입구의 크기	• 중형기계식 주차장 : 2.3m(너비) × 1.6m(높이) 이상 • 대형기계식 주차장 : 2.4m(너비) × 1.9m(높이) 이상 **예외** 사람이 통행하는 기계식 주차장출입구의 높이는 1.8m 이상
③ 주차구획 크기	중형 기계식 주차장 : 2.1m(너비) × 1.6m(높이) × 5.15m(길이) 대형 기계식 주차장 : 2.3m(너비) × 1.9m(높이) × 5.3m(길이) **예외** 차량의 길이가 5.1m 이상인 경우에는 주차구획 길이는 차량의 길이보다 최소 0.2m 이상을 더 확보하여야 한다.
④ 운반기의 크기(자동차가 들어가는 바닥의 너비)	• 중형 기계식 주차장 : 1.85m 이상 • 대형 기계식 주차장 : 1.95m 이상
⑤ 자동차를 입출고하는 사람의 출입통로	0.5m(폭) × 1.8m(높이) 이상
⑥ 기계식 주차장치 출입구에는 출입문을 설치하거나 기계식 주차장치가 작동하고 있을 때 기계식 주차장치 출입구 안으로 사람 또는 자동차가 접근할 경우 즉시 그 작동을 멈추게 할 수 있는 장치를 설치하여야 한다.	
⑦ 자동차가 주차구획 또는 운반기 안에서 제자리에 위치하지 아니한 경우에는 기계식 주차장치의 작동을 불가능하게 하는 장치를 설치하여야 한다.	

핵심문제 ●●●

주차대수가 300대인 기계식 주차장의 진입로 또는 전면공지와 접하는 장소에 확보하여야 하는 정류장의 최소 규모는? 기 17①

① 12대 ② 13대
❸ 14대 ④ 15대

해설 정류장 확보기준
주차대수가 20대를 초과하는 매 20대마다 1대분의 정류장을 확보하므로
(300 − 20)/20 = 14대

핵심문제 ●●●

주차장법령의 기계식 주차장치의 안전기준과 관련하여, 중형 기계식 주차장의 주차장치 출입구 크기 기준으로 옳은 것은?(단, 사람이 통행하지 않는 기계식 주차장치인 경우) 기 21②

❶ 너비 2.3m 이상, 높이 1.6m 이상
② 너비 2.3m 이상, 높이 1.8m 이상
③ 너비 2.4m 이상, 높이 1.6m 이상
④ 너비 2.4m 이상, 높이 1.9m 이상

해설

출입구의 크기	• 중형기계식 주차장 : 2.3m(너비) × 1.6m(높이) 이상 • 대형기계식 주차장 : 2.4m(너비) × 1.9m(높이) 이상 **예외** 사람이 통행하는 기계식 주차장출입구의 높이는 1.8m 이상
주차구획 크기	• 중형 기계식 주차장 : 2.1m(너비) × 1.6m(높이) × 5.15m(길이) • 대형 기계식 주차장 : 2.3m(너비) × 1.9m(높이) × 5.3m(길이) **예외** 차량의 길이가 5.1m 이상인 경우에는 주차구획의 길이는 차량의 길이보다 최소 0.2m 이상을 확보하여야 한다.

⑧ 기계식 주차장치의 작동 중 위험한 상황이 발생하는 경우 즉시 그 작동을 멈추게 할 수 있는 안전장치를 설치하여야 한다.

⑨ 기계식 주차장치의 안전기준에 관하여 이 규칙에 규정된 사항 외의 사항은 시 · 도지사가 정하여 고시한다.

(2) 안전도 인증서의 교부

시장 · 군수 또는 구청장은 기계식 주차장치가 국토교통부령이 정하는 안전기준에 적합하다고 인정되는 경우에는 제작자 등에게 국토교통부령이 정하는 바에 따라 기계식 주차장치의 안전도 인증서를 내주어야 한다.

3. 기계식 주차장의 검사

종류	검사내용	유효기간
사용검사	기계식 주차장의 설치를 완료하고 이를 사용하기 전에 실시하는 검사	3년
정기검사	사용검사의 유효기간이 지난 후 계속하여 사용하고자 하는 경우에 주기적으로 실시하는 검사	2년

핵심문제 ●●●

기계식 주차장치의 안전기준과 관련하여 중형 기계식주차장에 요구되는 기계식 주차장치의 출입구 크기 기준으로 옳은 것은? 산 14②

① 너비 2.1m 이상, 높이 1.6m 이상
② 너비 2.1m 이상, 높이 1.9m 이상
❸ 너비 2.3m 이상, 높이 1.6m 이상
④ 너비 2.3m 이상, 높이 1.9m 이상

해설 기계식 주차장 출입구 기준
• 중형 : 너비 2.3m, 높이 1.6m 이상
• 대형 : 너비 2.4m, 높이 1.9m 이상

>>> 사용 또는 정기검사의 연기

① 기계식 주차장이 설치된 건축물의 흠으로 인하여 그 건축물과 기계식 주차장의 사용이 불가능하게 된 경우
② 기계식 주차장의 사용을 중지한 경우
③ 천재지변 기타 정기검사를 받지 못할 부득이한 사유가 발생한 경우

CHAPTER 02 출제예상문제

01 주차장법령상 자주식 주차장의 형태에 속하지 않는 것은? 기 14②

① 지하식 ② 지평식
③ 기계식 ④ 건축물식

해설

주차장의 형태
- 자주식 주차장 : 지하식 · 지평식 또는 건축물식(공작물식을 포함)
- 기계식 주차장 : 지하식 · 건축물식(공작물식을 포함)

02 주차장법령상 기계식주차장의 세분에 속하지 않는 것은? 기 14④ 17②

① 지하식 ② 지평식
③ 건축물식 ④ 공작물식

해설

주차장의 형태
- 자주식 주차장 : 지하식 · 지평식 또는 건축물식(공작물식을 포함)
- 기계식 주차장 : 지하식 · 건축물식(공작물식을 포함)

03 주차장법령상 다음과 같이 정의되는 주차장의 종류는? 산 17③

> 도로의 노면 또는 교통광장(교차점 광장만 해당)의 일정한 구역에 설치된 주차장으로서 일반의 이용에 제공되는 것

① 부설주차장
② 노상주차장
③ 노외주차장
④ 기계식 주차장

해설

노상주차장
도로의 노면 또는 교통광장(교차점 광장만 해당)의 일정한 구역에 설치된 주차장으로서 일반의 이용에 제공되는 것

04 주차전용 건축물은 건축물의 연면적 중 주차장으로 사용되는 부분의 비율이 최소 얼마 이상이어야 하는가?(단, 주차장 외의 용도로 사용되는 부분이 판매시설인 경우) 산 17①

① 60% ② 70%
③ 80% ④ 95%

해설

주차전용 건축물

건축물의 용도	주차면적 비율
건축물의 연면적 중 주차장으로 사용되는 부분	95% 이상
단독주택, 공동주택, 제1종 및 제2종 근린생활시설, 문화 및 집회시설, 종교시설, 판매시설, 운수시설, 운동시설, 업무시설, 창고시설, 자동차관련시설	70% 이상

05 건축물의 연면적 중 주차장으로 사용되는 비율이 70%인 경우, 주차전용 건축물로 볼 수 있는 주차장 외의 용도에 속하지 않는 것은? 기 17②

① 의료시설
② 운동시설
③ 제1종 근린생활시설
④ 제2종 근린생활시설

해설

의료시설은 건축물의 연면적 중 주차장으로 사용되는 비율이 95% 이상이어야 주차전용 건축물로 인정한다.

정답 01 ③ 02 ② 03 ② 04 ② 05 ①

06 다음은 주차전용 건축물에 관한 기준 내용이다. ( ) 안에 속하지 않는 건축물의 용도는?

산 18①

> 주차전용 건축물이란 건축물의 연면적 중 주차장으로 사용되는 부분의 비율이 95% 이상인 것을 말한다. 다만, 주차장 외의 용도로 사용되는 부분이 ( )인 경우에는 주차장으로 사용되는 부분의 비율이 70% 이상인 것을 말한다.

① 단독주택
② 종교시설
③ 교육연구시설
④ 문화 및 집회시설

해설

교육연구시설은 건축물의 연면적 중 주차장으로 사용되는 비율이 95% 이상이어야 주차전용 건축물로 인정한다.

07 다음은 주차전용 건축물의 주차면적비율에 관한 기준 내용이다. ( ) 안에 들어갈 말로 알맞은 것은?(단, 주차장 외의 용도로 사용되는 부분이 의료시설인 경우)

산 18③

> 주차전용 건축물이란 건축물의 연면적 중 주차장으로 사용되는 부분의 비율이 ( ) 이상인 것을 말한다.

① 70%
② 80%
③ 90%
④ 95%

해설

의료시설은 건축물의 연면적 중 주차장으로 사용되는 비율이 95% 이상이어야 주차전용 건축물로 인정한다.

08 주차장의 수급실태를 조사하려는 경우, 조사구역의 설정기준으로 옳지 않은 것은?

기 17④

① 원형 형태로 조사구역을 설정한다.
② 각 조사구역은 「건축법」에 따른 도로를 경계로 구분한다.
③ 조사구역 바깥 경계선의 최대 거리가 300m를 넘지 아니하도록 한다.
④ 주거기능과 상업 · 업무기능이 섞여 있는 지역의 경우에는 주차시설 수급의 적정성, 지역적 특성 등을 고려하여 같은 특성을 가진 지역별로 조사구역을 설정한다.

해설

조사구역의 설정기준은 사각형 또는 삼각형 형태로 조사구역을 설정한다.

09 다음은 주차장 수급실태조사의 조사구역에 관한 설명이다. ( ) 안에 들어갈 말로 알맞은 것은?

기 18②

> 사각형 또는 삼각형 형태로 조사구역을 설정하되 조사구역 바깥 경계선의 최대 거리가 ( )를 넘지 아니하도록 한다.

① 100m
② 200m
③ 300m
④ 400m

해설

주차장 수급실태 조사구역

사각형 또는 삼각형 형태로 조사구역을 설정하되 조사구역 바깥 경계선의 최대 거리가 300m를 넘지 아니하도록 한다.

정답 06 ③ 07 ④ 08 ① 09 ③

10 주차장의 수급실태조사에 관한 설명으로 옳지 않은 것은? 기 19①

① 실태조사의 주기는 5년으로 한다.
② 조사구역은 사각형 또는 삼각형 형태로 설정한다.
③ 조사구역 바깥 경계선의 최대 거리가 300m를 넘지 않도록 한다.
④ 각 조사구역은 「건축법」에 따른 도로를 경계로 구분한다.

해설

실태조사의 주기는 3년으로 한다.

11 주차장 수급실태조사의 조사구역 설정에 관한 기준 내용으로 옳지 않은 것은? 기 18④

① 실태조사의 주기는 3년으로 한다.
② 사각형 또는 삼각형 형태로 조사구역을 설정한다.
③ 각 조사구역은 「건축법」에 따른 도로를 경계로 구분한다.
④ 조사구역 바깥 경계선의 최대 거리가 500m를 넘지 않도록 한다.

해설

조사구역 바깥 경계선의 최대 거리가 300m를 넘지 않도록 한다.

12 주차장 주차단위구획의 최소 크기로 옳지 않은 것은?(단, 평행주차형식 외의 경우) 기 18①

① 경형 : 너비 2.0m, 길이 3.6m
② 일반형 : 너비 2.0m, 길이 6.0m
③ 확장형 : 너비 2.6m, 길이 5.2m
④ 장애인전용 : 너비 3.3m, 길이 5.0m

해설

일반형 : 너비 2.5m, 길이 5.0m

주차형식	구분	주차구획
평행주차 형식의 경우	경형	1.7m×4.5m 이상
	일반형	2.0m×6.0m 이상
	보도와 차도의 구분이 없는 주거지역의 도로	2.0m×5.0m 이상
평행주차 형식 외의 경우	경형	2.0m×3.6m 이상
	일반형	2.5m×5.0m 이상
	확장형	2.6m×5.2m 이상

13 다음 주차장의 주차단위구획에 관한 기준 내용 중 빈칸에 알맞은 것은?(단, 평행주차형식의 경우) 산 10②

구분	너비	길이
경형		
일반형	2.0m 이상	6.0m 이상

① 1.8m 이상, 4.0m 이상
② 1.8m 이상, 4.5m 이상
③ 1.7m 이상, 5.0m 이상
④ 1.7m 이상, 4.5m 이상

해설

구분	너비	길이
경형	1.7m 이상	4.5m 이상
일반형	2.0m 이상	6.0m 이상

14 주차장에서 장애인전용 주차단위구획의 최소 크기는?(단, 평행주차형식 외의 경우) 산 18①

① 너비 2.0m, 길이 3.6m
② 너비 2.3m, 길이 5.0m
③ 너비 2.5m, 길이 5.1m
④ 너비 3.3m, 길이 5.0m

정답 10 ① 11 ④ 12 ② 13 ④ 14 ④

해설

장애인전용 주차단위구획의 최소 크기
너비 3.3m, 길이 5.0m

15 주차장에서 장애인전용 주차단위구획의 면적은 최소 얼마 이상이어야 하는가?(단, 평행주차 형식 외의 경우) 산 18①

① $11.5m^2$
② $12m^2$
③ $15m^2$
④ $16.5m^2$

해설

장애인전용 주차단위구획의 최소 크기
너비 3.3m, 길이 5.0m = $16.5m^2$

16 주차장법령상 다음과 같이 정의되는 주차장의 종류는? 산 18①③

> 도로의 노면 또는 교통광장(교차점 광장만 해당한다)의 일정한 구역에 설치된 주차장으로서 일반의 이용에 제공되는 것

① 노상주차장
② 노외주차장
③ 공용주차장
④ 부설주차장

해설

노상주차장
도로의 노면 또는 교통광장(교차점 광장만 해당한다)의 일정한 구역에 설치된 주차장으로서 일반의 이용에 제공되는 것

17 노상주차장의 구조 및 설비에 관한 기준 내용으로 옳은 것은? 기 17②

① 너비 6m 이상의 도로에 설치하여서는 아니 된다.
② 종단경사도가 3%를 초과하는 도로에 설치하여서는 아니 된다.
③ 고속도로, 자동차 전용도로 또는 고가도로에 설치하여서는 아니 된다.
④ 주차대수 규모가 20대인 경우, 장애인전용 주차구획을 최소 2면 이상 설치하여야 한다.

해설

- 노상주차장 설치금지 장소
  - 주간선도로
  - 너비 6m 미만인 도로
  - 종단기울기가 4%를 초과하는 도로
  - 고속도로 · 자동차전용도로 · 고가도로
  - 주 · 정차 금지구역에 해당하는 도로의 부분
- 주차대수 규모가 20대 이상 50대 미만인 경우 장애인전용 주차구획을 최소 한 면 이상 설치

18 다음 중 노외주차장의 출구 및 입구를 설치할 수 있는 장소는? 기 19①

① 육교로부터 4m 거리에 있는 도로의 부분
② 지하 횡단보도에서 10m 거리에 있는 도로의 부분
③ 초등학교 출입구로부터 15m 거리에 있는 도로의 부분
④ 장애인 복지시설 출입구로부터 15m 거리에 있는 도로의 부분

해설

지하 횡단보도에서는 4m 이내이므로 10m 거리에 있는 도로의 부분은 설치할 수 있다.

노외주차장의 출구 및 입구 설치금지 장소
- 정차 · 주차가 금지되는 도로의 부분
- 횡단보도에서 5m 이내의 도로 부분
- 너비 4m 미만의 도로(주차대수 200대 이상인 경우에는 너비 6m 미만의 도로)
- 종단기울기가 10%를 초과하는 도로

정답 15 ④ 16 ① 17 ③ 18 ②

19 다음과 같은 조건에 있는 노외주차장에 설치하여야 하는 차로의 최소 너비는? 산 14②

[조건]
- 이륜자동차전용 외의 노외주차장
- 주차형식 : 평행주차
- 출입구가 2개 이상인 경우

① 3.3m ② 3.5m
③ 4.5m ④ 6.0m

해설

노외주차장 차로너비(이륜자동차전용이 아닌 노외주차장)

주차형식	차로의 폭	
	출입구가 2개 이상인 경우	출입구가 1개인 경우
평행주차	3.3m	5.0m
직각주차	6.0m	6.0m
60° 대향주차	4.5m	5.5m
45° 대향주차	3.5m	5.0m
교차주차	3.5m	5.0m

20 노외주차장의 주차형식에 따른 차로의 최소 너비 기준으로 옳지 않은 것은?(단, 이륜자동차전용 외의 노외주차장으로 출입구가 1개인 경우) 산 14③

① 평행주차 : 5.0m
② 직각주차 : 6.0m
③ 교차주차 : 5.0m
④ 60° 대향주차 : 6.0m

해설

60° 대향주차 : 5.5m

21 노외주차장의 주차형식에 따른 차로의 최소 너비가 옳지 않은 것은?(단, 이륜자동차전용 외의 노외주차장으로서 출입구가 2개 이상인 경우) 산 18②

① 평행주차 : 3.5m
② 교차주차 : 3.5m
③ 직각주차 : 6.0m
④ 60° 대향주차 : 4.5m

해설

평행주차 : 3.3m

22 다음 중 노외주차장에 설치하여야 하는 차로의 최소 너비가 가장 작은 주차형식은?(단, 이륜자동차전용 외의 노외주차장으로 출입구가 2개 이상인 경우) 산 18①

① 직각주차
② 교차주차
③ 평행주차
④ 60° 대향주차

해설

평행주차

3.3m로 차로의 최소 너비가 가장 작은 주차형식이다.

23 노외주차장의 구조 · 설비에 관한 기준 내용으로 옳지 않은 것은? 기 15①

① 주차구획선의 긴 변과 짧은 변 중 한 변 이상이 차로에 접하여야 한다.
② 주차대수 규모가 50대 미만인 노외주차장의 출입구 너비는 3.5m 이상으로 하여야 한다.
③ 노외주차장에서 주차에 사용되는 부분의 높이는 주차 바닥면으로부터 2.1m 이상으로 하여야 한다.
④ 지하식 또는 건축물식 노외주차장의 차로 높이는 주차바닥면으로부터 2.1m 이상으로 하여야 한다.

정답 19 ① 20 ④ 21 ① 22 ③ 23 ④

해설

지하식 또는 건축물식인 노외주차장 차로의 높이는 주차바닥면으로부터 2.3m 이상으로 하여야 한다.

24 지하식 또는 건축물식 노외주차장에서 경사로가 직선형인 경우, 경사로의 차로너비는 최소 얼마 이상으로 하여야 하는가?(단, 2차로인 경우) 기 17①

① 5m ② 6m
③ 7m ④ 8m

해설

자주식 주차장 경사로의 차로너비 및 종단기울기

주차형식	차선		종단기울기
	1차선	2차선	
직선형	3.3m 이상	6m 이상	17% 이하
곡선형	3.6m 이상	6.5m 이상	14% 이하

25 지하식 또는 건축물식 노외주차장의 차로에 관한 기준 내용으로 옳지 않은 것은? 산 17①

① 경사로의 노면은 거친면으로 하여야 한다.
② 높이는 주차바닥면으로부터 2.3m 이상으로 하여야 한다.
③ 경사로의 종단경사도는 곡선 부분에서는 17%를 초과하여서는 아니 된다.
④ 주차대수 규모가 50대 이상인 경우의 경사로는 너비 6m 이상인 2차로를 확보하거나 진입차로와 진출차로를 분리하여야 한다.

해설

지하식 노외주차장 경사로의 종단경사도
- 직선형 : 17% 이하
- 곡선형 : 14% 이하

26 지하식 또는 건축물식 노외주차장의 차로에 관한 기준 내용으로 옳지 않은 것은? 산 17②

① 높이는 주차바닥면으로부터 2.3m 이상으로 하여야 한다.
② 경사로의 차로 너비는 직선형인 경우 3.0m 이상으로 한다.
③ 경사로의 종단경사도는 곡선 부분에서는 14%를 초과하여서는 아니 된다.
④ 경사로의 종단경사도는 직선 부분에서는 17%를 초과하여서는 아니 된다.

해설

자주식 주차장 경사로의 차로너비 및 종단기울기

주차형식	차선		종단기울기
	1차선	2차선	
직선형	3.3m 이상	6m 이상	17% 이하
곡선형	3.6m 이상	6.5m 이상	14% 이하

27 지하식 또는 건축물식 노외주차장의 차로에 관한 기준 내용으로 틀린 것은? 기 20④

① 경사로의 노면은 거친면으로 하여야 한다.
② 높이는 주차바닥면으로부터 2.3m 이상으로 하여야 한다.
③ 경사로의 종단경사도는 직선 부분에서는 14%를 초과하여서는 아니 된다.
④ 주차대수 규모가 50대 이상인 경우의 경사로는 너비 6m 이상인 2차로를 확보하거나 진입차로와 진출차로를 분리하여야 한다.

해설

경사로의 종단경사도는 직선 부분에서는 17%를 초과하여서는 아니 된다.

정답 24 ② 25 ③ 26 ② 27 ③

28 지하식 또는 건축물식 노외주차장의 차로에 관한 기준 내용으로 옳지 않은 것은?(단, 이륜자동차전용 노외주차장이 아닌 경우) 기 18④

① 높이는 주차바닥면으로부터 2.3m 이상으로 하여야 한다.
② 경사로의 종단경사도는 직선 부분에서는 17%를 초과하여서는 아니 된다.
③ 곡선 부분은 자동차가 4m 이상의 내변반경으로 회전할 수 있도록 하여야 한다.
④ 주차대수 규모가 50대 이상인 경우의 경사로는 너비 6m 이상인 2차로를 확보하거나 진입차로와 진출차로를 분리하여야 한다.

해설

곡선 부분은 자동차가 6m 이상의 내변반경으로 회전할 수 있도록 하여야 한다.

29 노외주차장 내부공간의 일산화탄소 농도는 주차장을 이용하는 차량이 가장 빈번한 시각의 앞뒤 8시간의 평균치가 몇 ppm 이하로 유지되어야 하는가? 기 20①②통합

① 80ppm
② 70ppm
③ 60ppm
④ 50ppm

해설

일산화탄소의 농도
노외주차장 내부공간의 일산화탄소의 농도는 차량이용이 빈번한 전후 8시간의 평균치를 50ppm 이하(다중이용시설 등의 실내공기질관리법 규정에 의한 실내주차장은 25ppm)로 유지하여야 한다.

30 노외주차장에 설치할 수 있는 부대시설의 종류에 속하지 않는 것은?(단, 특별자치도 · 시 · 군 또는 자치구의 조례로 정하는 이용자 편의시설은 제외) 산 20①②통합

① 휴게소
② 관리사무소
③ 고압가스 충전소
④ 전기자동차 충전시설

해설

노외주차장에 설치할 수 있는 부대시설
- 관리사무소, 휴게소, 공중화장실
- 간이매점, 자동차의 장식품판매점, 전기자동차 충전시설
- 주유소
- 노외주차장의 관리 · 운영상 필요한 편의시설

31 다음의 노외주차장의 설치에 대한 계획기준 내용 중 ( ) 안에 알맞은 것은? 기 10①

특별시장 · 광역시장 · 시장 · 군수 또는 구청장이 설치하는 노외주차장에는 주차대수 규모가 ( ) 이상인 경우 주차대수의 2~4% 범위에서 장애인 전용 주차구획을 설치하여야 한다.

① 10대
② 20대
③ 30대
④ 50대

해설

노외주차장에는 주차대수 규모가 50대 이상인 경우 주차대수의 2~4% 범위에서 장애인전용 주차구획을 설치하여야 한다.

정답 28 ③ 29 ④ 30 ③ 31 ④

32 다음 중 부설주차장에 설치하여야 하는 최소 주차대수가 가장 많은 시설물은? 기 14②

① 15타석을 갖춘 골프연습장
② 정원이 300명인 옥외수영장
③ 시설면적이 3,000m^2인 위락시설
④ 시설면적이 3,000m^2인 판매시설

해설

- 골프연습장 : 1타석당 1대
  따라서 15타석×1대＝15대
- 옥외수영장 : 정원 15명당 1대
  따라서 300명/15명＝20대
- 위락시설 : 시설면적 100m^2당 1대
  따라서 3,000m^2/100m^2＝30대
- 판매시설 : 시설면적 150m^2당 1대
  따라서 3,000m^2/150m^2＝20대

33 다음의 시설물 중 설치하여야 하는 부설주차장의 최소 주차대수가 가장 많은 곳은?(단, 시설면적이 600m^2인 경우) 산 17①

① 위락시설
② 판매시설
③ 업무시설
④ 제2종 근린생활시설

해설

- 위락시설
  시설면적 100m^2당 1대, 따라서 600m^2/100m^2＝6대
- 판매시설, 업무시설
  시설면적 150m^2당 1대, 따라서 600m^2/150m^2＝4대
- 제2종 근린생활시설
  시설면적 200m^2당 1대, 따라서 600m^2/200m^2＝3대

34 부설주차장의 설치대상 시설물에 따른 설치기준이 옳지 않은 것은? 산 17②

① 골프장 : 1홀당 5대
② 위락시설 : 시설면적 100m^2당 1대
③ 종교시설 : 시설면적 150m^2당 1대
④ 숙박시설 : 시설면적 200m^2당 1대

해설

골프장 : 1홀당 10대

35 부설주차장의 설치대상 시설물 종류에 따른 설치기준이 틀린 것은? 기 20①②통합 20③

① 골프장 : 1홀당 10대
② 위락시설 : 시설면적 80m^2당 1대
③ 판매시설 : 시설면적 150m^2당 1대
④ 숙박시설 : 시설면적 200m^2당 1대

해설

위락시설 : 시설면적 100m^2당 1대

36 다음 중 부설주차장 설치대상 시설물의 종류와 설치기준의 연결이 옳지 않은 것은? 기 19①

① 골프장 : 1홀당 10대
② 숙박시설 : 시설면적 200m^2당 1대
③ 위락시설 : 시설면적 150m^2당 1대
④ 문화 및 집회시설 중 관람장 : 정원 100명당 1대

해설

위락시설 : 시설면적 150m^2당 1대

정답 32 ③ 33 ① 34 ① 35 ② 36 ③

37 부설주차장 설치대상 시설물로서 위락시설의 시설면적이 1,500m²일 때 설치하여야 하는 부설주차장의 최소 주차대수는? 기 20④ 산 18③

① 10대 ② 13대
③ 15대 ④ 20대

해설

위락시설의 부설주차장 설치대수
시설면적 100m²당 1대씩을 설치한다.
따라서 1,500m²/100m² = 15대

38 부설주차장 설치대상 시설물로서 시설면적이 1,400m²인 제2종 근린생활시설에 설치하여야 하는 부설주차장의 최소 대수는? 기 17④

① 7대 ② 9대
③ 10대 ④ 14대

해설

제2종 근린생활시설
시설면적 200m²당 1대, 따라서 1,400m²/200m² = 7대

39 부설주차장 설치대상 시설물이 문화 및 집회시설 중 예식장으로서 시설면적이 1,200m²인 경우, 설치하여야 하는 부설주차장의 최소 대수는? 기 18①

① 8대 ② 10대
③ 15대 ④ 20대

해설

문화 및 집회시설의 부설주차장 설치대수는 시설면적 150m²당 1대씩이다.
따라서 1,200m²/150m² = 8대

40 부설주차장 설치대상 시설물이 숙박시설인 경우, 설치기준으로 옳은 것은? 산 20③

① 시설면적 100m²당 1대
② 시설면적 150m²당 1대
③ 시설면적 200m²당 1대
④ 시설면적 350m²당 1대

해설

숙박시설
시설면적 200m²당 1대

41 부설주차장의 설치대상 시설물이 판매시설인 경우, 부설주차장 설치기준으로 옳은 것은? 기 18② 산 17③ 15① 14②

① 시설면적 100m²당 1대
② 시설면적 150m²당 1대
③ 시설면적 200m²당 1대
④ 시설면적 300m²당 1대

해설

판매시설 : 시설면적 150m²당 1대

42 부설주차장 설치대상 시설물이 종교시설인 경우, 부설주차장 설치기준으로 옳은 것은? 기 18④

① 시설면적 50m²당 1대
② 시설면적 100m²당 1대
③ 시설면적 150m²당 1대
④ 시설면적 200m²당 1대

해설

종교시설 : 시설면적 150m²당 1대

정답 37 ③ 38 ① 39 ① 40 ③ 41 ② 42 ③

43 부설주차장을 설치하지 아니하고 단독주택을 건축할 수 있는 시설면적기준은?(단, 다가구주택 제외) 산 14③

① $50m^2$ 이하 ② $100m^2$ 이하
③ $130m^2$ 이하 ④ $150m^2$ 이하

해설

단독주택 부설주차장 설치기준(다가구주택 제외)
- 시설면적 $50m^2$ 초과 $150m^2$ 이하 : 1대
- 시설면적 $50m^2$ 초과 : $\left[1+\frac{(\text{시설면적}-150m^2)}{100m^2}\right]$

44 부설주차장 설치대상 시설물인 옥외수영장의 연면적이 $15,000m^2$, 정원이 1,800명인 경우 설치해야 하는 부설주차장의 최소 주차대수는? 산 18①

① 75대 ② 100대
③ 120대 ④ 150대

해설

옥외수영장 부설주차장의 설치대수
정원 15인당 1대를 설치하므로 1,800명/15명=120대를 설치한다.

45 시설물의 부지 인근에 단독 또는 공동으로 부설주차장을 설치할 수 있는 부설주차장의 규모 기준은? 기 17② 산 20①②통합 18① 14③

① 주차대수 100대 이하
② 주차대수 200대 이하
③ 주차대수 300대 이하
④ 주차대수 400대 이하

해설

부설주차장이 주차대수 300대 이하 규모이면 시설물의 부지 인근에 단독 또는 공동으로 부설주차장을 설치할 수 있다.

46 시설물의 부지 인근에 부설주차장을 설치하는 경우, 해당 부지의 경계선으로부터 부설주차장의 경계선까지의 거리 기준으로 옳은 것은? 기 18②

① 직선거리 300m 이내
② 도보거리 800m 이내
③ 직선거리 500m 이내
④ 도보거리 1,000m 이내

해설

주차대수 규모 300대 이하의 부설주차장 인근설치 기준
해당 부지 경계선으로부터 부설주차장 경계선까지의 직선거리 300m 이내 또는 도보거리 600m 이내

47 부설주차장의 총 주차대수 규모가 8대 이하인 자주식 주차장에서 주차형식에 따른 주차단위구획과 접하여 있는 차로의 너비 기준이 옳지 않은 것은? 산 10①

① 평행주차 : 3m 이상
② 직각주차 : 6m 이상
③ 교차주차 : 3.5m 이상
④ 45° 대향주차 : 3m 이상

해설

45° 대향주차 : 3.5m 이상
소규모(8대 이하) 자주식 부설주차장 설치 기준

주차형식	평행주차	직각주차	60° 대향주차	45° 대향주차 교차주차
차로의 너비	3.0m 이상	6.0m 이상	4.0m 이상	3.5m 이상

정답 43 ① 44 ③ 45 ③ 46 ① 47 ④

48 부설주차장의 총 주차대수 규모가 8대 이하인 자주식 주차장의 구조 및 설비기준 내용으로 옳지 않은 것은?(단, 지평식의 경우) 기 12①

① 출입구의 너비는 2.0m 이상으로 한다.
② 주차단위구획과 접하여 있지 않은 차로의 너비는 2.5m 이상으로 한다.
③ 평행주차형식인 경우 주차단위구획과 접해 있는 차로의 너비는 3.0m 이상으로 한다.
④ 주차대수 5대 이하의 주차단위구획은 차로를 기준으로 하여 세로로 2대까지 접하여 배치할 수 있다.

해설

출입구의 너비는 3.0m 이상으로 한다.

49 기계식 주차장에 설치하여야 하는 정류장의 확보 기준으로 옳은 것은? 산 17① 10①

① 주차대수 20대를 초과하는 매 20대마다 1대분
② 주차대수 20대를 초과하는 매 30대마다 1대분
③ 주차대수 30대를 초과하는 매 20대마다 1대분
④ 주차대수 30대를 초과하는 매 30대마다 1대분

해설

정류장 확보기준
주차대수가 20대를 초과하는 매 20대마다 1대분의 정류장을 확보

50 대형 기계식 주차장에 있어서 출입구 전면에 확보하여야 할 전면공지의 크기 기준으로 옳은 것은? 산 10①

① 너비 8.1m 이상, 길이 9.5m 이상
② 너비 8.7m 이상, 길이 9.8m 이상
③ 너비 10m 이상, 길이 11m 이상
④ 너비 10.3m 이상, 길이 11m 이상

해설

기계식 주차장 출입구의 전면공지 확보 기준
- 중형 : 8.1m × 9.5m 이상
- 대형 : 10m × 11m 이상

51 기계식 주차장의 사용검사의 유효기간과 정기검사의 유효기간은? 산 11②

① 사용검사 : 2년, 정기검사 : 2년
② 사용검사 : 2년, 정기검사 : 3년
③ 사용검사 : 3년, 정기검사 : 2년
④ 사용검사 : 3년, 정기검사 : 3년

해설

기계식 주차장 검사의 유효기간
- 사용검사 : 3년
- 정기검사 : 2년

정답 48 ① 49 ① 50 ③ 51 ③

Engineer Architecture

CHAPTER

03

국토의 계획 및 이용에 관한 법률

CHAPTER 03 국토의 계획 및 이용에 관한 법률

SECTION 01 총칙

1. 국토의 계획 및 이용에 관한 법률의 목적

국토의 이용 · 개발과 보전을 위한 계획의 수립 및 집행 등에 필요한 사항을 정하여 공공복리를 증진시키고 국민의 삶의 질을 향상시키는 것을 목적으로 한다.

2. 용어 정의

>>> 광역계획권

2 이상의 특별시 · 광역시 · 시 또는 군의 공간구조 및 기능을 상호 연계시키고 환경을 보전하며 광역시설을 체계적으로 정비하기 위하여 필요한 경우에 국토교통부 장관이 지정하는 권역(圈域)

(1) 광역도시계획

광역계획권의 장기발전 방향을 제시하는 계획을 말한다.

(2) 도시 · 군계획

① 정의

특별시 · 광역시 · 특별자치시 · 특별자치도 · 시 또는 군(광역시의 관할구역 안에 있는 군을 제외)의 관할구역에 대하여 수립하는 공간구조와 발전방향에 대한 계획으로서 도시 · 군기본계획과 도시 · 군관리계획으로 구분한다.

② 종류

구분	내용
도시 · 군 기본계획	특별시 · 광역시 · 시 또는 군의 관할구역에 대하여 기본적인 공간구조와 장기발전 방향을 제시하는 종합계획으로서 도시 · 군관리계획 수립의 지침이 되는 계획을 말한다(법 제2조 제3호).
도시 · 군 관리계획	특별시 · 광역시 · 특별자치시 · 특별자치도 · 시 또는 군의 개발 · 정비 및 보전을 위하여 수립하는 토지이용 · 교통 · 환경 · 경관 · 안전 · 산업 · 정보통신 · 보건 · 후생 · 안보 · 문화 등에 관한 다음의 계획을 말한다. • 용도지역 · 용도지구의 지정 또는 변경에 관한 계획 • 개발제한구역 · 도시자연공원구역 · 시가화조정구역 · 수산자원보호구역의 지정 또는 변경에 관한 계획 • 기반시설의 설치 · 정비 또는 개량에 관한 계획 • 도시개발사업 또는 정비사업에 관한 계획 • 지구단위계획구역의 지정 또는 변경에 관한 계획과 지구단위계획 • 입지규제최소구역의 지정 또는 변경에 관한 계획과 입지규제최소구역계획

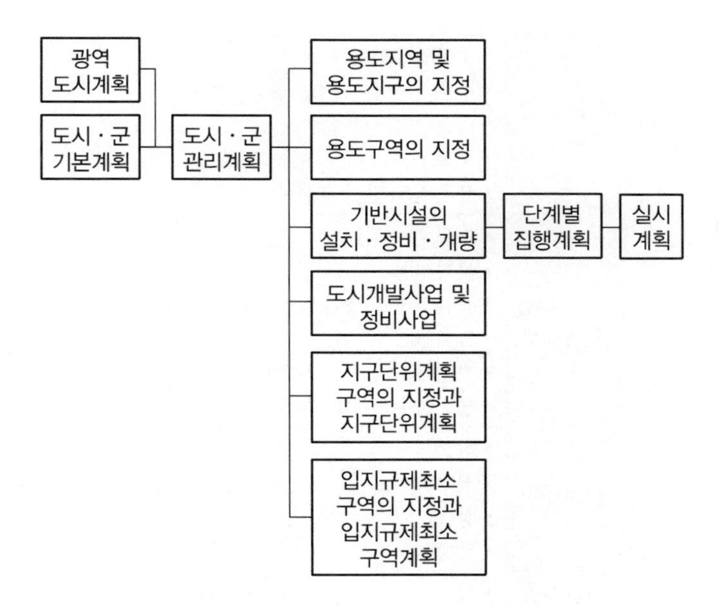

(3) 지구단위계획

도시 · 군계획 수립대상 지역의 일부에 대하여 토지이용을 합리화하고 그 기능을 증진시키며 미관을 개선하고 양호한 환경을 확보하며, 해당 지역을 체계적 · 계획적으로 관리하기 위하여 수립하는 도시 · 군관리계획을 말한다.

(4) 입지규제최소구역계획

입지규제최소구역에서의 토지의 이용 및 건축물의 용도 · 건폐율 · 용적률 · 높이 등의 제한에 관한 사항 등 입지규제최소구역의 관리에 필요한 사항을 정하기 위하여 수립하는 도시 · 군관리계획을 말한다.

(5) 기반시설

다음의 시설(해당 시설 그 자체의 기능 발휘와 이용을 위하여 필요한 부대시설 및 편익시설을 포함)을 말한다.

① 기반시설의 종류

교통시설	• 도로 • 항만 • 주차장 • 궤도	• 철도 • 공항 • 자동차정류장 • 차량검사 및 면허시설
공간시설	• 광장 • 녹지 • 공공공지	• 공원 • 유원지

핵심문제 ●●●

국토의 계획 및 이용에 관한 법령상 아래와 같이 정의되는 것은? 기 21②

> 도시 · 군계획 수립 대상지역의 일부에 대하여 토지이용을 합리화하고 그 기능을 증진시키며 미관을 개선하고 양호한 환경을 확보하며, 그 지역을 체계적 · 계획적으로 관리하기 위하여 수립하는 도시 · 군관리계획

① 광역도시계획
❷ 지구단위계획
③ 도시 · 군기본계획
④ 입지규제최소구역계획

해설 지구단위계획
도시 · 군계획 수립 대상지역의 일부에 대하여 토지이용을 합리화하고 그 기능을 증진시키며 미관을 개선하고 양호한 환경을 확보하며, 그 지역을 체계적 · 계획적으로 관리하기 위하여 수립하는 도시 · 군관리계획

유통 · 공급 시설	• 유통업무설비 • 수도 · 전기 · 가스 · 열공급설비 • 방송 · 통신시설 • 공동구 • 시장 • 유류저장 및 송유설비
공공 · 문화 체육시설	• 학교 • 공공청사 • 문화시설 • 공공의 필요성이 인정되는 체육시설 • 도서관 • 연구시설 • 사회복지시설 • 공공직업훈련시설 • 청소년수련시설
방재시설	• 하천 • 유수지 • 저수지 • 방화설비 • 방풍설비 • 방수설비 • 사방설비 • 방조설비
보건위생 시설	• 장사시설 • 도축장 • 종합의료시설
환경기초 시설	• 하수도 • 폐기물처리 및 재활용시설 • 빗물저장 및 이용시설 • 수질오염방지시설 • 폐차장

② 기반시설의 세분

기반시설	세분
도로	• 일반도로 • 자동차전용도로 • 보행자전용도로 • 자전거전용도로 • 고가도로 • 지하도로
자동차 정류장	• 여객자동차터미널 • 물류터미널 • 공영차고지 • 공동차고지 • 화물자동차휴게소 • 복합환승센터
광장	• 교통광장 • 일반광장 • 경관광장 • 지하광장 • 건축물부설광장

(6) 도시 · 군계획시설

기반시설 중 도시 · 군관리계획으로 결정된 시설을 말한다.

(7) 광역시설

기반시설 중 광역적인 정비체계가 필요한 다음의 시설을 말한다.

핵심문제 ●●●

국토의 계획 및 이용에 관한 법령에 따른 기반시설 중 공간시설에 속하지 않는 것은? 산 18②

① 광장 ② 유원지
❸ 유수지 ④ 공공공지

해설

유수지는 방재시설에 속한다.

• 공간시설 : 광장, 공원, 녹지, 유원지, 공공공지

핵심문제 ●●●

국토의 계획 및 이용에 관한 법령상 기반시설 중 도로의 세분에 속하지 않는 것은? 기 18①

① 고가도로
② 보행자전용도로
❸ 자전거우선도로
④ 자동차전용도로

해설

자전거우선도로가 아니라 자전거전용도로이다.

• 도로 : 일반도로, 자동차전용도로, 보행자전용도로, 보행자우선도로, 자전거전용도로, 고가도로, 지하도로

둘 이상의 특별시 · 광역시 · 특별자치시 · 특별자치도 · 시 또는 군(광역시의 관할구역 안에 있는 군을 제외)의 관할구역에 걸치는 시설	도로 · 철도 · 광장 · 녹지 · 수도 · 전기 · 가스 · 열공급설비, 방송 · 통신시설, 공동구, 유류저장 및 송유설비 · 하천 · 하수도(하수종말처리시설 제외)
둘 이상의 특별시 · 광역시 · 특별자치시 · 특별자치도 · 시 또는 군이 공동으로 이용하는 시설	항만 · 공항 · 자동차정류장 · 공원 · 유원지 · 유통업무설비 · 문화시설 · 공공필요성이 인정되는 체육시설 · 사회복지시설 · 공공직업훈련시설 · 청소년수련시설 · 유수지 · 장사시설 · 도축장 · 하수도(하수종말처리시설) · 폐기물처리 및 재활용시설 · 수질오염방지시설 · 폐차장

(8) 공동구

지하매설물(전기 · 가스 · 수도 등의 공급설비, 통신시설, 하수도시설 등)을 공동 수용함으로써 미관의 개선, 도로구조의 보전 및 교통의 원활한 소통을 기하기 위하여 지하에 설치하는 시설물을 말한다.

(9) 도시 · 군계획시설사업 및 도시 · 군계획사업

① 도시 · 군계획시설사업 : 도시 · 군계획시설을 설치 · 정비 또는 개량하는 사업을 말한다.

② 도시 · 군계획사업
도시 · 군관리계획을 시행하기 위한 사업으로서 도시 · 군계획시설사업, 「도시개발법」에 따른 도시개발사업 및 「도시 및 주거환경 정비법」에 따른 정비사업을 말한다.

(10) 도시 · 군계획사업시행자

이 법 또는 다른 법률에 따라 도시 · 군계획사업을 시행하는 자를 말한다.

(11) 공공시설

도로 · 공원 · 철도 · 수도 등 다음의 공공용 시설을 말한다.

공공용 시설	도로 · 공원 · 철도 · 수도 · 항만 · 공항 · 광장 · 녹지 · 공공공지 · 공동구 · 하천 · 유수지 · 방풍설비 · 방화설비 · 방수설비 · 사방설비 · 방조설비 · 하수도 · 구거(도랑)

핵심문제 ●●●

다음 중 국토의 계획 및 이용에 관한 법령상 공공시설에 속하지 않는 것은? 기 20④

① 공동구
② 방풍설비
③ 사방설비
❹ 쓰레기 처리장

해설 공공시설
도로 · 공원 · 철도 · 수도 등 다음의 공공용 시설을 말한다.

공공용 시설	도로 · 공원 · 철도 · 수도 · 항만 · 공항 · 광장 · 녹지 · 공공공지 · 공동구 · 하천 · 유수지 · 방풍설비 · 방화설비 · 방수설비 · 사방설비 · 방조설비 · 하수도 · 구거(도랑)

핵심문제 ●●○

국토의 계획 및 이용에 관한 법률에 따른 국토의 용도지역 구분에 속하지 않는 것은? 기 14②

① 도시지역 ② 농림지역
③ 관리지역 ❹ 보전지역

해설 국토의 용도지역 구분
도시지역, 관리지역, 농림지역, 자연환경보전지역

핵심문제 ●●●

국토의 계획 및 이용에 관한 법령상 다음과 같이 정의되는 용어는? 기 18①

개발로 인하여 기반시설이 부족할 것으로 예상되나 기반시설을 설치하기 곤란한 지역을 대상으로 건폐율이나 용적률을 강화하여 적용하기 위하여 지정하는 구역

① 개발제한구역
② 시가화조정구역
③ 입지규제최소구역
❹ 개발밀도관리구역

해설 개발밀도관리구역
개발로 기반시설이 부족할 것으로 예상되나 기반시설을 설치하기 곤란한 지역을 대상으로 건폐율이나 용적률을 강화하여 적용하기 위하여 지정하는 구역

⑿ 용도지역

토지의 이용 및 건축물의 용도 · 건폐율(「건축법」 제55조의 건축물의 건폐율을 말함) · 용적률(「건축법」 제56조의 건축물의 용적률을 말함) · 높이 등을 제한함으로써 토지를 경제적 · 효율적으로 이용하고 공공복리의 증진을 도모하기 위하여 서로 중복되지 아니하게 도시 · 군관리계획으로 결정하는 지역을 말한다.

구분	내용
도시지역	인구와 산업이 밀집되어 있거나 밀집이 예상되어 해당 지역에 대하여 체계적인 개발 · 정비 · 관리 · 보전 등이 필요한 지역
관리지역	도시지역의 인구와 산업을 수용하기 위하여 도시지역에 준하여 체계적으로 관리하거나 농림업의 진흥, 자연환경 또는 산림의 보전을 위하여 농림지역 또는 자연환경보전지역에 준하여 관리가 필요한 지역
농림지역	도시지역에 속하지 아니하는 「농지법」에 따른 농업진흥지역 또는 「산지관리법」에 따른 보전산지 등으로서 농림업의 진흥과 산림의 보전을 위하여 필요한 지역
자연환경보전지역	자연환경 · 수자원 · 해안 · 생태계 · 상수원 및 문화재의 보전과 수산자원의 보호 · 육성 등을 위하여 필요한 지역

⒀ 용도지구

토지의 이용 및 건축물의 용도 · 건폐율 · 높이 등에 대한 용도지역의 제한을 강화하거나 완화하여 적용함으로써 용도지역의 기능을 증진시키고 경관 · 안전 등을 도모하기 위하여 도시 · 군관리계획으로 결정하는 지역을 말한다.

⒁ 용도구역

토지의 이용 및 건축물의 용도 · 건폐율 · 높이 등에 대한 용도지역 및 용도지구의 제한을 강화하거나 완화하여 따로 정함으로써 시가지의 무질서한 확산방지, 계획적이고 단계적인 토지이용의 도모, 토지이용의 종합적 조정 · 관리 등을 위하여 도시 · 군관리계획으로 결정하는 지역을 말한다.

⒂ 개발밀도관리구역

개발로 인하여 기반시설이 부족할 것이 예상되지만 기반시설의 설치가 곤란한 지역을 대상으로 건폐율이나 용적률을 강화하여 적용하기 위하여 지정하는 구역을 말한다.

SECTION 02 광역도시계획

1. 광역도시계획의 수립권자

(1) 수립권자의 구분

국토교통부장관 또는 시 · 도지사는 다음의 구분에 따라 광역도시계획을 수립하여야 한다.

① 관할 시장 또는 군수가 공동으로 수립
광역계획권이 같은 도의 관할구역에 속하여 있는 경우

② 관할 시 · 도지사가 공동으로 수립
광역계획권이 둘 이상의 특별시 · 광역시 · 도의 관할구역에 걸쳐 있는 경우에는 관할 시 · 도지사가 공동으로 수립

③ 관할 도지사가 수립
광역계획권을 지정한 날부터 3년이 지날 때까지 관할 시장 또는 군수로부터 광역도시계획의 승인 신청이 없는 경우

④ 국토교통부장관의 수립
국가계획과 관련된 광역도시계획의 수립이 필요한 경우 또는 광역계획권을 지정한 날부터 3년이 경과될 때까지 관할 시 · 도지사로부터 광역도시계획에 대하여 승인신청이 없는 경우에는 국토교통부장관이 수립

(2) 공동수립

국토교통부장관은 시 · 도지사의 요청이 있는 경우, 그 밖에 필요하다고 인정되는 경우에는 관할 시 · 도지사와 공동으로 광역도시계획을 수립할 수 있다.

(3) 도지사는 시장 또는 군수가 요청하는 경우와 그 밖에 필요하다고 인정하는 경우에는 위 (1)에 불구하고 관할 시장 또는 군수와 공동으로 광역도시계획을 수립할 수 있으며, 시장 또는 군수가 협의를 거쳐 요청하는 경우에는 단독으로 광역도시계획을 수립할 수 있다.

(4) 공동수립 시 협의회 구성 및 운영

① 시 · 도지사가 광역도시계획을 공동으로 수립하려면 광역도시계획의 수립에 관한 협의 · 자문 등을 위하여 광역도시계획협의회를 구성 · 운영할 수 있다.

② 광역도시계획협의회는 관계공무원, 광역도시계획에 관하여

핵심문제

광역도시계획의 수립권자 기준에 대한 내용으로 틀린 것은? 기 21①

① 광역계획권이 같은 도의 관할 구역에 속하여 있는 경우 관할 시장 또는 군수가 공동으로 수립한다.
② 국가계획과 관련된 광역도시계획의 수립이 필요한 경우 국토교통부장관이 수립한다.
❸ 광역계획권을 지정한 날부터 2년이 지날 때까지 관할 시장 또는 군수로부터 광역도시계획의 승인 신청이 없는 경우 국토교통부장관이 수립한다.
④ 광역계획권이 둘 이상의 시 · 도의 관할 구역에 걸쳐 있는 경우 관할 시 · 도지사가 공동으로 수립한다.

해설
광역계획권을 지정한 날부터 3년이 지날 때까지 관할 시장 또는 군수로부터 광역도시계획의 승인 신청이 없는 경우 국토교통부장관이 수립한다.

학식과 경험이 있는 자 등으로 구성한다.

③ 광역도시계획협의회의 구성 및 운영에 관하여 필요한 사항은 광역도시계획을 공동으로 수립하는 자가 서로 협의하여 정한다.

2. 광역도시계획의 내용

(1) 내용

광역도시계획에는 다음의 사항 중 해당 광역계획권의 지정목적을 이루는 데 필요한 사항에 대한 정책방향이 포함되어야 한다.

① 광역계획권의 공간구조와 기능분담에 관한 사항
② 광역계획권의 녹지관리체계와 환경보전에 관한 사항
③ 광역시설의 배치 · 규모 · 설치에 관한 사항
④ 경관계획에 관한 사항
⑤ 그 밖에 광역계획권에 속하는 특별시 · 광역시 · 특별자치시 · 특별자치도 · 시 또는 군 상호 간의 기능연계에 관한 다음의 사항
㉠ 광역계획권의 교통 및 물류유통체계에 관한 사항
㉡ 광역계획권의 문화 · 여가공간 및 방재에 관한 사항

(2) 수립기준

광역도시계획의 수립기준 등은 다음의 사항을 종합적으로 고려하여 국토교통부장관이 정한다.

① 광역계획권의 미래상과 이를 실현할 수 있는 체계화된 전략을 제시하고 국토종합계획 등과 서로 연계되도록 할 것
② 특별시 · 광역시 · 시 또는 군 간의 기능분담, 도시의 무질서한 확산방지, 환경보전, 광역시설의 합리적 배치, 그 밖에 광역계획권에서 현안 사항이 되고 있는 특정 부문 위주로 수립할 수 있도록 할 것
③ 여건변화에 탄력적으로 대응할 수 있도록 포괄적이고 개략적으로 수립하도록 하되, 특정 부문 위주로 수립하는 경우에는 도시기본계획이나 도시관리계획에 명확한 지침을 제시할 수 있도록 구체적으로 수립하도록 할 것
④ 녹지축 · 생태계 · 산림 · 경관 등 양호한 자연환경과 우량농지, 보전목적의 용도지역 등을 충분히 고려하여 수립하도록 할 것
⑤ 부문별 계획은 서로 연계되도록 할 것

3. 광역도시계획의 승인

(1) 승인권자

① 시 · 도지사는 광역도시계획을 수립 또는 변경하는 때에는 국토교통부장관의 승인을 얻어야 한다.

예외 도지사가 도의 관할 구역에 수립하는 광역도시계획은 그러하지 아니하다.

② 시장 또는 군수는 광역도시계획을 수립하거나 변경하려면 도지사의 승인을 받아야 한다.

(2) 승인 전 협의와 심의

국토교통부장관은 광역도시계획을 승인하거나 직접 광역도시계획을 수립 또는 이를 변경하고자 하는 때(공동으로 수립하는 때를 포함)에는 관계 중앙행정기관의 장과 협의한 후 중앙도시계획위원회의 심의를 거쳐야 한다.

(3) 의견 제시

협의의 요청을 받은 관계중앙행정기관의 장은 특별한 사유가 없으면 그 요청을 받은 날로부터 30일 이내에 국토교통부장관에게 의견을 제시하여야 한다.

핵심문제 ●●●

광역도시계획에 관한 내용으로 틀린 것은? 기 20③

① 인접한 둘 이상의 특별시 · 광역시 · 특별자치시 · 특별자치도 · 시 또는 군의 관할 구역 전부 또는 일부를 광역계획권으로 지정할 수 있다.
❷ 군수가 광역도시계획을 수립하는 경우 도지사의 승인을 생략한다.
③ 광역계획권의 공간구조와 기능 분담에 관한 정책방향이 포함되어야 한다.
④ 광역도시계획을 공동으로 수립하는 시 · 도지사는 그 내용에 관하여 서로 협의가 되지 아니하면 공동이나 단독으로 국토교통부장관에게 조정을 신청할 수 있다.

해설

시장 또는 군수는 광역도시계획을 수립하거나 변경하려면 도지사의 승인을 받아야 한다.

SECTION 03 도시기본계획

1. 의의

도시의 기본적인 공간구조와 장기발전방향을 제시하는 종합계획으로서 도시·군관리계획수립의 지침이 되는 계획이다.

2. 내용

(1) 내용

도시·군기본계획에는 다음의 사항에 대한 정책방향이 포함되어야 한다.

① 지역적 특성 및 계획의 방향·목표에 관한 사항
② 공간구조, 생활권의 설정 및 인구의 배분에 관한 사항
③ 토지의 이용 및 개발에 관한 사항
④ 토지의 용도별 수요 및 공급에 관한 사항
⑤ 환경의 보전 및 관리에 관한 사항
⑥ 기반시설에 관한 사항
⑦ 공원·녹지에 관한 사항
⑧ 경관에 관한 사항
⑨ 기후변화 대응 및 에너지절약에 관한 사항
⑩ 위 ②~⑨에 규정된 사항의 단계별 추진에 관한 사항
⑪ 그 밖에 다음에 해당하는 도시·군기본계획의 방향 및 목표 달성과 관련된 사항
㉠ 도심 및 주거환경의 정비·보전에 관한 사항
㉡ 경제·산업·사회·문화의 개발 및 진흥에 관한 사항
㉢ 교통·물류체계의 개선과 정보통신 발달에 관한 사항
㉣ 미관의 관리에 관한 사항
㉤ 방재·방범 등 안전 및 범죄예방에 관한 사항
㉥ 재정확충 및 도시·군기본계획의 시행을 위하여 필요한 재원조달에 관한 사항

(2) 작성기준

① 광역도시계획이 수립되어 있는 지역에 대하여 수립하는 도시·군기본계획은 해당 광역도시계획에 부합되어야 하며, 도시·군기본계획의 내용이 광역도시계획의 내용과 다른 때에는 광역도시계획의 내용이 우선한다.
② 도시·군기본계획의 수립기준 등은 다음의 사항을 종합적으

로 고려하여 국토교통부장관이 이를 정한다.

㉠ 특별시 · 광역시 · 특별자치시 · 특별자치도 · 시 또는 군의 기본적인 공간구조와 장기발전방향을 제시하는 토지이용 · 교통 · 환경 등에 관한 종합계획이 되도록 할 것

㉡ 여건변화에 탄력적으로 대응할 수 있도록 포괄적이고 개략적으로 수립하도록 할 것

㉢ 도시 · 군기본계획을 정비할 때에는 종전의 도시 · 군기본계획의 내용 중 수정이 필요한 부분만을 발췌하여 보완함으로써 계획의 연속성이 유지되도록 할 것

㉣ 도시와 농어촌 및 산촌지역의 인구밀도, 토지이용의 특성 및 주변 환경 등을 종합적으로 고려하여 지역별로 계획의 상세 정도를 다르게 하되, 기반시설의 배치계획, 토지용도 등은 도시와 농어촌 및 산촌지역이 서로 연계되도록 할 것

㉤ 부문별 계획은 도시 · 군기본계획의 방향에 부합하고 도시 · 군기본계획의 목표를 달성할 수 있는 방안을 제시함으로써 도시 · 군기본계획의 통일성과 일관성을 유지하도록 할 것

㉥ 도시지역 등에 위치한 개발가능 토지는 단계별로 시차를 두어 개발되도록 할 것

㉦ 녹지축 · 생태계 · 산림 · 경관 등 양호한 자연환경과 우량농지, 보전목적의 용도지역 등을 충분히 고려하여 수립하도록 할 것

>>> 도시기본계획 승인절차

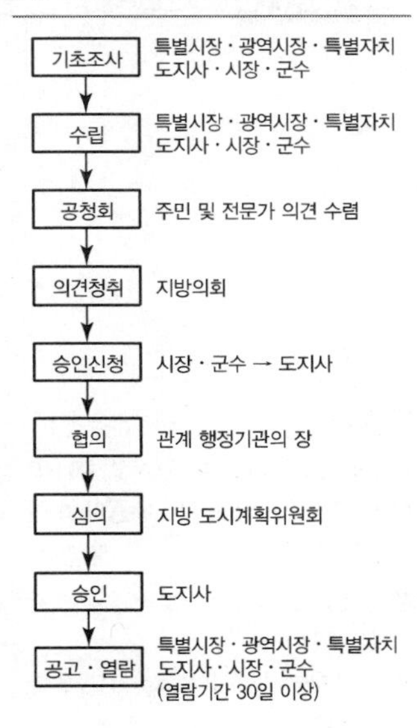

3. 도시 · 군기본계획의 정비

① 특별시장 · 광역시장 · 특별자치시장 · 특별자치도지사 · 시장 또는 군수는 5년마다 관할 구역의 도시 · 군기본계획에 대하여 타당성을 전반적으로 재검토하여 정비하여야 한다.

② 특별시장 · 광역시장 · 특별자치시장 · 특별자치도지사 · 시장 또는 군수는 도시 · 군기본계획의 내용에 우선하는 광역도시계획의 내용 및 국가계획의 내용을 도시 · 군기본계획에 반영하여야 한다.

1. 도시 · 군관리계획의 의의

특별시 · 광역시 · 특별자치시 · 특별자치도 · 시 또는 군의 개발 · 정비 및 보전을 위하여 수립하는 토지이용 · 교통 · 환경 · 경관 · 안전 · 산업 · 정보통신 · 보건 · 후생 · 안보 · 문화 등에 관한 다음의 계획을 말한다.

① 용도지역 · 용도지구의 지정 또는 변경에 관한 계획
② 개발제한구역 · 도시자연공원구역 · 시가화조정구역 · 수산자원보호구역의 지정 또는 변경에 관한 계획
③ 기반시설의 설치 · 정비 또는 개량의 관한 계획
④ 도시개발사업 또는 정비사업에 관한 계획
⑤ 지구단위계획구역의 지정 또는 변경에 관한 계획과 지구단위계획
⑥ 입지규제최소구역의 지정 또는 변경에 관한 계획과 입지규제최소구역계획

핵심문제 ●●●

국토의 계획 및 이용에 관한 법령에 따른 도시 · 군관리계획의 내용에 속하지 않는 것은? 기 19①

❶ 광역계획권의 장기발전방향에 관한 계획
② 도시개발사업이나 정비사업에 관한 계획
③ 기반시설의 설치 · 정비 또는 개량에 관한 계획
④ 용도지역 · 용도지구의 지정 또는 변경에 관한 계획

해설
광역계획권의 장기발전방향에 관한 계획은 도시 · 군관리계획의 내용에 속하지 않는다.

2. 도시 · 군관리계획의 수립절차

(1) 입안권자

1) 원칙

① 강행규정
특별시장 · 광역시장 · 특별자치시장 · 특별자치도지사 · 시장 또는 군수는 관할구역에 대하여 도시 · 군관리계획을 입안하여야 한다.

② 인접한 구역 포함의 경우(임의규정)
특별시장 · 광역시장 · 특별자치시장 · 특별자치도지사 · 시장 또는 군수는 다음에 해당하는 경우에는 인접한 특별시 · 광역시 · 특별자치시 · 특별자치도 · 시 또는 군의 관할 구역의 전부 또는 일부를 포함하여 도시 · 군관리계획을 입안할 수 있다.

㉠ 지역여건상 필요하다고 인정하여 미리 인접한 특별시장 · 광역시장 · 특별자치시장 · 특별자치도지사 · 시장 또는 군수와 협의한 경우
㉡ 인접한 특별시 · 광역시 · 특별자치시 · 특별자치도 · 시 또는 군의 관할 구역을 포함하여 도시 · 군기본계획을 수립한 경우

③ 인접한 특별시 · 광역시 · 특별자치시 · 특별자치도 · 시 또는 군의 관할 구역에 대한 도시 · 군관리계획은 관계 특별시장 · 광역시장 · 특별자치시장 · 특별자치도지사 · 시장 또는 군수가 협의하여 공동으로 입안하거나 입안할 자를 정한다.

④ 협의가 성립되지 아니하는 경우 다음과 같이 입안할 자를 지정하고, 이를 고시하여야 한다.

㉠ 도시 · 군관리계획을 입안하고자 하는 구역이 같은 도의 관할 구역에 속하는 때에는 관할 도지사

㉡ 둘 이상의 시 · 도의 관할 구역에 걸치는 때에는 국토교통부장관(수산자원보호구역의 경우 해양수산부장관을 말함)

2) 예외적 입안권자

① 국토교통부장관

국토교통부장관은 다음에 해당하는 경우에는 직접 또는 관계 중앙행정기관의 장의 요청에 따라 도시 · 군관리계획을 입안할 수 있다. 이 경우 국토교통부장관은 관할 시 · 도지사 및 시장 · 군수의 의견을 들어야 한다.

㉠ 국가계획과 관련된 경우

㉡ 둘 이상의 시 · 도에 걸쳐 지정되는 용도지역 · 용도지구 또는 용도구역과 둘 이상의 시 · 도에 걸쳐 이루어지는 사업의 계획 중 도시 · 군관리계획으로 결정하여야 할 사항이 있는 경우

㉢ 특별시장 · 광역시장 · 특별자치시장 · 특별자치도지사 · 시장 또는 군수가 기한까지 국토교통부장관의 도시 · 군관리계획의 조정 요구에 따라 도시 · 군관리계획을 정비하지 아니하는 경우

② 도지사

도지사는 다음의 경우에는 직접 또는 시장이나 군수의 요청에 따라 도시 · 군관리계획을 입안할 수 있다. 이 경우 도지사는 관계 시장 또는 군수의 의견을 들어야 한다.

㉠ 둘 이상의 시 · 군에 걸쳐 지정되는 용도지역 · 용도지구 또는 용도구역과 둘 이상의 시 · 군에 걸쳐 이루어지는 사업의 계획 중 도시 · 군관리계획으로 결정하여야 할 사항이 포함되어 있는 경우

㉡ 도지사가 직접 수립하는 사업의 계획으로서 도시 · 군관리계획으로 결정하여야 할 사항이 포함되어 있는 경우

(2) 도시 · 군관리계획의 결정권자

1) 원칙

도시 · 군관리계획은 시 · 도지사가 직접 또는 시장 · 군수의 신청에 따라 이를 결정한다. 다만, 「지방자치법」 제175조에 따른 서울특별시와 광역시 및 특별자치시를 제외한 인구 50만 이상의 대도시(이하 "대도시"라 한다)의 경우에는 해당 시장(이하 "대도시 시장"이라 한다)이 직접 결정하고, 다음의 도시 · 군 관리계획은 시장 또는 군수가 직접 결정한다.

① 시장 또는 군수가 입안한 지구단위계획구역의 지정 · 변경과 지구단위계획의 수립 · 변경에 관한 도시 · 군관리계획
② 지구단위계획으로 대체하는 용도지구 폐지에 관한 도시 · 군관리계획[해당 시장(대도시 시장은 제외한다) 또는 군수가 도지사와 미리 협의한 경우에 한정한다]

>>> 대도시(「지방자치법」 제3조)

인구 50만 이상인 자치구가 아닌 구가 설치된 시를 말한다.

2) 예외적 결정권자

① 다음의 도시 · 군관리계획은 국토교통부장관이 결정한다.
㉠ 국토교통부장관이 입안한 도시 · 군관리계획
㉡ 개발제한구역의 지정 및 변경에 관한 도시 · 군관리계획
㉢ 시가화조정구역의 지정 및 변경에 관한 도시 · 군관리계획
② 다음의 도시 · 군관리계획은 해양수산부장관이 결정한다.
수산자원보호구역의 지정 및 변경에 관한 도시 · 군관리계획인 경우

3) 도시 · 군관리계획 결정권한의 조정

기존에 국토교통부장관이 결정하는 도시 · 군관리계획 중 다음에 해당하는 것은 시 · 도지사가 결정하도록 한다.

① 도시 · 군기본계획의 변경의 범위에 해당하지 아니하는 경우로서 일단의 토지의 총면적이 $5km^2$ 이상에 해당하는 도시지역 · 관리지역 · 농림지역 또는 자연환경보전지역 간의 용도지역 지정 및 변경에 관한 도시 · 군관리계획인 경우
② 도시 · 군기본계획이 수립되지 아니한 시 · 군에서 녹지지역을 변경하고자 하는 경우로서 토지의 면적이 50만m^2 이상의 주거지역 · 상업지역 또는 공업지역으로 변경하는 사항에 관한 도시 · 군관리계획인 경우
③ 토지면적이 $5km^2$ 이상에 해당하는 지구단위계획구역의 지정 및 변경에 관한 도시 · 군관리계획인 경우

(3) 도시 · 군관리계획의 결정

1) 결정 전 협의

① 시 · 도지사는 도시 · 군관리계획을 결정하려면 관계행정기관의 장과 미리 협의하여야 하며, 국토교통부장관(수산자원보호구역의 경우 해양수산부장관)이 도시 · 군관리계획을 결정하려면 관계중앙행정기관의 장과 미리 협의하여야 한다. 이 경우 협의요청을 받은 기관의 장은 특별한 사유가 없는 한 그 요청을 받은 날부터 30일 이내에 의견을 제시하여야 한다.

② 시 · 도지사는 국토교통부장관이 입안하여 결정한 도시 · 군관리계획을 변경하거나 그 밖에 다음의 사항에 관한 도시 · 군관리계획을 결정하려면 미리 국토교통부장관(수산자원보호구역의 경우 해양수산부장관)과 협의하여야 한다.

㉠ 광역도시계획과 관련하여 시 · 도지사가 입안한 도시 · 군관리계획

㉡ 개발제한구역이 해제되는 지역에 대하여 해제 이후 최초로 결정되는 도시 · 군관리계획

㉢ 둘 이상의 시 · 도에 걸치는 기반시설의 설치 · 정비 또는 개량에 관한 도시 · 군관리계획 중 면적이 1km² 이상인 공원의 면적을 5% 이상 축소하는 것에 관한 도시 · 군관리계획

2) 결정 전 심의

국토교통부장관이 도시 · 군관리계획을 결정하려면 중앙도시계획위원회의 심의를 거쳐야 하며, 시 · 도지사가 도시 · 군관리계획을 결정하려면 시 · 도 도시계획위원회의 심의를 거쳐야 한다.

3) 협의 및 심의절차의 생략

국토교통부장관이나 시 · 도지사는 국방상 또는 국가안전보장상 기밀을 지켜야 할 필요가 있다고 인정되면(관계중앙행정기관의 장의 요청이 있는 때에 한함) 그 도시 · 군관리계획의 전부 또는 일부에 대하여 협의 및 심의절차를 생략할 수 있다.

예외

1. 다음의 경미한 사항을 변경하는 경우에는 관계 행정기관의 장과의 협의, 국토교통부장관과의 협의 및 중앙도시계획위원회 또는 지방도시계획위원회의 심의를 거치지 아니하고 도시 · 군관리계획(지구단위계획을 제외)을 변경할 수 있다.

㉠ 단위 도시 · 군계획시설부지 면적의 5% 미만의 변경인 경우. 다만, 다음의 어느 하나에 해당하는 시설은 해당 사항의 요건을 충족하는 경우만 해당한다.

ⓐ 도로 : 시점 및 종점이 변경되지 아니하고 중심선이 종전에 결정된 도로의 범위를 벗어나지 아니하는 경우

ⓑ 공원 및 녹지 : 다음의 어느 하나에 해당하는 경우

- 면적이 증가되는 경우
- 최초 도시 · 군계획시설 결정 후 변경되는 면적의 합계가 1만m² 미만이고, 최초 도시 · 군계획시설 결정 당시 부지면적의 5% 미만의 범위에서 면적이 감소되는 경우. 다만, 「도시공원 및 녹지 등에 관한 법률」의 완충녹지(제35조제1호)(도시지역 외의 지역에서 같은 법을 준용하여 설치하는 경우를 포함한다)인 경우는 제외한다.

㉡ 지형사정으로 인한 도시 · 군계획시설의 근소한 위치변경 또는 비탈면 등으로 인한 시설부지의 불가피한 변경인 경우

㉢ 이미 결정된 도시 · 군계획시설의 세부시설을 변경하는 경우로서 세부시설 면적, 건축물 연면적 또는 건축물높이의 변경[50퍼센트 미만으로서 시 · 도 또는 대도시(「지방자치법」 제175조에 따른 서울특별시 · 광역시 및 특별자치시를 제외한 인구 50만 이상 대도시를 말한다. 이하 같다)의 도시 · 군계획조례로 정하는 범위 이내의 변경은 제외하며, 건축물 높이의 변경은 층수변경이 수반되는 경우를 포함한다]이 포함되지 않는 경우

㉣ 도시지역 외의 축소에 따른 용도지역 · 용도구역 또는 지구단위계획구역의 변경인 경우

㉤ 도시지역 외의 지역에서 「농지법」에 따른 농업진흥지역 또는 「산지관리법」에 따른 보전산지를 농림지역으로 결정하는 지역

㉥ 「자연공원법」에 따른 공원구역, 「수도법」에 따른 상수원보호구역, 「문화재보호법」에 따라 지정된 지정문화재 또는 천연기념물과 그 보호구역을 자연환경보전지역으로 결정하는 경우

㉦ 그 밖에 국토교통부령이 정하는 경미한 사항의 변경인 경우

2. 지구단위계획 중 다음에 해당하는 경우에는 관계 행정기관의 장과의 협의, 국토교통부장관과의 협의 및 중앙도시계획위원회 · 지방도시계획위원회 또는 공동위원회 심의를 거치지 아니하고 지구단위계획을 변경할 수 있다. 이 경우 특별시 · 광역시 · 시 또는 군의 도시 · 군계획조례가 정하는 사항에 대하여는 건축위원회와 도시계획위원회의 공동심의를 거치지 아니하고 변경할 수 있다.

㉠ 지구단위계획으로 결정한 용도지역 · 용도지구 또는 도시 · 군계획시설에 대한 변경결정으로서 위 1.의 어느 하나의 사항에 해당하는 변경인 경우

㉡ 가구면적의 10% 이내의 변경인 경우

㉢ 획지면적의 30% 이내의 변경인 경우

㉣ 건축물높이의 20% 이내의 변경인 경우

㉤ 다음과 같은 사항에 해당하는 획지의 규모 및 조성계획의 변경인 경우

- 지구단위계획에 2필지 이상의 토지에 하나의 건축물을 건축하도록 되어 있는 경우
- 지구단위계획에 합벽건축을 하도록 되어 있는 경우
- 지구단위계획에 주차장 · 보행자 통로 등을 공동 사용하도록 되어 있어 2필지 이상의 토지에 건축물을 동시에 건축할 필요가 있는 경우

㉥ 건축선의 1m 이내의 변경인 경우

㉦ 건축선 또는 차량입고의 변경으로서 교통영향평가서의 심의를 거쳐 결

정된 경우

ⓞ 건축물의 배치 · 형태 또는 색채의 변경인 경우

ⓩ 지구단위계획에서 경미한 사항으로 결정된 사항의 변경인 경우(용도지역 · 용도지구 · 도시 · 군계획시설 · 가구면적 · 획지면적 · 건축물높이 또는 건축선의 변경에 해당하는 사항을 제외)

ⓒ 지구단위계획으로 보는 개발계획에서 정한 건폐율 또는 용적률을 감소시키거나 10% 이내에서 증가시키는 경우

ⓚ 지구단위계획구역 면적의 10%(용도지역 변경을 포함하는 경우에는 5%를 말한다) 이내의 변경 및 동 변경지역에서 지구단위계획의 변경

3. 도시 · 군관리계획 결정의 효력

(1) 효력 발생

① **효력 발생 시기** : 지형도면을 고시한 날부터 발생한다.

② **시행중인 사업 또는 공사에 대한 특례(기득권 보호)** : 도시 · 군관리계획 결정 당시 이미 사업 또는 공사에 착수한 자(이 법 또는 다른 법률에 따라 허가 · 인가 · 승인 등을 얻어야 하는 경우에는 해당 허가 · 인가 · 승인 등을 얻어 사업 또는 공사에 착수한 자를 말함)는 해당 도시 · 군관리계획 결정과 관계없이 그 사업 또는 공사를 계속할 수 있다.

(2) 지형도면의 고시 등

① 특별시장 · 광역시장 · 특별자치시장 · 특별자치도지사 · 시장 또는 군수는 제30조에 따른 도시 · 군관리계획 결정(이하 "도시 · 군관리계획결정"이라 한다)이 고시되면 지적(地籍)이 표시된 지형도에 도시 · 군관리계획에 관한 사항을 자세히 밝힌 도면을 작성하여야 한다.

② 시장(대도시 시장은 제외한다)이나 군수는 지형도에 도시 · 군관리계획(지구단위계획구역의 지정 · 변경과 지구단위계획의 수립 · 변경에 관한 도시 · 군관리계획은 제외한다)에 관한 사항을 자세히 밝힌 도면(이하 "지형도면"이라 한다)을 작성하면 도지사의 승인을 받아야 한다. 이 경우 지형도면의 승인 신청을 받은 도지사는 그 지형도면과 결정 · 고시된 도시 · 군관리계획을 대조하여 착오가 없다고 인정되면 30일 이내에 그 지형도면을 승인하여야 한다.

③ 국토교통부장관(수산자원보호구역의 경우 해양수산부장관을 말한다.)이나 도지사는 도시 · 군관리계획을 직접 입안한 경우에는 위의 내용에도 불구하고 관계 특별시장 · 광역시장 · 특별자치시장 · 특별자치도지사 · 시장 또는 군수의 의견을 들어 직접 지형도면을 작성할 수 있다.

⋙ 지구단위계획 중 협의 · 심의를 생략하고 변경할 수 있는 경우

- 가구면적의 10% 이내의 변경
- 획지면적의 30% 이내의 변경
- 건축물 높이의 20% 이내의 변경
- 건축선의 1m 이내의 변경
- 건축물 배치 · 형태 · 색채의 변경 등

핵심문제 ●●●

지구단위계획 중 관계 행정기관의 장과의 협의, 국토교통부장관과의 협의 및 중앙도시계획위원회 · 지방도시계획위원회 또는 공동위원회의 심의를 거치지 아니하고 변경할 수 있는 사항에 관한 기준 내용으로 옳은 것은?

기 17①

① 건축선 2m 이내의 변경인 경우
❷ 획지면적 30% 이내의 변경인 경우
③ 가구면적 20% 이내의 변경인 경우
④ 건축물높이 30% 이내의 변경인 경우

해설

- 건축선 1m 이내의 변경인 경우
- 가구면적 10% 이내의 변경인 경우
- 건축물높이 20% 이내의 변경인 경우

>>> 지형도면 고시의 의의

결정된 도시 · 군관리계획의 내용을 지형도에 표시하여 일반인이 도시 · 군관리계획의 내용을 보다 쉽게 이해할 수 있도록 하려는 데 그 의의가 있다.

(3) 도시 · 군관리계획의 정비

특별시장 · 광역시장 · 특별자치시장 · 특별자치도지사 · 시장 또는 군수는 5년마다 관할구역의 도시 · 군관리계획에 대하여 타당성을 전반적으로 재검토하여 이를 정비하여야 한다.

① 특별시장 · 광역시장 · 특별자치시장 · 특별자치도지사 · 시장 또는 군수는 도시 · 군관리계획을 정비하는 경우에는 다음의 사항을 검토하여 그 결과를 도시 · 군관리계획 입안에 반영하여야 한다.

1. 도시 · 군계획시설에 대한 도시 · 군관리계획결정(이하 "도시 · 군계획시설결정"이라 한다)의 고시일부터 10년 이내에 해당 도시 · 군계획시설의 설치에 관한 도시 · 군계획시설사업의 일부 또는 전부가 시행되지 아니한 경우 해당 도시 · 군계획시설결정의 타당성
2. 도시 · 군계획시설결정에 따라 설치된 시설 중 여건 변화 등으로 존치 필요성이 없는 시설에 대한 해제 여부

② 도시 · 군기본계획을 수립하지 아니하는 시 · 군의 시장 · 군수는 도시 · 군관리계획을 정비하는 때에는 계획 설명서에 해당 시 · 군의 장기발전 구상을 포함시켜야 하며, 공청회를 개최하여 이에 관한 주민의 의견을 들어야 한다.

SECTION 05 용도지역 · 지구 · 구역

1. 용도지역

(1) 용도지역의 의의

지역은 도시 · 군관리계획상 필요로 하는 전국적으로 통일된 최소한의 기본적인 생활권인 도시지역(주거 · 상업 · 공업 · 녹지), 관리지역, 농림지역, 자연환경보전지역으로 구분한다.

(2) 지정

국토교통부장관, 시 · 도지사 또는 「지방자치법」 제175조에 따른 서울특별시 · 광역시 및 특별자치시를 제외한 인구 50만 이상 대도시(이하 "대도시"라 한다)의 시장(이하 "대도시 시장"이라 한다)은 도시 · 군관리계획결정으로 주거지역 · 상업지역 · 공업지역 및 녹지지역을 다음과 같이 세분하여 지정할 수 있다.

1) 도시지역

주거지역	거주의 안전과 건전한 생활환경의 보호를 위하여 필요한 지역
상업지역	상업, 그 밖에 업무의 편익증진을 위하여 필요한 지역
공업지역	공업의 편익증진을 위하여 필요한 지역
녹지지역	자연환경 · 농지 및 산림의 보호, 보건위생, 보안과 도시의 무질서한 확산을 방지하기 위하여 녹지의 보전이 필요한 지역

① 주거지역

전용주거지역	양호한 주거환경을 보호하기 위하여 필요한 지역
일반주거지역	편리한 주거환경을 조성하기 위하여 필요한 지역
준주거지역	주거기능을 위주로 이를 지원하는 일부 상업 · 업무기능을 보완하기 위하여 필요한 지역

㉠ 전용주거지역의 세분

제1종 전용주거지역	단독주택 중심의 양호한 주거환경을 보호하기 위하여 필요한 지역
제2종 전용주거지역	공동주택 중심의 양호한 주거환경을 보호하기 위하여 필요한 지역

>>> 도시지역

주거지역, 상업지역, 공업지역, 녹지지역

>>> 주거지역의 세분

- 제1종 전용주거지역 : 단독주택
- 제2종 전용주거지역 : 공동주택
- 제1종 일반주거지역 : 저층주택(4층 이하)
- 제2종 일반주거지역 : 중층주택
- 제3종 일반주거지역 : 중 · 고층주택(층수 제한이 없다.)

핵심문제 ●●●

저층주택을 중심으로 편리한 주거환경을 조성하기 위하여 주거지역을 세분화하여 지정한 지역은? 기 14④

① 준주거지역
❷ 제1종 일반주거지역
③ 제2종 일반주거지역
④ 제3종 일반주거지역

해설 제1종 일반주거지역
저층주택을 중심으로 편리한 주거환경을 조성하기 위하여 주거지역을 세분화하여 지정한 지역

핵심문제 ●●●

주거기능을 위주로 이를 지원하는 일부 상업 기능 및 업무기능을 보완하기 위하여 지정하는 주거지역의 세분은? 기 20④ 18④ 17④

❶ 준주거지역
② 제1종 전용주거지역
③ 제1종 일반주거지역
④ 제2종 일반주거지역

해설 준주거지역
주거기능을 위주로 이를 지원하는 일부 상업 기능 및 업무기능을 보완하기 위하여 지정하는 지역이다.

핵심문제 ●●●

용도지역의 세분 중 도심 · 부도심의 상업기능 및 업무기능의 확충을 위하여 필요한 지역은?
기 19④ 산 20①②통합

① 유통상업지역 ② 근린상업지역
③ 일반상업지역 ❹ 중심상업지역

해설 중심상업지역
도심 · 부도심의 상업기능 및 업무기능의 확충을 위하여 필요한 지역

㉡ 일반주거지역의 세분

구분	내용
제1종 일반주거지역	저층주택을 중심으로 편리한 주거환경을 조성하기 위하여 필요한 지역
제2종 일반주거지역	중층주택을 중심으로 편리한 주거환경을 조성하기 위하여 필요한 지역
제3종 일반주거지역	중 · 고층주택을 중심으로 편리한 주거환경을 조성하기 위하여 필요한 지역

② 상업지역

구분	내용
중심상업지역	도심 · 부도심의 상업 및 업무기능의 확충을 위하여 필요한 지역
일반상업지역	일반적인 상업 및 업무기능을 담당하게 하기 위하여 필요한 지역
근린상업지역	근린지역에서의 일용품 및 서비스의 공급을 위하여 필요한 지역
유통상업지역	도시 내 및 지역 간의 유통 기능 증진을 위하여 필요한 지역

③ 공업지역

구분	내용
전용공업지역	주로 중화학공업, 공해성공업 등을 수용하기 위하여 필요한 지역
일반공업지역	환경을 저해하지 아니하는 공업의 배치를 위하여 필요한 지역
준공업지역	경공업, 그 밖의 공업을 수용하되, 주거기능 · 상업기능 및 업무기능의 보완이 필요한 지역

④ 녹지지역

구분	내용
보전녹지지역	도시의 자연환경 · 경관 · 산림 및 녹지공간을 보전할 필요가 있는 지역
생산녹지지역	주로 농업적 생산을 위하여 개발을 유보할 필요 있는 지역
자연녹지지역	도시의 녹지공간의 확보, 도시 확산의 방지, 장래 도시용지의 공급 등을 위하여 보전할 필요가 있는 지역으로서 불가피한 경우에 한하여 제한적 개발이 허용되는 지역

2) 관리지역

보전관리지역	자연환경보호, 산림보호, 수질오염방지, 녹지공간 확보 및 생태계 보전 등을 위하여 보전이 필요하지만 주변의 용도지역과의 관계 등을 고려할 때 자연환경보전지역으로 지정하여 관리하기가 곤란한 지역
생산관리지역	농업 · 임업 · 어업생산 등을 위하여 관리가 필요하지만 주변의 용도지역과의 관계 등을 고려할 때 농림지역으로 지정하여 관리하기가 곤란한 지역
계획관리지역	도시지역으로의 편입이 예상되는 지역 또는 자연환경을 고려하여 제한적인 이용 · 개발을 하려는 지역으로서 계획적 · 체계적인 관리가 필요한 지역

>>> 관리지역

보전관리지역, 생산관리지역, 계획관리지역

2. 용도지구

(1) 지구의 지정 의의

지구는 지역, 구역의 보완역할을 하는 것으로 각 지역, 구역의 특수한 목적과 기능 증진을 위하여 지정한다.

(2) 지정

① 용도지구의 지정

국토교통부장관, 시 · 도지사 또는 대도시 시장은 다음의 어느 하나에 해당하는 용도지구의 지정 또는 변경을 도시 · 군관리계획으로 결정한다.

경관지구	경관의 보전 · 관리 및 형성을 위하여 필요한 지구
고도지구	쾌적한 환경 조성 및 토지의 효율적 이용을 위하여 건축물높이의 최고한도를 규제할 필요가 있는 지구
방화지구	화재의 위험을 예방하기 위하여 필요한 지구
방재지구	풍수해, 산사태, 지반의 붕괴, 그 밖의 재해를 예방하기 위하여 필요한 지구
보호지구	문화재, 중요 시설물[항만, 공항, 공용시설(공공업무시설, 공공필요성이 인정되는 문화시설 · 집회시설 · 운동시설 및 그 밖에 이와 유사한 시설로서 도시 · 군계획조례로 정하는 시설을 말한다), 교정시설 · 군사시설 정하는 시설물을 말한다] 및 문화적 · 생태적으로 보존가치가 큰 지역의 보호와 보존을 위하여 필요한 지구
취락지구	녹지지역 · 관리지역 · 농림지역 · 자연환경보전지역 · 개발제한구역 또는 도시자연공원구역의 취락을 정비하기 위한 지구

>>> 주차환경개선지구

주차환경개선지구는 「주차장법」에 따른 지구이며 「국 · 계 · 법」에 따른 용도지구에 해당하지 않는다.

개발진흥지구	주거기능 · 상업기능 · 공업기능 · 유통물류기능 · 관광기능 · 휴양기능 등을 집중적으로 개발 · 정비할 필요가 있는 지구
특정용도제한지구	주거 및 교육 환경 보호나 청소년 보호 등의 목적으로 오염물질 배출시설, 청소년 유해시설 등 특정시설의 입지를 제한할 필요가 있는 지구
복합용도지구	지역의 토지이용 상황, 개발 수요 및 주변 여건 등을 고려하여 효율적이고 복합적인 토지이용을 도모하기 위하여 특정시설의 입지를 완화할 필요가 있는 지구
그 밖에 대통령령으로 정하는 지구	

② 세분지정

국토교통부장관, 시 · 도지사 또는 대도시 시장은 법 제37조 제2항에 따라 도시 · 군관리계획결정으로 경관지구 · 방재지구 · 보호지구 · 취락지구 및 개발진흥지구를 다음 각 호와 같이 세분하여 지정할 수 있다.

종류		목적
경관지구	자연경관지구	산지 · 구릉지 등 자연경관을 보호하거나 유지하기 위하여 필요한 지구
	시가지경관지구	지역 내 주거지, 중심지 등 시가지의 경관을 보호 또는 유지하거나 형성하기 위하여 필요한 지구
	특화경관지구	지역 내 주요 수계의 수변 또는 문화적 보존가치가 큰 건축물 주변의 경관 등 특별한 경관을 보호 또는 유지하거나 형성하기 위하여 필요한 지구
방재지구	시가지방재지구	건축물 · 인구가 밀집되어 있는 지역으로서 시설 개선 등을 통하여 재해 예방이 필요한 지구
	자연방재지구	토지의 이용도가 낮은 해안변, 하천변, 급경사지 주변 등의 지역으로서 건축 제한 등을 통하여 재해 예방이 필요한 지구
보호지구	역사문화환경보호지구	문화재 · 전통사찰 등 역사 · 문화적으로 보존가치가 큰 시설 및 지역의 보호와 보존을 위하여 필요한 지구
	중요시설물보호지구	중요시설물의 보호와 기능의 유지 및 증진 등을 위하여 필요한 지구
	생태계보호지구	야생동식물서식처 등 생태적으로 보존가치가 큰 지역의 보호와 보존을 위하여 필요한 지구

핵심문제 ●●●

다음 설명에 알맞은 용도지구의 세분은? 기 21②

> 건축물 · 인구가 밀집되어 있는 지역으로서 시설개선 등을 통하여 재해 예방이 필요한 지구

① 일반방재지구
❷ 시가지방재지구
③ 중요시설물보호지구
④ 역사문화환경보호지구

해설 시가지방재지구
건축물 · 인구가 밀집되어 있는 지역으로서 시설 개선 등을 통하여 재해 예방이 필요한 지구

종류		목적
취락지구	자연취락지구	녹지지역 · 관리지역 · 농림지역 또는 자연환경보전지역 안의 취락을 정비하기 위하여 필요한 지구
	집단취락지구	개발제한구역 안의 취락을 정비하기 위하여 필요한 지구
개발진흥지구	주거개발진흥지구	주거기능을 중심으로 개발 · 정비할 필요가 있는 지구
	산업 · 유통개발진흥지구	공업기능 및 유통 · 물류기능을 중심으로 개발 · 정비할 필요가 있는 지구
	관광 · 휴양개발진흥지구	관광 · 휴양기능을 중심으로 개발 · 정비할 필요가 있는 지구
	복합개발진흥지구	주거기능, 공업기능, 유통 · 물류기능 및 관광 · 휴양기능 중 둘 이상의 기능을 중심으로 개발 · 정비할 필요가 있는 지구
	특정개발진흥지구	주거기능, 공업기능, 유통 · 물류기능 및 관광 · 휴양기능 외의 기능을 중심으로 특정한 목적을 위하여 개발 · 정비할 필요가 있는 지구

3. 용도구역

(1) 개발제한구역

① 지정권자 및 지정목적 : 국토교통부장관은 도시의 무질서한 확산을 방지하고 도시 주변의 자연환경을 보전하여 도시민의 건전한 생활환경을 확보하기 위하여 도시의 개발을 제한할 필요가 있거나 국방부장관의 요청이 있어 보안상 도시의 개발을 제한할 필요가 있다고 인정되는 경우에는 개발제한구역의 지정 또는 변경을 도시 · 군관리계획으로 결정할 수 있다.

② 지정 · 변경 : 개발제한 구역의 지정 또는 변경에 관하여 필요한 사항은 따로 법률로 정한다.

(2) 도시자연공원구역

① 지정권자 및 지정목적 : 시 · 도지사 또는 대도시 시장은 도시의 자연환경 및 경관을 보호하고 도시민에게 건전한 여

≫ 개발진흥지구

- 주거개발진흥지구
- 산업 · 유통개발진흥지구
- 관광 · 휴양개발진흥지구
- 복합개발진흥지구
- 특정개발진흥지구

핵심문제 ●●●

국토의 계획 및 이용에 관한 법령에 따른 용도지구에 속하지 않는 것은?

산 17②

① 경관지구 ② 방재지구
③ 보호지구 ❹ 도시설계지구

해설 **용도지구의 종류**
경관지구, 고도지구, 방화지구, 방재지구, 보호지구, 취락지구, 개발진흥지구, 특정용도제한지구, 복합용도지구, 그 밖에 대통령령으로 정하는 지구

핵심문제 ●●●

국토의 계획 및 이용에 관한 법령상 경관지구의 세분에 속하지 않는 것은?

산 19③

① 자연경관지구
② 특화경관지구
③ 시가지경관지구
❹ 역사문화경관지구

해설 **경관지구의 세분**
자연경관지구, 특화경관지구, 시가지경관지구

≫ 별도의 법률

「개발제한구역의 지정 및 관리에 관한 특별조치법」

≫ 도시자연공원구역

용도구역 중에서 도시자연공원구역만이 시 · 도지사 또는 대도시 시장이 지정한다.

가 · 휴식공간을 제공하기 위하여 도시지역 안에서 식생이 양호한 산지(山地)의 개발을 제한할 필요가 있다고 인정하는 경우에는 도시자연공원구역의 지정 또는 변경을 도시 · 군관리계획으로 결정할 수 있다.

② 지정 · 변경 : 도시자연공원구역의 지정 또는 변경에 관하여 필요한 사항은 따로 법률로 정한다.

>>> 별도의 법률

「도시공원 및 녹지 등에 관한 법률」

(3) 시가화조정구역

>>> 시가화조정구역

- Time Zoning의 설정
  5년 이상 20년 이내
  (유보기간 설정 구역)
- 국토교통부장관이 지정
- 도시 · 군관리계획으로 결정

① 지정

㉠ 지정권자 및 지정 목적 : 시 · 도지사는 직접 또는 관계행정기관의 장의 요청을 받아 도시지역과 그 주변지역의 무질서한 시가화를 방지하고, 계획적 · 단계적인 개발을 도모하기 위하여 지정한다.

㉡ 지정기간 : 5년 이상 20년 이내의 기간 내에서 시가화를 유보할 필요가 있다고 인정되는 경우에는 시가화조정구역의 지정 또는 변경을 도시 · 군관리계획으로 결정할 수 있다(다만, 국가계획과 연계하여 시가화조정구역의 지정 또는 변경이 필요한 경우에는 국토교통부장관이 직접 시가화조정구역의 지정 또는 변경을 도시 · 군관리계획으로 결정할 수 있다).

② 효력 상실

㉠ 시가화조정구역의 지정에 관한 도시 · 군관리계획 결정은 위 ①의 ㉡에 따라 시가화 유보기간이 만료된 날의 다음 날부터 그 효력을 잃는다.

㉡ 시가화조정구역 지정의 실효고시는 국토교통부장관이 하는 경우에는 관보와 국토교통부의 인터넷 홈페이지에, 시 · 도지사가 하는 경우에는 해당 시 · 도의 공보와 인터넷 홈페이지에 실효일자, 실효사유, 실효된 도시 · 군관리계획의 내용을 게재하는 방법으로 한다.

(4) 수산자원보호구역

해양수산부장관은 직접 또는 관계행정기관의 장의 요청을 받아 수산자원의 보호 · 육성을 위하여 필요한 공유수면이나 그에 인접한 토지에 대한 수산자원보호구역의 지정 또는 변경을 도시 · 군관리계획으로 결정할 수 있다.

(5) 입지규제최소구역

1) 지정

도시·군관리계획의 결정권자(이하 "도시·군관리계획 결정권자"라 한다)는 도시지역에서 복합적인 토지이용을 증진시켜 도시 정비를 촉진하고 지역 거점을 육성할 필요가 있다고 인정되면 다음의 어느 하나에 해당하는 지역과 그 주변지역의 전부 또는 일부를 입지규제최소구역으로 지정할 수 있다.

1. 도시·군기본계획에 따른 도심·부도심 또는 생활권의 중심지역
2. 철도역사, 터미널, 항만, 공공청사, 문화시설 등의 기반시설 중 지역의 거점 역할을 수행하는 시설을 중심으로 주변지역을 집중적으로 정비할 필요가 있는 지역
3. 세 개 이상의 노선이 교차하는 대중교통 결절지로부터 1킬로미터 이내에 위치한 지역
4. 노후·불량건축물이 밀집한 주거지역 또는 공업지역으로 정비가 시급한 지역
5. 도시재생활성화지역 중 도시경제기반형 활성화계획을 수립하는 지역

2) 계획 시 포함해야할 내용

입지규제최소구역계획에는 입지규제최소구역의 지정 목적을 이루기 위하여 다음에 관한 사항이 포함되어야 한다.

1. 건축물의 용도·종류 및 규모 등에 관한 사항
2. 건축물의 건폐율·용적률·높이에 관한 사항
3. 간선도로 등 주요 기반시설의 확보에 관한 사항
4. 용도지역·용도지구, 도시·군계획시설 및 지구단위계획의 결정에 관한 사항

핵심문제 ●●●

도시지역에서 복합적인 토지이용을 증진시켜 도시 정비를 촉진하고 지역 거점을 육성할 필요가 있다고 인정되는 지역을 대상으로 지정하는 구역은? 기 19④

① 개발제한구역
② 시가화조정구역
❸ 입지규제최소구역
④ 도시자연공원구역

해설 입지규제최소구역
도시지역에서 복합적인 토지이용을 증진시켜 도시 정비를 촉진하고 지역 거점을 육성할 필요가 있다고 인정되는 지역을 대상으로 지정하는 구역

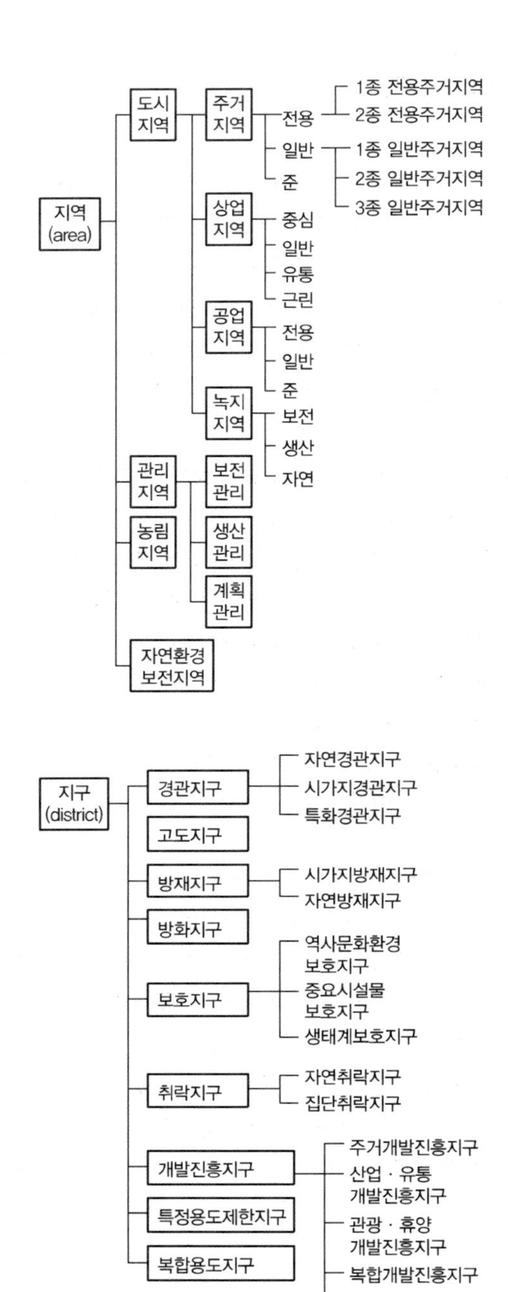
지역
(area)
도시
지역
주거
지역
전용
일반
준
1종 전용주거지역
2종 전용주거지역
1종 일반주거지역
2종 일반주거지역
3종 일반주거지역
상업
지역
중심
일반
유통
근린
공업
지역
전용
일반
준
녹지
지역
보전
생산
자연
관리
지역
보전
관리
생산
관리
계획
관리
농림
지역
자연환경
보전지역
지구
(district)
경관지구
자연경관지구
시가지경관지구
특화경관지구
고도지구
방재지구
시가지방재지구
자연방재지구
방화지구
보호지구
역사문화환경
보호지구
중요시설물
보호지구
생태계보호지구
취락지구
자연취락지구
집단취락지구
개발진흥지구
주거개발진흥지구
산업 · 유통
개발진흥지구
관광 · 휴양
개발진흥지구
복합개발진흥지구
특정개발진흥지구
특정용도제한지구
복합용도지구

[용도지역 · 지구의 체계]

SECTION 06 지구단위계획

1. 지정목적

도시 · 군계획 수립대상 지역 안의 일부에 대하여 토지 이용을 합리화하고, 그 기능을 증진시키며 미관을 개선하고, 양호한 환경을 확보하며, 해당 지역을 체계적 · 계획적으로 관리하기 위하여 수립한다(법 제2조 제5호).

2. 지구단위계획의 수립

지구단위계획은 다음의 사항을 고려하여 수립한다.

① 도시의 정비 · 관리 · 보전 · 개발 등 지구단위계획구역의 지정목적

② 주거 · 산업 · 유통 · 관광휴양 · 복합 등 지구단위계획구역의 중심기능

③ 해당 용도지역의 특성

④ 그 밖에 대통령령으로 정하는 사항

㉠ 지역공동체의 활성화

㉡ 안전하고 지속가능한 생활권의 조성

㉢ 해당지역 및 인근지역의 토지이용을 고려한 토지이용계획과 건축계획의 조화

참고 지구단위계획의 위치

구분	내용
도시 · 군관리계획	계획의 범위가 특별시 · 광역시 시 또는 군의 광범위한 영역에 미치고 「국 · 계 · 법」에 따른 용도지역, 용도지구 등 토지이용계획과 기반시설의 정비 등에 중점을 둔다.
지구단위계획	일정 행정구역 내의 일부지역을 대상으로 도시 · 군계획과 건축계획의 중간적 성격의 계획으로 평면적 토지이용계획과 입체적 건축시설계획이 서로 조화를 이루도록 하는 데 중점을 둔다.
건축계획	계획의 범위가 특정 필지(대지)에만 미치고 토지이용보다는 건축물의 입체적 시설계획에 중점을 둔다.

3. 지구단위계획의 수립기준

국토교통부장관은 지구단위계획의 수립기준을 정할 때에는 다음의 사항을 고려하여야 한다.

① 개발제한구역에 지구단위계획을 수립할 때에는 개발제한구역의 지정목적이나 주변환경이 훼손되지 아니하도록 하고, 「개발제한구역의 지정 및 관리에 관한 특별조치법」을 우선하여 적용할 것
② 지구단위계획구역에서 원활한 교통소통을 위하여 필요한 경우에는 지구단위계획으로 건축물부설주차장을 해당 건축물의 대지가 속하여 있는 가구에서 해당 건축물의 대지 바깥에 단독 또는 공동으로 설치하게 할 수 있도록 할 것. 이 경우 대지 바깥에 공동으로 설치하는 건축물부설주차장의 위치 및 규모 등은 지구단위계획으로 정한다.
③ 위 ②에 따라 대지 바깥에 설치하는 건축물부설주차장의 출입구는 간선도로변에 두지 아니하도록 할 것. 다만, 특별시장 · 광역시장 · 특별자치시장 · 특별자치도지사 · 시장 또는 군수가 해당 지구단위계획구역의 교통소통에 관한 계획 등을 고려하여 교통소통에 지장이 없다고 인정하는 경우에는 그러하지 아니하다.
④ 지구단위계획구역에서 공공사업의 시행, 대형건축물의 건축 또는 2필지 이상의 토지소유자의 공동개발 등을 위하여 필요한 경우에는 특정 부분을 별도의 구역으로 지정하여 계획의 상세정도 등을 따로 정할 수 있도록 할 것
⑤ 지구단위계획구역의 지정 목적, 향후 예상되는 여건변화, 지구단위계획구역의 관리 방안 등을 고려하여 지구단위계획구역에서 경미한 사항을 정하는 것이 필요한지 여부를 검토하여 이를 지구단위계획에 반영하도록 할 것
⑥ 지구단위계획의 내용 중 기존의 용도지역 또는 용도지구를 용적률이 높은 용도지역 또는 용도지구로 변경하는 사항이 포함되어 있는 경우 변경되는 구역의 용적률은 기존의 용도지역 또는 용도지구의 용적률을 적용하되, 공공시설부지의 제공현황 등을 고려하여 용적률을 완화할 수 있도록 계획할 것
⑦ 이 법에 따른 건폐율 · 용적률 등의 완화범위를 포함하여 지구단위계획을 수립하도록 할 것 등

4. 지구단위계획구역 및 지구단위 계획의 결정

지구단위계획구역 및 지구단위계획은 도시 · 군관리계획으로 결정한다.

≫ 지구단위계획구역의 지정절차

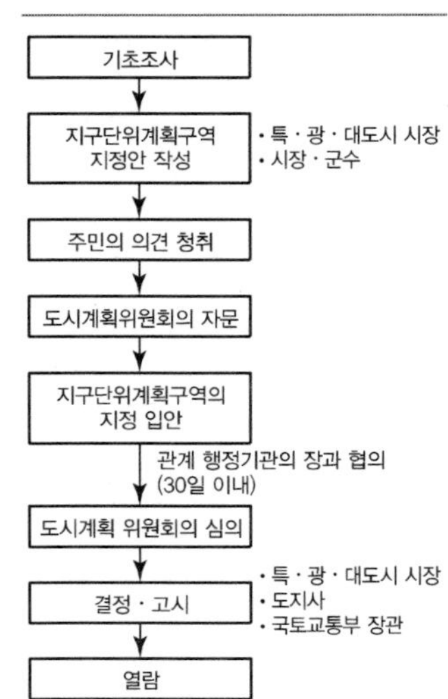

5. 지구단위계획구역의 지정 등

(1) 임의 지정대상

국토교통부장관, 시 · 도지사, 시장 또는 군수는 다음의 어느 하나에 해당하는 지역의 전부 또는 일부에 대하여 지구단위계획구역을 지정할 수 있다.

① 용도지구

② 「도시개발법」에 따라 지정된 도시개발구역

③ 「도시 및 주거환경정비법」에 따라 지정된 정비구역

④ 「택지개발촉진법」에 따라 지정된 택지개발지구
⑤ 「주택법」에 따른 대지조성사업지구
⑥ 「산업입지 및 개발에 관한 법률」의 산업단지와 준산업단지
⑦ 「관광진흥법」에 따라 지정된 관광단지와 같은 관광특구
⑧ 개발제한구역 · 도시자연공원구역 · 시가화조정구역 또는 공원에서 해제되는 구역, 녹지지역에서 주거 · 상업 · 공업지역으로 변경되는 구역과 새로 도시지역으로 편입되는 구역 중 계획적인 개발 또는 관리가 필요한 지역
⑨ 도시지역 내 주거 · 상업 · 업무 등의 기능을 결합하는 등 복합적인 토지 이용을 증진시킬 필요가 있는 지역으로서 준주거지역, 준공업지역 및 상업지역에서 낙후된 도심 기능을 회복하거나 도시균형발전을 위한 중심지 육성이 필요하여 도시 · 군기본계획에 반영된 경우로서 다음의 어느 하나에 해당하는 지역을 말한다.

1. 주요 역세권, 고속버스 및 시외버스 터미널, 간선도로의 교차지 등 양호한 기반시설을 갖추고 있어 대중교통 이용이 용이한 지역
2. 역세권의 체계적 · 계획적 개발이 필요한 지역
3. 세 개 이상의 노선이 교차하는 대중교통 결절지(結節地)로부터 1km 이내에 위치한 지역
4. 「역세권의 개발 및 이용에 관한 법률」에 따른 역세권개발구역, 「도시재정비 촉진을 위한 특별법」에 따른 고밀복합형 재정비촉진지구로 지정된 지역

⑩ 도시지역 내 유휴토지를 효율적으로 개발하거나 교정시설, 군사시설, 그 밖에 아래 ㉠으로 정하는 시설을 이전 또는 재배치하여 토지 이용을 합리화하고, 그 기능을 증진시키기 위하여 집중적으로 정비가 필요한 지역으로서 아래 ㉡으로 정하는 요건에 해당하는 지역

㉠ 다음에 해당하는 시설

1. 철도, 항만, 공항, 공장, 병원, 학교, 공공청사, 공공기관, 시장, 운동장 및 터미널
2. 그 밖에 위 1.과 유사한 시설로서 특별시 · 광역시 · 특별자치시 · 특별자치도 · 시 또는 군의 도시 · 군 계획조례로 정하는 시설

㉡ 1만m^2 이상의 유휴토지 또는 대규모 시설의 이전부지로서 다음의 어느 하나에 해당하는 지역

1. 대규모 시설의 이전에 따라 도시기능의 재배치 및 정비가 필요한 지역
2. 토지의 활용 잠재력이 높고 지역거점 육성이 필요한 지역
3. 지역경제 활성화와 고용창출의 효과가 클 것으로 예상되는 지역

⑪ 도시지역의 체계적 · 계획적인 관리 또는 개발이 필요한 지역

참고 국회의사당 부지의 면적

여의도 국회의사당 전체의 부지면적은 약 33만m²(약 10만 평)이다.

(2) 의무 지정대상

국토교통부장관, 시 · 도지사, 시장 또는 군수는 다음에 해당하는 지역은 지구단위계획구역으로 지정하여야 한다.

① 「도시 및 주거환경정비법」에 따라 지정된 정비구역 및 「택지개발촉진법」에 따라 지정된 택지개발지구에서 시행되는 사업이 끝난 후 10년이 지난 지역

② 체계적 · 계획적인 개발 또는 관리가 필요한 지역으로서 다음에 해당되는 그 면적이 30만m² 이상인 지역

㉠ 시가화조정구역 또는 공원에서 해제되는 지역(녹지지역으로 지정 또는 존치하거나 법 또는 다른 법령에 따라 도시 · 군계획사업 등 개발계획이 수립되지 아니하는 경우를 제외)

㉡ 녹지지역에서 주거지역 · 상업지역 또는 공업지역으로 변경되는 지역

6. 지구단위계획의 내용

(1) 내용

① 지구단위계획구역의 지정목적을 이루기 위하여 지구단위계획에는 다음의 사항 중 ㉢와 ㉤의 사항을 포함한 둘 이상의 사항이 포함되어야 한다. 다만, ㉡의 내용으로 하는 지구단위계획의 경우에는 그러하지 아니하다.

참고 지구단위계획의 내용

㉠ 용도지역 · 용도지구(고도지구 제외)를 그 지역 · 지구의 범위 안에서 세분 또는 변경하는 사항
 ⓐ 용도지역 : 주거 · 상업 · 공업 · 녹지
 ⓑ 용도지구 : 경관 · 미관 · 보존 · 시설보호 · 취락 · 개발진흥(도시 · 군계획조례로 세분되는 지구 포함)

㉡ 기존의 용도지구를 폐지하고 그 용도지구에서의 건축물이나 그 밖의 시설의 용도 · 종류 및 규모 등의 제한을 대체하는 사항

>>> 관계법

3. "택지개발지구"란 택지개발사업을 시행하기 위하여 「국토의 계획 및 이용에 관한 법률」에 따른 도시지역과 그 주변지역 중 제3조에 따라 국토교통부장관 또는 특별시장 · 광역시장 · 도지사 · 특별자치도지사(이하 "지정권자"라 한다)가 지정 · 고시하는 지구를 말한다.

핵심문제 ●●●

국토의 계획 및 이용에 관한 법령상 지구단위계획의 내용에 포함되지 않는 것은? 기 21②

① 건축물의 배치 · 형태 · 색채에 관한 계획
❷ 건축물의 안전 및 방재에 대한 계획
③ 기반시설의 배치와 규모
④ 보행안전등을 고려한 교통처리계획

해설 지구단위계획구역에 포함될 수 있는 내용
- 용도지역 또는 용도지구를 세분하거나 변경하는 사항
- 기존의 용도지구를 폐지하고 그 용도지구에서 건축물이나 그 밖의 시설의 용도 · 종류 및 규모 등 제한을 대체하는 사항
- 기반시설의 배치와 규모
- 도로로 둘러싸인 일단의 지역 또는 계획적인 개발 · 정비를 위하여 구획된 일단의 토지규모와 조성계획
- 건축물의 용도제한 · 건폐율 또는 용적률 · 건축물 높이의 최고 한도 또는 최저 한도
- 건축물의 배치 · 형태 · 색채 또는 건축선에 관한 계획
- 환경관리계획 또는 경관계획
- 보행안전 등을 고려한 교통처리계획

㉢ 기반시설의 배치와 규모(영 제45조 제2항)
 ⓐ 도시개발구역 · 정비구역 · 택지개발지구 · 대지조성사업지구 · 산업단지 · 관광특구의 경우 해당 법률에 따른 개발사업으로 설치하는 기반시설
 ⓑ 도로 · 자동차정류장 · 주차장 · 자동차 및 건설기계검사시설 · 자동차 및 건설기계운전학원 · 광장 · 공원(「도시공원 및 녹지 등에 관한 법률」에 따른 묘지공원은 제외한다) · 녹지 · 공공공지 · 유통업무설비 · 수도공급설비 · 전기공급설비 · 가스공급설비 · 열공급설비 · 공동구 · 시장 · 학교(「고등교육법」 제2조에 따른 학교는 제외한다) · 공공청사 · 문화시설 · 공공필요성이 인정되는 체육시설 · 도서관 · 연구시설 · 사회복지시설 · 공공직업훈련시설 · 청소년수련시설 · 하천 · 유수지 · 방화설비 · 방풍설비 · 방수설비 · 사방설비 · 방조설비 · 장례식장 · 종합의료시설 · 하수도 · 폐기물처리시설 · 수질오염방지시설 · 폐차장
㉣ 도로로 둘러싸인 일단의 지역 또는 계획적인 개발 · 정비를 위하여 구획된 일단의 토지의 규모와 조성계획
㉤ 건축물의 용도제한 · 건축물의 건폐율 또는 용적률 · 건축물의 높이의 최고한도 또는 최저한도
㉥ 건축물의 배치 · 형태 · 색채 또는 건축선에 관한 계획
㉦ 환경관리계획 또는 경관계획
㉧ 보행안전등을 고려한 교통처리계획
㉨ 그 밖에 토지 이용의 합리화, 도시나 농 · 산 · 어촌의 기능증진 등에 필요한 다음에 해당하는 사항
 ⓐ 지하 또는 공중공간에 설치할 시설물이 높이 · 깊이 · 배치 또는 규모
 ⓑ 대문 · 담 또는 울타리의 형태 또는 색채
 ⓒ 간판의 크기 · 형태 · 색채 또는 재질
 ⓓ 장애인 · 노약자 등을 위한 편의시설계획
 ⓔ 에너지 및 자원의 절약과 재활용에 관한 계획
 ⓕ 생물서식 공간의 보호 · 조성 · 연결 및 물과 공기의 순환 등에 관한 계획
 ⓖ 문화재 및 역사문화환경 보호에 관한 계획

(2) 지구단위계획의 조화

지구단위계획은 도로, 상 · 하수도, 주차장 · 공원 · 녹지 · 공공공지, 수도, 전기 · 가스 · 열공급설비, 학교(초등학교 및 중학교에 한함) · 하수도 및 폐기물처리시설의 처리 · 공급 및 수용능력이 지구단위계획구역 안에 있어 건축물의 연면적, 수용인구 등 개발밀도와 적정한 조화를 이룰 수 있도록 하여야 한다.

(3) 적용의 완화

지구단위계획구역에서는 다음의 범위 안에서 지구단위계획이 정하는 바에 따라 완화하여 적용할 수 있다.

관련법 규정	내 용
「국토의 계획 및 이용에 관한 법률」	• 용도 지역 · 지구 안에서의 건축물의 건축제한 등 • 용도지역 안에서의 건폐율 • 용도지역 안에서의 용적률

핵심문제 ●●●

도시지역에 지정된 지구단위계획구역 내에서 건축물을 건축하려는 자가 그 대지의 일부를 공공시설 부지로 제공하는 경우 그 건축물에 대하여 완화하여 적용할 수 있는 항목이 아닌 것은? 기 18②

❶ 건축선 ② 건폐율
③ 용적률 ④ 건축물의 높이

해설

지구단위계획구역 내에서 공공시설 등을 설치하여 제공하는 경우에는 공공시설 등을 설치하는 데에 드는 비용에 상응하는 가액의 부지를 제공한 것으로 보아 건폐율 · 용적률 및 높이제한을 완화하여 적용할 수 있다.

관련법 규정	내 용
「건축법」	• 대지의 조경 • 대지와 도로의 관계 • 건축물의 높이 제한 • 일조 등의 확보를 위한 건축물의 높이 제한 • 공개공지 등의 확보
「주차장법」	• 부설 주차장의 설치 및 계획서

(4) 도시지역 내 지구단위계획 구역에서의 완화적용

① 건축물을 건축하고자 하는 자가 그 대지의 일부를 공공시설 또는 기반시설 중 학교와 해당 시 · 도의 도시 · 군계획조례가 정하는 기반시설의 부지로 제공하는 경우에는 해당 건축물에 대하여 다음의 비율까지 건폐율 · 용적률 및 높이 제한을 완화하여 적용할 수 있다. 다만, 지구단위계획구역 안의 일부 토지를 공공시설 등의 부지로 제공하는 자가 해당 지구단위계획구역 안의 다른 대지에서 건축물을 건축하는 경우에는 ㉡의 비율까지 그 용적률을 완화하여 적용할 수 있다.

㉠ 완화할 수 있는 건폐율 = 해당 용도지역에 적용되는 건폐율×(1 + 공공시설 등의 부지로 제공하는 면적÷원래의 대지면적) 이내

㉡ 완화할 수 있는 용적률 = 해당 용도지역에 적용되는 용적률 + [1.5×(공공시설 등의 부지로 제공하는 면적 * ×공공시설 등의 제공 부지 용적률)÷공공시설 부지 제공 후의 대지면적] 이내

단서 위의 경우 해당 지역 · 지구의 적용 건폐율의 150% 및 용적률의 200%를 초과할 수 없다.

㉢ 완화할 수 있는 높이 = 「건축법」에 따라 제한된 높이×(1 + 공공시설 등의 부지로 제공하는 면적 * ÷원래의 대지면적) 이내

참고 공공시설 등의 부지로 제공하는 면적 *
공공시설 등의 부지를 제공하는 자가 용도가 폐지되는 공공시설을 무상으로 양수받은 경우(법 제65조 ②)에는 그 양수받은 부지면적을 빼고 산정한다.

② 건축물을 건축하고자 하는 자가 「건축법」에 따른 공개공지 의무면적을 초과하여 설치한 경우에는 해당 건축물에 대하여 다음의 비율까지 용적률 및 높이제한을 완화하여 적용할 수 있다.

㉠ 완화할 수 있는 용적률 = 「건축법」에 따라 완화된 용적률 + (해당 용도지역에 적용되는 용적률×의무면적을 초과

하는 공개공지 또는 공개공간의 면적의 절반÷대지면적) 이내

단서 위의 경우 해당 지역 · 지구의 용적률의 200%를 초과할 수 없다.

㉡ 완화할 수 있는 높이 = 「건축법」에 따라 완화된 높이 + (「건축법」에 따른 높이×의무면적을 초과하는 공개공지 또는 공개공간의 면적의 절반÷대지면적) 이내

③ 지구단위계획으로 다음에 해당하는 경우 「주차장법」에 따른 주차장 설치기준을 100%까지 완화하여 적용할 수 있다.

㉠ 한옥마을을 보존하고자 하는 경우

㉡ 차 없는 거리를 조성하고자 하는 경우(지구단위계획으로 보행자전용도로를 지정하거나 차량의 출입을 금지한 경우를 포함)

㉢ 원활한 교통수단 또는 보행환경 조성을 위하여 도로에서 대지로의 차량통행이 제한되는 차량진입 금지구간을 지정한 경우

7. 지구단위계획구역의 지정에 관한 도시 · 군관리계획 결정의 실효 등

(1) 실효사유

지구단위계획구역의 지정에 관한 도시 · 군관리계획 결정의 고시일부터 3년 이내에 해당 지구단위계획구역에 관한 지구단위계획이 결정 · 고시되지 아니하는 경우에는 그 3년이 되는 날의 다음날에 해당 지구단위계획구역의 지정에 관한 도시 · 군관리계획 결정은 그 효력을 잃는다.

예외 다른 법률에서 지구단위계획의 결정(결정된 것으로 보는 경우를 포함)에 관하여 따로 정한 경우에는 그 법률에 따라 지구단위계획을 결정할 때까지 지구단위계획의 지정은 그 효력을 유지한다.

>>> 지구단위계획구역의 지정에 관한 도시 · 군관리계획 결정의 실효사유

지구단위계획이 결정 · 고시되지 아니하는 경우에는 그 3년이 되는 날의 다음날에 해당 지구단위계획구역의 지정에 관한 도시 · 군관리계획 결정은 그 효력을 잃는다.

(2) 실효고시

국토교통부장관, 시 · 도지사, 시장 또는 군수는 지구단위계획구역 지정의 효력이 상실된 때에는 실효일자 및 실효사유와 실효된 지구단위계획구역의 내용을 국토교통부장관이 하는 경우에는 관보와 국토교통부의 인터넷 홈페이지에, 시 · 도지사 또는 시장 · 군수가 하는 경우에는 해당 시 · 도 또는 시 · 군의 공보와 인터넷 홈페이지에 실효일자, 실효사유, 실효된 지구단위계획구역의 내용을 게재하는 방법으로 한다.

SECTION 07 개발행위의 허가

>>> 개발행위 대상

① 건축물의 건축
② 공작물의 설치
③ 토지의 형질변경
④ 토석의 채취
⑤ 토지분할
⑥ 물건을 쌓아 놓는 행위

1. 개발행위의 허가

(1) 개발행위 대상

① 다음에 해당하는 행위를 하고자 하는 자는 특별시장 · 광역시장 · 특별자치시장 · 특별자치도지사 · 시장 또는 군수의 개발행위허가를 받아야 한다.

대상	개발행위허가 대상
건축물의 건축	「건축법」에 따른 건축물의 건축
공작물의 설치	인공을 가하여 제작한 시설물(「건축법」에 따른 건축물을 제외)의 설치
토지의 형질변경	절토(땅깎기) · 성토(흙쌓기) · 정지(땅고르기) · 포장 등의 방법으로 토지의 형상을 변경하는 행위와 공유수면의 매립(경작을 위한 토지의 형질변경은 제외)
토석의 채취	흙 · 모래 · 자갈 · 바위 등의 토석을 채취하는 행위(토지의 형질변경을 목적으로 하는 것을 제외)
토지의 분할(건축물이 있는 대지 제외)	• 녹지지역 · 관리지역 · 농림지역 및 자연환경보전지역 안에서 관계법령에 따른 허가 · 인가 등을 받지 아니하고 행하는 토지의 분할 • 「건축법」에 따른 분할제한 면적 미만으로 분할하는 토지의 분할 • 관계 토지의 법령에 따른 허가 · 인가 등을 받지 아니하고 행하는 너비 5m 이하로의 토지의 분할
물건을 쌓아 놓는 행위	녹지지역 · 관리지역 또는 자연환경보전지역에서 건축물의 울타리 안에 위치하지 아니한 토지에 물건을 1월 이상 쌓아 놓는 행위

예외 도시 · 군계획사업에 의한 행위에는 그러하지 아니하다.

② 개발행위허가를 받은 사항을 변경하는 경우에 이를 준용한다.

예외 다음의 경미한 사항을 변경하는 경우에는 그러하지 아니하다.

1. 사업기간을 단축하는 경우
2. 사업면적을 5% 범위 안에서 축소하는 경우
3. 관계 법령의 개정 또는 도시 · 군관리계획의 변경에 따라 허가받은 사항을 불가피하게 변경하는 경우

(2) 별도적용

① 토지의 형질변경(경작을 위한 토지의 형질변경을 제외) 및 토석의 채취에 관한 개발행위 중 도시지역 및 계획관리지역 안의 산림에서의 임도의 설치와 사방사업에 관하여는 각각 「산림자원의 조성 및 관리에 관한 법률」 및 「사방사업법」에 따른다.

② 보전관리지역 · 생산관리지역 · 농림지역 및 자연환경보전지역의 산림에서의 토지의 형질변경(경작을 위한 토지의 형질변경을 제외) · 토석의 채취의 개발행위의 관하여는 「산지관리법」에 따른다.

(3) 개발행위허가 없이 할 수 있는 행위

다음에 해당하는 행위는 개발행위 허가를 받지 아니하고 이를 할 수 있다.

① 재해복구 또는 재난수습을 위한 응급조치(1월 이내에 특별시장 · 광역시장 · 특별자치시장 · 특별자치도지사 · 시장 또는 군수에게 이를 신고하여야 함)

② 「건축법」에 따라 신고하고 설치할 수 있는 건축물의 개축 · 증축 또는 재축과 이에 필요한 범위에서의 토지의 형질변경(도시 · 군계획시설사업이 시행되지 아니하고 있는 도시 · 군계획시설의 부지인 경우에 한함)

③ 그 밖에 다음의 경미한 행위

㉠ 건축물의 건축 : 건축허가 또는 건축신고 대상에 해당하지 아니하는 건축물의 건축

㉡ 공작물의 설치

ⓐ 도시지역 또는 지구단위계획구역에서 무게가 50t 이하, 부피가 $50m^3$ 이하, 수평투영면적이 $50m^2$ 이하인 공작물의 설치

예외 「건축법 시행령」에 해당하는 공작물(통신용철탑은 용도지역 에 관계없이 이를 포함)의 설치를 제외한다.

ⓑ 도시지역 · 자연환경보전지역 및 지구단위계획구역 외의 지역에서 무게가 150t 이하, 부피가 $150m^3$ 이하, 수평투영면적이 $150m^2$ 이하인 공작물의 설치

예외 「건축법 시행령」에 해당하는 공작물(통신용철탑은 용도지역에 관계없이 이를 포함)의 설치를 제외한다.

ⓒ 녹지지역 · 관리지역 또는 농림지역 안에서의 농림어업용 비닐하우스(비닐하우스 안에 설치하는 육상어류양식장을 제외)의 설치

자연환경보전지역에서 농림어업용 비닐하우스의 설치는 개발행위 허가를 받아야 한다.

㉢ 토지의 형질변경

ⓐ 높이 50cm 이내 또는 깊이 50cm 이내의 절토 · 성토 · 정지 등(포장을 제외하며, 주거지역 · 상업지역 및 공업지역 외의 지역에서는 지목변경을 수반하지 않는 경우에 한함)

ⓑ 도시지역 · 자연환경보전지역 · 지구단위계획구역 외의 지역에서 면적이 660m² 이하인 토지에 대한 지목변경을 수반하지 아니하는 절토 · 성토 · 정지 · 포장 등(토지의 형질변경 면적은 형질변경이 이루어지는 해당 필지의 총면적을 말함)

ⓒ 조성이 완료된 기존 대지에서의 건축물 기타 공작물의 설치를 위한 토지의 굴착(절토 및 성토는 제외)

ⓓ 국가 또는 지방자치단체가 공익상의 필요에 따라 직접 시행하는 사업을 위한 토지의 형질변경

㉣ 토석채취

ⓐ 도시지역 또는 지구단위계획구역에서 채취면적이 25m² 이하인 토지에서의 부피 50m³ 이하의 토석채취

ⓑ 도시지역 · 자연환경보전지역 및 지구단위계획구역 외의 지역에서 채취면적이 250m² 이하인 토지에서의 부피 500m³ 이하의 토석채취

㉤ 토지분할

ⓐ 「사도법」에 따른 사도개설 허가를 받은 토지의 분할

ⓑ 토지의 일부를 공공용지 또는 공용지로 하기 위한 토지의 분할

ⓒ 행정재산 중 용도폐지 되는 부분의 분할 또는 일반재산을 매각 · 교환 또는 양여하기 위한 분할

ⓓ 토지의 일부가 도시 · 군계획시설로 지형도면 고시가 된 해당 토지의 분할

ⓔ 너비 5m 이하로 이미 분할된 토지의 건축법에 따른 분할 제한면적 이상으로의 분할

㉥ 물건을 쌓아 놓는 행위

ⓐ 녹지지역 또는 지구단위계획구역에서 물건을 쌓아 놓는 면적이 25m² 이하인 토지에 전체무게가 50t 이하, 전체부피 50m³ 이하로 물건을 쌓는 행위

ⓑ 관리지역(지구단위계획구역으로 지정된 지역을 제외)에서 물건을 쌓아 놓는 면적이 250m² 이하인 토지에 전체 무게 500t 이하, 전체 부피 500m³ 이하로 물건을 쌓아 놓는 행위

2. 개발행위 허가의 기준

(1) 개발행위 허가

① 허가권자 : 특별시장 · 광역시장 · 특별자치시장 · 특별자치

도지사 · 시장 또는 군수는 개발행위허가의 신청내용이 다음의 기준에 적합한 경우에 한하여 개발행위 허가 또는 변경허가를 하여야 한다.

㉠ 용도지역별 특성을 고려하여 다음에 해당하는 토지형질변경면적에 적합할 것. 다만, 개발행위가 「농어촌정비법」에 따른 농어촌정비사업으로 이루어지는 경우 등 대통령령으로 정하는 경우에는 개발행위 규모의 제한을 받지 아니한다.

<table>
<tr><td>도시지역</td><td colspan="2">1. 주거지역 · 상업지역 · 자연녹지지역 · 생산녹지지역 : 1만m² 미만
2. 공업지역 : 3만m² 미만
3. 보전녹지지역 : 5천m² 미만</td></tr>
<tr><td>관리지역</td><td>3만m² 미만</td><td rowspan="2">면적의 범위 안에서 해당 특별시 · 광역시 · 시 또는 군의 도시 · 군계획조례로 따로 정할 수 있음</td></tr>
<tr><td>농림지역</td><td>3만m² 미만</td></tr>
<tr><td>자연환경보전지역</td><td colspan="2">5천m² 미만</td></tr>
</table>

㉡ 도시 · 군관리계획 및 성장관리계획의 내용에 배치되지 아니할 것

㉢ 도시 · 군계획사업의 시행에 지장이 없을 것

㉣ 주변지역의 토지이용실태 또는 토지이용계획, 건축물의 높이, 토지의 경사도, 수목의 상태, 물의 배수, 하천 · 호소 · 습지의 배수 등 주변 환경 또는 경관과 조화를 이룰 것

㉤ 해당 개발행위에 따른 기반시설의 설치 또는 그에 필요한 용지의 확보계획이 적절할 것

② 둘 이상의 용도지역에 걸치는 경우 : 위 ①의 규정을 적용함에 있어서 개발행위 허가의 대상인 토지가 둘 이상의 용도지역에 걸치는 경우에는 각각의 용도지역에 위치하는 토지부분에 대하여 각각의 용도지역의 개발행위의 규모에 관한 규정을 적용한다.

예외 개발행위 허가의 대상인 토지의 총면적이 해당 토지가 걸쳐 있는 용도지역 중 개발행위의 규모가 가장 큰 용도지역의 개발행위의 규모를 초과하여서는 아니 된다.

(2) 허가 전 시행자의 의견청취

특별시장 · 광역시장 · 특별자치시장 · 특별자치도지사 · 시장 또는 군수는 개발행위 허가 또는 변경허가를 하려면 그 개발행위가 도시 · 군계획사업에 지장을 주는지에 관하여 해당 지역에서 시행되는 도시 · 군계획사업의 시행자의 의견을 들어야 한다.

SECTION 08 개발행위에 따른 기반시설의 설치

1. 개발밀도관리구역

>>> 개발밀도관리구역 지정

녹지지역과 비도시지역에는 개발밀도관리구역을 지정할 수 없다. 즉 개발밀도관리구역은 주거지역, 상업지역 또는 공업지역에 지정한다.

(1) 의의

개발로 인하여 기반시설이 부족할 것이 예상되나 기반시설의 설치가 곤란한 지역을 대상으로 건폐율 또는 용적률을 강화하여 적용하기 위하여 지정하는 구역을 말한다.

(2) 지정권자 및 지정대상

특별시장 · 광역시장 · 특별자치시장 · 특별자치도지사 · 시장 또는 군수는 주거 · 상업 또는 공업지역에서의 개발행위로 인하여 기반시설(도시 · 군계획 시설을 포함)의 처리 · 공급 또는 수용능력이 부족할 것으로 예상되는 지역 중 기반시설의 설치가 곤란한 지역을 개발밀도관리구역으로 지정할 수 있다.

>>> 용적률의 강화

용적률을 낮춘다는 뜻이다.

(3) 용적률의 강화

특별시장 · 광역시장 · 특별자치시장 · 특별자치도지사 · 시장 또는 군수는 개발밀도관리구역에서 해당 용도지역에 적용되는 용적률의 최대한도의 50% 범위에서 용적률을 강화하여 적용한다.

(4) 지정 또는 변경 시 심의

특별시장 · 광역시장 · 특별자치시장 · 특별자치도지사 · 시장 또는 군수는 개발밀도관리구역을 지정 또는 이를 변경하고자 하는 경우에는 다음의 사항을 포함하여 해당 지방자치단체에 설치된 지방도시계획위원회의 심의를 거쳐야 한다.

① 개발밀도관리구역의 명칭
② 개발밀도관리구역의 범위
③ 건폐율 또는 용적률의 강화범위

(5) 고시

특별시장 · 광역시장 · 특별자치시장 · 특별자치도지사 · 시장 또는 군수는 개발밀도관리구역을 지정 또는 변경한 경우에는 이를 대통령령이 정하는 바에 따라 고시하여야 한다.

(6) 지정기준 · 개발밀도관리구역의 관리 등

개발밀도관리구역의 지정기준, 개발밀도관리구역의 관리 등에 관하여 필요한 사항은 다음의 사항을 종합적으로 고려하여 국토교통부장관이 정한다.

① 개발밀도관리구역은 도로·수도공급설비·하수도·학교 등 기반시설의 용량이 부족할 것으로 예상되는 지역 중 기반시설의 설치가 곤란한 지역으로서 다음에 해당하는 지역에 지정할 수 있도록 할 것

㉠ 해당 지역의 도로서비스 수준이 매우 낮아 차량통행이 현저하게 지체되는 지역, 이 경우 도로서비스 수준의 측정에 관하여는 「도시교통정비 촉진법」에 따른 교통영향분석·개선대책의 예에 따른다.

㉡ 해당 지역의 도로율이 국토교통부령이 정하는 용도지역별 도로율이 20% 이상 미달하는 지역

㉢ 향후 2년 이내에 해당 지역의 수도에 대한 수용량이 수도시설의 시설용량을 초과할 것으로 예상되는 지역

㉣ 향후 2년 이내에 해당 지역의 하수발생량이 하수시설의 시설용량을 초과할 것으로 예상되는 지역

㉤ 향후 2년 이내에 해당 지역의 학생수가 학교수용능력을 20% 이상 초과할 것으로 예상되는 지역

② 개발밀도관리구역의 경계는 도로·하천 그 밖에 특색 있는 지형지물을 이용하거나 용도지역의 경계선을 따라 설정하는 등 경계선이 분명하게 구분되도록 할 것

③ 용적률이 강화 범위는 위 ①에 규정된 기반시설의 부족 정도를 고려하여 결정할 것

④ 개발밀도관리구역 안의 기반시설의 변화를 주기적으로 검토하여 용적률을 강화 또는 완화하거나 개발밀도관리구역을 해제하는 등 필요한 조치를 취하도록 할 것

2. 기반시설부담구역의 지정

(1) 기반시설부담구역의 지정

특별시장·광역시장·특별자치시장·특별자치도지사·시장 또는 군수는 다음의 어느 하나에 해당하는 지역에 대하여는 기반시설부담구역으로 지정하여야 한다.

① 이 법 또는 다른 법령의 제정·개정으로 인하여 행위제한이 완화되거나 해제되는 지역

② 이 법 또는 다른 법령에 따라 지정된 용도지역 등이 변경되거나 해제되어 행위제한이 완화되는 지역

③ 개발행위허가 현황 및 인구증가율 등을 고려하여 기반시설의 설치가 필요하다고 인정 하는 다음의 지역

핵심문제 ●●●

기반시설부담구역에서 기반시설설치비용의 부과대상인 건축행위의 기준으로 옳은 것은? 기 22②

① 100제곱미터(기존 건축물의 연면적 포함)를 초과하는 건축물의 신축·증축

② 100제곱미터(기존 건축물의 연면적 제외)를 초과하는 건축물의 신축·증축

❸ 200제곱미터(기존 건축물의 연면적 포함)를 초과하는 건축물의 신축·증축

④ 200제곱미터(기존 건축물의 연면적 제외)를 초과하는 건축물의 신축·증축

해설

기반시설부담구역에서 기반시설설치비용의 부과대상인 건축행위는 제2조제20호에 따른 시설로서 200제곱미터(기존 건축물의 연면적을 포함한다)를 초과하는 건축물의 신축·증축 행위로 한다. 다만, 기존 건축물을 철거하고 신축하는 경우에는 기존 건축물의 건축연면적을 초과하는 건축행위만 부과대상으로 한다.

㉠ 해당 지역의 전년도 개발행위허가 건수가 전전년도 개발행위허가 건수보다 20% 이상 증가한 지역

㉡ 해당 지역의 전년도 인구증가율이 그 지역이 속하는 특별시 · 광역시 · 시 또는 군(광역시의 관할 구역에 있는 군은 제외)의 전년도 인구증가율보다 20% 이상 높은 지역

예외 개발행위가 집중되어 특별시장 · 광역시장 · 시장 또는 군수가 해당 지역의 계획적 관리를 위하여 필요하다고 인정하는 경우에는 위에 해당하지 아니하는 경우라도 기반시설부담구역으로 지정할 수 있다.

(2) 기반시설부담구역의 지정 또는 변경의 고시

① 특별시장 · 광역시장 · 특별자치시장 · 특별자치도지사 · 시장 또는 군수는 기반시설부담구역을 지정 또는 변경하고자 하는 때에는 주민의 의견을 들어야 하며, 해당 지방자치단체에 설치된 지방도시계획위원 회의 심의를 거쳐 기반시설부담구역의 명칭 · 위치 · 면적 및 지정일자와 관계 도서의 열람방법을 해당 지방자치단체의 공보와 인터넷 홈페이지에 고시하여야 한다.

② 지구단위계획구역의 지정에 대한 결정 · 고시가 있는 경우 해당 구역은 기반시설부담구역으로 지정 · 고시된 것으로 본다.

SECTION 09 용도지역 · 지구 및 용도구역에서의 행위 제한

1. 용도지역 · 지구 · 구역제의 의의

용도지역	토지에 관한 용도중심의 수평적인 이용규제이며 중복되지 않도록 평면적으로 구분 · 지정된다.
용도지구	용도지역의 지정목적으로 달성할 수 없는 도시기능의 발휘를 위한 국지적 · 부가적인 규제이며, 토지일부에 대하여 지역(취락지구 제외)에 관계없이 특정목적에 따라 추가적으로 지정한다. 필요에 따라 둘 이상의 지구가 중복하여 지정될 수 있다.
용도구역	무계획한 도시의 과대화 · 과밀화 방지 및 무질서한 시가화를 방지하기 위하여 지정한다.

2. 용도지역에서 건축물의 건축제한 등

용도지역에서의 건축물 그 밖의 시설의 용도 · 종류 및 규모 등의 건축제한에 관한 사항은 다음과 같으며, 부속건축물에 대하여는 주된

건축물에 대한 건축제한에 따른다.
(* 표시는 해당 용도에 쓰이는 바닥면적의 합계를 말함)

(1) 전용주거지역

① 제1종 전용주거지역에서의 건축물 [별표 2]

건축제한 구분	건축물의 용도
건축할 수 있는 건축물	1. 단독주택(다가구 주택을 제외) 2. 제1종 근린생활시설로서 해당 용도에 쓰이는 바닥면적의 합계가 1000제곱미터 미만인 것 가. 식품 · 잡화 · 의류 · 완구 · 서적 · 건축자재 · 의약품 · 의료기기 등 일용품을 판매하는 소매점으로서 같은 건축물(하나의 대지에 두 동 이상의 건축물이 있는 경우에는 이를 같은 건축물로 본다. 이하 같다)에 해당 용도로 쓰는 바닥면적의 합계가 1천제곱미터 미만인 것 나. 휴게음식점, 제과점 등 음료 · 차(茶) · 음식 · 빵 · 떡 · 과자 등을 조리하거나 제조하여 판매하는 시설(제4호 너목 또는 제17호에 해당하는 것은 제외한다)로서 같은 건축물에 해당 용도로 쓰는 바닥면적의 합계가 300제곱미터 미만인 것 ㉠ 제4호 너목(「건축법 시행령」 별표 1) 제조업소, 수리점 등 물품의 제조 · 가공 · 수리 등을 위한 시설로서 같은 건축물에 해당 용도로 쓰는 바닥면적의 합계가 500제곱미터 미만이고, 다음 요건 중 어느 하나에 해당하는 것 1) 배출시설의 설치 허가 또는 신고의 대상이 아닌 것 2) 배출시설의 설치 허가 또는 신고의 대상 시설이나 귀금속 · 장신구 및 관련 제품 제조시설로서 발생되는 폐수를 전량 위탁처리하는 것 ㉡ 17호 공장 물품의 제조 · 가공[염색 · 도장(塗裝) · 표백 · 재봉 · 건조 · 인쇄 등을 포함한다] 또는 수리에 계속적으로 이용되는 건축물로서 제1종 근린생활시설, 제2종 근린생활시설, 위험물저장 및 처리시설, 자동차 관련 시설, 자원순환 관련 시설 등으로 따로 분류되지 아니한 것 다. 이용원, 미용원, 목욕장, 세탁소 등 사람의 위생관리나 의류 등을 세탁 · 수선하는 시설(세탁소의 경우 공장에 부설되는 것과 배출시설의 설치 허가 또는 신고의 대상인 것은 제외한다) 라. 의원, 치과의원, 한의원, 침술원, 접골원(接骨院), 조산원, 안마원, 산후조리원 등 주민의 진료 · 치료 등을 위한 시설

>>> 전용주거지역

위락시설과 공장은 전용주거지역 안에 건축할 수 없다.

건축제한 구분	건축물의 용도
건축할 수 있는 건축물	마. 탁구장, 체육도장으로서 같은 건축물에 해당 용도로 쓰는 바닥면적의 합계가 500제곱미터 미만인 것 바. 지역자치센터, 파출소, 지구대, 소방서, 우체국, 방송국, 보건소, 공공도서관, 건강보험공단 사무소 등 공공업무시설로서 같은 건축물에 해당 용도로 쓰는 바닥면적의 합계가 1천 제곱미터 미만인 것 사. 마을회관, 마을공동작업소, 마을공동구판장 등 주민이 공동으로 이용하는 시설의 제1종 근린생활시설로서 해당 용도에 쓰이는 바닥면적의 합계가 1천 제곱미터 미만인 것
도시 · 군계획 조례의 위임 대상	1. 단독주택 중 다가구주택 2. 공동주택 중 연립주택 및 다세대주택 3. 공중화장실 · 대피소, 그 밖에 이와 비슷한 것 및 지역아동센터 및 변전소, 도시가스배관시설, 통신용 시설(해당 용도로 쓰는 바닥면적의 합계가 1천제곱미터 미만인 것에 한정한다), 정수장, 양수장 등 주민의 생활에 필요한 에너지공급 · 통신서비스제공이나 급수 · 배수와 관련된 시설의 제1종 근린생활시설로서 해당 용도에 쓰이는 바닥면적의 합계가 1천제곱미터 미만인 것 4. 제2종 근린생활시설 중 종교집회장 5. 문화 및 집회시설 중 전시장(박물관 · 미술관. 체험관(한옥으로 건축한 것만 해당) 및 기념관에 한함)에 해당하는 것으로서 *1,000m² 미만인 것 6. 종교시설에 해당하는 것으로 *1,000m² 미만인 것 7. 교육연구 및 복지시설 중 아동관련 시설(아동복지시설 · 영/유아 보육시설 · 유치원 그 밖에 이와 유사한 것) 및 노인복지시설과 다른 용도로 분류되지 아니한 사회복지시설 및 근로복지시설에 해당하는 것과 초등학교 · 중학교 및 고등학교 8. 노유자시설 9. 자동차관련시설 중 주차장

② 제2종 전용주거지역에서의 건축물 [별표 3]

건축제한 구분	건축물의 용도
건축할 수 있는 건축물	1. 단독주택 2. 공동주택 3. 제1종 근린생활시설로서 *1,000m² 미만인 것
도시 · 군계획 조례의 위임 대상	1. 제2종 근린생활시설 중 종교집회장 2. 문화 및 집회시설 중 전시장(박물관 · 미술관 및 기념관에 한함)에 해당하는 것으로서 *1,000m² 미만인 것 3. 종교시설에 해당하는 것으로서 *1,000m² 미만인 것

핵심문제 ●●○

제2종 전용주거지역 안에서 건축할 수 있는 건축물에 속하지 않는 것은? (단, 도시 · 군계획조례가 정하는 바에 의하여 건축할 수 있는 건축물 포함) 산 19①

① 아파트 ❷ 의료시설
③ 노유자시설 ④ 다가구주택

해설 제2종 전용주거지역 안에서 건축할 수 있는 건축물

- 단독주택
- 공동주택
- 제1종 근린생활시설로 바닥면적 합계가 1,000m² 미만인 것
- 도시 · 군계획조례가 정하는 바에 의하여 건축할 수 있는 건축물
  - 제2종 근린생활시설 중 종교집회장
  - 문화 및 집회시설 중 바닥면적 합계가 1,000m² 미만인 것
  - 종교시설에 해당되는 것으로서 바닥면적 합계가 1,000m² 미만인 것
  - 교육연구시설 중 유치원 · 초등학교 · 중학교 및 고등학교
  - 자동차 관련 시설 중 주차장
  - 노유자시설

건축제한 구분	건축물의 용도
도시 · 군계획 조례의 위임 대상	4. 교육연구시설 중 유치원 · 초등학교 · 중학교 및 고등학교 5. 노유자시설 6. 자동차관련시설 중 주차장

(2) 일반주거지역

① 제1종 일반주거지역에서의 건축물 [별표 4]

건축제한 구분	건축물의 용도
건축할 수 있는 건축물(4층 이하(「주택법 시행령」 제3조제1항제1호에 따른 단지형 연립주택 및 같은 항 제1호의2에 따른 단지형 다세대주택인 경우에는 5층 이하를 말하며, 단지형 연립주택의 1층 전부를 필로티 구조로 하여 주차장으로 사용하는 경우에는 필로티 부분을 층수에서 제외하고, 단지형 다세대주택의 1층 바닥면적의 2분의 1 이상을 필로티 구조로 하여 주차장으로 사용하고 나머지 부분을 주택 외의 용도로 쓰는 경우에는 해당 층을 층수에서 제외한다. 이하 이 호에서 같다)의 건축물만 해당한다. 다만, 4층 이하의 범위에서 도시 · 군계획조례로 따로 층수를 정하는 경우에는 그 층수 이하의 건축물만 해당한다]	1. 단독주택 2. 공동주택(아파트 제외) 3. 제1종 근린생활시설 4. 교육연구시설 중 유치원 · 초등학교 · 중학교 및 고등학교 5. 노유자시설
도시 · 군계획조례의 위임대상(4층 이하의 건축물에 한한다. 단, 4층 이하의 범위에서 도시 · 군계획조례로 따로 층수를 정하는 경우에는 그 층수 이하의 건축물에 한한다)	1. 제2종 근린생활시설(단란주점 및 안마시술소를 제외) 2. 문화 및 집회시설(공연장 및 관람장을 제외) 3. 종교시설 4. 판매시설 중 소매시장(「유통산업발전법」에 따른 시장 · 대형점 · 대규모 소매점 기타 이와 유사한 것) 및 상점에 해당하는 것

핵심문제 ●●●

국토의 계획 및 이용에 관한 법령상 아파트를 건축할 수 있는 지역은?

기 19②

① 자연녹지지역
② 제1종 전용주거지역
❸ 제2종 전용주거지역
④ 제1종 일반주거지역

해설 제2종 전용주거지역 안에서 건축할 수 있는 건축물

- 단독주택
- 공동주택
- 제1종 근린생활시설로 바닥면적 합계가 1,000m^2 미만인 것
- 도시 · 군계획조례가 정하는 바에 의하여 건축할 수 있는 건축물
  - 제2종 근린생활시설 중 종교집회장
  - 문화 및 집회시설 중 바닥면적 합계가 1,000m^2 미만인 것
  - 종교시설에 해당되는 것으로서 바닥면적 합계가 1,000m^2 미만인 것
  - 교육연구시설 중 유치원 · 초등학교 · 중학교 및 고등학교
  - 자동차 관련 시설 중 주차장
  - 노유자시설

핵심문제 ●●●

제1종 일반주거지역에서 건축할 수 있는 건축물에 속하지 않는 것은?

기 18① 산 19②③ 17③

① 노유자시설
❷ 공동주택 중 아파트
③ 제1종 근린생활시설
④ 교육연구시설 중 고등학교

해설

공동주택 중 아파트는 건축할 수 없다.

[제1종 일반주거지역 안에서 건축할 수 있는 건축물(4층 이하)]

- 단독주택
- 공동주택(아파트 제외)
- 제1종 근린생활시설
- 교육연구시설 중 유치원 · 초등학교 · 중학교 및 고등학교
- 노유자시설

건축제한 구분	건축물의 용도
	으로 *2,000m² 미만인 것(너비 15m 이상의 도로로서 도시 · 군계획조례가 정하는 너비 이상의 도로에 접한 대지에 건축한 것에 한함)과 기존의 도매시장 또는 소매시장을 재건축하는 경우로서 인근의 주거환경에 미치는 영향, 시장의 기능회복 등을 고려하여 도시 · 군계획조례가 정하는 경우에는 해당 용도에 쓰이는 바닥면적의 합계의 4배 이하 또는 대지면적의 2배 이하인 것 5. 의료시설(격리병원을 제외) 6. 교육연구시설 중 초등학교 · 중학교 및 고등학교에 해당하지 않는 것 7. 수련시설(유스호스텔의 경우 특별시 및 광역시 지역에서는 너비 15m 이상의 도로에 20m 이상 접한 대지에 건축하는 것에 한하며, 그 밖의 지역에서는 너비 12m 이상의 도로에 접한 대지에 건축하는 것에 한함) 8. 운동시설(옥외 철탑이 설치된 골프 연습장을 제외) 9. 업무시설 중 오피스텔로서 해당용도에 쓰이는 *3,000m² 미만인 것 10. 공장 중 인쇄업 · 기록매체복제업 · 봉제업(의류편조업을 포함) · 컴퓨터 및 주변기기제조업 · 컴퓨터 관련 전자 제품 조립업 · 두부제조업의 공장 및 아파트형으로서 다음에 해당하지 아니하는 것 ㉠ 「대기환경보전법」 규정에 따른 특정대기유해물질을 배출하는 것 ㉡ 「대기환경보전법」 규정에 따른 대기오염물질 배출시설에 해당하는 시설로서 같은 법 시행령 별표 8에 따른 1종 사업장 내지 4종 사업장에 해당하는 것 ㉢ 「물환경보전법」 규정에 따른 특정수질 유해물질을 배출하는 것 ㉣ 「물환경보전법」에 따른 폐수배출시설에 해당하는 시설로서 같은 법 시행령 별표 1에 따른 1종사업장 내지 4종사업장에 해당하는 것 ㉤ 「폐기물관리법」 규정에 따른 지정폐기물을 배출하는 것 ㉥ 「소음 · 진동관리법」 규정에 따른 배출 허용기준의 2배 이상인 것

건축제한 구분	건축물의 용도
	11. 창고시설 12. 위험물저장 및 처리시설 중 주유소 · 석유판매소, 액화가스취급소 · 판매소, 도료류판매소, 저공해 자동차의 연료공급시설, 시내버스 차고지에 설치하는 액화 석유가스충전소 및 고압가스충전 · 저장소 13. 자동차관련시설 중 주차장 및 세차장 14. 동물 및 식물관련시설 중 화초 및 분재 등의 온실 15. 교정 및 국방 · 군사시설 16. 방송통신시설 17. 발전시설

② 제2종 일반주거지역에서의 건축물 [별표 5]

건축제한 구분	건축물의 용도
건축할 수 있는 건축물(경관 관리 등을 위하여 도시 · 군계획조례로 건축물의 층수를 제한하는 경우에는 그 층수 이하의 건축물로 한정한다)	1. 단독주택 2. 공동주택 3. 제1종 근린생활시설 4. 종교시설 5. 교육연구시설 중 유치원 · 초등학교 · 중학교 및 고등학교 6. 노유자시설
도시 · 군계획조례의 위임대상(경관 관리 등을 위하여 도시 · 군계획조례로 건축물의 층수를 제한하는 경우에는 그 층수 이하의 건축물로 한정한다)	1. 제2종 근린생활시설(단란주점 및 안마시술소를 제외) 2. 문화 및 집회시설(관람장을 제외) 3. 판매시설 중 소매시장(「유통산업발전법」에 따른 시장 · 대형점 · 대규모 소매점 기타 이와 유사한 것) 및 상점에 해당하는 것으로 *2,000m² 미만(너비 15m 이상의 도로로서 도시 · 군계획조례가 정하는 너비 이상의 도로에 접한 대지에 건축한 것에 한함)인 것과 기존의 도매시장 또는 소매시장을 재건축하는 경우로서 인근의 주거환경에 미치는 영향, 시장의 기능회복 등을 감안하여 도시 · 군계획조례가 정하는 경우에는 해당 용도에 쓰이는 바닥면적의 합계의 4배 이하 또는 대지면적의 2배 이하인 것 4. 의료시설(격리병원을 제외) 5. 교육연구시설 중 초등학교 · 중학교 및 고등학교에 해당하지 않는 것 6. 수련시설(유스호스텔의 경우 특별시 및 광역시 지역에서는 너비 15m 이상의 도로에 20m 이상 접한 대지에 건축하는 것에

핵심문제 ●●●

다음 중 제2종 일반주거지역 안에서 건축할 수 있는 건축물에 속하지 않는 것은? 기 15①

① 종교시설
❷ 운수시설
③ 노유자시설
④ 제1종 근린생활시설

해설 제2종 일반주거지역에서 건축할 수 있는 건축물
단독주택, 공동주택, 제1종 근린생활시설, 종교시설, 교육연구시설 중 초등학교 · 중학교 및 고등학교, 노유자시설

건축제한 구분	건축물의 용도
	한하며, 그 밖의 지역에서는 너비 12m 이상의 도로에 접한 대지에 건축하는 것에 한함) 7. 운동시설 8. 업무시설 중 오피스텔 · 금융업소 · 사무소 및 공공업무시설에 해당하는 것으로 *3,000m^2 미만인 것에 한함 9. 공장 중 인쇄업 · 기록매체복제업 · 봉제업(의류편조업을 포함) · 두부제조업의 공장 및 아파트형으로서 다음에 해당하지 아니하는 것 ㉠ 특정 대기오염물질을 배출하는 것 ㉡ 대기오염물질 배출시설에 해당하는 시설로서 같은 법 시행령 별표 8에 따른 1종 사업장 내지 4종 사업장에 해당하는 것 ㉢ 특정수질유해물질을 배출하는 것 ㉣ 폐수배출시설에 해당하는 시설로서 같은 법 시행령 별표 1에 따른 1종사업장 내지 4종사업장에 해당하는 것 ㉤ 지정폐기물을 배출하는 것 ㉥ 배출 허용기준의 2배 이상인 것 10. 창고시설 11. 위험물저장 및 처리시설 중 주유소, 석유판매소, 액화가스 취급소 · 판매소, 도료류 판매소, 저공해자동차의 연료공급시설, 시내버스차고지에 설치하는 액화석유가스충전소 및 고압가스충전 · 저장소 12. 자동차관련시설 중 「여객자동차운수사업 · 화물자동차 운수사업법」 및 「건설기계관리법」에 따른 차고 및 주기장과 주차장 · 세차장 13. 동물 및 식물관련시설 중 작물재배사 · 종묘배양시설 · 화초 및 분재 등의 온실 · 식물과 관련된 시설과 유사한 것(동 · 식물원을 제외)에 해당하는 것 14. 교정 및 국방 · 군사시설 15. 방송통신시설 16. 발전시설 17. 야영장시설

(* 표시는 해당 용도에 쓰이는 바닥면적의 합계를 말함)

③ 제3종 일반주거지역에서의 건축물 [별표 6]

건축제한 구분	건축물의 용도
건축할 수 있는 건축물	1. 단독주택 2. 공동주택 3. 제1종 근린생활시설 4. 종교시설 5. 교육연구시설 중 유치원 · 초등학교 · 중학교 및 고등학교 6. 노유자시설
도시 · 군계획 조례의 위임 대상	1. 제2종 근린생활시설(단란주점 및 안마시술소를 제외) 2. 문화 및 집회시설(관람장을 제외) 3. 판매시설 중 소매시장(「유통산업발전법」에 따른 시장 · 대형점 · 대규모 소매점 기타 이와 유사한 것) 및 상점에 해당하는 것으로 *2,000m² 미만(너비 15m 이상의 도로로서 도시 · 군계획조례가 정하는 너비 이상의 도로에 접한 대지에 건축한 것에 한함)인 것과 기존의 도매시장 또는 소매시장을 재건축하는 경우로서 인근의 주거환경에 미치는 영향, 시장의 기능회복 등을 감안하여 도시 · 군계획조례가 정하는 경우에는 해당 용도에 쓰이는 바닥면적의 합계의 4배 이하 또는 대지면적의 2배 이하인 것 4. 의료시설(격리병원을 제외) 5. 교육연구시설 중 초등학교 · 중학교 및 고등학교에 해당하지 않는 것 6. 수련시설(유스호스텔의 경우 특별시 및 광역시 지역에서는 너비 15m 이상의 도로에 20m 이상 접한 대지에 건축하는 것에 한하며, 그 밖의 지역에서는 너비 12m 이상의 도로에 접한 대지에 건축하는 것에 한함) 7. 운동시설 8. 업무시설로서 *3,000m² 이하인 것 9. 공장 중 인쇄업 · 기록매체복제업 · 봉제업(의류편조업을 포함) · 컴퓨터 및 주변기기 제조업 · 컴퓨터 관련 전자제품 조립업 · 두부제조업의 공장 및 아파트형으로서 다음에 해당하지 아니하는 것 ㉠ 「대기환경보전법」에 따른 특정대기유해 물질을 배출하는 것 ㉡ 「대기환경보전법」에 따른 대기오염물질배출시설에 해당하는 시설로서 같은 법 시행령 별표 1에 따른 1종 사업장 내지 4종 사업장에 해당하는 것 ㉢ 「물환경보전법」에 따른 특정 수질오염 유해물질을 배출하는 것 ㉣ 「대기환경보전법」에 따른 폐수 배출하는 시설로서 같은 법 시행령 별표 1에 따른 1종 사업장 내지 4종 사업장에 해당하는 것

건축제한 구분	건축물의 용도
	ⓜ 「폐기물관리법」에 따른 지정폐기물을 배출하는 것 ⓑ 「소음 · 진동관리법」에 따른 배출허용기준에 2배 이상인 것 10. 창고시설 11. 위험물저장 및 처리시설 중 주유소 · 석유판매소 및 액화가스 판매소, 「대기환경보전법」에 따른 무공해 · 저공해 자동차의 연료 공급시설과 시내버스차고지에 설치하는 액화석유가스충전소 및 고압가스충전 · 저장소 12. 자동차관련시설 중 「여객자동차 운수사업법」 · 「화물자동차 운수사업법」 및 「건설기계관리법」에 따른 차고 및 주기장과 주차장 · 세차장 13. 동물 및 식물관련시설(작물재배사 · 종묘배양시설 · 화초 및 분재 등의 온실 · 식물과 관련된 시설과 유사한 것(동 · 식물원을 제외) 14. 교정 및 국방 · 군사시설 15. 방송통신시설 16. 발전시설 17. 야영장시설

>>> 준주거지역에서 건축할 수 없는 건축물

㉠ 제2종 근린생활시설 중 단란주점
㉡ 의료시설 중 격리병원
㉢ 숙박시설
㉣ 위락시설
㉤ 공장
㉥ 위험물 저장 및 처리시설 중 시내버스 차고지 외의 지역에 설치하는 액화석유가스 충전소 및 고압가스 충전소 · 저장소
㉦ 자동차 관련 시설 중 폐차장
㉧ 동물 및 식물 관련 시설 중 축사 · 도축장 · 도계장
㉨ 자원순환 관련 시설
㉩ 묘지 관련 시설

(3) 준주거지역에서 건축할 수 없는 건축물 [별표 7]

건축제한 구분	건축물의 용도
건축할 수 없는 건축물	1. 제2종 근린생활시설 중 단란주점 2. 의료시설 중 격리병원 3. 숙박시설(생활숙박시설로서 공원 · 녹지 또는 지형지물에 의하여 주택 밀집지역과 차단되거나 주택 밀집지역으로부터 도시 · 군계획조례로 정하는 거리 밖에 있는 대지에 건축하는 것은 제외한다) 4. 위락시설 5. 공장 중 다음에 해당하는 것 ㉠ 특정대기유해물질을 배출하는 것 ㉡ 대기오염물질배출시설에 해당하는 시설로서 같은 법 시행령 별표 1에 따른 1종사업장 내지 4종사업장에 해당하는 것 ㉢ 특정수질유해물질이 같은 법 시행령 제31조제1항제1호에 따른 기준 이상으로 배출되는 것. 다만, 동법 제34조에 따라 폐수무방류배출시설의 설치허가를 받아 운영하는 경우를 제외한다. ㉣ 폐수배출시설에 해당하는 시설로서 같은 법 시행령 별표 13에 따른 제1종사업장부터 제4종사업장까지에 해당하는 것 ㉤ 지정폐기물을 배출하는 것

건축제한 구분	건축물의 용도
	ㅂ 배출허용기준의 2배 이상인 것 6. 위험물 저장 및 처리 시설 중 시내버스차고지 외의 지역에 설치하는 액화석유가스 충전소 및 고압가스 충전소 · 저장소 7. 자동차 관련 시설 중 폐차장 8. 동물 및 식물 관련 시설 중 축사 · 도축장 · 도계장 9. 자원순환 관련시설 10. 묘지 관련 시설
지역여건 등을 고려하여 도시 · 군계획 조례로 정하는 바에 따라 건축할 수 없는 건축물	1. 제2종 근린생활시설 중 안마시술소 2. 문화 및 집회시설(공연장 및 전시장은 제외한다) 3. 판매시설 4. 운수시설 5. 숙박시설 중 생활숙박시설로서 공원 · 녹지 또는 지형지물에 의하여 주택 밀집지역과 차단되거나 주택 밀집지역으로부터 도시 · 군계획조례로 정하는 거리 밖에 있는 대지에 건축하는 것 6. 공장 중 다음에 해당되지 않는 것 ㉠ 특정대기유해물질을 배출하는 것 ㉡ 대기오염물질배출시설에 해당하는 시설로서 같은 법 시행령 별표 1에 따른 1종사업장 내지 4종사업장에 해당하는 것 ㉢ 특정수질유해물질이 같은 법 시행령 제31조제1항 제1호에 따른 기준 이상으로 배출되는 것. 다만, 동법 제34조에 따라 폐수무방류배출시설의 설치허가를 받아 운영하는 경우를 제외한다. ㉣ 폐수배출시설에 해당하는 시설로서 같은 법 시행령 별표 13에 따른 제1종사업장부터 제4종사업장까지에 해당하는 것 ㉤ 지정폐기물을 배출하는 것 ㉥ 배출허용기준의 2배 이상인 것 7. 창고시설 8. 위험물 저장 및 처리 시설(제1호바목에 해당하는 것은 제외한다) 9. 자동차 관련 시설(폐차장은 제외한다) 10. 동물 및 식물 관련 시설(축사 · 도축장 · 도계장은 제외한다) 11. 교정 및 군사 시설 12. 발전시설 13. 관광 휴게시설 14. 장례시설

(4) 중심상업지역에서 건축할 수 없는 건축물 [별표 8]

건축제한 구분	건축물의 용도
건축할 수 없는 건축물	1. 단독주택(다른 용도와 복합된 것은 제외한다) 2. 공동주택[공동주택과 주거용 외의 용도가 복합된 건축물(다수의 건축물이 일체적으로 연결된 하나의 건축물을 포함한다)로서 공동주택 부분의 면적이 연면적의 합계의 90퍼센트(도시 · 군계획조례로 90퍼센트 미만의 범위에서 별도로 비율을 정한 경우에는 그 비율) 미만인 것은 제외한다] 3. 숙박시설 중 일반숙박시설 및 생활숙박시설(다만, 다음의 일반숙박시설 또는 생활숙박시설은 제외한다.) ㉠ 공원 · 녹지 또는 지형지물에 따라 주거지역과 차단되거나 주거지역으로부터 도시 · 군계획조례로 정하는 거리 밖에 있는 대지에 건축하는 일반숙박시설 ㉡ 공원 · 녹지 또는 지형지물에 따라 준주거지역 내 주택 밀집지역, 전용주거지역 또는 일반주거지역과 차단되거나 준주거지역 내 주택 밀집지역, 전용주거지역 또는 일반주거지역으로부터 도시 · 군계획조례로 정하는 거리 밖에 있는 대지에 건축하는 생활숙박시설 4. 위락시설(공원 · 녹지 또는 지형지물에 따라 주거지역과 차단되거나 주거지역으로부터 도시 · 군계획조례로 정하는 거리 밖에 있는 대지에 건축하는 것은 제외한다) 5. 공장(제2호바목에 해당하는 것은 제외한다) 6. 위험물 저장 및 처리 시설 중 시내버스차고지 외의 지역에 설치하는 액화석유가스 충전소 및 고압가스충전소 · 저장소 7. 자동차 관련 시설 중 폐차장 8. 동물 및 식물 관련 시설 9. 자원순환 관련시설 10. 묘지 관련 시설
지역여건을 고려하여 도시 · 군계획조례로 정하는 바에 따라 건축할 수 없는 건축물	1. 단독주택 중 다른 용도와 복합된 것 2. 공동주택(제1호나목에 해당하는 것은 제외한다) 3. 의료시설 중 격리병원 4. 교육연구시설 중 학교 5. 수련시설(야영장시설을 포함한다) 6. 공장 중 출판업 · 인쇄업 · 금은세공업 및 기록매체복제업의 공장으로서 별표 4 제2호차목(1)부터 (6)까지의 어느 하나에 해당하지 않는 것 7. 창고시설 8. 위험물 저장 및 처리시설(제1호바목에 해당하는 것은 제외한다) 9. 자동차 관련 시설 중 같은 호 나목 및 라목부터 아목까지에 해당하는 것

건축제한 구분	건축물의 용도
	10. 교정 및 군사 시설(국방 · 군사시설은 제외한다) 11. 관광 휴게시설 12. 장례시설 13. 야영장시설

(5) 일반상업지역에서 건축할 수 없는 건축물 [별표 9]

건축제한 구분	건축물의 용도
건축할 수 없는 건축물	1. 숙박시설 중 일반숙박시설 및 생활숙박시설 (다만, 다음의 일반숙박시설 또는 생활숙박시설은 제외한다.) ㉠ 공원 · 녹지 또는 지형지물에 따라 주거지역과 차단되거나 주거지역으로부터 도시 · 군계획조례로 정하는 거리 밖에 있는 대지에 건축하는 일반숙박시설 ㉡ 공원 · 녹지 또는 지형지물에 따라 준주거지역 내 주택 밀집지역, 전용주거지역 또는 일반주거지역과 차단되거나 준주거지역 내 주택 밀집지역, 전용주거지역 또는 일반주거지역으로부터 도시 · 군계획조례로 정하는 거리 밖에 있는 대지에 건축하는 생활숙박시설 2. 위락시설(공원 · 녹지 또는 지형지물에 따라 주거지역과 차단되거나 주거지역으로부터 도시 · 군계획조례로 정하는 거리 밖에 있는 대지에 건축하는 것은 제외한다) 3. 공장으로서 별표 4 제2호차목(1)부터 (6)까지의 어느 하나에 해당하는 것 4. 위험물 저장 및 처리 시설 중 시내버스차고지 외의 지역에 설치하는 액화석유가스 충전소 및 고압가스 충전소 · 저장소 5. 자동차 관련 시설 중 폐차장 6. 동물 및 식물 관련 시설 중 같은 호 가목부터 라목까지에 해당하는 것 7. 자원순환관련시설 8. 묘지관련시설
지역여건을 고려하여 도시 · 군계획 조례로 정하는 바에 따라 건축할 수 없는 건축물	1. 단독주택 2. 공동주택[공동주택과 주거용 외의 용도가 복합된 건축물(다수의 건축물이 일체적으로 연결된 하나의 건축물을 포함한다)로서 공동주택 부분의 면적이 연면적의 합계의 90퍼센트(도시 · 군계획조례로 90퍼센트 미만의 비율을 정한 경우에는 그 비율) 미만인 것은 제외한다] 3. 수련시설(야영장시설을 포함한다) 4. 공장(제1호다목에 해당하는 것은 제외한다) 5. 위험물 저장 및 처리 시설(제1호라목에 해당하는 것은 제외한다)

핵심문제 ●●●

국토의 계획 및 이용에 관한 법령상 일반상업지역 안에서 건축할 수 있는 건축물은? 기 20①②통합

① 묘지 관련 시설
② 자원순환 관련 시설
❸ 의료시설 중 요양병원
④ 자동차 관련 시설 중 폐차장

해설 일반상업지역 안에서 건축할 수 없는 건축물
- 숙박시설 중 일반숙박시설 및 생활숙박시설
- 위락시설
- 공장
- 위험물저장 및 처리시설 중 시내버스 차고지 외의 지역에 설치하는 액화석유가스 충전소 및 고압가스 충전소, 저장소
- 자동차 관련 시설 중 폐차장
- 동물 및 식물 관련 시설
- 자원순환 관련 시설
- 묘지 관련 시설

	6. 자동차 관련 시설 중 같은 호 라목부터 아목까지에 해당하는 것 7. 동물 및 식물 관련 시설(제1호바목에 해당하는 것은 제외한다) 8. 교정 및 군사 시설(국방 · 군사시설은 제외한다) 9. 야영장시설

(6) 근린상업지역에서 건축할 수 없는 건축물 [별표 10]

건축제한 구분	건축물의 용도
건축할 수 없는 건축물	1. 의료시설 중 격리병원 2. 숙박시설 중 일반숙박시설 및 생활숙박시설 다만, 다음의 일반숙박시설 또는 생활숙박시설은 제외한다. (1) 공원 · 녹지 또는 지형지물에 따라 주거지역과 차단되거나 주거지역으로부터 도시 · 군계획조례로 정하는 거리 밖에 있는 대지에 건축하는 일반숙박시설 (2) 공원 · 녹지 또는 지형지물에 따라 준주거지역 내 주택 밀집지역, 전용주거지역 또는 일반주거지역과 차단되거나 준주거지역 내 주택 밀집지역, 전용주거지역 또는 일반주거지역으로부터 도시 · 군계획조례로 정하는 거리 밖에 있는 대지에 건축하는 생활숙박시설 3. 위락시설(공원 · 녹지 또는 지형지물에 따라 주거지역과 차단되거나 주거지역으로부터 도시 · 군계획조례로 정하는 거리 밖에 있는 대지에 건축하는 것은 제외한다) 4. 공장으로서 별표 4 제2호차목(1)부터 (6)까지의 어느 하나에 해당하는 것 5. 위험물 저장 및 처리 시설 중 시내버스차고지 외의 지역에 설치하는 액화석유가스 충전소 및 고압가스 충전소 · 저장소 6. 자동차 관련 시설 중 같은 호 다목부터 사목까지에 해당하는 것 7. 동물 및 식물 관련 시설 중 같은 호 가목부터 라목까지에 해당하는 것 8. 자원순환 관련시설 9. 묘지 관련 시설
지역여건을 고려하여 도시 · 군계획 조례로 정하는 바에 따라 건축할 수 없는 건축물	1. 공동주택[공동주택과 주거용 외의 용도가 복합된 건축물(다수의 건축물이 일체적으로 연결된 하나의 건축물을 포함한다)로서 공동주택 부분의 면적이 연면적의 합계의 90퍼센트(도시 · 군계획조례로 90퍼센트 미만의 범위에서 별도로 비율을 정한 경우에는 그 비율) 미만인 것은 제외한다] 2. 문화 및 집회시설(공연장 및 전시장은 제외한다)

	3. 판매시설로서 그 용도에 쓰이는 바닥면적의 합계가 3천제곱미터 이상인 것 4. 운수시설로서 그 용도에 쓰이는 바닥면적의 합계가 3천제곱미터 이상인 것 5. 위락시설(제1호 다목에 해당하는 것은 제외한다) 6. 공장(제1호 라목에 해당하는 것은 제외한다) 7. 창고시설 8. 위험물 저장 및 처리 시설(제1호마목에 해당하는 것은 제외한다) 9. 자동차 관련 시설 중 같은 호 아목에 해당하는 것 10. 동물 및 식물 관련 시설(제1호사목에 해당하는 것은 제외한다) 11. 교정 및 군사 시설 12. 발전시설 13. 관광 휴게시설

(7) 유통상업지역에서 건축할 수 없는 건축물 [별표 11]

건축제한 구분	건축물의 용도
건축할 수 없는 건축물	1. 단독주택 2. 공동주택 3. 의료시설 4. 숙박시설 중 일반숙박시설 및 생활숙박시설 (다만, 다음의 일반숙박시설 또는 생활숙박시설은 제외한다.) ㉠ 공원 · 녹지 또는 지형지물에 따라 주거지역과 차단되거나 주거지역으로부터 도시 · 군계획조례로 정하는 거리 밖에 있는 대지에 건축하는 일반숙박시설 ㉡ 공원 · 녹지 또는 지형지물에 따라 준주거지역 내 주택 밀집지역, 전용주거지역 또는 일반주거지역과 차단되거나 준주거지역 내 주택 밀집지역, 전용주거지역 또는 일반주거지역으로부터 도시 · 군계획조례로 정하는 거리 밖에 있는 대지에 건축하는 생활숙박시설) 5. 위락시설(공원 · 녹지 또는 지형지물에 따라 주거지역과 차단되거나 주거지역으로부터 도시 · 군계획조례로 정하는 거리 밖에 있는 대지에 건축하는 것은 제외한다) 6. 공장 7. 위험물 저장 및 처리 시설 중 시내버스차고지 외의 지역에 설치하는 액화석유가스 충전소 및 고압가스 충전소 · 저장소 8. 동물 및 식물 관련시설 9. 자원순환 관련시설 10. 묘지 관련시설

>>> 유통상업지역에서 건축할 수 없는 건축물

유통상업지역에서는 주택을 건축할 수 없다.

지역여건을 고려하여 도시 · 군계획 조례로 정하는 바에 따라 건축할 수 없는 건축물	1. 근린생활시설 2. 문화 및 집회시설(공연장 및 전시장은 제외한다) 3. 종교시설 4. 교육연구시설 5. 노유자시설 6. 수련시설 7. 운동시설 8. 숙박시설(제1호라목에 해당하는 것은 제외한다) 9. 위락시설(제1호마목에 해당하는 것은 제외한다) 10. 위험물 저장 및 처리시설(제1호사목에 해당하는 것은 제외한다) 11. 자동차 관련 시설(주차장 및 세차장은 제외한다) 12. 교정 및 군사 시설 13. 방송통신시설 14. 발전시설 15. 관광 휴게시설 16. 장례시설 17. 야영장시설

>>> 전용공업지역에서 건축할 수 없는 건축물

전용공업지역에서는 주택, 종교시설을 건축할 수 없다.

(8) 전용공업지역에서의 건축물 [별표 12]

건축제한 구분	건축물의 용도
건축할 수 있는 건축물	1. 제1종 근린생활시설 2. 제2종 근린생활시설 단, 다음의 경우는 제외한다. ㉠ 일반음식점 · 기원 ㉡ 휴게음식점으로서 제1종 근린생활시설에 해당하지 아니하는 것 ㉢ 단란주점으로서 같은 건축물 안에서 *150m² 미만인 것 ㉣ 안마시술소 및 노래연습장 3. 공장 4. 창고시설 5. 위험물저장 및 처리시설 6. 자동차관련시설 7. 자원순환 관련시설 8. 발전시설
도시 · 군계획 조례의 위임 대상	1. 공동주택 중 기숙사 2. 제2종 근린생활시설 중 다음에 해당하지 않는 것 ㉠ 휴게음식점, 제과점 등 음료 · 차(茶) · 음식 · 빵 · 떡 · 과자 등을 조리하거나 제조하여 판매하는 시설(너목 또는 제17호에 해당하는 것은 제외한다)로서 같은 건축물에 해당 용도로 쓰는 바닥면적의 합계가 300제곱미터 이상인 것 ㉡ 일반음식점

	㉢ 기원 ㉣ 단란주점으로서 같은 건축물에 해당 용도로 쓰는 바닥면적의 합계가 150제곱미터 미만인 것 ㉤ 안마시술소, 노래연습장 3. 문화 및 집회시설 중 산업전시장 및 박람회장 4. 판매시설(해당 전용공업지역에 소재하는 공장에서 생산되는 제품을 판매하는 경우에 한함) 5. 운수시설 6. 의료시설 7. 교육연구시설 중 직업훈련소(「근로자직업능력 개발법」에 따른 직업능력개발훈련시설에 한함), 학원(기술계학원에 한함) 및 연구소(공업에 관련된 연구소, 「고등교육법」에 따른 기술 대학에 부설되는 것과 공장대지 안에 부설되는 것에 한함) 8. 노유자시설 9. 교정 및 국방 · 군사시설 10. 방송통신시설

(9) 일반공업지역에서의 건축물 [별표 13]

건축제한 구분	건축물의 용도
건축할 수 있는 건축물	1. 제1종 근린생활시설 2. 제2종 근린생활시설(단란주점 및 안마시술소를 제외) 3. 판매시설(해당 일반 공업지역에 소재하는 공장에서 생산되는 제품을 판매하는 시설에 한함) 4. 운수시설 5. 공장 6. 창고시설 7. 위험물저장 및 처리시설 8. 자동차관련시설 9. 자원순환 관련시설 10. 발전시설
도시 · 군계획 조례의 위임 대상	1. 단독주택 2. 공동주택 중 기숙사 3. 제2종 근린생활시설 중 안마시술소 4. 문화 및 집회시설 중 전시장(박물관 · 미술관 · 과학관 · 기념관 · 산업전시장 · 박람회장, 그 밖의 이와 유사한 것)에 해당하는 것 5. 종교시설 6. 의료시설 7. 교육연구시설 8. 노유자시설 9. 수련시설 10. 업무시설 11. 동물 및 식물관련시설 12. 교정 및 국방 · 군사시설 13. 방송통신시설 14. 장례시설 15. 야영장시설

>>> 제1종 근린생활시설

제1종 근린생활시설(면적 500m² 미만)은 거의 모든 지역에서 건축할 수 있다.

(10) 준공업지역에서 건축할 수 없는 건축물 [별표 14]

건축제한 구분	건축물의 용도
건축할 수 없는 건축물	1. 위락시설 2. 묘지 관련 시설
도시·군계획 조례의 위임 대상	1. 단독주택 2. 공동주택(기숙사는 제외한다) 3. 제2종 근린생활시설 중 단란주점 및 안마시술소 4. 문화 및 집회시설(공연장 및 전시장은 제외한다) 5. 종교시설 6. 판매시설(해당 준공업지역에 소재하는 공장에서 생산되는 제품을 판매하는 시설은 제외한다) 7. 운동시설 8. 숙박시설 9. 공장으로서 해당 용도에 쓰이는 바닥면적의 합계가 5천제곱미터 이상인 것 10. 동물 및 식물 관련 시설 11. 교정 및 군사 시설 12. 관광 휴게시설

(11) 보전녹지지역에서의 건축물 [별표 15]

건축제한 구분	건축물의 용도
건축할 수 있는 건축물(4층 이하의 건축물에 한한다. 단, 4층 이하의 범위에서 도시·군계획 조례로 따로 층수를 정하는 경우에는 그 층수 이하의 건축물에 한한다)	1. 교육연구시설 중 초등학교 2. 창고시설(농업·임업·축산업·수산업용에 한함) 3. 교정 및 국방·군사시설
도시·군계획조례의 위임대상(4층 이하의 건축물에 한한다. 단, 4층 이하의 범위에서 도시·군계획 조례로 따로 층수를 정하는 경우에는 그 층수 이하의 건축물에 한한다)	1. 단독주택(다가구 주택을 제외) 2. 제1종 근린생활시설로서 *500m² 미만인 것 3. 제2종 근린생활시설 중 종교집회장 4. 문화 및 집회시설 중 전시장(박물관·미술관·과학관·기념관·산업전시장·박람회장 기타 이와 유사한 것)에 해당하는 것 5. 종교시설 6. 의료시설 7. 교육연구시설 중 중학교·고등학교 8. 노유자시설 9. 위험물저장 및 처리시설 중 액화석유가스충전소 및 고압가스충전·저장소 10. 동물 및 식물관련시설(도축장 및 도계장 제외)

건축제한 구분	건축물의 용도
	11. 묘지관련시설 12. 장례시설 13. 야영장시설

(* 표시는 해당 용도에 쓰이는 바닥면적의 합계를 말함)

⑿ 생산녹지지역에서의 건축물 [별표 16]

건축제한 구분	건축물의 용도
건축할 수 있는 건축물(4층 이하의 건축물에 한한다. 단, 4층 이하의 범위에서 도시 · 군계획조례로 따로 층수를 정하는 경우에는 그 층수 이하의 건축물에 한한다)	1. 단독주택 2. 제1종 근린생활시설 3. 의료시설 4. 교육연구시설 중 초등학교 5. 노유자시설 6. 운동시설 중 운동장 7. 창고시설(농업 · 임업 · 축산업 · 수산업용에 한함) 8. 위험물저장 및 처리시설 중 액화석유가스충전소 및 고압가스충전 · 저장소 9. 동물 및 식물관련시설(도축장 및 도계장 제외) 10. 교정 및 국방 · 군사시설 11. 방송통신시설 12. 발전시설 13. 야영장시설
도시 · 군계획조례의 위임대상(4층 이하의 건축물에 한한다. 단, 4층 이하의 범위에서 도시 · 군계획조례로 따로 층수를 정하는 경우에는 그 층수 이하의 건축물에 한한다)	1. 공동주택(아파트 제외) 2. 제2종 근린생활시설로서 *1,000m² 미만인 것(단란주점을 제외) 3. 문화 및 집회시설 중 집회장(예식장 · 공회당 · 회의장 · 마권장외 발매소 · 마권전화투표소 기타 이와 유사한 것) 및 전시장(박물관 · 미술관 · 과학관 · 기념관 · 산업전시장 · 박람회장 기타 이와 유사한 것) 4. 판매시설(농업 · 임업 · 축산업 · 수산업용 판매 시설에 한함) 5. 의료시설 6. 교육연구시설 중 중학교 · 고등학교 · 교육원(농업 · 임업 · 축산업 · 수산업과 관련된 교육시설에 한함) · 직업훈련소 및 연구소(농업 · 임업 · 축산업 · 수산업과 관련된 연구소로 한정) 7. 운동시설(운동장을 제외) 8. 공장 중 도정공장 · 식품공장 및 제1차 산업생산품가공 공장과 읍 · 면지역에 건축하는 첨단산업의 공장으로서 다음에 해당하지 아니하는 것 ㉠ 「대기환경보전법」에 따른 특정대기유해

건축제한 구분	건축물의 용도
	물질을 배출하는 것 ㉡ 「대기환경보전법」에 따른 대기오염물질 배출시설에 해당하는 시설로서 같은 법 시행령 별표 8에 따른 1종 사업장 내지 3종 사업장에 해당하는 것 ㉢ 「물환경보전법」에 따른 특정수질유해 물질을 배출하는 것 ㉣ 「물환경보전법」에 따른 폐수배출 시설에 해당하는 시설로서 같은 법 시행령 별표 1에 따른 1종 사업장 내지 4종 사업장에 해당하는 것 ㉤ 「폐기물관리법」에 따른 지정 폐기물을 배출하는 것 9. 창고시설(농업 · 임업 · 축산업 · 수산업용 제외) 10. 위험물저장 및 처리시설(액화석유가스충전소 및 고압가스충전 · 저장소를 제외) 11. 자동차관련시설 중 운전학원 · 정비학원, 「여객자동차 운수사업법」 · 「화물자동차 운수사업법」 및 「건설기계관리법」에 따른 차고 및 주기장 12. 동물 및 식물관련시설(도축장 및 도계장) 13. 자원순환 관련시설 14. 묘지관련시설 15. 장례시설

⒀ 자연녹지지역에서의 건축물 [별표 17]

건축제한 구분	건축물의 용도
건축할 수 있는 건축물(4층 이하의 건축물에 한한다. 단, 4층 이하의 범위에서 도시 · 군계획조례로 따로 층수를 정하는 경우에는 그 층수 이하의 건축물에 한한다)	1. 단독주택 2. 제1종 근린생활시설 3. 제2종 근린생활시설(휴게음식점으로서 제1종 근린생활 시설에 해당하지 아니하는 것과 일반음식점 · 단란주점 및 안마시술소를 제외) 4. 의료시설(종합병원 · 병원 · 치과병원 및 한방병원을 제외) 5. 교육연구시설(직업훈련소 및 학원을 제외) 6. 노유자시설 7. 수련시설 8. 운동시설 9. 창고시설(농업 · 임업 · 축산업 · 수산업용에 한함) 10. 동물 및 식물관련시설 11. 자원순환 관련시설 12. 교정 및 국방 · 군사시설 13. 방송통신시설

핵심문제 ●●●

자연녹지지역 안에서 건축할 수 있는 건축물의 최대 층수는?(단, 제 1종 근린생활시설로서 도시 · 군계획조례로 따로 층수를 정하지 않은 경우)

산 17② 14③

① 3층 ❷ 4층
③ 5층 ④ 6층

해설

자연녹지지역 안에서 건축할 수 있는 건축물의 최대 층수 : 4층 이하

건축제한 구분	건축물의 용도
	14. 발전시설 15. 묘지관련시설 16. 관광휴게시설 17. 장례시설 18. 야영장시설
도시 · 군계획조례의 위임대상(4층 이하의 건축물에 한한다. 단, 4층 이하의 범위에서 도시 · 군계획조례로 따로 층수를 정하는 경우에는 그 층수 이하의 건축물에 한한다)	1. 공동주택(아파트 제외) 2. 제2종 근린생활시설 중 휴게음식점으로서 제1종 근린생활 시설에 해당하지 아니하는 것과 일반음식점 및 안마시술소 3. 문화 및 집회시설 4. 종교시설 5. 판매시설 중 다음에 해당하는 것 ㉠ 「농수산물유통 및 가격안정에 관한 법률」에 따른 농수산물공판장 ㉡ 「농수산물유통 및 가격안정에 관한 법률」에 따른 농수산물직판장으로서 *1,000m² 미만인 것(「농어촌 발전 특별조치법」 제2조 제2 · 3호 또는 같은 법 제4조에 해당하는 자나 지방자치단체가 설치 · 운영하는 것에 한함) ㉢ 지식경제부장관이 관계 중앙행정 기관의 장과 협의하여 고시하는 대형할인점 및 중소기업 공동판매시설 ㉣ 여객자동차 터미널 및 화물터미널 ㉤ 철도역사 ㉥ 공항시설 ㉦ 항만시설 및 종합여객시설 6. 운수시설 7. 의료시설 중 종합병원 · 병원 · 치과병원 및 한방병원 8. 교육연구시설 중 직업훈련소 및 학원 9. 숙박시설로서 「관광진흥법」에 따라 지정된 관광지 및 관광단지에 건축하는 것 10. 공장 중 다음의 어느 하나에 해당하는 것 ㉠ 첨단업종의 공장 · 아파트형 공장 · 도정공장 및 식품공장과 읍 · 면지역에 건축하는 재재업의 공장 및 첨단산업의 공장으로서 다음에 해당하지 아니하는 것 • 「대기환경보전법」에 따른 특정대기유해물질을 배출하는 것 • 「대기환경보전법」에 따른 대기오염물질배출시설에 해당하는 시설로서 같은 법 시행령 별표 8에 따른 1종사업장 내지 3종 사업장에 해당하는 것

건축제한 구분	건축물의 용도
	• 「물환경보전법」에 따른 특정수질유해물질을 배출하는 것 • 「물환경보전법」에 따른 폐수배출시설에 해당하는 시설로서 같은 법 시행령 별표 1에 따른 1종 사업장 내지 4종 사업장에 해당하는 것 • 「폐기물관리법」 규정에 따른 지정폐기물을 배출하는 것 ㉡ 「공익사업을 위한 토지 등의 취득 및 보상에 관한 법률」에 따른 공익사업 및 「도시개발법」에 따른 도시개발사업으로 인하여 해당 특별시 · 광역시 · 시 및 군 지역으로 이전하는 레미콘 또는 아스콘 공장 11. 창고시설(농업 · 임업 · 축산업 · 수산업용 제외) 12. 위험물저장 및 처리시설 13. 자동차관련시설

⒁ 보전관리지역에서의 건축물 [별표 18]

건축제한 부분	건축물의 용도
건축할 수 있는 건축물(4층 이하의 건축물에 한한다. 단, 4층 이하의 범위에서 도시 · 군계획조례로 따로 층수를 정하는 경우에는 그 층수 이하의 건축물에 한한다)	1. 단독주택 2. 교육연구시설 중 초등학교 3. 교정 및 국방 · 군사시설
도시 · 군계획조례의 위임대상(4층 이하의 건축물에 한한다. 단, 4층 이하의 범위에서 도시 · 군계획 조례로 따로 층수를 정하는 경우에는 그 층수 이하의 건축물에 한한다)	1. 제1종 근린생활시설(휴게음식점 · 제과점 제외) 2. 제2종 근린생활시설 중 다음에 해당되지 않는 것 ㉠ 휴게음식점, 제과점 등 음료 · 차(茶) · 음식 · 빵 · 떡 · 과자 등을 조리하거나 제조하여 판매하는 시설(너목 또는 제17호에 해당하는 것은 제외한다)로서 같은 건축물에 해당 용도로 쓰는 바닥면적의 합계가 300제곱미터 이상인 것 ㉡ 일반음식점 ㉢ 제조업소, 수리점 등 물품의 제조 · 가공 · 수리 등을 위한 시설로서 같은 건축물에 해당 용도로 쓰는 바닥면적의 합계가 500제곱미터 미만이고, 다음 요건 중 어느 하나에 해당하는 것

건축제한 부분	건축물의 용도
	1) 배출시설의 설치 허가 또는 신고의 대상이 아닌 것 2) 배출시설의 설치 허가 또는 신고의 대상 시설이나 귀금속 · 장신구 및 관련 제품 제조시설로서 발생되는 폐수를 전량 위탁 처리하는 것 ㉣ 단란주점으로서 같은 건축물에 해당 용도로 쓰는 바닥면적의 합계가 150제곱미터 미만인 것 3. 종교시설 중 종교집회장 4. 의료시설 5. 교육연구시설 중 중학교 · 고등학교 6. 노유자시설 7. 창고시설(농업 · 임업 · 축산업 · 수산업용에 한함) 8. 위험물저장 및 처리시설 9. 동물 및 식물관련시설 중 축사(양잠 · 양봉 · 양어시설 및 부화장 등 포함) 및 식물과 관련된 작물재배사, 종묘배양시설, 화초 및 분재 등의 온실과 유사한 것(동 · 식물원 제외)에 해당하는 것 10. 방송통신시설 11. 발전시설 12. 묘지관련시설 13. 장례시설 14. 야영장시설

⒂ 생산관리지역에서의 건축물 [별표 19]

건축제한 구분	건축물의 용도
건축할 수 있는 건축물(4층 이하의 건축물에 한한다. 단, 4층 이하의 범위에서 도시 · 군계획조례로 따로 층수를 정하는 경우에는 그 층수 이하의 건축물에 한한다)	1. 단독주택 2. 제1종 근린생활시설 중 다음의 것 ㉠ 식품 · 잡화 · 의류 · 완구 · 서적 · 건축자재 · 의약품 · 의료기기 등 일용품을 판매하는 소매점으로서 같은 건축물(하나의 대지에 두 동 이상의 건축물이 있는 경우에는 이를 같은 건축물로 본다. 이하 같다)에 해당 용도로 쓰는 바닥면적의 합계가 1천 제곱미터 미만인 것 ㉡ 공중화장실, 대피소, 그 밖에 이와 비슷한 것만 해당한다. ㉢ 변전소, 도시가스배관시설, 통신용 시설(해당 용도로 쓰는 바닥면적의 합계가 1천 제곱미터 미만인 것에 한정한다), 정수장,

>>> 생산관리지역에서 건축할 수 있는 건축물

① 단독주택
② 제1종 근린생활시설
③ 교육연구시설 중 초등학교
④ 운동시설 중 운동장
⑤ 창고시설(농업 · 임업 · 축산업 · 수산업용)
⑥ 동물 및 식물관련시설
⑦ 교정 및 국방 · 군사시설
⑧ 발전시설

건축제한 구분	건축물의 용도
	양수장 등 주민의 생활에 필요한 에너지공급 · 통신서비스제공이나 급수 · 배수와 관련된 시설 3. 교육연구시설 중 초등학교 4. 운동시설 중 운동장 5. 창고시설(농업 · 임업 · 축산업 · 수산업용에 한함) 6. 동물 및 식물관련시설 중 작물재배사, 종묘배양시설, 화초 및 분재 등의 온실, 식물과 관련된 작물재배사, 종묘배양시설, 화초 및 분재 등의 온실과 유사한 것(동 · 식물원을 제외에 해당하는 것) 7. 교정 및 국방 · 군사시설 8. 발전시설
도시 · 군계획조례의 위임대상(4층 이하의 건축물에 한한다. 단, 4층 이하의 범위에서 도시 · 군계획조례로 따로 층수를 정하는 경우에는 그 층수 이하의 건축물에 한한다)	1. 공동주택(아파트를 제외) 2. 제1종 근린생활시설 중 다음에 해당하지 않는 것 ㉠ 식품 · 잡화 · 의류 · 완구 · 서적 · 건축자재 · 의약품 · 의료기기 등 일용품을 판매하는 소매점으로서 같은 건축물(하나의 대지에 두 동 이상의 건축물이 있는 경우에는 이를 같은 건축물로 본다. 이하 같다)에 해당 용도로 쓰는 바닥면적의 합계가 1천 제곱미터 미만인 것 ㉡ 공중화장실, 대피소, 그 밖에 이와 비슷한 것만 해당한다. ㉢ 변전소, 도시가스배관시설, 통신용 시설(해당 용도로 쓰는 바닥면적의 합계가 1천 제곱미터 미만인 것에 한정한다), 정수장, 양수장 등 주민의 생활에 필요한 에너지공급 · 통신서비스제공이나 급수 · 배수와 관련된 시설 3. 제2종 근린생활시설 중 다음에 해당하지 않는 것 ㉠ 휴게음식점, 제과점 등 음료 · 차(茶) · 음식 · 빵 · 떡 · 과자 등을 조리하거나 제조하여 판매하는 시설(너목 또는 제17호에 해당하는 것은 제외한다)로서 같은 건축물에 해당 용도로 쓰는 바닥면적의 합계가 300제곱미터 이상인 것 ㉡ 일반음식점 ㉢ 제조업소, 수리점 등 물품의 제조 · 가공 · 수리 등을 위한 시설로서 같은 건축물에 해당 용도로 쓰는 바닥면적의 합계가 500제곱

건축제한 구분	건축물의 용도
	미터 미만이고, 다음 요건 중 어느 하나에 해당하는 것 1) 배출시설의 설치 허가 또는 신고의 대상이 아닌 것 2) 배출시설의 설치 허가 또는 신고의 대상 시설이나 귀금속 · 장신구 및 관련 제품 제조시설로서 발생되는 폐수를 전량 위탁 처리하는 것 ㉣ 단란주점으로서 같은 건축물에 해당 용도로 쓰는 바닥면적의 합계가 150제곱미터 미만인 것 4. 판매시설(농업 · 임업 · 축산업 · 수산업용에 한함) 5. 의료시설 6. 교육연구시설 중 중학교 · 고등학교 및 교육원(농업 · 임업 · 축산업 · 수산업과 관련된 교육시설에 한함) 7. 노유자시설 8. 수련시설 9. 공장(제2종 근린생활시설 중 제조업소를 포함) 중 도정공장 및 식품공장과 읍 · 면지역에 건축하는 제재업의 공장으로서 다음의 1에 해당하지 아니하는 것 ㉠ 「대기환경보전법」 규정에 따른 특정대기유해물질을 배출하는 것 ㉡ 「대기환경보전법」 규정에 따른 대기오염물질배출시설에 해당하는 시설로서 같은 법 시행령 별표 8에 따른 1종사업장 내지 3종사업장에 해당하는 것 ㉢ 「물환경보전법」 규정에 따른 특수수질유해물질을 배출하는 것 ㉣ 「물환경보전법」 규정에 따른 폐수배출시설에 해당하는 시설로서 같은 법 시행령 별표 1에 따른 1종사업장 내지 4종사업장에 해당하는 것 10. 위험물저장 및 처리시설 11. 자동차관련시설 중 운전학원 · 정비학원, 「여객자동차 운수사업법」 · 「화물자동차 운수사업법」 및 「건설기계관리법」에 따른 차고 및 주기장에 해당하는 것 12. 동물 및 식물관련시설 중 축사(양잠 · 양봉 · 양어시설 및 부화장 등을 포함), 가축시설(가축용 운동시설, 인공수정센터, 관리사, 가축용

건축제한 구분	건축물의 용도
	창고, 가축시장, 동물검역소, 실험동물사육시설 기타 이와 유사한 것), 도축장, 도계장에 해당하는 것 13. 자원순환 관련시설 14. 방송통신시설 15. 묘지관련시설 16. 장례시설 17. 야영장시설

>>> 계획관리지역에서 건축할 수 없는 건축물

① 4층을 초과하는 모든 건축물
② 공동주택 중 아파트
③ 제1종 근린생활시설 중 휴게음식점 및 제과점
④ 제2종 근린생활시설 중 일반음식점 · 휴게음식점 · 제과점으로서 국토교통부령으로 정하는 기준에 해당하는 지역에 설치하는 것과 단란주점
⑤ 판매시설(성장관리방안이 수립된 지역에 설치하는 판매시설로서 그 용도에 쓰이는 바닥면적의 합계가 3,000m2 미만인 경우는 제외)
⑥ 업무시설
⑦ 숙박시설로서 국토교통부령으로 정하는 기준에 해당하는 지역에 설치하는 것
⑧ 위락시설
⑨ 공장(공익사업 및 도시개발사업으로 해당 특별시 · 광역시 · 특별자치시 · 특별자치도 · 시 또는 군의 관할구역으로 이전하는 레미콘 또는 아스콘 공장은 제외)

(16) 계획관리지역에서 건축할 수 없는 건축물 [별표 20]

건축제한 구분	건축물의 용도
건축할 수 없는 건축물	1. 4층을 초과하는 모든 건축물 2. 「건축법 시행령」 별표 1 제2호의 공동주택 중 아파트 3. 「건축법 시행령」 별표 1 제3호의 제1종 근린생활시설 중 휴게음식점 및 제과점으로서 국토교통부령으로 정하는 기준에 해당하는 지역에 설치하는 것 4. 「건축법 시행령」 별표 1 제4호의 제2종 근린생활시설 중 일반음식점 · 휴게음식점 · 제과점으로서 국토교통부령으로 정하는 기준에 해당하는 지역에 설치하는 것과 단란주점 5. 「건축법 시행령」 별표 1 제7호의 판매시설(성장관리계획구역에 설치하는 판매시설로서 그 용도에 쓰이는 바닥면적의 합계가 3천제곱미터 미만인 경우는 제외한다) 6. 「건축법 시행령」 별표 1 제14호의 업무시설 7. 「건축법 시행령」 별표 1 제15호의 숙박시설로서 국토교통부령으로 정하는 기준에 해당하는 지역에 설치하는 것 8. 「건축법 시행령」 별표 1 제16호의 위락시설 9. 「건축법 시행령」 별표 1 제17호의 공장 중 다음의 어느 하나에 해당하는 것(「공익사업을 위한 토지 등의 취득 및 보상에 관한 법률」에 따른 공익사업 및 「도시개발법」에 따른 도시개발사업으로 해당 특별시 · 광역시 · 특별자치시 · 특별자치도 · 시 또는 군의 관할구역으로 이전하는 레미콘 또는 아스콘 공장은 제외한다) ㉠ 별표 19 제2호자목(1)부터 (4)까지에 해당하는 것. 다만, 인쇄 · 출판시설이나 사진처리시설로서 「물환경보전법」 제2조제8호에 따라 배출되는 특정수질유해물질을 모두 위탁처리하는 경우는 제외한다. ㉡ 화학제품제조시설(석유정제시설을 포함한다). 다만, 물 · 용제류 등 액체성 물질을 사용하지 않고 제품의 성분이 용해 · 용출되지 않는 고체성 화학제품제조시설은 제외한다.

건축제한 구분	건축물의 용도
	㉢ 제1차금속 · 가공금속제품 및 기계장비제조시설 중 「폐기물관리법 시행령」 별표 1 제4호에 따른 폐유기용제류를 발생시키는 것 ㉣ 가죽 및 모피를 물 또는 화학약품을 사용하여 저장하거나 가공하는 것 ㉤ 섬유제조시설 중 감량 · 정련 · 표백 및 염색시설 ㉥ 「수도권정비계획법」 제6조제1항제3호에 따른 자연보전권역 외의 지역 및 「환경정책기본법」 제38조에 따른 특별대책지역 외의 지역의 사업장 중 「폐기물관리법」 제25조에 따른 폐기물처리업 허가를 받은 사업장. 다만, 「폐기물관리법」 제25조제5항제5호부터 제7호까지의 규정에 따른 폐기물 중간 · 최종 · 종합재활용업으로서 특정수질유해물질이 배출되지 않는 경우는 제외한다. ㉦ 「수도권정비계획법」 제6조제1항제3호에 따른 자연보전권역 및 「환경정책기본법」 제38조에 따른 특별대책지역에 설치되는 부지면적(둘 이상의 공장을 함께 건축하거나 기존 공장부지에 접하여 건축하는 경우와 둘 이상의 부지가 너비 8미터 미만의 도로에 서로 접하는 경우에는 그 면적의 합계를 말한다) 1만제곱미터 미만의 것. 다만, 특별시장 · 광역시장 · 특별자치시장 · 특별자치도지사 · 시장 또는 군수가 1만5천제곱미터 이상의 면적을 정하여 공장의 건축이 가능한 지역으로 고시한 지역 안에 입지하는 경우는 제외한다.
지역여건을 고려하여 도시 · 군계획 조례로 정하는 바에 따라 건축할 수 없는 건축물	1. 4층 이하의 범위에서 도시 · 군계획조례로 따로 정한 층수를 초과하는 모든 건축물 2. 「건축법 시행령」 별표 1 제2호의 공동주택(제1호나목에 해당하는 것은 제외한다) 3. 제2종 근린생활시설 중 다음의 것 ㉠ 휴게음식점, 제과점 등 음료 · 차(茶) · 음식 · 빵 · 떡 · 과자 등을 조리하거나 제조하여 판매하는 시설(너목 또는 제17호에 해당하는 것은 제외한다)로서 같은 건축물에 해당 용도로 쓰는 바닥면적의 합계가 300제곱미터 이상인 것 ㉡ 일반음식점 ㉢ 제조업소, 수리점 등 물품의 제조 · 가공 · 수리 등을 위한 시설로서 같은 건축물에 해당 용도로 쓰는 바닥면적의 합계가 500제곱미터 미만이고, 다음 요건 중 어느 하나에 해당하는 것 1) 배출시설의 설치 허가 또는 신고의 대상이 아닌 것 2) 배출시설의 설치 허가 또는 신고의 대상 시설이나 귀금속 · 장신구 및 관련 제품 제조시설로서

건축제한 구분	건축물의 용도
	발생되는 폐수를 전량 위탁 처리하는 것 4. 제2종 근린생활시설 중 다음에 해당하는 것 ㉠ 일반음식점 · 휴게음식점 · 제과점으로서 도시 · 군계획조례로 정하는 지역에 설치하는 것과 안마시술소 ㉡ 제조업소, 수리점 등 물품의 제조 · 가공 · 수리 등을 위한 시설로서 같은 건축물에 해당 용도로 쓰는 바닥면적의 합계가 500제곱미터 미만이고, 다음 요건 중 어느 하나에 해당하는 것 1) 배출시설의 설치 허가 또는 신고의 대상이 아닌 것 2) 배출시설의 설치 허가 또는 신고의 대상 시설이나 귀금속 · 장신구 및 관련 제품 제조시설로서 발생되는 폐수를 전량 위탁 처리하는 것 5. 「건축법 시행령」 별표 1 제5호의 문화 및 집회시설 6. 「건축법 시행령」 별표 1 제6호의 종교시설 7. 「건축법 시행령」 별표 1 제8호의 운수시설 8. 「건축법 시행령」 별표 1 제9호의 의료시설 중 종합병원 · 병원 · 치과병원 및 한방병원 9. 「건축법 시행령」 별표 1 제10호의 교육연구시설 중 같은 호 다목부터 마목까지에 해당하는 것 10. 「건축법 시행령」 별표 1 제13호의 운동시설(운동장은 제외한다) 11. 「건축법 시행령」 별표 1 제15호의 숙박시설로서 도시 · 군계획조례로 정하는 지역에 설치하는 것 12. 「건축법 시행령」 별표 1 제17호의 공장 중 다음의 어느 하나에 해당하는 것 ㉠ 「수도권정비계획법」 제6조제1항제3호에 따른 자연보전권역 외의 지역 및 「환경정책기본법」 제38조에 따른 특별대책지역 외의 지역에 설치되는 경우(제1호자목에 해당하는 것은 제외한다) ㉡ 「수도권정비계획법」 제6조제1항제3호에 따른 자연보전권역 및 「환경정책기본법」 제38조에 따른 특별대책지역에 설치되는 것으로서 부지면적(둘 이상의 공장을 함께 건축하거나 기존 공장부지에 접하여 건축하는 경우와 둘 이상의 부지가 너비 8미터 미만의 도로에 서로 접하는 경우에는 그 면적의 합계를 말한다)이 1만제곱미터 이상인 경우 ㉢ 「공익사업을 위한 토지 등의 취득 및 보상에 관한 법률」에 따른 공익사업 및 「도시개발법」에 따른 도시개발사업으로 해당 특별시 · 광역시 · 특별자치시 · 특별자치도 · 시 또는 군의 관할구역으로 이전하는 레미콘 또는 아스콘 공장 13. 「건축법 시행령」 별표 1 제18호의 창고시설(창고 중

건축제한 구분	건축물의 용도
	농업 · 임업 · 축산업 · 수산업용으로 쓰는 것은 제외한다) 14. 「건축법 시행령」 별표 1 제19호의 위험물 저장 및 처리 시설 15. 「건축법 시행령」 별표 1 제20호의 자동차 관련 시설 16. 「건축법 시행령」 별표 1 제27호의 관광 휴게시설

3. 용도지구에서 건축물의 건축제한 등

용도지구에서의 건축물 그 밖의 시설의 용도 · 종류 및 규모 등의 제한에 관한 사항은 이 법 또는 다른 법률에 특별한 규정이 있는 경우를 제외하고는 특별시 · 광역시 · 특별자치시 · 특별자치도 · 시 또는 군의 조례로 정할 수 있다.

(1) 경관지구에서의 건축제한

① 경관지구에서는 그 지구의 경관의 보전 · 관리 · 형성에 장애가 된다고 인정하여 도시 · 군계획조례가 정하는 건축물을 건축할 수 없다.

예외 특별시장 · 광역시장 · 시장 · 군수가 지구의 지정목적에 위배되지 아니하는 범위에서 도시 · 군계획조례가 정하는 기준에 적합하다고 인정하여 해당 지방자치단체에 설치된 도시계획위원회의 심의를 거친 경우는 제외한다.

② 경관지구에서의 건축물의 다음 사항에 관하여는 그 지구의 경관의 보전 · 관리 · 형성에 필요한 범위에서 도시 · 군계획조례로 정한다.

㉠ 건폐율
㉡ 용적률
㉢ 높이
㉣ 최대너비
㉤ 색채
㉥ 대지 안의 조경

(2) 고도지구에서의 건축제한

고도지구에서는 도시 · 군관리계획으로 정하는 높이를 초과하는 건축물은 건축할 수 없다.

>>> 용도지구 안에서 건축규제

1. 경관지구 : 도시 · 군계획조례
2. 고도지구 : 도시 · 군관리계획
3. 방재지구 : 도시 · 군계획조례
4. 보존지구 : 도시 · 군계획조례
5. 보호지구 : 도시 · 군계획조례
6. 취락지구
   - 자연취락지구 : 국토의 계획 및 이용에 관한 법률 시행령
   - 집단취락지구 : 개발제한구역의 지정 및 관리에 관한 특별조치법
7. 개발진흥지구 : 도시 · 군계획조례
8. 특정용도제한지구 : 도시 · 군계획조례

(3) 방재지구에서의 건축제한

① 원칙 : 방재지구에서는 풍수해, 산사태, 지반의 붕괴, 지진 기타 재해예방에 장애가 된다고 인정하여 도시·군계획조례가 정하는 건축물을 건축할 수 없다.

② 예외 : 특별시장·광역시장·특별자치시장·특별자치도지사·시장·군수가 지구의 지정목적에 위배되지 아니하는 범위에서 도시·군계획조례가 정하는 기준에 적합하다고 인정하여 해당 지방자치단체에 설치된 도시계획위원회의 심의를 거친 경우를 제외한다.

(4) 보호지구에서의 건축제한

① 건축 가능한 건축물의 범위

역사문화 환경 보호지구	• 「문화재보호법」의 적용을 받는 문화재를 직접 관리·보호하기 위한 것 • 문화적으로 보전가치가 큰 지역의 보호 및 보존을 저해하지 아니하는 건축물로서 도시·군계획조례가 정하는 것
중요시설물 보호지구	중요시설물의 보호와 기능 수행에 장애가 되지 아니하는 건축물로서 도시·군계획조례가 정하는 것. 이 경우 제31조 제3항에 따라 공항시설에 관한 보호지구를 세분하여 지정하려는 경우에는 공항시설을 보호하고 항공기의 이·착륙에 장애가 되지 아니하는 범위에서 건축물의 용도 및 형태 등에 관한 건축제한을 포함하여 정할 수 있다.
생태계 보호지구	생태적으로 보존가치가 큰 지역의 보호 및 보존을 저해하지 아니하는 건축물로서 도시·군계획조례가 정하는 것

② 예외 : 특별시장·광역시장·특별자치시장·특별자치도지사·시장·군수가 지구의 지정목적에 위배되지 아니하는 범위에서 도시·군계획조례가 정하는 기준에 적합하다고 인정하여 관계 행정기관의 장과의 협의와 해당 지방자치단체에 설치된 도시계획위원회의 심의를 거친 경우에는 건축 가능하다.

(5) 취락지구에서의 건축제한

① 자연취락지구에서의 건축물 [별표 23]

건축제한구분	건축물의 용도
건축할 수 있는 건축물(4층 이하의 건축물에 한한다. 단, 4층 이하의 범위에서 도시·군계획조례로 따로 층수를 정하는	1. 단독주택 2. 제1종 근린생활시설 3. 제2종 근린생활시설 중 다음에 해당하지 않는 것 ㉠ 휴게음식점, 제과점 등 음료·차(茶)·음식·빵·떡·과자 등을 조리하거나 제조하여 판매하는 시설(너목 또는 제17호에 해

건축제한구분	건축물의 용도
경우에는 그 층수 이하의 건축물에 한한다)	당하는 것은 제외한다)로서 같은 건축물에 해당 용도로 쓰는 바닥면적의 합계가 300제곱미터 이상인 것 ㉡ 일반음식점 ㉢ 단란주점으로서 같은 건축물에 해당 용도로 쓰는 바닥면적의 합계가 150제곱미터 미만인 것 ㉣ 안마시술소 4. 운동시설 5. 창고시설(농업 · 임업 · 축산업 · 수산업용에 한함) 6. 동물 및 식물관련시설 7. 교정 및 군사시설 8. 방송통신시설 9. 발전시설
도시 · 군계획조례가 정하는 바에 의하여 건축할 수 있는 건축물(4층 이하의 건축물에 한한다. 단, 4층 이하의 범위에서 도시 · 군계획조례로 따로 층수를 정하는 경우에는 그 층수 이하의 건축물에 한한다)	1. 공동주택(아파트를 제외) 2. 제2종 근린생활시설 중 다음 것 ㉠ 휴게음식점, 제과점 등 음료 · 차(茶) · 음식 · 빵 · 떡 · 과자 등을 조리하거나 제조하여 판매하는 시설(너목 또는 제17호에 해당하는 것은 제외한다)로서 같은 건축물에 해당 용도로 쓰는 바닥면적의 합계가 300제곱미터 이상인 것 ㉡ 일반음식점 ㉢ 안마시술소 3. 문화 및 집회시설 4. 종교시설 5. 판매시설 중 다음의 어느 하나에 해당하는 것 ㉠ 「농수산물유통 및 가격 안정에 관한 법률」에 따른 농수산물공판장 ㉡ 「농수산물유통 및 가격 안정에 관한 법률」에 따른 농수산물직판장으로서 해당 용도에 쓰이는 바닥면적의 합계가 10,000m² 미만인 것(「농어촌발전특별조치법」 제2조 제2 · 3호 또는 같은 법 제4조에 해당하는 자나 지방자치단체가 설치 · 운영하는 것에 한함) 6. 의료시설 중 종합병원 · 병원 · 치과병원 및 한방병원 7. 교육연구시설 8. 노유자시설 9. 수련시설(야영장시설을 포함한다) 10. 숙박시설로서 「관광진흥법」에 따라 지정된 관

건축제한구분	건축물의 용도
	광지 및 관광단지에 건축하는 것 11. 공장 중 도정공장 및 식품공장과 읍 · 면지역에 건축하는 제재업의 공장 및 첨단업종의 공장으로서 다음에 해당하지 아니하는 것 ㉠ 「대기환경보전법」에 따른 특정대기유해물질을 배출하는 것 ㉡ 「대기환경보전법」에 따른 대기오염물질 배출시설에 해당하는 시설로서 같은 법시행령 별표 8에 따른 1종사업장 내지 3종사업장에 해당하는 것 ㉢ 「물환경보전법」에 따른 특정수질유해물질을 배출하는 것 ㉣ 「물환경보전법」에 따른 폐수배출시설에 해당하는 시설로서 같은 법시행령 별표 1에 따른 1종사업장부터 4종사업장에 해당하는 것 12. 위험물저장 및 처리시설 13. 자원순환 관련시설 14. 야영장시설

② **집단취락지구** : 「개발제한 구역의 지정 및 관리에 관한 특별조치법령」이 정하는 바에 따른다.

(6) 개발진흥지구에서의 건축제한

① 지구단위계획 또는 관계 법률에 따른 개발계획을 수립하는 개발진흥지구에서는 지구단위계획 또는 관계 법률에 따른 개발계획에 위반하여 건축물을 건축할 수 없으며, 지구단위계획 또는 개발계획이 수립되기 전에는 개발진흥지구의 계획적 개발에 위배되지 아니하는 범위에서 도시 · 군계획조례로 정하는 건축물을 건축할 수 있다.

② 지구단위계획 또는 관계 법률에 따른 개발계획을 수립하지 아니하는 개발진흥지구에서는 해당 용도지역에서 허용되는 건축물을 건축할 수 있다.

(7) 특정용도제한지구에서의 건축제한

특정용도제한지구에서는 주거기능 및 교육환경을 훼손하거나 청소년 정서에 유해하다고 인정하여 도시 · 군계획조례가 정하는 건축물을 건축할 수 없다.

4. 용도지역에서의 건폐율

(1) 건폐율의 정의 및 목적

① 건폐율의 정의 : 건폐율은 대지면적에 대한 건축면적의 비율

$$건폐율 = \frac{건축면적}{대지면적} \times 100(\%)$$

② 건폐율의 목적
㉠ 대지 안에 최소한의 공지 확보
㉡ 건축물의 과밀화 방지
㉢ 일조 · 채광 · 통풍 등 위생적인 환경 조성
㉣ 화재 기타의 재해 시에 연소의 차단이나 소화 · 피난 등에 필요한 공간 확보

>>> 건축면적

대지에 둘 이상의 건축물이 있는 경우에는 이들 건축면적의 합계

(2) 용도지역에서의 건폐율의 한도

용도지역에서 건폐율의 최대한도는 관할구역의 면적 및 인구규모, 용도지역의 특성 등을 감안하여 다음의 범위에서 대통령령이 정하는 기준에 따라 특별시 · 광역시 · 특별자치시 · 특별자치도 · 시 또는 군의 조례로 정한다.

용도지역	한도
도시지역	• 주거지역 : 70% 이하 • 상업지역 : 90% 이하 • 공업지역 : 70% 이하 • 녹지지역 : 20% 이하
관리지역	• 보전관리지역 : 20% 이하 • 생산관리지역 : 20% 이하 • 계획관리지역 : 40% 이하
농림지역	20% 이하
자연환경보전지역	20% 이하
취락지구, 도시지역 외의 개발진흥지구 수산자원보호구역	80% 이하
자연공원, 농공단지, 국가산업단지 일반산업단지 · 도시첨단산업단지 · 준산업단지	80% 이하

핵심문제 ●●●

용도지역에 따른 건폐율의 최대한도가 옳지 않은 것은?(단, 도시지역의 경우) 기 19② 17④ 15①

❶ 녹지지역 : 30% 이하
② 주거지역 : 70% 이하
③ 공업지역 : 70% 이하
④ 상업지역 : 90% 이하

해설
녹지지역 : 20% 이하

핵심문제 ●●●

국토의 계획 및 이용에 관한 법률에 따른 용도 지역의 건폐율 기준으로 옳지 않은 것은? 산 19①

① 주거지역 : 70% 이하
❷ 상업지역 : 80% 이하
③ 공업지역 : 70% 이하
④ 녹지지역 : 20% 이하

해설
상업지역 : 90% 이하

(3) 세분된 용도지역에서의 건폐율의 한도

① 세분된 용도지역에서의 건폐율은 다음의 범위에서 특별시 · 광역시 · 특별자치시 · 특별자치도 · 시 또는 군의 도시 · 군계획 조례가 정하는 비율 이하로 한다.

핵심문제 ●●●

다음 용도지역 안에서의 건폐율기준이 틀린 것은? 산 20③

❶ 준주거지역 : 60% 이하
② 중심상업지역 : 90% 이하
③ 제3종 일반주거지역 : 50% 이하
④ 제1종 전용주거지역 : 50% 이하

해설

준주거지역 : 70% 이하

용도지역		건폐율의 최대한도	지역의 세분	시행령에서 정한 건폐율 기준	비 고
도시지역	주거지역	70% 이하	제1종 전용주거지역	50% 이하	–
			제2종 전용주거지역		
			제1종 일반주거지역	60% 이하	
			제2종 일반주거지역		
			제3종 일반주거지역	50% 이하	
			준주거지역	70% 이하	건폐율 완화조건에 해당하는 경우 건폐율은 80~90%의 범위에서 도시·군계획조례가 정하는 비율을 초과해서는 안 된다(단, 방화지구에 한함).
	상업지역	90% 이하	근린상업지역	70% 이하	
			일반상업지역	80% 이하	
			유통상업지역	80% 이하	–
			중심상업지역	90% 이하	–
	공업지역	70% 이하	전용공업지역	70% 이하	–
			일반공업지역	70% 이하	
			준공업지역	70% 이하	
	녹지지역	20% 이하	보전녹지지역	20% 이하	–
			생산녹지지역		
			자연녹지지역		
관리지역	보전관리	20% 이하		20% 이하	–
	생산관리	20% 이하		20% 이하	–
	계획관리	40% 이하		40% 이하	
농림지역		20% 이하		20% 이하	–
자연환경보전지역		20% 이하		20% 이하	–

② 위의 ①에 따라 도시 · 군계획조례로 용도지역별 건폐율을 정함에 있어서 필요한 경우에는 해당 지방자치단체의 관할 구역을 세분하여 건폐율을 달리 정할 수 있다.

(4) 지역과 관계된 별도규정

다음에 해당하는 지역에서의 건폐율에 관한 기준은 80% 이하의 범위에서 대통령령이 정하는 기준에 따라 특별시 · 광역시 · 특별자치시 · 특별자치도 · 시 또는 군의 도시 · 군계획 조례로 정하는 비율을 초과하여서는 아니 된다.

대상지역	시행령에서 정한 건폐율 기준
취락지구(집단취락지구에 대하여는 「개발제한구역의 지정 및 관리에 관한 특별조치법령」이 정하는 바에 의함)	60% 이하
개발진흥지구(도시지역 외의 지역에 지정된 경우)	40% 이하
수산자원보호구역	40% 이하
「자연공원법」에 따른 자연공원	60% 이하
「산업입지 및 개발에 관한 법률」에 따른 농공단지	70% 이하
공업지역 안에 있는 「산업입지 및 개발에 관한 법률」에 따른 국가산업단지 · 일반산업단지 · 도시첨단 산업단지 및 준산업단지	80% 이하

5. 용적률

(1) 용적률의 정의 및 목적

① **용적률의 정의** : 용적률은 대지면적에 대한 건축물의 연면적(대지에 2 이상의 건축물이 있는 경우에는 이들 연면적의 합계)의 비율을 말한다.

$$\text{용적률} = \frac{\text{연면적}^{*}}{\text{대지면적}} \times 100(\%)$$

참고 용적률 산정 시 제외되는 부분
① 지하층 면적
② 지상층의 주차용(당해 건축물의 부속용도에 한함)으로 사용되는 면적
③ 초고층 건축물의 피난안전구역의 면적
④ 경사지붕 아래 대피공간

② **용적률의 목적** : 용적률을 규제하는 목적은 건축물의 높이 및 총규모를 규제함으로써 주거 · 상업 · 공업 · 녹지지역의 면적배분이나 도로 · 상하수도 · 광장 · 공원 · 주차장 등 공동시설의 설치 등 효율적인 도시 · 군계획이 되도록 하는 데 있다.

핵심문제 ●●○

「국토의 계획 및 이용에 관한 법률」에 따른 용도 지역에서의 용적률 최대 한도 기준이 옳지 않은 것은?(단, 도시지역의 경우) 기 18④

① 주거지역 : 500% 이하
② 녹지지역 : 100% 이하
③ 공업지역 : 400% 이하
❹ 상업지역 : 1,000% 이하

해설 용적률 최대 한도 기준

- 주거지역 : 500% 이하
- 상업지역 : 1,500% 이하
- 공업지역 : 400% 이하
- 녹지지역 : 100% 이하

(2) 용도지역에서의 용적률

용도지역에서 용적률의 최대한도는 관할구역의 면적 및 인구규모, 용도지역의 특성 등을 감안하여 다음의 범위에서 특별시 · 광역시 · 특별자치시 · 특별자치도 · 시 또는 군의 조례로 정한다.

용도지역	한 도
도시지역	• 주거지역 : 500% 이하 • 상업지역 : 1,500% 이하 • 공업지역 : 400% 이하 • 녹지지역 : 100% 이하
관리지역	• 보전관리지역 : 80% 이하 • 생산관리지역 : 80% 이하 • 계획관리지역 : 100% 이하
농림지역	80% 이하
자연환경보전지역	80% 이하
도시지역 외의 개발진흥지구 수산자원보호구역 자연공원 농공단지	200% 이하

(3) 세분된 용도지역에서의 용적률

① 용적률의 한도

세분된 용도지역에서의 용적률은 다음의 범위에서 관할구역의 면적, 인구규모 및 지역의 특성 등을 고려하여 특별시 · 광역시 · 특별자치시 · 특별자치도 · 시 또는 군의 도시 · 군계획조례가 정하는 비율을 초과하여서는 안 된다.

용도지역		용적률의 최대한도	지역의 세분	시행령에서 정한 용적률 기준	비 고
도시지역	주거지역	500% 이하	제1종 전용주거지역	50% 이상 100% 이하	
			제2종 전용주거지역	100% 이상 150% 이하	
			제1종 일반주거지역	100% 이상 200% 이하	
			제2종 일반주거지역	150% 이상 250% 이하	
			제3종 일반주거지역	200% 이상 300% 이하	
			준주거지역	200% 이상 500% 이하	

용도지역		용적률의 최대한도	지역의 세분	시행령에서 정한 용적률 기준	비 고
도시지역	상업지역	1,500% 이하	중심상업지역	200% 이상 1,500% 이하	유통상업 지역을 제외한 용도지역에서의 건축물의 용적률은 교통 · 방화 및 위생상 지장이 없다고 인정되는 경우 도시 · 군계획 조례가 정하는 바에 의하면 완화할 수 있다.
			일반상업지역	200% 이상 1,300% 이하	
			근린상업지역	200% 이상 900% 이하	
			유통상업지역	200% 이상 1,100% 이하	
	공업지역	400% 이하	전용공업지역	150% 이상 300% 이하	
			일반공업지역	150% 이상 350% 이하	
			준공업지역	150% 이상 400% 이하	
	녹지지역	100% 이하	보전녹지지역	50% 이상 80% 이하	
			생산녹지지역	50% 이상 100% 이하	–
			자연녹지지역	50% 이상 100% 이하	
관리지역	보전관리지역	80% 이하	보전관리지역	50% 이상 80% 이하	–
	생산관리지역	80% 이하	생산관리지역	50% 이상 80% 이하	–
	계획관리지역	100% 이하	계획관리지역	50% 이상 100% 이하	
농림지역		80% 이하	농림지역	50% 이상 80% 이하	–
자연환경보전지역		80% 이하	자연환경보전지역	50% 이상 80% 이하	
도시지역 외의 지역에 지정된 개발진흥지구		200% 이하	도시지역 외의 지역에 지정된 개발진흥지구	100% 이하	
수산자원보호구역		200% 이하	수산자원보호구역	80% 이하	–
자연공원		200% 이하	자연공원	100% 이하	

용도지역	용적률의 최대한도	지역의 세분	시행령에서 정한 용적률 기준	비 고
농공단지	200% 이하	농공단지(도시지역 외의 지역에 지정된 농공단지에 한한다)	150% 이하	–

② 세분하여 용적률 지정 : 도시 · 군계획조례로 용도지역별 용적률을 정함에 있어서 필요한 경우에는 해당 지방자치단체의 관할구역을 세분하여 용적률을 달리 정할 수 있다.

(4) 용적률의 완화

>>> 지역에 따른 완화

일반주거지역은 완화대상 지역이 아니다.

① 지역에 따른 완화

구 분	내 용
완화대상 지역	다음의 용도지역에서 건축하는 건축물의 용적률은 경관 · 교통 · 방화 및 위생상 지장이 없다고 인정되는 경우 해당 용적률의 120% 이하의 범위에서 특별시 · 광역시 · 특별자치시 · 특별자치도 · 시 또는 군의 도시 · 군계획조례가 정하는 비율로 정할 수 있다. • 준주거지역 • 상업지역(중심 · 일반 · 근린상업지역) • 공업지역(전용 · 일반 · 준공업지역)
완화조건	• 건축물 주위에 공원 · 광장 · 도로 · 하천 등의 공지가 있는 곳 • 공원 · 광장(교통광장 제외) · 하천 그 밖에 건축이 금지된 공지에 20m 이상 접한 대지 안의 건축물 • 너비 25m 이상인 도로에 20m 이상 접한 대지 안의 건축면적이 1,000m^2 이상인 건축물

>>> 공공시설 부지로 제공 시 완화

주거환경개선 사업구역은 완화대상 지역이 아니다.

② 공공시설 부지로 제공 시 완화

구 분	내 용
완화대상 지역	• 상업지역 • 「도시 및 주거환경정비법」에 따른 재개발사업, 재건축사업을 시행하기 위한 정비구역
완화조건 및 내용	건축주가 대지의 일부를 공공시설부지로 제공하는 경우 해당 건축물에 대한 용적률은 해당 용적률의 200% 이하의 범위에서 대지면적의 제공비율에 따라 특별시 · 광역시 · 특별자치시 · 특별자치도 · 시 또는 군의 도시 · 군계획조례가 정하는 비율로 할 수 있다.

(5) 적용의 제외

도시 · 군계획시설 중 유원지 및 공원의 해당 용적률에 관하여는 따로 국토교통부령으로 정할 수 있다.

6. 개발제한구역에서의 행위제한 등

개발제한구역에서의 행위제한 그 밖의 개발제한구역의 관리에 관하여 필요한 사항은 따로 법률로 정한다.

7. 도시자연공원구역에서의 행위제한 등

도시자연공원구역에서의 행위제한 등 도시자연공원구역의 관리에 관하여 필요한 사항은 따로 법률로 정한다.

SECTION 10 도시계획위원회에서의 행위 제한

1. 중앙도시계획위원회

(1) 중앙도시계획위원회 심의내용과 설치

다음의 업무를 수행하기 위하여 국토교통부에 중앙도시계획위원회를 둔다.

① 광역도시계획 · 도시 · 군계획 · 토지거래계약허가구역 등 국토교통부장관의 권한에 속하는 사항의 심의

② 다른 법률에서 중앙도시계획위원회의 심의를 거치도록 한 사항의 심의

③ 도시 · 군계획에 관한 조사 · 연구

(2) 조직

① 중앙도시계획위원회는 위원장 · 부위원장 각 1인을 포함한 위원 25인 이상 30인 이하의 위원으로 구성한다.

② 중앙도시계획위원회의 위원장 및 부위원장은 위원 중에서 국토교통부장관이 임명 또는 위촉한다.

③ 위원은 관계 중앙행정기관의 공무원과 토지 이용 · 건축 · 주택 · 교통 · 환경 · 방재 · 문화 · 농림 등 도시 · 군계획에 관한 학식과 경험이 풍부한 자 중에서 국토교통부장관이 임명하거나 위촉한다.

핵심문제 ●○○

중앙도시계획위원회에 관한 설명으로 옳지 않은 것은? 기 14①

① 위원장 및 부위원장은 위원 중에서 국토교통부장관이 임명하거나 위촉한다.

② 공무원이 아닌 위원의 수는 10명 이상으로 하고, 그 임기는 2년으로 한다.

❸ 위원장 · 부위원장 각 1명을 포함한 15명 이상 50명 이내의 위원으로 구성한다.

④ 회의는 재적위원 과반수의 출석으로 개의하고, 출석위원 과반수의 찬성으로 의결한다.

해설

위원장 · 부위원장 각 1명을 포함한 25명 이상 30명 이내의 위원으로 구성한다.

(3) 임기

① 공무원이 아닌 위원의 수는 10명 이상으로 하고, 그 임기는 2년으로 한다.

② 보궐위원의 임기는 전임자의 임기 중 남은 기간으로 한다.

(4) 직무

① 위원장은 중앙도시계획위원회의 업무를 총괄하며, 중앙도시계획위원회의 의장이 된다.

② 부위원장은 위원장을 보좌하며, 위원장이 부득이한 사유로 그 직무를 수행하지 못할 때에는 그 직무를 대행한다.

③ 위원장 및 부위원장이 모두 부득이한 사유로 그 직무를 수행하지 못할 때에는 위원장이 미리 지명한 위원이 그 직무를 대행한다.

(5) 회의의 소집 및 의결정족수

① 중앙도시계획위원회의 회의는 국토교통부장관이나 위원장이 필요하다고 인정하는 경우에 국토교통부장관이나 위원장이 소집한다.

② 중앙도시계획위원회의 회의는 재적위원 과반수의 출석으로 개의하고, 출석위원 과반수의 찬성으로 의결한다.

(6) 분과위원회

① 분과위원회와 소관업무

다음의 사항을 효율적으로 심의하기 위하여 중앙도시계획위원회에 분과위원회를 둘 수 있다.

구분	소관업무
제1분과위원회	• 토지이용계획에 관한 구역 등의 지정 • 용도지역 등의 변경계획에 관한 사항의 심의 • 개발 행위에 관한 사항의 심의
제2분과위원회	중앙도시계획위원회에서 위임하는 사항의 심의

② 심의의 의제 : 분과위원회의 심의는 중앙도시계획위원회의 심의로 본다.

③ 조직

㉠ 각 분과위원회는 위원장 1인을 포함한 5인 이상 14인 이하의 위원으로 구성한다.

㉡ 각 분과위원회의 위원은 중앙도시계획위원회가 그 위원 중에서 선출하며, 중앙도시계획위원회의 위원은 2 이상의 분과위원회의 위원이 될 수 있다.

㉢ 각 분과위원회의 위원장은 분과위원회의 위원 중에서 호선한다.

㉣ 중앙도시계획위원회의 위원장은 효율적인 심사를 위하여 필요한 경우에는 각 분과위원회가 분장하는 업무의 일부를 조정할 수 있다.

2. 지방도시계획위원회

(1) 시 · 도 도시계획위원회의 심의 또는 자문

다음의 심의를 하게 하거나 자문에 응하게 하기 위하여 시 · 도에 시 · 도 도시계획위원회를 둔다.

① 시 · 도지사가 결정하는 도시 · 군관리계획의 심의 등 시 · 도지사의 권한에 속하는 사항과 다른 법률에서 시 · 도 도시계획위원회의 심의를 거치도록 한 사항의 심의

② 국토교통부장관의 권한에 속하는 사항 중 중앙도시계획위원회의 심의 대상에 해당하는 사항이 시 · 도지사에게 위임된 경우 그 위임된 사항의 심의

③ 도시 · 군관리계획과 관련하여 시 · 도지사가 자문하는 사항에 대한 조언

④ 해당 시 · 도의 도시 · 군계획조례의 제정 · 개정과 관련하여 시 · 도지사에 대한 자문

(2) 시 · 도 도시계획위원회의 구성 및 운영

① 시 · 도 도시계획위원회는 위원장 및 부위원장 각 1인을 포함한 25인 이상 30인 이하의 위원으로 구성한다.

② 시 · 도 도시계획위원회의 위원장은 위원 중에서 해당 시 · 도지사가 임명 또는 위촉하며 부위원장은 위원 중에서 호선한다.

③ 시 · 도 도시계획위원회의 위원은 다음에 해당하는 자 중에서 시 · 도지사가 임명 또는 위촉한다. 이 경우 ㉢에 해당하는 위원의 수는 전체 위원의 2/3 이상이어야 한다.

㉠ 해당 시 · 도 지방의회의 의원

㉡ 해당 시 · 도 및 도시 · 군계획과 관련 있는 행정기관의 공무원

㉢ 토지이용 · 건축 · 주택 · 교통 · 환경 · 방재 · 문화 · 농림 · 정보통신 등 도시 · 군계획 관련분야에 관하여 학식과 경험이 있는 자

④ 위 ③의 ㉢에 해당하는 위원의 임기는 2년으로 하되, 연임할 수 있다.

예외 보궐위원의 임기는 전임자의 임기 중 남은 기간으로 한다.

⑤ 시 · 도 도시계획위원회의 위원장은 위원회의 업무를 총괄하며, 위원회를 소집하고 그 의장이 된다.

(3) 시 · 군 · 구 도시계획위원회

도시 · 군관리계획과 관련된 다음의 심의를 하게 하거나 자문에 응하게 하기 위하여 시 · 군(광역시의 관할구역 안에 있는 군을 포함) 또는 구(자치구를 말함)에 각각 시 · 군 · 구 도시계획위원회를 둔다.

① 시장 또는 군수가 결정하는 도시 · 군관리계획의 심의와 국토교통부장관이나 시 · 도지사의 권한에 속하는 사항 중 시 · 도 도시계획위원회의 심의대상에 해당하는 사항이 시장 · 군수 또는 구청장에게 위임되거나 재위임된 경우 그 위임되거나 재위임된 사항의 심의

② 도시 · 군관리계획과 관련하여 시장 · 군수 또는 구청장이 자문하는 사항에 대한 조언

③ 개발행위의 허가 등에 관한 심의

④ 해당 시 · 군(광역시의 관할구역 안에 있는 군을 포함) · 구(자치구를 말함)의 도시 · 군계획 조례의 제정 · 개정 및 시범도시의 도시 · 군계획사업의 수립과 관련하여 시장 · 군수 · 구청장(자치구의 구청장을 말함)에 대하여 자문을 할 수 있다.

>>> 대도시에 두는 도시계획위원회

시 · 군 · 구 도시계획위원회 중 대도시에 두는 도시계획위원회는 위원장 및 부위원장 각 1명을 포함한 20명 이상 25명 이하의 위원으로 구성하며, 토지이용 · 건축 · 주택 · 교통 · 환경 · 방재 · 문화 · 농림 · 정보통신 등 도시 · 군계획관련분야에 해당하는 위원의 수는 전체 위원의 2/3 이상이어야 한다.

(4) 시 · 군 · 구 도시계획위원회의 구성 및 운영

① 시 · 군 · 구 도시계획위원회는 위원장 및 부위원장 각 1인을 포함한 15인 이상 25인 이하의 위원으로 구성한다.

예외 둘 이상의 시 · 군 또는 구에 공동으로 시 · 군 · 구 도시계획위원회를 설치하는 경우에는 그 위원의 수를 30인까지로 할 수 있다.

② 시 · 군 · 구 도시계획위원회의 위원장은 위원 중에서 해당 시장 · 군수 또는 구청장이 임명 또는 위촉하며, 부위원장은 위원 중에서 호선한다.

예외 둘 이상의 시 · 군 또는 구에 공동으로 설치하는 시 · 군 · 구 도시계획위원회의 위원장은 해당 시장 · 군수 또는 구청장이 협의하여 정한다.

3. 도시계획상임기획단

지방자치단체의 장이 입안한 광역도시계획, 도시 · 군기본계획 또는 도시 · 군관리계획을 검토하거나 지방자치단체의 장이 의뢰하는 광역도시계획, 도시 · 군기본계획 또는 도시 · 군관리계획에 관한 기획 · 지도 및 조사 · 연구를 위하여 해당 지방자치단체의 조례가 정하는 바에 따라 지방도시계획위원회에 도시계획상임기획단을 둘 수 있다.

출제예상문제

01 국토의 계획 및 이용에 관한 법령에 따른 기반시설에 속하지 않는 것은? 기 14②

① 아파트 ② 방재시설
③ 공간시설 ④ 환경기초시설

해설

교통시설	• 도로 • 철도 • 항만 • 공항 • 주차장 • 자동차정류장 • 궤도 • 차량검사 및 면허시설
공간시설	• 광장 • 공원 • 녹지 • 유원지 • 공공공지
유통 · 공급 시설	• 유통업무설비 • 수도 · 전기 · 가스 · 열공급설비 • 방송 · 통신시설 • 공동구 • 시장 • 유류저장 및 송유설비
공공 · 문화 체육 시설	• 학교 • 공공청사 • 문화시설 • 공공필요성이 인정되는 체육시설 • 도서관 • 연구시설 • 사회복지시설 • 공공직업훈련시설 • 청소년수련시설
방재시설	• 하천 • 유수지 • 저수지 • 방화설비 • 방풍설비 • 방수설비 • 사방설비 • 방조설비
보건위생 시설	• 장사시설 • 도축장 • 종합의료시설
환경기초 시설	• 하수도 • 폐기물처리 및 재활용시설 • 빗물저장 및 이용시설 • 수질오염방지시설 • 폐차장

02 국토의 계획 및 이용에 관한 법령에 따른 기반시설 중 공간시설에 속하지 않는 것은? 산 18②

① 광장 ② 유원지
③ 유수지 ④ 공공공지

해설

유수지는 방재시설에 속한다.

공간시설	• 광장 • 공원 • 녹지 • 유원지 • 공공공지

03 국토의 계획 및 이용에 관한 법령에 따른 기반시설 중 도로의 세분에 속하지 않는 것은? 기 14④

① 고속도로
② 일반도로
③ 고가도로
④ 보행자전용도로

해설

기반시설의 세분

기반시설	세분
도로	• 일반도로 • 자전거전용도로 • 자동차전용도로 • 고가도로 • 보행자전용도로 • 보행자우선도로 • 지하도로
자동차 정류장	• 여객자동차터미널 • 공동차고지 • 복합환승센터 • 물류터미널 • 화물자동차휴게소 • 공영차고지
광장	• 교통광장 • 지하광장 • 일반광장 • 건축물부설광장 • 경관광장

정답 01 ① 02 ③ 03 ①

04 국토의 계획 및 이용에 관한 법령에 따른 기반시설 중 자동차 정류장의 세분에 속하지 않는 것은? 기 17①

① 고속터미널 ② 물류터미널
③ 공영차고지 ④ 여객자동차터미널

해설

자동차정류장의 세분

자동차 정류장	• 여객자동차터미널 • 복합환승센터 • 화물자동차휴게소	• 공동차고지 • 물류터미널 • 공영차고지

05 국토의 계획 및 이용에 관한 법령에 따른 기반시설 중 공간시설에 속하지 않는 것은? 기 14①

① 녹지 ② 유원지
③ 유수지 ④ 공공공지

해설

공간시설	• 광장 • 녹지 • 공공공지	• 공원 • 유원지

06 국토의 계획 및 이용에 관한 법령상 광장·공원·녹지·유원지·공공공지가 속하는 기반시설은? 기 19② 산 20③

① 교통시설
② 공간시설
③ 환경기초시설
④ 공공·문화체육시설

해설

광장·공원·녹지·유원지·공공공지가 속하는 기반시설 : 공간시설

07 다음 중 국토의 계획 및 이용에 관한 법령상 공공시설에 속하지 않는 것은? 기 20④

① 공동구
② 방풍설비
③ 사방설비
④ 쓰레기 처리장

해설

공공시설
도로·공원·철도·수도 등 다음의 공공용시설을 말한다.

공공용시설	도로·공원·철도·수도·항만·공항·광장·녹지·공공공지·공동구·하천·유수지·방풍설비·방화설비·방수설비·사방설비·방조설비·하수도·구거(도랑)
행정청이 설치한 시설에 한하여 공공시설로 간주하는 시설	주차장·저수지·장사시설 등

08 도시·군계획 수립 대상지역의 일부에 대하여 토지 이용을 합리화하고 그 기능을 증진시키며 미관을 개선하고 양호한 환경을 확보하여, 그 지역을 체계적·계획적으로 관리하기 위하여 수립하는 도시·군관리계획은? 기 19① 산 17①③

① 광역도시계획
② 지구단위계획
③ 국토종합계획
④ 도시·군기본계획

해설

지구단위계획
도시·군계획 수립대상 지역 안의 일부에 대하여 토지이용을 합리화하고 그 기능을 증진시키며 미관을 개선하고 양호한 환경을 확보하며, 해당 지역을 체계적·계획적으로 관리하기 위하여 수립하는 도시·군관리계획을 말한다.

정답 04 ① 05 ③ 06 ② 07 ④ 08 ②

09 토지의 이용 및 건축물의 용도 · 건폐율 · 용적률 · 높이 등에 대한 용도지역의 제한을 강화하거나 완화하여 적용함으로써 용도지역의 기능을 증진시키고 미관 · 경관 · 안전 등을 도모하기 위하여 도시 · 군관리계획으로 결정하는 지역은? 산 14①②

① 용도구역 ② 용도지구
③ 도시계획지역 ④ 개발밀도관리구역

해설

용도지구
토지의 이용 및 건축물의 용도 · 건폐율 · 용적률 · 높이 등에 대한 용도지역의 제한을 강화 또는 완화하여 적용함으로써 용도지역의 기능을 증진시키고 미관 · 경관 · 안전 등을 도모하기 위하여 도시 · 군관리계획으로 결정하는 지역

10 국토의 계획 및 이용에 관한 법률에 따른 국토의 용도지역 구분에 속하지 않는 것은? 기 14②

① 도시지역 ② 농림지역
③ 관리지역 ④ 보전지역

해설

국토의 용도지역 구분
도시지역, 관리지역, 농림지역, 자연환경보전지역

11 국토의 계획 및 이용에 관한 법령상 다음과 같이 정의되는 용어는? 기 18①

> 개발로 인하여 기반시설이 부족할 것으로 예상되나 기반시설을 설치하기 곤란한 지역을 대상으로 건폐율이나 용적률을 강화하여 적용하기 위하여 지정하는 구역

① 개발제한구역
② 시가화조정구역
③ 입지규제최소구역
④ 개발밀도관리구역

해설

개발밀도관리구역
개발로 기반시설이 부족할 것으로 예상되지만 기반시설을 설치하기 곤란한 지역을 대상으로 건폐율이나 용적률을 강화하여 적용하기 위하여 지정하는 구역

12 광역도시계획에 관한 내용으로 틀린 것은? 기 20③

① 인접한 둘 이상의 특별시 · 광역시 · 특별자치시 · 특별자치도 · 시 또는 군의 관할 구역 전부 또는 일부를 광역계획권으로 지정할 수 있다.
② 군수가 광역도시계획을 수립하는 경우 도지사의 승인을 생략한다.
③ 광역계획권의 공간 구조와 기능 분담에 관한 정책 방향이 포함되어야 한다.
④ 광역도시계획을 공동으로 수립하는 시 · 도지사는 그 내용에 관하여 서로 협의가 되지 아니하면 공동이나 단독으로 국토교통부장관에게 조정을 신청할 수 있다.

해설

시장 또는 군수는 광역도시계획을 수립하거나 변경하려면 도지사의 승인을 받아야 한다.

13 국토의 계획 및 이용에 관한 법령에 따른 도시 · 군관리계획의 내용에 속하지 않는 것은? 기 19①

① 광역계획권의 장기발전방향에 관한 계획
② 도시개발사업이나 정비사업에 관한 계획
③ 기반시설의 설치 · 정비 또는 개량에 관한 계획
④ 용도지역 · 용도지구의 지정 또는 변경에 관한 계획

해설

광역계획권의 장기발전방향에 관한 계획은 도시 · 군관리계획의 내용에 속하지 않는다.

정답 09 ② 10 ④ 11 ④ 12 ② 13 ①

14 다음 중 도시 · 군관리계획에 포함되지 않는 것은? 기 18④

① 도시개발사업이나 정비사업에 관한 계획
② 광역계획권의 장기발전방향을 제시하는 계획
③ 기반시설의 설치 · 정비 또는 개량에 관한 계획
④ 용도지역 · 용도지구의 지정 또는 변경에 관한 계획

해설

도시 · 군관리계획의 내용

- 용도지역 · 용도지구의 지정 또는 변경에 관한 계획
- 구역(개발제한 · 도시자연공원 · 시가화조정 · 수산자원보호구역)의 지정 또는 변경에 관한 계획
- 기반시설의 설치 · 정비 또는 개량에 관한 계획
- 도시개발사업 또는 정비사업에 관한 계획
- 지구단위계획구역의 지정 또는 변경에 관한 계획과 지구단위계획
- 입지규제최소구역의 지정 또는 변경에 관한 계획과 입지규제최소구역계획

15 다음은 도시 · 군관리계획도서 중 계획도에 관한 기준 내용이다. ( ) 안에 알맞은 것은?(단, 모든 축척의 지형도가 간행되어 있는 경우) 기 17①

> 도시 · 군관리계획도서 중 계획도는 ( )의 지형도에 도시 · 군관리계획사항을 명시한 도면으로 작성하여야 한다.

① 축척 100분의 1 또는 축척 500분의 1
② 축척 500분의 1 또는 축척 2천분의 1
③ 축척 1천분의 1 또는 축척 5천분의 1
④ 축척 3천분의 1 또는 축척 1만분의 1

해설

도시 · 군관리계획도서 중 계획도 : 축척 1/1,000 또는 1/5,000의 지형도에 도시 · 군관리계획 사항을 명시한 도면으로 작성하여야 한다.

16 주거지역의 세분 중 공동주택 중심의 양호한 주거환경을 보호하기 위하여 필요한 지역은? 산 18③

① 제1종 전용주거지역 ② 제2종 전용주거지역
③ 제1종 일반주거지역 ④ 제2종 일반주거지역

해설

제2종 전용주거지역

공동주택 중심의 양호한 주거환경을 보호하기 위하여 필요한 지역이다.

17 용도지역의 세분 중 저층주택을 중심으로 편리한 주거환경을 조성하기 위하여 필요한 지역은? 산 18① 14②

① 준주거지역
② 제2종 전용주거지역
③ 제1종 일반주거지역
④ 제2종 일반주거지역

해설

주거지역

구분		내용
전용 주거지역	제1종	단독주택 중심의 양호한 주거환경을 보호
	제2종	공동주택 중심의 양호한 주거환경을 보호
일반 주거지역	제1종	저층주택 중심으로 편리한 주거환경을 조성
	제2종	중층주택 중심으로 편리한 주거환경을 조성
	제3종	중 · 고층주택을 중심으로 편리한 주거환경을 조성
준주거지역		주거기능을 주로 하면서 상업 · 업무기능의 보완

18 저층주택을 중심으로 편리한 주거환경을 조성하기 위하여 주거지역을 세분화하여 지정한 지역은? 기 14④

① 준주거지역
② 제1종 일반주거지역
③ 제2종 일반주거지역
④ 제3종 일반주거지역

정답 14 ② 15 ③ 16 ② 17 ③ 18 ②

해설

제1종 일반주거지역
저층주택을 중심으로 편리한 주거환경을 조성하기 위하여 주거지역을 세분화하여 지정한 지역

19 상업지역의 세분에 속하지 않는 것은?

기 18② 17④ 산 14③

① 준상업지역 ② 일반상업지역
③ 중심상업지역 ④ 유통상업지역

해설

상업지역의 세분
중심상업지역, 일반상업지역, 근린상업지역, 유통상업지역

20 주거기능을 위주로 이를 지원하는 일부 상업기능 및 업무기능을 보완하기 위하여 지정하는 주거지역의 세분은?

기 20④ 18④ 17④

① 준주거지역 ② 제1종 전용주거지역
③ 제1종 일반주거지역 ④ 제2종 일반주거지역

해설

준주거지역
주거기능을 위주로 이를 지원하는 일부 상업 기능 및 업무기능을 보완하기 위하여 지정하는 지역이다.

21 다음의 각종 용도지역의 세분에 관한 설명 중 옳지 않은 것은?

기 18①

① 근린상업지역 : 근린지역에서의 일용품 및 서비스의 공급을 위하여 필요한 지역
② 중심상업지역 : 도심 · 부도심의 상업기능 및 업무기능의 확충을 위하여 필요한 지역
③ 제1종 일반주거지역 : 단독주택을 중심으로 양호한 주거환경을 조성하기 위하여 필요한 지역
④ 준주거지역 : 주거기능을 위주로 이를 지원하는 일부 상업기능 및 업무기능을 보완하기 위하여 필요한 지역

해설

제1종 일반주거지역
저층주택을 중심으로 양호한 주거환경을 조성하기 위하여 필요한 지역

22 국토의 계획 및 이용에 관한 법령상 공업지역의 세분에 속하지 않는 것은?

산 19②

① 준공업지역 ② 중심공업지역
③ 일반공업지역 ④ 전용공업지역

해설

공업지역의 세분
준공업지역, 일반공업지역, 전용공업지역

23 용도지역의 세분 중 도심 · 부도심의 상업기능 및 업무기능의 확충을 위하여 필요한 지역은?

기 19④ 산 20①②통합

① 유통상업지역 ② 근린상업지역
③ 일반상업지역 ④ 중심상업지역

해설

중심상업지역
도심 · 부도심의 상업기능 및 업무기능의 확충을 위하여 필요한 지역

24 국토의 계획 및 이용에 관한 법령에 따른 용도지구에 속하지 않는 것은?

산 17②

① 경관지구
② 방재지구
③ 보호지구
④ 도시설계지구

해설

용도지구의 종류
경관지구, 고도지구, 방화지구, 방재지구, 보호지구, 취락지구, 개발진흥지구, 특정용도제한지구, 복합용도지구, 그 밖에 대통령령으로 정하는 지구

정답 19 ① 20 ① 21 ③ 22 ② 23 ④ 24 ④

25 국토의 계획 및 이용에 관한 법령에 따른 용도지구에 속하지 않는 것은? 기 16①④

① 취락지구
② 고도지구
③ 주차장정비지구
④ 특정용도제한지구

해설

용도지구의 종류
경관지구, 고도지구, 방화지구, 방재지구, 보호지구, 취락지구, 개발진흥지구, 특정용도제한지구, 복합용도지구, 그 밖에 대통령령으로 정하는 지구

26 국토의 계획 및 이용에 관한 법령상 경관지구의 세분에 속하지 않는 것은? 산 19③

① 자연경관지구
② 특화경관지구
③ 시가지경관지구
④ 역사문화경관지구

해설

경관지구의 세분
자연경관지구, 특화경관지구, 시가지경관지구

27 문화재 · 전통사찰 등 역사 · 문화적으로 보존가치가 큰 시설 및 지역의 보호와 보존을 위하여 필요한 지구는? 기 20①②통합

① 생태계보존지구
② 역사문화미관지구
③ 중요시설물보존지구
④ 역사문화환경보호지구

해설

역사문화환경보호지구
문화재 · 전통사찰 등 역사 · 문화적으로 보존가치가 큰 시설 및 지역의 보호와 보존을 위하여 필요한 지구

28 국토의 계획 및 이용에 관한 법령에 따른 보호지구에 속하지 않는 것은? 기 15①

① 역사문화환경 보호지구
② 중요시설물 보호지구
③ 생태계 보호지구
④ 자연 보호지구

해설

보호지구
역사문화환경 보호지구, 중요시설물 보호지구, 생태계 보호지구

29 다음 중 보호지구의 지정 목적으로 가장 알맞은 것은? 산 15①

① 경관을 보호 · 형성하기 위하여
② 문화재, 중요 시설물 및 문화적 · 생태적으로 보존가치가 큰 지역의 보호와 보존을 위하여
③ 학교시설 · 공용시설 · 항만 또는 공항의 보호, 업무기능의 효율화, 항공기의 안전운항 등을 위하여
④ 주거기능 보호나 청소년 보호 등의 목적으로 청소년 유해시설 등 특정시설의 입지를 제한하기 위하여

해설

보호지구
문화재, 중요 시설물 및 문화적 · 생태적으로 보존가치가 큰 지역의 보호와 보존을 위하여

30 다음 설명에 알맞은 용도지구의 세분은? 기 18②

건축물 · 인구가 밀집되어 있는 지역으로서 시설 개선 등을 통하여 재해 예방이 필요한 지구

① 일반방재지구
② 시가지방재지구
③ 중요시설물보호지구
④ 역사문화환경보호지구

정답 25 ③ 26 ④ 27 ④ 28 ④ 29 ② 30 ②

해설

시가지방재지구
건축물·인구가 밀집되어 있는 지역으로서 시설 개선 등을 통하여 재해 예방이 필요한 지구

31 시가화조정구역의 지정과 관련된 기준 내용 중 밑줄 친 "대통령령으로 정하는 기간"으로 옳은 것은? 기 20④

> 시·도지사는 직접 또는 관계 행정기관의 장의 요청을 받아 도시지역과 그 주변지역의 무질서한 시가화를 방지하고 계획적·단계적인 개발을 도모하기 위하여 대통령령으로 정하는 기간 동안 시가화를 유보할 필요가 있다고 인정되면 시가화조정구역의 지정 또는 변경을 도시·군관리계획으로 결정할 수 있다.

① 5년 이상 10년 이내의 기간
② 5년 이상 20년 이내의 기간
③ 7년 이상 10년 이내의 기간
④ 7년 이상 20년 이내의 기간

해설

시·도지사는 직접 또는 관계행정기관장의 요청을 받아 도시지역과 그 주변지역의 무질서한 시가화를 방지하고, 계획적·단계적인 개발을 도모하기 위하여 5년 이상 20년 이내의 기간동안 시가화를 유보할 필요가 있다고 인정되면 시가화조정구역의 지정 또는 변경을 도시·군관리계획으로 결정할 수 있다.

32 도시지역에서 복합적인 토지이용을 증진시켜 도시정비를 촉진하고 지역거점을 육성할 필요가 있다고 인정되는 지역을 대상으로 지정하는 구역은? 기 19④

① 개발제한구역
② 시가화조정구역
③ 입지규제최소구역
④ 도시자연공원구역

해설

입지규제최소구역
도시지역에서 복합적인 토지이용을 증진시켜 도시정비를 촉진하고 지역거점을 육성할 필요가 있다고 인정되는 지역을 대상으로 지정하는 구역

33 도시지역에 지정된 지구단위계획구역 내에서 건축물을 건축하려는 자가 그 대지의 일부를 공공시설 부지로 제공하는 경우 그 건축물에 대하여 완화하여 적용할 수 있는 항목이 아닌 것은? 기 18②

① 건축선 ② 건폐율
③ 용적률 ④ 건축물의 높이

해설

지구단위계획구역 내에서 공공시설 등을 설치하여 제공하는 경우에는 공공시설 등을 설치하는 데 드는 비용에 상응하는 가액의 부지를 제공한 것으로 보아 건폐율·용적률 및 높이제한을 완화하여 적용할 수 있다.

34 지구단위계획 중 관계 행정기관의 장과 협의, 국토교통부장관과의 협의 및 중앙도시계획위원회·지방도시계획위원회 또는 공동위원회의 심의를 거치지 아니하고 변경할 수 있는 사항에 관한 기준 내용으로 옳은 것은? 기 17①

① 건축선의 2m 이내의 변경인 경우
② 획지면적의 30% 이내의 변경인 경우
③ 가구면적의 20% 이내의 변경인 경우
④ 건축물 높이의 30% 이내의 변경인 경우

해설

- 건축선의 1m 이내의 변경인 경우
- 가구면적의 10% 이내의 변경인 경우
- 건축물 높이의 20% 이내의 변경인 경우

정답 31 ② 32 ③ 33 ① 34 ②

35 지구단위계획구역의 지정목적을 이루기 위하여 지구단위계획에 포함될 수 있는 내용이 아닌 것은? 기 20③

① 용도지역이나 용도지구를 대통령령으로 정하는 범위에서 세분하거나 변경하는 사항
② 건축물 높이의 최고한도 또는 최저한도
③ 도시 · 군관리계획 중 정비사업에 관한 계획
④ 대통령령으로 정하는 기반시설의 배치와 규모

해설

지구단위계획구역에 포함될 수 있는 내용

- 용도지역 또는 용도지구를 세분하거나 변경하는 사항
- 기존의 용도지구를 폐지하고 그 용도지구에서 건축물이나 그 밖의 시설의 용도 · 종류 및 규모 등 제한을 대체하는 사항
- 기반시설의 배치와 규모
- 도로로 둘러싸인 일단의 지역 또는 계획적인 개발 · 정비를 위하여 구획된 일단의 토지규모와 조성계획
- 건축물의 용도제한 · 건폐율 또는 용적률 · 건축물높이의 최고한도 또는 최저한도
- 건축물의 배치 · 형태 · 색채 또는 건축선에 관한 계획
- 환경관리계획 또는 경관계획
- 보행안전등을 고려한 교통처리계획

36 건축법에 따른 제1종 근린생활시설로서 당해 용도에 쓰이는 바닥면적의 합계가 최대 얼마 미만인 경우 제2종 전용주거지역 안에서 건축할 수 있는가? 산 20①②통합

① $500m^2$ ② $1,000m^2$
③ $1,500m^2$ ④ $2,000m^2$

해설

제2종 전용주거지역 안에서 건축할 수 있는 건축물

- 단독주택
- 공동주택
- 제1종 근린생활시설로서 바닥면적의 합계가 $1,000m^2$ 미만인 것

37 국토의 계획 및 이용에 관한 법령상 제2종 전용 주거지역 안에서 건축할 수 있는 건축물에 속하지 않는 것은? 기 17②

① 공동주택
② 판매시설
③ 노유자시설
④ 교육연구시설 중 고등학교

해설

제2종 전용주거지역 안에서 건축할 수 있는 건축물

- 단독주택
- 공동주택
- 제1종근린생활시설로서 바닥면적 합계가 $1,000m^2$ 미만인 것
- 도시 · 군계획조례가 정하는 바에 의하여 건축할 수 있는 건축물
  - 제2종 근린생활시설 중 종교집회장
  - 문화 및 집회시설 중 바닥면적 합계가 $1,000m^2$ 미만인 것
  - 종교시설에 해당되는 것으로서 바닥면적 합계가 $1,000m^2$ 미만인 것
  - 교육연구시설 중 유치원 · 초등학교 · 중학교 및 고등학교
  - 자동차관련 시설 중 주차장
  - 노유자시설

38 제2종 일반주거지역 안에서 건축할 수 있는 건축물에 속하지 않는 것은? 기 17①

① 아파트
② 노유자시설
③ 문화 및 집회시설 중 전시장
④ 문화 및 집회시설 중 관람장

해설

문화 및 집회시설 중 관람장은 제2종 일반주거지역 안에서 건축할 수 없는 건축물이다.

정답 35 ③ 36 ② 37 ② 38 ④

39 제1종 일반주거지역에서 건축할 수 있는 건축물에 속하지 않는 것은? 기 18① 산 19②③ 17③

① 노유자시설
② 공동주택 중 아파트
③ 제1종 근린생활시설
④ 교육연구시설 중 고등학교

해설

공동주택 중 아파트는 건축할 수 없다.

제1종 일반주거지역 안에서 건축할 수 있는 건축물(4층 이하)
- 단독주택
- 공동주택(아파트 제외)
- 제1종 근린생활시설
- 교육연구시설 중 유치원 · 초등학교 · 중학교 및 고등학교
- 노유자시설

40 제1종 일반주거주지역 안에서 건축할 수 있는 건축물에 속하지 않는 것은? 기 14②

① 단독주택
② 노유자시설
③ 공동주택 중 아파트
④ 제1종 근린생활시설

해설

제1종 일반주거지역 안에서 건축할 수 있는 건축물
- 단독주택
- 공동주택(아파트 제외)
- 제1종 근린생활시설
- 교육연구시설 중 유치원 · 초등학교 · 중학교 및 고등학교
- 노유자시설

41 제2종 전용주거지역 안에서 건축할 수 있는 건축물에 속하지 않는 것은?(단, 도시 · 군계획조례가 정하는 바에 의하여 건축할 수 있는 건축물 포함) 산 19①

① 아파트 ② 의료시설
③ 노유자시설 ④ 다가구주택

해설

제2종 전용주거지역 안에서 건축할 수 있는 건축물
- 단독주택
- 공동주택
- 제1종 근린생활시설로 바닥면적 합계가 1,000m^2 미만인 것
- 도시 · 군계획조례가 정하는 바에 의하여 건축할 수 있는 건축물
  - 제2종 근린생활시설 중 종교집회장
  - 문화 및 집회시설 중 바닥면적 합계가 1,000m^2 미만인 것
  - 종교시설에 해당되는 것으로서 바닥면적 합계가 1,000m^2 미만인 것
  - 교육연구시설 중 유치원 · 초등학교 · 중학교 및 고등학교
  - 자동차 관련 시설 중 주차장
  - 노유자시설

42 제2종 일반주거지역에서 건축할 수 없는 건축물은? 산 14①

① 종교시설 ② 숙박시설
③ 노유자시설 ④ 제1종 근린생활시설

해설

제2종 일반주거지역에서 건축할 수 있는 건축물
단독주택, 공동주택, 제1종 근린생활시설, 종교시설, 교육연구시설 중 초등학교 · 중학교 및 고등학교, 노유자시설

43 제2종 일반주거지역에서 건축할 수 있는 건축물에 속하지 않는 것은? 기 14①

① 종교시설
② 숙박시설
③ 노유자시설
④ 제1종 근린생활시설

해설

제2종 일반주거지역에서 건축할 수 있는 건축물
단독주택, 공동주택, 제1종 근린생활시설, 종교시설, 교육연구시설 중 초등학교 · 중학교 및 고등학교, 노유자시설

정답 39 ② 40 ③ 41 ② 42 ② 43 ②

44 다음 중 제2종 일반주거지역 안에서 건축할 수 있는 건축물에 속하지 않는 것은? 기 15①

① 종교시설
② 운수시설
③ 노유자시설
④ 제1종 근린생활시설

해설

제2종 일반주거지역에서 건축할 수 있는 건축물
단독주택, 공동주택, 제1종 근린생활시설, 종교시설, 교육연구시설 중 초등학교 · 중학교 및 고등학교, 노유자시설

45 다음 중 아파트를 건축할 수 없는 용도지역은? 기 19①

① 준주거지역
② 제1종 일반주거지역
③ 제2종 일반주거지역
④ 제3종 일반주거지역

해설

제1종 일반주거지역 안에서 건축할 수 있는 건축물(4층 이하)
- 단독주택
- 공동주택(아파트를 제외)
- 제1종 근린생활시설
- 교육연구시설 중 유치원 · 초등학교 · 중학교 및 고등학교
- 노유자시설

46 국토의 계획 및 이용에 관한 법령상 아파트를 건축할 수 있는 지역은? 기 19②

① 자연녹지지역
② 제1종 전용주거지역
③ 제2종 전용주거지역
④ 제1종 일반주거지역

해설

제2종 전용주거지역 안에서 건축할 수 있는 건축물
- 단독주택
- 공동주택
- 제1종 근린생활시설로서 바닥면적 합계가 1,000m^2 미만인 것
- 도시 · 군계획조례가 정하는 바에 의하여 건축할 수 있는 건축물
  - 제2종 근린생활시설 중 종교집회장
  - 문화 및 집회시설 중 바닥면적 합계가 1,000m^2 미만인 것
  - 종교시설에 해당되는 것으로서 바닥면적 합계가 1,000m^2 미만인 것
  - 교육연구시설 중 유치원 · 초등학교 · 중학교 및 고등학교
  - 자동차 관련 시설 중 주차장
  - 노유자시설

47 국토의 계획 및 이용에 관한 법령상 일반상업지역 안에서 건축할 수 있는 건축물은? 기 20①②통합

① 묘지관련시설
② 자원순환관련시설
③ 의료시설 중 요양병원
④ 자동차관련시설 중 폐차장

해설

일반상업지역 안에서 건축할 수 없는 건축물
- 숙박시설 중 일반숙박시설 및 생활숙박시설
- 위락시설
- 공장
- 위험물저장 및 처리시설 중 시내버스 차고지 외의 지역에 설치하는 액화석유가스 충전소 및 고압가스 충전소, 저장소
- 자동차관련시설 중 폐차장
- 동물 및 식물관련시설
- 자원순환관련시설
- 묘지관련시설

정답 44 ② 45 ② 46 ③ 47 ③

48 일반상업지역 안에서 건축할 수 있는 건축물은?
산 17①

① 묘지관련시설
② 자원순환관련시설
③ 자동차관련시설 중 폐차장
④ 노유자시설 중 노인복지시설

해설

일반상업지역 안에서 건축할 수 없는 건축물
- 숙박시설 중 일반숙박시설 및 생활숙박시설
- 위락시설
- 공장
- 위험물저장 및 처리시설 중 시내버스 차고지 외의 지역에 설치하는 액화석유가스 충전소 및 고압가스 충전소, 저장소
- 자동차관련시설 중 폐차장
- 동물 및 식물관련시설
- 자원순환관련시설
- 묘지관련시설

49 자연녹지지역 안에서 건축할 수 있는 건축물의 최대 층수는?(단, 제 1종 근린생활시설로서 도시·군계획조례로 따로 층수를 정하지 않은 경우)
산 17② 14③

① 3층 ② 4층
③ 5층 ④ 6층

해설

자연녹지지역 안에서 건축할 수 있는 건축물의 최대 층수 : 4층 이하

50 자연녹지지역 안에서 건축할 수 있는 건축물의 용도에 속하지 않는 것은?
산 18①

① 아파트
② 운동시설
③ 노유자시설
④ 제1종 근린생활시설

해설

자연녹지지역 안에서 건축할 수 있는 건축물(4층 이하 건축물)
- 단독주택, 제1종 근린생활시설, 제2종 근린생활시설, 의료시설, 교육연구시설, 노유자시설
- 수련시설, 운동시설, 창고, 동물 및 식물관련시설, 자원순환관련시설, 교정 및 국방·군사시설
- 방송통신시설, 발전시설, 묘지관련시설, 관광휴게시설, 장례시설

51 생산녹지지역과 자연녹지지역 안에서 모두 건축할 수 없는 건축물은?
산 18③

① 아파트 ② 수련시설
③ 노유자시설 ④ 방송통신시설

해설

생산녹지지역과 자연녹지지역 안에서의 건축행위로 단독주택은 가능하나 아파트는 건축할 수 없다.

52 경관지구의 위치·환경, 그 밖의 특성에 따른 미관의 유지에 필요한 범위 안에서 도시·군계획조례로 정하는 사항에 속하지 않는 것은?
기 14④

① 건폐율 및 용적률
② 부속건축물의 규모
③ 건축물의 높이
④ 대지 안의조경

해설

부속건축물의 규모는 속하지 않는다.

53 용도지역에 따른 건폐율의 최대한도가 옳지 않은 것은?(단, 도시지역의 경우)
기 19② 17④ 15①

① 녹지지역 : 30% 이하
② 주거지역 : 70% 이하
③ 공업지역 : 70% 이하
④ 상업지역 : 90% 이하

해설

녹지지역 : 20% 이하

정답 48 ④ 49 ② 50 ① 51 ① 52 ② 53 ①

54 다음 중 국토의 계획 및 이용에 관한 법령에 따른 용도지역 안에서의 건폐율 최대한도가 가장 높은 것은? 기 21② 17②

① 준주거지역 ② 중심상업지역
③ 일반상업지역 ④ 유통상업지역

해설

건폐율의 최대한도
- 70% 이하 : 준주거지역
- 80% 이하 : 일반상업지역, 유통상업지역
- 90% 이하 : 중심상업지역

55 다음 중 국토의 계획 및 이용에 관한 법령상 용도지역 안에서의 건폐율 최고한도가 가장 낮은 것은? 산 17②

① 준주거지역
② 생산관리지역
③ 근린상업지역
④ 제1종 전용주거지역

해설

건폐율의 최대한도
- 70% 이하 : 준주거지역, 근린상업지역
- 50% 이하 : 제1종 전용주거지역
- 20% 이하 : 생산관리지역

56 국토의 계획 및 이용에 관한 법률 시행령에 규정되어 있는 용도지역 안에서의 건폐율 기준으로 옳은 것은? 산 15①

① 제1종 전용주거지역 : 50% 이하
② 제2종 전용주거지역 : 60% 이하
③ 제1종 일반주거지역 : 50% 이하
④ 제3종 일반주거지역 : 60% 이하

해설

제2종 전용주거지역 : 60% 이하

57 다음 용도지역 안에서의 건폐율 기준이 틀린 것은? 산 20③

① 준주거지역 : 60% 이하
② 중심상업지역 : 90% 이하
③ 제3종 일반주거지역 : 50% 이하
④ 제1종 전용주거지역 : 50% 이하

해설

준주거지역 : 70% 이하

58 국토의 계획 및 이용에 관한 법률에 따른 용도 지역의 건폐율 기준으로 옳지 않은 것은? 산 19①

① 주거지역 : 70% 이하
② 상업지역 : 80% 이하
③ 공업지역 : 70% 이하
④ 녹지지역 : 20% 이하

해설

상업지역 : 90% 이하

59 국토의 계획 및 이용에 관한 법률에 따른 용도 지역에서의 용적률 최대한도 기준이 옳지 않은 것은?(단, 도시지역의 경우) 기 18④

① 주거지역 : 500% 이하
② 녹지지역 : 100% 이하
③ 공업지역 : 400% 이하
④ 상업지역 : 1,000% 이하

해설

용적률 최대한도 기준
- 주거지역 : 500% 이하
- 상업지역 : 1,500% 이하
- 공업지역 : 400% 이하
- 녹지지역 : 100% 이하

정답 54 ② 55 ② 56 ② 57 ① 58 ② 59 ④

Engineer Architecture

APPENDIX

과년도 출제문제 및 해설

2017년 건축기사/건축산업기사
2018년 건축기사/건축산업기사
2019년 건축기사/건축산업기사
2020년 건축기사/건축산업기사
2021년 건축기사
2022년 건축기사

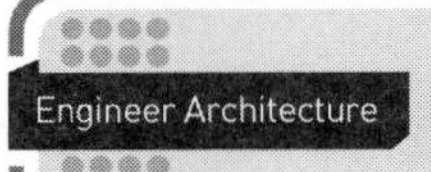

건축기사 (2017년 3월 시행)

01 다음 중 특별시나 광역시에 건축할 경우, 특별시장이나 광역시장의 허가를 받아야 하는 대상 건축물은?

① 층수가 20층인 호텔
② 층수가 25층인 사무소
③ 연면적이 150,000m²인 공장
④ 연면적이 50,000m²인 공장

해설

특별시장 · 광역시장의 허가대상

대상지역	허가권자	규모	예외
• 특별시 • 광역시	• 특별시장 • 광역시장	• 21층 이상 건축물 • 연면적의 합계가 100,000m² 이상인 건축물 • 연면적의 3/10 이상의 증축으로 인하여 층수가 21층 이상으로 되거나 연면적의 합계가 100,000m² 이상으로 되는 건축물의 증축을 포함	• 공장 • 창고 • 지방건축위원회의 심의를 거친 건축물(초고층 건축물 제외)

02 용도별 건축물의 종류가 옳지 않은 것은?

① 판매시설 : 소매시장
② 의료시설 : 치과병원
③ 문화 및 집회시설 : 수족관
④ 제1종 근린생활시설 : 동물병원

해설

④ 동물병원 : 제2종 근린생활시설

03 다음의 대지와 도로의 관계에 관한 기준 내용 중 ( ) 안에 알맞은 것은?

> 연면적 합계가 2,000m²(공장인 경우에는 3,000m²) 이상인 건축물(축사, 작물재배사, 그 밖에 이와 비슷한 건축물로서 건축조례로 정하는 규모의 건축물은 제외한다)의 대지는 너비 (㉠) 이상의 도로에 (㉡) 이상 접하여야 한다.

① ㉠ 4m, ㉡ 2m
② ㉠ 6m, ㉡ 4m
③ ㉠ 8m, ㉡ 6m
④ ㉠ 8m, ㉡ 4m

해설

대지와 도로의 관계

연면적의 합계가 2,000m²(공장인 경우에는 3,000m²) 이상인 건축물(축사, 작물재배사, 그 밖에 이와 비슷한 건축물로서 건축조례로 정하는 규모의 건축물은 제외한다)의 대지는 너비 6m 이상의 도로에 4m 이상 접하여야 한다.

04 건축법령상 다중이용건축물에 속하지 않은 것은?

① 층수가 16층인 판매시설
② 층수가 20층인 관광숙박시설
③ 종합병원으로 쓰는 바닥면적의 합계가 3,000m²인 건축물
④ 종교시설로 쓰는 바닥면적의 합계가 5,000m²인 건축물

해설

다중이용건축물

① 다음의 어느 하나에 해당하는 용도로 쓰는 바닥면적의 합계가 5천 제곱미터 이상인 건축물
  1) 문화 및 집회시설(동물원 · 식물원은 제외한다)
  2) 종교시설
  3) 판매시설
  4) 운수시설 중 여객용 시설
  5) 의료시설 중 종합병원
  6) 숙박시설 중 관광숙박시설
② 16층 이상인 건축물

정답 01 ② 02 ④ 03 ② 04 ③

05 건축법령상 다음과 같은 건축물의 높이는? (단, 가로구역에서 건축물의 높이제한과 관련된 건축물의 높이)

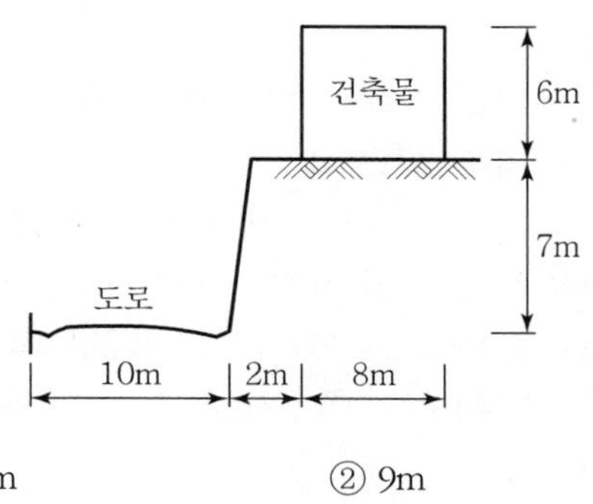

① 6m ② 9m
③ 9.5m ④ 13m

해설

건축물 대지의 지표면이 전면도로면보다 높은 경우 건축물의 높이 산정
건축물 대지의 지표면이 전면도로면보다 높은 경우 그 고저차가 1/2의 높이만큼 올라온 위치에 전면도로가 있는 것으로 본다.
그러므로, 6m+3.5m(7m/2)=9.5m

06 건축물의 관람실 또는 집회실로부터 바깥쪽으로의 출구로 쓰이는 문을 안여닫이로 하여서는 안 되는 건축물은?

① 위락시설
② 수련시설
③ 문화 및 집회시설 중 전시장
④ 문화 및 집회시설 중 동 · 식물원

해설

관람석 등으로부터의 출구의 설치
(1) 관람석 등으로부터의 출구 설치

대상 건축물	해당 층의 용도	출구 방향
• 문화 및 집회시설(전시장 및 동 · 식물원 제외) • 종교시설 • 위락시설 • 장례시설	관람실 · 집회실	바깥쪽으로 나가는 출구로 쓰이는 문은 안여닫이로 할 수 없다.

(2) 출구의 설치기준
문화 및 집회시설 중 관람실의 바닥면적이 300m² 이상인 공연장의 개별 관람석에 설치하는 출구는 다음의 기준에 적합하도록 설치한다
① 관람실별로 2개소 이상 설치할 것
② 각 출구의 유효너비는 1.5m 이상일 것
③ 개별 관람실 출구의 유효너비 합계는 개별 관람실의 바닥면적 100m²마다 0.6m의 비율로 산정한 너비 이상으로 할 것

07 특별피난계단의 구조에 관한 기준 내용으로 옳지 않은 것은?

① 계단은 내화구조로 하되, 피난층 또는 지상까지 직접 연결되도록 한다.
② 계단실 및 부속실의 실내에 접하는 부분의 마감은 불연재료로 한다.
③ 출입구의 유효너비는 0.9m 이상으로 하고 피난방향으로 열 수 있도록 한다.
④ 건축물의 내부에서 노대 또는 부속실로 통하는 출입구에는 60⁺ 방화문 또는 60분 방화문을 설치하고, 노대 또는 부속실로부터 계단실로 통하는 출입구에는 60⁺ 방화문을 설치하도록 한다.

해설

특별피난계단의 구조
건축물의 내부에서 노대 또는 부속실로 통하는 출입구에는 60⁺ 방화문을 설치하고, 노대 또는 부속실로부터 계단실로 통하는 출입구에는 60⁺ 방화문 또는 60분 방화문을 설치할 것

구분	설치 규정
건축물의 내부와 계단실과의 연결방법	• 노대를 통하여 연결하는 경우 • 외부를 향하여 열 수 있는 창문(1m² 이상, 바닥에서 높이 1m 이상에 설치) 또는 배연설비가 있는 부속실(전실)을 통하여 연결하는 경우
계단실 · 노대 · 부속실(비상용 승강장을 겸용하는 부속실을 포함)	창문 등을 제외하고는 내화구조의 벽으로 각각 구획할 것
계단실 및 부속실의 벽 및 반자가 실내에 접하는 부분의 마감(마감을 위한 바탕을 포함)	불연재료로 할 것

정답 05 ③ 06 ① 07 ④

구분	설치 규정
계단실 · 노대 · 부속실에 설치하는 건축물의 바깥쪽에 접하는 창문 등(망이 들어 있는 유리의 붙박이창으로서 그 면적이 각각 $1m^2$ 이하인 것을 제외)	계단실 · 노대 · 부속실 이외의 해당 건축물의 다른 부분에 설치하는 창문 등으로부터 2m 이상의 거리에 설치할 것
계단실의 노대 또는 부속실에 접하는 창문 등(출입구를 제외)	망이 들어 있는 유리의 붙박이창으로서 그 면적을 각각 $1m^2$ 이하로 할 것
노대 · 부속실의 창문용	계단실외의 건축물의 내부와 접하는 창문 등(출입구를 제외)을 설치하지 아니할 것
출입구 - 건축물의 안쪽으로부터 노대 또는 부속실로 통하는 출입구	60^+ 방화문을 설치
출입구 - 노대 또는 부속실로부터 계단실로 통하는 출입구	60^+ 방화문 또는 60분 방화문을 설치
계단의 구조	내화구조로 하고, 피난층 또는 지상까지 직접 연결되도록 할 것 **주의** 돌음계단 금지
출입구의 유효너비	0.9m 이상으로 하고 피난의 방향으로 열 수 있는 것

08 주차전용 건축물이란 건축물의 연면적 중 주차장으로 사용되는 부분의 비율이 최소 얼마 이상인 건축물을 말하는가?(단, 주차장 외의 용도가 자동차 관련 시설인 경우)

① 70% ② 80%
③ 90% ④ 95%

해설

주차전용 건축물의 주차면적비율

주차장 사용 비율(건축물의 연면적)	건축물의 용도
95% 이상	아래의 용도가 아닌 경우
70% 이상	• 단독주택 • 공동주택 • 제1종 및 제2종 근린생활시설 • 문화 및 집회시설 • 종교시설 • 판매시설 • 운수시설 • 운동시설 • 업무시설, 창고시설 • 자동차관련시설

09 공동주택의 난방설비를 개별 난방방식으로 하는 경우에 관한 기준 내용으로 옳지 않은 것은?

① 보일러의 연도는 내화구조로서 공동연도로 설치할 것
② 보일러실 윗부분에는 그 면적이 최소 $1.0m^2$ 이상인 환기창을 설치할 것
③ 기름보일러를 설치하는 경우에는 기름저장소를 보일러실 외의 다른 곳에 설치할 것
④ 보일러를 설치하는 곳과 거실 사이의 경계벽은 출입구를 제외하고는 내화구조의 벽으로 구획할 것

해설

공동주택의 난방설비를 개별 난방방식으로 하는 경우에 관한 기준

보일러실의 윗부분에는 면적이 $0.5m^2$ 이상인 환기창을 설치하고, 보일러실의 윗부분과 아랫부분에는 각각 지름 10cm 이상의 공기흡입구 및 배기구를 항상 열려 있는 상태로 바깥공기에 접하도록 설치할 것

10 국토의 계획 및 이용에 관한 법령에 따른 기반시설 중 자동차 정류장의 세분에 속하지 않는 것은?

① 고속터미널 ② 물류터미널
③ 공영차고지 ④ 여객자동차터미널

해설

기반시설의 세분

기반시설	세분
도로	• 일반도로 • 자전거전용도로 • 자동차전용도로 • 고가도로 • 보행자전용도로 • 보행자우선도로 • 지하도로
자동차 정류장	• 여객자동차터미널 • 공동차고지 • 복합환승센터 • 물류터미널 • 화물자동차휴게소 • 공영차고지
광장	• 교통광장 • 지하광장 • 일반광장 • 건축물부설광장 • 경관광장

정답 08 ① 09 ② 10 ①

11 건축법령에 따른 리모델링이 쉬운 구조에 속하지 않는 것은?

① 구조체가 철골구조로 구성되어 있을 것
② 구조체에서 건축설비, 내부 마감재료 및 외부 마감재료를 분리할 수 있을 것
③ 개별 세대 안에서 구획된 실의 크기, 개수 또는 위치 등을 변경할 수 있을 것
④ 각 세대는 인접한 세대와 수직 또는 수평방향으로 통합하거나 분할할 수 있을 것

해설

리모델링이 쉬운 구조 기준

- 각 세대는 인접한 세대와 수직 또는 수평방향으로 통합하거나 분할할 수 있을 것
- 구조체에서 건축설비, 내부 마감재료 및 외부 마감재료를 분리할 수 있을 것
- 개별 세대 안에서 구획된 실의 크기, 개수 또는 위치 등을 변경할 수 있을 것

12 건축물의 필로티 부분을 건축법령상의 바닥면적에 산입하는 경우에 속하는 것은?

① 공중의 통행에 전용되는 경우
② 차량의 주차에 전용되는 경우
③ 업무시설의 휴식공간으로 전용되는 경우
④ 공동주택의 놀이공간으로 전용되는 경우

해설

필로티나 그 밖에 이와 비슷한 구조의 부분은 그 부분이 공중의 통행이나 차량의 통행 또는 주차에 전용되는 경우와 공동주택의 경우에는 바닥면적에 산입하지 아니함

13 지하식 또는 건축물식 노외주차장에서 경사로가 직선형인 경우, 경사로의 차로너비는 최소 얼마 이상으로 하여야 하는가?(단, 2차로인 경우)

① 5m　　② 6m
③ 7m　　④ 8m

해설

지하식 또는 건축물식 노외주차장에서 경사로가 직선형인 경우, 경사로의 차로너비

직선인 경우	3.3m 이상(2차로인 경우 6m 이상)
곡선인 경우	3.6m 이상(2차로인 경우 6.5.m 이상)

14 주차대수가 300대인 기계식 주차장의 진입로 또는 전면공지와 접하는 장소에 확보하여야 하는 정류장의 최소 규모는?

① 12대　　② 13대
③ 14대　　④ 15대

해설

기계식 주차장 정류장 확보기준

주차대수가 20대를 초과하는 매 20대마다 1대분의 정류장을 확보하므로 (300－20)/20＝14대

15 다음은 도시 · 군관리계획도서 중 계획도에 관한 기준 내용이다. ( ) 안에 알맞은 것은?(단, 모든 축척의 지형도가 간행되어 있는 경우)

> 도시 · 군관리계획도서 중 계획도는 (　　)의 지형도에 도시 · 군관리계획사항을 명시한 도면으로 작성하여야 한다.

① 축척 100분의 1 또는 축척 500분의 1
② 축척 500분의 1 또는 축척 2천분의 1
③ 축척 1천분의 1 또는 축척 5천분의 1
④ 축척 3천분의 1 또는 축척 1만분의 1

해설

도시 · 군관리계획도서 중 계획도 : 축척 1/1,000 또는 1/5,000의 지형도에 도시 · 군관리계획 사항을 명시한 도면으로 작성하여야 한다.

정답　11 ①　12 ③　13 ②　14 ③　15 ③

16 제2종 일반주거지역 안에서 건축할 수 있는 건축물에 속하지 않는 것은?

① 아파트
② 노유자시설
③ 문화 및 집회시설 중 전시장
④ 문화 및 집회시설 중 관람장

해설

문화 및 집회시설(관람장 제외)
도시·군계획조례가 정하는 바에 의하여 건축할 수 있다.

17 각 층의 거실면적이 1,000m²이며, 층수가 15층인 다음 건축물 중 설치하여야 하는 승용승강기의 최소 대수가 가장 많은 것은?(단, 8인승 승용승강기인 경우)

① 위락시설
② 업무시설
③ 교육연구시설
④ 문화 및 집회시설 중 집회장

해설

승용승강기 설치기준
승용승강기의 최소 대수가 가장 많은 용도 : 문화 및 집회시설(공연장·집회장·관람장), 판매시설, 의료시설(병원·격리병원)

6층 이상의 거실면적 합계 (Am^2) / 건축물의 용도	$3,000m^2$ 이하	$3,000m^2$ 초과
• 문화 및 집회시설(공연장·집회장·관람장) • 판매시설 • 의료시설(병원·격리병원)	2대	2대에 $3,000m^2$를 초과하는 $2,000m^2$ 이내마다 1대의 비율로 가산한 대수 이상 $\left(2대 + \frac{A-3,000m^2}{2,000m^2}대\right)$
• 문화 및 집회시설(전시장 및 동·식물원) • 업무시설 • 숙박시설 • 위락시설	1대	1대에 $3,000m^2$를 초과하는 $2,000m^2$ 이내마다 1대의 비율로 가산한 대수 이상 $\left(1대 + \frac{A-3,000m^2}{2,000m^2}대\right)$
• 공동주택 • 교육연구시설 • 노유자시설 • 기타시설	1대	1대에 $3,000m^2$를 초과하는 $3,000m^2$ 이내마다 1대의 비율로 가산한 대수 이상 $\left(1대 + \frac{A-3,000m^2}{3,000m^2}대\right)$

18 대형건축물의 건축허가 사전승인신청서 제출도서 중 설계설명서에 표시하여야 할 사항에 속하지 않는 것은?

① 시공방법
② 동선계획
③ 개략공정계획
④ 각부 구조계획

해설

④ 각부 구조계획은 속하지 않는다.

대형건축물의 건축허가 사전승인신청서 제출도서

분야	도서 종류	표시하여야 할 사항
건축 계획서	설계 설명서	• 공사개요 : 위치·대지면적·공사기간·공사금액 등 • 사전조사 사항 : 지반고·기후·동결심도·수용인원·상하수와 주변 지역을 포함한 지질 및 지형, 인구, 교통, 지역, 지구, 토지이용 현황, 시설물 현황 등 • 건축계획 : 배치·평면·입면계획·동선계획·개략조경계획·주차계획 및 교통처리계획 등 • 시공방법 • 개략공정계획 • 주요설비계획 • 주요자재 사용계획 • 그 밖의 필요한 사항
	구조 계획서	• 설계근거 기준 • 구조재료의 성질 및 특성 • 하중조건분석 적용 • 구조의 형식선정계획 • 각부 구조계획 • 건축구조성능(단열·내화·차음·진동장애 등) • 구조안전검토
	지질 조사서	• 토질개황 • 각종 토질시험내용 • 지내력 산출근거 • 지하수위면 • 기초에 대한 의견
	시방서	시방내용(국토교통부장관이 작성한 표준시방서에 없는 공법인 경우에 한한다)

정답 16 ④ 17 ④ 18 ④

19 지구단위계획 중 관계행정기관의 장과 협의, 국토교통부장관과의 협의 및 중앙도시계획위원회 · 지방도시계획위원회 또는 공동위원회의 심의를 거치지 아니하고 변경할 수 있는 사항에 관한 기준 내용으로 옳은 것은?

① 건축선의 2m 이내의 변경인 경우
② 획지면적의 30% 이내의 변경인 경우
③ 가구면적의 20% 이내의 변경인 경우
④ 건축물 높이의 30% 이내의 변경인 경우

해설

① 건축선의 1m 이내의 변경인 경우
③ 가구면적의 10% 이내의 변경인 경우
④ 건축물 높이의 20% 이내의 변경인 경우

20 건축법령상 고층건축물의 정의로 옳은 것은?

① 층수가 30층 이상이거나 높이가 90m 이상인 건축물
② 층수가 30층 이상이거나 높이가 120m 이상인 건축물
③ 층수가 50층 이상이거나 높이가 150m 이상인 건축물
④ 층수가 50층 이상이거나 높이가 200m 이상인 건축물

해설

- 고층건축물 : 층수가 30층 이상이거나 높이가 120m 이상인 건축물
- 초고층건축물 : 층수가 50층 이상이거나 높이가 200m 이상인 건축물

정답 19 ② 20 ②

Engineer Architecture

건축산업기사 (2017년 3월 시행)

01 다음 그림과 같은 단면을 가진 거실의 반자 높이는?

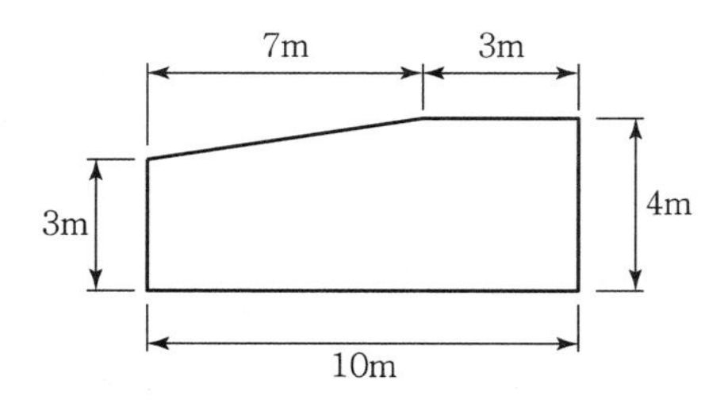

① 3.0m ② 3.60m
③ 3.65m ④ 4.0m

해설

거실 반자높이
면적(m^2)/밑변길이(m)
그러므로, (3m × 10m) + (3m × 1m) + (7m × 1m × 1/2)/10m
= 36.5m^2/10m = 3.65m

02 건축법령상 용적률의 정의로 가장 알맞은 것은?

① 대지면적에 대한 연면적의 비율
② 연면적에 대한 건축면적의 비율
③ 대지면적에 대한 건축면적의 비율
④ 연면적에 대한 지상층 바닥면적의 비율

해설

- 건폐율 : 대지면적에 대한 건축면적 비율
- 용적률 : 대지면적에 대한 연면적 비율

03 다음은 건축법령상 증축의 정의 내용이다. ( ) 안에 포함되지 않은 것은?

> "증축"이란 기존 건축물이 있는 대지에서 건축물의 ( )을/를 늘리는 것을 말한다.

① 층수 ② 높이
③ 대지면적 ④ 건축면적

해설

증축
기존 건축물이 있는 대지에서 건축물의 건축면적, 연면적, 층수 또는 높이를 늘리는 것을 말한다.

04 기계식 주차장에 설치하여야 하는 정류장의 확보 기준으로 옳은 것은?

① 주차대수 20대를 초과하는 매 20대마다 1대분
② 주차대수 20대를 초과하는 매 30대마다 1대분
③ 주차대수 30대를 초과하는 매 20대마다 1대분
④ 주차대수 30대를 초과하는 매 30대마다 1대분

해설

기계식 주차장 정류장 확보기준
주차대수가 20대를 초과하는 매 20대마다 1대분의 정류장을 확보해야 한다.

05 일반상업지역 안에서 건축할 수 있는 건축물은?

① 묘지관련시설
② 자원순환관련시설
③ 자동차관련시설 중 폐차장
④ 노유자시설 중 노인복지시설

해설

노유자시설 중 노인복지시설은 일반상업지역 안에서 건축할 수 있다.

정답 01 ③ 02 ① 03 ③ 04 ① 05 ④

06 대지 및 건축물 관련 건축기준의 허용오차 범위로 옳지 않은 것은?

① 출구너비 : 3% 이내
② 벽체두께 : 3% 이내
③ 바닥판두께 : 3% 이내
④ 건축선의 후퇴거리 : 3% 이내

해설

• 2% 이내 : 건축물의 높이, 평면길이, 출구너비, 반자높이

허용오차

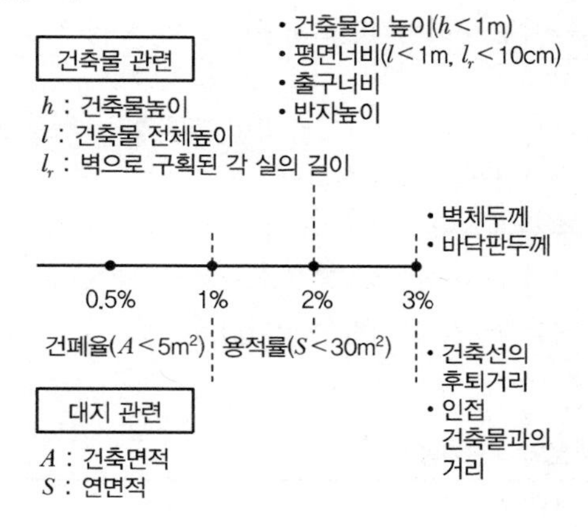

07 리모델링이 쉬운 구조의 공동주택 건축을 촉진하기 위하여 공동주택을 리모델링이 쉬운 구조로 할 경우 100분의 120 범위에서 완화하여 적용받을 수 없는 것은?

① 건축물의 건폐율
② 건축물의 용적률
③ 건축물의 높이제한
④ 일조 등의 확보를 위한 건축물의 높이제한

해설

리모델링이 용이한 구조의 공동주택에 대한 완화기준

• 완화대상 : 용적률, 높이제한, 일조권 확보를 위한 높이제한
• 완화기준 : 100분의 120 범위

08 다음의 시설물 중 설치하여야 하는 부설주차장의 최소 주차대수가 가장 많은 것은?(단, 시설면적이 600m^{2}인 경우)

① 위락시설
② 판매시설
③ 업무시설
④ 제2종 근린생활시설

해설

부설주차장의 설치대상 종류 및 부설주차장 설치기준

용도	설치기준
1. 위락시설	시설면적 100m^{2}당 1대 (시설면적/100m^2)
2. • 문화 및 집회시설(관람장 제외) • 종교시설 • 판매시설 • 운수시설 • 의료시설(정신병원 · 요양소 · 격리병원을 제외) • 운동시설(골프장 · 골프연습장 · 옥외수영장 제외) • 업무시설(외국공관 및 오피스텔 제외) • 방송통신시설 중 방송국 • 장례식장	시설면적 150m^{2}당 1대 (시설면적/150m^2)
3. • 제1종 근린생활시설 예외 – 지역자치센터, 파출소, 지구대, 소방서, 우체국, 방송국, 보건소, 공공도서관, 건강보험공단 사무소 등 공공업무시설로서 같은 건축물에 해당 용도로 쓰는 바닥면적의 합계가 1천 제곱미터 미만인 것 – 마을회관, 마을공동작업소, 마을공동구판장 등 주민이 공동으로 이용하는 시설 • 제2종 근린생활시설 • 숙박시설	시설면적 200m^{2}당 1대 (시설면적/200m^2)

정답 06 ① 07 ① 08 ①

09 급수, 배수, 환기, 난방 등의 건축설비를 설치하는 경우 건축기계설비기술사 또는 공조냉동기계기술사의 협력을 받아야 하는 대상 건축물에 속하지 않는 것은?

① 아파트
② 기숙사로 해당 용도에 사용되는 바닥면적의 합계가 2,000m²인 건축물
③ 판매시설로서 해당 용도에 사용되는 바닥면적의 합계가 2,000m²인 건축물
④ 의료시설로서 해당 용도에 사용되는 바닥면적의 합계가 2,000m²인 건축물

해설

급수 · 배수(配水) · 배수(排水) · 환기 · 난방 등의 건축설비를 건축물에 설치하는 경우, 건축기계설비기술사 또는 공조냉동기계기술사의 협력을 받아야 하는 대상 건축물

용도	바닥면적 합계
냉동 · 냉장시설, 항온항습시설, 특수청정시설	500m²
아파트, 연립주택	–
목욕장, 물놀이형시설, 수영장	500m²
기숙사, 의료시설, 유스호스텔, 숙박시설	2,000m²
판매시설, 연구소, 업무시설	3,000m²
문화 및 집회시설, 종교시설, 교육연구시설, 장례시설	10,000m²

10 다음은 지하층과 피난층 사이의 개방공간 설치에 관한 기준 내용이다. ( ) 안에 알맞은 것은?

> 바닥면적의 합계가 ( ) 이상인 공연장 · 집회장 · 관람장 또는 전시장을 지하층에 설치하는 경우에는 각 실에 있는 자가 지하층 각 층에서 건축물 밖으로 피난하여 옥외계단 또는 경사로 등을 이용하여 피난층으로 대피할 수 있도록 천장이 개방된 외부공간을 설치하여야 한다.

① 1,000m² ② 2,000m²
③ 3,000m² ④ 4,000m²

해설

지하층과 피난층 사이 개방공간은 바닥면적의 합계가 3,000m² 이상인 공연장 · 집회장 · 관람장 또는 전시장을 지하층에 설치하는 경우 천장이 개방된 외부공간을 설치하여야 한다.

11 지하식 또는 건축물식 노외주차장의 차로에 관한 기준 내용으로 옳지 않은 것은?

① 경사로의 노면은 거친 면으로 하여야 한다.
② 높이는 주차바닥면으로부터 2.3m 이상으로 하여야 한다.
③ 경사로의 종단경사도는 곡선 부분에서 17%를 초과하여서는 아니 된다.
④ 주차대수 규모가 50대 이상인 경우의 경사로는 너비 6m 이상인 2차로를 확보하거나 진입차로와 진출차로를 분리하여야 한다.

해설

경사로의 종단기울기

직선인 경우	17% 이하
곡선인 경우	14% 이하

경사로의 양쪽 벽면으로부터 30cm 이상의 지점에 높이 10cm 이상 15cm 미만의 연석을 설치해야 한다.(이 경우 연석 부분은 차로너비에 포함되는 것

12 다음 중 6층 이상의 거실면적 합계가 10,000m²인 경우 설치하여야 하는 승용승강기의 최소 대수가 가장 많은 것은(단, 15인승 승용승강기의 경우)

① 의료시설 ② 숙박시설
③ 노유자시설 ④ 교육연구시설

해설

승용승강기 설치규정이 강화된 용도 : 문화 및 집회시설(공연장 · 집회장 · 관람장), 판매시설, 의료시설(병원 · 격리병원)

정답 09 ③ 10 ③ 11 ③ 12 ①

승용승강기 설치기준

건축물의 용도 \ 6층 이상의 거실면적 합계 (Am^2)	$3,000m^2$ 이하	$3,000m^2$ 초과
• 문화 및 집회시설(공연장 · 집회장 · 관람장) • 판매시설 • 의료시설(병원 · 격리병원)	2대	2대에 $3,000m^2$를 초과하는 $2,000m^2$ 이내마다 1대의 비율로 가산한 대수 이상 $\left(2대 + \frac{A - 3,000m^2}{2,000m^2}대\right)$
• 문화 및 집회시설(전시장 및 동 · 식물원) • 업무시설 • 숙박시설 • 위락시설	1대	1대에 $3,000m^2$를 초과하는 $2,000m^2$ 이내마다 1대의 비율로 가산한 대수 이상 $\left(1대 + \frac{A - 3,000m^2}{2,000m^2}대\right)$
• 공동주택 • 교육연구시설 • 노유자시설 • 기타 시설	1대	1대에 $3,000m^2$를 초과하는 $3,000m^2$ 이내마다 1대의 비율로 가산한 대수 이상 $\left(1대 + \frac{A - 3,000m^2}{3,000m^2}대\right)$

13 다음의 정의에 알맞은 주택의 종류는?

주택으로 쓰는 1개 동의 바닥면적 합계가 $660m^2$ 이하이고, 층수가 4개 층 이하인 주택

① 연립주택
② 다중주택
③ 다세대주택
④ 다가구주택

해설

다세대 주택
주택으로 쓰는 1개 동의 바닥면적 합계가 $660m^2$ 이하이고 층수가 4개 층 이하인 주택(2개 이상의 동을 지하주차장으로 연결하는 경우에는 각각의 동으로 보며, 지하주차장면적은 바닥면적에서 제외함)

14 도시 · 군계획 수립대상 지역의 일부에 대하여 토지이용을 합리화하고 그 기능을 증진시키며 미관을 개선하고 양호한 환경을 확보하여, 그 지역을 체계적 · 계획적으로 관리하기 위하여 수립하는 도시 · 군관리계획은?

① 광역도시계획　② 지구단위계획
③ 국토종합계획　④ 도시 · 군기본계획

해설

지구단위계획
도시 · 군계획 수립대상 지역 안의 일부에 대하여 토지이용을 합리화하고 그 기능을 증진시키며 미관을 개선하고 양호한 환경을 확보하며, 해당 지역을 체계적 · 계획적으로 관리하기 위하여 수립하는 도시 · 군관리계획을 말한다.

15 피난안전구역의 설치에 관한 기준 내용으로 옳지 않은 것은?

① 피난안전구역의 높이는 2.1m 이상일 것
② 비상용 승강기는 피난안전구역에서 승하차할 수 있는 구조로 설치할 것
③ 건축물의 내부에서 피난안전구역으로 통하는 계단은 피난계단의 구조로 설치할 것
④ 관리사무소 또는 방재센터 등과 긴급연락이 가능한 경보 및 통신시설을 설치할 것

해설

건축물의 내부에서 피난안전구역으로 통하는 계단은 특별피난계단의 구조로 설치할 것

16 다음은 건축선에 따른 건축제한에 관한 기준 내용이다. ( ) 안에 알맞은 것은?

도로면으로부터 높이 ( ) 이하에 있는 출입구, 창문, 그 밖에 이와 유사한 구조물은 열고 닫을 때 건축선의 수직면을 넘지 아니하는 구조로 하여야 한다.

① 1.5m　② 3m
③ 4.5m　④ 6m

정답　13 ③　14 ②　15 ③　16 ③

해설

건축선에 따른 건축제한

① 건축물 및 담장은 건축선의 수직면을 넘어서는 안 된다. **예외** 지표하의 부분
② 도로면으로부터 높이 4.5m 이하에 있는 출입구 · 창문 등의 구조물은 개폐 시 건축선의 수직면을 넘는 구조로 해서는 안 된다.

17 배연설비의 설치에 관한 기준 내용으로 옳지 않은 것은?

① 배연창의 유효면적은 최소 $2m^2$ 이상으로 할 것
② 배연구는 예비전원에 의하여 열 수 있도록 할 것
③ 관련 규정에 의하여 건축물에 방화구획이 설치된 경우에는 그 구획마다 1개소 이상의 배연창을 설치할 것
④ 배연구는 연기감지기 또는 열감지기에 의하여 자동으로 열 수 있는 구조로 하되, 손으로도 열고 닫을 수 있도록 할 것

해설

배연구의 유효면적은 최소 $1m^2$ 이상으로서 바닥면적의 1/100 이상으로 한다.

배연설비의 설치에 관한 기준

구분	구조기준
배연구의 설치개소	방화구획마다 1개소 이상의 배연창의 상변과 천장 또는 반자로부터 수직거리가 0.9m 이내일 것 **예외** 반자높이가 바닥으로부터 3m 이상인 경우에는 배연창의 하변이 바닥으로부터 2.1m 이상의 위치에 놓이도록 설치하여야 한다.
배연구의 유효면적	배연창의 유효면적은 산정기준에 의하여 산정된 면적이 $1m^2$ 이상으로서 바닥면적의 1/100 이상(방화구획이 설치된 경우에는 그 구획된 부분의 바닥면적을 말함) **예외** 바닥면적 산정 시 거실바닥면적의 1/20 이상으로 환기창을 설치할 거실면적
배연구의 구조	• 연기감지기, 열감지기에 의해 자동으로 열 수 있는 구조로하되 손으로 여닫을 수 있도록 할 것 • 예비전원에 의해 열 수 있도록 할 것
기계식 배연설비	소방관계법령의 규정을 따른다.

18 문화 및 집회시설 중 공연장의 개별 관람실 출구에 관한 기준 내용으로 옳지 않은 것은?(단, 개별 관람실의 바닥면적이 $300m^2$ 이상인 경우)

① 관람실별로 2개소 이상 설치할 것
② 각 출구의 유효너비는 1.5m 이상일 것
③ 바깥쪽으로의 출구로 쓰이는 문은 안여닫이로 할 것
④ 개별관람실 출구의 유효너비 합계는 개별 관람실의 바닥면적 $100m^2$마다 0.6m의 비율로 산정한 너비 이상으로 할 것

해설

관람석 등으로부터의 출구 설치

문화 및 집회시설 중 관람실의 바닥면적이 $300m^2$ 이상인 공연장의 개별 관람석에 설치하는 출구는 다음의 기준에 적합하도록 설치한다.

① 관람실별로 2개소 이상 설치할 것
② 각 출구의 유효너비는 1.5m 이상일 것
③ 개별 관람실 출구의 유효너비 합계는 개별 관람실의 바닥면적 $100m^2$마다 0.6m의 비율로 산정한 너비 이상으로 할 것

19 피난용 승강기의 승강장 및 승강로의 구조에 관한 기준 내용으로 옳지 않은 것은?

① 승강장은 각 층의 내부와 연결되지 않도록 할 것
② 승강로는 해당 건축물의 다른 부분과 내화구조로 구획할 것
③ 승강장의 바닥면적은 피난용 승강기 1대에 대하여 $6m^2$ 이상으로 할 것
④ 각 층으로부터 피난층까지 이르는 승강로를 단일구조로 연결하여 설치할 것

정답 17 ① 18 ③ 19 ①

해설

승강장은 각 층의 내부와 연결될 수 있도록 하되, 그 출입구에는 60^+ 방화문을 설치할 것

비상용 승강기의 승강장 및 승강로 구조

① 비상용 승강기의 승강장 구조

㉠ 승강장의 창문, 출입구, 그 밖의 개구부를 제외한 부분은 해당 건축물의 다른 부분과 내화구조의 바닥 · 벽으로 구획할 것

예외 공동주택의 경우에는 승강장과 특별피난계단의 부속실과의 겸용부분을 계단실과 별도로 구획하는 때에는 승강장을 특별피난계단의 부속실과 겸용할 수 있다.

㉡ 승강장은 각 층의 내부와 연결될 수 있도록 하되, 그 출입구(승강로의 출입구를 제외한다)에는 60^+ 방화문을 설치할 것. 다만, 피난층에는 60^+ 방화문을 설치하지 아니할 수 있다.

㉢ 노대 또는 외부를 향하여 열 수 있는 창문이나 배연설비를 설치할 것

㉣ 벽 및 반자가 실내에 접하는 부분의 마감재료(마감을 위한 바탕 포함)는 불연재료로 할 것

㉤ 채광이 되는 창문이 있거나 예비전원에 따른 조명설비를 할 것

㉥ 승강장의 바닥면적은 비상용 승강기 1대에 대하여 $6m^2$ 이상으로 할 것

예외 옥외에 승강장을 설치하는 경우

㉦ 피난층이 있는 승강장의 출입구(승강장이 없는 경우에는 승강로의 출입구)로부터 도로 또는 공지에 이르는 거리가 30m 이하일 것

㉧ 승강장 출입구 부근의 잘 보이는 곳에 해당 승강기가 비상용 승강기임을 알 수 있는 표시를 할 것

② 비상용 승강기의 승강로 구조

㉠ 승강로는 해당 건물이 다른 부분과 내화구조로 구획할 것

㉡ 각 층으로부터 피난층까지 이르는 승강로를 단일구조로서 연결하여 설치할 것

20 주차전용 건축물은 건축물의 연면적 중 주차장으로 사용되는 부분의 비율이 최소 얼마 이상이어야 하는가?(단, 주차장 외의 용도로 사용되는 부분이 판매시설인 경우)

① 60%　　② 70%

③ 80%　　④ 95%

주차전용 건축물의 주차면적비율

주차장 사용비율 (건축물의 연면적)	건축물의 용도
95% 이상	아래의 용도가 아닌 경우
70% 이상	• 단독주택 • 공동주택 • 제1종 및 제2종 근린생활시설 • 문화 및 집회시설 • 종교시설 • 판매시설 • 운수시설 • 운동시설 • 업무시설, 창고시설 • 자동차관련시설

정답　20 ②

건축기사 (2017년 5월 시행)

01 국토의 계획 및 이용에 관한 법령상 제2종 전용 주거지역 안에서 건축할 수 있는 건축물에 속하지 않는 것은?

① 공동주택
② 판매시설
③ 노유자시설
④ 교육연구시설 중 고등학교

해설

판매시설은 제2종 전용 주거지역 안에서 건축할 수 없는 건축물이다.

02 같은 건축물 안에 공동주택과 위락시설을 함께 설치하고자 하는 경우, 공동주택의 출입구와 위락시설의 출입구는 서로 그 보행거리가 최소 얼마 이상이 되도록 설치하여야 하는가?

① 10m ② 20m
③ 30m ④ 50m

해설

공동주택의 출입구와 위락시설의 출입구는 서로 그 보행거리가 30m 이상이 되도록 설치할 것

03 건축허가대상 건축물이라 하더라도 건축신고를 하면 건축허가를 받은 것으로 보는 경우에 속하지 않은 것은?(단, 층수가 2층인 건축물의 경우)

① 바닥면적의 합계 75m²의 증축
② 바닥면적의 합계 75m²의 재축
③ 바닥면적의 합계 75m²의 개축
④ 연면적의 합계 250m²인 건축물의 대수선

해설

신고대상 건축물

허가대상 건축물이라 하더라도 다음의 어느 하나에 해당하는 경우에는 미리 특별자치시장 · 특별자치도지사 또는 시장 · 군수 · 구청장에게 국토교통부령으로 정하는 바에 따라 신고를 하면 건축허가를 받은 것으로 본다.

① 바닥면적 합계가 85m² 이내의 증축 · 개축 · 재축. 다만 3층 이상 건축물인 경우에는 증축 · 개축 또는 재축하려는 부분의 바닥면적 합계가 건축물 연면적의 10분의 1 이내인 경우로 한정한다.
② 관리지역 · 농림지역 · 자연환경보전지역 안에서 연면적 200m² 미만이고 3층 미만인 건축물의 건축
③ 대수선(연면적 200m² 미만이고 3층 미만인 대수선에 한함)
④ 주요구조부의 해체가 없는 다음의 어느 하나에 해당하는 대수선
  ㉠ 내력벽의 면적을 30m² 이상 수선하는 것
  ㉡ 기둥을 세 개 이상 수선하는 것
  ㉢ 보를 세 개 이상 수선하는 것
  ㉣ 지붕틀을 세 개 이상 수선하는 것
  ㉤ 방화벽 또는 방화구획을 위한 바닥 또는 벽을 수선하는 것
  ㉥ 주계단 · 피난계단 또는 특별피난계단을 수선하는 것

정답 01 ② 02 ③ 03 ④

04 건축물에 설치하는 지하층의 구조 및 설비에 관한 기준 내용으로 옳지 않은 것은?

① 거실의 바닥면적 합계가 1,000m^2 이상인 층에는 환기설비를 설치할 것
② 지하층의 바닥면적이 300m^2 이상인 층에는 식수공급을 위한 급수전을 1개소 이상 설치할 것
③ 거실의 바닥면적이 30m^2 이상인 층에는 직통계단 외에 피난층 또는 지상으로 통하는 비상탈출구 및 환기통을 설치할 것
④ 바닥면적이 1,000m^2 이상인 층에는 피난층 또는 지상으로 통하는 직통계단을 관련 규정에 의한 방화구획으로 구획되는 각 부분마다 1개소 이상 설치하되, 이를 피난계단 또는 특별피난계단의 구조로 할 것

해설

지하층의 구조기준

바닥면적 규모	구조기준
거실의 바닥면적이 50m^2 이상인 층	직통계단 외에 피난층 또는 지상으로 통하는 비상탈출구 및 환기통 설치 **예외** 직통계단이 2개소 이상 설치되어 있는 경우
그 층의 거실의 바닥면적 합계가 50m^2 이상 • 제2종 근린생활시설 중 공연장 · 단란주점 · 당구장 · 노래 연습장 • 문화 및 집회시설 중 예식장 · 공연장 • 수련시설 • 숙박시설 중 여관 · 여인숙 • 위락시설 중 단란주점 · 주점영업 • 다중이용업의 용도	직통계단 2개소 이상 설치
바닥면적 1,000m^2 이상인 층	피난층 또는 지상으로 통하는 직통계단을 방화구획으로 구획하는 각 부분마다 1 이상의 피난계단 또는 특별피난계단 설치
거실의 바닥면적 합계 1,000m^2 이상인 층	환기설비 설치
지하층의 바닥면적이 300m^2 이상인 층	식수공급을 위한 급수전을 1개소 이상 설치

05 각 층의 바닥면적이 5,000m^2이고, 각 층의 거실 면적이 3,000m^2인 14층 숙박시설에 설치하여야 하는 승용승강기의 최소 대수는?(단, 24인승 승용승강기를 설치하는 경우)

① 6대 ② 7대
③ 12대 ④ 13대

해설

- 숙박시설의 6층 이상 거실바닥면적
  =(14층−5층)×3,000m^2=27,000m^2
  그러므로 1+(27,000m^2−3,000m^2)/2,000m^2=13대
  ※ 24인승 승용승강기(16인승 이상 승용승강기 설치 시 2대로 산정)
- 13대/2대=6.5대(7대)

승용승강기 설치기준

건축물의 용도 \ 6층 이상의 거실면적 합계 (Am²)	3,000m^2 이하	3,000m^2 초과
• 문화 및 집회시설(공연장 · 집회장 · 관람장) • 판매시설 • 의료시설(병원 · 격리병원)	2대	2대에 3,000m^2를 초과하는 2,000m^2 이내마다 1대의 비율로 가산한 대수 이상 $\left(2\text{대}+\frac{A-3,000m^2}{2,000m^2}\text{대}\right)$
• 문화 및 집회시설(전시장 및 동 · 식물원) • 업무시설 • 숙박시설 • 위락시설	1대	1대에 3,000m^2를 초과하는 2,000m^2 이내마다 1대의 비율로 가산한 대수 이상 $\left(1\text{대}+\frac{A-3,000m^2}{2,000m^2}\text{대}\right)$
• 공동주택 • 교육연구시설 • 노유자시설 • 기타 시설	1대	1대에 3,000m^2를 초과하는 3,000m^2 이내마다 1대의 비율로 가산한 대수 이상 $\left(1\text{대}+\frac{A-3,000m^2}{3,000m^2}\text{대}\right)$

정답 04 ③ 05 ②

06 도시지역에서 복합적인 토지이용을 증진시켜 도시정비를 촉진하고 지역거점을 육성할 필요가 있다고 인정되는 지역을 대상으로 지정하는 용도구역은?

① 개발제한구역 ② 시가화조정구역
③ 입지규제최소구역 ④ 도시자연공원구역

해설

입지규제최소구역
도시지역에서 복합적인 토지이용을 증진시켜 도시정비를 촉진하고 지역거점을 육성할 필요가 있다고 인정되는 지역을 대상으로 지정하는 구역이다.

07 다음 중 건축법령에 따른 용어의 정의가 옳지 않은 것은?

① 고층건축물이란 층수가 30층 이상이거나 높이가 120m 이상인 건축물을 말한다.
② 리빌딩이란 건축물의 노후화를 억제하거나 기능 향상 등을 위하여 대수선하거나 일부 증축 또는 개축하는 행위를 말한다.
③ 지하층이란 건축물의 바닥이 지표면 아래에 있는 층으로서 바닥에서 지표면까지의 평균높이가 해당 층높이의 2분의 1 이상인 것을 말한다.
④ 발코니란 건축물의 내부와 외부를 연결하는 완충공간으로서 전망이나 휴식 등의 목적으로 건축물 외벽에 접하여 부가적으로 설치되는 공간을 말한다.

해설

리모델링
건축물의 노후와 억제 또는 기능 향상 등을 위하여 대수선하거나 일부 증축 또는 개축하는 행위를 말한다.

08 다음 중 국토의 계획 및 이용에 관한 법령에 따른 용도지역 안에서의 건폐율 최대 한도가 가장 높은 것은?

① 준주거지역 ② 중심상업지역
③ 일반상업지역 ④ 유통상업지역

해설

건폐율의 최대한도
- 70% 이하 : 준주거지역, 근린상업지역
- 80% 이하 : 일반상업지역, 유통상업지역
- 90% 이하 : 중심상업지역

09 국토의 계획 및 이용에 관한 법령에 따른 용도지구에 속하지 않는 것은?

① 경관지구 ② 방재지구
③ 보호지구 ④ 도시설계지구

해설

도시설계지구는 속하지 않는다.

용도지구의 종류
경관지구, 고도지구, 방화지구, 방재지구, 보호지구, 취락지구, 개발진흥지구, 특정용도제한지구, 복합용도지구, 그 밖에 대통령령으로 정하는 지구이다.

10 노상주차장의 구조 및 설비에 관한 기준 내용으로 옳은 것은?

① 너비 6m 이상의 도로에 설치하여서는 아니 된다.
② 종단경사도가 3%를 초과하는 도로에 설치하여서는 아니 된다.
③ 고속도로, 자동차 전용도로 또는 고가도로에 설치하여서는 아니 된다.
④ 주차대수 규모가 20대인 경우, 장애인 전용주차구획을 최소 2면 이상 설치하여야 한다.

해설

주차대수 규모가 20대 이상 50대 미만인 경우 장애인주차전용구획을 최소 한 면 이상 설치한다.

정답 06 ③ 07 ② 08 ② 09 ④ 10 ③

11 건축물의 연면적 중 주차장으로 사용되는 비율이 70%인 경우, 주차전용 건축물로 볼 수 있는 주차장 외의 용도에 속하지 않은 것은?

① 의료시설
② 운동시설
③ 제1종 근린생활시설
④ 제2종 근린생활시설

해설

주차전용 건축물의 주차면적비율

주차장 사용비율 (건축물의 연면적)	건축물의 용도
95% 이상	아래의 용도가 아닌 경우
70% 이상	• 단독주택 • 공동주택 • 제1종 및 제2종 근린생활시설 • 문화 및 집회시설 • 종교시설 • 판매시설 • 운수시설 • 운동시설 • 업무시설, 창고시설 • 자동차관련시설

12 다음은 일조 등의 확보를 위한 건축물의 높이 제한에 관한 기준 내용이다. ( ) 안에 알맞은 것은?

> ( ) 안에서 건축하는 건축물의 높이는 일조 등의 확보를 위하여 정북방향의 인접 대지경계선으로부터의 거리에 따라 대통령령으로 정하는 높이 이하로 하여야 한다.

① 일반주거지역과 준주거지역
② 전용주거지역과 일반주거지역
③ 중심상업지역과 일반상업지역
④ 일반상업지역과 근린상업지역

해설

전용주거지역과 일반주거지역 안에서 건축하는 건축물의 높이는 일조 등의 확보를 위하여 정북방향의 인접 대지경계선으로부터 거리에 따라 일정높이 이하로 하여야 한다.

13 건축허가신청에 필요한 설계도서의 종류 중 건축계획서에 표시하여야 할 사항이 아닌 것은?

① 주차장 규모
② 대지의 종·횡단면도
③ 건축물의 용도별 면적
④ 지역·지구 및 도시계획 사항

해설

건축계획서에 표시하여야 할 사항

- 개요(위치·대지면적 등)
- 지역·지구 및 도시계획 사항
- 건축물의 규모(건축면적·연면적·높이·층수 등)
- 건축물의 용도별 면적
- 주차장 규모
- 에너지절약계획서(해당 건축물에 한함)
- 노인 및 장애인 등을 위한 편의시설 설치계획서

14 다음의 부설주차장의 설치에 관한 기준 내용 중 밑줄 친 "대통령령으로 정하는 규모"로 옳은 것은?

> 부설주차장이 대통령령으로 정하는 규모 이하이면 시설물의 부지 인근에 단독 또는 공동으로 부설주차장을 설치할 수 있다.

① 주차대수 100대의 규모
② 주차대수 200대의 규모
③ 주차대수 300대의 규모
④ 주차대수 400대의 규모

해설

주차대수 규모 300대 이하의 부설주차장 인근 설치기준

해당 부지경계선으로부터 부설주차장 경계선까지의 직선거리 300m 이내 또는 도보거리 600m 이내

정답 11 ① 12 ② 13 ② 14 ③

15 급수, 배수, 환기, 난방설비를 건축물에 설치하는 경우, 건축기계설비기술사 또는 공조냉동기계기술사의 협력을 받아야 하는 대상 건축물에 속하지 않는 것은?

① 아파트
② 연립주택
③ 기숙사로서 해당 용도에 사용되는 바닥면적의 합계가 2,000m^2인 건축물
④ 업무시설로서 해당 용도에 사용되는 바닥면적의 합계가 2,000m^2인 건축물

해설

업무시설로서 해당 용도에 사용되는 바닥면적 합계가 3,000 m^2인 건축물

16 다음의 피난계단의 설치에 관한 기준 내용 중 ( ) 안에 알맞은 것은?

> 5층 이상 또는 지하 2층 이하인 층에 설치하는 직통계단은 피난계단 또는 특별피난계단으로 설치하여야 하는데, ( )의 용도로 쓰는 층으로부터의 직통계단은 그중 1개소 이상을 특별피난계단으로 설치하여야 한다.

① 의료시설 ② 숙박시설
③ 판매시설 ④ 교육연구시설

해설

피난계단 · 특별피난계단 설치 대상

층의 위치	직통계단의 구조	예외
• 5층 이상 • 지하 2층 이하	피난계단 또는 특별피난계단 판매시설의 용도로 쓰이는 층으로부터의 직통계단은 1개소 이상 특별피난계단으로 설치해야 한다.	주요구조부가 내화구조, 불연재료로된 건축물로서 5층 이상인 층의 바닥면적합계가 200m^2 이하이거나 매 200m^2 이내마다 방화구획이 된 경우
• 11층 이상 (공동주택은 16층 이상) • 지하 3층 이하	특별피난계단	• 갓복도식 공동주택 • 바닥면적 400m^2 미만인 층

17 공작물을 축조할 때 특별자치시장 · 특별자치도지사 또는 시장 · 군수 · 구청장에게 신고를 하여야 하는 대상 공작물 기준으로 옳지 않은 것은?(단, 건축물과 분리하여 축조하는 경우)

① 높이 2m를 넘는 옹벽
② 높이 4m를 넘는 광고탑
③ 높이 2m를 넘는 장식탑
④ 높이 6m를 넘는 굴뚝

해설

공작물의 축조신고 대상

- 높이 6m를 넘는 굴뚝
- 높이 4m를 넘는 장식탑, 기념탑 ,광고탑, 광고판, 기타 이와 유사한 것
- 높이 8m를 넘는 고가수조, 기타 이와 유사한 것
- 높이 2m를 넘는 옹벽 또는 담장
- 바닥면적 30m^2를 넘는 지하대피호

18 다음은 건축법령상 바닥면적 산정에 관한 기준 내용이다. ( ) 안에 포함되지 않는 것은?

> 공동주택으로서 지상층에 설치한 ( )의 면적은 바닥면적에 산입하지 아니한다.

① 기계실
② 탁아소
③ 조경시설
④ 어린이놀이터

해설

바닥면적 산정에 관한 기준

공동주택으로서 지상층에 설치한 기계실, 전기실, 어린이놀이터, 조경시설 및 생활폐기물 보관함의 면적은 바닥면적에 산입하지 아니한다.

정답 15 ④ 16 ③ 17 ③ 18 ②

19 건축법령상 공사감리자가 수행하여야 하는 감리업무에 속하지 않는 것은?

① 공정표의 검토
② 상세시공도면의 작성 및 확인
③ 공사현장에서의 안전관리 지도
④ 설계변경의 적정 여부 검토 및 확인

해설

상세시공도면의 작성은 감리업무에 속하지 않는다.

공사감리자 감리업무 내용

- 공사시공자가 설계도서에 따라 접합하게 시공하는지 여부의 확인
- 공사시공자가 사용하는 건축자재가 관계법령에 의한 기준에 적합한 건축자재인지 여부의 확인
- 건축물 및 대지에 관계법령에 적합하도록 공사시공자 및 건축주를 지도
- 시공계획 및 공사관리에 적정 여부의 확인
- 공사현장에서의 안전관리 지도
- 공정표의 검토
- 상세시공도면의 검토 · 확인
- 구조물의 위치와 규격의 적정 여부의 검토 · 확인
- 품질시험의 실시 여부 및 시험성과의 검토 · 확인
- 설계변경의 적정 여부의 검토 · 확인

20 건축물의 대지는 원칙적으로 최소 얼마 이상이 도로에 접하여야 하는가?(단, 자동차만의 통행에 사용되는 도로 제외)

① 1m ② 2m
③ 3m ④ 4m

해설

건축물의 대지와 도로

건축물의 대지는 2m 이상이 도로(자동차 전용도로 제외)에 접해야 한다.

정답 19 ② 20 ②

건축산업기사 (2017년 5월 시행)

01 주요 구조부를 내화구조로 하여야 하는 대상 건축물에 속하지 않는 것은?(단, 지붕틀 제외)

① 종교시설의 용도로 쓰는 건축물로서 집회실의 바닥면적의 합계가 400m²인 건축물
② 판매시설의 용도로 쓰는 건축물로서 그 용도로 쓰는 바닥면적의 합계가 500m²인 건축물
③ 문화 및 집회시설 중 전시장의 용도로 쓰는 건축물로서 그 용도로 쓰는 바닥면적 합계가 400m²인 건축물
④ 문화 및 집회시설 중 공연장의 용도로 쓰는 건축물로서 옥내관람석의 바닥면적 합계가 500m²인 건축물

해설

내화구조대상 건축물

③ 문화 및 집회시설 중 전시장, 동·식물원의 용도로 쓰는 바닥면적의 합계가 500m² 이상인 건축물

건축물의 용도	바닥면적 합계
① • 제2종 근린생활시설 중 공연장·종교집회장(바닥면적의 합계가 각각 300m² 이상인 경우) • 문화 및 집회시설(전시장, 동·식물원 제외) • 장례시설 • 위락시설 중 주점영업으로 사용되는 건축물의 관람실·집회실	200m² (옥외 관람석 : 1,000m²) 이상
② • 문화 및 집회시설(전시장, 동·식물원) • 판매시설 • 운수시설 • 수련시설 • 운동시설(체육관, 운동장) • 위락시설(주점영업 제외) • 창고시설 • 위험물저장 및 처리시설 • 자동차관련시설 • 방송통신시설(방송국·전신전화국·촬영소) • 묘지관련시설(화장시설·동물화장시설) • 관광휴게시설	500m² 이상

02 각 층의 거실면적이 1,300m²이고, 층수가 15층인 숙박시설에 설치하여야 하는 승용승강기의 최소 대수는?(단, 24인승 승용승강기의 경우)

① 2대 ② 3대
③ 4대 ④ 6대

해설

6층 이상의 거실면적이 13,000m²인 숙박시설
1＋{(15－5)×1,300m²}－3,000m²)/2,000m²
＝6대/2(16인승 이상)＝3대
16인승 이상은 8인승 2대로 산정한다.

승용승강기 설치기준

6층 이상의 거실면적 합계 (Am²) ＼ 건축물의 용도	3,000m² 이하	3,000m² 초과
• 문화 및 집회시설(공연장·집회장·관람장) • 판매시설 • 의료시설(병원·격리병원)	2대	2대에 3,000m²를 초과하는 2,000m² 이내마다 1대의 비율로 가산한 대수 이상 $\left(2\text{대} + \frac{A - 3{,}000\text{m}^2}{2{,}000\text{m}^2}\text{대}\right)$
• 문화 및 집회시설(전시장 및 동·식물원) • 업무시설 • 숙박시설 • 위락시설	1대	1대에 3,000m²를 초과하는 2,000m² 이내마다 1대의 비율로 가산한 대수 이상 $\left(1\text{대} + \frac{A - 3{,}000\text{m}^2}{2{,}000\text{m}^2}\text{대}\right)$
• 공동주택 • 교육연구시설 • 노유자시설 • 기타시설	1대	1대에 3,000m²를 초과하는 3,000m² 이내마다 1대의 비율로 가산한 대수 이상 $\left(1\text{대} + \frac{A - 3{,}000\text{m}^2}{3{,}000\text{m}^2}\text{대}\right)$

※ 승강기의 대수를 계산할 때 8인승 이상 15인승 이하의 승강기는 1대의 승강기로 보고, 16인승 이상의 승강기는 2대의 승강기로 본다.

정답 01 ③ 02 ②

03 다음 중 국토의 계획 및 이용에 관한 법령상 용도지역 안에서의 건폐율 최고한도가 가장 낮은 것은?

① 준주거지역
② 생산관리지역
③ 근린상업지역
④ 제1종 전용주거지역

해설

건폐율의 최대한도

- 70% 이하 : 준주거지역, 근린상업지역
- 50% 이하 : 제1종 전용주거지역
- 20% 이하 : 생산관리지역

04 건축물의 경사지붕 아래에 설치하여야 하는 대피공간에 관한 기준 내용으로 옳지 않은 것은?

① 특별피난계단 또는 피난계단과 연결되도록 할 것
② 관리사무소 등과 긴급 연락이 가능한 통신시설을 설치할 것
③ 대피공간 면적은 지붕 수평투영면적의 10분의 1 이상일 것
④ 대피공간에 설치하는 창문 등은 망이 들어 있는 유리의 붙박이창으로서 그 면적을 각각 $1m^2$ 이하로 할 것

해설

경사지붕 아래에 설치하는 대피공간

- 대피공간의 면적은 지붕 수평투영면적의 1/10 이상일 것
- 특별피난계단 또는 피난계단과 연결되도록 할 것
- 출입구·창문을 제외한 부분은 해당 건축물의 다른 부분과 내화구조의 바닥 및 벽으로 구획할 것
- 출입구는 유효너비 0.9m 이상으로 하고, 그 출입구에는 60^+ 방화문을 설치할 것
- 내부마감재료는 불연재료로 할 것
- 예비전원으로 작동하는 조명설비를 설치할 것

05 건축 분야의 건축사보 한 명 이상을 전체 공사기간 동안 공사현장에서 감리업무를 수행하게 하여야 하는 대상 건축공사에 속하지 않은 것은? (단, 건축 분야의 건축공사의 설계·시공·시험·검사·공사감독 또는 감리업무 등에 2년 이상 종사한 경력이 있는 건축사보의 경우)

① 16층 아파트의 건축공사
② 준다중이용건축물의 건축공사
③ 바닥면적 합계가 $5,000m^2$인 의료시설 중 종합병원의 건축공사
④ 바닥면적 합계가 $2,000m^2$인 숙박시설 중 일반 숙박시설의 건축공사

해설

상주 공사감리대상 건축물

상주 공사감리대상 건축물	감리인원	감리기간
• 바닥면적의 합계가 $5,000m^2$ 이상인 건축공사(축사 또는 작물재배사의 건축공사는 제외)	건축 분야 건축사보 1인 이상	전체공사 기간 동안 상주
• 연속된 5개층 이상으로서 바닥면적의 합계가 $3,000m^2$ 이상인 건축공사 • 아파트의 건축공사 • 준다중이용건축물 건축공사	토목, 전기, 기계 분야의 건축사보 1인 이상	각 분야별 해당 공사기간 동안 상주

06 막다른 도로의 길이가 20m인 경우, 이 도로가 건축법령상 도로이기 위한 최소 너비는?

① 2m　② 3m
③ 4m　④ 6m

해설

막다른 도로의 너비

막다른 도로의 길이	도로의 너비
10m 미만	2m
10m 이상 35m 미만	3m
35m 이상	6m(도시지역이 아닌 읍·면지역 4m)

정답　03 ②　04 ④　05 ④　06 ②

07 다음은 비상용 승강기 승강장의 구조에 관한 기준내용이다. ( ) 안에 알맞은 것은?

> 피난층이 있는 승강장의 출입구로부터 도로 또는 공지에 이르는 거리가 ( ) 이하일 것

① 10m ② 20m
③ 30m ④ 40m

해설

피난층이 있는 승강장의 출입구로부터 도로 또는 공지에 이르는 거리가 30m 이하일 것

08 부설주차장의 설치대상 시설물에 따른 설치기준이 옳지 않은 것은?

① 골프장 : 1홀당 5대
② 위락시설 : 시설면적 $100m^2$당 1대
③ 종교시설 : 시설면적 $150m^2$당 1대
④ 숙박시설 : 시설면적 $200m^2$당 1대

해설

① 골프장 : 1홀당 10대

부설주차장의 설치대상 시설물

용도	설치기준
1. 위락시설	시설면적 $100m^2$당 1대 (시설면적/$100m^2$)
2. • 문화 및 집회시설(관람장 제외) • 종교시설 • 판매시설 • 운수시설 • 의료시설(정신병원 · 요양소 · 격리병원을 제외) • 운동시설(골프장 · 골프연습장 · 옥외수영장 제외) • 업무시설(외국공관 및 오피스텔 제외) • 방송통신시설 중 방송국 • 장례식장	시설면적 $150m^2$당 1대 (시설면적/$150m^2$)

09 부설주차장의 설치의무가 면제되는 부설주차장의 규모 기준은?(단, 차량통행이 금지된 장소가 아닌 경우)

① 주차대수 100대 이하의 규모
② 주차대수 200대 이하의 규모
③ 주차대수 300대 이하의 규모
④ 주차대수 400대 이하의 규모

해설

부설주차장의 설치의무 면제
주차대수 300대 이하의 규모로 부설주차장을 설치 시 설치의무 면제기준에 해당된다.

10 연면적 $200m^2$를 초과하는 초등학교에 설치하는 계단 및 계단참의 유효너비는 최소 얼마 이상으로 하여야 하는가?

① 60cm ② 120cm
③ 150cm ④ 180cm

해설

계단 및 계단참의 치수

(단위 : cm)

계단의 용도		계단 및 계단참 너비	단높이	단너비
초등학교 학생용 계단		150 이상	16 이하	26 이상
중 · 고등학교의 학생용 계단		150 이상	18 이하	26 이상
문화 및 집회시설(공연장 · 집회장 · 관람장)		120 이상	–	–
판매시설				
바로 위층 거실의 바닥면적 합계가 $200m^2$ 이상인 계단				
거실 바닥면적 합계가 $100m^2$ 이상인 지하층의 계단				
그 밖의 계단		60 이상	–	–
준초고층 건축물 직통계단	공동주택	120 이상	–	–
	공동주택이 아닌 건축물	150 이상		

예외 승강기 기계실용 계단 · 망루용 계단 등 특수용도의 계단

정답 07 ③ 08 ① 09 ③ 10 ③

11 건축선에 관한 설명으로 옳지 않은 것은?

① 담장의 지표 위 부분은 건축선의 수직면을 넘어서는 아니 된다.
② 건축물의 지표 위 부분은 건축선의 수직면을 넘어서는 아니 된다.
③ 도로와 접한 부분에서 건축선은 대지와 도로의 경계선으로 하는 것이 기본 원칙이다.
④ 도로면으로부터 높이 4.5m에 있는 창문은 열고 닫을 때 건축선의 수직면을 넘는 구조로 할 수 있다.

해설

④ 도로면으로부터 높이 4.5m 이하에 있는 출입구, 창문, 그 밖에 이와 유사한 구조물은 열고 닫을 때 건축선의 수직면을 넘지 아니하는 구조로 하여야 한다.

12 건축법령에 따른 건축물의 용도 구분에 속하지 않는 것은?

① 영업시설
② 교정 및 군사 시설
③ 자원순환 관련 시설
④ 동물 및 식물 관련 시설

해설

① 영업시설이 아니라 업무시설이다.

13 건축물의 높이가 100m일 때 건축물의 건축과정에서 허용되는 건축물 높이 오차의 범위는?

① ±1.0m 이내　② ±1.5m 이내
③ ±2.0m 이내　④ ±3.0m 이내

해설

건축물 높이 오차의 범위

건축물의 높이 허용 오차범위는 2% 이내(±1.0m를 초과할 수 없다.)

그러므로, 100m(건축물 높이) × 2/100 = ±2.0m이나 ±1.0m를 초과할 수 없기 때문에 ±1.0m이다.

14 다음은 공동주택에 설치하는 환기설비에 관한 기준 내용이다. (　) 안에 알맞은 것은?(단, 30세대 이상의 공동주택인 경우)

> 신축 또는 리모델링하는 공동주택은 시간당 (　)회 이상의 환기가 이루어질 수 있도록 자연환기설비 또는 기계환기설비를 설치해야 한다.

① 0.5　② 0.7
③ 1.0　④ 1.2

해설

공동주택에 설치하는 환기설비

신축 또는 리모델링하는 공동주택은 시간당 0.5회 이상의 환기가 이루어질 수 있도록 자연환기설비 또는 기계환기설비를 설치하여야 한다.

15 다음 중 증축에 속하지 않은 것은?

① 기존 건축물이 있는 대지에서 건축물의 높이를 늘리는 것
② 기존 건축물이 있는 대지에서 건축물의 연면적을 늘리는 것
③ 기존 건축물이 있는 대지에서 건축물의 건축면적을 늘리는 것
④ 기존 건축물이 있는 대지에서 건축물의 개구부 숫자를 늘리는 것

해설

증축

기존 건축물이 있는 대지 안에서 건축물의 건축면적 · 연면적 · 층수 또는 높이를 증가시키는 것

16 기계식 주차장의 형태에 속하지 않은 것은?

① 지하식
② 지평식
③ 건축물식
④ 공작물식

정답　11 ④　12 ①　13 ①　14 ①　15 ④　16 ②

해설

주차장의 형태

구분	형식	종류
자주식 주차장	운전자가 직접 운전하여 주차장으로 들어가는 형식	• 지하식 • 지평식 • 건축물식(공작물식 포함)
기계식 주차장	기계식 주차장치를 설치한 노외주차장 및 부설주차장	• 지하식 • 건축물식(공작물식 포함)

17 특별피난계단의 구조에 관한 기준 내용으로 옳지 않은 것은?

① 출입구는 피난의 방향으로 열 수 있을 것
② 출입구의 유효너비는 0.9m 이상으로 할 것
③ 계단은 내화구조로 하되, 피난층 또는 지상까지 직접 연결되도록 할 것
④ 노대 및 부속실에는 계단실의 내부와 접하는 창문 등을 설치하지 아니할 것

해설

특별피난계단의 구조에 관한 기준
노대 및 부속실에는 계단실 외의 건축물의 내부와 접하는 창문 등(출입구 제외)을 설치하지 아니할 것

18 철골조인 경우 피복과 상관 없이 내화구조로 인정될 수 있는 것은?

① 계단 ② 기둥
③ 내력벽 ④ 비내력벽

해설

내화구조
계단을 철골조로 할 경우 피복두께와 관련 없이 내화구조에 해당된다.

19 지하식 또는 건축물식 노외주차장의 차로에 관한 기준 내용으로 옳지 않은 것은?

① 높이는 주차바닥면으로부터 2.3m 이상으로 하여야 한다.
② 경사로의 차로 너비는 직선형인 경우 3.0m 이상으로 한다.
③ 경사로의 종단경사도는 곡선 부분에서는 14%를 초과하여서는 아니 된다.
④ 경사로의 종단경사도는 직선 부분에서는 17%를 초과하여서는 아니 된다.

해설

자주식 주차장 경사로의 차로너비

주차형식	차로	
	1차로	2차로
직선형	3.3m 이상	6m 이상
곡선형	3.6m 이상	6.5m 이상

20 자연녹지지역 안에서 건축할 수 있는 건축물의 최대 층수는?(단, 제1종 근린생활시설로서 도시 · 군계획조례로 따로 층수를 정하지 않는 경우)

① 3층 ② 4층
③ 5층 ④ 6층

해설

4층 이하의 건축물을 자연녹지지역 안에서 건축할 수 있다.

정답 17 ④ 18 ① 19 ② 20 ②

건축기사 (2017년 9월 시행)

01 다음 중 해당 용도로 사용되는 바닥면적의 합계에 의해 건축물의 용도 분류가 다르게 되지 않는 것은?

① 오피스텔
② 종교집회장
③ 골프연습장
④ 휴게음식점

해설

건축물의 용도 분류에서 바닥면적 합계에 따른 용도분류의 구분

종교집회장	제2종 근린생활시설	바닥면적 합계 500m² 미만
	종교집회장	바닥면적 합계 500m² 이상
골프연습장	제2종 근린생활시설	바닥면적 합계 500m² 미만
	운동시설	바닥면적 합계 500m² 이상
휴게음식점	제1종 근린생활시설	바닥면적 합계 300m² 미만
	제2종 근린생활시설	바닥면적 합계 300m² 이상

02 용도변경과 관련된 시설군 중 산업 등 시설군에 속하지 않는 것은?

① 운수시설　② 창고시설
③ 발전시설　④ 묘지 관련시설

해설

산업 등 시설군
운수시설, 창고시설, 공장, 위험물저장 및 처리시설, 자원순환관련시설, 묘지관련시설, 장례시설

03 부설주차장 설치대상 시설물로서 시설면적이 1,400m²인 제2종 근린생활시설에 설치하여야 하는 부설주차장의 최소 대수는?

① 7대　② 9대
③ 10대　④ 14대

해설

제2종 근린생활시설
시설면적 200m²당 1대, 따라서 1,400m²/200m² = 7대

용도	설치기준
1. 위락시설	시설면적 100m²당 1대 (시설면적/100m²)
2. • 문화 및 집회시설(관람장 제외) • 종교시설 • 판매시설 • 운수시설 • 의료시설(정신병원 · 요양소 · 격리병원을 제외) • 운동시설(골프장 · 골프연습장 · 옥외수영장 제외) • 업무시설(외국공관 및 오피스텔 제외) • 방송통신시설 중 방송국 • 장례식장	시설면적 150m²당 1대 (시설면적/150m²)
3. • 제1종 근린생활시설 예외 – 지역자치센터, 파출소, 지구대, 소방서, 우체국, 방송국, 보건소, 공공도서관, 건강보험공단 사무소 등 공공업무시설로서 같은 건축물에 해당 용도로 쓰는 바닥면적의 합계가 1천 제곱미터 미만인 것 – 마을회관, 마을공동작업소, 마을공동구판장 등 주민이 공동으로 이용하는 시설 • 제2종 근린생활시설 • 숙박시설	시설면적 200m²당 1대 (시설면적/200m²)

정답 01 ① 02 ③ 03 ①

04 준주거지역 안에서 건축할 수 없는 건축물에 속하지 않는 것은?

① 위락시설
② 자원순환관련시설
③ 의료시설 중 격리병원
④ 문화 및 집회시설 중 공연장

해설

위락시설은 준주거지역 안에서 건축할 수 없는 건축물에 속한다.

05 막다른 도로의 길이가 15m일 때, 이 도로가 건축법령상 도로이기 위한 최소 폭은?

① 2m ② 3m
③ 4m ④ 6m

해설

막다른 도로의 너비

막다른 도로의 길이	도로의 너비
10m 미만	2m
10m 이상 35m 미만	3m
35m 이상	6m (도시지역이 아닌 읍 · 면지역 4m)

06 상업지역의 세분에 속하지 않는 것은?

① 중심상업지역 ② 근린상업지역
③ 유통상업지역 ④ 전용상업지역

해설

상업지역의 세분

- 중심상업지역
- 일반상업지역
- 근린상업지역
- 유통상업지역

07 문화 및 집회시설 중 공연장의 개별 관람실 바닥면적이 2,000m²일 경우 개별 관람실의 출구는 최소 몇 개소 이상 설치하여야 하는가?(단, 각 출구의 유효너비를 2m로 하는 경우)

① 3개소 ② 4개소
③ 5개소 ④ 6개소

해설

문화 및 집회시설 중 관람실의 바닥면적이 300m² 이상인 공연장의 개별 관람석에 설치하는 출구는 다음의 기준에 적합하도록 설치한다.
① 관람실별로 2개소 이상 설치할 것
② 각 출구의 유효너비는 1.5m 이상일 것
③ 개별 관람실 출구의 유효너비 합계는 개별 관람실의 바닥면적 100m²마다 0.6m의 비율로 산정한 너비 이상으로 할 것
(2,000m²/100m²) × 0.6m = 12m/2m(출구 유효너비를 문제에서 1.5m가 아니라 2m로 요구) = 6개소

08 다음의 직통계단 설치에 관한 기준 내용 중 밑줄 친 "다음 각 호의 어느 하나에 해당하는 용도 및 규모의 건축물"의 기준 내용으로 옳지 않은 것은?

> 피난층 외의 층이 <u>다음 각 호의 어느 하나에 해당하는 용도 및 규모의 건축물</u>에는 국토교통부령으로 정하는 기준에 따라 피난층 또는 지상으로 통하는 직통계단을 2개소 이상 설치하여야 한다.

① 지하층으로서 그 층 거실의 바닥면적 합계가 200m² 이상인 것
② 종교시설의 용도로 쓰는 층으로서 그 층에서 해당 용도로 쓰는 바닥면적의 합계가 200m² 이상인 것
③ 숙박시설의 용도로 쓰는 3층 이상의 층으로서 그 층의 해당 용도로 쓰는 거실의 바닥면적 합계가 200m² 이상인 것
④ 업무시설 중 오피스텔의 용도로 쓰는 층으로서 그 층의 해당 용도로 쓰는 거실의 바닥면적 합계가 200m² 이상인 것

정답 04 ④ 05 ② 06 ④ 07 ④ 08 ④

해설

1. 제2종 근린생활시설 중 공연장 · 종교집회장, 문화 및 집회시설(전시장 및 동 · 식물원은 제외한다), 종교시설, 위락시설 중 주점영업 또는 장례시설의 용도로 쓰는 층으로서 그 층에서 해당 용도로 쓰는 바닥면적의 합계가 200제곱미터(제2종 근린생활시설 중 공연장 · 종교집회장은 각각 300제곱미터) 이상인 것
2. 단독주택 중 다중주택 · 다가구주택, 제1종 근린생활시설 중 정신과의원(입원실이 있는 경우로 한정한다), 제2종 근린생활시설 중 인터넷컴퓨터게임시설제공업소(해당 용도로 쓰는 바닥면적의 합계가 300제곱미터 이상인 경우만 해당한다) · 학원 · 독서실, 판매시설, 운수시설(여객용 시설만 해당한다), 의료시설(입원실이 없는 치과병원은 제외한다), 교육연구시설 중 학원, 노유자시설 중 아동 관련 시설 · 노인복지시설 · 장애인 거주시설(「장애인복지법」 제58조제1항제1호에 따른 장애인 거주시설 중 국토교통부령으로 정하는 시설을 말한다. 이하 같다) 및 「장애인복지법」 제58조제1항제4호에 따른 장애인 의료재활시설(이하 "장애인 의료재활시설"이라 한다), 수련시설 중 유스호스텔 또는 숙박시설의 용도로 쓰는 3층 이상의 층으로서 그 층의 해당 용도로 쓰는 거실의 바닥면적의 합계가 200제곱미터 이상인 것
3. 공동주택(층당 4세대 이하인 것은 제외한다) 또는 업무시설 중 오피스텔의 용도로 쓰는 층으로서 그 층의 해당 용도로 쓰는 거실의 바닥면적의 합계가 300제곱미터 이상인 것
4. 제1호부터 제3호까지의 용도로 쓰지 아니하는 3층 이상의 층으로서 그 층 거실의 바닥면적의 합계가 400제곱미터 이상인 것
5. 지하층으로서 그 층 거실의 바닥면적의 합계가 200제곱미터 이상인 것

09 주차장법령상 다음과 같이 정의되는 주차장의 종류는?

> 도로의 노면 또는 교통광장(교차점 광장만 해당)의 일정한 구역에 설치된 주차장으로서 일반의 이용에 제공되는 것

① 노외주차장 ② 노상주차장
③ 부설주차장 ④ 공영주차장

해설

주차장의 종류

- 노상주차장 : 도로의 노면 또는 교통광장(교차점광장만 해당)의 일정한 구역에 설치된 주차장으로서 일반의 이용에 제공되는 것
- 노외주차장 : 도로의 노면 및 교통광장 외의 장소에 설치된 주차장으로서 일반의 이용에 제공되는 것
- 부설주차장 : 건축물, 골프연습장, 그 밖에 주차수요를 유발하는 시설에 부대하여 설치된 주차장으로서 해당 건축물 · 시설의 이용자 또는 일반의 이용에 제공되는 것

10 건축법령에 따라 건축물의 경사지붕 아래에 설치하는 대피공간에 관한 기준 내용으로 옳지 않은 것은?

① 특별피난계단 또는 피난계단과 연결되도록 할 것
② 관리사무소 등과 긴급 연락이 가능한 통신시설을 설치할 것
③ 대피공간 면적은 지붕 수평투영면적의 20분의 1 이상일 것
④ 출입구는 유효너비 0.9m 이상으로 하고, 그 출입구에는 60⁺ 방화문을 설치할 것

해설

경사지붕 아래에 설치하는 대피공간

- 대피공간의 면적은 지붕 수평투영면적의 1/10 이상일 것
- 특별피난계단 또는 피난계단과 연결되도록 할 것
- 출입구 · 창문을 제외한 부분은 해당 건축물의 다른 부분과 내화구조의 바닥 및 벽으로 구획할 것
- 출입구는 유효너비 0.9m 이상으로 하고, 그 출입구에는 60⁺ 방화문을 설치할 것
- 내부마감재료는 불연재료로 할 것
- 예비전원으로 작동하는 조명설비를 설치할 것
- 관리사무소 등과 긴급 연락이 가능한 통신시설을 설치할 것

정답 09 ② 10 ③

11 다음은 승용승강기의 설치에 관한 기준 내용이다. 밑줄 친 "대통령령으로 정하는 건축물"에 대한 기준 내용으로 옳은 것은?

> 건축주는 6층 이상으로서 연면적이 2,000m² 이상인 건축물(대통령령으로 정하는 건축물은 제외한다)을 건축하려면 승강기를 설치하여야 한다.

① 층수가 6층인 건축물로서 각 층 거실의 바닥면적 300m² 이내마다 1개소 이상의 직통계단을 설치한 건축물

② 층수가 6층인 건축물로서 각 층 거실의 바닥면적 500m² 이내마다 1개소 이상의 직통계단을 설치한 건축물

③ 층수가 10층인 건축물로서 각 층 거실의 바닥면적 300m² 이내마다 1개소 이상의 직통계단을 설치한 건축물

④ 층수가 10층인 건축물로서 각 층 거실의 바닥면적 500m² 이내마다 1개소 이상의 직통계단을 설치한 건축물

해설

대통령령으로 정하는 건축물 중 승용승강기 설치 제외 대상

1. 층수가 6층인 건축물로서 각 층 거실의 바닥면적 300m² 이내마다 1개소 이상의 직통계단을 설치한 경우
2. 승용승강기가 설치되어 있는 건축물에 1개 층을 증축하는 경우

12 다음은 대지의 조경에 관한 기준 내용이다. ( ) 안에 알맞은 것은?

> 면적이 ( ) 이상인 대지에 건축을 하는 건축주는 용도지역 및 건축물의 규모에 따라 해당 지방자치단체의 조례로 정하는 기준에 따라 대지에 조경이나 그 밖에 필요한 조치를 하여야 한다.

① 100m²　② 200m²

③ 300m²　④ 500m²

해설

조경적용기준

구분	기준	
원칙	적용면적	대지면적이 200m² 이상인 경우
조경제외 대상	• 녹지지역에 건축하는 건축물 • 면적 5,000m² 미만인 대지에 건축하는 공장 • 연면적의 합계가 1,500m² 미만인 공장 • 산업단지 안에 건축하는 공장 • 대지에 염분이 함유되어 있는 경우 • 건축물용도의 특성상 조경 등의 조치를 하기가 곤란하거나 불합리한 경우로서 해당 지방자치단체의 조례가 정하는 건축물 • 축사 • 가설건축물(「건축법」) • 연면적의 합계가 1,500m² 미만인 물류시설 **예외** 주거지역 또는 상업지역에 건축하는 것 • 자연환경보전지역 · 농림지역 · 관리지역(지구단위계획구역으로 지정된 지역을 제외) 안의 건축물 • 다음의 어느 하나에 해당하는 건축물 중 건축조례로 정하는 건축물 ㉠ 「관광진흥법」에 따른 관광지 또는 관광단지에 설치하는 관광시설 ㉡ 「관광진흥법 시행령」에 따른 전문휴양업의 시설 또는 종합휴양업의 시설 ㉢ 「국토의 계획 및 이용에 관한 법률 시행령」에 따른 관광 · 휴양형 지구단위계획구역에 설치하는 관광시설 ㉣ 「체육시설의 설치 · 이용에 관한 법률 시행령」에 따른 골프장	

13 다음 중 건축법령상 용도에 따른 건축물의 종류가 옳지 않은 것은?

① 교육연구시설 : 유치원

② 묘지관련시설 : 장례식장

③ 관광휴게시설 : 어린이회관

④ 문화 및 집회시설 : 수족관

해설

• 장례시설 : 장례식장
• 묘지관련시설 : 화장시설, 봉안당(종교시설에 해당하는 것 제외), 묘지와 자연장지에 부수되는 건축물

정답　11 ①　12 ②　13 ②

14 주거기능을 위주로 이를 지원하는 일부 상업 기능 및 업무기능을 보완하기 위하여 지정하는 주거지역의 세분은?

① 준주거지역
② 제1종 전용주거지역
③ 제1종 일반주거지역
④ 제2종 일반주거지역

해설

주거지역의 세분

전용 주거지역	제1종	단독주택 중심의 양호한 주거환경 보호
	제2종	공동주택 중심의 양호한 주거환경 보호
일반 주거지역	제1종	저층주택 중심으로 편리한 주거환경 조성
	제2종	중층주택 중심으로 편리한 주거환경 조성
	제3종	중·고층주택 중심으로 편리한 주거환경 조성
준주거지역	주거기능을 주로 하면서 상업·업무기능 보완	

15 방송 공동수신설비를 설치하여야 하는 대상 건축물에 속하지 않는 것은?

① 다가구주택
② 다세대주택
③ 바닥면적의 합계가 5,000m²로서 업무시설의 용도로 쓰는 건축물
④ 바닥면적의 합계가 5,000m²로서 숙박시설의 용도로 쓰는 건축물

해설

방송 공동수신설비를 설치하여야 하는 대상

- 공동주택(아파트, 연립주택, 다세대주택, 기숙사)
- 바닥면적 합계가 5,000m² 이상으로 업무시설, 숙박시설의 용도

16 주차장의 수급실태를 조사하려는 경우, 조사구역의 설정 기준으로 옳지 않은 것은?

① 원형 형태로 조사구역을 설정한다.
② 각 조사구역은 「건축법」에 따른 도로를 경계로 구분한다.
③ 조사구역 바깥 경계선의 최대 거리가 300m를 넘지 아니하도록 한다.
④ 주거기능과 상업·업무기능이 섞여 있는 지역의 경우에는 주차시설 수급의 적정성, 지역적 특성 등을 고려하여 같은 특성을 가진 지역별로 조사구역을 설정한다.

해설

조사구역 설정 기준

원형 형태로 조사구역을 설정하는 것이 아니라 사각형 또는 삼각형 형태로 조사구역을 설정한다.

17 전용주거지역이나 일반주거지역에서 건축물을 건축하는 경우, 건축물의 높이 9m 이하의 부분은 정북방향으로의 인접 대지경계선으로부터 원칙적으로 최소 얼마 이상의 거리를 띄어야 하는가?

① 1m ② 1.5m
③ 2m ④ 3m

해설

정북방향의 인접 대지경계선으로부터 띄우는 거리

- 높이 9m 이하인 경우에는 1.5m 이상
- 높이 9m를 초과하는 경우에는 해당 건축물 각 부분 높이의 1/2 이상

정답 14 ① 15 ① 16 ① 17 ②

18 면적 등의 산정방법에 대한 기본원칙으로 옳지 않은 것은?

① 대지면적은 대지의 수평투영면적으로 한다.
② 건축면적은 건축물 외벽의 중심선으로 둘러싸인 부분의 수평투영면적으로 한다.
③ 바닥면적은 건축물의 각 층 또는 그 일부로서 벽, 기둥, 그 밖에 이와 비슷한 구획의 중심으로 둘러싸인 부분의 수평투영면적으로 한다.
④ 용적률 산정 시 적용하는 연면적은 지하층을 포함하여 하나의 건축물 각 층의 바닥면적 합계로 한다.

해설

용적률 산정시 연면적에서 제외되는 부분
① 지하층 면적
② 지상층의 주차용(당해 건축물의 부속용도에 한함)으로 사용되는 면적
③ 초고층건축물의 피난안전구역 면적
④ 경사지붕 아래의 대피공간

19 건축법령에 따른 고층건축물의 정의로 옳은 것은?

① 층수가 30층 이상이거나 높이가 90m 이상인 건축물
② 층수가 30층 이상이거나 높이가 120m 이상 건축물
③ 층수가 50층 이상이거나 높이가 150m 이상 건축물
④ 층수가 50층 이상이거나 높이가 200m 이상 건축물

해설

고층건축물
- 고층건축물 : 층수가 30층 이상이거나 높이가 120m 이상인 건축물
- 초고층건축물 : 층수가 50층 이상이거나 높이가 200m 이상인 건축물

20 용도지역에 따른 건폐율의 최대한도로 옳지 않은 것은?(단, 도시지역의 경우)

① 녹지지역 : 30% 이하
② 주거지역 : 70% 이하
③ 공업지역 : 70% 이하
④ 상업지역 : 90% 이하

해설

녹지지역 : 20% 이하

정답 18 ④ 19 ② 20 ①

건축산업기사 (2017년 8월 시행)

01 피뢰설비를 설치하여야 하는 대상 건축물의 높이 기준은?

① 10m 이상 ② 15m 이상
③ 20m 이상 ④ 30m 이상

해설

피뢰설비를 설치하여야 하는 건축물
높이 20m 이상의 건축물 및 공작물

02 건축법령상 리모델링이 쉬운 구조의 내용으로 옳지 않은 것은?

① 구조체에서 건축설비를 분리할 수 있을 것
② 구조체에서 구조재료를 분리할 수 있을 것
③ 구조체에서 내부 마감재료를 분리할 수 있을 것
④ 구조체에서 외부 마감재료를 분리할 수 있을 것

해설

리모델링이 쉬운 구조
- 각 세대는 인접한 세대와 수직 또는 수평방향으로 통합하거나 분할할 수 있을 것
- 구조체에서 건축설비, 내부 마감재료 및 외부 마감재료를 분리할 수 있을 것
- 개별 세대 안에서 구획된 실의 크기, 개수 또는 위치 등을 변경할 수 있을 것

03 제1종 일반주거지역에서 건축할 수 있는 건축물에 속하지 않는 것은?

① 노유자시설
② 공동주택 중 아파트
③ 제1종 근린생활시설
④ 교육연구시설 중 고등학교

해설

공동주택 중 아파트는 제1종 일반주거지역에서 건축할 수 있는 건축물에 속하지 않는다.

04 피난안전구역의 구조 및 설비에 관한 기준 내용으로 옳지 않은 것은?

① 피난안전구역의 높이는 1.8m 이상일 것
② 피난안전구역의 내부마감재료는 불연재료로 설치할 것
③ 건축물의 내부에서 피난안전구역으로 통하는 계단은 특별피난계단의 구조로 설치할 것
④ 피난안전구역에는 식수공급을 위한 급수전을 1개소 이상 설치하고 예비전원에 의한 조명 설비를 설치할 것

해설

① 피난안전구역의 높이는 2.1m 이상일 것

피난안전구역의 구조 및 설비에 관한 기준
1. 피난안전구역의 바로 아래층 및 위층은 적합한 단열재를 설치할 것. 이 경우 아래층은 최상층에 있는 거실의 반자 또는 지붕 기준을 준용하고, 위층은 최하층에 있는 거실의 바닥 기준을 준용할 것
2. 피난안전구역의 내부마감재료는 불연재료로 설치할 것
3. 건축물의 내부에서 피난안전구역으로 통하는 계단은 특별피난계단의 구조로 설치할 것
4. 비상용 승강기는 피난안전구역에서 승하차할 수 있는 구조로 설치할 것
5. 피난안전구역에는 식수공급을 위한 급수전을 1개소 이상 설치하고 예비전원에 의한 조명설비를 설치할 것
6. 관리사무소 또는 방재센터 등과 긴급연락이 가능한 경보 및 통신시설을 설치할 것
7. 피난안전구역의 높이는 2.1m 이상일 것

정답 01 ③ 02 ② 03 ② 04 ①

05 특별시나 광역시에 건축하려고 하는 경우, 특별시장이나 광역시장의 허가를 받아야 하는 대상 건축물의 연면적 기준은?

① 연면적의 합계가 10,000m^2 이상인 건축물
② 연면적의 합계가 50,000m^2 이상인 건축물
③ 연면적의 합계가 100,000m^2 이상인 건축물
④ 연면적의 합계가 200,000m^2 이상인 건축물

해설

특별시장 또는 광역시장의 허가 대상
- 21층 이상이거나 연면적 합계가 100,000m^2 이상인 건축물의 건축
- 연면적 3/10 이상 증축으로 인하여 층수가 21층 이상으로 되거나 연면적 합계가 100,000m^2 이상으로 되는 경우의 증축

예외 공장, 창고, 지방건축위원회의 심의를 거친 건축물

06 주차장법령상 다음과 같이 정의되는 주차장의 종류는?

> 도로의 노면 또는 교통광장(교차점 광장만 해당)의 일정한 구역에 설치된 주차장으로서 일반의 이용에 제공되는 것

① 부설주차장
② 노상주차장
③ 노외주차장
④ 기계식 주차장

해설

주차장의 종류
- 노상주차장 : 도로의 노면 또는 교통광장(교차점 광장만 해당)의 일정한 구역에 설치된 주차장으로서 일반의 이용에 제공되는 것
- 노외주차장 : 도로의 노면 및 교통광장 외의 장소에 설치된 주차장으로서 일반의 이용에 제공되는 것
- 부설주차장 : 건축물, 골프연습장, 그 밖에 주차수요를 유발하는 시설에 부대하여 설치된 주차장으로서 해당 건축물·시설의 이용자 또는 일반의 이용에 제공되는 것

07 문화 및 집회시설 중 공연장의 개별 관람실 바닥면적이 1,000m^2인 경우, 개별 관람실 출구의 유효너비의 합계는 최소 얼마 이상으로 하여야 하는가?

① 1.5m ② 3.0m
③ 4.5m ④ 6.0m

해설

관람석 등으로부터의 출구 설치

문화 및 집회시설 중 관람실의 바닥면적이 300m^2 이상인 공연장의 개별 관람석에 설치하는 출구는 다음의 기준에 적합하도록 설치한다.
① 관람실별로 2개소 이상 설치할 것
② 각 출구의 유효너비는 1.5m 이상일 것
③ 개별 관람실 출구의 유효너비 합계는 개별 관람실의 바닥면적 100m^2마다 0.6m의 비율로 산정한 너비 이상으로 할 것

※ 문화 및 집회시설 중 관람실의 개별 관람실 바닥면적이 1,000m^2인 경우 : 바닥면적 100m^2마다 0.6m의 비율로 6m이다.

08 다음 중 대수선의 범위에 속하지 않은 것은?

① 내력벽을 증설 또는 해체하는 것
② 다세대주택의 세대 내 칸막이벽을 해체하는 것
③ 주계단·피난계단 또는 특별피난계단을 증설하는 것
④ 방화벽 또는 방화구획을 위한 바닥 또는 벽을 수선 또는 변경하는 것

해설

대수선의 범위

② 다세대주택의 세대 내 칸막이벽을 해체하는 것이 아니라 세대 간 경계벽을 해체하는 것이다.

건축물의 부분(주요구조부)	대수선에 해당하는 내용
내력벽	증설·해체하거나 벽면적 30m^2 이상 수선·변경하는 것
기둥·보·지붕틀(한옥의 경우에는 지붕틀의 범위에서 서까래는 제외)	증설·해체하거나 각각 3개 이상 수선·변경하는 것

정답 05 ③ 06 ② 07 ④ 08 ②

건축물의 부분(주요구조부)	대수선에 해당하는 내용
방화벽 · 방화구획을 위한 바닥 및 벽	증설 · 해체하거나 수선 · 변경하는 것
주계단 · 피난계단 · 특별피난계단	
다가구주택 및 다세대주택의 가구 및 세대 간 경계벽	증설 · 해체하거나 수선 · 변경하는 것
건축물의 외벽에 사용하는 마감재료	증설 · 해체하거나
	벽면적 $30m^2$ 이상 수선 또는 변경하는 것

09 다음은 대지 안의 공지에 관한 기준 내용이다. ( ) 안에 알맞은 것은?

> 건축물을 건축하는 경우에는 「국토의 계획 및 이용에 관한 법률」에 따른 용도지역 · 용도지구, 건축물의 용도 및 규모 등에 따라 건축선 및 인접 대지경계선으로부터 ( ) 이내의 범위에서 대통령령으로 정하는 바에 따라 해당 지방자치단체의 조례로 정하는 거리 이상을 띄워야 한다.

① 2m　　② 3m
③ 5m　　④ 6m

해설

대지 안의 공지에 관한 기준

건축물을 건축하거나 용도변경하는 경우에는 용도지역 · 지구, 건축물의 용도 및 규모에 따라 건축선 및 인접 대지경계선으로부터 6m 이내의 범위에서 해당 지방자치단체의 조례로 정하는 거리 이상을 띄어야 한다.

10 어느 건축물의 연면적 중 주차장으로 사용되는 부분의 비율이 70%이다. 이 건축물이 주차전용 건축물이라면, 다음 중 이 건축물의 주차장 외로 사용되는 용도로 옳은 것은?

① 운동시설　　② 의료시설
③ 수련시설　　④ 교육연구시설

해설

주차전용 건축물의 주차면적비율

주차장 사용비율 (건축물의 연면적)	건축물의 용도
95% 이상	아래의 용도가 아닌 경우
70% 이상	• 단독주택 • 공동주택 • 제1종 및 제2종 근린생활시설 • 문화 및 집회시설 • 종교시설 • 판매시설 • 운수시설 • 운동시설 • 업무시설, 창고시설 • 자동차관련시설

11 공작물을 축조하는 경우, 특별자치시장 · 특별자치도지사 또는 시장 · 군수 · 구청장에게 신고를 하여야 하는 대상 공작물에 속하지 않는 것은?

① 높이가 3m인 담장
② 높이가 5m인 굴뚝
③ 높이가 5m인 광고탑
④ 바닥면적이 $35m^2$인 지하대피호

해설

공작물 축조 신고대상

높이 6m를 넘는 굴뚝

12 노외주차장인 주차전용 건축물의 건축제한에 관한 기준 내용으로 옳지 않은 것은?

① 용적률 : 1,500% 이하
② 높이제한 : 30m 이하
③ 건폐율 : 100분의 90 이하
④ 대지면적의 최소한도 : $45m^2$ 이상

해설

노외주차장 주차전용 건축물의 전면도로에 의한 높이제한

구분	높이제한
① 대지가 너비 12m 미만의 도로에 접한 경우	대지에 접한 도로 반대쪽 경계선까지 수평거리의 3배
② 대지가 너비 12m 이상의 도로에 접한 경우	대지에 접한 도로 반대쪽 경계선까지 수평거리의 (36/도로의 폭)배

정답　09 ④　10 ①　11 ②　12 ②

13 부설주차장의 설치대상 시설물이 판매시설인 경우 설치기준으로 옳은 것은?

① 시설면적 $100m^2$당 1대
② 시설면적 $150m^2$당 1대
③ 시설면적 $200m^2$당 1대
④ 시설면적 $300m^2$당 1대

해설

부설주차장의 설치기준

용도	설치기준
1. 위락시설	시설면적 $100m^2$당 1대 (시설면적/$100m^2$)
2. • 문화 및 집회시설(관람장 제외) • 종교시설 • 판매시설 • 운수시설 • 의료시설(정신병원 · 요양소 · 격리병원을 제외) • 운동시설(골프장 · 골프연습장 · 옥외수영장 제외) • 업무시설(외국공관 및 오피스텔 제외) • 방송통신시설 중 방송국 • 장례식장	시설면적 $150m^2$당 1대 (시설면적/$150m^2$)
3. • 제1종 근린생활시설 예외 – 지역자치센터, 파출소, 지구대, 소방서, 우체국, 방송국, 보건소, 공공도서관, 건강보험공단 사무소 등 공공업무시설로서 같은 건축물에 해당 용도로 쓰는 바닥면적의 합계가 1천 제곱미터 미만인 것 – 마을회관, 마을공동작업소, 마을공동구판장 등 주민이 공동으로 이용하는 시설 • 제2종 근린생활시설 • 숙박시설	시설면적 $200m^2$당 1대 (시설면적/$200m^2$)

14 건축물을 건축하고자 하는 자가 사용승인을 받는 즉시 건축물의 내진능력을 공개하여야 하는 대상 건축물의 연면적 기준은?(단, 목구조 건축물이 아닌 경우)

① $100m^2$ 이상
② $200m^2$ 이상
③ $300m^2$ 이상
④ $400m^2$ 이상

해설

건축물의 내진능력 공개대상 건축물

- 2층 이상인 건축물(주요구조부의 기둥 · 보가 목구조 건축물인 경우에는 3층)
- 연면적이 $200m^2$ 이상인 건축물(목구조 건축물의 경우에는 $500m^2$
- 창고, 축사, 작물재배사 및 표준설계도서에 따라 건축하는 건축물

15 다중이용건축물의 층수 기준으로 옳은 것은?

① 7층 이상
② 10층 이상
③ 16층 이상
④ 20층 이상

해설

다중이용건축물

- 바닥면적 합계가 $5,000m^2$ 이상인 문화 및 집회시설(전시장 및 동 · 식물원 제외), 판매시설, 종교시설, 운수시설, 의료시설 중 종합병원, 숙박시설 중 관광숙박시설
- 16층 이상 건축물

16 층수가 15층이고, 6층 이상의 거실면적의 합계가 $10,000m^2$인 업무시설에 설치하여야 하는 승용승강기의 최소 대수는?(단, 8인승 승강기의 경우)

① 4대
② 5대
③ 6대
④ 7대

해설

업무시설

$1+(10,000m^2-3,000m^2)/2,000m^2=4.5$대(5대)

정답 13 ② 14 ② 15 ③ 16 ②

17 건축법령상 대지면적에 대한 건축면적의 비율로 정의되는 것은?

① 유효율 ② 이용률
③ 용적률 ④ 건폐율

해설

• 건폐율 : 대지면적에 대한 건축면적의 비율
• 용적률 : 대지면적에 대한 연면적의 비율

18 건축물의 관람실 또는 집회실로부터 바깥쪽 출구로 쓰이는 문을 안여닫이로 하여서는 안 되는 대상 건축물에 속하지 않는 것은?

① 종교시설 ② 위락시설
③ 판매시설 ④ 장례시설

해설

관람석 등으로부터의 출구의 설치

대상 건축물	해당 층의 용도	출구 방향
• 문화 및 집회시설(전시장 및 동·식물원 제외)	관람실·집회실	바깥쪽으로 나가는 출구로 쓰이는 문은 안여닫이로 할 수 없다.
• 종교시설		
• 위락시설		
• 장례시설		

※ 문화 및 집회시설 중 관람실의 바닥면적이 $300m^2$ 이상인 공연장의 개별 관람석에 설치하는 출구는 다음의 기준에 적합하도록 설치한다.
① 관람실별로 2개소 이상 설치할 것
② 각 출구의 유효너비는 1.5m 이상일 것
③ 개별 관람실 출구의 유효너비 합계는 개별 관람실의 바닥면적 $100m^2$마다 0.6m의 비율로 산정한 너비 이상으로 할 것

19 대통령령으로 정하는 용도와 규모의 건축물에 일반이 사용할 수 있도록 대통령령으로 정하는 기준에 따라 소규모 휴식시설 등의 공개공지 또는 공개공간을 설치하여야 하는 대상 지역에 속하지 않는 것은?

① 상업지역 ② 준주거지역
③ 준공업지역 ④ 일반공업지역

해설

공개공지 또는 공개공간 설치하여야 하는 대상지역

대상지역	용도	규모
• 일반주거지역 • 준주거지역 • 상업지역 • 준공업지역 • 특별자치도지사 또는 시장·군수·구청장이 도시화의 가능성이 크거나 노후 산업단지의 정비가 필요하다고 인정하여 지정·공고하는 지역	• 문화 및 집회시설 • 종교시설 • 판매시설(농·수산물 유통시설은 제외) • 운수시설(여객용시설만 해당) • 업무시설 • 숙박시설	해당 용도로 쓰는 바닥면적의 합계가 $5,000m^2$ 이상
	다중이 이용하는 시설로서 건축조례가 정하는 건축물	

※ 전용주거지역, 전용공업지역, 일반공업지역, 녹지지역은 공개공지대상 지역이 아니다.

20 도시·군계획 수립대상 지역의 일부에 대하여 토지 이용을 합리화하고 그 기능을 증진시키며 미관을 개선하고 양호한 환경을 확보하며, 그 지역을 체계적·계획적으로 관리하기 위하여 수립하는 도시·군관리계획은?

① 광역도시계획
② 지구단위계획
③ 도시·군기본계획
④ 입지규제최소구역계획

해설

지구단위계획

도시·군계획 수립대상 지역의 일부에 대하여 토지이용을 합리화하고 그 기능을 증진시키며 미관을 개선하고 양호한 환경을 확보하며, 그 지역을 체계적·계획적으로 관리하기 위하여 수립하는 도시·군관리계획이다.

정답 17 ④ 18 ③ 19 ④ 20 ②

건축기사 (2018년 3월 시행)

01 다음 중 건축물의 용도분류상 문화 및 집회시설에 속하는 것은?

① 야외극장 ② 산업전시장
③ 어린이회관 ④ 청소년수련원

해설

문화 및 집회시설의 용도

문화 및 집회시설	가. 공연장	제2종 근린생활시설에 해당하지 아니하는 것
	나. 집회장	예식장, 회의장, 공회당, 마권장외발매소, 마권전화투표소, 그 밖에 이와 유사한 것으로서 제2종 근린생활시설에 해당하지 아니하는 것
	다. 관람장	경마장, 경륜장, 경정장, 자동차경기장, 그 밖에 이와 유사한 것 및 체육관 · 운동장으로서 관람석의 바닥면적 합계가 1,000 m^2 이상인 것
	라. 전시장	박물관, 미술관, 과학관, 문화관, 체험관, 기념관, 산업전시장, 박람회장 등
	마. 동 · 식물원	동물원 · 식물원 · 수족관 등

02 다음은 건축법령상 직통계단의 설치에 관한 기준 내용이다. ( ) 안에 들어갈 말로 알맞은 것은?

> 초고층건축물에는 피난층 또는 지상으로 통하는 직통계단과 직접 연결되는 피난안전구역(건축물의 피난 · 안전을 위하여 건축물 중간층에 설치하는 대피공간)을 지상층으로부터 최대 ( ) 층마다 1개소 이상 설치하여야 한다.

① 10개 ② 20개
③ 30개 ④ 40개

해설

직통계단의 설치

초고층건축물에는 피난층 또는 지상으로 통하는 직통계단과 직접 연결되는 피난안전구역을 지상으로부터 최대 30개 층마다 1개소 이상 설치하여야 한다.

03 자연녹지지역으로서 노외주차장을 설치할 수 있는 지역에 속하지 않는 것은?

① 토지의 형질변경 없이 주차장의 설치가 가능한 지역
② 주차장 설치를 목적으로 토지의 형질변경 허가를 받은 지역
③ 택지개발사업 등의 단지조성사업 등에 따라 주차수요가 많은 지역
④ 하천구역 및 공유수면으로서 주차장이 설치되어도 해당 하천 및 공유수면의 관리에 지장을 주지 아니하는 지역

해설

자연녹지지역으로서 노외주차장을 설치할 수 있는 지역

- 하천구역 및 공유수면으로서 주차장이 설치되어도 해당 하천 및 공유수면의 관리에 지장을 주지 아니하는 지역
- 토지의 형질변경 없이 주차장 설치가 가능한 지역
- 주차장 설치를 목적으로 토지의 형질변경 허가를 받은 지역

04 대통령령으로 정하는 용도와 규모의 건축물에 대해 일반이 사용할 수 있도록 소규모 휴식시설 등의 공개공지 또는 공개공간을 설치하여야 하는 대상 지역에 속하지 않는 것은?

① 준주거지역 ② 준공업지역
③ 일반주거지역 ④ 전용주거지역

정답 01 ② 02 ③ 03 ③ 04 ④

해설

공개공지 또는 공개공간 설치지역
- 일반주거지역, 준주거지역
- 상업지역
- 준공업지역

05 다음의 각종 용도지역의 세분에 관한 설명 중 옳지 않은 것은?

① 근린상업지역 : 근린지역에서의 일용품 및 서비스의 공급을 위하여 필요한 지역
② 중심상업지역 : 도심 · 부도심의 상업기능 및 업무기능의 확충을 위하여 필요한 지역
③ 제1종 일반주거지역 : 단독주택을 중심으로 양호한 주거환경을 조성하기 위하여 필요한 지역
④ 준주거지역 : 주거기능을 위주로 이를 지원하는 일부 상업기능 및 업무기능을 보완하기 위하여 필요한 지역

해설

③ 제1종 일반주거지역 : 저층주택 중심으로 편리한 주거환경 조성하기 위하여 필요한 지역

주거지역

전용 주거지역	제1종	단독주택 중심의 양호한 주거환경 보호
	제2종	공동주택 중심의 양호한 주거환경 보호
일반 주거지역	제1종	저층주택 중심으로 편리한 주거환경 조성
	제2종	중층주택 중심으로 편리한 주거환경 조성
	제3종	중 · 고층주택 중심으로 편리한 주거환경 조성
준주거지역	주거기능을 주로 하면서 상업 · 업무기능 보완	

06 6층 이상의 거실면적 합계가 3,000m²인 경우, 건축물의 용도별 설치하여야 하는 승용승강기의 최소 대수가 옳은 것은?(단, 15인승 승강기의 경우)

① 업무시설 : 2대 ② 의료시설 : 2대
③ 숙박시설 : 2대 ④ 위락시설 : 2대

해설

승용승강기 설치기준

건축물의 용도 \ 6층 이상의 거실면적 합계(Am²)	3,000m² 이하	3,000m² 초과
• 문화 및 집회시설(공연장 · 집회장 · 관람장) • 판매시설 • 의료시설(병원 · 격리병원)	2대	2대에 3,000m²를 초과하는 2,000m² 이내마다 1대의 비율로 가산한 대수 이상 $\left(2\text{대} + \frac{A - 3,000m^2}{2,000m^2}\text{대}\right)$
• 문화 및 집회시설(전시장 및 동 · 식물원) • 업무시설 • 숙박시설 • 위락시설	1대	1대에 3,000m²를 초과하는 2,000m² 이내마다 1대의 비율로 가산한 대수 이상 $\left(1\text{대} + \frac{A - 3,000m^2}{2,000m^2}\text{대}\right)$
• 공동주택 • 교육연구시설 • 노유자시설 • 기타시설	1대	1대에 3,000m²를 초과하는 3,000m² 이내마다 1대의 비율로 가산한 대수 이상 $\left(1\text{대} + \frac{A - 3,000m^2}{3,000m^2}\text{대}\right)$

※ 승강기의 대수를 계산할 때 8인승 이상 15인승 이하의 승강기는 1대의 승강기로 보고, 16인승 이상의 승강기는 2대의 승강기로 본다.

07 건축물의 층수 산정에 관한 기준 내용으로 옳지 않은 것은?

① 지하층은 건축물의 층수에 산입하지 아니한다.
② 층의 구분이 명확하지 아니한 건축물은 그 건축물의 높이 4m마다 하나의 층으로 보고 그 층수를 산정한다.
③ 건축물이 부분에 따라 그 층수가 다른 경우에는 바닥면적에 따라 가중평균한 층수를 그 건축물의 층수로 본다.
④ 계단탑으로서 그 수평투영면적의 합계가 해당 건축물 건축면적의 8분의 1 이하인 것은 건축물의 층수에 산입하지 아니한다.

해설

건축물의 층수 산정에 관한 기준
건축물의 부분에 따라 그 층수를 달리하는 경우에는 그 중 가장 많은 층수로 산정한다.

정답 05 ③ 06 ② 07 ③

08 다음은 지하층과 피난층 사이의 개방공간 설치에 관한 기준 내용이다. ( ) 안에 들어갈 말로 알맞은 것은?

> 바닥면적의 합계가 ( ) 이상인 공연장 · 집회장 · 관람장 또는 전시장을 지하층에 설치하는 경우에는 각 실에 있는 자가 지하층 각 층에서 건축물 밖으로 피난하여 옥외 계단 또는 경사로 등을 이용하여 피난층으로 대피할 수 있도록 천장이 개방된 외부공간을 설치하여야 한다.

① 1,000m^2 ② 2,000m^2
③ 3,000m^2 ④ 4,000m^2

해설

지하층과 피난층 사이 개방공간은 바닥면적의 합계가 3,000m^2 이상인 공연장 · 집회장 · 관람장 또는 전시장을 지하층에 설치하는 경우 천장이 개방된 외부공간을 설치하여야 한다.

09 공작물을 축조할 때 특별자치시장 · 특별자치도지사 또는 시장 · 군수 · 구청장에게 신고를 하여야 하는 대상 공작물에 속하지 않는 것은?

① 높이 3m인 담장
② 높이 5m인 굴뚝
③ 높이 5m인 광고탑
④ 높이 5m인 광고판

해설

높이 5m인 굴뚝은 신고를 하여야 하는 대상 공작물에 속하지 않는다. 높이 6m를 넘는 굴뚝이 신고를 하여야 하는 대상 공작물에 속한다.

10 다음 중 두께에 관계 없이 방화구조에 해당되는 것은?

① 심벽에 흙으로 맞벽치기한 것
② 석고판 위에 회반죽을 바른 것
③ 시멘트모르타르 위에 타일을 붙인 것
④ 석고판 위에 시멘트모르타르를 바른 것

해설

방화구조

- 철망모르타르로서 그 바름두께가 2cm 이상인 것
- 석고판 위에 시멘트모르타르 또는 회반죽을 바른 것으로서 그 두께의 합계가 2.5cm 이상인 것
- 시멘트모르타르 위에 타일을 붙인 것으로서 그 두께의 합계가 2.5cm 이상인 것
- 심벽에 흙으로 맞벽치기한 것
- 한국산업표준이 정하는 바에 따라 시험한 결과 방화 2급 이상에 해당하는 것

11 피난안전구역(건축물의 피난 · 안전을 위하여 건축물 중간층에 설치하는 대피공간)의 구조 및 설비에 관한 기준 내용으로 옳지 않은 것은?

① 피난안전구역의 높이는 2.1m 이상일 것
② 비상용 승강기는 피난안전구역에서 승하차할 수 있는 구조로 설치할 것
③ 건축물의 내부에서 피난안전구역으로 통하는 계단은 피난계단의 구조로 설치할 것
④ 피난안전구역에는 식수공급을 위한 급수전을 1개소 이상 설치하고 예비전원에 의한 조명 설비를 설치할 것

해설

건축물의 내부에서 피난안전구역으로 통하는 계단은 특별피난계단의 구조로 설치할 것

12 국토의 계획 및 이용에 관한 법령상 기반시설 중 도로의 세분에 속하지 않는 것은?

① 고가도로
② 보행자우선도로
③ 자전거우선도로
④ 자동차전용도로

정답 08 ③ 09 ② 10 ① 11 ③ 12 ③

해설

기반시설의 세분

기반시설	세분	
도로	• 일반도로 • 자동차전용도로 • 보행자전용도로 • 지하도로	• 자전거전용도로 • 고가도로 • 보행자우선도로
자동차 정류장	• 여객자동차터미널 • 복합환승센터 • 화물자동차휴게소	• 공동차고지 • 물류터미널 • 공영차고지
광장	• 교통광장 • 일반광장 • 경관광장	• 지하광장 • 건축물부설광장

13 건축법령상 연립주택의 정의로 알맞은 것은?

① 주택으로 쓰는 층수가 5개 층 이상인 주택
② 주택으로 쓰는 1개 동의 바닥면적 합계가 660m^2 이하이고, 층수가 4개 층 이하인 주택
③ 주택으로 쓰는 1개 동의 바닥면적 합계가 660m^{2}를 초과하고, 층수가 4개 층 이하인 주택
④ 1개 동의 주택으로 쓰이는 바닥면적의 합계가 330m^2 이하이고 주택으로 쓰는 층수가 3개 층 이하인 주택

해설

연립주택

주택으로 쓰는 1개 동의 바닥면적 합계가 660m^{2}를 초과하고, 층수가 4개 층 이하인 주택

14 제1종 일반주거지역 안에서 건축할 수 있는 건축물에 속하지 않는 것은?

① 아파트
② 단독주택
③ 노유자시설
④ 교육연구시설 중 고등학교

해설

아파트는 제1종 일반주거지역 안에서 건축할 수 있는 건축물에 속하지 않는다.

15 주차장 주차단위구획의 최소 크기로 옳지 않은 것은?(단, 평행주차형식 외의 경우)

① 경형 : 너비 2.0m, 길이 3.6m
② 일반형 : 너비 2.0m, 길이 6.0m
③ 확장형 : 너비 2.6m, 길이 5.2m
④ 장애인전용 : 너비 3.3m, 길이 5.0m

해설

일반형 : 너비 2.5m, 길이 5.0m

주차장의 주차구획 크기 등

◎ 평행주차형식의 경우		
구분	너비	길이
경형	1.7m 이상	4.5m 이상
일반형	2.0m 이상	6.0m 이상
보도와 차도의 구분이 없는 주거지역의 도로	2.0m 이상	5.0m 이상
이륜자동차전용	1.0m 이상	2.3m 이상
◎ 평행주차형식 외의 경우		
구분	너비	길이
경형	2.0m 이상	3.6m 이상
일반형	2.5m 이상	5.0m 이상
확장형	2.6m 이상	5.2m 이상
장애인전용	3.3m 이상	5.0m 이상
이륜자동차전용	1.0m 이상	2.3m 이상

※ 경형자동차는 「자동차관리법」에 따른 1,000cc 미만의 자동차를 말한다.
※ 주차단위구획은 백색실선(경형자동차전용 주차구획의 경우 청색실선)으로 표시하여야 한다.

정답 13 ③ 14 ① 15 ②

16 국토의 계획 및 이용에 관한 법령상 다음과 같이 정의되는 용어는?

> 개발로 인하여 기반시설이 부족할 것으로 예상되나 기반시설을 설치하기 곤란한 지역을 대상으로 건폐율이나 용적률을 강화하여 적용하기 위하여 지정하는 구역

① 개발제한구역
② 시가화조정구역
③ 입지규제최소구역
④ 개발밀도관리구역

해설

개발밀도관리구역
개발로 기반시설이 부족할 것으로 예상되나 기반시설을 설치하기 곤란한 지역을 대상으로 건폐율이나 용적률을 강화하여 적용하기 위하여 지정하는 구역

17 급수 · 배수(配水) · 배수(排水) · 환기 · 난방 등의 건축설비를 건축물에 설치하는 경우, 건축기계설비기술사 또는 공조냉동기계기술사의 협력을 받아야 하는 대상 건축물에 속하지 않는 것은?

① 의료시설로서 해당 용도에 사용되는 바닥면적의 합계가 2,000m^2인 건축물
② 업무시설로서 해당 용도에 사용되는 바닥면적의 합계가 2,000m^2인 건축물
③ 숙박시설로서 해당 용도에 사용되는 바닥면적의 합계가 2,000m^2인 건축물
④ 유스호스텔로서 해당 용도에 사용되는 바닥면적의 합계가 2,000m^2인 건축물

해설

업무시설로서 해당 용도에 사용되는 바닥면적의 합계가 3,000m^2인 건축물

18 건축물의 건축 시 허가대상 건축물이라 하더라도 미리 특별자치시장 · 특별자치도지사 또는 시장 · 군수 · 구청장에게 국토교통부령으로 정하는 바에 따라 신고를 하면 건축허가를 받은 것으로 보는 소규모 건축물의 연면적 기준은?

① 연면적의 합계가 100m^2 이하인 건축물
② 연면적의 합계가 150m^2 이하인 건축물
③ 연면적의 합계가 200m^2 이하인 건축물
④ 연면적의 합계가 300m^2 이하인 건축물

해설

건축신고대상 소규모 건축물의 건축

<table>
<tr><th>구분</th><th colspan="2">소규모 건축물</th></tr>
<tr><td>연면적</td><td colspan="2">연면적의 합계가 100m² 이하인 건축물</td></tr>
<tr><td>높이</td><td colspan="2">건축물의 높이 3m 이하의 범위에서 증축하는 건축물</td></tr>
<tr><td>표준설계도서에 의하여 건축하는 건축물</td><td colspan="2">그 용도 · 규모가 주위환경 · 미관상 지장이 없다고 인정하여 건축조례가 정하는 건축물</td></tr>
<tr><td rowspan="4">지역</td><td>공업지역</td><td rowspan="3">2층 이하인 건축물로서 연면적합계가 500m² 이하인 공장(제조업소 등 물품의 제조 · 가공을 위한 시설을 포함)</td></tr>
<tr><td>산업단지</td></tr>
<tr><td>지구단위계획구역(산업 · 유통형에 한함)</td></tr>
<tr><td>읍 · 면지역(도시 · 군계획에 지장이 있다고 지정 · 공고한 구역은 제외)</td><td>• 연면적 200m² 이하의 농업 · 수산업용 창고
• 연면적 400m² 이하의 축사 · 작물재배사, 종묘배양시설, 화초 및 분재 등의 온실</td></tr>
</table>

정답 16 ④ 17 ② 18 ①

19 다음은 공사감리에 관한 기준 내용이다. 밑줄 친 "공사의 공정이 대통령령으로 정하는 진도에 다다른 경우"에 속하지 않는 것은?(단, 건축물의 구조가 철근콘크리트조인 경우)

> 공사감리자는 국토교통부령으로 정하는 바에 따라 감리일지를 기록 · 유지하여야 하고, 공사의 공정(工程)이 대통령령으로 정하는 진도에 다다른 경우에는 감리중간보고서를 작성하여 건축주에게 제출하여야 한다.

① 지붕슬래브배근을 완료한 경우
② 기초공사 시 철근배치를 완료한 경우
③ 기초공사에서 주춧돌의 설치를 완료한 경우
④ 지상 5개 층마다 상부 슬래브배근을 완료한 경우

해설

축물의 구조가 철근콘크리트조인 경우가 아니라 그 밖의 구조(목구조)공사 시 기초공사에서 주춧돌의 설치를 완료한 경우 감리중간보고서를 작성하여 건축주에게 제출하여야 한다.

중간감리보고서 작성 제출대상

건축물의 구조	공사의 공정	진행과정
• 철근콘크리트조 • 철골철근콘크리트조 • 조적조 • 보강콘크리트블록조	기초공사 시	철근배치를 완료한 경우
	지붕공사 시	지붕슬래브배근을 완료한 경우
	상부 슬래브 배근 완료	지상 5개 층마다 상부슬래브배근을 완료한 경우
철골조	기초공사 시	철근배치를 완료한 경우
	지붕공사 시	지붕철골조립을 완료한 경우
	주요구조부의 조립	지상 3개 층마다 또는 높이 20m마다 완료한 경우
그 밖의 구조	기초공사 시	거푸집 또는 주춧돌의 설치를 완료한 경우
건축물이 3층 이상의 필로티형식	• 위의 공사공정 진행과정에 해당하는 경우 • 건축물 상층부의 하중이 상층부와 다른 구조형식의 하층부로 전달되는 다음의 어느 하나에 해당하는 부재의 철근배치를 완료한 경우 −기둥 또는 벽체 중 하나 −보 또는 슬래브 중 하나	

20 부설주차장 설치대상 시설물이 문화 및 집회시설 중 예식장으로서 시설면적이 1,200m²인 경우, 설치하여야 하는 부설주차장의 최소 대수는?

① 8대 ② 10대
③ 15대 ④ 20대

해설

문화 및 집회시설의 부설주차장 설치대수는 시설면적 150m²당 1대씩이다.
그러므로 1,200m²/150m² = 8대

부설주차장의 설치기준

용도	설치기준
1. 위락시설	시설면적 100m²당 1대 (시설면적/100m²)
2. • 문화 및 집회시설(관람장 제외) • 종교시설 • 판매시설 • 운수시설 • 의료시설(정신병원 · 요양소 · 격리병원을 제외) • 운동시설(골프장 · 골프연습장 · 옥외수영장 제외) • 업무시설(외국공관 및 오피스텔 제외) • 방송통신시설 중 방송국 • 장례식장	시설면적 150m²당 1대 (시설면적/150m²)

정답 19 ③ 20 ①

건축산업기사 (2018년 3월 시행)

01 부설주차장 설치대상 시설물인 옥외수영장의 연면적이 15,000m^2, 정원이 1,800명인 경우 설치해야 하는 부설주차장의 최소 주차대수는?

① 75대 ② 100대
③ 120대 ④ 150대

해설

골프장	1홀당 10대 (홀의 수×10)
골프연습장	1타석당 1대 (타석의 수×1)
옥외수영장	정원 15인당 1대 (정원/15명)
관람장	정원 100인당 1대 (정원/100명)

02 주차장에서 장애인전용 주차단위구획의 최소 크기는?(단, 평행주차형식 외의 경우)

① 너비 2.0m, 길이 3.6m
② 너비 2.3m, 길이 5.0m
③ 너비 2.5m, 길이 5.1m
④ 너비 3.3m, 길이 5.0m

해설

장애인전용 주차단위구획 : 너비 3.3m, 길이 5.0m

주차장의 주차구획 기준

◎ 평행주차형식의 경우

구분	너비	길이
경형	1.7m 이상	4.5m 이상
일반형	2.0m 이상	6.0m 이상
보도와 차도의 구분이 없는 주거지역의 도로	2.0m 이상	5.0m 이상
이륜자동차전용	1.0m 이상	2.3m 이상

◎ 평행주차형식 외의 경우

구분	너비	길이
경형	2.0m 이상	3.6m 이상
일반형	2.5m 이상	5.0m 이상
확장형	2.6m 이상	5.2m 이상
장애인전용	3.3m 이상	5.0m 이상
이륜자동차전용	1.0m 이상	2.3m 이상

※ 경형자동차는 「자동차관리법」에 따른 1,000cc 미만의 자동차를 말한다.
※ 주차단위구획은 백색실선(경형자동차전용 주차구획의 경우 청색실선)으로 표시하여야 한다.

03 특별피난계단에 설치하는 배연설비의 구조에 관한 기준 내용으로 옳지 않은 것은?

① 배연구는 평상시에는 닫힌 상태를 유지할 것
② 배연구 및 배연풍도는 평상시에 사용하는 굴뚝에 연결할 것
③ 배연구에 설치하는 수동개방장치 또는 자동개방장치는 손으로도 열고 닫을 수 있도록 할 것
④ 배연기는 배연구의 열림에 따라 자동적으로 작동하고, 충분한 공기배출 또는 가압능력이 있을 것

해설

배연구 및 배연풍도는 불연재료로 하고, 화재가 발생할 경우 원활하게 배연할 수 있는 규모로서 외기 또는 평상시에 사용하지 아니하는 굴뚝에 연결할 것

정답 01 ③ 02 ④ 03 ②

04 건축법령상 초고층건축물의 정의로 옳은 것은?

① 층수가 30층 이상이거나 높이가 90m 이상인 건축물
② 층수가 30층 이상이거나 높이가 120m 이상인 건축물
③ 층수가 50층 이상이거나 높이가 150m 이상인 건축물
④ 층수가 50층 이상이거나 높이가 200m 이상인 건축물

해설

초고층 건축물 : 층수가 50층 이상이거나 높이가 200m 이상인 건축물

05 각 층의 거실 바닥면적이 3,000m²인 지하 3층 지상 12층의 숙박시설을 건축하고자 할 때, 설치하여야 하는 승용승강기의 최소 대수는?(단, 16인승 승용승강기를 설치하는 경우)

① 4대 ② 5대
③ 9대 ④ 10대

해설

숙박시설
1대 + (12층 − 5층)×3,000m² − 3,000m²/2,000m² = 10대
문제에서 16인승 승강기를 설치하는 경우이므로 10대/2대 = 5대이다.

06 지역의 환경을 쾌적하게 조성하기 위하여 대통령령으로 정하는 용도와 규모의 건축물에 일반이 사용할 수 있도록 대통령령으로 정하는 기준에 따라 소규모 휴식시설 등의 공개공지 또는 공개공간을 설치하여야 하는 대상 지역에 속하지 않는 것은?

① 준주거지역 ② 준공업지역
③ 보전녹지지역 ④ 일반주거지역

해설

공개공지 또는 공개공간 설치지역
- 일반주거지역, 준주거지역
- 상업지역
- 준공업지역

07 건축법령상 의료시설에 속하지 않는 것은?

① 치과의원 ② 한방병원
③ 요양병원 ④ 마약진료소

해설

의료시설	가. 병원	종합병원, 병원, 치과병원, 한방병원, 정신병원, 요양소
	나. 격리병원	전염병원, 마약진료소 등

08 자연녹지지역 안에서 건축할 수 있는 건축물의 용도에 속하지 않는 것은?

① 아파트
② 운동시설
③ 노유자시설
④ 제1종 근린생활시설

해설

아파트는 자연녹지지역 안에서 건축할 수 있는 건축물의 용도에 속하지 않는다.

09 다음은 주차전용 건축물에 관한 기준 내용이다. ( ) 안에 속하지 않는 건축물의 용도는?

> 주차전용 건축물이란 건축물의 연면적 중 주차장으로 사용되는 부분의 비율이 95% 이상인 것을 말한다. 다만, 주차장 외의 용도로 사용되는 부분이 ( )인 경우에는 주차장으로 사용되는 부분의 비율이 70% 이상인 것을 말한다.

① 단독주택 ② 종교시설
③ 교육연구시설 ④ 문화 및 집회시설

정답 04 ④ 05 ② 06 ③ 07 ① 08 ① 09 ③

해설

주차전용 건축물

건축물의 용도	주차면적 비율
건축물의 연면적 중 주차장으로 사용되는 부분	95% 이상
단독주택, 공동주택, 제1종 및 제2종 근린생활시설, 문화 및 집회시설, 종교시설, 판매시설, 운수시설, 운동시설, 업무시설, 창고시설, 자동차 관련 시설	70% 이상

10 다음은 건축물이 있는 대지의 분할 제한에 관한 기준 내용이다. 밑줄 친 대통령령으로 정하는 범위 내용으로 옳지 않은 것은?

> 건축물이 있는 대지는 대통령령으로 정하는 범위에서 해당 지방자치단체의 조례로 정하는 면적에 못 미치게 분할할 수 없다.

① 주거지역 : $50m^2$ 이상
② 상업지역 : $150m^2$ 이상
③ 공업지역 : $150m^2$ 이상
④ 녹지지역 : $200m^2$ 이상

해설

대지의 분할 제한

용도지역	분할 규모
주거지역	$60m^2$ 이상
상업지역	$150m^2$ 이상
공업지역	
녹지지역	$200m^2$ 이상
기타지역	$60m^2$ 이상

11 방송 공동수신설비를 설치하여야 하는 대상 건축물에 속하지 않은 것은?

① 공동주택
② 바닥면적의 합계가 $5,000m^2$ 이상으로서 업무시설의 용도로 쓰는 건축물
③ 바닥면적의 합계가 $5,000m^2$ 이상으로서 판매시설의 용도로 쓰는 건축물
④ 바닥면적의 합계가 $5,000m^2$ 이상으로서 숙박시설의 용도로 쓰는 건축물

해설

방송 공동수신설비를 설치하여야 하는 대상

- 공동주택
- 바닥면적 합계가 $5,000m^2$ 이상으로 업무시설, 숙박시설의 용도

12 종교시설의 용도에 쓰이는 건축물에서 집회실의 반자높이는 최소 얼마 이상으로 하여야 하는가?(단, 집회실의 바닥면적은 $300m^2$이며, 기계환기장치를 설치하지 않은 경우)

① 2.1m　　② 2.4m
③ 3.3m　　④ 4.0m

해설

거실의 반자높이

- 거실의 반자는 2.1m 이상
- 문화 및 집회시설(전시장 및 동·식물원 제외), 종교시설, 장례시설 또는 위락시설 중 유흥주점의 용도에 쓰이는 건축물의 관람석 또는 집회실로서 그 바닥면적이 $200m^2$ 이상인 것의 반자의 높이는 4m(노대 아랫부분의 높이는 2.7m) 이상

정답　10 ①　11 ③　12 ④

13 연면적 $200m^2$를 초과하는 건축물에 설치하는 계단에 관한 기준 내용으로 옳지 않은 것은?

① 높이 3m를 넘는 계단에는 높이 3m 이내마다 너비 120cm 이상의 계단참을 설치하여야 한다.
② 높이가 1m를 넘는 계단 및 계단참의 양옆에는 난간(벽 또는 이에 대치되는 것을 포함)을 설치하여야 한다.
③ 판매시설의 용도에 쓰이는 건축물의 계단인 경우에는 계단 및 계단참의 너비를 120cm 이상으로 하여야 한다.
④ 계단의 유효높이(계단의 바닥 마감면부터 상부 구조체의 하부 마감면까지의 연직 방향의 높이)는 1.8m 이상으로 하여야 한다.

해설

④ 계단의 유효높이 : 2.1m 이상으로 하여야 한다.

14 공동주택 중 아파트로서 4층 이상인 층의 각 세대가 2개 이상의 직통계단을 사용할 수 없는 경우 발코니에 설치하는 대피공간에 갖추어야 할 요건으로 옳지 않은 것은?

① 대피공간은 바깥의 공기와 접하지 않을 것
② 대피공간은 실내의 다른 부분과 방화구획으로 구획될 것
③ 대피공간의 바닥면적은 각 세대별로 설치하는 경우에는 $2m^2$ 이상일 것
④ 대피공간의 바닥면적은 인접 세대와 공동으로 설치하는 경우에는 $3m^2$ 이상일 것

해설

① 대피공간은 바깥의 공기와 접할 것

발코니 대피공간의 설치

아파트로서 4층 이상의 층의 각 세대가 2개 이상의 직통계단을 사용할 수 없는 경우에는 발코니에 인접세대와 공동으로 또는 각 세대별로 다음 요건(인접세대와 공동으로 설치하는 대피공간은 인접세대를 통하여 2개 이상의 직통계단을 사용할 수 있는 위치)을 갖춘 대피공간을 하나 이상 설치하여야 한다.

① 대피공간은 바깥의 공기와 접할 것
② 대피공간은 실내의 다른 부분과 방화구획으로 구획될 것
③ 대피공간의 바닥면적 기준
　㉠ 인접세대와 공동으로 설치하는 경우 : $3m^2$ 이상
　㉡ 각 세대별로 설치하는 경우 : $2m^2$ 이상

15 건축물의 건축 시 설계자가 건축물에 대한 구조의 안전을 확인하는 경우 건축구조기술사의 협력을 받아야 하는 대상 건축물에 속하지 않는 것은?

① 특수구조건축물　② 다중이용건축물
③ 준다중이용건축물　④ 층수가 5층인 건축물

해설

건축구조기술사의 협력대상

- 6층 이상인 건축물
- 특수구조건축물
- 다중이용건축물
- 준다중이용건축물
- 3층 이상의 필로티 형식 건축물

16 다음 중 노외주차장에 설치하여야 하는 차로의 최소 너비가 가장 작은 주차형식은?(단, 이륜자동차전용 외의 노외주차장으로 출입구가 2개 이상인 경우)

① 직각주차　② 교차주차
③ 평행주차　④ 60도 대향주차

해설

이륜자동차전용 이외의 노외주차장 차로

주차형식	차로의 너비	
	출입구가 2개 이상인 경우	출입구가 1개인 경우
평행주차	3.3m	5.0m
직각주차	6.0m	6.0m
60° 대향주차	4.5m	5.5m
45° 대향주차	3.5m	5.0m
교차주차	3.5m	5.0m

정답　13 ④　14 ①　15 ④　16 ③

17 건축허가 대상 건축물이라 하더라도 미리 특별자치시장 · 특별자치도지사 또는 시장 · 군수 · 구청장에게 국토교통부령으로 정하는 바에 따라 신고를 하면 건축허가를 받은 것으로 보는 경우에 속하지 않는 것은?

① 층수가 2층인 건축물에서 바닥면적의 합계 $50m^2$의 증축
② 층수가 2층인 건축물에서 바닥면적의 합계 $60m^2$의 개축
③ 층수가 2층인 건축물에서 바닥면적의 합계 $80m^2$의 재축
④ 연면적이 $300m^2$이고 층수가 3층인 건축물의 대수선

해설

건축신고대상 건축물

1. 바닥면적 합계가 $85m^2$ 이내의 증축 · 개축 · 재축. 다만, 3층 이상 건축물인 경우에는 증축 · 개축 또는 재축하려는 부분의 바닥면적의 합계가 건축물 연면적의 10분의 1 이내인 경우로 한정한다.
2. 대수선(연면적 $200m^2$ 미만이고 3층 미만인 대수선에 한함)

18 주거지역의 세분으로 저층주택을 중심으로 편리한 주거환경을 조성하기 위하여 지정하는 지역은?

① 제1종 전용주거지역
② 제2종 전용주거지역
③ 제1종 일반주거지역
④ 제2종 일반주거지역

해설

주거지역의 세분

1. 제1종 일반주거지역 : 저층주택 중심으로 편리한 주거환경 조성
2. 제2종 일반주거지역 : 중층주택 중심으로 편리한 주거환경 조성
3. 제3종 일반주거지역 : 중 · 고층주택 중심으로 편리한 주거환경 조성

19 문화 및 집회시설 중 공연장의 관람실과 접하는 복도의 유효너비는 최소 얼마 이상으로 하여야 하는가?(단, 당해 층의 바닥면적 합계가 $400m^2$인 경우)

① 1.2m ② 1.5m
③ 1.8m ④ 2.4m

해설

공연장의 관람실과 접하는 복도의 유효너비

1. 바닥면적의 합계가 $500m^2$ 미만 : 1.5m 이상
2. 바닥면적의 합계가 $500m^2$ 이상 $1,000m^2$ 미만 : 1.8m 이상
3. 바닥면적의 합계가 $1,000m^2$ 이상 : 2.4m 이상

20 태양열을 주된 에너지원으로 이용하는 주택의 건축면적 산정 기준이 되는 것은?

① 건축물 외벽의 중심선
② 건축물 외벽의 외측 외곽선
③ 건축물 외벽 중 내측 내력벽의 중심선
④ 건축물 외벽 중 외측 비내력벽의 중심선

해설

건축면적 산정의 기준

태양열을 주된 에너지원으로 이용하는 주택의 건축면적과 단열재를 구조체의 외기 측에 설치하는 단열공법으로 건축된 건축물의 건축면적은 건축물의 외벽 중 내측 내력벽의 중심선을 기준으로 한다.

정답 17 ④ 18 ③ 19 ② 20 ③

건축기사 (2018년 4월 시행)

01 다음 설명에 알맞은 용도지구의 세분은?

> 건축물 · 인구가 밀집되어 있는 지역으로서 시설 개선 등을 통하여 재해 예방이 필요한 지구

① 일반방재지구
② 시가지방재지구
③ 중요시설물보호지구
④ 역사문화환경보호지구

해설

시가지방재지구
건축물 · 인구가 밀집되어 있는 지역으로서 시설 개선 등을 통하여 재해 예방이 필요한 지구

02 바닥으로부터 높이 1m까지의 안벽 마감을 내수재료로 하지 않아도 되는 것은?

① 아파트의 욕실
② 숙박시설의 욕실
③ 제1종 근린생활시설 중 휴게음식점의 조리장
④ 제2종 근린생활시설 중 일반음식점의 조리장

해설

거실의 방습기준

구분	대상건축물	기준
방습조치	건축물의 최하층에 있는 거실의 바닥이 목조인 경우	건축물의 최하층에 있는 거실 바닥의 높이는 지표면으로부터 45cm 이상 예외 지표면을 콘크리트바닥으로 설치하는 등의 방습조치를 한 경우
내수재료 마감	제1종 근린생활시설(일반목욕장의 욕실과 휴게음식점 및 제과점의 조리장) • 제2종 근린생활시설(일반음식점 및 휴게음식점 및 제과점의 조리장) • 숙박시설의 욕실	바닥으로부터 높이 1m까지는 내수재료로 안벽마감

03 대지면적이 1,000m²인 건축물의 옥상에 조경 면적을 90m² 설치한 경우, 대지에 설치하여야 하는 최소 조경 면적은?(단, 조경설치기준은 대지면적의 10%)

① 10m²　　② 40m²
③ 50m²　　④ 100m²

해설

조경설치기준
조경설치기준이 대지면적의 10%이므로 대지면적 1,000m²에 대한 조경면적 10%는 100m²이다. 최대 옥상조경면적 기준은 100m²×50/100＝50m²
그러므로 대지에 설치하여야 하는 조경면적은 100m²－50m²＝50m²이다.

옥상조경의 기준

건축물의 옥상에 조경을 한 경우	옥상 조경면적의 2/3를 대지 안의 조경면적으로 산정할 수 있다.
대지의 조경면적으로 산정하는 옥상 조경면적	전체 조경면적의 50%를 초과할 수 없다.

정답　01 ②　02 ①　03 ③

04 다음은 주차장 수급실태조사의 조사구역에 관한 설명이다. ( ) 안에 들어갈 말로 알맞은 것은?

> 사각형 또는 삼각형 형태로 조사구역을 설정하되 조사구역 바깥 경계선의 최대거리가 ( )를 넘지 아니하도록 한다.

① 100m ② 200m
③ 300m ④ 400m

해설

주차장 수급실태 조사구역
사각형 또는 삼각형 형태로 조사구역을 설정하되 조사구역 바깥 경계선의 최대 거리가 300m를 넘지 아니하도록 한다.

05 도시·군계획 수립대상 지역의 일부에 대하여 토지이용을 합리화하고 그 기능을 증진시키며 미관을 개선하고 양호한 환경을 확보하며, 그 지역을 체계적·계획적으로 관리하기 위하여 수립하는 도시·군관리계획은?

① 광역도시계획 ② 지구단위계획
③ 지구경관계획 ④ 택지개발계획

해설

지구단위계획
도시·군계획 수립대상 지역 안의 일부에 대하여 토지이용을 합리화하고 그 기능을 증진시키며 미관을 개선하고 양호한 환경을 확보하며, 해당 지역을 체계적·계획적으로 관리하기 위하여 수립하는 도시·군관리계획을 말한다.

06 다음 중 허가대상에 속하는 용도변경은?

① 영업시설군에서 근린생활시설군으로 용도변경
② 교육 및 복지시설군에서 영업시설군으로 용도변경
③ 근린생활시설군에서 주거업무시설군으로 용도변경
④ 산업 등의 시설군에서 전기통신시설군으로 용도변경

해설

허가, 신고대상에 속하는 용도변경

	용도변경 시설군		
↑ 건축허가	1	자동차관련시설군	건축신고 ↓
	2	산업 등 시설군	
	3	전기통신시설군	
	4	문화 및 집회시설군	
	5	영업시설군	
	6	교육 및 복지시설군	
	7	근린생활시설군	
	8	주거업무시설군	
	9	그 밖의 시설군	

07 일반상업지역에 건축할 수 없는 건축물에 속하지 않는 것은?

① 묘지관련시설
② 자원순환관련시설
③ 운수시설 중 철도시설
④ 자동차 관련 시설 중 폐차장

해설

운수시설 중 철도시설은 일반상업지역에 건축할 수 있는 건축물이다.

08 건축법령상 건축물의 대지에 공개공지 또는 공개공간을 확보하여야 하는 대상 건축물에 속하지 않는 것은?(단, 해당 용도로 쓰는 바닥면적의 합계가 5,000m²인 건축물의 경우)

① 종교시설 ② 의료시설
③ 업무시설 ④ 숙박시설

정답 04 ③ 05 ② 06 ② 07 ③ 08 ②

해설

공개공지 또는 공개공간을 설치하여야 하는 대상지역

대상지역	용도	규모
• 일반주거지역 • 준주거지역 • 상업지역 • 준공업지역 • 특별자치도지사 또는 시장 · 군수 · 구청장이 도시화의 가능성이 크거나 노후 산업단지의 정비가 필요하다고 인정하여 지정 · 공고하는 지역	• 문화 및 집회시설 • 종교시설 • 판매시설(농 · 수산물 유통시설은 제외) • 운수시설(여객용시설만 해당) • 업무시설 • 숙박시설	해당 용도로 쓰는 바닥면적의 합계가 5,000m² 이상
	다중이 이용하는 시설로서 건축조례가 정하는 건축물	

※ 전용주거지역, 전용공업지역, 일반공업지역, 녹지지역은 공개공지 대상지역이 아니다.

09 시설물의 부지 인근에 부설주차장을 설치하는 경우, 해당 부지의 경계선으로부터 부설주차장의 경계선까지의 거리 기준으로 옳은 것은?

① 직선거리 300m 이내
② 도보거리 800m 이내
③ 직선거리 500m 이내
④ 도보거리 1,000m 이내

해설

주차대수 규모 300대 이하의 부설주차장 인근설치 기준
해당 부지경계선으로부터 부설주차장 경계선까지의 직선거리 300m 이내 또는 도보거리 600m 이내

10 다중이용건축물에 속하지 않는 것은?(단, 층수가 10층이며, 해당 용도로 쓰는 바닥면적의 합계가 5,000m²인 건축물의 경우)

① 업무시설
② 종교시설
③ 판매시설
④ 숙박시설 중 관광숙박시설

해설

다중이용건축물
1. 바닥면적 합계가 5,000m² 이상인 문화 및 집회시설(전시장 및 동 · 식물원 제외), 판매시설, 종교시설, 운수시설, 의료시설 중 종합병원, 숙박시설 중 관광숙박시설
2. 16층 이상 건축물

11 다음의 옥상광장 등의 설치에 관한 기준 내용 중 ( ) 안에 들어갈 말로 알맞은 것은?

> 옥상광장 또는 2층 이상인 층에 있는 노대나 그 밖에 이와 비슷한 것의 주위에는 높이 ( ) 이상의 난간을 설치하여야 한다. 다만, 그 노대 등에 출입할 수 없는 구조인 경우에는 그러하지 아니하다.

① 1.0m ② 1.2m
③ 1.5m ④ 1.8m

해설

옥상광장 또는 2층 이상인 층에 있는 노대나 그 밖에 이와 비슷한 것의 주위에는 높이 1.2m 이상의 난간을 설치하여야 한다.

12 도시지역에 지정된 지구단위계획구역 내에서 건축물을 건축하려는 자가 그 대지의 일부를 공공시설 부지로 제공하는 경우 그 건축물에 대하여 완화하여 적용할 수 있는 항목이 아닌 것은?

① 건축선
② 건폐율
③ 용적률
④ 건축물의 높이

해설

건축물에 대하여 완화하여 적용할 수 있는 항목
건폐율 · 용적률 및 높이제한을 완화하여 적용할 수 있다.

정답 09 ① 10 ① 11 ② 12 ①

13 건축물의 거실(피난층의 거실 제외)에 국토교통부령으로 정하는 기준에 따라 배연설비를 설치하여야 하는 대상 건축물에 속하지 않는 것은?

① 6층 이상인 건축물로서 종교시설의 용도로 쓰는 건축물
② 6층 이상인 건축물로서 판매시설의 용도로 쓰는 건축물
③ 6층 이상인 건축물로서 방송통신시설 중 방송국의 용도로 쓰는 건축물
④ 6층 이상인 건축물로서 교육연구시설 중 연구소의 용도로 쓰는 건축물

해설

6층 이상인 건축물로서 배연설비를 설치하여야 하는 대상

- 제2종 근린생활시설 중 공연장, 종교집회장, 인터넷컴퓨터게임시설제공업소 및 다중생활시설(공연장, 종교집회장 및 인터넷컴퓨터게임시설제공업소는 바닥면적의 합계가 각각 $300m^2$ 이상인 경우만 해당)
- 문화 및 집회시설, 종교시설, 판매시설, 운수시설, 의료시설(요양병원 및 정신병원 제외)
- 교육연구시설 중 연구소
- 노유자시설 중 아동 관련 시설, 노인복지시설(노인요양시설 제외)
- 수련시설 중 유스호스텔
- 운동시설, 업무시설, 숙박시설, 위락시설, 관광휴게시설, 장례시설

14 태양열을 주된 에너지원으로 이용하는 주택의 건축면적 산정의 기준이 되는 것은?

① 외벽 중 내측 내력벽의 중심선
② 외벽 중 외측 비내력벽의 중심선
③ 외벽 중 내측 내력벽의 외측 외곽선
④ 외벽 중 외측 비내력벽의 외측 외곽선

해설

태양열을 주된 에너지원으로 이용하는 주택의 건축면적과 단열재를 구조체의 외기측에 설치하는 단열공법으로 건축된 건축물의 건축면적은 건축물의 외벽 중 내측 내력벽의 중심선을 기준으로 한다.

15 다음은 건축법령상 리모델링에 대비한 특혜 등에 관한 기준 내용이다. ( ) 안에 들어갈 말로 알맞은 것은?

> 리모델링이 쉬운 구조의 공동주택 건축을 촉진하기 위하여 공동주택을 대통령령으로 정하는 구조로 하여 건축허가를 신청하면 제56조(건축물의 용적률), 제60조(건축물의 높이 제한) 및 제61조(일조 등의 확보를 위한 건축물의 높이 제한)에 따른 기준을 ( )의 범위에서 대통령령으로 정하는 비율로 완화하여 적용할 수 있다.

① 100분의 110
② 100분의 120
③ 100분의 130
④ 100분의 140

해설

리모델링이 용이한 구조의 공동주택에 대한 완화기준

- 완화대상 : 용적률, 높이제한, 일조권
- 완화기준 : 100분의 120 범위

16 층수가 12층이고 6층 이상의 거실면적 합계가 $12,000m^2$인 교육연구시설에 설치하여야 하는 8인승 승용승강기의 최소 대수는?

① 2대 ② 3대
③ 4대 ④ 5대

해설

거실면적의 합계가 $12,000m^2$인 교육연구시설에 설치대수 산정 : $1+(12,000m^2-3,000m^2)/3,000m^2=4$대

정답 13 ③ 14 ① 15 ② 16 ③

승용승강기 설치기준

건축물의 용도 \ 6층 이상의 거실면적 합계 (Am²)	3,000m² 이하	3,000m² 초과
• 문화 및 집회시설(공연장 · 집회장 · 관람장) • 판매시설 • 의료시설(병원 · 격리병원)	2대	2대에 3,000m²를 초과하는 2,000m² 이내마다 1대의 비율로 가산한 대수 이상 $\left(2\text{대} + \frac{A - 3,000m^2}{2,000m^2}\text{대}\right)$
• 문화 및 집회시설(전시장 및 동 · 식물원) • 업무시설 • 숙박시설 • 위락시설	1대	1대에 3,000m²를 초과하는 2,000m² 이내마다 1대의 비율로 가산한 대수 이상 $\left(1\text{대} + \frac{A - 3,000m^2}{2,000m^2}\text{대}\right)$
• 공동주택 • 교육연구시설 • 노유자시설 • 기타 시설	1대	1대에 3,000m²를 초과하는 3,000m² 이내마다 1대의 비율로 가산한 대수 이상 $\left(1\text{대} + \frac{A - 3,000m^2}{3,000m^2}\text{대}\right)$

※ 승강기의 대수를 계산할 때 8인승 이상 15인승 이하의 승강기는 1대의 승강기로 보고, 16인승 이상의 승강기는 2대의 승강기로 본다.

17 건축물의 출입구에 설치하는 회전문은 계단이나 에스컬레이터로부터 최소 얼마 이상의 거리를 두어야 하는가?

① 1m ② 1.5m
③ 2m ④ 3m

해설

회전문은 계단이나 에스컬레이터로부터 2m 이상의 거리를 둘 것

18 주요구조부를 내화구조로 해야 하는 대상 건축물 기준으로 옳은 것은?

① 장례시설의 용도로 쓰는 건축물로서 집회실의 바닥면적 합계가 150m² 이상인 건축물
② 판매시설의 용도로 쓰는 건축물로서 그 용도로 쓰는 바닥면적의 합계가 300m² 이상인 건축물
③ 운수시설의 용도로 쓰는 건축물로서 그 용도로 쓰는 바닥면적의 합계가 400m² 이상인 건축물
④ 문화 및 집회시설 중 전시장의 용도로 쓰는 건축물로서 그 용도로 쓰는 바닥면적의 합계가 500m² 이상인 건축물

해설

내화구조대상 건축물

건축물의 용도	바닥면적 합계
① • 제2종 근린생활시설 중 공연장 · 종교집회장(바닥면적의 합계가 각각 300m² 이상인 경우) • 문화 및 집회시설(전시장, 동 · 식물원 제외) • 장례시설 • 위락시설 중 주점영업으로 사용되는 건축물의 관람실 · 집회실	200m² (옥외 관람석 : 1,000m²) 이상
② • 문화 및 집회시설(전시장, 동 · 식물원) • 판매시설 • 운수시설 • 수련시설 • 운동시설(체육관, 운동장) • 위락시설(주점영업 제외) • 창고시설 • 위험물저장 및 처리시설 • 자동차관련시설 • 방송통신시설(방송국 · 전신전화국 · 촬영소) • 묘지관련시설(화장시설 · 동물화장시설) • 관광휴게시설	500m² 이상

정답 17 ③ 18 ④

19 건축물의 면적, 높이 및 층수 산정의 기본원칙으로 옳지 않은 것은?

① 대지면적은 대지의 수평투영면적으로 한다.
② 연면적은 하나의 건축물 각 층의 거실면적 합계로 한다.
③ 건축면적은 건축물의 외벽(외벽이 없는 경우에는 외곽 부분의 기둥)의 중심선으로 둘러싸인 부분의 수평투영면적으로 한다.
④ 바닥면적은 건축물의 각 층 또는 그 일부로서 벽, 기둥, 그 밖에 이와 비슷한 구획의 중심선으로 둘러싸인 부분의 수평투영면적으로 한다.

해설

연면적
연면적은 하나의 건축물 각 층의 거실면적의 합계가 아니라 하나의 건축물 각 층의 바닥면적 합계로 한다.

20 부설주차장 설치대상 시설물이 판매시설인 경우 부설주차장 설치기준으로 옳은 것은?

① 시설면적 $100m^2$당 1대
② 시설면적 $150m^2$당 1대
③ 시설면적 $200m^2$당 1대
④ 시설면적 $400m^2$당 1대

해설

판매시설의 부설주차장 설치기준
시설면적 $150m^2$당 1대

부설주차장의 설치기준

용도	설치기준
1. 위락시설	시설면적 $100m^2$당 1대 (시설면적/$100m^2$)
2. • 문화 및 집회시설(관람장 제외) • 종교시설 • 판매시설 • 운수시설 • 의료시설(정신병원 · 요양소 · 격리병원을 제외) • 운동시설(골프장 · 골프연습장 · 옥외수영장 제외) • 업무시설(외국공관 및 오피스텔 제외) • 방송통신시설 중 방송국 • 장례식장	시설면적 $150m^2$당 1대 (시설면적/$150m^2$)
3. • 제1종 근린생활시설 예외 – 지역자치센터, 파출소, 지구대, 소방서, 우체국, 방송국, 보건소, 공공도서관, 건강보험공단 사무소 등 공공업무시설로서 같은 건축물에 해당 용도로 쓰는 바닥면적의 합계가 1천 제곱미터 미만인 것 – 마을회관, 마을공동작업소, 마을공동구판장 등 주민이 공동으로 이용하는 시설 • 제2종 근린생활시설 • 숙박시설	시설면적 $200m^2$당 1대 (시설면적/$200m^2$)

정답 19 ② 20 ②

건축산업기사 (2018년 4월 시행)

01 건축물의 피난 · 안전을 위하여 건축물 중간에 설치하는 대피공간인 피난안전구역의 면적 산정식으로 옳은 것은?

① (피난안전구역 위층의 재실자수×0.5)×0.12m²
② (피난안전구역 위층의 재실자수×0.5)×0.28m²
③ (피난안전구역 위층의 재실자수×0.5)×0.33m²
④ (피난안전구역 위층의 재실자수×0.5)×0.45m²

해설

피난안전구역의 면적
피난안전구역 위층의 재실자수×0.5)×0.28m² 이상으로 한다.

02 건축법령상 대지면적에 대한 건축면적의 비율로 정의되는 것은?

① 용적률　　② 건폐율
③ 수용률　　④ 대지율

해설

- 건폐율 : 대지면적에 대한 건축면적의 비율
- 용적률 : 대지면적에 대한 연면적의 비율

03 다음 중 건축물의 관람실 또는 집회실로부터 바깥쪽으로의 출구로 쓰이는 문을 안여닫이로 하여서는 안 되는 건축물은?

① 위락시설
② 판매시설
③ 문화 및 집회시설 중 전시장
④ 문화 및 집회시설 중 동 · 식물원

해설

관람석 등으로부터의 출구 설치

대상 건축물	해당 층의 용도	출구 방향
• 문화 및 집회시설(전시장 및 동 · 식물원 제외)	관람실 · 집회실	바깥쪽으로 나가는 출구로 쓰이는 문은 안여닫이로 할 수 없다.
• 종교시설		
• 위락시설		
• 장례시설		

04 건축법령상 다가구주택이 갖추어야 할 요건에 해당하지 않는 것은?

① 19세대 이하가 거주할 수 있을 것
② 독립된 주거의 형태를 갖추지 아니할 것
③ 주택으로 쓰는 층수(지하층은 제외)가 3개 층 이하일 것
④ 1개 동의 주택으로 쓰는 바닥면적(부설 주차장 면적은 제외)의 합계가 660m² 이하일 것

해설

다가구주택의 요건
- 주택으로 쓰는 층수(지하층은 제외)가 3개 층 이하일 것
- 1개 동의 주택으로 쓰이는 바닥면적의 합계가 660m² 이하일 것
- 19세대 이하가 거주할 수 있을 것

05 건축물의 용도변경과 관련된 시설군 중 영업시설군에 속하지 않는 건축물의 용도는?

① 판매시설　　② 운동시설
③ 업무시설　　④ 숙박시설

정답　01 ②　02 ②　03 ①　04 ②　05 ③

해설

영업시설군

판매시설, 운동시설, 숙박시설, 다중생활시설(제2종 근린생활시설에 속하지 아니하는 것)

06 다음 중 6층 이상의 거실면적 합계가 6,000 m²인 건축물을 건축하고자 하는 경우 설치하여야 하는 승용승강기의 최소 대수가 가장 많은 건축물은?(단, 8인승 승용승강기를 설치하는 경우)

① 업무시설 ② 위락시설
③ 숙박시설 ④ 의료시설

해설

6층 이상의 거실면적 합계가 6,000m²인 건축물을 건축하고자 하는 경우 설치하여야 하는 승용승강기의 최소 대수가 가장 많은 건축물 : 문화 및 집회시설(공연장 · 집회장 · 관람장), 판매시설, 의료시설(병원 · 격리병원)

승용승강기 설치기준

6층 이상의 거실면적 합계 (Am²) / 건축물의 용도	3,000m² 이하	3,000m² 초과
• 문화 및 집회시설(공연장 · 집회장 · 관람장) • 판매시설 • 의료시설(병원 · 격리병원)	2대	2대에 3,000m²를 초과하는 2,000m² 이내마다 1대의 비율로 가산한 대수 이상 $\left(2\text{대} + \frac{A - 3,000\text{m}^2}{2,000\text{m}^2}\text{대}\right)$
• 문화 및 집회시설(전시장 및 동 · 식물원) • 업무시설 • 숙박시설 • 위락시설	1대	1대에 3,000m²를 초과하는 2,000m² 이내마다 1대의 비율로 가산한 대수 이상 $\left(1\text{대} + \frac{A - 3,000\text{m}^2}{2,000\text{m}^2}\text{대}\right)$
• 공동주택 • 교육연구시설 • 노유자시설 • 기타 시설	1대	1대에 3,000m²를 초과하는 3,000m² 이내마다 1대의 비율로 가산한 대수 이상 $\left(1\text{대} + \frac{A - 3,000\text{m}^2}{3,000\text{m}^2}\text{대}\right)$

※ 승강기의 대수를 계산할 때 8인승 이상 15인승 이하의 승강기는 1대의 승강기로 보고, 16인승 이상의 승강기는 2대의 승강기로 본다.

07 공작물을 축조할 때 특별자치시장 · 특별자치도지사 또는 시장 · 군수 · 구청장에게 신고를 하여야 하는 대상 공작물에 속하지 않는 것은?(단, 건축물과 분리하여 축조하는 경우)

① 높이가 3m인 담장
② 높이가 3m인 옹벽
③ 높이가 5m인 굴뚝
④ 높이가 5m인 광고탑

해설

높이가 6m가 넘는 굴뚝이 해당된다.

08 가구 · 세대 등 간의 소음 방지를 위하여 건축물의 층간바닥(화장실바닥은 제외)을 국토교통부령으로 정하는 기준에 따라 설치하여야 하는 대상 건축물에 속하지 않는 것은?

① 단독주택 중 다중주택
② 업무시설 중 오피스텔
③ 숙박시설 중 다중생활시설
④ 제2종 근린생활시설 중 다중생활시설

해설

건축물의 층간바닥 소음방지 설치기준

1. 단독주택 중 다가구주택
2. 공동주택(「주택법」 제16조에 따른 주택건설사업계획 승인 대상은 제외한다)
3. 업무시설 중 오피스텔
4. 제2종 근린생활시설 중 다중생활시설
5. 숙박시설 중 다중생활시설

09 건축법령상 다중이용건축물에 속하지 않는 것은?(단, 16층 미만으로, 해당 용도로 쓰는 바닥면적의 합계가 5,000m²인 건축물인 경우)

① 종교시설
② 판매시설
③ 의료시설 중 종합병원
④ 숙박시설 중 일반숙박시설

정답 06 ④ 07 ③ 08 ① 09 ④

해설

다중이용건축물

- 바닥면적 합계가 5,000m² 이상인 문화 및 집회시설(전시장 및 동·식물원 제외), 판매시설, 종교시설, 운수시설, 의료시설 중 종합병원, 숙박시설 중 관광숙박시설
- 16층 이상 건축물

10 노외주차장의 주차형식에 따른 차로의 최소 너비가 옳지 않은 것은?(단, 이륜자동차전용 외의 노외주차장으로서 출입구가 2개 이상인 경우)

① 평행주차 : 3.5m
② 교차주차 : 3.5m
③ 직각주차 : 6.0m
④ 60° 대향주차 : 4.5m

해설

노외주차장 차로너비(이륜자동차전용이 아닌 노외주차장)

주차형식	차로의 폭	
	출입구가 2개 이상인 경우	출입구가 1개인 경우
평행주차	3.3m	5.0m
직각주차	6.0m	6.0m
60° 대향주차	4.5m	5.5m
45° 대향주차	3.5m	5.0m
교차주차	3.5m	5.0m

11 다음 중 대수선에 속하지 않는 것은?

① 특별피난계단을 수선 또는 변경하는 것
② 방화구획을 위한 벽을 수선 또는 변경하는 것
③ 다세대주택의 세대 간 경계벽을 수선 또는 변경하는 것
④ 기존 건축물이 있는 대지에서 건축물의 층수를 늘리는 것

해설

기존 건축물이 있는 대지에서 건축물의 층수를 늘리는 것은 대수선이 아니라 증축에 속한다.

대수선의 범위

건축물의 부분(주요구조부)	대수선에 해당하는 내용
내력벽	증설·해체하거나 벽면적 30m² 이상 수선·변경하는 것
기둥·보·지붕틀(한옥의 경우에는 지붕틀의 범위에서 서까래는 제외)	증설·해체하거나 각각 3개 이상 수선·변경하는 것
방화벽·방화구획을 위한 바닥 및 벽	증설·해체하거나 수선·변경하는 것
주계단·피난계단·특별피난계단	
다가구주택 및 다세대주택의 가구 및 세대 간 경계벽	증설·해체하거나 수선·변경하는 것
건축물의 외벽에 사용하는 마감재료	증설·해체하거나
	벽면적 30m² 이상 수선 또는 변경하는 것

12 주차장에서 장애인전용 주차단위구획의 면적은 최소 얼마 이상이어야 하는가?(단, 평행주차형식 외의 경우)

① 11.5m²　② 12m²
③ 15m²　④ 16.5m²

해설

장애인전용 주차단위구획 : 3.3m × 5.0m 이상 = 16.5m²

13 급수·배수(配水)·배수(排水)·환기·난방 설비를 건축물에 설치하는 경우 관계전문기술자(건축기계설비기술사 또는 공조냉동기계기술사)의 협력을 받아야 하는 대상 건축물에 속하지 않는 것은?(단, 해당 용도에 사용되는 바닥면적의 합계가 2,000m²인 건축물의 경우)

① 판매시설　② 연립주택
③ 숙박시설　④ 유스호스텔

정답　10 ①　11 ④　12 ④　13 ①

해설

관계전문기술자 협력대상 건축물

용 도	바닥면적 합계
냉동 · 냉장시설, 항온항습시설, 특수청정시설	500m²
아파트, 연립주택	–
목욕장, 물놀이형 시설, 수영장	500m²
기숙사, 의료시설, 유스호스텔, 숙박시설	2,000m²
판매시설, 연구소, 업무시설	3,000m²
문화 및 집회시설, 종교시설, 교육연구시설, 장례시설	10,000m²

14 주차장법령상 다음과 같이 정의되는 주차장의 종류는?

> 도로의 노면 또는 교통광장(교차점 광장만 해당한다)의 일정한 구역에 설치된 주차장으로서 일반의 이용에 제공되는 것

① 노상주차장 ② 노외주차장
③ 공용주차장 ④ 부설주차장

해설

노상주차장
도로의 노면 또는 교통광장(교차점 광장만 해당)의 일정한 구역에 설치된 주차장으로서 일반의 이용에 제공되는 것

15 시설물의 부지 인근에 단독 또는 공동으로 부설주차장을 설치할 수 있는 부설주차장의 규모 기준은?

① 주차대수 300대 이하
② 주차대수 400대 이하
③ 주차대수 500대 이하
④ 주차대수 600대 이하

해설

부설주차장의 주차대수가 300대 이하인 때에는 시설물의 부지 인근에 단독 또는 공동으로 부설주차장을 설치할 수 있다.

16 상업지역의 세분에 속하지 않는 것은?

① 근린상업지역
② 전용상업지역
③ 유통상업지역
④ 중심상업지역

해설

상업지역의 세분
- 중심상업지역
- 일반상업지역
- 근린상업지역
- 유통상업지역

17 다음은 건축물의 공사감리에 관한 기준 내용이다. 밑줄 친 공사의 공정이 대통령령으로 정하는 진도에 다다른 경우에 해당하지 않는 것은? (단, 건축물의 구조가 철근콘크리트조인 경우)

> 공사감리자는 국토교통부령으로 정하는 바에 따라 감리일지를 기록 · 유지하여야 하고, 공사의 공정이 대통령령으로 정하는 진도에 다다른 경우에는 감리중간보고서를, 공사를 완료한 경우에는 감리완료보고서를 국토교통부령으로 정하는 바에 따라 각각 작성하여 건축주에게 제출하여야 한다.

① 지붕슬래브배근을 완료한 경우
② 기초공사 시 철근배치를 완료한 경우
③ 높이 20m마다 주요구조부의 조립을 완료한 경우
④ 지상 5개 층마다 상부 슬래브배근을 완료한 경우

해설

철골조의 경우 지상 3개 층마다 또는 높이 20m마다 주요구조부의 조립을 완료한 경우

정답 14 ① 15 ① 16 ② 17 ③

감리중간보고서 제출

건축물의 구조	공사의 공정	진행과정
• 철근콘크리트조 • 철골철근콘크리트조 • 조적조 • 보강콘크리트블록조	기초공사 시	철근배치를 완료한 경우
	지붕공사 시	지붕슬래브배근을 완료한 경우
	상부 슬래브 배근 완료	지상 5개 층마다 상부 슬래브배근을 완료한 경우
철골조	기초공사 시	철근배치를 완료한 경우
	지붕공사 시	지붕철골조립을 완료한 경우
	주요 구조부의 조립	지상 3개 층마다 또는 높이 20m마다 완료한 경우
그 밖의 구조	기초공사 시	거푸집 또는 주춧돌의 설치를 완료한 경우
건축물이 3층 이상의 필로티형식	• 위의 공사공정 진행과정에 해당하는 경우 • 건축물 상층부의 하중이 상층부와 다른 구조형식의 하층부로 전달되는 다음의 어느 하나에 해당하는 부재의 철근배치를 완료한 경우 −기둥 또는 벽체 중 하나 −보 또는 슬래브 중 하나	

18 국토의 계획 및 이용에 관한 법령에 따른 기반 시설 중 공간시설에 속하지 않는 것은?

① 광장
② 유원지
③ 유수지
④ 공공공지

해설

공간시설의 종류
광장, 공원, 녹지, 유원지, 공공공지

19 국토교통부령으로 정하는 기준에 따라 채광 및 환기를 위한 창문 등이나 설비를 설치하여야 하는 대상에 속하지 않는 것은?

① 의료시설의 병실
② 숙박시설의 객실
③ 업무시설의 사무실
④ 교육연구시설 중 학교의 교실

해설

거실의 채광 및 환기

구분	건축물의 용도	창문 등의 면적	예외
채광	• 단독주택의 거실 • 공동주택의 거실 • 학교의 교실 • 의료시설의 병실 • 숙박시설의 객실	거실바닥 면적의 1/10 이상	기준조도 이상의 조명장치를 설치한 경우
환기		거실바닥 면적의 1/20 이상	기계환기장치 및 중앙관리방식의 공기조화설비를 설치하는 경우

단서 수시로 개방할 수 있는 미닫이로 구획된 2개의 거실은 이를 1개로 본다.

20 건축허가신청에 필요한 기본설계도서 중 배치도에 표시하여야 할 사항에 속하지 않는 것은?

① 주차장 규모
② 공개공지 및 조경계획
③ 대지에 접한 도로의 길이 및 너비
④ 건축선 및 대지경계선으로부터 건축물까지의 거리

해설

건축허가신청에 필요한 기본설계도서 중 배치도에 포함하여야 할 사항
• 축척 및 방위
• 대지에 접한 도로의 길이 및 너비
• 대지의 종 · 횡단면도
• 건축선 및 대지경계선으로부터 건축물까지의 거리
• 주차동선 및 옥외주차계획
• 공개공지 및 조경계획

정답 18 ③ 19 ③ 20 ①

Engineer Architecture

건축기사 (2018년 9월 시행)

01 건축법령상 공사감리자가 수행하여야 하는 감리업무에 속하지 않는 것은?

① 공정표의 작성
② 상세시공도면의 검토 · 확인
③ 공사현장에서의 안전관리 지도
④ 설계변경의 적정 여부 검토 · 확인

해설

① 공정표의 작성은 업무에 해당되지 않고 검토업무만 해당된다.

공사감리자 감리업무 내용

- 공사시공자가 설계도서에 따라 적합하게 시공하는지 여부의 확인
- 공사시공자가 사용하는 건축자재가 관계법령에 의한 기준에 적합한 건축자재인지 여부의 확인
- 건축물 및 대지가 관계법령에 적합하도록 공사시공자 및 건축주 지도
- 시공계획 및 공사관리의 적정 여부 확인
- 공사현장에서의 안전관리 지도
- 공정표의 검토
- 상세시공도면의 검토 · 확인
- 구조물의 위치와 규격의 적정 여부 검토 · 확인
- 품질시험의 실시 여부 및 시험성과의 검토 · 확인
- 설계변경의 적정 여부 검토 · 확인

02 다음은 대지와 도로의 관계에 관한 기준 내용이다. ( ) 안에 들어갈 말로 알맞은 것은?(단, 축사, 작물재배사, 그 밖에 이와 비슷한 건축물로서 건축조례로 정하는 규모의 건축물은 제외)

> 연면적 합계가 2,000m²(공장인 경우에는 3,000m²) 이상인 건축물의 대지는 너비 (㉠) 이상의 도로에 (㉡) 이상 접하여야 한다.

① ㉠ 2m, ㉡ 4m　② ㉠ 4m, ㉡ 2m
③ ㉠ 4m, ㉡ 6m　④ ㉠ 6m, ㉡ 4m

해설

연면적의 합계가 2,000m²(공장인 경우 3,000m²) 이상인 건축물의 대지는 너비 6m 이상인 도로에 4m 이상 접하여야 한다.

03 다음 중 제2종 일반주거지역 안에서 건축할 수 있는 건축물에 속하지 않는 것은?

① 종교시설　② 운수시설
③ 노유자시설　④ 제1종 근린생활시설

해설

운수시설은 제2종 일반주거지역 안에서 건축할 수 있는 건축물에 속하지 않는다.

04 피난층 외의 층으로서 피난층 또는 지상으로 통하는 직통계단을 2개소 이상 설치하여야 하는 대상 기준으로 옳지 않은 것은?

① 지하층으로서 그 층 거실의 바닥면적 합계가 200m² 이상인 것
② 종교시설의 용도로 쓰는 층으로서 그 층에서 해당 용도로 쓰는 바닥면적의 합계가 200m² 이상인 것
③ 판매시설의 용도로 쓰는 3층 이상의 층으로서 그 층의 해당 용도로 쓰는 거실의 바닥면적 합계가 200m² 이상인 것
④ 업무시설 중 오피스텔의 용도로 쓰는 층으로서 그 층의 해당 용도로 쓰는 거실의 바닥면적 합계가 200m² 이상인 것

해설

업무시설 중 오피스텔의 용도로 쓰는 층으로서 그 층의 해당 용도로 쓰는 거실 바닥면적의 합계가 300m² 이상인 것

정답　01 ①　02 ④　03 ②　04 ④

05 국토의 계획 및 이용에 관한 법률에 따른 용도 지역에서의 용적률 최대한도 기준이 옳지 않은 것은?(단, 도시지역의 경우)

① 주거지역 : 500% 이하
② 녹지지역 : 100% 이하
③ 공업지역 : 400% 이하
④ 상업지역 : 1,000% 이하

해설

용적률 최대한도 기준

- 주거지역 : 500% 이하
- 상업지역 : 1,500% 이하
- 공업지역 : 400% 이하
- 녹지지역 : 100% 이하

06 다음 중 도시 · 군관리계획에 포함되지 않는 것은?

① 도시개발사업이나 정비사업에 관한 계획
② 광역계획권의 장기발전방향을 제시하는 계획
③ 기반시설의 설치 · 정비 또는 개량에 관한 계획
④ 용도지역 · 용도지구의 지정 또는 변경에 관한 계획

해설

광역계획권의 장기발전방향을 제시하는 계획은 광역도시계획에 포함된다.

도시 · 군관리계획의 내용

- 용도지역 · 용도지구의 지정 또는 변경에 관한 계획
- 개발제한구역 · 도시자연공원구역 · 시가화조정구역 · 수산자원보호구역의 지정 또는 변경에 관한 계획
- 기반시설의 설치 · 정비 또는 개량에 관한 계획
- 도시개발사업 또는 정비사업에 관한 계획
- 지구단위계획구역의 지정 또는 변경에 관한 계획과 지구단위계획
- 입지규제최소구역의 지정 또는 변경에 관한 계획과 입지규제최소구역계획

07 다음 중 허가대상 건축물이라 하더라도 건축신고를 하면 건축허가를 받은 건으로 보는 경우에 속하지 않는 것은?

① 건축물의 높이를 4m 증축하는 건축물
② 연면적의 합계가 $80m^2$인 건축물의 건축
③ 연면적이 $150m^2$이고 2층인 건축물의 대수선
④ 2층 건축물로서 바닥면적의 합계 $80m^2$를 증축하는 건축물

해설

① 건축물의 높이를 3m 이하의 범위 안에서 증축하는 건축물이 건축신고대상이다.

신고대상 소규모 건축물

<table>
<tr><th>구분</th><th colspan="2">소규모 건축물</th></tr>
<tr><td>연면적</td><td colspan="2">연면적의 합계가 $100m^2$ 이하인 건축물</td></tr>
<tr><td>높이</td><td colspan="2">건축물의 높이 3m 이하의 범위에서 증축하는 건축물</td></tr>
<tr><td>표준설계도서에 의하여 건축하는 건축물</td><td colspan="2">그 용도 · 규모가 주위환경 · 미관상 지장이 없다고 인정하여 건축조례가 정하는 건축물</td></tr>
<tr><td rowspan="4">지역</td><td>공업지역</td><td rowspan="3">2층 이하인 건축물로서 연면적 합계가 $500m^2$ 이하인 공장(제조업소 등 물품의 제조 · 가공을 위한 시설을 포함)</td></tr>
<tr><td>산업단지</td></tr>
<tr><td>지구단위계획구역(산업 · 유통형에 한함)</td></tr>
<tr><td>읍 · 면지역(도시 · 군계획에 지장이 있다고 지정 · 공고한 구역은 제외)</td><td>• 연면적 $200m^2$ 이하의 농업 · 수산업용 창고
• 연면적 $400m^2$ 이하의 축사 · 작물재배사, 종묘배양시설, 화초 및 분재 등의 온실</td></tr>
</table>

08 부설주차장 설치대상 시설물이 종교시설인 경우, 부설주차장 설치기준으로 옳은 것은?

① 시설면적 $50m^2$당 1대
② 시설면적 $100m^2$당 1대
③ 시설면적 $150m^2$당 1대
④ 시설면적 $200m^2$당 1대

정답 05 ④ 06 ② 07 ① 08 ③

해설

부설주차장의 설치기준

용도	설치기준
1. 위락시설	시설면적 $100m^2$당 1대 (시설면적/$100m^2$)
2. • 문화 및 집회시설(관람장 제외) • 종교시설 • 판매시설 • 운수시설 • 의료시설(정신병원 · 요양소 · 격리병원을 제외) • 운동시설(골프장 · 골프연습장 · 옥외수영장 제외) • 업무시설(외국공관 및 오피스텔 제외) • 방송통신시설 중 방송국 • 장례식장	시설면적 $150m^2$당 1대 (시설면적/$150m^2$)
3. • 제1종 근린생활시설 예외 – 지역자치센터, 파출소, 지구대, 소방서, 우체국, 방송국, 보건소, 공공도서관, 건강보험공단 사무소 등 공공업무시설로서 같은 건축물에 해당 용도로 쓰는 바닥면적의 합계가 1천 제곱미터 미만인 것 – 마을회관, 마을공동작업소, 마을공동구판장 등 주민이 공동으로 이용하는 시설 • 제2종 근린생활시설 • 숙박시설	시설면적 $200m^2$당 1대 (시설면적/$200m^2$)

09 건축물에 설치하는 지하층의 구조에 관한 기준 내용으로 옳지 않은 것은?

① 지하층에 설치하는 비상탈출구의 유효너비는 0.75m 이상으로 할 것

② 거실의 바닥면적 합계가 $1,000m^2$ 이상인 층에는 환기설비를 설치할 것

③ 지하층의 바닥면적이 $300m^2$ 이상인 층에는 식수공급을 위한 급수전을 1개소 이상 설치할 것

④ 거실의 바닥면적이 $33m^2$ 이상인 층에는 직통계단 외에 피난층 또는 지상으로 통하는 비상탈출구를 설치할 것

해설

거실의 바닥면적이 $50m^2$ 이상인 층에는 직통계단 외에 피난층 또는 지상으로 통하는 비상탈출구를 설치할 것

비상탈출구의 구조기준

비상탈출구	구조기준
비상탈출구의 크기	유효너비 0.75m 이상×유효높이 1.5m 이상
비상탈출구의 방향	• 피난방향으로 열리도록 하고, 실내에서 항상 열 수 있는 구조 • 내부 및 외부에는 비상탈출구표시를 할 것
비상탈출구의 설치위치	출입구로부터 3m 이상 떨어진 곳에 설치할 것
지하층의 바닥으로부터 비상탈출구의 하단까지의 높이가 1.2m 이상이 되는 경우	벽체에 발판의 너비가 20cm 이상인 사다리를 설치할 것
비상탈출구에서 피난층 또는 지상으로 통하는 복도 또는 직통계단까지 이르는 피난통로의 유효 너비	• 피난 통로의 유효너비는 0.75m 이상 • 피난통로의 실내에 접하는 부분의 마감과 그 바탕은 불연재료로 할 것
비상탈출구의 진입부분 및 피난통로	통행에 지장이 있는 물건을 방치하거나 시설물을 설치하지 아니할 것
비상탈출구의 유도등과 피난통로의 비상조명등	소방관계법령에서 정하는 바에 따라 설치할 것

예외 주택의 경우

10 비상용승강기 승강장의 구조에 관한 기준 내용으로 옳지 않은 것은?

① 승강장은 각 층의 내부와 연결될 수 있도록 할 것

② 벽 및 반자가 실내에 접하는 부분의 마감재료는 준불연재료로 할 것

③ 옥내에 설치하는 승강장의 바닥면적은 비상용승강기 1대에 대하여 $6m^2$ 이상으로 할 것

④ 피난층이 있는 승강장의 출입구로부터 도로 또는 공지에 이르는 거리가 30m 이하일 것

정답 09 ④ 10 ②

해설

벽 및 반자가 실내에 접하는 부분의 마감재료는 불연재료로 할 것

11 다음은 건축법령상 다세대주택의 정의이다. ( ) 안에 들어갈 말로 알맞은 것은?

> 주택으로 쓰는 1개 동의 바닥면적 합계가 (㉠) 이하이고, 층수가 (㉡) 이하인 주택(2개 이상의 동을 지하주차장으로 연결하는 경우에는 각각의 동으로 본다.)

① ㉠ $330m^2$, ㉡ 3개 층
② ㉠ $330m^2$, ㉡ 4개 층
③ ㉠ $660m^2$, ㉡ 3개 층
④ ㉠ $660m^2$, ㉡ 4개 층

해설

다세대주택
주택으로 쓰는 1개 동의 바닥면적 합계가 $660m^2$ 이하이고 층수가 4개 층 이하인 주택(2개 이상의 동을 지하주차장으로 연결하는 경우에는 각각의 동으로 보며, 지하주차장면적은 바닥면적에서 제외)

12 공작물을 축조할 때 특별자치시장 · 특별자치도지사 또는 시장 · 군수 · 구청장에서 신고를 하여야 하는 대상 공작물 기준으로 옳지 않은 것은?(단, 건축물과 분리하여 축조하는 경우)

① 높이 6m를 넘는 굴뚝
② 높이 4m를 넘는 광고탑
③ 높이 2m를 넘는 장식탑
④ 높이 2m를 넘는 옹벽 또는 담장

해설

공작물의 축조신고 대상
- 높이 6m를 넘는 굴뚝
- 높이 4m를 넘는 장식탑, 기념탑 , 광고탑, 광고판, 기타 이와 유사한 것
- 높이 8m를 넘는 고가수조, 기타 이와 유사한 것
- 높이 2m를 넘는 옹벽 또는 담장
- 바닥면적 $30m^2$를 넘는 지하대피호

13 건축물을 신축하는 경우 옥상에 조경을 $150m^2$ 시공했다. 이 경우 대지의 조경면적은 최소 얼마 이상으로 하여야 하는가?(단, 대지면적은 $1,500m^2$이고, 조경설치 기준은 대지면적의 10%이다.)

① $25m^2$ ② $50m^2$
③ $75m^2$ ④ $100m^2$

해설

옥상조경의 기준

건축물의 옥상에 조경을 한 경우	옥상 조경면적의 2/3를 대지 안의 조경면적으로 산정할 수 있다.
대지의 조경면적으로 산정하는 옥상 조경면적	전체 조경면적의 50%를 초과할 수 없다.

- 대지면적 $1,500m^2$에 대한 조경면적 10%는 $150m^2$이다.
- 최대 옥상조경면적 기준은 $150m^2 \times 50/100 = 75m^2$

그러므로 대지에 설치하여야 하는 조경면적은 $150m^2 - 75m^2 = 75m^2$이다.

14 높이 31m를 넘는 각 층의 바닥면적 중 최대 바닥면적이 $5,000m^2$인 업무시설에 원칙적으로 설치하여야 하는 비상용 승강기의 최소 대수는?

① 1대 ② 2대
③ 3대 ④ 4대

정답 11 ④ 12 ③ 13 ③ 14 ③

해설

비상용 승강기의 설치기준

높이 31m를 넘는 각 층의 바닥면적 중 최대바닥면적(Am^2)	설치대수
1,500m^2 이하	1대 이상
1,500m^2 초과	1대에 1,500m^2를 넘는 3,000 m^2 이내마다 1대씩 가산 $\left(1+\frac{A-1,500m^2}{3,000m^2}\text{대}\right)$

※ 2대 이상의 비상용 승강기를 설치하는 경우에는 화재 시 소화에 지장이 없도록 일정한 간격을 유지할 것

그러므로 1대+(5,000m^2−1,500m^2/3,000m^2)=2.2대로 3대 이상을 설치한다.

15 건축물의 거실에 국토교통부령으로 정하는 기준에 따라 배연설비를 하여야 하는 대상건축물에 속하지 않는 것은?(단, 피난층의 거실은 제외하며, 6층 이상인 건축물의 경우)

① 종교시설 ② 판매시설
③ 위락시설 ④ 방송통신시설

해설

6층 이상인 건축물로서 배연설비를 설치하여야 하는 대상

- 제2종 근린생활시설 중 공연장, 종교집회장, 인터넷컴퓨터게임시설제공업소 및 다중생활시설(공연장, 종교집회장 및 인터넷컴퓨터게임시설제공업소는 바닥면적의 합계가 각각 300m^2 이상인 경우만 해당)
- 문화 및 집회시설, 종교시설, 판매시설, 운수시설, 의료시설(요양병원 및 정신병원 제외)
- 교육연구시설 중 연구소
- 노유자시설 중 아동관련시설, 노인복지시설(노인요양시설 제외)
- 수련시설 중 유스호스텔
- 운동시설, 업무시설, 숙박시설, 위락시설, 관광휴게시설, 장례시설

16 일반주거지역에서 건축물을 건축하는 경우 건축물의 높이 5m인 부분은 정북방향의 인접 대지 경계선으로부터 원칙적으로 최소 얼마 이상을 띄어 건축하여야 하는가?

① 1.0m ② 1.5m
③ 2.0m ④ 3.0m

해설

정북방향의 인접대지 경계선으로부터 띄우는 거리

- 높이 9m 이하인 경우 : 1.5m 이상
- 높이 9m를 초과하는 경우 : 해당 건축물 각 부분 높이의 1/2 이상

17 지하식 또는 건축물식 노외주차장의 차로에 관한 기준 내용으로 옳지 않은 것은?(단, 이륜자동차전용 노외주차장이 아닌 경우)

① 높이는 주차바닥면으로부터 2.3m 이상으로 하여야 한다.
② 경사로의 종단경사도는 직선 부분에서는 17%를 초과하여서는 아니 된다.
③ 곡선 부분은 자동차가 4m 이상의 내변반경으로 회전할 수 있도록 하여야 한다.
④ 주차대수 규모가 50대 이상인 경우의 경사로는 너비 6m 이상인 2차로를 확보하거나 진입차로와 진출차로를 분리하여야 한다.

해설

③ 곡선 부분은 자동차가 6m 이상의 내변반경으로 회전할 수 있도록 하여야 한다.

굴곡부의 내변반경

원칙	6m 이상
같은 경사로를 이용하는 주차장의 총 주차대수가 50대 이하	5m 이상
이륜자동차전용 노외주차장	3m 이상

정답 15 ④ 16 ② 17 ③

18 용도지역의 세분에 있어 주거기능을 위주로 이를 지원하는 일부 상업기능 및 업무기능을 보완하기 위하여 필요한 지역은?

① 준주거지역 ② 전용주거지역
③ 일반주거지역 ④ 유통상업지역

해설

준주거지역
주거기능을 위주로 이를 지원하는 일부 상업기능 및 업무기능을 보완하기 위하여 필요한 지역

19 주차장 수급실태조사의 조사구역 설정에 관한 기준 내용으로 옳지 않은 것은?

① 실태조사의 주기는 3년으로 한다.
② 사각형 또는 삼각형 형태로 조사구역을 설정한다.
③ 각 조사구역은 「건축법」에 따른 도로를 경계로 구분한다.
④ 조사구역 바깥 경계선의 최대거리가 500m를 넘지 않도록 한다.

해설

주차장 수급실태조사 구역
사각형 또는 삼각형 형태로 조사구역을 설정하되 조사구역 바깥 경계선의 최대 거리가 300m를 넘지 아니하도록 한다.

20 태양열을 주된 에너지원으로 이용하는 주택의 건축면적 산정 시 기준이 되는 것은?

① 외벽의 외곽선
② 외벽의 내측 벽면선
③ 외벽 중 내측 내력벽의 중심선
④ 외벽 중 외측 비내력벽의 중심선

해설

건축면적 산정 시 기준
태양열을 주된 에너지원으로 이용하는 주택의 건축면적과 단열재를 구조체의 외기측에 설치하는 단열공법으로 건축된 건축물의 건축면적은 건축물의 외벽 중 내측 내력벽의 중심선을 기준으로 한다.

정답 18 ① 19 ④ 20 ③

건축산업기사 (2018년 8월 시행)

01 부설주차장 설치대상 시설물로서 위락시설의 시설면적이 1,500m²일 때 설치하여야 하는 부설주차장의 최소 주차대수는?

① 10대　② 13대
③ 15대　④ 20대

해설

위락시설의 부설주차장 설치대수

시설면적 100m²당 1대씩을 설치하므로 1,500m²/100m² =15대

부설주차장의 설치기준

용도	설치기준
1. 위락시설	시설면적 100m²당 1대 (시설면적/100m²)
2. • 문화 및 집회시설(관람장 제외) • 종교시설 • 판매시설 • 운수시설 • 의료시설(정신병원 · 요양소 · 격리병원을 제외) • 운동시설(골프장 · 골프연습장 · 옥외수영장 제외) • 업무시설(외국공관 및 오피스텔 제외) • 방송통신시설 중 방송국 • 장례식장	시설면적 150m²당 1대 (시설면적/150m²)
3. • 제1종 근린생활시설 예외 – 지역자치센터, 파출소, 지구대, 소방서, 우체국, 방송국, 보건소, 공공도서관, 건강보험공단 사무소 등 공공업무시설로서 같은 건축물에 해당 용도로 쓰는 바닥면적의 합계가 1천 제곱미터 미만인 것 – 마을회관, 마을공동작업소, 마을공동구판장 등 주민이 공동으로 이용하는 시설 • 제2종 근린생활시설 • 숙박시설	시설면적 200m²당 1대 (시설면적/200m²)

02 6층 이상의 거실면적의 합계가 4,000m²인 경우, 다음 중 설치하여야 하는 승용승강기의 최소 대수가 가장 많은 건축물의 용도는?(단, 8인승 승강기의 경우)

① 업무시설
② 숙박시설
③ 문화 및 집회시설 중 전시장
④ 문화 및 집회시설 중 공연장

해설

- 업무시설, 숙박시설, 문화 및 집회시설 중 전시장 설치기준
  1대＋(4,000m²－3,000m²)/2,000m²＝1.5대(2대)
- 문화 및 집회시설 중 공연장 설치기준
  2대＋(4,000m²－3,000m²)/2,000m²＝2.5대(3대)

승용승강기 설치기준

6층 이상의 거실면적 합계 (Am²) / 건축물의 용도	3,000m² 이하	3,000m² 초과
• 문화 및 집회시설(공연장 · 집회장 · 관람장) • 판매시설 • 의료시설(병원 · 격리병원)	2대	2대에 3,000m²를 초과하는 2,000m² 이내마다 1대의 비율로 가산한 대수 이상 $\left(2대 + \frac{A-3,000m^2}{2,000m^2}대\right)$
• 문화 및 집회시설(전시장 및 동 · 식물원) • 업무시설 • 숙박시설 • 위락시설	1대	1대에 3,000m²를 초과하는 2,000m² 이내마다 1대의 비율로 가산한 대수 이상 $\left(1대 + \frac{A-3,000m^2}{2,000m^2}대\right)$
• 공동주택 • 교육연구시설 • 노유자시설 • 기타시설	1대	1대에 3,000m²를 초과하는 3,000m² 이내마다 1대의 비율로 가산한 대수 이상 $\left(1대 + \frac{A-3,000m^2}{3,000m^2}대\right)$

※ 승강기의 대수를 계산할 때 8인승 이상 15인승 이하의 승강기는 1대의 승강기로 보고, 16인승 이상의 승강기는 2대의 승강기로 본다.

정답　01 ③　02 ④

03 주차장법령상 다음과 같이 정의되는 용어는?

> 도로의 노면 및 교통광장 외의 장소에 설치된 주차장으로서 일반의 이용에 제공되는 것

① 노상주차장
② 노외주차장
③ 부설주차장
④ 기계식 주차장

해설

노상주차장
도로의 노면 또는 교통광장(교차점 광장만 해당)의 일정한 구역에 설치된 주차장으로서 일반의 이용에 제공되는 것

04 부설주차장이 대통령령으로 정하는 규모 이하인 경우 시설물의 부지인근에 단독 또는 공동으로 부설주차장을 설치할 수 있다. 다음 ( ) 안에 들어갈 시설물의 부지 인근의 범위에 관한 기준으로 알맞은 것은?

> 해당 부지의 경계선으로부터 부설주차장의 경계선까지의 직선거리 (㉠) 이내 또는 도보거리 (㉡) 이내

① ㉠ 100m, ㉡ 200m
② ㉠ 200m, ㉡ 400m
③ ㉠ 300m, ㉡ 600m
④ ㉠ 400m, ㉡ 800m

해설

주차대수 규모가 300대 이하인 부설주차장 인근설치 기준
해당 부지경계선으로부터 부설주차장 경계선까지의 직선거리 300m 이내 또는 도보거리 600m 이내

05 다음 중 용도변경과 관련된 시설군과 해당 시설군에 속하는 건축물 용도의 연결이 옳지 않은 것은?

① 산업 등 시설군 : 운수시설
② 전기통신시설군 : 발전시설
③ 문화 집회시설군 : 판매시설
④ 교육 및 복지시설군 : 의료시설

해설

③ 영업시설군 : 판매시설

용도변경 시설군의 분류

시설군	건축물의 세부 용도
1. 자동차관련 시설군	자동차관련시설
2. 산업 등 시설군	• 운수시설 • 창고시설 • 공장 • 장례시설 • 위험물저장 및 처리시설 • 자원순환 관련 시설 • 묘지관련시설
3. 전기통신 시설군	• 방송통신시설 • 발전시설
4. 문화 및 집회 시설군	• 문화 및 집회시설 • 종교시설 • 위락시설 • 관광휴게시설
5. 영업시설군	• 판매시설 • 운동시설 • 숙박시설 • 제2종근린생활시설 중 다중생활시설
6. 교육 및 복지 시설군	• 의료시설 • 교육연구시설 • 야영장시설 • 수련시설
7. 근린생활 시설군	• 제1종근린생활시설 • 제2종근린생활시설(다중생활시설 제외)
8. 주거업무 시설군	• 단독주택 • 공동주택 • 업무시설 • 교정 및 군사시설
9. 그 밖의 시설군	동물 및 식물관련시설

정답 03 ② 04 ③ 05 ③

06 건축허가신청에 필요한 설계도서 중 배치도에 표시하여야 할 사항에 속하지 않는 것은?

① 건축물의 용도별 면적
② 공개공지 및 조경계획
③ 주차동선 및 옥외주차계획
④ 대지에 접한 도로의 길이 및 너비

해설

건축허가신청에 필요한 기본설계도서 중 배치도에 포함하여야 할 사항

- 축척 및 방위
- 대지에 접한 도로의 길이 및 너비
- 대지의 종 · 횡단면도
- 건축선 및 대지경계선으로부터 건축물까지의 거리
- 주차동선 및 옥외주차계획
- 공개공지 및 조경계획

07 건축물의 설비기준 등에 관한 규칙에 따라 피뢰설비를 설치하여야 하는 건축물의 높이 기준은?

① 높이 10m 이상인 건축물
② 높이 20m 이상인 건축물
③ 높이 30m 이상인 건축물
④ 높이 50m 이상인 건축물

해설

피뢰설비를 설치하여야 하는 건축물
높이 20m 이상인 건축물 및 공작물

08 생산녹지지역과 자연녹지지역 안에서 모두 건축할 수 없는 건축물은?

① 아파트 ② 수련시설
③ 노유자시설 ④ 방송통신시설

해설

생산녹지지역과 자연녹지지역 안에서 아파트는 건축할 수 없다.

09 건축물의 출입구에 설치하는 회전문은 계단이나 에스컬레이터로부터 최소 얼마 이상의 거리를 두어야 하는가?

① 0.5m ② 1.0m
③ 1.5m ④ 2.0m

해설

회전문은 계단이나 에스컬레이터로부터 2m 이상의 거리를 둘 것

10 다음은 주차전용 건축물의 주차면적비율에 관한 기준 내용이다. ( ) 안에 들어갈 말로 알맞은 것은?(단, 주차장 외의 용도로 사용되는 부분이 의료시설인 경우)

> 주차전용 건축물이란 건축물의 연면적 중 주차장으로 사용되는 부분의 비율이 ( ) 이상인 것을 말한다.

① 70% ② 80%
③ 90% ④ 95%

해설

주차전용 건축물의 주차면적비율

주차장 사용비율 (건축물의 연면적)	건축물의 용도
95% 이상	아래의 용도가 아닌 경우
70% 이상	• 단독주택 • 공동주택 • 제1종 및 제2종 근린생활시설 • 문화 및 집회시설 • 종교시설 • 판매시설 • 운수시설 • 운동시설 • 업무시설, 창고시설 • 자동차관련시설

정답 06 ① 07 ② 08 ① 09 ④ 10 ④

11 다음 지하층과 피난층 사이의 개방공간 설치에 관한 기준 내용 중 ( ) 안에 들어갈 말로 알맞은 것은?

> 바닥면적의 합계가 ( ) 이상인 공연장 · 집회장 · 관람장 또는 전시장을 지하층에 설치하는 경우에는 각 실에 있는 자가 지하층 각 층에서 건축물 밖으로 피난하여 옥외 계단 또는 경사로 등을 이용하여 피난층으로 대피할 수 있도록 천장이 개방된 외부공간을 설치하여야 한다.

① 1,000m^2　② 2,000m^2
③ 3,000m^2　④ 4,000m^2

해설

지하층과 피난층 사이 개방공간은 바닥면적의 합계가 3,000m^2 이상인 공연장 · 집회장 · 관람장 또는 전시장을 지하층에 설치하는 경우 천장이 개방된 외부공간을 설치하여야 한다.

12 건축물의 주요구조부를 해체하지 아니하고 같은 대지의 다른 위치로 옮기는 것을 의미하는 용어는?

① 증축　② 이전
③ 개축　④ 재축

해설

이전
건축물의 주요구조부를 해체하지 아니하고 같은 대지의 다른 위치로 옮기는 것

13 건축법령상 제2종 근린생활시설에 속하는 것은?

① 무도장　② 한의원
③ 도서관　④ 일반음식점

해설

① 무도장 : 위락시설
② 한의원 : 제1종 근린생활시설
③ 도서관 : 교육연구시설
④ 일반음식점 : 제2종 근린생활시설

14 다음 피난계단의 설치에 관한 기준 내용 중 ( ) 안에 들어갈 말로 알맞은 것은?(단, 공동주택이 아닌 경우)

> 건축물의 ( ) 이상인 층(바닥면적이 400m^2 미만인 층은 제외한다)으로부터 피난층 또는 지상으로 통하는 직통계단은 특별피난계단으로 설치하여야 한다.

① 6층　② 11층
③ 16층　④ 21층

해설

피난계단 설치 기준
건축물(갓복도식 공동주택 제외)의 11층(공동주택의 경우에는 16층) 이상인 층(바닥면적 400m^2 미만인 층 제외) 또는 지하 3층 이하인 층(바닥면적 400m^2 미만인 층 제외)으로부터 피난층 또는 지상으로 통하는 직통계단은 특별피난계단으로 설치하여야 한다

15 지표면으로부터 건축물의 지붕틀 또는 이와 비슷한 수평재를 지지하는 벽 · 깔도리 또는 기둥 상단까지의 높이로 산정하는 것은?

① 층고　② 처마높이
③ 반자높이　④ 바닥높이

해설

반자높이 : 방의 바닥면으로부터 반자까지의 높이

16 같은 건축물 안에 공동주택과 위락시설을 함께 설치하고자 하는 경우에 관한 기준 내용으로 옳지 않은 것은?

① 건축물의 주요 구조부를 방화구조로 할 것
② 공동주택과 위락시설은 서로 이웃하지 아니하도록 배치할 것
③ 공동주택과 위락시설은 내화구조로 된 바닥 및 벽으로 구획하여 서로 차단할 것
④ 공동주택의 출입구와 위락시설의 출입구는 서로 그 보행거리가 30m 이상이 되도록 설치할 것

정답 11 ③ 12 ② 13 ④ 14 ② 15 ② 16 ①

해설

건축물의 주요 구조부를 내화구조로 할 것

17 건축물에 급수 · 배수 · 난방 및 환기설비를 설치할 경우 건축기계설비기술사 또는 공조냉동기계기술사의 협력을 받아야 하는 건축물의 연면적 기준은?

① 1,000m^2 이상 ② 2,000m^2 이상
③ 5,000m^2 이상 ④ 10,000m^2 이상

해설

연면적 10,000m^2 이상인 건축물(창고시설 제외) 또는 에너지를 대량으로 소비하는 건축물로서 건축설비를 설치하는 경우에는 관계전문기술자의 협력을 받아야 한다.

18 비상용 승강기의 승강장에 설치하는 배연설비의 구조에 관한 기준 내용으로 옳지 않은 것은?

① 배연기에는 예비전원을 설치할 것
② 배연구가 외기에 접하지 아니하는 경우에는 배연기를 설치할 것
③ 배연구는 평상시에는 열린 상태를 유지하고, 배연에 의한 기류에 의해 닫히도록 할 것
④ 배연기는 배연구의 열림에 따라 자동적으로 작동하고, 충분한 공기배출 또는 가압능력이 있을 것

해설

배연구는 평상시에는 닫힌 상태를 유지하고, 연 경우에는 배연에 의한 기류로 인하여 닫히지 아니하도록 할 것

19 다음은 건축법령상 지하층의 정의이다. ( ) 안에 들어갈 말로 알맞은 것은?

지하층이란 건축물의 바닥이 지표면 아래에 있는 층으로서 바닥에서 지표면까지 평균 높이가 해당 층 높이의 ( ) 이상인 것을 말한다.

① 2분의 1 ② 3분의 1
③ 3분의 2 ④ 4분의 1

해설

지하층이란 건축물의 바닥이 지표면 아래에 있는 층으로서 바닥에서 지표면까지 평균 높이가 해당 층높이의 1/2 이상인 것을 말한다.

20 주거지역의 세분 중 공동주택 중심의 양호한 주거환경을 보호하기 위하여 필요한 지역은?

① 제1종 전용주거지역
② 제2종 전용주거지역
③ 제1종 일반주거지역
④ 제2종 일반주거지역

해설

전용주거지역의 세분

제1종 전용주거지역	단독주택 중심의 양호한 주거환경을 보호하기 위하여 필요한 지역
제2종 전용주거지역	공동주택 중심의 양호한 주거환경을 보호하기 위하여 필요한 지역

일반주거지역의 세분

제1종 일반주거지역	저층주택을 중심으로 편리한 주거환경을 조성하기 위하여 필요한 지역
제2종 일반주거지역	중층주택을 중심으로 편리한 주거환경을 조성하기 위하여 필요한 지역
제3종 일반주거지역	중 · 고층주택을 중심으로 편리한 주거환경을 조성하기 위하여 필요한 지역

정답 17 ④ 18 ③ 19 ① 20 ②

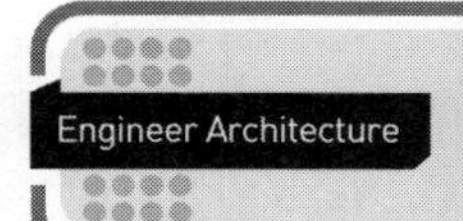

건축기사 (2019년 3월 시행)

01 다음과 같은 경우 연면적 1,000m²인 건축물의 대지에 확보하여야 하는 전기설비 설치공간의 면적기준은?

> ㉠ 수전전압 : 저압
> ㉡ 전력수전 용량 : 200kW

① 가로 2.5m, 세로 2.8m
② 가로 2.5m, 세로 4.6m
③ 가로 2.8m, 세로 2.8m
④ 가로 2.8m, 세로 4.6m

해설

전기설비 설치공간 확보기준

수전전압	전력수전 용량	확보면적(가로×세로)
특고압 또는 고압	100kW	2.8m×2.8m
저압	75kW 이상~150kW 미만	2.5m×2.8m
	150kW 이상~200kW 미만	2.8m×2.8m
	200kW 이상~300kW 미만	2.8m×4.6m
	300kW 이상	2.8m 이상×4.6m 이상

02 건축법 제61조 제2항에 따른 높이를 산정할 때, 공동주택을 다른 용도와 복합하여 건축하는 경우 건축물의 높이 산정을 위한 지표면 기준은?

> 건축법 제61조(일조 등의 확보를 위한 건축물의 높이 제한)
> ② 다음 각 호의 어느 하나에 해당하는 공동주택(일반상업지역과 중심상업지역에 건축하는 것은 제외한다.)은 채광 등의 확보를 위하여 대통령령으로 정하는 높이 이하로 하여야 한다.
> 1. 인접 대지경계선 등의 방향으로 채광을 위한 창문 등을 두는 경우
> 2. 하나의 대지에 두 동 이상을 건축하는 경우

① 전면도로의 중심선
② 인접 대지의 지표면
③ 공동주택의 가장 낮은 부분
④ 다른 용도의 가장 낮은 부분

해설

일조 등의 확보를 위한 건축물의 높이제한
일조 확보를 위한 건축물 높이제한에서 전용주거지역, 일반주거지역이 아닌 지역의 공동주택을 다른 용도와 복합하여 건축하는 경우 건축물 지표면 산정은 공동주택의 가장 낮은 부분을 지표면으로 본다.

03 국토의 계획 및 이용에 관한 법령에 따른 도시·군관리계획의 내용에 속하지 않는 것은?

① 광역계획권의 장기발전방향에 관한 계획
② 도시개발사업이나 정비사업에 관한 계획
③ 기반시설의 설치·정비 또는 개량에 관한 계획
④ 용도지역·용도지구의 지정 또는 변경에 관한 계획

정답 01 ④ 02 ③ 03 ①

해설

도시 · 군관리계획의 내용
- 용도지역 · 용도지구의 지정 또는 변경에 관한 계획
- 개발제한구역 · 도시자연공원구역 · 시가화조정구역 · 수산자원보호구역의 지정 또는 변경에 관한 계획
- 기반시설의 설치 · 정비 또는 개량에 관한 계획
- 도시개발사업 또는 정비사업에 관한 계획
- 지구단위계획구역의 지정 또는 변경에 관한 계획과 지구단위계획
- 입지규제최소구역의 지정 또는 변경에 관한 계획과 입지규제최소구역계획

04 다음 중 노외주차장의 출구 및 입구를 설치할 수 있는 장소는?

① 육교로부터 4m 거리에 있는 도로의 부분
② 지하 횡단보도에서 10m 거리에 있는 도로의 부분
③ 초등학교 출입구로부터 15m 거리에 있는 도로의 부분
④ 장애인복지시설 출입구로부터 15m 거리에 있는 도로의 부분

해설

노외주차장의 출구 및 입구 설치금지 장소
- 횡단보도(육교 및 지하횡단보도를 포함)에서 5m 이내의 도로 부분
- 너비 4m 미만의 도로(주차대수 200대 이상인 경우에는 너비 6m 미만의 도로)
- 종단기울기가 10%를 초과하는 도로
- 유아원, 유치원, 초등학교, 특수학교, 노인복지시설, 장애인복지시설 및 아동전용시설 등의 출입구로부터 20m 이내의 도로 부분

05 건축물에 설치하는 지하층의 구조 및 설비에 관한 기준 내용으로 옳지 않은 것은?

① 거실의 바닥면적 합계가 1,000m^2 이상인 층에는 환기설비를 설치할 것
② 거실의 바닥면적이 30m^2 이상인 층에는 피난층으로 통하는 비상탈출구를 설치할 것
③ 지하층의 바닥면적이 300m^2 이상인 층에는 식수공급을 위한 급수전을 1개소 이상 설치할 것
④ 문화 및 집회시설 중 공연장의 용도에 쓰이는 층으로서 그 층의 거실의 바닥면적 합계가 50m^2 이상인 건축물에는 직통계단을 2개소 이상 설치할 것

해설

② 거실의 바닥면적이 50m^2 이상인 층에는 피난층으로 통하는 비상탈출구를 설치할 것

지하층의 구조기준

바닥면적 규모	구조기준
거실의 바닥면적이 50m^2 이상인 층	직통계단 외에 피난층 또는 지상으로 통하는 비상탈출구 및 환기통 설치 **예외** 직통계단이 2개소 이상 설치되어 있는 경우
그 층의 거실의 바닥면적의 합계가 50m^2 이상 • 제2종 근린생활시설 중 공연장 · 단란주점 · 당구장 · 노래 연습장 • 문화 및 집회시설 중 예식장 · 공연장 • 수련시설 • 숙박시설 중 여관 · 여인숙 • 위락시설 중 단란주점 · 주점영업 • 다중이용업의 용도	직통계단 2개소 이상 설치
바닥면적 1,000m^2 이상인 층	피난층 또는 지상으로 통하는 직통계단을 방화구획으로 구획하는 각 부분마다 1 이상의 피난계단 또는 특별피난계단 설치
거실의 바닥면적의 합계가 1,000m^2 이상인 층	환기설비설치
지하층의 바닥면적이 300m^2 이상인 층	식수공급을 위한 급수전을 1개소 이상 설치

정답 04 ② 05 ②

06 주차장의 수급실태조사에 관한 설명으로 옳지 않은 것은?

① 실태조사의 주기는 5년으로 한다.
② 조사구역은 사각형 또는 삼각형 형태로 설정한다.
③ 조사구역 바깥 경계선의 최대 거리가 300m를 넘지 않도록 한다.
④ 각 조사구역은 「건축법」에 따른 도로를 경계로 구분한다.

해설

① 실태조사의 주기는 3년으로 한다.

07 다음 중 건축법이 적용되는 건축물은?

① 역사(驛舍)
② 고속도로 통행료 징수시설
③ 철도의 선로 부지에 있는 플랫폼
④ 「문화재보호법」에 따른 임시지정 문화재

해설

① 역사(驛舍)는 건축법이 적용되는 건축물이다.

건축법 적용 제외 대상

- 지정 문화재, 임시지정 문화재
- 철도나 궤도의 선로 부지에 있는 다음의 시설
  - 운전보안시설
  - 철도 선로의 위나 아래를 가로지르는 보행시설
  - 플랫폼
  - 해당 철도 또는 궤도사업용 급수 · 급탄 및 급유시설
- 고속도로 통행료 징수시설
- 컨테이너를 이용한 간이창고
- 하천구역 내의 수문조작실

08 다음 중 아파트를 건축할 수 없는 용도지역은?

① 준주거지역　② 제1종 일반주거지역
③ 제2종 일반주거지역　④ 제3종 일반주거지역

해설

제1종 일반주거지역에서는 아파트를 건축할 수 없다.

09 다음은 공동주택의 환기설비에 관한 기준 내용이다. ( ) 안에 알맞은 것은?

> 신축 또는 리모델링하는 30세대 이상의 공동주택에는 시간당 (　) 이상의 환기가 이루어질 수 있도록 자연환기설비 또는 기계환기설비를 설치해야 한다.

① 0.5회　② 1회
③ 1.5회　④ 2회

해설

공동주택의 환기설비에 관한

신축 또는 리모델링하는 30세대 이상의 공동주택은 시간당 0.5회 이상의 환기가 이루어질 수 있도록 자연환기설비 또는 기계환기설비를 설치해야 한다.

10 다음 중 부설주차장 설치대상 시설물의 종류와 설치기준의 연결이 옳지 않은 것은?

① 골프장 : 1홀당 10대
② 숙박시설 : 시설면적 200m²당 1대
③ 위락시설 : 시설면적 150m²당 1대
④ 문화 및 집회시설 중 관람장 : 정원 100명당 1대

해설

부설주차장의 설치기준

용도	설치기준
1. 위락시설	시설면적 100m²당 1대 (시설면적/100m²)
2. • 문화 및 집회시설(관람장 제외) • 종교시설 • 판매시설 • 운수시설 • 의료시설(정신병원 · 요양소 · 격리병원을 제외) • 운동시설(골프장 · 골프연습장 · 옥외수영장 제외) • 업무시설(외국공관 및 오피스텔 제외) • 방송통신시설 중 방송국 • 장례식장	시설면적 150m²당 1대 (시설면적/150m²)

정답　06 ①　07 ①　08 ②　09 ①　10 ③

용도	설치기준
3. • 제1종 근린생활시설 예외 – 지역자치센터, 파출소, 지구대, 소방서, 우체국, 방송국, 보건소, 공공도서관, 건강보험공단 사무소 등 공공업무시설로서 같은 건축물에 해당 용도로 쓰는 바닥면적의 합계가 1천 제곱미터 미만인 것 – 마을회관, 마을공동작업소, 마을공동구판장 등 주민이 공동으로 이용하는 시설 • 제2종 근린생활시설 • 숙박시설	시설면적 200m²당 1대 (시설면적/200m²)

11 국토의 계획 및 이용에 관한 법률상 다음과 같이 정의되는 것은?

> 도시 · 군계획 수립 대상지역의 일부에 대하여 토지이용을 합리화하고 그 기능을 증진시키며 미관을 개선하고 양호한 환경을 확보하며, 그 지역을 체계적 · 계획적으로 관리하기 위하여 수립하는 도시 · 군관리계획

① 광역도시계획
② 지구단위계획
③ 도시 · 군기본계획
④ 입지규제최소구역계획

해설

지구단위계획
도시 · 군계획 수립대상 지역의 일부에 대하여 토지이용을 합리화하고 그 기능을 증진시키며 미관을 개선하고 양호한 환경을 확보하며, 그 지역을 체계적 · 계획적으로 관리하기 위하여 수립하는 도시 · 군관리계획을 말한다.

12 다음 중 건축에 속하지 않는 것은?

① 이전 ② 증축
③ 개축 ④ 대수선

해설

건축
신축, 증축, 개축, 재축, 이전 5가지이다. 대수선은 해당되지 않는다.

13 건축물의 내부에 설치하는 피난계단의 구조에 관한 기준 내용으로 옳지 않은 것은?

① 계단의 유효너비는 0.9m 이상으로 할 것
② 계단실의 실내에 접하는 부분의 마감은 불연재료로 할 것
③ 계단은 내화구조로 하고 피난층 또는 지상까지 직접 연결되도록 할 것
④ 건축물의 내부에서 계단실로 통하는 출입구의 유효너비는 0.9m 이상으로 할 것

해설

① 옥외피난계단의 기준이다.

14 그림과 같은 대지의 도로모퉁이 부분의 건축선으로서 도로경계선의 교차점에서 거리 “A”로 옳은 것은?

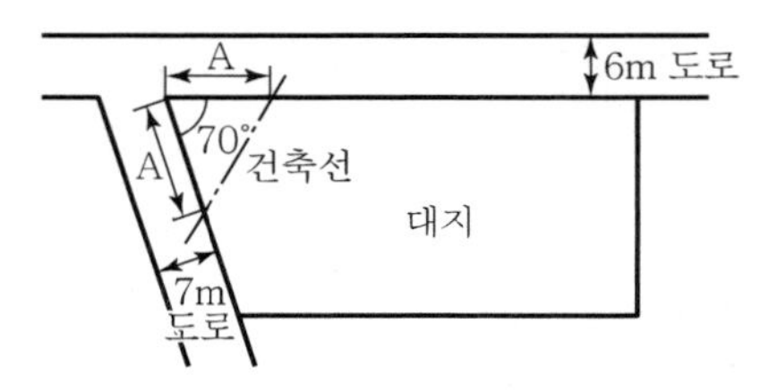

① 1m ② 2m
③ 3m ④ 4m

해설

도로의 모퉁이에 위치한 건축선 지정

도로의 교차각	당해 도로의 너비		교차되는 도로의 너비
	6m 이상 8m 미만	4m 이상 6m 미만	
90° 미만	4	3	6m 이상 8m 미만
	3	2	4m 이상 6m 미만
90° 이상 120° 미만	3	2	6m 이상 8m 미만
	2	2	4m 이상 6m 미만

그러므로 90° 미만의 교차도로 너비가 6m와 7m인 경우 각각 4m를 후퇴한다.

정답 11 ② 12 ④ 13 ① 14 ④

15 다음 중 허가대상에 속하는 용도변경은?

① 숙박시설에서 의료시설로의 용도변경
② 판매시설에서 문화 및 집회시설로의 용도변경
③ 제1종 근린생활시설에서 업무시설로의 용도변경
④ 제1종 근린생활시설에서 공동주택으로의 용도변경

해설

허가대상과 신고대상의 구분

허가대상	건축물의 용도를 하위시설군 9에서 1의 상위시설군 방향으로 용도를 변경하는 경우
신고대상	건축물의 용도를 상위시설군 1에서 9의 하위시설군 방향으로 용도를 변경하는 경우

※ 용도변경 시설군의 분류

시설군	건축물의 세부용도
1. 자동차관련 시설군	자동차관련시설
2. 산업등 시설군	• 운수시설 • 창고시설 • 공장 • 장례시설 • 위험물저장 및 처리시설 • 자원순환관련시설 • 묘지관련시설
3. 전기통신 시설군	• 방송통신시설 • 발전시설
4. 문화 및 집회 시설군	• 문화 및 집회시설 • 종교시설 • 위락시설 • 관광휴게시설
5. 영업시설군	• 판매시설 • 운동시설 • 숙박시설 • 제2종 근린생활시설 중 다중생활시설
6. 교육 및 복지 시설군	• 의료시설 • 교육연구시설 • 야영장시설 • 수련시설
7. 근린생활 시설군	• 제1종 근린생활시설 • 제2종 근린생활시설(다중생활시설 제외)
8. 주거업무 시설군	• 단독주택 • 공동주택 • 업무시설 • 교정 및 군사시설
9. 그 밖의 시설군	동물 및 식물관련시설

16 전용주거지역 또는 일반주거지역 안에서 높이 8m의 2층 건축물을 건축하는 경우, 건축물의 각 부분은 일조 등의 확보를 위하여 정북방향으로의 인접대지경계선으로부터 최소 얼마 이상 띄어 건축하여야 하는가?

① 1m ② 1.5m
③ 2m ④ 3m

해설

정북방향의 인접대지 경계선으로부터 띄우는 거리

• 높이 9m 이하인 경우에는 1.5m 이상
• 높이 9m를 초과하는 경우에는 해당 건축물 각 부분 높이의 1/2 이상

17 다음 중 건축물의 대지에 공개공지 또는 공개공간을 확보하여야 하는 대상 건축물에 속하는 것은?(단, 일반주거지역의 경우)

① 업무시설로서 해당 용도로 쓰는 바닥면적의 합계가 3,000m^2인 건축물
② 숙박시설로서 해당 용도로 쓰는 바닥면적의 합계가 4,000m^2인 건축물
③ 종교시설로서 해당 용도로 쓰는 바닥면적의 합계가 5,000m^2인 건축물
④ 문화 및 집회시설로서 해당 용도로 쓰는 바닥면적의 합계가 4,000m^2인 건축물

해설

공개공지 또는 공개공간을 확보하여야 하는 대상지역

대상지역	용도	규모
• 일반주거지역 • 준주거지역 • 상업지역 • 준공업지역 • 특별자치도지사 또는 시장 · 군수 · 구청장이 도시화의 가능성이 크거나 노후 산업단지의 정비가 필요하다고 인정하여 지정 · 공고하는 지역	• 문화 및 집회시설 • 종교시설 • 판매시설(농 · 수산물 유통시설은 제외) • 운수시설(여객용시설만 해당) • 업무시설 • 숙박시설	해당 용도로 쓰는 바닥면적의 합계가 5,000m^2 이상
	다중이 이용하는 시설로서 건축조례가 정하는 건축물	

정답 15 ② 16 ② 17 ③

18 다음 설명에 알맞은 용도지구의 세분은?

> 산지 · 구릉지 등 자연경관을 보호하거나 유지하기 위하여 필요한 기구

① 자연경관지구　② 자연방재지구
③ 특화경관지구　④ 생태계보호지구

해설

자연경관지구
산지 · 구릉지 등 자연경관을 보호하거나 유지하기 위하여 필요한 지구

19 한 방에서 층의 높이가 다른 부분이 있는 경우 층고 산정방법으로 옳은 것은?

① 가장 낮은 높이로 한다.
② 가장 높은 높이로 한다.
③ 각 부분 높이에 따른 면적에 따라 가중평균한 높이로 한다.
④ 가장 낮은 높이와 가장 높은 높이의 산술평균한 높이로 한다.

해설

층고
바닥구조체 윗면으로부터 위층 바닥구조체 윗면까지의 높이로 하나, 높이가 다를 경우 그 각 부분의 높이에 따른 면적에 따라 가중평균한 높이로 한다.

20 다음의 대규모 건축물의 방화벽에 관한 기준 내용 중 ( ) 안에 공통으로 들어갈 내용은?

> 연면적 ( ) 이상인 건축물은 방화벽으로 구획하되, 각 구획된 바닥면적의 합계는 ( ) 미만이어야 한다.

① $500m^2$　② $1,000m^2$
③ $1,500m^2$　④ $3,000m^2$

해설

대규모 건축물의 방화벽에 관한 기준
연면적 $1,000m^2$ 이상인 건축물은 방화벽으로 구획하되, 각 구획된 바닥면적의 합계는 $1,000m^2$ 미만이어야 한다.

정답　18 ①　19 ③　20 ②

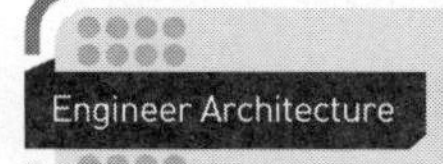

건축산업기사 (2019년 3월 시행)

01 부설주차장 설치대상 시설물이 숙박시설인 경우, 부설주차장 설치기준으로 옳은 것은?

① 시설면적 $100m^2$당 1대
② 시설면적 $150m^2$당 1대
③ 시설면적 $200m^2$당 1대
④ 시설면적 $300m^2$당 1대

해설

부설주차장의 설치기준

용도	설치기준
1. 위락시설	시설면적 $100m^2$당 1대 (시설면적/$100m^2$)
2. • 문화 및 집회시설(관람장 제외) • 종교시설 • 판매시설 • 운수시설 • 의료시설(정신병원 · 요양소 · 격리 병원을 제외) • 운동시설(골프장 · 골프연습장 · 옥외수영장 제외) • 업무시설(외국공관 및 오피스텔 제외) • 방송통신시설 중 방송국 • 장례식장	시설면적 $150m^2$당 1대 (시설면적/$150m^2$)

02 다음은 노외주차장의 구조 · 설비에 관한 기준 내용이다. ( ) 안에 알맞은 것은?

> 노외주차장의 출입구 너비는 (㉠) 이상으로 하여야 하며, 주차대수 규모가 50대 이상인 경우에는 출구와 입구를 분리하거나 너비 (㉡) 이상의 출입구를 설치하여 소통이 원활하도록 하여야 한다.

① ㉠ 2.5m, ㉡ 4.5m
② ㉠ 2.5m, ㉡ 5.5m
③ ㉠ 3.5m, ㉡ 4.5m
④ ㉠ 3.5m, ㉡ 5.5m

해설

노외주차장 출입구의 최소 너비

• 출입구 너비 : 3.5m 이상
• 주차대수 규모가 50대 이상인 경우에는 출구와 입구를 분리하거나 너비 5.5m 이상의 출입구를 설치할 것

03 건축물의 층수가 23층이고 각 층의 거실면적이 $1,000m^2$인 숙박시설에 설치하여야 하는 승용승강기의 최소 대수는?(단, 8인승 승용승강기의 경우)

① 7대
② 8대
③ 9대
④ 10대

해설

숙박시설

$1대 + (23층 - 5층) \times 1,000m^2 - 3,000m^2 / 2,000m^2 = 8.5$ 대로, 9대를 설치한다.

승용승강기 설치기준

6층 이상의 거실면적 합계 (Am^2) / 건축물의 용도	$3,000m^2$ 이하	$3,000m^2$ 초과
• 문화 및 집회시설(공연장 · 집회장 · 관람장) • 판매시설 • 의료시설(병원 · 격리 병원)	2대	2대에 $3,000m^2$를 초과하는 $2,000m^2$ 이내마다 1대의 비율로 가산한 대수 이상 $\left(2대 + \frac{A - 3,000m^2}{2,000m^2} 대\right)$
• 문화 및 집회시설(전시장 및 동 · 식물원) • 업무시설 • 숙박시설 • 위락시설	1대	1대에 $3,000m^2$를 초과하는 $2,000m^2$ 이내마다 1대의 비율로 가산한 대수 이상 $\left(1대 + \frac{A - 3,000m^2}{2,000m^2} 대\right)$
• 공동주택 • 교육연구시설 • 노유자시설 • 기타 시설	1대	1대에 $3,000m^2$를 초과하는 $3,000m^2$ 이내마다 1대의 비율로 가산한 대수 이상 $\left(1대 + \frac{A - 3,000m^2}{3,000m^2} 대\right)$

※ 승강기의 대수를 계산할 때 8인승 이상 15인승 이하의 승강기는 1대의 승강기로 보고, 16인승 이상의 승강기는 2대의 승강기로 본다.

정답 01 ③ 02 ④ 03 ③

04 건축물의 대지에 공개 공지 또는 공개 공간을 확보해야 하는 대상 건축물에 속하지 않는 것은? (단, 일반주거지역이며, 해당 용도로 쓰는 바닥면적의 합계가 5,000m² 이상인 건축물인 경우)

① 운동시설 ② 숙박시설
③ 업무시설 ④ 문화 및 집회시설

해설

공개공지 또는 공개공간 확보대상 건축물

바닥면적의 합계	용도
5,000m²	• 문화 및 집회시설 · 판매시설 · 업무시설 • 숙박시설 · 종교시설 · 운수시설

05 대지면적이 600m²이고 조경면적이 대지면적의 15%로 정해진 지역에 건축물을 신축할 경우, 옥상에 조경을 90m² 시공하였다면, 지표면의 조경면적은 최소 얼마 이상이어야 하는가?

① 0m² ② 30m²
③ 45m² ④ 60m²

해설

대지면적 600m²에 대한 조경면적 15%는 90m²이므로
최대 옥상조경면적 기준은 90m² × 50/100 = 45m²
그러므로, 지표면에 설치하여야 하는 조경면적은 90m² − 45m² = 45m²

옥상조경의 기준

건축물의 옥상에 조경을 한 경우	옥상 조경면적의 2/3를 대지 안의 조경면적으로 산정할 수 있다.
대지의 조경면적으로 산정하는 옥상 조경면적	전체 조경면적의 50%를 초과할 수 없다.

06 건축법상 다음과 같이 정의되는 용어는?

> 건축물의 실내를 안전하고 쾌적하며 효율적으로 사용하기 위하여 내부 공간을 칸막이로 구획하거나 벽지, 천장재, 바닥재, 유리 등 대통령령으로 정하는 재료 또는 장식물을 설치하는 것

① 리모델링 ② 실내건축
③ 실내장식 ④ 실내디자인

해설

실내건축
건축물의 실내를 안전하고 쾌적하며 효율적으로 사용하기 위하여 내부공간을 칸막이로 구획하거나 벽지, 천장재, 바닥재, 유리 등 재료 또는 장식물을 설치하는 것

07 건축물의 내부에 설치하는 피난계단의 경우 건축물의 내부에서 계단실로 통하는 출입구의 유효너비는 최소 얼마 이상으로 하여야 하는가?

① 0.75m ② 0.9m
③ 1.0m ④ 1.2m

해설

건축물의 내부에서 계단실로 통하는 출입구의 유효너비는 0.9m 이상으로 할 것

08 건축물의 거실(피난층의 거실 제외)에 국토교통부령으로 정하는 기준에 따라 배연설비를 하여야 하는 대상 건축물의 용도에 속하지 않는 것은?(단, 6층 이상인 건축물의 경우)

① 공동주택 ② 판매시설
③ 숙박시설 ④ 위락시설

해설

6층 이상인 건축물로서 배연설비를 설치하여야 하는 대상
• 제2종 근린생활시설 중 공연장, 종교집회장, 인터넷컴퓨터게임시설제공업소 및 다중생활시설(공연장, 종교집회장 및 인터넷컴퓨터게임시설제공업소는 바닥면적의 합계가 각각 300m² 이상인 경우만 해당)

정답 04 ① 05 ③ 06 ② 07 ② 08 ①

- 문화 및 집회시설, 종교시설, 판매시설, 운수시설, 의료시설(요양병원 및 정신병원은 제외)
- 교육연구시설 중 연구소
- 노유자시설 중 아동관련시설, 노인복지시설(노인요양시설은 제외)
- 수련시설 중 유스호스텔
- 운동시설, 업무시설, 숙박시설, 위락시설, 관광휴게시설, 장례시설

09 문화 및 집회시설 중 공연장의 개별 관람실의 출구에 관한 설명으로 옳은 것은?(단, 개별 관람실의 바닥면적은 900m²이다.)

① 각 출구의 유효너비는 1.2m 이상이어야 한다.
② 관람실별로 최소 4개소 이상 설치하여야 한다.
③ 관람실로부터 바깥쪽으로의 출구로 쓰이는 문은 안여닫이로 하여야 한다.
④ 개별 관람실 출구의 유효너비 합계는 최소 5.4m 이상으로 하여야 한다.

해설

공연장의 개별 관람실이 900m²이므로
(900m²/100m²)×0.6m=5.4m(출구 유효너비) 이상으로 한다.

관람석 등으로부터의 출구 설치

대상 건축물	해당 층의 용도	출구 방향
• 문화 및 집회시설(전시장 및 동·식물원 제외) • 종교시설 • 위락시설 • 장례시설	관람실·집회실	바깥쪽으로 나가는 출구로 쓰이는 문은 안여닫이로 할 수 없다.

※ 문화 및 집회시설 중 관람실의 바닥면적이 300m² 이상인 공연장의 개별 관람석에 설치하는 출구는 다음의 기준에 적합하도록 설치한다.
① 관람실별로 2개소 이상 설치할 것
② 각 출구의 유효너비는 1.5m 이상일 것
③ 개별 관람실 출구의 유효너비의 합계는 개별 관람실의 바닥면적 100m²마다 0.6m의 비율로 산정한 너비 이상으로 할 것

10 부설주차장의 인근 설치와 관련하여 시설물의 부지 인근의 범위(해당 부지의 경계선으로부터 부설주차장의 경계선까지의 거리) 기준으로 옳은 것은?

① 직선거리 100m 이내 또는 도보거리 500m 이내
② 직선거리 100m 이내 또는 도보거리 600m 이내
③ 직선거리 300m 이내 또는 도보거리 500m 이내
④ 직선거리 300m 이내 또는 도보거리 600m 이내

해설

주차대수 규모 300대 이하의 부설주차장 인근 설치 기준
해당 부지경계선으로부터 부설주차장 경계선까지의 직선거리 300m 이내 또는 도보거리 600m 이내

11 다음은 옥상광장 등의 설치에 관한 기준 내용이다. ( ) 안에 알맞은 것은?

> 옥상광장 또는 2층 이상인 층에 있는 노대 등의 주위에는 높이 ( ) 이상의 난간을 설치하여야 한다. 다만, 그 노대 등에 출입할 수 없는 구조인 경우에는 그러하지 아니하다.

① 0.9m ② 1.2m
③ 1.5m ④ 1.8m

해설

옥상광장 등의 설치에 관한 기준
옥상광장 또는 2층 이상인 층에 있는 노대나 그 밖에 이와 비슷한 것의 주위에는 높이 1.2m 이상의 난간을 설치하여야 한다.

12 문화 및 집회시설 중 집회장의 용도에 쓰이는 건축물의 집회실로서 그 바닥면적이 200m² 이상인 경우, 반자높이는 최소 얼마 이상이어야 하는가?(단, 기계환기장치를 설치하지 않은 경우)

① 1.8m ② 2.1m
③ 2.7m ④ 4.0m

정답 09 ④ 10 ④ 11 ② 12 ④

해설

거실의 용도		반자높이	예외규정
모든 건축물		2.1m 이상	공장, 창고시설, 위험물저장 및 처리시설, 동물 및 식물 관련시설, 자원순환 관련 시설, 묘지관련시설
• 문화 및 집회시설(전시장, 동·식물원 제외) • 종교시설 • 장례시설 • 위락시설 중 유흥주점	바닥면적 $200m^2$ 이상인 • 관람실 • 집회실	4.0m 이상 예외 노대 밑 부분은 2.7m 이상	기계환기장치를 설치한 경우

13 다음은 피난용 승강기의 설치에 관한 기준 내용이다. ( ) 안에 알맞은 것은?

> 승강장의 바닥면적은 승강기 1대당 ( )m^2 이상으로 할 것

① 5　② 6
③ 8　④ 10

해설

승강장의 바닥면적은 승강기 1대당 $6m^2$ 이상으로 할 것

14 국토의 계획 및 이용에 관한 법률에 따른 용도지역의 건폐율 기준으로 옳지 않은 것은?

① 주거지역 : 70% 이하
② 상업지역 : 80% 이하
③ 공업지역 : 70% 이하
④ 녹지지역 : 20% 이하

해설

건폐율의 최대 한도
- 70% 이하 : 주거지역, 공업지역
- 90% 이하 : 상업지역
- 20% 이하 : 녹지지역

15 다음 중 부설주차장을 추가로 확보하지 아니하고 건축물의 용도를 변경할 수 있는 경우에 관한 기준 내용으로 옳은 것은?(단, 문화 및 집회시설 중 공연장·집회장·관람장, 위락시설 및 주택 중 다세대주택·다가구주택의 용도로 변경하는 경우는 제외)

① 사용승인 후 3년이 지난 연면적 $1,000m^2$ 미만의 건축물의 용도를 변경하는 경우
② 사용승인 후 3년이 지난 연면적 $2,000m^2$ 미만의 건축물의 용도를 변경하는 경우
③ 사용승인 후 5년이 지난 연면적 $1,000m^2$ 미만의 건축물의 용도를 변경하는 경우
④ 사용승인 후 5년이 지난 연면적 $2,000m^2$ 미만의 건축물의 용도를 변경하는 경우

해설

1. 원칙 : 사용승인 후 5년이 지난 연면적 $1,000m^2$ 미만의 건축물의 용도를 변경하는 경우 부설주차장 추가 확보 없이 용도변경이 가능하다.
2. 제외 : 문화 및 집회시설 중 공연장·집회장·관람장, 위락시설, 주택 중 다세대주택·다가구주택의 용도로 변경하는 경우

16 건축법령상 다가구주택이 갖추어야 할 요건에 해당하지 않는 것은?

① 독립된 주거의 형태가 아닐 것
② 19세대 이하가 거주할 수 있는 것
③ 주택으로 쓰이는 층수(지하층은 제외)가 3개 층 이하일 것
④ 1개 동의 주택으로 쓰는 바닥면적(부설주차장 면적은 제외)의 합계가 $660m^2$ 이하일 것

해설

① 다중주택의 요건

다가구주택의 요건
- 주택으로 쓰는 층수(지하층은 제외)가 3개 층 이하일 것
- 1개 동의 주택으로 쓰이는 바닥면적 합계가 $660m^2$ 이하일 것
- 19세대 이하가 거주할 수 있을 것

정답 13 ② 14 ② 15 ③ 16 ①

17 제2종 전용주거지역 안에서 건축할 수 있는 건축물에 속하지 않는 것은?(단, 도시 · 군계획조례가 정하는 바에 의하여 건축할 수 있는 건축물 포함)

① 아파트 ② 의료시설
③ 노유자시설 ④ 다가구주택

해설

의료시설은 제2종 전용주거지역 안에서 건축할 수 있는 건축물에 속하지 않는다.

18 다음은 건축물의 층수 산정방법에 관한 기준 내용이다. ( ) 안에 알맞은 것은?

> 층의 구분이 명확하지 아니한 건축물은 그 건축물의 높이 ( )마다 하나의 층으로 보고 그 층수로 산정

① 2m ② 3m
③ 4m ④ 5m

해설

건축물의 층수 산정방법
층의 구분이 명확하지 아니한 건축물은 그 건축물의 높이 4m마다 하나의 층으로 보고 그 층수로 산정

19 건축물에 급수, 배수, 환기, 난방 설비 등의 건축설비를 설치하는 경우 건축기계설비기술사 또는 공조냉동기계기술사의 협력을 받아야 하는 대상 건축물의 연면적 기준은?(단, 창고시설은 제외)

① 연면적 5천 제곱미터 이상인 건축물
② 연면적 1만 제곱미터 이상인 건축물
③ 연면적 5만 제곱미터 이상인 건축물
④ 연면적 10만 제곱미터 이상인 건축물

해설

연면적 10,000m^2 이상인 건축물(창고시설은 제외) 또는 에너지를 대량으로 소비하는 건축물로서 건축설비를 설치하는 경우에는 관계전문기술자의 협력을 받아야 한다.

20 다음 중 허가대상에 속하는 용도변경은?

① 수련시설에서 업무시설로의 용도변경
② 숙박시설에서 위락시설로의 용도변경
③ 장례시설에서 의료시설로의 용도변경
④ 관광휴게시설에서 판매시설로의 용도변경

해설

숙박시설(영업시설군 5순위)에서 위락시설(문화 및 집회시설군 4순위로 상향)로의 용도변경은 허가대상이다.

허가대상과 신고대상의 구분

허가대상	건축물의 용도를 하위시설군 9에서 1의 상위시설군 방향으로 용도를 변경하는 경우
신고대상	건축물의 용도를 상위시설군 1에서 9의 하위시설군 방향으로 용도를 변경하는 경우

※ 용도변경 시설군의 분류

시설군	건축물의 세부용도
1. 자동차관련 시설군	자동차관련시설
2. 산업 등 시설군	• 운수시설 • 창고시설 • 공장 • 장례시설 • 위험물저장 및 처리시설 • 자원순환 관련 시설 • 묘지관련시설
3. 전기통신 시설군	• 방송통신시설 • 발전시설
4. 문화 및 집회 시설군	• 문화 및 집회시설 • 종교시설 • 위락시설 • 관광휴게시설
5. 영업시설군	• 판매시설 • 운동시설 • 숙박시설 • 제2종 근린생활시설 중 다중생활시설
6. 교육 및 복지 시설군	• 의료시설 • 교육연구시설 • 야영장시설 • 수련시설
7. 근린생활 시설군	• 제1종 근린생활시설 • 제2종 근린생활시설(다중생활시설 제외)
8. 주거업무 시설군	• 단독주택 • 공동주택 • 업무시설 • 교정 및 군사시설
9. 그 밖의 시설군	동물 및 식물관련시설

정답 17 ② 18 ③ 19 ② 20 ②

건축기사 (2019년 4월 시행)

01 다음은 대피공간의 설치에 관한 기준 내용이다. 밑줄 친 요건 내용으로 옳지 않은 것은?

> 공동주택 중 아파트로서 4층 이상인 층의 각 세대가 2개 이상의 직통계단을 사용할 수 없는 경우에는 발코니에 인접 세대와 공동으로 또는 각 세대별로 다음 각 호의 요건을 모두 갖춘 대피공간을 하나 이상 설치하여야 한다.

① 대피공간은 바깥의 공기와 접하지 않을 것
② 대피공간은 실내의 다른 부분과 방화구획으로 구획될 것
③ 대피공간의 바닥면적은 각 세대별로 설치하는 경우에는 $2m^2$ 이상일 것
④ 대피공간의 바닥면적은 인접 세대와 공동으로 설치하는 경우에는 $3m^2$ 이상일 것

해설

발코니 대피공간의 설치
아파트로서 4층 이상의 층의 각 세대가 2개 이상의 직통계단을 사용할 수 없는 경우에는 발코니에 인접세대와 공동으로 또는 각 세대별로 다음 요건(인접세대와 공동으로 설치하는 대피공간은 인접세대를 통하여 2개 이상의 직통계단을 사용할 수 있는 위치)을 갖춘 대피공간을 하나 이상 설치하여야 한다.
① 대피공간은 바깥의 공기와 접할 것
② 대피공간은 실내의 다른 부분과 방화구획으로 구획될 것
③ 대피공간의 바닥면적 기준
　㉠ 인접세대와 공동으로 설치하는 경우 : $3m^2$ 이상
　㉡ 각 세대별로 설치하는 경우 : $2m^2$ 이상

02 건축법령상 다음과 같이 정의되는 용어는?

> 건축물의 건축 · 대수선 · 용도변경, 건축설비의 설치 또는 공작물의 축조에 관한 공사를 발주하거나 현장관리인을 두어 스스로 그 공사를 하는 자

① 건축주　② 건축사
③ 설계자　④ 공사시공자

해설

건축주
건축물의 건축 · 대수선 · 용도변경, 건축설비의 설치 또는 공작물의 축조에 관한 공사를 발주하거나 현장 관리인을 두어 스스로 그 공사를 하는 자

03 용도지역의 건폐율 기준으로 옳지 않은 것은?

① 주거지역 : 70% 이하
② 상업지역 : 90% 이하
③ 공업지역 : 70% 이하
④ 녹지지역 : 30% 이하

해설

건폐율의 최대한도
- 70% 이하 : 주거지역, 공업지역
- 90% 이하 : 상업지역
- 20% 이하 : 녹지지역

04 국토의 계획 및 이용에 관한 법령상 광장 · 공원 · 녹지 · 유원지 · 공공공지가 속하는 기반시설은?

① 교통시설　② 공간시설
③ 환경기초시설　④ 공공 · 문화체육시설

해설

공간시설
광장 · 공원 · 녹지 · 유원지 · 공공공지

정답　01 ①　02 ①　03 ④　04 ②

05 다음 중 특별건축구역으로 지정할 수 없는 구역은?

① 「도로법」에 따른 접도구역
② 「택지개발촉진법」에 따른 택지개발사업구역 지역의 사업구역
③ 국가가 국제행사 등을 개최하는 도시 또는 지역의 사업구역
④ 지방자치단체가 국제행사 등을 개최하는 도시 또는 지역의 사업구역

해설

특별건축구역으로 지정할 수 없는 사업구역
- 「개발제한구역의 지정 및 관리에 관한 특별조치법」에 따른 개발제한구역
- 「자연공원법」에 따른 자연공원
- 「도로법」에 따른 접도구역
- 「산지관리법」에 따른 보전산지

06 같은 건축물 안에 공동주택과 위락시설을 함께 설치하고자 하는 경우에 관한 기준 내용으로 옳지 않은 것은?

① 건축물의 주요 구조부를 내화구조로 할 것
② 공동주택과 위락시설은 서로 이웃하도록 배치할 것
③ 공동주택과 위락시설은 내화구조로 된 바닥 및 벽으로 구획하여 서로 차단할 것
④ 공동주택의 출입구와 위락시설의 출입구는 서로 그 보행거리가 30m 이상이 되도록 설치할 것

해설

공동주택과 위락시설은 서로 이웃하지 아니하도록 배치할 것

07 부설주차장의 설치대상 시설물 종류와 설치기준의 연결이 옳지 않은 것은?

① 위락시설 : 시설면적 150m^{2}당 1대
② 종교시설 : 시설면적 150m^{2}당 1대
③ 판매시설 : 시설면적 150m^{2}당 1대
④ 수련시설 : 시설면적 350m^{2}당 1대

해설

위락시설 : 시설면적 100m^{2}당 1대

부설주차장의 설치기준

용도	설치기준
1. 위락시설	시설면적 100m^{2}당 1대 (시설면적/100m^2)
2. • 문화 및 집회시설(관람장 제외) • 종교시설 • 판매시설 • 운수시설 • 의료시설(정신병원 · 요양소 · 격리병원을 제외) • 운동시설(골프장 · 골프연습장 · 옥외수영장 제외) • 업무시설(외국공관 및 오피스텔 제외) • 방송통신시설 중 방송국 • 장례식장	시설면적 150m^{2}당 1대 (시설면적/150m^2)
3. • 제1종 근린생활시설 예외 – 지역자치센터, 파출소, 지구대, 소방서, 우체국, 방송국, 보건소, 공공도서관, 건강보험공단 사무소 등 공공업무시설로서 같은 건축물에 해당 용도로 쓰는 바닥면적의 합계가 1천 제곱미터 미만인 것 – 마을회관, 마을공동작업소, 마을공동구판장 등 주민이 공동으로 이용하는 시설 • 제2종 근린생활시설 • 숙박시설	시설면적 200m^{2}당 1대 (시설면적/200m^2)

08 용적률 산정에 사용되는 연면적에 포함되는 것은?

① 지하층의 면적
② 층고가 2.1m인 다락의 면적
③ 준초고층건축물에 설치하는 피난안전구역의 면적
④ 건축물의 경사지붕 아래에 설치하는 대피공간의 면적

정답 05 ① 06 ② 07 ① 08 ②

해설

용적률 산정 시 제외되는 연면적
- 지하층의 면적
- 지상층의 주차장으로 사용되는 면적(해당 건축물의 부속용도인 경우)
- 초고층 건축물과 준초고층 건축물에 설치하는 피난안전구역의 면적
- 건축물의 경사지붕 아래에 설치하는 대피공간의 면적

09 다음 설명에 알맞은 용도지구의 세분은?

> 건축물 · 인구가 밀집되어 있는 지역으로서 시설 개선 등을 통하여 재해 예방이 필요한 지구

① 시가지방재지구
② 특정개발진흥지구
③ 복합개발진흥지구
④ 중요시설물보호지구

해설

시가지방재지구
건축물 · 인구가 밀집되어 있는 지역으로서 시설 개선 등을 통하여 재해 예방이 필요한 지구

10 건축허가를 하기 전에 건축물의 구조안전과 인접 대지의 안전에 미치는 영향 등을 평가하는 건축물 안전영향평가를 실시하여야 하는 대상 건축물 기준으로 옳은 것은?

① 층수가 6층 이상으로 연면적 1만 제곱미터 이상인 건축물
② 층수가 6층 이상으로 연면적 10만 제곱미터 이상인 건축물
③ 층수가 16층 이상으로 연면적 1만 제곱미터 이상인 건축물
④ 층수가 16층 이상으로 연면적 10만 제곱미터 이상인 건축물

해설

건축물 안전영향평가 실시 대상 기준
- 초고층건축물
- 층수가 16층 이상으로 연면적 100,000m^2 이상인 건축물

11 건축물에 설치하는 피난안전구역의 구조 및 설비에 관한 기준 내용으로 옳지 않은 것은?

① 피난안전구역의 높이는 1.8m 이상일 것
② 피난안전구역의 내부마감재료는 불연재료로 설치할 것
③ 비상용 승강기는 피난안전구역에서 승하차할 수 있는 구조로 설치할 것
④ 건축물의 내부에서 피난안전구역으로 통하는 계단은 특별피난계단의 구조로 설치할 것

해설

피난안전구역의 높이 : 2.1m 이상일 것

12 건축물과 해당 건축물의 용도의 연결이 옳지 않은 것은?

① 주유소 : 자동차관련시설
② 야외음악당 : 관광휴게시설
③ 치과의원 : 제1종 근린생활시설
④ 일반음식점 : 제2종 근린생활시설

해설

주유소 : 위험물저장 및 처리시설

13 6층 이상의 거실면적의 합계가 12,000m^2인 문화 및 집회시설 중 전시장에 설치하여야 하는 승용승강기의 최소 대수는?(단, 8인승 승강기 기준)

① 4대　　② 5대
③ 6대　　④ 7대

정답　09 ①　10 ④　11 ①　12 ①　13 ③

해설

문화 및 집회시설(전시장)

$1+(12{,}000m^2-3{,}000m^2)/2{,}000m^2=5.5$대(6대)

승용승강기 설치기준

6층 이상의 거실면적 합계 (Am^2) / 건축물의 용도	$3{,}000m^2$ 이하	$3{,}000m^2$ 초과
• 문화 및 집회시설(공연장 · 집회장 · 관람장) • 판매시설 • 의료시설(병원 · 격리병원)	2대	2대에 $3{,}000m^2$를 초과하는 $2{,}000m^2$ 이내마다 1대의 비율로 가산한 대수 이상 $\left(2대+\dfrac{A-3{,}000m^2}{2{,}000m^2}대\right)$
• 문화 및 집회시설(전시장 및 동 · 식물원) • 업무시설 • 숙박시설 • 위락시설	1대	1대에 $3{,}000m^2$를 초과하는 $2{,}000m^2$ 이내마다 1대의 비율로 가산한 대수 이상 $\left(1대+\dfrac{A-3{,}000m^2}{2{,}000m^2}대\right)$
• 공동주택 • 교육연구시설 • 노유자시설 • 기타 시설	1대	1대에 $3{,}000m^2$를 초과하는 $3{,}000m^2$ 이내마다 1대의 비율로 가산한 대수 이상 $\left(1대+\dfrac{A-3{,}000m^2}{3{,}000m^2}대\right)$

※ 승강기의 대수를 계산할 때 8인승 이상 15인승 이하의 승강기는 1대의 승강기로 보고, 16인승 이상의 승강기는 2대의 승강기로 본다.

14 피난용 승강기의 설치에 관한 기준 내용으로 옳지 않은 것은?

① 예비전원으로 작동하는 조명설비를 설치할 것
② 승강장의 바닥면적은 승강기 1대당 $5m^2$ 이상으로 할 것
③ 각 층으로부터 피난층까지 이르는 승강로를 단일구조로 연결하여 설치할 것
④ 승강장의 출입구 부근의 잘 보이는 곳에 해당 승강기가 피난용 승강기임을 알리는 표지를 설치할 것

해설

승강장의 바닥면적은 승강기 1대당 $6m^2$ 이상으로 할 것

15 국토의 계획 및 이용에 관한 법령상 아파트를 건축할 수 있는 지역은?

① 자연녹지지역 ② 제1종 전용주거지역
③ 제2종 전용주거지역 ④ 제1종 일반주거지역

해설

제2종 전용주거지역은 아파트를 건축할 수 있는 지역이다.

16 지하층에 설치하는 비상탈출구의 유효너비 및 유효높이 기준으로 옳은 것은?(단, 주택이 아닌 경우)

① 유효너비 0.5m 이상, 유효높이 1.0m 이상
② 유효너비 0.5m 이상, 유효높이 1.5m 이상
③ 유효너비 0.75m 이상, 유효높이 1.0m 이상
④ 유효너비 0.75m 이상, 유효높이 1.5m 이상

해설

비상탈출구의 구조기준

비상탈출구	구조기준
비상탈출구의 크기	유효너비 0.75m 이상×유효높이 1.5m 이상
비상탈출구의 방향	• 피난방향으로 열리도록 하고, 실내에서 항상 열 수 있는 구조 • 내부 및 외부에는 비상탈출구표시를 할 것
비상탈출구의 설치 위치	출입구로부터 3m 이상 떨어진 곳에 설치할 것
지하층의 바닥으로부터 비상탈출구의 하단까지의 높이가 1.2m 이상이 되는 경우	벽체에 발판의 너비가 20cm 이상인 사다리를 설치할 것
비상탈출구에서 피난층 또는 지상으로 통하는 복도 또는 직통계단까지 이르는 피난통로의 유효 너비	• 피난 통로의 유효너비는 0.75m 이상 • 피난통로의 실내에 접하는 부분의 마감과 그 바탕은 불연재료로 할 것
비상탈출구의 진입부분 및 피난통로	통행에 지장이 있는 물건을 방치하거나 시설물을 설치하지 아니할 것
비상탈출구의 유도등과 피난통로의 비상조명등	소방관계법령에서 정하는 바에 따라 설치할 것

정답 14 ② 15 ③ 16 ④

17 평행주차형식으로 일반형인 경우 주차장의 주차단위구획의 크기 기준으로 옳은 것은?

① 너비 1.7m 이상, 길이 5.0m 이상
② 너비 1.7m 이상, 길이 6.0m 이상
③ 너비 2.0m 이상, 길이 5.0m 이상
④ 너비 2.0m 이상, 길이 6.0m 이상

해설

주차단위구획의 크기 기준

주차형식	구분	주차구획
평행주차 형식의 경우	경형	1.7m×4.5m 이상
	일반형	2.0m×6.0m 이상
	보도와 차도의 구분이 없는 주거지역의 도로	2.0m×5.0m 이상
평행주차 형식 외의 경우	경형	2.0m×3.6m 이상
	일반형	2.5m×5.0m 이상
	확장형	2.6m×5.2m 이상
	장애인전용	3.3m×5.0m 이상

18 노외주차장의 구조 · 설비에 관한 기준 내용으로 옳지 않은 것은?

① 출입구의 너비는 3.0m 이상으로 하여야 한다.
② 주차구획선의 긴 변과 짧은 변 중 한 변 이상이 차로에 접하여야 한다.
③ 지하식인 경우 차로의 높이는 주차바닥면으로부터 2.3m 이상으로 하여야 한다.
④ 주차에 사용되는 부분의 높이는 주차바닥면으로부터 2.1m 이상으로 하여야 한다.

해설

출입구의 너비

1. 출입구의 너비는 3.5m 이상
2. 주차대수 규모가 50대 이상인 경우에는 출구와 입구를 분리하거나 너비 5.5m 이상의 출입구를 설치할 것

19 다음은 건축선에 따른 건축제한에 관한 기준 내용이다. ( ) 안에 알맞은 것은?

> 도로면으로부터 높이 ( ) 이하에 있는 출입구, 창문, 그 밖에 이와 유사한 구조물은 열고 닫을 때 건축선의 수직면을 넘지 아니하는 구조로 하여야 한다.

① 3m　　② 4.5m
③ 6m　　④ 10m

해설

도로면으로부터 높이 4.5m 이하에 있는 출입구, 창문, 그 밖에 이와 유사한 구조물은 열고 닫을 때 건축선의 수직면을 넘지 아니하는 구조로 하여야 한다.

20 다음은 대지의 조경에 관한 기준 내용이다. ( ) 안에 알맞은 것은?

> 면적이 ( ) 이상인 대지에 건축을 하는 건축주는 용도지역 및 건축물의 규모에 따라 지방자치단체의 조례로 정하는 기준에 따라 대지에 조경이나 그 밖에 필요한 조치를 하여야 한다.

① $100m^2$　　② $150m^2$
③ $200m^2$　　④ $300m^2$

해설

대지의 조경에 관한 기준

면적이 $200m^2$ 이상인 대지에 건축을 하는 건축주는 용도지역 및 건축물의 규모에 따라 해당 지방자치단체의 조례로 정하는 기준에 따라 대지에 조경이나 그 밖에 필요한 조치를 하여야 한다.

옥상조경의 기준

건축물의 옥상에 조경을 한 경우	옥상 조경면적의 2/3를 대지 안의 조경면적으로 산정할 수 있다.
대지의 조경면적으로 산정하는 옥상 조경면적	전체 조경면적의 50%를 초과할 수 없다.

정답　17 ④　18 ①　19 ②　20 ③

건축산업기사 (2019년 4월 시행)

01 신축 또는 리모델링하는 경우, 시간당 0.5회 이상의 환기가 이루어질 수 있도록 자연환기 설비 또는 기계환기설비를 설치하여야 하는 대상 공동주택의 최소 세대수는?

① 20세대 ② 30세대
③ 50세대 ④ 100세대

해설

신축 또는 리모델링하는 30세대 이상의 공동주택은 시간당 0.5회 이상의 환기가 이루어질 수 있도록 자연환기설비 또는 기계환기설비를 설치하여야 한다.

02 건축물의 대지에 소규모 휴식시설 등의 공개공지 또는 공개공간을 설치하여야 하는 대상 지역에 속하지 않는 것은?

① 상업지역
② 준주거지역
③ 전용주거지역
④ 일반주거지역

해설

공개공지 또는 공개공간 설치지역
- 일반주거지역, 준주거지역
- 상업지역
- 준공업지역

03 주차장 주차단위구획의 최소 크기로 옳은 것은?(단, 일반형으로 평행주차형식의 경우)

① 너비 : 1.7m, 길이 : 4.5m
② 너비 : 2.0m, 길이 : 6.0m
③ 너비 : 2.0m, 길이 : 3.6m
④ 너비 : 2.3m, 길이 : 5.0m

해설

◎ 평행주차형식의 경우

구분	너비	길이
경형	1.7m 이상	4.5m 이상
일반형	2.0m 이상	6.0m 이상
보도와 차도의 구분이 없는 주거지역의 도로	2.0m 이상	5.0m 이상
이륜자동차전용	1.0m 이상	2.3m 이상

◎ 평행주차형식 외의 경우

구분	너비	길이
경형	2.0m 이상	3.6m 이상
일반형	2.5m 이상	5.0m 이상
확장형	2.6m 이상	5.2m 이상
장애인전용	3.3m 이상	5.0m 이상
이륜자동차전용	1.0m 이상	2.3m 이상

※ 경형자동차는 「자동차관리법」에 따른 1,000cc 미만의 자동차를 말한다.
※ 주차단위구획은 백색실선(경형자동차전용 주차구획의 경우 청색실선)으로 표시하여야 한다.

04 다음은 노외주차장의 구조 · 설비기준 내용이다. ( ) 안에 알맞은 것은?

> 노외주차장에 설치하는 부대시설의 총면적은 주차장 총시설면적(주차장으로 사용되는 면적과 주차장 외의 용도로 사용되는 면적을 합한 면적)의 ( )를 초과하여서는 아니 된다.

① 5% ② 10%
③ 15% ④ 20%

해설

노외주차장에 설치하는 부대시설의 총면적은 주차장 총시설면적(주차장으로 사용되는 면적과 주차장 외의 용도로 사용되는 면적을 합한 면적)의 20%를 초과하여서는 아니 된다.

정답 01 ② 02 ③ 03 ② 04 ④

05 공동주택과 위락시설을 같은 건축물에 설치하고자 하는 경우, 충족해야 할 조건에 관한 기준 내용으로 옳지 않은 것은?

① 건축물의 주요 구조부를 내화구조로 할 것
② 공동주택과 위락시설은 서로 이웃하도록 배치할 것
③ 공동주택과 위락시설은 내화구조로 된 바닥 및 벽으로 구획하여 서로 차단할 것
④ 공동주택의 출입구와 위락시설의 출입구는 서로 그 보행거리가 30m 이상이 되도록 설치할 것

해설

② 공동주택 등과 위락시설 등은 서로 이웃하지 아니하도록 배치할 것

06 제1종 일반주거지역 안에서 건축할 수 있는 건축물에 속하지 않는 것은?

① 아파트 ② 고등학교
③ 초등학교 ④ 노유자시설

해설

아파트는 제1종 일반주거지역 안에서 건축할 수 있는 건축물에 속하지 않는다.

07 건물의 바깥쪽에 설치하는 피난계단의 구조에 관한 기준 내용으로 옳지 않은 것은?

① 계단의 유효너비는 0.9m 이상으로 할 것
② 계단은 내화구조로 하고 지상까지 직접 연결되도록 할 것
③ 건축물의 내부에서 계단으로 통하는 출입구에는 60^+ 방화문을 설치할 것
④ 건축물의 내부에서 계단실로 통하는 출입구의 유효너비는 0.9m 이상으로 할 것

해설

① 계단의 유효너비는 0.9m 이상으로 할 것이라는 규정이 없고 건축물의 내부에서 계단실로 통하는 출입구의 유효너비는 0.9m 이상으로 하는 것

옥내피난계단의 구조기준

구분	설치 규정
계단실	창문 등을 제외하고는 해당 건축물의 다른 부분과 내화구조의 벽으로 구획할 것
계단실의 실내에 접하는 부분(바닥 및 반자 등 실내에 면한 모든 부분)의 마감(마감을 위한 바탕을 포함)	불연재료로 할 것
계단실 조명	채광이 될 수 있는 창문 출입구 등을 설치하거나 예비 전원에 따른 조명설비를 할 것
계단실의 바깥쪽에 접하는 창문(망이 들어 있는 붙박이창으로서 그 면적이 각각 $1m^2$ 이하인 것을 제외)	해당 건축물의 다른 부분에 설치하는 창문 등으로부터 2m 이상의 거리에 설치할 것
계단실의 옥내에 접하는 창문 등(출입구를 제외)	망이 들어 있는 유리의 붙박이창으로서, 그 면적을 각각 $1m^2$ 이하로 할 것
옥내로부터 계단실로 통하는 출입구	• 출입구의 유효너비는 0.9m 이상일 것 • 피난방향으로 열 수 있도록 설치할 것 • 60^+ 방화문을 설치할 것
계단의 구조	내화구조로 하고, 피난층 또는 지상까지 직접 연결되도록 할 것 주의 돌음계단 금지

08 허가대상 건축물이라 하더라도 신고를 하면 건축 허가를 받은 것으로 볼 수 있는 경우에 관한 기준 내용으로 옳지 않은 것은?

① 바닥면적의 합계가 $85m^2$ 이내의 개축
② 바닥면적의 합계가 $85m^2$ 이내의 증축
③ 연면적의 합계가 $100m^2$ 이하인 건축물의 건축
④ 연면적이 $200m^2$ 미만이고 4층 미만인 건축물의 대수선

해설

건축신고 대상

- 바닥면적 합계가 $85m^2$ 이내의 증축 · 개축 또는 재축
- 연면적이 $200m^2$ 미만이고 3층 미만인 건축물의 대수선
- 연면적의 합계가 $100m^2$ 이하인 건축물
- 건축물의 높이를 3m 이하의 범위 안에서 증축하는 건축물

정답 05 ② 06 ① 07 ④ 08 ④

09 부설주차장의 총주차대수 규모가 8대 이하인 자주식 주차장의 주차형식에 따른 차로의 너비 기준으로 옳은 것은?(단, 주차장은 지평식이며, 주차단위구획과 접하여 있는 차로의 경우)

① 평행주차 : 2.5m 이상
② 직각주차 : 5.0m 이상
③ 교차주차 : 3.5m 이상
④ 45° 대향주차 : 3.0m 이상

해설

주차대수가 8대 이하인 자주식 주차장(지평식)의 구조 및 설비기준

차로의 너비는 2.5m 이상으로 하되 주차단위구획과 접하여 있는 차로의 너비는 다음과 같다.

주차형식	차로의 너비
평행주차	3.0m 이상
45° 대향주차	3.5m 이상
교차주차	3.5m 이상
60° 대향주차	4.0m 이상
직각주차	6.0m 이상

10 다음은 건축물 층수 산정에 관한 기준 내용이다. ( ) 안에 알맞은 것은?

> 층의 구분이 명확하지 아니한 건축물은 그 건축물의 높이 ( )마다 하나의 층으로 보고 그 층수를 산정한다.

① 3m ② 3.5m
③ 4m ④ 4.5m

해설

층의 구분이 명확하지 아니한 건축물은 그 건축물의 높이 4m마다 하나의 층으로 보고 그 층수를 산정한다.

11 다음 중 건축기준의 허용오차(%)가 가장 큰 항목은?

① 건폐율 ② 용적률
③ 평면길이 ④ 인접 건축물과의 거리

해설

3% 이내 : 벽체두께, 바닥판두께, 건축물의 후퇴거리, 인접 대지경계선과의 거리, 인접 건축물과의 거리

12 승용승강기 설치 대상 건축물로서 6층 이상의 거실 면적의 합계가 2,000m²인 경우, 다음 중 설치하여야 하는 승용승강기의 최소 대수가 가장 많은 건축물은?(단, 8인승 승용승강기의 경우)

① 의료시설 ② 업무시설
③ 위락시설 ④ 숙박시설

해설

승용승강기 설치기준

건축물의 용도 \ 6층 이상의 거실면적 합계 (Am^2)	3,000m² 이하	3,000m² 초과
• 문화 및 집회시설(공연장 · 집회장 · 관람장) • 판매시설 • 의료시설(병원 · 격리병원)	2대	2대에 3,000m²를 초과하는 2,000m² 이내마다 1대의 비율로 가산한 대수 이상 $\left(2\text{대} + \frac{A - 3{,}000m^2}{2{,}000m^2}\text{대}\right)$
• 문화 및 집회시설(전시장 및 동 · 식물원) • 업무시설 • 숙박시설 • 위락시설	1대	1대에 3,000m²를 초과하는 2,000m² 이내마다 1대의 비율로 가산한 대수 이상 $\left(1\text{대} + \frac{A - 3{,}000m^2}{2{,}000m^2}\text{대}\right)$
• 공동주택 • 교육연구시설 • 노유자시설 • 기타 시설	1대	1대에 3,000m²를 초과하는 3,000m² 이내마다 1대의 비율로 가산한 대수 이상 $\left(1\text{대} + \frac{A - 3{,}000m^2}{3{,}000m^2}\text{대}\right)$

※ 승강기의 대수를 계산할 때 8인승 이상 15인승 이하의 승강기는 1대의 승강기로 보고, 16인승 이상의 승강기는 2대의 승강기로 본다.

정답 09 ③ 10 ③ 11 ④ 12 ①

13 세대수가 20세대인 주거용 건축물에 설치하는 음용수용 급수관의 최소 지름은?

① 25mm ② 32mm
③ 40mm ④ 50mm

해설

주거용 건축물 급수관의 지름

가구 또는 세대수	급수관 지름의 최소 기준(mm)
1	15
2~3	20
4~5	25
6~8	32
9~16	40
17 이상	50

14 건축법령상 의료시설에 속하지 않는 것은?

① 치과병원 ② 동물병원
③ 한방병원 ④ 마약진료소

해설

의료시설	가. 병원	종합병원, 병원, 치과병원, 한방병원, 정신병원, 요양소
	나. 격리병원	전염병원, 마약진료소 등

15 연면적이 $200m^2$를 초과하는 건축물에 설치하는 복도의 유효너비는 최소 얼마 이상으로 하여야하는가?(단, 건축물은 초등학교이며, 양옆에 거실이 있는 복도의 경우)

① 1.2m ② 1.5m
③ 1.8m ④ 2.4m

해설

복도의 유효너비 기준

구분	양옆에 거실이 있는 복도	그 밖의 복도
유치원 · 초등학교 · 중학교 · 고등학교	2.4m 이상	1.8m 이상
공동주택 · 오피스텔	1.8m 이상	1.2m 이상
해당 층 거실 바닥면적이 $200m^2$ 이상인 경우	1.5m 이상 (의료시설의 복도는 1.8m 이상)	1.2m 이상

16 국토의 계획 및 이용에 관한 법령상 공업지역의 세분에 속하지 않는 것은?

① 준공업지역 ② 중심공업지역
③ 일반공업지역 ④ 전용공업지역

해설

공업지역의 세분

- 전용공업지역
- 일반공업지역
- 준공업지역

17 건축물에 급수, 배수, 환기, 난방 설비 등의 건축 설비를 설치하는 경우 건축기계설비기술사 또는 공조냉동기계기술사의 협력을 받아야 하는 대상 건축물에 속하지 않는 것은?

① 아파트
② 연립주택
③ 다세대주택
④ 숙박시설로서 해당 용도에 사용되는 바닥면적의 합계가 $2,000m^2$인 건축물

해설

관계전문기술자 협력대상

- 연면적이 $10,000m^2$ 이상인 건축물(창고시설 제외)
- 에너지를 대량으로 소비하는 다음의 건축물

정답 13 ④ 14 ② 15 ④ 16 ② 17 ③

용도	바닥면적 합계
냉동 · 냉장시설, 항온항습시설, 특수청정시설	$500m^2$
아파트, 연립주택	–
목욕장, 물놀이형 시설, 수영장	$500m^2$
기숙사, 의료시설, 유스호스텔, 숙박시설	$2,000m^2$
판매시설, 연구소, 업무시설	$3,000m^2$
문화 및 집회시설, 종교시설, 교육연구시설, 장례시설	$10,000m^2$

18 건축법령상 연립주택의 정의로 가장 알맞은 것은?

① 주택으로 쓰는 1개 동의 바닥면적 합계가 $660m^2$ 이하이고, 층수가 4개 층 이하인 주택
② 주택으로 쓰는 1개 동의 바닥면적 합계가 $660m^2$를 초과하고, 층수가 4개 층 이하인 주택
③ 1개 동의 주택으로 쓰이는 바닥면적의 합계가 $330m^2$ 이하이고, 주택으로 쓰는 층수가 3개 층 이하인 주택
④ 1개 동의 주택으로 쓰이는 바닥면적의 합계가 $330m^2$를 초과하고, 주택으로 쓰는 층수가 3개 층 이하인 주택

해설

연립주택
주택으로 쓰는 1개 동의 바닥면적 합계가 $660m^2$를 초과하고, 층수가 4개 층 이하인 주택

19 다음 중 노외주차장의 출구 및 입구를 설치할 수 있는 장소는?

① 너비가 3m인 도로
② 종단기울기가 12%인 도로
③ 횡단보도로부터 10m 거리에 있는 도로의 부분
④ 초등학교 출입구로부터 15m 거리에 있는 도로의 부분

해설

노외주차장의 출 · 입구 설치기준
노외주차장의 입구와 출구를 설치할 수 없는 곳은 다음과 같다.
㉠ 육교 및 지하 횡단보도를 포함한 횡단보도에서 5m 이내의 도로부분
㉡ 종단기울기 10%를 초과하는 도로
㉢ 유아원, 유치원, 초등학교, 특수학교, 노인복지시설, 장애인 복지시설 및 아동전용시설 등의 출입구로부터 20m 이내의 도로부분
㉣ 폭 4m 미만의 도로
예외 주차대수 200대 이상인 경우에는 폭 10m 미만의 도로에는 설치할 수 없다.
㉤ 「도로교통법」에 따른 정차 및 주차의 금지장소에 해당하는 도로의 부분

20 문화 및 집회시설 중 공연장의 개별 관람실의 바닥면적이 $800m^2$인 경우 설치하여야 하는 최고 출구수는?(단, 각 출구의 유효너비는 기준상 최소로 한다.)

① 5개소 ② 4개소
③ 3개소 ④ 2개소

해설

문화 및 집회시설 중 공연장의 개별 관람실의 바닥면적이 $800m^2$인 경우 : $(800m^2/100m^2) \times 0.6m/1.5m = 4.8m/1.5m$(출구 유효너비) = 3.2개소(4개소)

관람석 등으로부터의 출구의 설치
문화 및 집회시설 중 관람실의 바닥면적이 $300m^2$ 이상인 공연장의 개별 관람석에 설치하는 출구는 다음의 기준에 적합하도록 설치한다.
① 관람실별로 2개소 이상 설치할 것
② 각 출구의 유효너비는 1.5m 이상일 것
③ 개별 관람실 출구의 유효너비의 합계는 개별 관람실의 바닥면적 $100m^2$마다 0.6m의 비율로 산정한 너비 이상으로 할 것

정답 18 ② 19 ③ 20 ②

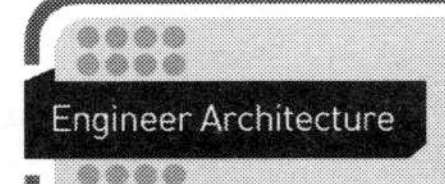

건축기사 (2019년 9월 시행)

01 특별피난계단의 구조에 관한 기준 내용으로 옳지 않은 것은?

① 계단실에는 예비전원에 의한 조명설비를 할 것
② 계단은 내화구조로 하되, 피난층 또는 지상까지 직접 연결되도록 할 것
③ 출입구의 유효너비는 0.9m 이상으로 하고 피난의 방향으로 열 수 있을 것
④ 계단실의 노대 또는 부속실에 접하는 창문은 그 면적을 각각 $3m^2$ 이하로 할 것

해설

계단실의 노대 또는 부속실에 접하는 창문은 그 면적을 각각 $1m^2$ 이하로 할 것

02 그림과 같은 일반 건축물의 건축면적은? (단, 평면도 건물 치수는 두께 300mm인 외벽의 중심치수이고, 지붕선 치수는 지붕외곽선 치수임)

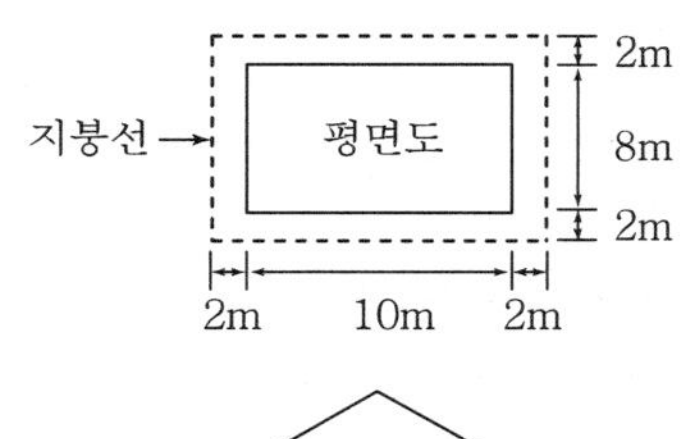

① $80m^2$　② $100m^2$
③ $120m^2$　④ $168m^2$

해설

건축면적 산정기준
처마, 차양, 부연, 그 밖에 이와 비슷한 것으로서 그 외벽의 중심선으로부터 수평거리 1m 이상 돌출된 부분의 경우 그 돌출된 끝부분으로부터 1m의 수평거리를 후퇴한 선으로 둘러싸인 부분의 수평투영면적
그러므로 $12m \times 10m = 120m^2$

03 다음은 대지의 조경에 관한 기준 내용이다. ( ) 안에 알맞은 것은?

> 면적이 ( ) 이상인 대지에 건축을 하는 건축주는 용도지역 및 건축물의 규모에 따라 해당 지방자치단체의 조례로 정하는 기준에 따라 대지에 조경이나 그 밖에 필요한 조치를 하여야 한다.

① $100m^2$　② $200m^2$
③ $300m^2$　④ $500m^2$

해설

면적이 $200m^2$ 이상인 대지에 건축을 하는 건축주는 용도지역 및 건축물의 규모에 따라 해당 지방자치단체의 조례로 정하는 기준에 따라 대지에 조경이나 그 밖에 필요한 조치를 하여야 한다.

04 건축법령상 초고층건축물의 정의로 옳은 것은?

① 층수가 30층 이상이거나 높이가 90m 이상인 건축물
② 층수가 30층 이상이거나 높이가 120m 이상인 건축물
③ 층수가 50층 이상이거나 높이가 150m 이상인 건축물
④ 층수가 50층 이상이거나 높이가 200m 이상인 건축물

해설

초고층건축물
층수가 50층 이상이거나 높이가 200m 이상인 건축물

정답　01 ④　02 ③　03 ②　04 ④

05 건축물의 거실에 건축물의 설비기준 등에 관한 규칙에 따라 배연설비를 설치하여야 하는 대상 건축물에 속하지 않는 것은?(단, 피난층의 거실은 제외)

① 6층 이상인 건축물로서 창고시설의 용도로 쓰는 건축물
② 6층 이상인 건축물로서 운수시설의 용도로 쓰는 건축물
③ 6층 이상인 건축물로서 위락시설의 용도로 쓰는 건축물
④ 6층 이상인 건축물로서 종교시설의 용도로 쓰는 건축물

해설

6층 이상인 건축물로서 배연설비를 설치하여야 하는 대상

- 제2종 근린생활시설 중 공연장, 종교집회장, 인터넷컴퓨터게임시설제공업소 및 다중생활시설(공연장, 종교집회장 및 인터넷컴퓨터게임시설제공업소는 바닥면적의 합계가 각각 300m² 이상인 경우만 해당)
- 문화 및 집회시설, 종교시설, 판매시설, 운수시설, 의료시설(요양병원 및 정신병원은 제외)
- 교육연구시설 중 연구소
- 노유자시설 중 아동관련시설, 노인복지시설(노인요양시설은 제외)
- 수련시설 중 유스호스텔
- 운동시설, 업무시설, 숙박시설, 위락시설, 관광휴게시설, 장례시설

06 비상용 승강기의 승강장의 구조에 관한 기준 내용으로 옳지 않은 것은?

① 채광이 되는 창문이 있거나 예비전원에 의한 조명설비를 할 것
② 벽 및 반자가 실내에 접하는 부분의 마감 재료는 불연재료로 할 것
③ 피난층이 있는 승강장의 출입구로부터 도로 또는 공지에 이르는 거리가 50m 이하일 것
④ 옥내에 승강장을 설치하는 경우 승강장의 바닥면적은 비상용 승강기 1대에 대하여 6m² 이상으로 할 것

해설

피난층이 있는 승강장의 출입구로부터 도로 또는 공지에 이르는 거리가 30m 이하일 것

07 도시지역에서 복합적인 토지이용을 증진시켜 도시정비를 촉진하고 지역거점을 육성할 필요가 있다고 인정되는 지역을 대상으로 지정하는 구역은?

① 개발제한구역
② 시가화조정구역
③ 입지규제최소구역
④ 도시자연공원구역

해설

입지규제최소구역

도시지역에서 복합적인 토지이용을 증진시켜 도시정비를 촉진하고 지역거점을 육성할 필요가 있다고 인정되는 지역을 대상으로 지정하는 구역이다.

08 건축법령상 건축허가신청에 필요한 설계도서에 속하지 않는 것은?

① 조감도
② 배치도
③ 건축계획서
④ 실내마감도

해설

건축허가신청에 필요한 설계도서

건축계획서, 배치도, 평면도, 입면도, 단면도, 구조도, 구조계산서, 시방서, 실내마감도, 소방설비도, 건축설비도, 토지굴착 및 옹벽도

정답 05 ① 06 ③ 07 ③ 08 ①

09 건축물의 주요구조부를 내화구조로 하여야 하는 대상 건축물에 속하지 않는 것은?

① 공장의 용도로 쓰는 건축물로서 그 용도로 쓰는 바닥면적의 합계가 500m²인 건축물
② 판매시설의 용도로 쓰는 건축물로서 그 용도로 쓰는 바닥면적의 합계가 500m²인 건축물
③ 창고시설의 용도로 쓰는 건축물로서 그 용도로 쓰는 바닥면적의 합계가 500m²인 건축물
④ 문화 및 집회시설 중 전시장의 용도로 쓰는 건축물로서 그 용도로 쓰는 바닥면적의 합계가 500m²인 건축물

해설

공장의 용도로 쓰는 건축물로서 그 용도로 쓰는 바닥면적의 합계가 2,000m² 이상인 건축물

10 노외주차장의 출입구가 2개인 경우 주차형식에 따른 차로의 최소 너비가 옳지 않은 것은? (단, 이륜자동차전용 외의 노외주차장의 경우)

① 직각주차 : 6.0m
② 평행주차 : 3.3m
③ 45° 대향주차 : 3.5m
④ 60° 대향주차 : 5.0m

해설

노외주차장 차로너비(이륜자동차전용이 아닌 노외주차장)

주차형식	차로의 폭	
	출입구가 2개 이상인 경우	출입구가 1개인 경우
평행주차	3.3m	5.0m
직각주차	6.0m	6.0m
60° 대향주차	4.5m	5.5m
45° 대향주차	3.5m	5.0m
교차주차	3.5m	5.0m

11 막다른 도로의 길이가 20m인 경우, 이 도로가 건축법령상 도로이기 위한 최소 너비는?

① 2m ② 3m
③ 4m ④ 6m

해설

막다른 도로의 너비

막다른 도로의 길이	도로의 너비
10m 미만	2m
10m 이상 35m 미만	3m
35m 이상	6m (도시지역이 아닌 읍 · 면지역 4m)

12 어느 건축물에서 주차장 외의 용도로 사용되는 부분이 판매시설인 경우, 이 건축물이 주차전용 건축물이기 위해서는 주차장으로 사용되는 부분의 연면적 비율이 최소 얼마 이상이어야 하는가?

① 50% ② 70%
③ 85% ④ 95%

해설

주차전용 건축물

건축물의 용도	주차면적 비율
건축물의 연면적 중 주차장으로 사용되는 부분	95% 이상
단독주택, 공동주택, 제1종 및 제2종 근린생활시설, 문화 및 집회시설, 종교시설, 판매시설, 운수시설, 운동시설, 업무시설, 창고시설, 자동차 관련 시설	70% 이상

정답 09 ① 10 ④ 11 ② 12 ②

13 다음은 차수설비의 설치에 관한 기준 내용이다. ( ) 안에 알맞은 것은?

> 「국토의 계획 및 이용에 관한 법률」에 따른 방재지구에서 연면적 ( ) 이상의 건축물을 건축하려는 자는 빗물 등의 유입으로 건축물이 침수되지 아니하도록 해당 건축물의 지하층 및 1층의 출입구(주차장의 출입구를 포함한다.)에 차수설비를 설치하여야 한다. 다만, 법 제5조 제1항에 따른 허가권자가 침수의 우려가 없다고 인정하는 경우에는 그러하지 아니하다.

① 3,000m^2 ② 5,000m^2
③ 10,000m^2 ④ 20,000m^2

해설

차수설비 설치대상
연면적 10,000m^2 이상의 건축물을 건축하려는 자는 빗물 등의 유입으로 건축물이 침수되지 아니하도록 해당 건축물의 지하층 및 1층의 출입구에 차수판 등 해당 건축물의 침수를 방지할 수 있는 설비를 설치하여야 한다.

14 건축법령상 아파트의 정의로 가장 알맞은 것은?

① 주택으로 쓰는 층수가 3개 층 이상인 주택
② 주택으로 쓰는 층수가 5개 층 이상인 주택
③ 주택으로 쓰는 층수가 7개 층 이상인 주택
④ 주택으로 쓰는 층수가 10개 층 이상인 주택

해설

아파트
주택으로 쓰이는 층수가 5개 층 이상인 주택

15 부설주차장의 설치대상 시설물이 업무시설인 경우 설치기준으로 옳은 것은?(단, 외국공관 및 오피스텔은 제외)

① 시설면적 100m^{2}당 1대
② 시설면적 150m^{2}당 1대
③ 시설면적 200m^{2}당 1대
④ 시설면적 350m^{2}당 1대

해설

업무시설의 부설주차장 설치대수는 시설면적 150m^{2}당 1대를 설치한다.

부설주차장의 설치대상

용도	설치기준
1. 위락시설	시설면적 100m^{2}당 1대 (시설면적/100m^2)
2. • 문화 및 집회시설(관람장 제외) • 종교시설 • 판매시설 • 운수시설 • 의료시설(정신병원 · 요양소 · 격리병원을 제외) • 운동시설(골프장 · 골프연습장 · 옥외수영장 제외) • 업무시설(외국공관 및 오피스텔 제외) • 방송통신시설 중 방송국 • 장례식장	시설면적 150m^{2}당 1대 (시설면적/150m^2)

16 문화 및 집회시설 중 공연장의 개별 관람실을 다음과 같이 계획하였을 경우, 옳지 않은 것은? (단, 개별 관람실의 바닥면적은 1,000m^{2}이다.)

① 각 출구의 유효너비는 1.5m 이상으로 하였다.
② 관람실로부터 바깥쪽으로의 출구로 쓰이는 문을 밖여닫이로 하였다.
③ 개별 관람실의 바깥쪽에는 그 양쪽 및 뒤쪽에 각각 복도를 설치하였다.
④ 개별 관람실의 출구는 3개소 설치하였으며 출구의 유효너비의 합계는 4.5m로 하였다.

해설

바닥면적 300m^2 이상 공연장의 개별 관람실 출구설치 기준
- 바깥쪽으로의 출구로 쓰이는 문은 안여닫이로 하여서는 아니 된다.
- 관람실별로 2개소 이상 설치할 것
- 각 출구의 유효너비는 1.5m 이상일 것
- 개별 관람실 출구의 유효너비의 합계는 개별 관람실의 바닥면적 100m^{2}마다 0.6m의 비율로 산정한 너비 이상으로 할 것

그러므로, 개별 관람실의 바닥면적은 1,000m^2
(1,000m^2/100m^2) × 0.6m = 6m(출구 유효너비) 이상으로 한다.

정답 13 ③ 14 ② 15 ② 16 ④

17 용도지역의 세분 중 도심 · 부도심의 상업기능 및 업무기능의 확충을 위하여 필요한 지역은?

① 유통상업지역 ② 근린상업지역
③ 일반상업지역 ④ 중심상업지역

해설

상업지역
- 중심상업지역 : 도심 · 부도심의 업무 및 상업기능의 확충
- 일반상업지역 : 일반적인 상업 및 업무기능 증진
- 근린상업지역 : 근린지역에서의 일용품 및 서비스 공급
- 유통상업지역 : 도시 내 및 지역 간의 유통기능 증진

18 층수가 15층이며, 6층 이상의 거실면적의 합계가 15,000m²인 종합병원에 설치하여야 하는 승용승강기의 최소 대수는?(단, 8인승 승용승강기의 경우)

① 6대 ② 7대
③ 8대 ④ 9대

해설

$$2대+\frac{15,000m^2-3,000m^2}{2,000m^2}=2대+6대=8대$$

승용승강기 설치기준

건축물의 용도 \ 6층 이상의 거실면적 합계(Am^2)	$3,000m^2$ 이하	$3,000m^2$ 초과
• 문화 및 집회시설(공연장 · 집회장 · 관람장) • 판매시설 • 의료시설(병원 · 격리병원)	2대	2대에 $3,000m^2$를 초과하는 $2,000m^2$ 이내마다 1대의 비율로 가산한 대수 이상 $\left(2대+\frac{A-3,000m^2}{2,000m^2}대\right)$
• 문화 및 집회시설(전시장 및 동 · 식물원) • 업무시설 • 숙박시설 • 위락시설	1대	1대에 $3,000m^2$를 초과하는 $2,000m^2$ 이내마다 1대의 비율로 가산한 대수 이상 $\left(1대+\frac{A-3,000m^2}{2,000m^2}대\right)$
• 공동주택 • 교육연구시설 • 노유자시설 • 기타시설	1대	1대에 $3,000m^2$를 초과하는 $3,000m^2$ 이내마다 1대의 비율로 가산한 대수 이상 $\left(1대+\frac{A-3,000m^2}{3,000m^2}대\right)$

※ 승강기의 대수를 계산할 때 8인승 이상 15인승 이하의 승강기는 1대의 승강기로 보고, 16인승 이상의 승강기는 2대의 승강기로 본다.

19 국토의 계획 및 이용에 관한 법령상 기반시설 중 광장의 세분에 해당하지 않는 것은?

① 옥상광장 ② 일반광장
③ 지하광장 ④ 건축물부설광장

해설

광장의 세분
교통광장, 일반광장, 경관광장, 지하광장, 건축물부설광장

20 다음 중 제1종 전용주거지역 안에서 건축할 수 있는 건축물에 속하지 않는 것은?(단, 도시 · 군계획조례가 정하는 바에 의하여 건축할 수 있는 건축물 포함)

① 노유자시설
② 공동주택 중 아파트
③ 교육연구시설 중 고등학교
④ 제2종 근린생활시설 중 종교집회장

해설

공동주택 중 아파트는 제1종 전용주거지역 안에서 건축할 수 있는 건축물에 속하지 않는다.

정답 17 ④ 18 ③ 19 ① 20 ②

Engineer Architecture

건축산업기사 (2019년 8월 시행)

01 문화 및 집회시설 중 공연장의 개별 관람실 출구에 관한 기준 내용으로 옳지 않은 것은?(단, 개별 관람실의 바닥면적이 300m² 이상인 경우)

① 관람실별로 2개소 이상 설치할 것
② 각 출구의 유효너비는 1.5m 이상일 것
③ 바깥쪽으로의 출구로 쓰이는 문은 안여닫이로 할 것
④ 개별 관람실 출구의 유효너비의 합계는 개별 관람실의 바닥면적 100m²마다 0.6m의 비율로 산정한 너비 이상으로 할 것

해설

관람석 등으로부터의 출구 설치
문화 및 집회시설 중 관람실의 바닥면적이 300m² 이상인 공연장의 개별 관람석에 설치하는 출구는 다음의 기준에 적합하도록 설치한다.
① 관람실별로 2개소 이상 설치할 것
② 각 출구의 유효너비는 1.5m 이상일 것
③ 개별 관람실 출구의 유효너비의 합계는 개별 관람실의 바닥면적 100m²마다 0.6m의 비율로 산정한 너비 이상으로 할 것

02 다음은 건축선에 따른 건축제한에 관한 기준 내용이다. ( ) 안에 알맞은 것은?

> 도로면으로부터 높이 ( ) 이하에 있는 출입구, 창문, 그 밖에 이와 유사한 구조물은 열고 닫을 때 건축선의 수직면을 넘지 아니하는 구조로 하여야 한다.

① 3.5m ② 4m
③ 4.5m ④ 5m

해설

도로면으로부터 높이 4.5m 이하에 있는 출입구, 창문, 그 밖에 이와 유사한 구조물은 열고 닫을 때 건축선의 수직면을 넘지 아니하는 구조로 하여야 한다.

03 건축물의 피난층 또는 피난층의 승강장으로부터 건축물의 바깥쪽에 이르는 통로에, 관련 기준에 따른 경사로를 설치하여야 하는 대상 건축물에 속하지 않는 것은?(단, 건축물의 층수가 5층인 경우)

① 교육연구시설 중 학교
② 연면적이 5,000m²인 종교시설
③ 연면적이 5,000m²인 판매시설
④ 연면적이 5,000m²인 운수시설

해설

경사로 설치대상 건축물
- 제1종 근린생활시설 중 지역자치센터 · 파출소 · 지구대 · 소방서 · 우체국 · 방송국 · 보건소 · 공공도서관 · 지역건강보험조합, 기타 이와 유사한 것으로서 동일한 건축물 안에서 해당 용도에 쓰이는 바닥면적의 합계가 1,000m² 미만인 것
- 제1종 근린생활시설 중 마을회관 · 마을공동작업소 · 마을공동구판장 · 변전소 · 양수장 · 정수장 · 대피소 · 공중화장실, 기타 이와 유사한 것
- 연면적이 5,000m² 이상인 판매시설, 운수시설
- 교육연구시설 중 학교
- 업무시설 중 국가 또는 지방자치단체의 청사와 외국공관의 건축물로서 제1종 근린생활시설에 해당하지 아니하는 것
- 승강기를 설치하여야 하는 건축물

04 다음 중 기계식 주차장에 속하지 않는 것은?

① 지하식 ② 지평식
③ 건축물식 ④ 공작물식

해설

주차장 형태
- 자주식 주차장 : 지하식, 지평식 또는 건축물식(공작물식 포함)
- 기계식 주차장 : 지하식, 건축물식(공작물식 포함)

정답 01 ③ 02 ③ 03 ② 04 ②

05 건축법령에 따른 공사감리자의 수행 업무가 아닌 것은?

① 공정표의 검토
② 상세시공도면의 작성
③ 공사현장에서의 안전관리 지도
④ 시공계획 및 공사관리의 적정 여부 확인

해설

공사감리자의 수행 업무는 상세시공도면의 작성이 아니라 검토이다.

06 부설주차장의 설치대상 시설물이 판매시설인 경우 설치 기준으로 옳은 것은?

① 시설면적 100m²당 1대
② 시설면적 150m²당 1대
③ 시설면적 200m²당 1대
④ 시설면적 350m²당 1대

해설

부설주차장의 설치기준

용도	설치기준
1. 위락시설	시설면적 100m²당 1대 (시설면적/100m²)
2. • 문화 및 집회시설(관람장 제외) • 종교시설 • 판매시설 • 운수시설 • 의료시설(정신병원 · 요양소 · 격리병원을 제외) • 운동시설(골프장 · 골프연습장 · 옥외수영장 제외) • 업무시설(외국공관 및 오피스텔 제외) • 방송통신시설 중 방송국 • 장례식장	시설면적 150m²당 1대 (시설면적/150m²)

07 제1종 일반주거지역 안에서 건축할 수 없는 건축물은?

① 아파트
② 다가구주택
③ 다세대주택
④ 제1종 근린생활시설

해설

아파트는 제1종 일반주거지역 안에서 건축할 수 없는 건축물이다.

08 건축물의 설비기준 등에 관한 규칙의 기준 내용에 따라 피뢰설비를 설치하여야 하는 대상 건축물의 높이 기준으로 옳은 것은?

① 10m 이상
② 20m 이상
③ 25m 이상
④ 30m 이상

해설

피뢰설비를 설치하여야 하는 건축물
높이 20m 이상의 건축물 및 공작물

09 다음 중 다중이용건축물에 속하지 않는 것은?(단, 층수가 10층인 건축물의 경우)

① 판매시설의 용도로 쓰는 바닥면적의 합계가 5,000m²인 건축물
② 종교시설의 용도로 쓰는 바닥면적의 합계가 5,000m²인 건축물
③ 의료시설 중 종합병원의 용도로 쓰는 바닥면적의 합계가 5,000m²인 건축물
④ 숙박시설 중 일반숙박시설의 용도로 쓰는 바닥면적의 합계가 5,000m²인 건축물

해설

다중이용건축물
- 바닥면적 합계가 5,000m² 이상인 문화 및 집회시설(전시장 및 동 · 식물원 제외), 판매시설, 종교시설, 운수시설, 의료시설 중 종합병원, 숙박시설 중 관광숙박시설
- 16층 이상의 건축물

정답 05 ② 06 ② 07 ① 08 ② 09 ④

10 건축물의 면적 산정방법의 기본 원칙으로 옳지 않은 것은?

① 대지면적은 대지의 수평투영면적으로 한다.
② 연면적은 하나의 건축물 각 층의 거실면적의 합계로 한다.
③ 건축면적은 건축물의 외벽의 중심선으로 둘러싸인 부분의 수평투영면적으로 한다.
④ 바닥면적은 건축물의 각 층 또는 그 일부로서 벽, 기둥, 그 밖에 이와 비슷한 구획의 중심선으로 둘러싸인 부분의 수평투영면적으로 한다.

해설

연면적은 하나의 건축물에서 각 층의 바닥면적 합계로 한다.

11 각 층의 거실면적이 1,000m²인 15층 아파트에 설치하여야 하는 승용승강기의 최소 대수는?(단, 승용승강기는 15인승임)

① 2대 ② 3대
③ 4대 ④ 5대

해설

승용승강기 설치기준

건축물의 용도 \ 6층 이상의 거실면적 합계(Am²)	3,000m² 이하	3,000m² 초과
• 문화 및 집회시설(공연장 · 집회장 · 관람장) • 판매시설 • 의료시설(병원 · 격리병원)	2대	2대에 3,000m²를 초과하는 2,000m² 이내마다 1대의 비율로 가산한 대수 이상 $\left(2대+\frac{A-3,000m^2}{2,000m^2}대\right)$
• 문화 및 집회시설(전시장 및 동 · 식물원) • 업무시설 • 숙박시설 • 위락시설	1대	1대에 3,000m²를 초과하는 2,000m² 이내마다 1대의 비율로 가산한 대수 이상 $\left(1대+\frac{A-3,000m^2}{2,000m^2}대\right)$
• 공동주택 • 교육연구시설 • 노유자시설 • 기타시설	1대	1대에 3,000m²를 초과하는 3,000m² 이내마다 1대의 비율로 가산한 대수 이상 $\left(1대+\frac{A-3,000m^2}{3,000m^2}대\right)$

※ 승강기의 대수를 계산할 때 8인승 이상 15인승 이하의 승강기는 1대의 승강기로 보고, 16인승 이상의 승강기는 2대의 승강기로 본다.

• 공동주택(아파트) : 6층 이상 거실면적 합계
(15층－5층)×1,000m²＝10,000m²
그러므로,
1대＋(10,000m²－3,000m²)/3,000m²＝3.3대(4대)

12 건축허가를 하기 전에 건축물의 구조안전과 인접 대지의 안전에 미치는 영향 등을 평가하는 건축물 안전영향평가를 실시하여야 하는 대상 건축물 기준으로 옳은 것은?

① 고층건축물 ② 초고층건축물
③ 준초고층건축물 ④ 다중이용건축물

해설

건축물 안전영향평가 실시 대상
① 초고층건축물
② 다음의 요건을 모두 충족하는 건축물
- 연면적이 100,000m² 이상인 건축물
- 16층 이상일 것

13 노외주차장 내부 공간의 일산화탄소 농도는 주차장을 이용하는 차량이 가장 빈번한 시각의 앞뒤 8시간의 평균치가 최대 얼마 이하로 유지되어야 하는가?(단, 다중이용시설 등의 실내공기질관리법에 따른 실내주차장이 아닌 경우)

① 30ppm ② 40ppm
③ 50ppm ④ 60ppm

해설

일산화탄소의 농도
실내 일산화탄소의 농도는 차량이용이 빈번한 전후 8시간의 평균치를 50ppm 이하(다중이용시설 등의 실내공기질관리법 규정에 의한 실내주차장은 25ppm)로 유지하여야 한다.

정답 10 ② 11 ③ 12 ② 13 ③

14 다음 중 건축물의 대지에 공개공지 또는 공개공간을 확보하여야 하는 대상 건축물에 속하지 않는 것은?(단, 해당 용도로 쓰는 바닥면적의 합계가 5,000m²인 건축물의 경우)

① 종교시설 ② 의료시설
③ 업무시설 ④ 문화 및 집회시설

해설

공개공지 또는 공개공간을 확보하여야 하는 대상지역

대상지역	용도	규모
• 일반주거지역 • 준주거지역 • 상업지역 • 준공업지역 • 특별자치도지사 또는 시장·군수·구청장이 도시화의 가능성이 크거나 노후 산업단지의 정비가 필요하다고 인정하여 지정·공고하는 지역	• 문화 및 집회시설 • 종교시설 • 판매시설(농·수산물 유통시설은 제외) • 운수시설(여객용시설만 해당) • 업무시설 • 숙박시설	해당 용도로 쓰는 바닥면적의 합계가 5,000m² 이상
	다중이 이용하는 시설로서 건축조례가 정하는 건축물	

15 거실의 반자높이를 최소 4m 이상으로 하여야 하는 대상에 속하지 않는 것은?(단, 기계환기장치를 설치하지 않은 경우)

① 종교시설의 용도에 쓰이는 건축물의 집회실로서 그 바닥면적이 200m² 이상인 것
② 위락시설 중 유흥주점의 용도에 쓰이는 건축물의 집회실로서 그 바닥면적이 200m² 이상인 것
③ 문화 및 집회시설 중 전시장의 용도에 쓰이는 건축물의 집회실로서 그 바닥면적이 200m² 이상인 것
④ 문화 및 집회시설 중 공연장의 용도에 쓰이는 건축물의 관람실로서 그 바닥면적이 200m² 이상인 것

해설

거실의 반자높이
• 거실의 반자는 2.1m 이상
• 문화 및 집회시설(전시장 및 동·식물원은 제외), 종교시설, 장례시설 또는 위락시설 중 유흥주점의 용도에 쓰이는 건축물의 관람실 또는 집회실로서 그 바닥면적이 200m² 이상인 것의 반자의 높이는 4m(노대의 아랫부분의 높이는 2.7m) 이상

16 국토의 계획 및 이용에 관한 법령상 경관지구의 세분에 속하지 않는 것은?

① 자연경관지구 ② 특화경관지구
③ 시가지경관지구 ④ 역사문화경관지구

해설

경관지구의 세분
• 자연경관지구
• 시가지경관지구
• 특화경관지구

17 건축법령상 제1종 근린생활시설에 속하지 않는 것은?

① 정수장 ② 마을회관
③ 치과의원 ④ 일반음식점

해설

일반음식점 : 제2종 근린생활시설

18 건축법령상 허가권자가 가로구역별로 건축물의 높이를 지정·공고할 때 고려하여야 할 사항에 속하지 않는 것은?

① 도시미관 및 경관계획
② 도시·군관리계획 등의 토지이용계획
③ 해당 가로구역이 접하는 도로의 통행량
④ 해당 가로구역의 상·하수도 등 간선시설의 수용능력

정답 14 ② 15 ③ 16 ④ 17 ④ 18 ③

해설

가로구역별로 건축물 높이 지정 · 공고 시 고려사항

- 도시 · 군관리계획 등의 토지이용계획
- 해당 가로구역이 접하는 도로의 너비
- 해당 가로구역 상 · 하수도 등 간선시설의 수용능력
- 도시미관 및 경관계획
- 해당 도시의 장래발전계획

19 다음은 노외주차장의 구조 · 설비에 관한 기준 내용이다. ( ) 안에 알맞은 것은?

> 노외주차장의 출입구 너비는 ( ) 이상으로 하여야 하며, 주차대수 규모가 50대 이상인 경우에는 출구와 입구를 분리하거나 너비 5.5m 이상의 출입구를 설치하여 소통이 원활하도록 하여야 한다.

① 2.5m ② 3.0m
③ 3.5m ④ 4.0m

해설

노외주차장 출입구의 최소 너비

1. 출입구의 최소 너비 : 3.5m 이상
2. 주차대수 규모가 50대 이상인 경우에는 출구와 입구를 분리하거나, 너비 5.5m 이상의 출입구를 설치할 것

20 건축물 관련 건축기준의 허용오차가 옳지 않은 것은?

① 반자높이 : 2% 이내
② 출구너비 : 2% 이내
③ 벽체두께 : 2% 이내
④ 바닥판두께 : 3% 이내

해설

대지 관련 건축기준의 허용오차

<table>
<tr><th>항목</th><th>허용되는 오차의 범위</th></tr>
<tr><td>건폐율</td><td>0.5% 이내(건축면적 5m²를 초과할 수 없다)</td></tr>
<tr><td>용적률</td><td>1% 이내(연면적 30m²를 초과할 수 없다)</td></tr>
<tr><td>건축선의 후퇴거리</td><td rowspan="2">3% 이내</td></tr>
<tr><td>인접건축물과의 거리</td></tr>
</table>

건축물 관련 건축기준의 허용오차

<table>
<tr><th>항목</th><th colspan="2">허용되는 오차의 범위</th></tr>
<tr><td>건축물 높이</td><td rowspan="4">2% 이내</td><td>1m를 초과할 수 없다.</td></tr>
<tr><td>출구너비</td><td>–</td></tr>
<tr><td>반자높이</td><td>–</td></tr>
<tr><td>평면길이</td><td>• 건축물 전체길이는 1m를 초과할 수 없다.
• 벽으로 구획된 각 실은 10cm를 초과할 수 없다.</td></tr>
<tr><td>벽체두께</td><td rowspan="2">3% 이내</td><td rowspan="2">–</td></tr>
<tr><td>바닥판 두께</td></tr>
</table>

정답 19 ③ 20 ③

건축기사 (2020년 6월 시행)

01 다음 피난계단의 설치에 관한 기준 내용 중 ( ) 안에 들어갈 내용으로 옳은 것은?

> 5층 이상 또는 지하 2층 이하인 층에 설치하는 직통계단은 피난계단 또는 특별피난계단으로 설치하여야 하는데, ( )의 용도로 쓰는 층으로부터의 직통계단은 그중 1개소 이상을 특별피난계단으로 설치하여야 한다.

① 의료시설　② 숙박시설
③ 판매시설　④ 교육연구시설

해설

피난계단 · 특별피난계단 설치 대상

층의 위치	직통계단의 구조	예외
• 5층 이상 • 지하2층 이하	피난계단 또는 특별피난계단	주요구조부가 내화구조, 불연재료로된 건축물로서 5층 이상의 층의 바닥 면적합계가 $200m^2$ 이하이거나 매 $200m^2$ 이내마다 방화구획이 된 경우
	판매시설의 용도로 쓰이는 층으로부터의 직통계단은 1개소 이상 특별피난계단으로 설치해야 한다.	
• 11층 이상(공동주택은 16층 이상) • 지하 3층 이하	특별피난계단	• 갓복도식 공동주택 • 바닥면적 $400m^2$ 미만인 층

02 $200m^2$인 대지에 $10m^2$의 조경을 설치하고 나머지는 건축물의 옥상에 설치하고자 할 때 옥상에 설치하여야 하는 최소 조경면적은?

① $10m^2$　② $15m^2$
③ $20m^2$　④ $30m^2$

해설

조경면적 : $200m^2$(대지면적) × 10/100 = $20m^2$
$20m^2$(필요 조경면적) − $10m^2$(대지 내 조경면적) = $10m^2$
그러므로 $10m^2$의 조경면적으로 옥상조경 시 2/3에 해당하는 조경면적을 적용하여 최소 $15m^2$의 옥상조경면적이 되어야 한다.

옥상조경의 기준

건축물의 옥상에 조경을 한 경우	옥상 조경면적의 2/3를 대지안의 조경면적으로 산정할 수 있다.
대지의 조경면적으로 산정하는 옥상 조경면적	전체 조경면적의 50%를 초과할 수 없다.

03 공동주택을 리모델링이 쉬운 구조로 하여 건축허가를 신청할 경우 100분의 120 범위에서 완화하여 적용받을 수 없는 것은?

① 대지의 분할 제한
② 건축물의 용적률
③ 건축물의 높이제한
④ 일조 등의 확보를 위한 건축물의 높이제한

해설

리모델링이 용이한 구조의 공동주택에 대한 완화기준
- 완화대상 : 용적률, 높이제한, 일조권 확보를 위한 높이 제한
- 완화기준 : 100분의 120 범위

04 방화와 관련하여 같은 건축물에 함께 설치할 수 없는 것은?

① 의료시설과 업무시설 중 오피스텔
② 위험물 저장 및 처리시설과 공장
③ 위락시설과 문화 및 집회시설 중 공연장
④ 공동주택과 제2종 근린생활시설 중 다중생활시설

해설

다음의 어느 하나에 해당하는 용도의 시설은 같은 건축물에 함께 설치할 수 없다.
① 노유자시설 중 아동관련시설 또는 노인복지시설과 판매시설 중 도매시장 또는 소매시장
② 단독주택(다중주택, 다가구주택에 한정한다), 공동주택, 제1종 근린생활시설 중 조산원 또는 산후조리원과 제2종 근린생활시설 중 고시원

정답　01 ③　02 ②　03 ①　04 ④

05 노외주차장 내부 공간의 일산화탄소 농도는 주차장을 이용하는 차량이 가장 빈번한 시각의 앞뒤 8시간의 평균치가 몇 ppm 이하로 유지되어야 하는가?

① 80ppm　② 70ppm
③ 60ppm　④ 50ppm

해설

일산화탄소의 농도

실내 일산화탄소의 농도는 차량이용이 빈번한 전후 8시간의 평균치를 50ppm 이하(다중이용시설 등의 실내공기질관리법 규정에 의한 실내주차장은 25ppm)로 유지하여야 한다.

06 두 도로의 너비가 각각 6m이고 교차각이 90°인 도로의 모퉁이에 위치한 대지의 도로 모퉁이 부분의 건축선은 그 대지에 접한 도로경계선의 교차점으로부터 도로경계선을 따라 각각 얼마를 후퇴한 두 점을 연결한 선으로 하는가?

① 후퇴하지 아니한다.
② 2m
③ 3m
④ 4m

해설

너비 8m 미만인 도로의 모퉁이에 위치한 건축선 지정

도로의 교차각	당해 도로의 너비		교차되는 도로의 너비
	6m 이상 8m 미만	4m 이상 6m 미만	
90° 미만	4	3	6m 이상 8m 미만
	3	2	4m 이상 6m 미만
90° 이상 120° 미만	3	2	6m 이상 8m 미만
	2	2	4m 이상 6m 미만

따라서 90°의 교차도로 너비가 각각 6m인 경우 각각 3m를 후퇴한다.

07 문화재 · 전통사찰 등 역사 · 문화적으로 보존가치가 큰 시설 및 지역의 보호와 보존을 위하여 필요한 지구는?

① 생태계보존지구
② 역사문화미관지구
③ 중요시설물보존지구
④ 역사문화환경보호지구

해설

역사문화환경보호지구

문화재 · 전통사찰 등 역사 · 문화적으로 보존가치가 큰 시설 및 지역의 보호와 보전을 위하여 필요한 지구

08 건축물의 바깥쪽에 설치하는 피난계단의 구조에서 피난층으로 통하는 직통계단의 최소 유효너비기준이 옳은 것은?

① 0.7m 이상　② 0.8m 이상
③ 0.9m 이상　④ 1.0m 이상

해설

옥외피난계단의 구조기준

구분	설치 규정
계단과 출입구 외의 창문 등과의 거리	계단은 그 계단으로 통하는 출입구 외의 창문 등(망이 들어있는 유리의 붙박이 창으로서 그 면적이 각각 $1m^2$ 이하인 것을 제외)으로부터 2m 이상 거리에 설치할 것
옥내로부터 계단으로 통하는 출입구	60^+ 방화문을 설치할 것
계단의 유효너비	0.9m 이상으로 할 것
계단의 구조	내화구조로 하고, 지상까지 직접 연결되도록 할 것 예외 돌음계단 금지

정답　05 ④　06 ③　07 ④　08 ③

09 상업지역 및 주거지역에서 건축물에 설치하는 냉방시설 및 환기시설의 배기구를 설치하는 높이기준으로 옳은 것은?

① 도로면으로부터 1.5m 이상
② 도로면으로부터 2.0m 이상
③ 건축물 1층 바닥에서 1.5m 이상
④ 건축물 1층 바닥에서 2.0m 이상

해설

상업지역 및 주거지역에서 건축물에 설치하는 냉방시설 및 환기시설의 배기구 : 배기구는 도로면으로부터 2m 이상의 높이에 설치할 것

10 국토의 계획 및 이용에 관한 법령에 따른 기반시설 중 공간시설에 속하지 않는 것은?

① 녹지 ② 유원지
③ 유수지 ④ 공공공지

해설

공간시설의 종류
광장, 공원, 녹지, 유원지, 공공공지

11 태양열을 주된 에너지원으로 이용하는 주택의 건축면적 산정의 기준이 되는 것은?

① 외벽 중 내측 내력벽의 중심선
② 외벽 중 외측 비내력벽의 중심선
③ 외벽 중 내측 내력벽의 외측 외곽선
④ 외벽 중 외측 비내력벽의 외측 외곽선

해설

태양열을 주된 에너지원으로 이용하는 주택의 건축면적과 단열재를 구조체의 외기 측에 설치하는 단열공법으로 건축된 건축물의 건축면적은 건축물의 외벽 중 내측 내력벽의 중심선을 기준으로 한다.

12 건축법령상 건축물과 해당 건축물의 용도가 옳게 연결된 것은?

① 의원 : 의료시설
② 도매시장 : 판매시설
③ 유스호스텔 : 숙박시설
④ 장례식장 : 묘지관련시설

해설

① 의원 : 제1종 근린생활시설
③ 유스호스텔 : 수련시설
④ 장례식장 : 장례시설

13 건축물의 면적 · 높이 및 층수 등의 산정기준으로 틀린 것은?

① 대지면적은 대지의 수평투영면적으로 한다.
② 건축면적은 건축물의 외벽의 중심선으로 둘러싸인 부분의 수평투영면적으로 한다.
③ 바닥면적은 건축물의 각 층 또는 그 일부로서 벽, 기둥, 그 밖에 이와 비슷한 구획의 중심선으로 둘러싸인 부분의 수평투영면적으로 한다.
④ 연면적은 하나의 건축물 각 층의 거실면적의 합계로 한다.

해설

연면적 : 하나의 건축물에 각 층의 바닥면적 합계로 한다.

14 건축물의 출입구에 설치하는 회전문의 설치기준으로 틀린 것은?

① 계단이나 에스컬레이터로부터 2m 이상의 거리를 둘 것
② 회전문의 회전속도는 분당 회전수가 15회를 넘지 아니하도록 할 것
③ 출입에 지장이 없도록 일정한 방향으로 회전하는 구조로 할 것
④ 회전문의 중심축에서 회전문과 문틀 사이의 간격을 포함한 회전문 날개 끝부분까지의 길이는 140cm 이상이 되도록 할 것

정답 09 ② 10 ③ 11 ① 12 ② 13 ④ 14 ②

해설

회전문의 설치기준

① 계단이나 에스컬레이터로부터 2m 이상의 거리에 설치할 것
② 회전문과 문틀 사이 및 바닥 사이는 다음 아래에서 정하는 간격을 확보하고 틈 사이를 고무와 고무펠트의 조합체 등을 사용하여 신체나 물건 등에 손상이 없도록 할 것

회전문과 문틀 사이	5cm 이상
회전문과 바닥 사이	3cm 이상

③ 출입에 지장이 없도록 일정한 방향으로 회전하는 구조로 할 것
④ 회전문의 중심축에서 회전문과 문틀 사이의 간격을 포함한 회전문날개 끝부분까지의 길이는 140cm 이상이 되도록 할 것
⑤ 회전문의 회전속도는 분당 회전수가 8회를 넘지 아니하도록 할 것
⑥ 자동회전문은 충격이 가하여지거나 사용자가 위험한 위치에 있는 경우에는 전자감지장치 등을 사용하여 정지하는 구조로 할 것

15 국토의 계획 및 이용에 관한 법령상 개발행위 허가를 받지 아니하여도 되는 경미한 행위기준으로 틀린 것은?

① 지구단위계획구역에서 무게 100t 이하, 부피 $50m^3$ 이하, 수평투영면적 $25m^2$ 이하인 공작물의 설치
② 조성이 완료된 기존 대지에 건축물이나 그 밖의 공작물을 설치하기 위한 토지의 형질 변경(절토 및 성토 제외)
③ 지구단위계획구역에서 채취면적이 $25m^2$ 이하인 토지에서의 부피 $50m^3$ 이하의 토석 채취
④ 녹지지역에서 물건을 쌓아놓는 면적이 $25m^2$ 이하인 토지에 전체무게 50t 이하, 전체부피 $50m^3$ 이하로 물건을 쌓아놓는 행위

해설

지구단위계획구역에서 무게 50ton 이하, 부피 $50m^3$ 이하, 수평투영면적 $50m^2$ 이하인 공작물의 설치

16 특별건축구역의 지정과 관련한 아래의 내용에서 밑줄 친 부분에 해당하지 않는 것은?

> 국토교통부장관 또는 시 · 도지사는 다음 각 호의 구분에 따라 도시나 지역의 일부가 특별건축구역으로 특례 적용이 필요하다고 인정하는 경우에는 특별건축구역을 지정할 수 있다.
> 1. 국토교통부장관이 지정하는 경우
>   가. 국가가 국제행사 등을 개최하는 도시 또는 지역의 사업구역
>   나. <u>관계법령에 따른 국가정책사업으로서 대통령령으로 정하는 사업구역</u>

① 「도로법」에 따른 접도구역
② 「도시개발법」에 따른 도시개발구역
③ 「택지개발촉진법」에 따른 택지개발사업구역
④ 「혁신도시 조성 및 발전에 관한 특별법」에 따른 혁신도시의 사업구역

해설

특별건축구역으로 지정할 수 없는 사업구역

- 「개발제한구역의 지정 및 관리에 관한 특별조치법」에 따른 개발제한구역
- 「자연공원법」에 따른 자연공원
- 「도로법」에 따른 접도구역
- 「산지관리법」에 따른 보전산지

17 주거용 건축물 급수관의 지름 산정에 관한 기준 내용으로 틀린 것은?

① 가구 또는 세대수가 1일 때 급수관 지름의 최소기준은 15mm이다.
② 가구 또는 세대수가 7일 때 급수관 지름의 최소기준은 25mm이다.
③ 가구 또는 세대수가 18일 때 급수관 지름의 최소기준은 50mm이다.
④ 가구 또는 세대의 구분이 불분명한 건축물에 있어서는 주거에 쓰이는 바닥면적의 합계가 $85m^2$ 초과 $150m^2$ 이하인 경우는 3가구로 산정한다.

정답 15 ① 16 ① 17 ②

해설

가구 또는 세대수가 7일 때 급수관 지름의 최소기준은 32mm이다.

주거용 건축물 급수관의 지름

가구 또는 세대수	급수관 지름의 최소 기준(mm)
1	15
2~3	20
4~5	25
6~8	32
9~16	40
17 이상	50

18 국토의 계획 및 이용에 관한 법령상 일반상업지역 안에서 건축할 수 있는 건축물은?

① 묘지관련시설
② 자원순환관련시설
③ 의료시설 중 요양병원
④ 자동차관련시설 중 폐차장

해설

일반상업지역 안에서 건축할 수 있는 건축물
의료시설 중 요양병원

19 비상용 승강기 승강장의 구조기준에 관한 내용으로 틀린 것은?

① 승강장은 각 층의 내부와 연결될 수 있도록 한다.
② 벽 및 반자가 실내에 접하는 부분의 마감 재료는 불연재료로 하여야 한다.
③ 피난층에 있는 승강장의 경우 내부와 연결되는 출입구에는 60⁺ 방화문을 반드시 설치하여야 한다.
④ 옥내에 설치하는 승강장의 바닥면적은 비상용 승강기 1대에 대하여 6m² 이상으로 하여야 한다.

해설

승강장은 각 층의 내부와 연결될 수 있도록 하되, 그 출입구(승강장 출입구 제외)에는 60⁺ 방화문을 설치할 것. 다만, 피난층에는 60⁺ 방화문을 설치하지 아니할 수 있다.

20 부설주차장의 설치대상 시설물 종류에 따른 설치기준이 틀린 것은?

① 골프장 : 1홀당 10대
② 위락시설 : 시설면적 80m²당 1대
③ 판매시설 : 시설면적 150m²당 1대
④ 숙박시설 : 시설면적 200m²당 1대

해설

위락시설 : 시설면적 100m²당 1대

부설주차장의 설치기준

용도	설치기준
1. 위락시설	시설면적 100m²당 1대 (시설면적/100m²)
2. • 문화 및 집회시설(관람장 제외) • 종교시설 • 판매시설 • 운수시설 • 의료시설(정신병원 · 요양소 · 격리병원을 제외) • 운동시설(골프장 · 골프연습장 · 옥외수영장 제외) • 업무시설(외국공관 및 오피스텔 제외) • 방송통신시설 중 방송국 • 장례식장	시설면적 150m²당 1대 (시설면적/150m²)

정답 18 ③ 19 ③ 20 ②

건축산업기사 (2020년 6월 시행)

01 바닥면적 산정기준에 관한 내용으로 틀린 것은?

① 층고가 2.0m인 다락은 바닥면적에 산입하지 아니한다.
② 승강기탑, 계단탑은 바닥면적에 산입하지 아니한다.
③ 공동주택으로서 지상층에 설치한 기계실의 면적은 바닥면적에 산입하지 아니한다.
④ 벽 · 기둥의 구획이 없는 건축물은 그 지붕 끝부분으로부터 수평거리 1m를 후퇴한 선으로 둘러싸인 수평투영면적으로 한다.

해설

바닥면적 산정기준
승강기탑, 계단탑, 장식탑, 다락 1.5m(경사진 형태의 지붕인 경우에는 1.8m) 이하인 것, 건축물의 외부 또는 내부에 설치하는 굴뚝, 더스트슈트, 설비덕트, 그 밖에 이와 비슷한 것과 옥상 · 옥외 또는 지하에 설치하는 물탱크, 기름탱크, 냉각탑, 정화조, 도시가스 정압기, 그 밖에 이와 비슷한 것을 설치하기 위한 구조물과 건축물 간에 화물의 이동에 이용되는 컨베이어벨트만을 설치하기 위한 구조물은 바닥면적에 산입하지 아니함

02 피뢰설비를 설치하여야 하는 건축물의 높이 기준은?

① 15m 이상　② 20m 이상
③ 31m 이상　④ 41m 이상

해설

피뢰설비를 설치하여야 하는 건축물
- 낙뢰의 우려가 있는 건축물
- 높이 20m 이상의 건축물 및 공작물

03 노외주차장에 설치할 수 있는 부대시설의 종류에 속하지 않는 것은?(단, 특별자치도 · 시 · 군 또는 자치구의 조례로 정하는 이용자 편의시설은 제외)

① 휴게소
② 관리사무소
③ 고압가스 충전소
④ 전기자동차 충전시설

해설

노외주차장에 설치할 수 있는 부대시설
- 관리사무소, 휴게소, 공중화장실
- 간이매점, 자동차의 장식품판매점, 전기자동차 충전시설
- 주유소
- 노외주차장의 관리 · 운영상 필요한 편의시설
- 특별자치도 · 시 · 군 또는 구(자치구)의 조례가 정하는 이용자 편의시설

04 도심 · 부도심의 상업기능 및 업무기능의 확충을 위하여 지정하는 상업지역의 세분은?

① 중심상업지역　② 일반상업지역
③ 근린상업지역　④ 유통상업지역

해설

상업지역
- 중심상업지역 : 도심 · 부도심의 업무 및 상업기능 확충
- 일반상업지역 : 일반적인 상업 및 업무기능 증진
- 근린상업지역 : 근린지역에서의 일용품 및 서비스 공급
- 유통상업지역 : 도시 내 및 지역 간의 유통기능 증진

05 건축물의 높이가 100m일 때 건축물의 건축과정에서 허용되는 건축물 높이 오차의 범위는?

① ±1.0m 이내　② ±1.5m 이내
③ ±2.0m 이내　④ ±3.0m 이내

정답 01 ① 02 ② 03 ③ 04 ① 05 ①

해설

건축물의 높이 허용 오차범위 : 2% 이내(±1.0m를 초과할 수 없다)
그러므로 100m(건축물 높이) × 2/100 = ±2.0m이나, ±1.0m를 초과할 수 없기 때문에 ±1.0m이다.

06 건축법에 따른 제1종 근린생활시설로서 당해 용도에 쓰이는 바닥면적의 합계가 최대 얼마 미만인 경우 제2종 전용주거지역 안에서 건축할 수 있는가?

① $500m^2$ ② $1,000m^2$
③ $1,500m^2$ ④ $2,000m^2$

해설

제2종 전용주거지역 안에서 건축할 수 있는 건축물
- 단독주택
- 공동주택
- 제1종 근린생활시설로서 바닥면적의 합계가 $1,000m^2$ 미만인 것

07 건축물을 건축하고자 하는 자가 사용승인을 받는 즉시 건축물의 내진능력을 공개하여야 하는 대상 건축물의 연면적 기준은?(단, 목구조 건축물이 아닌 경우)

① $100m^2$ 이상 ② $200m^2$ 이상
③ $300m^2$ 이상 ④ $400m^2$ 이상

해설

건축물의 내진능력 공개대상 건축물
- 2층 이상인 건축물(주요구조부의 기둥 · 보가 목구조 건축물인 경우에는 3층)
- 연면적이 $200m^2$ 이상인 건축물(목구조 건축물의 경우에는 $500m^2$)
- 창고, 축사, 작물재배사 및 표준설계도서에 따라 건축하는 건축물

08 주거에 쓰이는 바닥면적의 합계가 $550m^2$인 주거용 건축물의 음용수용 급수관 지름은 최소 얼마 이상이어야 하는가?

① 20mm ② 30mm
③ 40mm ④ 50mm

해설

주거용 건축물 급수관의 지름

가구 또는 세대수	주거용 건축물 바닥면적(m^2)	급수관 지름의 최소기준(mm)
1	85 이하	15
2~3	85 초과~150 이하	20
4~5	150 초과~300 이하	25
6~8	300 초과~500 이하	32
9~16		40
17 이상	500 초과	50

09 다음은 부설주차장의 인근 설치에 관한 기준 내용이다. 밑줄 친 "대통령령으로 정하는 규모" 기준으로 옳은 것은?

> 부설주차장이 대통령령으로 정하는 규모 이하이면 시설물의 부지 인근에 단독 또는 공동으로 부설주차장을 설치할 수 있다.

① 주차대수 100대의 규모
② 주차대수 200대의 규모
③ 주차대수 300대의 규모
④ 주차대수 400대의 규모

해설

부설주차장이 주차대수 300대의 규모 이하이면 시설물의 부지 인근에 단독 또는 공동으로 부설주차장을 설치할 수 있다.

정답 06 ② 07 ② 08 ④ 09 ③

10 대통령령으로 정하는 용도와 규모의 건축물에 일반이 사용할 수 있도록 대통령령으로 정하는 기준에 따라 소규모 휴식시설 등의 공개공지 또는 공개공간을 설치하여야 하는 대상지역에 속하지 않는 것은?(단, 특별자치시장 · 특별자치도지사 또는 시장 · 군수 · 구청장이 도시화의 가능성이 크거나 노후 산업단지의 정비가 필요하다고 인정하여 지정 · 공고하는 지역은 제외)

① 준주거지역　　② 준공업지역
③ 전용주거지역　　④ 일반주거지역

해설

공개공지 또는 공개공간을 설치하여야 하는 대상지역

대상지역	용도	규모
• 일반주거지역 • 준주거지역 • 상업지역 • 준공업지역 • 특별자치도지사 또는 시장 · 군수 · 구청장이 도시화의 가능성이 크거나 노후 산업단지의 정비가 필요하다고 인정하여 지정 · 공고하는 지역	• 문화 및 집회시설 • 종교시설 • 판매시설(농 · 수산물 유통시설은 제외) • 운수시설(여객용시설만 해당) • 업무시설 • 숙박시설	해당 용도로 쓰는 바닥면적의 합계가 5,000m² 이상
	다중이 이용하는 시설로서 건축조례가 정하는 건축물	

11 다음은 지하층과 피난층 사이의 개방공간 설치에 관한 기준 내용이다. ( ) 안에 알맞은 것은?

> 바닥면적의 합계가 ( ) 이상인 공연장 · 집회장 · 관람장 또는 전시장을 지하층에 설치하는 경우에는 각 실에 있는 자가 지하층 각 층에서 건축물 밖으로 피난하여 옥외계단 또는 경사로 등을 이용하여 피난층으로 대피할 수 있도록 천장이 개방된 외부공간을 설치하여야 한다.

① 1,000m²　　② 3,000m²
③ 5,000m²　　④ 10,000m²

해설

지하층과 피난층 사이 개방공간은 바닥면적의 합계가 3,000m² 이상인 공연장 · 집회장 · 관람장 또는 전시장을 지하층에 설치하는 경우 천장이 개방된 외부공간을 설치하여야 한다.

12 다음 중 6층 이상의 거실면적의 합계가 10,000m²인 경우 설치하여야 하는 승용승강기의 최소 대수가 가장 많은 것은?(단, 15인승 승용승강기의 경우)

① 의료시설　　② 숙박시설
③ 노유자시설　　④ 교육연구시설

해설

용승강기의 최소 대수가 가장 많은 용도 : 문화 및 집회시설(공연장 · 집회장 · 관람장), 판매시설, 의료시설(병원 · 격리병원)

승용승강기 설치기준

건축물의 용도 \ 6층 이상의 거실면적 합계 (Am²)	3,000m² 이하	3,000m² 초과
• 문화 및 집회시설(공연장 · 집회장 · 관람장) • 판매시설 • 의료시설(병원 · 격리병원)	2대	2대에 3,000m²를 초과하는 2,000m² 이내마다 1대의 비율로 가산한 대수 이상 $\left(2\text{대} + \frac{A - 3{,}000\text{m}^2}{2{,}000\text{m}^2}\text{대}\right)$
• 문화 및 집회시설(전시장 및 동 · 식물원) • 업무시설 • 숙박시설 • 위락시설	1대	1대에 3,000m²를 초과하는 2,000m² 이내마다 1대의 비율로 가산한 대수 이상 $\left(1\text{대} + \frac{A - 3{,}000\text{m}^2}{2{,}000\text{m}^2}\text{대}\right)$
• 공동주택 • 교육연구시설 • 노유자시설 • 기타시설	1대	1대에 3,000m²를 초과하는 3,000m² 이내마다 1대의 비율로 가산한 대수 이상 $\left(1\text{대} + \frac{A - 3{,}000\text{m}^2}{3{,}000\text{m}^2}\text{대}\right)$

정답　10 ③　11 ②　12 ①

13 국토교통부장관 또는 시 · 도지사는 도시나 지역의 일부가 특별건축구역으로 특례 적용이 필요하다고 인정하는 경우에는 특별건축구역을 지정할 수 있는데, 다음 중 국토교통부장관이 지정하는 경우에 속하는 것은?(단, 관계법령에 따른 국가정책사업의 경우는 고려하지 않는다.)

① 국가가 국제행사 등을 개최하는 도시 또는 지역의 사업구역
② 지방자치단체가 국제행사 등을 개최하는 도시 또는 지역의 사업구역
③ 관계법령에 따른 건축문화 진흥사업으로서 건축물 또는 공간환경을 조성하기 위하여 대통령령으로 정하는 사업구역
④ 관계법령에 따른 도시개발 · 도시재정비사업으로서 건축물 또는 공간환경을 조성하기 위하여 대통령령으로 정하는 사업구역

해설

국토교통부장관이 지정하는 특별건축구역

- 국가가 국제행사 등을 개최하는 도시 또는 지역의 사업구역
- 관계법령에 따른 국가정책사업으로서 대통령령으로 정하는 사업구역

14 건축물의 용도 분류상 자동차 관련 시설에 속하지 않는 것은?

① 주유소　② 매매장
③ 세차장　④ 정비학원

해설

주유소는 위험물저장 및 처리시설에 속한다.

건축물의 용도 분류상 자동차관련시설

자동차관련시설 (건설기계관련 시설을 포함)	가. 주차장　나. 세차장 다. 폐차장　라. 검사장 마. 매매장　바. 정비공장 사. 운전학원 및 정비학원(운전 및 정비관련 직업훈련시설을 포함) 아. 「여객자동차 운수사업법」, 「화물자동차 운수사업법」 및 「건설기계관리법」에 따른 차고 및 주기장(駐機場)

15 다음과 같은 대지의 대지면적은?

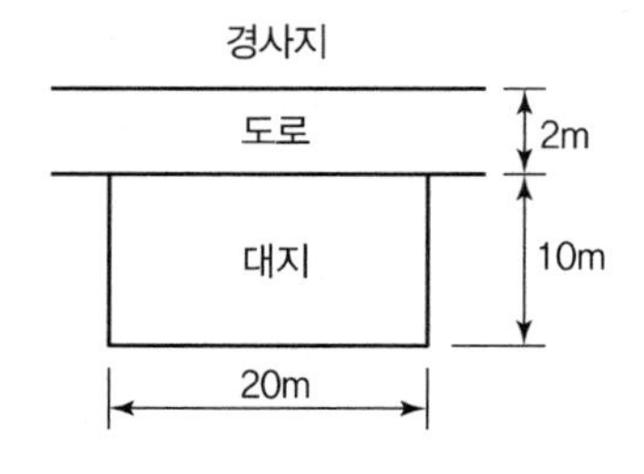

① $160m^2$　② $180m^2$
③ $200m^2$　④ $210m^2$

해설

소요너비가 미달되는 2m 도로는 경사지 경계선으로부터 4m를 확보하여야 하므로
대지의 대지면적 = (10m − 2m)×20m = $160m^2$

16 다음 중 방화구조에 해당하지 않는 것은?

① 철망모르타르로서 그 바름두께가 1.5cm인 것
② 시멘트모르타르 위에 타일을 붙인 것으로서 그 두께의 합계가 2.5cm인 것
③ 석고판 위에 회반죽을 바른 것으로서 그 두께의 합계가 2.5cm인 것
④ 석고판 위에 시멘트모르타르를 바른 것으로서 그 두께의 합계가 2.5cm인 것

해설

방화구조

- 철망모르타르로서 그 바름두께가 2cm 이상인 것
- 석고판 위에 시멘트모르타르 또는 회반죽을 바른 것으로서 그 두께의 합계가 2.5cm 이상인 것
- 시멘트모르타르 위에 타일을 붙인 것으로서 그 두께의 합계가 2.5cm 이상인 것
- 심벽에 흙으로 맞벽치기한 것
- 한국산업표준이 정하는 바에 따라 시험한 결과 방화 2급 이상에 해당하는 것

정답　13 ①　14 ①　15 ①　16 ①

17 공동주택의 거실 반자의 높이는 최소 얼마 이상으로 하여야 하는가?

① 2.0m ② 2.1m
③ 2.7m ④ 3.0m

해설

거실의 반자높이

거실의 반자 : 2.1m 이상

18 건축물을 특별시나 광역시에 건축하려는 경우 특별시장이나 광역시장의 허가를 받아야 하는 대상 건축물의 규모기준은?

① 층수가 21층 이상이거나 연면적의 합계가 100,000m^2 이상인 건축물
② 층수가 21층 이상이거나 연면적의 합계가 300,000m^2 이상인 건축물
③ 층수가 41층 이상이거나 연면적의 합계가 100,000m^2 이상인 건축물
④ 층수가 41층 이상이거나 연면적의 합계가 300,000m^2 이상인 건축물

해설

특별시장 또는 광역시장의 허가대상

- 21층 이상이거나 연면적 합계가 100,000m^2 이상인 건축물의 건축
- 연면적 3/10 이상을 증축하여 층수가 21층 이상으로 되거나 연면적 합계가 100,000m^2 이상으로 되는 경우의 증축

예외 공장, 창고, 지방건축위원회의 심의를 거친 건축물

19 연면적 200m^2를 초과하는 건축물에 설치하는 계단의 설치기준에 관한 내용이 틀린 것은?

① 높이가 1m를 넘는 계단 및 계단참의 양옆에는 난간을 설치할 것
② 너비가 4m를 넘는 계단에는 계단의 중간에 너비 4m 이내마다 난간을 설치할 것
③ 높이가 3m를 넘는 계단에는 높이 3m 이내마다 유효너비 120cm 이상의 계단참을 설치할 것
④ 계단의 유효 높이(계단의 바닥 마감면부터 상부 구조체의 하부 마감면까지의 연직방향의 높이)는 2.1m 이상으로 할 것

해설

② 너비가 3m를 넘는 계단에는 계단의 중간에 너비 3m 이내마다 난간을 설치할 것

계단의 설치기준

연면적 200m^2를 초과하는 건축물에 설치하는 계단은 다음 기준에 적합하게 설치하여야 한다.

설치	대상	설치기준
계단참	높이 3m를 넘는 계단	높이 3m 이내마다 너비 1.2m 이상
난간	높이 1m를 넘는 계단 및 계단참	양옆에 난간(벽 또는 이에 대치되는 것)을 설치
중앙난간	너비 3m를 넘는 계단	계단의 중간에 너비 3m 이내마다 설치 예외 계단의 단높이 15cm 이하이고 단너비 30cm 이상인 것을 제외
계단의 유효높이(계단의 바닥 마감면으로부터 상부구조체의 하부 마감면까지의 연직방향의 높이)		2.1m 이상

정답 17 ② 18 ① 19 ②

20 그림과 같은 도로모퉁이에서 건축선의 후퇴 길이 "a"는?

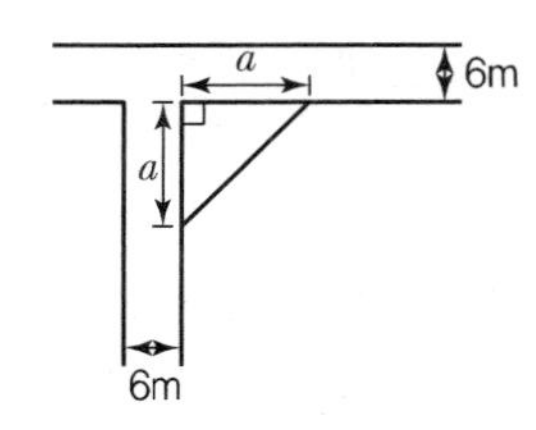

① 2m ② 3m

③ 4m ④ 5m

해설

90° 이상~120° 미만의 교차도로 너비가 각각 6m인 경우 각각 3m를 후퇴한다.

도로의 모퉁이에 위치한 건축선 지정

도로의 교차각	당해도로의 너비		교차되는 도로의 너비
	6m 이상 8m 미만	4m 이상 6m 미만	
90° 미만	4	3	6m 이상 8m 미만
	3	2	4m 이상 6m 미만
90° 이상 120° 미만	3	2	6m 이상 8m 미만
	2	2	4m 이상 6m 미만

정답 20 ②

Engineer Architecture

건축기사 (2020년 8월 시행)

01 지구단위계획구역의 지정목적을 이루기 위하여 지구단위계획에 포함될 수 있는 내용이 아닌 것은?

① 용도지역이나 용도지구를 대통령령으로 정하는 범위에서 세분하거나 변경하는 사항
② 건축물 높이의 최고 한도 또는 최저 한도
③ 도시 · 군관리계획 중 정비사업에 관한 계획
④ 대통령령으로 정하는 기반시설의 배치와 규모

해설

③ 도시 · 군관리계획 중 정비사업에 관한 계획은 도시관리계획의 내용이다.

지구단위계획구역에 포함될 수 있는 내용

- 용도지역 또는 용도지구를 세분하거나 변경하는 사항
- 기존의 용도지구를 폐지하고 그 용도지구에서 건축물이나 그 밖의 시설의 용도 · 종류 및 규모 등 제한을 대체하는 사항
- 기반시설의 배치와 규모
- 도로로 둘러싸인 일단의 지역 또는 계획적인 개발 · 정비를 위하여 구획된 일단의 토지규모와 조성계획
- 건축물의 용도제한 · 건폐율 또는 용적률 · 건축물 높이의 최고 한도 또는 최저 한도
- 건축물의 배치 · 형태 · 색채 또는 건축선에 관한 계획
- 환경관리계획 또는 경관계획
- 보행안전 등을 고려한 교통처리계획

02 시장 · 군수 · 구청장이 국토의 계획 및 이용에 관한 법률에 따른 도시지역에서 건축선을 따로 지정할 수 있는 최대 범위는?

① 2m ② 3m
③ 4m ④ 6m

해설

특별자치시장 · 특별자치도지사 또는 시장 · 군수 또는 구청장은 도시지역에서 4m 이하의 범위 안에서 건축선을 따로 지정할 수 있다.

03 주차전용 건축물이란 건축물의 연면적 중 주차장으로 사용되는 부분의 비율이 최소 얼마 이상인 건축물을 말하는가?(단, 주차장 외의 용도로 사용되는 부분이 자동차 관련 시설인 건축물의 경우)

① 70% ② 80%
③ 90% ④ 95%

해설

주차전용 건축물의 주차면적비율

주차장 사용비율 (건축물의 연면적)	건축물의 용도
95% 이상	아래의 용도가 아닌 경우
70% 이상	• 단독주택 • 공동주택 • 제1종 및 제2종 근린생활시설 • 문화 및 집회시설 • 종교시설 • 판매시설 • 운수시설 • 운동시설 • 업무시설, 창고시설 • 자동차관련시설

예외

시장(특별시 · 광역시 · 특별자치도지사 포함)은 노외주차장 또는 부설주차장의 설치를 제한하는 지역의 주차전용 건축물의 경우에는 지방자치단체의 조례가 정하는 바에 따라 주차장 외의 용도로 설치할 수 있는 시설의 종류를 해당 지역 안의 구역별로 제한할 수 있다.

정답 01 ③ 02 ③ 03 ①

04 건축물의 면적, 높이 및 층수 등의 산정방법에 관한 설명으로 옳은 것은?

① 건축물의 높이 산정 시 건축물의 대지에 접하는 전면 도로의 노면에 고저차가 있는 경우에는 그 건축물이 접하는 범위의 전면 도로부분의 수평거리에 따라 가중평균한 높이의 수평면을 전면도로면으로 본다.
② 용적률 산정 시 연면적에는 지하층의 면적과 지상층의 주차용으로 쓰는 면적을 포함시킨다.
③ 건축면적은 건축물의 내벽의 중심선으로 둘러싸인 부분의 수평투영면적으로 한다.
④ 건축물의 층수는 지하층을 포함하여 산정하는 것이 원칙이다.

해설

② 용적률 산정 시 연면적에는 지하층의 면적과 지상층의 주차용으로 쓰는 면적을 제외시킨다.
③ 건축면적은 건축물의 외벽의 중심선으로 둘러싸인 부분의 수평투영면적으로 한다.
④ 건축물의 층수는 지하층을 제외하여 산정하는 것이 원칙이다.

05 건축물을 건축하는 경우 해당 건축물의 설계자가 국토교통부령으로 정하는 구조기준 등에 따라 그 구조의 안전을 확인할 때, 건축구조기술사의 협력을 받아야 하는 대상 건축물기준으로 틀린 것은?

① 다중이용건축물
② 6층 이상인 건축물
③ 3층 이상의 필로티형식 건축물
④ 기둥과 기둥 사이의 거리가 20m 이상인 건축물

해설

건축구조기술사의 협력 대상
- 6층 이상인 건축물
- 특수구조건축물
- 다중이용건축물
- 준다중이용건축물
- 3층 이상의 필로티형식 건축물

06 대형건축물의 건축허가 사전승인신청 시 제출도서 중 설계설명서에 표시하여야 할 사항에 속하지 않는 것은?

① 시공방법
② 동선계획
③ 개략공정계획
④ 각부 구조계획

해설

④ 각부 구조계획은 해당되지 않는다.

대형건축물의 건축허가 사전승인신청 시 제출도서 중 설계설명서에 표시하여야 할 사항
- 공사개요 : 위치 · 대지면적 · 공사기간 · 공사금액 등
- 사전조사사항 : 지반고 · 기후 · 동결심도 · 수용인원 · 상하수와 주변지역을 포함한 지질 및 지형, 인구, 교통, 지역, 지구, 토지이용현황, 시설물현황 등
- 건축계획 : 배치 · 평면 · 입면계획 · 동선계획 · 개략조경계획 · 주차계획 및 교통처리계획 등
- 시공방법
- 개략공정계획
- 주요설비계획
- 주요자재 사용계획

07 비상용 승강기의 승강장 및 승강로 구조에 관한 기준 내용으로 틀린 것은?

① 옥내 승강장의 바닥면적은 비상용 승강기 1대에 대하여 $6m^2$ 이상으로 한다.
② 각 층으로부터 피난층까지 이르는 승강로를 단일구조로 연결하여 설치하여야 한다.
③ 피난층이 있는 승강장의 출입구로부터 도로 또는 공지에 이르는 거리는 30m 이하로 한다.
④ 승강장에는 배연설비를 설치하여야 하며, 외부를 향하여 열 수 있는 창문 등을 설치하여서는 안 된다.

정답 04 ① 05 ④ 06 ④ 07 ④

해설

비상용 승강기의 승강장 및 승강로의 구조

1. 승강장의 창문, 출입구, 그 밖의 개구부를 제외한 부분은 해당 건축물의 다른 부분과 내화구조의 바닥 · 벽으로 구획할 것
   예외 공동주택의 경우에는 승강장과 특별피난계단의 부속실과의 겸용부분을 계단실과 별도로 구획하는 때에는 승강장을 특별피난계단의 부속실과 겸용할 수 있다.
2. 승강장은 각 층의 내부와 연결될 수 있도록 하되, 그 출입구(승강로의 출입구를 제외한다)에는 60+ 방화문을 설치할 것. 다만, 피난층에는 60+ 방화문을 설치하지 아니할 수 있다.
3. 노대 또는 외부를 향하여 열 수 있는 창문이나 배연설비를 설치할 것
4. 벽 및 반자가 실내에 접하는 부분의 마감재료(마감을 위한 바탕포함)는 불연재료로 할 것
5. 채광이 되는 창문이 있거나 예비전원에 따른 조명설비를 할 것
6. 승강장의 바닥면적은 비상용 승강기 1대에 대하여 $6m^2$ 이상으로 할 것
   예외 옥외에 승강장을 설치하는 경우
7. 피난층이 있는 승강장의 출입구(승강장이 없는 경우에는 승강로의 출입구)로부터 도로 또는 공지에 이르는 거리가 30m 이하일 것
8. 승강장 출입구 부근의 잘 보이는 곳에 해당 승강기가 비상용 승강기임을 알 수 있는 표시를 할 것

08 국토의 계획 및 이용에 관한 법령상 다음과 같이 정의되는 용어는?

개발로 인하여 기반시설이 부족할 것으로 예상되나 기반시설을 설치하기 곤란한 지역을 대상으로 건폐율이나 용적률을 강화하여 적용하기 위하여 지정하는 구역

① 시가화조정구역
② 개발밀도관리구역
③ 기반시설부담구역
④ 지구단위계획구역

해설

개발밀도관리구역

개발로 인하여 기반시설이 부족할 것으로 예상되나 기반시설을 설치하기 곤란한 지역을 대상으로 건폐율이나 용적률을 강화하여 적용하기 위하여 지정하는 구역

09 다음 중 방화구조의 기준으로 틀린 것은?

① 시멘트모르타르 위에 타일을 붙인 것으로서 그 두께의 합계가 2.5cm 이상인 것
② 석고판 위에 회반죽을 바른 것으로서 그 두께의 합계가 2.5cm 이상인 것
③ 철망모르타르로서 그 바름두께가 1.5cm 이상인 것
④ 심벽에 흙으로 맞벽치기한 것

해설

③ 철망모르타르로서 그 바름두께가 2cm 이상인 것

방화구조

- 철망모르타르로서 그 바름두께가 2cm 이상인 것
- 석고판 위에 시멘트모르타르 또는 회반죽을 바른 것으로서 그 두께의 합계가 2.5cm 이상인 것
- 시멘트모르타르 위에 타일을 붙인 것으로서 그 두께의 합계가 2.5cm 이상인 것
- 심벽에 흙으로 맞벽치기한 것
- 한국산업표준이 정하는 바에 따라 시험한 결과 방화 2급 이상에 해당하는 것

10 부설주차장의 설치대상 시설물 종류와 설치기준의 연결이 옳은 것은?

① 판매시설 : 시설면적 $100m^2$당 1대
② 위락시설 : 시설면적 $150m^2$당 1대
③ 종교시설 : 시설면적 $200m^2$당 1대
④ 숙박시설 : 시설면적 $200m^2$당 1대

해설

① 판매시설 : 시설면적 $150m^2$당 1대
② 위락시설 : 시설면적 $100m^2$당 1대
③ 종교시설 : 시설면적 $150m^2$당 1대

정답 08 ② 09 ③ 10 ④

부설주차장의 설치기준

용도	설치기준
1. 위락시설	시설면적 $100m^2$당 1대 (시설면적/$100m^2$)
2. • 문화 및 집회시설(관람장 제외) • 종교시설 • 판매시설 • 운수시설 • 의료시설(정신병원 · 요양소 · 격리병원을 제외) • 운동시설(골프장 · 골프연습장 · 옥외수영장 제외) • 업무시설(외국공관 및 오피스텔 제외) • 방송통신시설 중 방송국 • 장례식장	시설면적 $150m^2$당 1대 (시설면적/$150m^2$)

11 다음은 건축법령상 지하층의 정의 내용이다. ( ) 안에 알맞은 것은?

"지하층"이란 건축물의 바닥이 지표면 아래에 있는 층으로서 바닥에서 지표면까지 평균높이가 해당 층 높이의 ( ) 이상인 것을 말한다.

① 2분의 1 ② 3분의 1
③ 3분의 2 ④ 4분의 3

해설

지하층
건축물의 바닥이 지표면 아래에 있는 층으로서 바닥에서 지표면까지 평균높이가 해당 층 높이의 1/2 이상인 것을 말한다.

12 오피스텔에 설치하는 복도의 유효너비는 최소 얼마 이상이어야 하는가?(단, 건축물의 연면적은 $300m^2$이며, 양옆에 거실이 있는 복도의 경우이다.)

① 1.2m ② 1.8m
③ 2.4m ④ 2.7m

해설

건축물에 설치하는 복도의 유효너비

구분	양 옆에 거실이 있는 복도	기타의 복도
1. 유치원 · 초등학교 · 중학교 · 고등학교	2.4m 이상	1.8m 이상
2. 공동주택 · 오피스텔	1.8m 이상	1.2m 이상
3. 해당 층 거실의 바닥면적 합계가 $200m^2$ 이상인 경우	1.5m 이상 의료시설 1.8m 이상	1.2m 이상

13 광역도시계획에 관한 내용으로 틀린 것은?

① 인접한 둘 이상의 특별시 · 광역시 · 특별자치시 · 특별자치도 · 시 또는 군의 관할 구역 전부 또는 일부를 광역계획권으로 지정할 수 있다.
② 군수가 광역도시계획을 수립하는 경우 도지사의 승인을 생략한다.
③ 광역계획권의 공간 구조와 기능 분담에 관한 정책 방향이 포함되어야 한다.
④ 광역도시계획을 공동으로 수립하는 시 · 도지사는 그 내용에 관하여 서로 협의가 되지 아니하면 공동이나 단독으로 국토교통부장관에게 조정을 신청할 수 있다.

해설

시장 또는 군수는 광역도시계획을 수립하거나 변경하려면 도지사의 승인을 받아야 한다.

14 다음 중 건축물의 용도 분류가 옳은 것은?

① 식물원 : 동물 및 식물 관련 시설
② 동물병원 : 의료시설
③ 유스호스텔 : 수련시설
④ 장례식장 : 묘지 관련 시설

해설

① 식물원 : 문화 및 집회시설
② 동물병원 : 제2종 근린생활시설
④ 장례식장 : 장례시설

정답 11 ① 12 ② 13 ② 14 ③

15 다음 중 국토의 계획 및 이용에 관한 법령상 공공(公共)시설에 속하지 않는 것은?

① 광장 ② 공동구
③ 유원지 ④ 사방설비

해설

공공시설
도로 · 공원 · 철도 · 수도 · 항만 · 공항 · 광장 · 녹지 · 공공공지 · 공동구 · 하천 · 유수지 · 방화설비 · 방풍설비 · 방수설비 · 사방설비 · 방조설비 · 하수도 · 구거

16 태양열을 주된 에너지원으로 이용하는 주택의 건축면적 산정 시 이용하는 중심선의 기준으로 옳은 것은?

① 건축물의 외벽 경계선
② 건축물 기둥 사이의 중심선
③ 건축물의 외벽 중 내측 내력벽의 중심선
④ 건축물의 외벽 중 외측 내력벽의 중심선

해설

태양열을 주된 에너지원으로 이용하는 주택의 건축면적과 단열재를 구조체의 외기 측에 설치하는 단열공법으로 건축된 건축물의 건축면적은 건축물의 외벽 중 내측 내력벽의 중심선을 기준으로 한다.

17 다음 대지와 도로의 관계에 관한 기준 내용 중 ( ) 안에 알맞은 것은?

> 연면적의 합계가 2,000m²(공장인 경우에는 3,000m²) 이상인 건축물(축사, 작물 재배사, 그 밖에 이와 비슷한 건축물로서 건축조례로 정하는 규모의 건축물은 제외한다)의 대지는 너비 (㉠) 이상의 도로에 (㉡) 이상 접하여야 한다.

① ㉠ 4m, ㉡ 2m ② ㉠ 6m, ㉡ 4m
③ ㉠ 8m, ㉡ 6m ④ ㉠ 8m, ㉡ 4m

해설

대지와 도로의 관계에 관한 기준
연면적의 합계가 2,000m²(공장인 경우에는 3,000m²) 이상인 건축물(축사, 작물 재배사, 그 밖에 이와 비슷한 건축물로서 건축조례로 정하는 규모의 건축물은 제외한다)의 대지는 너비 이상의 도로에 4m, 이상 접하여야 한다.

18 다음 방화구획의 설치에 관한 기준을 적용하지 아니하거나 그 사용에 지장이 없는 범위에서 완화하여 적용할 수 있는 건축물의 부분에 해당되지 않는 것은?

> 주요구조부가 내화구조 또는 불연재료로 된 건축물로서 연면적이 1,000m²를 넘는 것은 내화구조로 된 바닥 · 벽 및 60⁺ 방화문으로 구획하여야 한다.

① 복층형 공동주택의 세대별 층간 바닥 부분
② 주요구조부가 내화구조 또는 불연재료로 된 주차장
③ 계단실 부분 · 복도 또는 승강기의 승강로 부분으로서 그 건축물의 다른 부분과 방화구획으로 구획된 부분
④ 문화 및 집회시설 중 동물원의 용도로 쓰는 거실로서 시선 및 활동공간의 확보를 위하여 불가피한 부분

해설

문화 및 집회시설(동 · 식물원 제외), 종교시설, 장례시설, 운동시설의 용도로 쓰는 거실로서 시선 및 활동공간의 확보를 위하여 불가피한 부분

정답 15 ③ 16 ③ 17 ② 18 ④

19 오피스텔의 난방설비를 개별 난방방식으로 하는 경우에 관한 기준 내용으로 틀린 것은?

① 보일러의 연도는 내화구조로서 공동연도로 설치할 것
② 보일러는 거실 외의 곳에 설치할 것
③ 보일러실의 윗부분에는 그 면적이 $0.5m^2$ 이상인 환기창을 설치할 것
④ 기름보일러를 설치하는 경우에는 기름저장소를 보일러실에 설치할 것

해설

오피스텔의 난방설비를 개별 난방방식

구분	설치기준
보일러의 설치	• 거실 외의 곳에 설치 • 보일러실과 거실 사이의 경계벽은 내화구조의 벽으로 구획(출입구를 제외)
보일러실의 환기	윗부분에 면적 $0.5m^2$ 이상의 환기창을 설치하고 윗부분과 아랫부분에 지름 10cm 이상의 공기흡입구 및 배기구를 항상 개방된 상태로 외기와 접하도록 설치 예외 전기보일러의 경우
보일러와 거실 사이의 출입구	출입구가 닫힌 경우에는 보일러 가스가 거실에 들어갈 수 없는 구조
오피스텔의 난방구획	• 난방구획마다 내화구조의 벽, 바닥으로 구획 • 60⁺ 방화문으로 된 출입문으로 구획
보일러실 연도	내화구조로서 공동연도로 설치
중앙집중공급방식의 가스보일러	• 가스관계법령에 정하는 기준에 의함 • 오피스텔은 난방구획마다 내화구조로 된 방 · 바닥 · 60⁺ 방화문으로 된 출입문으로 구획

20 주요구조부가 내화구조 또는 불연재료로 된 층수가 16층 이상인 공동주택의 경우, 피난층 외의 층에서는 피난층 또는 지상으로 통하는 직통 계단을 거실의 각 부분으로부터 계단에 이르는 보행거리가 최대 얼마 이하가 되도록 설치하여야 하는가?(단, 계단은 거실로부터 가장 가까운 거리에 있는 1개소의 계단을 말한다.)

① 30m
② 40m
③ 50m
④ 75m

해설

주요구조부가 내화구조 또는 불연재료로 된 층수가 16층 이상인 공동주택의 경우 : 보행거리는 최대 40m까지 가능하다.

구분	보행거리
일반건축물	30m 이하
주요구조부가 내화구조 또는 불연재료로 된 건축물	50m 이하 (16층 이상 공동주택 : 40m 이하)
공장	자동화 생산시설에 스프링클러 등 자동식 소화설비를 설치한 공장으로서 국토교통부령으로 정하는 공장인 경우에는 그 보행거리가 75m(무인화 공장인 경우에는 100m) 이하

정답 19 ④ 20 ②

건축산업기사 (2020년 8월 시행)

01 연면적 200m²를 초과하는 오피스텔에 설치하는 복도의 유효너비는 최소 얼마 이상이어야 하는가?(단, 양옆에 거실이 있는 복도)

① 1.2m ② 1.5m
③ 1.8m ④ 2.4m

해설

건축물에 설치하는 복도의 유효너비

구분	양옆에 거실이 있는 복도	기타의 복도
1. 유치원 · 초등학교 · 중학교 · 고등학교	2.4m 이상	1.8m 이상
2. 공동주택 · 오피스텔	1.8m 이상	1.2m 이상
3. 해당 층 거실의 바닥면적 합계가 200m² 이상인 경우	1.5m 이상	1.2m 이상
	의료시설 1.8m 이상	

02 다음 용도지역 안에서의 건폐율기준이 틀린 것은?

① 준주거지역 : 60% 이하
② 중심상업지역 : 90% 이하
③ 제3종 일반주거지역 : 50% 이하
④ 제1종 전용주거지역 : 50% 이하

해설

준주거지역 : 70% 이하

03 교육연구시설 중 학교 교실의 바닥면적이 400m²인 경우, 이 교실에 채광을 위하여 설치하여야 하는 창문의 최소 면적은?(단, 창문으로만 채광을 하는 경우)

① 10m² ② 20m²
③ 30m² ④ 40m²

해설

채광면적

거실 바닥면적의 1/10 이상

그러므로 400m² × 1/10 = 40m² 이상

04 건축물의 주요구조부를 내화구조로 하여야 하는 대상 건축물에 속하지 않는 것은?(단, 해당 용도로 쓰는 바닥면적의 합계가 500m²인 경우)

① 판매시설
② 수련시설
③ 업무시설 중 사무소
④ 문화 및 집회시설 중 전시장

해설

건축물 주요구조부의 내화구조 대상

- 문화 및 집회시설(전시장 및 동 · 식물원은 제외), 종교시설, 위락시설 중 유흥주점의 용도로 사용되는 관람석 또는 집회실, 장례시설 바닥면적의 합계가 200m²(옥외관람석의 경우에는 1,000m²) 이상인 건축물
- 제2종 근린생활시설 중 공연장 · 종교집회장 바닥면적의 합계가 각각 300m² 이상인 경우
- 문화 및 집회시설 중 전시장 또는 동 · 식물원, 판매시설, 운수시설, 교육연구시설에 설치하는 체육관 · 강당, 수련시설, 운동시설 중 체육관 · 운동장, 위락시설(유흥주점의 용도로 쓰는 것은 제외), 창고시설, 위험물저장 및 처리시설, 자동차 관련 시설, 방송통신시설 중 방송국 · 전신전화국 · 촬영소, 묘지관련시설 중 화장시설 · 동물화장시설, 관광휴게시설의 용도로 쓰는 건축물로서 그 용도로 쓰는 바닥면적의 합계가 500m² 이상인 건축물
- 공장의 용도로 쓰는 건축물로서 그 용도로 쓰는 바닥면적의 합계가 2,000m² 이상인 건축물

정답 01 ③ 02 ① 03 ④ 04 ③

05 건축허가신청에 필요한 설계도서의 종류 중 건축계획서에 표시하여야 할 사항이 아닌 것은?

① 주차장 규모
② 공개공지 및 조경계획
③ 건축물의 용도별 면적
④ 지역 · 지구 및 도시계획사항

해설

건축계획서에 표시하여야 할 사항
- 개요 : 위치 · 대지면적 등
- 지역 · 지구 및 도시계획 사항
- 건축물의 규모 : 건축면적 · 연면적 · 높이 · 층수 등
- 건축물의 용도별 면적
- 주차장 규모
- 에너지절약계획서(해당 건축물에 한함)
- 노인 및 장애인 등을 위한 편의시설 설치계획서

06 다음은 직통계단의 설치에 관한 기준 내용이다. ( ) 안에 알맞은 것은?

> 초고층건축물에는 피난층 또는 지상으로 통하는 직통계단과 직접 연결되는 피난안전구역(건축물의 피난 · 안전을 위하여 건축물 중간층에 설치하는 대피공간을 말한다.)을 지상층으로부터 최대 ( ) 개 층마다 1개소 이상 설치하여야 한다.

① 20　　② 30
③ 40　　④ 50

해설

초고층건축물에는 피난층 또는 지상으로 통하는 직통계단과 직접 연결되는 피난안전구역을 지상으로부터 최대 30개 층마다 1개소 이상 설치하여야 한다.

07 다음은 건축물이 있는 대지의 분할제한에 관한 기준 내용이다. 밑줄 친 "대통령령으로 정하는 범위" 기준으로 옳지 않은 것은?

> 건축물이 있는 대지는 <u>대통령령으로 정하는 범위</u>에서 해당 지방자치단체의 조례로 정하는 면적에 못 미치게 분할할 수 없다.

① 주거지역 : 100m² 이상
② 상업지역 : 150m² 이상
③ 공업지역 : 150m² 이상
④ 녹지지역 : 200m² 이상

해설

주거지역 : 60m² 이상

08 건축법령상 다중이용건축물에 속하지 않는 것은?(단, 16층 미만으로, 해당 용도로 쓰는 바닥면적의 합계가 5,000m²인 건축물인 경우)

① 종교시설
② 판매시설
③ 의료시설 중 종합병원
④ 숙박시설 중 일반숙박시설

해설

다중이용건축물
- 바닥면적 합계가 5,000m² 이상인 문화 및 집회시설(전시장 및 동 · 식물원 제외), 판매시설, 종교시설, 운수시설, 의료시설 중 종합병원, 숙박시설 중 관광숙박시설
- 16층 이상 건축물

09 목조건축물의 외벽 및 처마 밑의 연소 우려가 있는 부분을 방화구조로 하고, 지붕을 불연재료로 해야 하는 대규모 목조건축물의 규모기준은?

① 연면적 500m² 이상
② 연면적 1,000m² 이상
③ 연면적 1,500m² 이상
④ 연면적 2,000m² 이상

해설

연면적 1,000m² 이상인 목조건축물의 외벽 및 처마 밑의 연소 우려가 있는 부분을 방화구조로 하되, 그 지붕은 불연재료로 하여야 한다.

정답 05 ② 06 ② 07 ① 08 ④ 09 ②

10 다음 그림과 같은 단면을 가진 거실의 반자높이는?

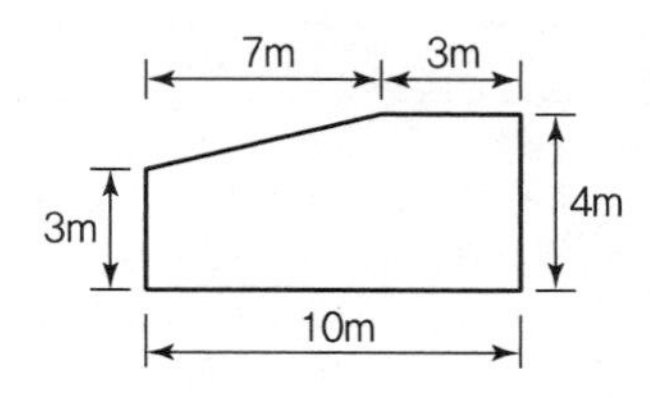

① 3.0m ② 3.3m
③ 3.65m ④ 4.0m

반자높이 = 실의 단면적($36.5m^2$)/실의 길이(10m)
= 3.65m

11 공동주택과 오피스텔의 난방설비를 개별 난방방식으로 하는 경우에 관한 기준 내용으로 옳은 것은?

① 보일러의 연도는 내화구조로서 공동연도로 설치할 것
② 공동주택의 경우에는 난방구획을 방화구획으로 구획할 것
③ 보일러실의 윗부분에는 그 면적이 $1m^2$ 이상인 환기창을 설치할 것
④ 기름보일러를 설치하는 경우에는 기름저장소를 보일러실에 설치할 것

해설

오피스텔의 난방설비를 개별 난방방식

구분	설치기준
보일러의 설치	• 거실 외의 곳에 설치 • 보일러실과 거실사이의 경계벽은 내화구조의 벽으로 구획(출입구를 제외)
보일러실의 환기	윗부분에 면적 $0.5m^2$ 이상의 환기창을 설치하고 윗부분과 아랫부분에 지름 10cm 이상의 공기흡입구 및 배기구를 항상 개방된 상태로 외기와 접하도록 설치 예외 전기보일러의 경우
보일러와 거실 사이의 출입구	출입구가 닫힌 경우에는 보일러 가스가 거실에 들어갈 수 없는 구조
오피스텔의 난방구획	• 난방구획마다 내화구조의 벽, 바닥으로 구획 • 60^+ 방화문으로 된 출입문으로 구획
보일러실 연도	내화구조로서 공동연도로 설치
중앙집중공급방식의 가스보일러	• 가스관계법령에 정하는 기준에 의함 • 오피스텔은 난방구획마다 내화구조로 된 방·바닥·60^+ 방화문으로 된 출입문으로 구획

12 국토의 계획 및 이용에 관한 법령상 광장, 공원, 녹지, 유원지가 속하는 기반시설은?

① 교통시설 ② 공간시설
③ 방재시설 ④ 문화체육시설

해설

공간시설 : 광장 · 공원 · 녹지 · 유원지 · 공공공지

13 건축법령상 공동주택에 속하는 것은?

① 공관 ② 다중주택
③ 다가구주택 ④ 다세대주택

해설

주택의 용도
• 단독주택 : 단독주택, 다중주택, 다가구주택, 공관
• 공동주택 : 아파트, 연립주택, 다세대주택, 기숙사

14 방송 공동수신설비를 설치하여야 하는 대상 건축물에 속하지 않는 것은?

① 공동주택
② 바닥면적의 합계가 5,000m^2 이상으로서 업무시설의 용도로 쓰는 건축물
③ 바닥면적의 합계가 5,000m^2 이상으로서 판매시설의 용도로 쓰는 건축물
④ 바닥면적의 합계가 5,000m^2 이상으로서 숙박시설의 용도로 쓰는 건축물

정답 10 ③ 11 ① 12 ② 13 ④ 14 ③

해설

방송 공동수신설비를 설치하여야 하는 대상

- 공동주택
- 바닥면적 합계가 5,000m^2 이상으로서 업무시설, 숙박시설의 용도로 쓰는 건축물

15 택지개발사업, 산업단지개발사업, 도시재개발사업, 도시철도건설사업, 그 밖에 단지조성 등을 목적으로 하는 사업을 시행할 때에는 일정 규모 이상의 노외주차장을 설치하여야 한다. 이때 설치되는 노외주차장에는 경형자동차를 위한 전용주차구획과 환경친화적 자동차를 위한 전용주차구획을 합한 주차구획이 노외주차장 총주차대수의 최소 얼마 이상이 되도록 하여야 하는가?

① 100분의 5 ② 100분의 10
③ 100분의 15 ④ 100분의 20

해설

택지개발사업, 산업단지개발사업, 도시재개발사업, 도시철도건설사업, 단지조성사업 등 목적으로 설치되는 노외주차장에는 경형자동차 및 환경친화적 자동차에 대한 전용주차구획을 노외주차장 총 주차대수에 대한 10/100 이상 설치하여야 한다.

16 건축물에 설치하여야 하는 배연설비에 관한 기준 내용으로 틀린 것은?(단, 기계식 배연설비를 하지 않는 경우)

① 배연구는 예비전원에 의하여 열 수 있도록 할 것
② 배연구는 연기감지기 또는 열감지기에 의하여 자동으로 열 수 있는 구조로 할 것
③ 건축물이 방화구획으로 구획된 경우에는 그 구획마다 1개소 이상의 배연창을 설치할 것
④ 배연창의 유효면적은 0.7m^2 이상으로서 그 면적의 합계가 당해 건축물의 바닥면적의 200분의 1 이상이 되도록 할 것

해설

배연설비의 구조기준

구분	구조기준
배연구의 설치개소	방화구획마다 1개소 이상의 배연창의 상변과 천장 또는 반자로부터 수직거리가 0.9m 이내일 것 예외 반자높이가 바닥으로부터 3m 이상인 경우에는 배연창의 하변이 바닥으로부터 2.1m 이상의 위치에 놓이도록 설치하여야 한다.
배연구의 유효면적	배연창의 유효면적은 산정기준에 의하여 산정된 면적이 1m^2 이상으로서 바닥면적의 1/100 이상(방화구획이 설치된 경우에는 그 구획된 부분의 바닥면적을 말함) 예외 바닥면적 산정 시 거실바닥면적의 1/20 이상으로 환기창을 설치할 거실면적
배연구의 구조	• 연기감지기, 열감지기에 의해 자동으로 열 수 있는 구조로 하되 손으로 여닫을 수 있도록 할 것 • 예비전원에 의해 열 수 있도록 할 것
기계식 배연설비	소방관계법령의 규정을 따른다.

17 건축물의 대지는 원칙적으로 최소 얼마 이상이 도로에 접하여야 하는가?(단, 자동차만의 통행에 사용되는 도로는 제외)

① 1m ② 1.5m
③ 2m ④ 3m

해설

건축물의 대지는 2m 이상을 도로(자동차 전용도로 제외)에 접해야 한다.

18 지역의 환경을 쾌적하게 조성하기 위하여 일반이 사용할 수 있도록 소규모 휴식시설 등의 공개공지 또는 공개공간을 설치하여야 하는 대상지역에 속하지 않는 것은?(단, 특별자치시장 · 특별자치도지사 또는 시장 · 군수 · 구청장이 지정 · 공고하는 지역은 제외)

① 준주거지역 ② 준공업지역
③ 전용주거지역 ④ 일반주거지역

정답 15 ② 16 ④ 17 ③ 18 ③

해설

공개공지 또는 공개공간을 확보하여야 하는 대상

대상지역	용도	규모
• 일반주거지역 • 준주거지역 • 상업지역 • 준공업지역 • 특별자치도지사 또는 시장 · 군수 · 구청장이 도시화의 가능성이 크거나 노후 산업단지의 정비가 필요하다고 인정하여 지정 · 공고하는 지역	• 문화 및 집회시설 • 종교시설 • 판매시설(농 · 수산물 유통시설은 제외) • 운수시설(여객용시설만 해당) • 업무시설 • 숙박시설	해당 용도로 쓰는 바닥면적의 합계가 5,000m² 이상
	다중이 이용하는 시설로서 건축조례가 정하는 건축물	

※ 전용주거지역, 전용공업지역, 일반공업지역, 녹지지역은 공개공지 대상지역이 아니다.

19 그림과 같은 대지조건에서 도로모퉁이에서의 건축선에 의한 공제 면적은?

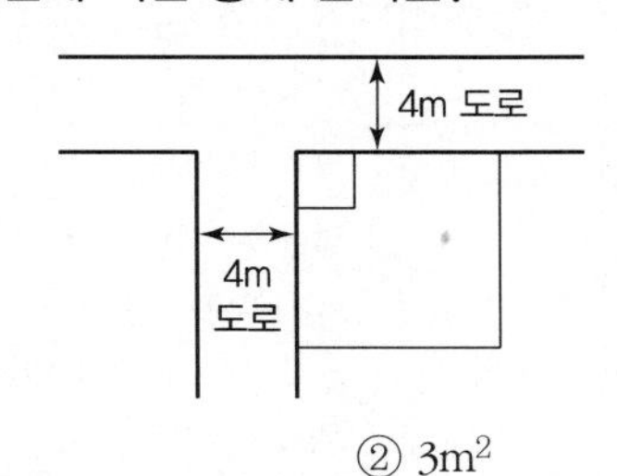

① $2m^2$ ② $3m^2$
③ $4.5m^2$ ④ $8m^2$

해설

교차각도가 90°이므로 90° 이상~120° 미만의 교차도로 너비가 각각 4m인 경우 각각 2m를 후퇴하여, 직각 삼각형형태의 면적 $=(2m \times 2m)/2=2m^2$이다.

도로의 모퉁이에 위치한 건축선 지정

도로의 교차각	당해 도로의 너비		교차되는 도로의 너비
	6m 이상 8m 미만	4m 이상 6m 미만	
90° 미만	4	3	6m 이상 8m 미만
	3	2	4m 이상 6m 미만
90° 이상 120° 미만	3	2	6m 이상 8m 미만
	2	2	4m 이상 6m 미만

20 부설주차장 설치 대상 시설물이 숙박시설인 경우, 설치기준으로 옳은 것은?

① 시설면적 $100m^2$당 1대
② 시설면적 $150m^2$당 1대
③ 시설면적 $200m^2$당 1대
④ 시설면적 $350m^2$당 1대

해설

숙박시설 : 시설면적 $200m^2$당 1대

부설주차장의 설치기준

용도	설치기준
1. 위락시설	시설면적 $100m^2$당 1대 (시설면적/$100m^2$)
2. • 문화 및 집회시설(관람장 제외) • 종교시설 • 판매시설 • 운수시설 • 의료시설(정신병원 · 요양소 · 격리병원을 제외) • 운동시설(골프장 · 골프연습장 · 옥외수영장 제외) • 업무시설(외국공관 및 오피스텔 제외) • 방송통신시설 중 방송국 • 장례식장	시설면적 $150m^2$당 1대 (시설면적/$150m^2$)

정답 19 ① 20 ③

건축기사 (2020년 9월 시행)

01 건축물의 대지 및 도로에 관한 설명으로 틀린 것은?

① 손궤의 우려가 있는 토지에 대지를 조성하고자 할 때 옹벽의 높이가 2m 이상인 경우에는 이를 콘크리트구조로 하여야 한다.
② 면적이 100m² 이상인 대지에 건축을 하는 건축주는 대지에 조경이나 그 밖에 필요한 조치를 하여야 한다.
③ 연면적의 합계가 2천m²(공장인 경우 3천m²) 이상인 건축물(축사, 작물 재배사, 그 밖에 이와 비슷한 건축물로서 건축조례로 정하는 규모의 건축물은 제외)의 대지는 너비 6m 이상의 도로에 4m 이상 접하여야 한다.
④ 도로면으로부터 높이 4.5m 이하에 있는 창문은 열고 닫을 때 건축선의 수직면을 넘지 아니하는 구조로 하여야 한다.

해설

조경설치기준
면적이 200m² 이상인 대지에 건축을 하는 건축주는 용도지역 및 건축물의 규모에 따라 해당 지방자치단체의 조례로 정하는 기준에 따라 대지에 조경이나 그 밖에 필요한 조치를 하여야 한다.

02 건축허가신청에 필요한 설계도서에 해당하지 않는 것은?

① 배치도
② 투시도
③ 건축계획서
④ 실내마감도

해설

② 투시도는 건축허가신청에 필요한 설계도서에 속하지 않는다.

건축허가신청에 필요한 설계도서
건축계획서, 배치도, 평면도, 입면도, 단면도, 구조도, 구조계산서, 시방서 실내마감도, 소방설비도, 건축설비도, 토지굴착 및 옹벽도

건축허가신청에 필요한 설계도서

도서의 종류	도서의 축척	표시하여야 할 사항
건축계획서	임의	1. 개요(위치 · 대지면적 등)
		2. 지역 · 지구 및 도시 · 군계획사항
		3. 건축물의 규모(건축면적 · 연면적 · 높이 · 층수 등)
		4. 건축물의 용도별 면적
		5. 주차장 규모
		6. 에너지절약계획서(해당건축물에 한한다)
		7. 노인 및 장애인 등을 위한 편의시설 설치계획서(관계법령에 의하여 설치의무가 있는 경우에 한한다)
배치도	임의	1. 축척 및 방위
		2. 대지에 접한 도로의 길이 및 너비
		3. 대지의 종 · 횡단면도
		4. 건축선 및 대지경계선으로부터 건축물까지의 거리
		5. 주차동선 및 옥외주차계획
		6. 공개공지 및 조경계획
평면도	임의	1. 1층 및 기준층 평면도
		2. 기둥 · 벽 · 창문 등의 위치
		3. 방화구획 및 방화문의 위치
		4. 복도 및 계단의 위치
		5. 승강기의 위치
입면도	임의	1. 2면 이상의 입면계획
		2. 외부마감재료
		3. 간판의 설치계획(크기 · 위치)
단면도	임의	1. 종 · 횡단면도
		2. 건축물의 높이, 각 층의 높이 및 반자높이

정답 01 ② 02 ②

03 직통계단의 설치에 관한 기준 내용 중 밑줄 친 "다음 각 호의 어느 하나에 해당하는 용도 및 규모의 건축물"의 기준 내용으로 틀린 것은?

> 법 제49조제1항에 따라 피난층 외의 층이 다음 각 호의 어느 하나에 해당하는 용도 및 규모의 건축물에는 국토교통부령으로 정하는 기준에 따라 피난층 또는 지상으로 통하는 직통계단을 2개소 이상 설치하여야 한다.

① 지하층으로서 그 층 거실의 바닥면적의 합계가 $200m^2$ 이상인 것

② 종교시설의 용도로 쓰는 층으로서 그 층에서 해당 용도로 쓰는 바닥면적의 합계가 $200m^2$ 이상인 것

③ 숙박시설의 용도로 쓰는 3층 이상의 층으로서 그 층의 해당 용도로 쓰는 거실의 바닥면적의 합계가 $200m^2$ 이상인 것

④ 업무시설 중 오피스텔의 용도로 쓰는 층으로서 그 층의 해당 용도로 쓰는 거실의 바닥면적의 합계가 $200m^2$ 이상인 것

해설

1. 제2종 근린생활시설 중 공연장 · 종교집회장, 문화 및 집회시설(전시장 및 동 · 식물원은 제외한다), 종교시설, 위락시설 중 주점영업 또는 장례시설의 용도로 쓰는 층으로서 그 층에서 해당 용도로 쓰는 바닥면적의 합계가 200제곱미터(제2종 근린생활시설 중 공연장 · 종교집회장은 각각 300제곱미터) 이상인 것
2. 단독주택 중 다중주택 · 다가구주택, 제1종 근린생활시설 중 정신과의원(입원실이 있는 경우로 한정한다), 제2종 근린생활시설 중 인터넷컴퓨터게임시설제공업소(해당 용도로 쓰는 바닥면적의 합계가 300제곱미터 이상인 경우만 해당한다) · 학원 · 독서실, 판매시설, 운수시설(여객용 시설만 해당한다), 의료시설(입원실이 없는 치과병원은 제외한다), 교육연구시설 중 학원, 노유자시설 중 아동 관련 시설 · 노인복지시설 · 장애인 거주시설(「장애인복지법」 제58조제1항제1호에 따른 장애인 거주시설 중 국토교통부령으로 정하는 시설을 말한다. 이하 같다) 및 「장애인복지법」 제58조제1항제4호에 따른 장애인 의료재활시설(이하 "장애인 의료재활시설"이라 한다), 수련시설 중 유스호스텔 또는 숙박시설의 용도로 쓰는 3층 이상의 층으로서 그 층의 해당 용도로 쓰는 거실의 바닥면적의 합계가 200제곱미터 이상인 것
3. 공동주택(층당 4세대 이하인 것은 제외한다) 또는 업무시설 중 오피스텔의 용도로 쓰는 층으로서 그 층의 해당 용도로 쓰는 거실의 바닥면적의 합계가 300제곱미터 이상인 것
4. 제1호부터 제3호까지의 용도로 쓰지 아니하는 3층 이상의 층으로서 그 층 거실의 바닥면적의 합계가 400제곱미터 이상인 것
5. 지하층으로서 그 층 거실의 바닥면적의 합계가 200제곱미터 이상인 것

04 거실의 채광 및 환기에 관한 규정으로 옳은 것은?

① 교육연구시설 중 학교의 교실에는 채광 및 환기를 위한 창문 등이나 설비를 설치하여야 한다.

② 채광을 위하여 거실에 설치하는 창문 등의 면적은 그 거실의 바닥면적의 20분의 1 이상이어야 한다.

③ 환기를 위하여 거실에 설치하는 창문 등의 면적은 그 거실의 바닥면적 10분의 1 이상이어야 한다.

④ 채광 및 환기를 위한 창문 등의 면적에 관한 규정을 적용함에 있어서 수시로 개방할 수 있는 미닫이로 구획된 2개의 거실은 이를 2개의 거실로 본다.

해설

거실의 채광 및 환기

구분	건축물의 용도	창문 등의 면적	예외
채광	• 단독주택의 거실 • 공동주택의 거실 • 학교의 교실 • 의료시설의 병실 • 숙박시설의 객실	거실바닥 면적의 1/10 이상	기준조도 이상의 조명장치를 설치한 경우
환기		거실바닥 면적의 1/20 이상	기계환기장치 및 중앙관리방식의 공기조화설비를 설치하는 경우

예외 수시로 개방할 수 있는 미닫이로 구획된 2개의 거실은 이를 1개로 본다.

정답 03 ④ 04 ①

05 다음 중 건축면적에 산입하지 않는 대상기준으로 틀린 것은?

① 지하주차장의 경사로
② 지표면으로부터 1.8m 이하에 있는 부분
③ 건축물 지상층에 일반인이 통행할 수 있도록 설치한 보행통로
④ 건축물 지상층에 차량이 통행할 수 있도록 설치한 차량통로

해설

건축면적에 산입하지 아니하는 경우
지표면으로부터 1m 이하에 있는 부분(창고 중 물품을 입출고하기 위하여 차량을 접안시키는 부분의 경우에는 지표면으로부터 1.5m 이하에 있는 부분)

06 시가화조정구역의 지정과 관련된 기준 내용 중 밑줄 친 "대통령령으로 정하는 기간"으로 옳은 것은?

> 시 · 도지사는 직접 또는 관계 행정기관의 장의 요청을 받아 도시지역과 그 주변지역의 무질서한 시가화를 방지하고 계획적 · 단계적인 개발을 도모하기 위하여 대통령령으로 정하는 기간 동안 시가화를 유보할 필요가 있다고 인정되면 시가화조정구역의 지정 또는 변경을 도시 · 군관리계획으로 결정할 수 있다.

① 5년 이상 10년 이내의 기간
② 5년 이상 20년 이내의 기간
③ 7년 이상 10년 이내의 기간
④ 7년 이상 20년 이내의 기간

해설

시가화조정구역의 지정과 관련된 기준
시 · 도지사는 직접 또는 관계 행정기관장의 요청을 받아 도시지역과 그 주변지역의 무질서한 시가화를 방지하고 계획적 · 단계적인 개발을 도모하기 위하여 5년 이상 20년 이내의 기간동안 시가화를 유보할 필요가 있다고 인정되면 시가화조정구역의 지정 또는 변경을 도시 · 군관리계획으로 결정할 수 있다.

07 지방건축위원회의가 심의 등을 하는 사항에 속하지 않는 것은?

① 건축선의 지정에 관한 사항
② 다중이용건축물의 구조안전에 관한 사항
③ 특수구조건축물의 구조안전에 관한 사항
④ 경관지구 내의 건축물의 건축에 관한 사항

해설

경관지구 내의 건축물의 건축에 관한 사항은 해당되지 않는다.

지방건축위원회의 심의사항
1. 건축선(建築線)의 지정에 관한 사항
2. 다중이용 건축물 및 특수구조건축물의 구조안전에 관한 사항
3. 다른 법령에서 지방건축위원회의 심의를 받도록 한 경우 해당 법령에서 규정한 심의사항

08 위락시설의 시설면적이 1,000m²일 때 주차장법령에 따라 설치해야 하는 부설주차장의 설치기준은?

① 10대 ② 13대
③ 15대 ④ 20대

해설

위락시설 부설주차장의 설치기준 : 시설면적 100m²당 1대를 설치하므로 1,000m²(시설면적)/100m² = 10대를 설치한다.

부설주차장의 설치기준

용도	설치기준
1. 위락시설	시설면적 100m²당 1대 (시설면적/100m²)
2. • 문화 및 집회시설(관람장 제외) • 종교시설 • 판매시설 • 운수시설 • 의료시설(정신병원 · 요양소 · 격리병원을 제외) • 운동시설(골프장 · 골프연습장 · 옥외수영장 제외) • 업무시설(외국공관 및 오피스텔 제외) • 방송통신시설 중 방송국 • 장례식장	시설면적 150m²당 1대 (시설면적/150m²)

정답 05 ② 06 ② 07 ④ 08 ①

09 공동주택과 오피스텔의 난방설비를 개별 난방방식으로 하는 경우에 관한 기준 내용으로 틀린 것은?

① 보일러는 거실 외의 곳에 설치할 것
② 보일러실의 윗부분에는 그 면적이 0.5m² 이상인 환기창을 설치할 것
③ 보일러실과 거실 사이의 출입구는 그 출입구가 닫힌 경우에는 보일러가스가 거실에 들어갈 수 없는 구조로 할 것
④ 보일러의 연도는 내화구조로서 개별 연도로 설치할 것

해설

④ 보일러의 연도는 내화구조로서 공동연도로 설치할 것

공동주택과 오피스텔의 난방설비를 개별 난방방식으로 하는 경우에 관한 기준

구분	설치기준
보일러의 설치	• 거실 외의 곳에 설치 • 보일러실과 거실 사이의 경계벽은 내화구조의 벽으로 구획(출입구를 제외)
보일러실의 환기	윗부분에 면적 0.5m² 이상의 환기창을 설치하고 윗부분과 아랫부분에 지름 10cm 이상의 공기흡입구 및 배기구를 항상 개방된 상태로 외기와 접하도록 설치 예외 전기보일러의 경우
보일러와 거실 사이의 출입구	출입구가 닫힌 경우에는 보일러 가스가 거실에 들어갈 수 없는 구조
오피스텔의 난방구획	• 난방구획마다 내화구조의 벽, 바닥으로 구획 • 60⁺ 방화문으로 된 출입문으로 구획
보일러실 연도	내화구조로서 공동연도로 설치
중앙집중공급방식의 가스보일러	• 가스관계법령에 정하는 기준에 의함 • 오피스텔은 난방구획마다 내화구조로 된 방·바닥·60⁺ 방화문으로 된 출입문으로 구획

10 다음 중 국토의 계획 및 이용에 관한 법령상 공공시설에 속하지 않는 것은?

① 공동구　　② 방풍설비
③ 사방설비　　④ 쓰레기 처리장

해설

공공시설

도로·공원·철도·수도 등 다음의 공공용시설을 말한다.

공공용시설	도로·공원·철도·수도·항만·공항·광장·녹지·공공공지·공동구·하천·유수지·방풍설비·방화설비·방수설비·사방설비·방조설비·하수도·구거(도랑)
행정청이 설치한 시설에 한하여 공공시설로 간주하는 시설	주차장·저수지·장사시설 등

11 6층 이상의 거실면적의 합계가 5,000m²인 경우, 다음 중 승용승강기를 가장 많이 설치해야 하는 것은?(단, 8인승 승용승강기를 설치하는 경우)

① 위락시설　　② 숙박시설
③ 판매시설　　④ 업무시설

해설

승용승강기 설치규정이 강화되어 있는 건축물용도 : 문화 및 집회시설(공연장·집회장·관람장), 판매시설, 의료시설(병원·격리병원)

승용승강기 설치기준

6층 이상의 거실면적 합계 (Am²) / 건축물의 용도	3,000m² 이하	3,000m² 초과
• 문화 및 집회시설(공연장·집회장·관람장) • 판매시설 • 의료시설(병원·격리병원)	2대	2대에 3,000m²를 초과하는 2,000m² 이내마다 1대의 비율로 가산한 대수 이상 $\left(2대+\frac{A-3,000m^2}{2,000m^2}대\right)$
• 문화 및 집회시설(전시장 및 동·식물원) • 업무시설 • 숙박시설 • 위락시설	1대	1대에 3,000m²를 초과하는 2,000m² 이내마다 1대의 비율로 가산한 대수 이상 $\left(1대+\frac{A-3,000m^2}{2,000m^2}대\right)$
• 공동주택 • 교육연구시설 • 노유자시설 • 기타 시설	1대	1대에 3,000m²를 초과하는 3,000m² 이내마다 1대의 비율로 가산한 대수 이상 $\left(1대+\frac{A-3,000m^2}{3,000m^2}대\right)$

정답　09 ④　10 ④　11 ③

12 지하식 또는 건축물식 노외주차장의 차로에 관한 기준 내용으로 틀린 것은?

① 경사로의 노면은 거친 면으로 하여야 한다.
② 높이는 주차바닥면으로부터 2.3m 이상으로 하여야 한다.
③ 경사로의 종단경사도는 직선 부분에서는 14%를 초과하여서는 아니 된다.
④ 주차대수 규모가 50대 이상인 경우의 경사로는 너비 6m 이상인 2차로를 확보하거나 진입차로와 진출차로를 분리하여야 한다.

해설

③ 경사로의 종단경사도는 직선 부분에서는 17%를 초과하여서는 아니 된다.

지하식 또는 건축물식 노외주차장의 차로에 관한 기준

1. 높이 : 주차 바닥면으로부터 2.3m 이상으로 하여야 한다.
2. 굴곡부의 내변반경

원칙	6m 이상
같은 경사로를 이용하는 주차장의 총 주차대수가 50대 이하	5m 이상
이륜자동차전용 노외주차장	3m 이상

3. 경사로의 차로폭

직선인 경우	3.3m 이상 (2차로인 경우 6m 이상)
곡선인 경우	3.6m 이상 (2차로인 경우 6.5m 이상)

4. 경사로의 종단기울기

직선인 경우	17% 이하
곡선인 경우	14% 이하

※ 경사로의 양쪽 벽면으로부터 30cm 이상의 지점에 높이 10cm 이상 15cm 미만의 연석을 설치해야 한다.(이 경우 연석부분은 차로의 너비에 포함)

13 다음은 건축물의 사용승인에 관한 기준 내용이다. ( ) 안에 알맞은 것은?

> 건축주가 허가를 받았거나 신고를 한 건축물의 건축공사를 완료한 후 그 건축물을 사용하려면 공사감리자가 작성한 (㉠)와 국토교통부령으로 정하는 (㉡)를 첨부하여 허가권자에게 사용승인을 신청하여야 한다.

① ㉠ 설계도서, ㉡ 시방서
② ㉠ 시방서, ㉡ 설계도서
③ ㉠ 감리완료보고서, ㉡ 공사완료도서
④ ㉠ 공사완료도서, ㉡ 감리완료보고서

해설

건축물의 사용승인 신청

건축주가 허가를 받았거나 신고를 한 건축물의 건축공사를 완료한 후 그 건축물을 사용하려면 공사감리자가 작성한 감리완료보고서와 국토교통부령으로 정하는 공사완료도서를 첨부하여 허가권자에게 사용승인을 신청하여야 한다.

14 공사감리자의 업무에 속하지 않는 것은?

① 시공계획 및 공사관리의 적정 여부의 확인
② 상세 시공도면의 검토 · 확인
③ 설계변경의 적정 여부의 검토 · 확인
④ 공정표 및 현장설계도면 작성

해설

④ 공정표 작성이 아니라 검토이다.

공사감리자 감리 업무

- 공사시공자가 설계도서에 따라 적합하게 시공하는지 여부의 확인
- 공사시공자가 사용하는 건축자재가 관계법령에 의한 기준에 적합한 건축자재인지 여부의 확인
- 건축물 및 대지에 관계법령에 적합하도록 공사시공자 및 건축주를 지도
- 시공계획 및 공사관리에 적정 여부의 확인
- 공사현장에서의 안전관의 지도
- 공정표의 검토
- 상세 시공도면의 검토 · 확인
- 구조물의 위치와 규격의 적정 여부 검토 · 확인
- 품질시험의 실시 여부 및 시험성과 검토 · 확인
- 설계변경의 적정 여부 검토 · 확인

정답 12 ③ 13 ③ 14 ④

15 제2종 일반주거지역 안에서 건축할 수 있는 건축물에 속하지 않는 것은?

① 아파트
② 노유자시설
③ 종교시설
④ 문화 및 집회시설 중 관람장

해설

용도지역 내 건축제한

문화 및 집회시설 중 관람장은 제2종 일반주거지역 안에서 건축할 수 있는 건축물에 속하지 않는다.

16 주거기능을 위주로 이를 지원하는 일부 상업기능 및 업무기능을 보완하기 위하여 지정하는 주거지역의 세분은?

① 준주거지역
② 제1종 전용주거지역
③ 제1종 일반주거지역
④ 제2종 일반주거지역

해설

주거지역

구분	내용
전용주거지역	양호한 주거환경을 보호하기 위하여 필요한 지역
일반주거지역	편리한 주거환경을 조성하기 위하여 필요한 지역
준주거지역	주거기능을 위주로 이를 지원하는 일부 상업·업무기능을 보완하기 위하여 필요한 지역

17 다음 중 피난층이 아닌 거실에 배연설비를 설치하여야 하는 대상 건축물에 속하지 않는 것은?(단, 6층 이상인 건축물의 경우)

① 판매시설
② 종교시설
③ 교육연구시설 중 학교
④ 운수시설

해설

교육연구시설 중 학교는 속하지 않고, 연구소가 해당된다.

거실에 배연설비 설치대상 건축물

규모	건축물의 용도	설치장소
6층 이상의 건축물	• 문화 및 집회시설 • 종교시설 • 판매시설 • 운수시설, 의료시설, 교육연구시설 중 연구소 • 노유자시설 중 아동관련시설 • 노인복지시설 • 수련시설 중 유스호스텔 • 운동시설 • 업무시설, 숙박시설 • 위락시설, 관광휴게시설, 제2종 근린생활시설 중 고시원 및 장례시설	건축물의 거실

18 다음 거실의 반자높이와 관련된 기준 내용 중 ( ) 안에 해당되지 않는 건축물의 용도는?

( )의 용도에 쓰이는 건축물의 관람실 또는 집회실로서 그 바닥면적이 200m² 이상인 것의 반자의 높이는 4m(노대의 아랫부분의 높이는 2.7m) 이상이어야 한다. 다만, 기계환기장치를 설치하는 경우에는 그러하지 아니하다.

① 문화 및 집회시설 중 동·식물원
② 장례식장
③ 위락시설 중 유흥주점
④ 종교시설

해설

거실의 반자높이

거실의 용도		반자높이	예외규정
모든 건축물		2.1m 이상	공장, 창고시설, 위험물저장 및 처리시설, 동물 및 식물 관련시설, 자원순환 관련 시설, 묘지관련시설
• 문화 및 집회시설(전시장, 동·식물원 제외) • 종교시설 • 장례시설 • 위락시설 중 유흥주점	바닥면적 200m² 이상인 • 관람실 • 집회실	4.0m 이상 예외 노대 밑 부분은 2.7m 이상	기계환기장치를 설치한 경우

정답 15 ④ 16 ① 17 ③ 18 ①

19 대통령령으로 정하는 용도와 규모의 건축물이 소규모 휴식시설 등의 공개공지 또는 공개공간을 설치하여야 하는 대상지역에 해당되지 않는 곳은?

① 준공업지역 ② 일반공업지역
③ 일반주거지역 ④ 준주거지역

해설

전용주거지역, 전용공업지역, 일반공업지역, 녹지지역은 공개공지 대상지역이 아니다.

<table>
<tr><th>대상지역</th><th>용도</th><th>규모</th></tr>
<tr><td rowspan="2">• 일반주거지역
• 준주거지역
• 상업지역
• 준공업지역
• 특별자치도지사 또는 시장 · 군수 · 구청장이 도시화의 가능성이 크거나 노후 산업단지의 정비가 필요하다고 인정하여 지정 · 공고하는 지역</td><td>• 문화 및 집회시설
• 종교시설
• 판매시설(농 · 수산물 유통시설은 제외)
• 운수시설(여객용시설만 해당)
• 업무시설
• 숙박시설</td><td>해당 용도로 쓰는 바닥면적의 합계가 5,000m² 이상</td></tr>
<tr><td colspan="2">다중이 이용하는 시설로서 건축조례가 정하는 건축물</td></tr>
</table>

20 주요구조부가 내화구조 또는 불연재료로 된 건축물로서 국토교통부령으로 정하는 기준에 따라 내화구조로 된 바닥 · 벽 및 60^{+} 방화문으로 구획하여야 하는 연면적기준은?

① $400m^2$ 초과 ② $500m^2$ 초과
③ $1,000m^2$ 초과 ④ $1,500m^2$ 초과

해설

주요구조부가 내화구조 또는 불연재료로 된 건축물로서 연면적이 $1,000m^2$를 넘는 것은 국토교통부령으로 정하는 기준에 따라 내화구조로 된 바닥 · 벽 및 60^{+} 방화문으로 구획하여야 한다.

정답 19 ② 20 ③

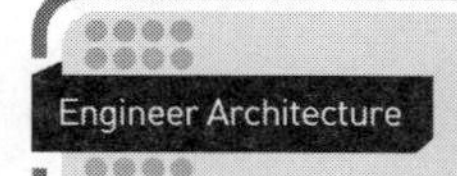

건축기사 (2021년 3월 시행)

01 건축물의 관람실 또는 집회실로부터 바깥쪽으로의 출구로 쓰이는 문을 안여닫이로 해서는 안 되는 건축물은?

① 위락시설
② 수련시설
③ 문화 및 집회시설 중 전시장
④ 문화 및 집회시설 중 동 · 식물원

해설

관람석 등으로부터의 출구의 설치

(1) 관람석 등으로부터의 출구설치

대상 건축물	해당 층의 용도	출구 방향
• 문화 및 집회시설(전시장 및 동 · 식물원 제외) • 종교시설 • 위락시설 • 장례시설	관람실 · 집회실	바깥쪽으로 나가는 출구로 쓰이는 문은 안여닫이로 할 수 없다.

(2) 출구의 설치기준

문화 및 집회시설 중 관람실의 바닥면적이 300m² 이상인 공연장의 개별 관람석에 설치하는 출구는 다음의 기준에 적합하도록 설치한다.

① 관람실별로 2개소 이상 설치할 것
② 각 출구의 유효너비는 1.5m 이상일 것
③ 개별 관람실 출구의 유효너비의 합계는 개별 관람실의 바닥면적 100m²마다 0.6m의 비율로 산정한 너비 이상으로 할 것

02 다음은 대지의 조경에 관한 기준 내용이다. ( ) 안에 알맞은 것은?

> 면적이 (   ) 이상인 대지에 건축을 하는 건축주는 용도지역 및 건축물의 규모에 따라 해당 지방자치단체의 조례로 정하는 기준에 따라 대지에 조경이나 그 밖에 필요한 조치를 하여야 한다.

① $100m^2$ ② $200m^2$
③ $300m^2$ ④ $500m^2$

해설

대지의 조경에 관한 기준

면적이 200m² 이상인 대지에 건축을 하는 건축주는 용도지역 및 건축물의 규모에 따라 해당 지방자치단체의 조례로 정하는 기준에 따라 대지에 조경이나 그 밖에 필요한 조치를 하여야 한다.

※ 옥상조경의 기준

건축물의 옥상에 조경을 한 경우	옥상 조경면적의 2/3를 대지 안의 조경면적으로 산정할 수 있다.
대지의 조경면적으로 산정하는 옥상 조경면적	전체 조경면적의 50%를 초과할 수 없다.

03 노외주차장에 설치하는 부대시설의 총 면적은 주차장 총 시설면적의 최대 얼마를 초과하여서는 아니 되는가?

① 5% ② 10%
③ 20% ④ 30%

해설

노외주차장에 설치할 수 있는 부대시설

부대시설의 총 면적은 주차장 총 시설면적의 20%를 초과하여서는 아니 된다.

예외 도로 · 광장 · 공원 · 초, 중, 고등학교 · 공용의 청사 · 주차장 · 운동장의 지하에 설치하는 노외주차장과 공용의 청사 · 하천 · 유수지주차장 및 운동장의 지상에 설치하는 노외주차장은 부대시설의 종류 및 주차장의 총 시설면적 중 부대시설이 차지하는 비율에 대해서 특별시 · 광역시 · 시 · 군 · 구의 조례로 따로 정할 수 있다. 이 경우 부대시설이 차지하는 면적의 비율은 주차장 총 시설면적의 40%를 초과할 수 없다.

※ 부대시설의 종류

- 관리사무소, 휴게소, 공중화장실
- 간이매점, 자동차의 장식품판매점 및 전기자동차 충전시설
- 기타 노외주차장의 관리 · 운영상 필요한 편의시설

정답 01 ① 02 ② 03 ③

04 노외주차장에 설치하여야 하는 차로의 최소 너비가 가장 작은 주차형식은?(단, 출입구가 2개 이상이며, 이륜자동차전용 외의 노외주차장의 경우)

① 평행주차 ② 교차주차
③ 직각주차 ④ 45도 대향주차

해설

이륜자동차전용 이외의 노외주차장 차로

주차형식	차로의 너비	
	출입구가 2개 이상인 경우	출입구가 1개인 경우
평행주차	3.3m	5.0m
직각주차	6.0m	6.0m
60° 대향주차	4.5m	5.5m
45° 대향주차	3.5m	5.0m
교차주차	3.5m	5.0m

05 국토교통부령으로 정하는 바에 따라 방화구조로 하거나 불연재료로 하여야 하는 목조건축물의 최소 연면적기준은?

① 500m² 이상 ② 1,000m² 이상
③ 1,500m² 이상 ④ 2,000m² 이상

해설

방화구조로 하거나 불연재료로 하여야 하는 목조건축물의 최소 연면적기준 : 1,000m² 이상

06 거실의 반자설치와 관련된 기준 내용 중 ( ) 안에 들어갈 수 있는 건축물의 용도는?

( )의 용도에 쓰이는 건축물의 관람실 또는 집회실로서 그 바닥면적이 200제곱미터 이상인 것의 반자의 높이는 4미터(노대의 아랫부분의 높이는 2.7미터) 이상이어야 한다. 다만, 기계환기장치를 설치하는 경우에는 그렇지 않다.

① 장례식장
② 교육 및 연구시설
③ 문화 및 집회시설 중 동물원
④ 문화 및 집회시설 중 전시장

해설

거실의 반자높이

거실의 용도		반자높이	예외규정
모든 건축물		2.1m 이상	공장, 창고시설, 위험물저장 및 처리시설, 동물 및 식물 관련시설, 자원순환 관련 시설, 묘지관련시설
• 문화 및 집회시설(전시장, 동·식물원 제외) • 종교시설 • 장례시설 • 위락시설 중 유흥주점	바닥면적 200m² 이상인 • 관람실 • 집회실	4.0m 이상 예외 노대 밑 부분은 2.7m 이상	기계환기장치를 설치한 경우

07 건축물의 건축 시 허가 대상건축물이라 하더라도 미리 특별자치시장·특별자치도지사 또는 시장·군수·구청장에게 국토교통부령으로 정하는 바에 따라 신고를 하면 건축허가를 받은 것으로 보는 소규모 건축물의 연면적기준은?

① 연면적의 합계가 100m² 이하인 건축물
② 연면적의 합계가 150m² 이하인 건축물
③ 연면적의 합계가 200m² 이하인 건축물
④ 연면적의 합계가 300m² 이하인 건축물

해설

소규모 건축물의 건축신고대상

구분	소규모 건축물	
연면적	연면적의 합계가 100m² 이하인 건축물	
높이	건축물의 높이 3m 이하의 범위에서 증축하는 건축물	
표준설계도서에 의하여 건축하는 건축물	그 용도·규모가 주위환경·미관상 지장이 없다고 인정하여 건축조례가 정하는 건축물	
지역	공업지역	2층 이하인 건축물로서 연면적합계가 500m² 이하인 공장(제조업소 등 물품의 제조·가공을 위한 시설을 포함)
	산업단지	
	지구단위계획구역(산업·유통형에 한함)	

정답 04 ① 05 ② 06 ① 07 ①

구분	소규모 건축물	
지역	읍 · 면지역(도시 · 군계획에 지장이 있다고 지정 · 공고한 구역은 제외)	• 연면적 200m² 이하의 농업 · 수산업용 창고 • 연면적 400m² 이하의 축사 · 작물재배사, 종묘배양시설, 화초 및 분재 등의 온실

08 광역도시계획의 수립권자기준에 대한 내용으로 틀린 것은?

① 광역계획권이 같은 도의 관할 구역에 속하여 있는 경우 관할 시장 또는 군수가 공동으로 수립한다.
② 국가계획과 관련된 광역도시계획의 수립이 필요한 경우 국토교통부장관이 수립한다.
③ 광역계획권을 지정한 날부터 2년이 지날 때까지 관할 시장 또는 군수로부터 광역도시계획의 승인 신청이 없는 경우 국토교통부장관이 수립한다.
④ 광역계획권이 둘 이상의 시 · 도의 관할 구역에 걸쳐 있는 경우 관할 시 · 도지사가 공동으로 수립한다.

해설

광역계획권을 지정한 날부터 3년이 지날 때까지 관할 시장 또는 군수로부터 광역도시계획의 승인 신청이 없는 경우 국토교통부장관이 수립한다.

09 지구단위계획 중 관계 행정기관의 장과의 협의, 국토교통부장관과의 협의 및 중앙도시계획위원회 · 지방도시계획위원회 또는 공동위원회의 심의를 거치지 않고 변경할 수 있는 사항에 관한 기준 내용으로 옳은 것은?

① 건축선의 2m 이내의 변경인 경우
② 획지면적의 30% 이내의 변경인 경우
③ 가구면적의 20% 이내의 변경인 경우
④ 건축물 높이의 30% 이내의 변경인 경우

해설

① 건축선의 1m 이내의 변경인 경우
③ 가구면적의 10% 이내의 변경인 경우
④ 건축물 높이의 20% 이내의 변경인 경우

10 공동주택과 오피스텔 난방설비를 개별난방방식으로 하는 경우에 관한 기준 내용으로 틀린 것은?

① 보일러의 연도는 내화구조로서 공동연도로 설치할 것
② 보일러실의 윗부분에는 그 면적이 0.5m² 이상인 환기창을 설치할 것
③ 오피스텔의 경우에는 난방구획을 방화구획으로 구획할 것
④ 보일러는 거실 외의 곳에 설치하되, 보일러를 설치하는 곳과 거실 사이의 경계벽은 출입구를 제외하고는 방화구조의 벽으로 구획할 것

해설

공동주택과 오피스텔 난방설비를 개별난방방식으로 하는 경우에 관한 기준

구분	설치기준
보일러의 설치	• 거실 외의 곳에 설치 • 보일러실과 거실 사이의 경계벽은 내화구조의 벽으로 구획(출입구를 제외)
보일러실의 환기	• 윗부분에 면적 0.5m² 이상의 환기창을 설치하고 윗부분과 아랫부분에 지름 10cm 이상의 공기흡입구 및 배기구를 항상 개방된 상태로 외기와 접하도록 설치 예외 전기보일러의 경우
보일러와 거실 사이의 출입구	출입구가 닫힌 경우에는 보일러 가스가 거실에 들어갈 수 없는 구조
오피스텔의 난방구획	• 난방구획마다 내화구조의 벽, 바닥으로 구획 • 60⁺ 방화문으로 된 출입문으로 구획
보일러실 연도	내화구조로서 공동연도로 설치
중앙집중공급방식의 가스보일러	• 가스관계법령에 정하는 기준에 의함 • 오피스텔은 난방구획마다 내화구조로 된 방 · 바닥 · 60⁺ 방화문으로 된 출입문으로 구획

정답 08 ③ 09 ② 10 ④

11 대형건축물의 건축허가 사전승인신청 시 제출 도서의 종류 중 설계설명서에 표시하여야 할 사항이 아닌 것은?

① 공사금액 ② 개략공정계획
③ 교통처리계획 ④ 각부 구조계획

해설

대형건축물의 건축허가 사전승인신청 시 제출도서의 종류

분야	도서 종류	표시하여야 할 사항
건축계획서	설계설명서	• 공사개요 : 위치 · 대지면적 · 공사기간 · 공사금액 등 • 사전조사 사항 : 지반고 · 기후 · 동결심도 · 수용인원 · 상하수와 주변지역을 포함한 지질 및 지형, 인구, 교통, 지역, 지구, 토지이용 현황, 시설물현황 등 • 건축계획 : 배치 · 평면 · 입면계획 · 동선계획 · 개략조경계획 · 주차계획 및 교통처리계획 등 • 시공방법 • 개략공정계획 • 주요설비계획 • 주요자재 사용계획 • 그 밖의 필요한 사항
	구조계획서	• 설계근거 기준 • 구조재료의 성질 및 특성 • 하중조건분석 적용 • 구조의 형식선정계획 • 각부 구조계획 • 건축구조성능(단열 · 내화 · 차음 · 진동장애 등) • 구조안전검토
	지질조사서	• 토질개황 • 각종 토질시험내용 • 지내력 산출근거 • 지하수위면 • 기초에 대한 의견
	시방서	시방내용(국토교통부장관이 작성한 표준시방서에 없는 공법인 경우에 한한다)

12 주거에 쓰이는 바닥면적의 합계가 200제곱미터인 주거용 건축물에 설치하는 음용수용 급수관의 최소 지름기준은?

① 25mm ② 32mm
③ 40mm ④ 50mm

해설

주거용 건축물 급수관의 지름

가구 또는 세대수	주거용 건축물 바닥면적(m^2)	급수관 지름의 최소기준(mm)
1	85 이하	15
2~3	85 초과~150 이하	20
4~5	150 초과~300 이하	25
6~8	300 초과~500 이하	32
9~16		40
17 이상	500 초과	50

13 건축법령상 건축물의 대지에 공개공지 또는 공개공간을 확보하여야 하는 대상건축물에 해당하지 않는 것은?(단, 해당 용도로 쓰는 바닥면적의 합계가 5,000m^2인 건축물의 경우로, 건축조례로 정하는 다중이 이용하는 시설의 경우는 고려하지 않는다.)

① 종교시설 ② 업무시설
③ 숙박시설 ④ 교육연구시설

해설

공개공지 또는 공개공간을 확보하여야 하는 대상

대상지역	용도	규모
• 일반주거지역 • 준주거지역 • 상업지역 • 준공업지역 • 특별자치도지사 또는 시장 · 군수 · 구청장이 도시화의 가능성이 크거나 노후 산업단지의 정비가 필요하다고 인정하여 지정 · 공고하는 지역	• 문화 및 집회시설 • 종교시설 • 판매시설(농 · 수산물 유통시설은 제외) • 운수시설(여객용 시설만 해당) • 업무시설 • 숙박시설	해당 용도로 쓰는 바닥면적의 합계가 5,000m^2 이상
	다중이 이용하는 시설로서 건축조례가 정하는 건축물	

※ 전용주거지역, 전용공업지역, 일반공업지역, 녹지지역은 공개공지 대상지역이 아니다.

정답 11 ④ 12 ① 13 ④

14 국토의 계획 및 이용에 관한 법령상 건폐율의 최대 한도가 가장 높은 용도지역은?

① 준주거지역　② 생산관리지역
③ 중심상업지역　④ 전용공업지역

해설

건폐율의 최대 한도
- 20% 이하 : 생산관리지역
- 70% 이하 : 준주거지역, 전용공업지역, 근린상업지역
- 80% 이하 : 일반상업지역, 유통상업지역
- 90% 이하 : 중심상업지역

15 중고층주택을 중심으로 편리한 주거환경을 조성하기 위하여 지정하는 용도지역은?

① 제1종 일반주거지역　② 제2종 일반주거지역
③ 제3종 일반주거지역　④ 제4종 일반주거지역

해설

주거지역의 세분

전용 주거지역	제1종	단독주택 중심의 양호한 주거환경 보호
	제2종	공동주택 중심의 양호한 주거환경 보호
일반 주거지역	제1종	저층주택 중심으로 편리한 주거환경 조성
	제2종	중층주택 중심으로 편리한 주거환경 조성
	제3종	중 · 고층주택 중심으로 편리한 주거환경 조성
준주거지역	주거기능을 주로 하면서 상업 · 업무기능 보완	

16 대지의 분할 제한과 관련한 아래 내용에서, 밑줄 친 부분에 해당하는 규모의 기준이 틀린 것은?

> 건축물이 있는 대지는 <u>대통령령으로 정하는 범위</u>에서 해당 지방자치단체의 조례로 정하는 면적에 못 미치게 분할할 수 없다.

① 주거지역 : $60m^2$ 이상
② 상업지역 : $100m^2$ 이상
③ 공업지역 : $150m^2$ 이상
④ 녹지지역 : $200m^2$ 이상

해설

대지의 분할 제한

용도지역	분할규모
주거지역	$60m^2$ 이상
상업지역	$150m^2$ 이상
공업지역	
녹지지역	$200m^2$ 이상
기타지역	$60m^2$ 이상

17 일조 등의 확보를 위한 건축물의 높이 제한 기준 중 ㉠과 ㉡에 해당하는 내용이 옳은 것은?

> 전용주거지역이나 일반주거지역에서 건축물을 건축하는 경우에는 건축물의 각 부분을 정북(正北)방향으로의 인접 대지경계선으로부터 다음 각 호의 범위에서 건축조례로 정하는 거리 이상을 띄어 건축하여야 한다.
> 1. 높이 9미터 이하인 부분 : 인접 대지경계선으로부터 (㉠) 이상
> 2. 높이 9미터를 초과하는 부분 : 인접 대지경계선으로부터 해당 건축물 각 부분 높이의 (㉡) 이상

① ㉠ 1m　② ㉠ 1.5m
③ ㉡ 3분의 1　④ ㉡ 3분의 2

해설

정북방향의 인접 대지경계선으로부터 띄우는 거리
- 높이 9m 이하인 경우에는 1.5m 이상
- 높이 9m를 초과하는 경우에는 해당 건축물 각 부분 높이의 1/2 이상

18 건축물 관련 건축기준의 허용오차 범위기준이 2% 이내가 아닌 것은?

① 출구너비　② 반자높이
③ 평면길이　④ 벽체두께

정답　14 ③　15 ③　16 ②　17 ②　18 ④

해설

건축물 관련 건축기준의 허용오차

항목	허용되는 오차의 범위	
건축물높이	2% 이내	1m를 초과할 수 없다.
출구너비		–
반자높이		–
평면길이		• 건축물 전체길이는 1m를 초과할 수 없다. • 벽으로 구획된 각 실은 10cm를 초과할 수 없다.
벽체두께	3% 이내	–
바닥판두께		

19 비상용 승강기 승강장의 바닥면적은 비상용 승강기 1대에 대하여 최소 얼마 이상으로 하여야 하는가?(단, 옥내승강장인 경우)

① $3m^2$ ② $4m^2$
③ $5m^2$ ④ $6m^2$

해설

비상용 승강기의 승강장 및 승강로의 구조

㉠ 승강장의 창문, 출입구, 그 밖의 개구부를 제외한 부분은 해당 건축물의 다른 부분과 내화구조의 바닥 · 벽으로 구획할 것
예외 공동주택의 경우에는 승강장과 특별피난계단의 부속실과의 겸용부분을 계단실과 별도로 구획하는 때에는 승강장을 특별피난계단의 부속실과 겸용할 수 있다.

㉡ 승강장은 각 층의 내부와 연결될 수 있도록 하되, 그 출입구(승강로의 출입구를 제외한다)에는 60+ 방화문을 설치할 것. 다만, 피난층에는 60+ 방화문을 설치하지 아니할 수 있다.

㉢ 노대 또는 외부를 향하여 열 수 있는 창문이나 배연설비를 설치할 것

㉣ 벽 및 반자가 실내에 접하는 부분의 마감재료(마감을 위한 바탕포함)는 불연재료로 할 것

㉤ 채광이 되는 창문이 있거나 예비전원에 따른 조명설비를 할 것

㉥ 승강장의 바닥면적은 비상용 승강기 1대에 대하여 $6m^2$ 이상으로 할 것
예외 옥외에 승강장을 설치하는 경우

㉦ 피난층이 있는 승강장의 출입구(승강장이 없는 경우에는 승강로의 출입구)로부터 도로 또는 공지에 이르는 거리가 30m 이하일 것

㉧ 승강장 출입구 부근의 잘 보이는 곳에 해당 승강기가 비상용 승강기임을 알 수 있는 표시를 할 것

20 다음 중 승용승강기를 가장 많이 설치해야 하는 건축물의 용도는?(단, 6층 이상의 거실면적의 합계가 $10,000m^2$이며, 8인승 승강기를 설치하는 경우)

① 의료시설 ② 위락시설
③ 숙박시설 ④ 공동주택

해설

6층 이상의 거실면적의 합계가 $10,000m^2$인 건축물을 건축하고자 하는 경우 설치하여야 하는 승용승강기의 최소 대수가 가장 많은 건축물 : 문화 및 집회시설(공연장 · 집회장 · 관람장), 판매시설, 의료시설(병원 · 격리병원)

승용승강기 설치기준

건축물의 용도 \ 6층 이상의 거실면적 합계 (Am^2)	$3,000m^2$ 이하	$3,000m^2$ 초과
• 문화 및 집회시설(공연장 · 집회장 · 관람장) • 판매시설 • 의료시설(병원 · 격리병원)	2대	2대에 $3,000m^2$를 초과하는 $2,000m^2$ 이내마다 1대의 비율로 가산한 대수 이상 $\left(2대 + \frac{A - 3,000m^2}{2,000m^2}대\right)$
• 문화 및 집회시설(전시장 및 동 · 식물원) • 업무시설 • 숙박시설 • 위락시설	1대	1대에 $3,000m^2$를 초과하는 $2,000m^2$ 이내마다 1대의 비율로 가산한 대수 이상 $\left(1대 + \frac{A - 3,000m^2}{2,000m^2}대\right)$
• 공동주택 • 교육연구시설 • 노유자시설 • 기타시설	1대	1대에 $3,000m^2$를 초과하는 $3,000m^2$ 이내마다 1대의 비율로 가산한 대수 이상 $\left(1대 + \frac{A - 3,000m^2}{3,000m^2}대\right)$

정답 19 ④ 20 ①

건축기사 (2021년 5월 시행)

01 계단 및 복도의 설치기준에 관한 설명으로 틀린 것은?

① 높이가 3m를 넘은 계단에는 높이 3m 이내마다 유효너비 120cm 이상의 계단참을 설치할 것
② 거실 바닥면적의 합계가 100m² 이상인 지하층에 설치하는 계단인 경우 계단 및 계단참의 유효너비는 120cm 이상으로 할 것
③ 계단을 대체하여 설치하는 경사로의 경사도는 1 : 6을 넘지 아니할 것
④ 문화 및 집회시설 중 공연장의 개별 관람실(바닥면적이 300m² 이상인 경우)의 바깥쪽에는 그 양쪽 및 뒤쪽에 각각 복도를 설치할 것

해설

계단을 대체하여 설치하는 경사로의 경사도는 1 : 8을 넘지 아니할 것

계단의 설치기준

연면적 200m²를 초과하는 건축물에 설치하는 계단은 다음 기준에 적합하게 설치하여야 한다.

설치	대상	설치기준
계단참	높이 3m를 넘는 계단	높이 3m 이내마다 너비 1.2m 이상
난간	높이 1m를 넘는 계단 및 계단참	양옆에 난간(벽 또는 이에 대치되는 것)을 설치
중앙난간	너비 3m를 넘는 계단	계단의 중간에 너비 3m 이내마다 설치 예외 계단의 단높이 15cm 이하이고 단너비 30cm 이상인 것을 제외
계단의 유효높이(계단의 바닥 마감면으로부터 상부구조체의 하부 마감면까지의 연직방향의 높이)		2.1m 이상

02 면적 등의 산정방법과 관련한 용어의 설명 중 틀린 것은?

① 대지면적은 대지의 수평투영면적으로 한다.
② 건축면적은 건축물의 외벽의 중심선으로 둘러싸인 부분의 수평투영면적으로 한다.
③ 용적률을 산정할 때에는 지하층의 면적을 포함하여 연면적을 계산한다.
④ 건축물의 높이는 지표면으로부터 그 건축물의 상단까지의 높이로 한다.

해설

용적률 산정 시 연면적에서 제외되는 부분

- 지하층 면적
- 지상층의 주차용(당해 건축물의 부속용도에 한함)으로 사용되는 면적
- 초고층건축물의 피난안전구역의 면적
- 경사지붕 아래 대피공간

03 세대의 구분이 불분명한 건축물로 주거에 쓰이는 바닥면적의 합계가 300m²인 주거용 건축물의 음용수용 급수관 지름의 최소기준은?

① 20mm
② 25mm
③ 32mm
④ 40mm

해설

주거용 건축물 급수관의 지름

가구 또는 세대수	주거용 건축물 바닥면적(m²)	급수관 지름의 최소기준(mm)
1	85 이하	15
2~3	85 초과~150 이하	20
4~5	150 초과~300 이하	25
6~8	300 초과~500 이하	32
9~16		40
17 이상	500 초과	50

정답 01 ③ 02 ③ 03 ②

04 다음 중 내화구조에 해당하지 않는 것은?

① 벽의 경우 철재로 보강된 콘크리트블록조 · 벽돌조 또는 석조로서 철재에 덮은 콘크리트블록 등의 두께가 3cm 이상인 것
② 기둥의 경우 철근콘크리트조로서 그 작은 지름이 25cm 이상인 것
③ 바닥의 경우 철근콘크리트조로서 두께가 10cm 이상인 것
④ 철근콘크리트조로 된 보

해설

① 벽의 경우 철재로 보강된 콘크리트블록조 · 벽돌조 또는 석조로서 철재에 덮은 콘크리트블록 등의 두께가 5cm 이상인 것

구분	철근콘크리트조/철골철근콘크리트조	철골조	무근콘크리트조/콘크리트블록조/벽돌조/석조	철재로 보강된 콘크리트블록조/벽돌조/석조
벽 ( ) 속은 외벽 중 비내력벽의 경우	두께 10cm (7cm) 이상일 것	양쪽을 두께 4cm (3cm) 이상의 철망 모르타르 또는 두께 5cm(4cm) 이상의 콘크리트블록, 벽돌, 석재로 덮은 것	두께 19cm (7cm) 이상인 것	철재에 덮은 두께 5cm (4cm) 이상인 것
기둥 (작은 지름 25cm 이상인 것) ( ) 속은 경량골재 사용의 경우	모든 것	•두께 6cm(5cm) 이상의 철망모르타르 또는 두께 7cm 이상의 콘크리트블록, 벽돌, 석재로 덮은 것 •두께 5cm 이상의 콘크리트로 덮은 것	×	×
바닥	두께 10cm 이상인 것	×	×	철재의 덮은 두께가 5cm 이상인 것
보 ( ) 속은 경량골재 사용의 경우	모든 것	•두께 6cm(5cm) 이상의 철망모르타르로 덮은 것 •두께 5cm 이상의 콘크리트로 덮은 것	×	×
지붕	모든 것	×	×	모든 것
계단	모든 것	모든 것	모든 것	모든 것

05 국토의 계획 및 이용에 관한 법령상 아래와 같이 정의되는 것은?

> 도시 · 군계획 수립 대상지역의 일부에 대하여 토지이용을 합리화하고 그 기능을 증진시키며 미관을 개선하고 양호한 환경을 확보하며, 그 지역을 체계적 · 계획적으로 관리하기 위하여 수립하는 도시군관리계획

① 광역도시계획
② 지구단위계획
③ 도시 · 군기본계획
④ 입지규제최소구역계획

해설

지구단위계획
도시 · 군계획 수립 대상지역의 일부에 대하여 토지이용을 합리화하고 그 기능을 증진시키며 미관을 개선하고 양호한 환경을 확보하며, 그 지역을 체계적 · 계획적으로 관리하기 위하여 수립하는 도시군관리계획

06 다음 중 건축법상 건축물의 용도 구분에 속하지 않는 것은?(단, 대통령령으로 정하는 세부 용도는 제외)

① 공장 ② 교육시설
③ 묘지 관련 시설 ④ 자원순환 관련 시설

해설

교육연구시설 (제2종 근린생활시설에 해당하는 것을 제외)	가. 학교	유치원, 초등학교, 중학교, 고등학교, 전문대학, 대학, 대학교 등
	나. 교육원	연수원 등을 포함
	다. 직업훈련소	운전 · 정비 관련 직업훈련소 제외
	라. 학원	자동차학원, 무도학원은 제외
	마. 연구소	연구소에 준하는 시험소, 계량계측소를 포함
	바. 도서관	

정답 04 ① 05 ② 06 ②

07 주차장법령의 기계식 주차장치의 안전기준과 관련하여, 중형 기계식 주차장의 주차장치 출입구 크기기준으로 옳은 것은?(단, 사람이 통행하지 않는 기계식 주차장치인 경우)

① 너비 2.3m 이상, 높이 1.6m 이상
② 너비 2.3m 이상, 높이 1.8m 이상
③ 너비 2.4m 이상, 높이 1.6m 이상
④ 너비 2.4m 이상, 높이 1.9m 이상

해설

출입구의 크기	• 중형 기계식 주차장 2.3m(너비)×1.6m(높이) 이상 • 대형 기계식 주차장 2.4m(너비)×1.9m(높이) 이상 예외 사람이 통행하는 기계식 주차장출입구의 높이는 1.8m 이상
주차구획크기	• 중형 기계식 주차장 2.1m(너비)×1.6m(높이)×5.15m(길이) • 대형 기계식 주차장 2.3m(너비)×1.9m(높이)×5.3m(길이) 예외 차량의 길이가 5.1m 이상인 경우에는 주차구획의 길이는 차량의 길이보다 최소 0.2m 이상을 확보하여야 한다.

08 주차장법령상 노외주차장의 구조 및 설비기준에 관한 아래 설명에서, ⓐ~ⓒ에 들어갈 내용이 모두 옳은 것은?

노외주차장의 출구 부근의 구조는 해당 출구로부터 (ⓐ)미터(이륜자동차전용 출구의 경우에는 1.3미터)를 후퇴한 노외주차장의 차로의 중심선상 (ⓑ)미터의 높이에서 도로의 중심선에 직각으로 향한 왼쪽 · 오른쪽 각각 (ⓒ)도의 범위에서 해당 도로를 통행하는 자를 확인할 수 있도록 하여야 한다.

① ⓐ 1, ⓑ 1.2, ⓒ 45　② ⓐ 2, ⓑ 1.4, ⓒ 60
③ ⓐ 3, ⓑ 1.6, ⓒ 60　④ ⓐ 2, ⓑ 1.2, ⓒ 45

해설

노외주차장의 구조 및 설비기준
출구로부터 2m(이륜자동차전용 출구의 경우에는 1.3미터)를 후퇴한 차로의 중심선상 1.4m의 높이에서 도로의 중심선에 직각으로 향한 왼쪽 · 오른쪽 각각 60°의 범위에서 해당 도로를 통행하는 자의 존재를 확인할 수 있어야 한다.

09 건축물의 거실에 국토교통부령으로 정하는 기준에 따라 배연설비를 하여야 하는 대상건축물에 속하지 않는 것은?(단, 피난층의 거실은 제외하며, 6층 이상인 건축물의 경우)

① 종교시설　② 판매시설
③ 위락시설　④ 방송통신시설

해설

거실에 배연설비설치 대상건축물

규모	건축물의 용도	설치장소
6층 이상의 건축물	• 문화 및 집회시설 • 종교시설 • 판매시설 • 운수시설, 의료시설, 교육연구시설 중 연구소 • 노유자시설 중 아동관련시설 • 노인복지시설 • 수련시설 중 유스호스텔 • 운동시설 • 업무시설, 숙박시설 • 위락시설, 관광휴게시설, 제2종 근린생활시설 중 고시원 및 장례시설	건축물의 거실

10 피난 용도로 쓸 수 있는 광장을 옥상에 설치하여야 하는 대상기준으로 옳지 않은 것은?

① 5층 이상인 층이 종교시설의 용도로 쓰는 경우
② 5층 이상인 층이 업무시설의 용도로 쓰는 경우
③ 5층 이상인 층이 판매시설의 용도로 쓰는 경우
④ 5층 이상인 층이 장례식장의 용도로 쓰는 경우

해설

옥상광장 등의 설치
(1) 난간설치
옥상광장 또는 2층 이상인 층에 있는 노대 등의 주위에는 높이 1.2m 이상의 난간을 설치해야 한다.
예외 해당 노대 등에 출입할 수 없는 구조인 경우

정답　07 ①　08 ②　09 ④　10 ②

(2) 옥상광장의 설치

① 5층 이상인 층이 다음 용도로 쓰이는 경우
  ㉠ 제2종 근린생활시설 중 공연장 · 종교집회장 · 인터넷컴퓨터게임시설제공업소(바닥면적의 합계가 각각 300m² 이상인 경우)
  ㉡ 문화 및 집회시설(전시장, 동 · 식물원 제외)
  ㉢ 종교시설
  ㉣ 판매시설
  ㉤ 위락시설 중 주점영업
  ㉥ 장례시설

② 옥상광장의 설치기준
피난계단 또는 특별피난계단을 설치하는 경우 해당 건축물의 옥상광장으로 통하도록 설치하여야 한다.

11 건축물의 대지는 원칙적으로 최소 얼마 이상이 도로에 접하여야 하는가?(단, 자동차만의 통행에 사용되는 도로는 제외)

① 1.5m ② 2m
③ 3m ④ 4m

해설

건축물의 대지와 도로
건축물의 대지는 2m 이상이 도로(자동차 전용도로 제외)에 접해야 한다.

12 다음 설명에 알맞은 용도지구의 세분은?

> 건축물 · 인구가 밀집되어 있는 지역으로서 시설 개선 등을 통하여 재해 예방이 필요한 지구

① 일반방재지구
② 시가지방재지구
③ 중요시설물보호지구
④ 역사문화환경보호지구

해설

시가지방재지구
건축물 · 인구가 밀집되어 있는 지역으로서 시설 개선 등을 통하여 재해 예방이 필요한 지구

※ 용도지구의 종류
경관지구, 고도지구, 방화지구, 방재지구, 보호지구, 취락지구, 개발진흥지구, 특정용도제한지구, 복합용도지구, 그 밖에 대통령령으로 정하는 지구이다.

13 건축지도원에 관한 설명으로 틀린 것은?

① 허가를 받지 아니하고 건축하거나 용도변경한 건축물의 단속 업무를 수행한다.
② 건축지도원은 시장, 군수, 구청장이 지정할 수 있다.
③ 건축지도원의 자격과 업무범위는 국토교통부령으로 정한다.
④ 건축신고를 하고 건축 중에 있는 건축물의 시공지도와 위법 시공 여부의 확인 · 지도 및 단속 업무를 수행한다.

해설

건축지도원의 자격과 업무범위는 국토교통부령으로 정하는 것이 아니라 건축조례로 정한다.

14 하나 이상의 필지의 일부를 하나의 대지로 할 수 있는 토지기준에 해당하지 않는 것은?

① 도시 · 군계획시설이 결정 · 고시된 경우 그 결정 · 고시된 부분의 토지
② 농지법에 따른 농지전용허가를 받은 경우 그 허가받은 부분의 토지
③ 국토의 계획 및 이용에 관한 법률에 따른 지목변경허가를 받은 경우 그 허가받은 부분의 토지
④ 산지관리법에 따른 산지전용허가를 받은 경우 그 허가받은 부분의 토지

해설

하나 이상의 필지 일부분을 하나의 대지로 보는 경우

하나 이상의 필지의 일부에 대하여		관계법
도시 · 군계획시설이 결정 · 고시된 경우	그 결정 · 고시가 있는 부분의 토지	「국토의 계획 및 이용에 관한 법률」
개발행위허가를 받은 경우	그 허가받은 부분의 토지	

정답 11 ② 12 ② 13 ③ 14 ③

하나 이상의 필지의 일부에 대하여		관계법
농지전용허가를 받은 경우	그 허가받은 부분의 토지	「농지법」
산지전용허가를 받은 경우	그 허가받은 부분의 토지	「산지관리법」
사용승인신청 시 분필할 것을 조건으로 하여 건축허가를 하는 경우	그 분필 대상이 되는 부분의 토지	「건축법」

15 다음은 지하층과 피난층 사이의 개방공간 설치와 관련된 기준 내용이다. ( ) 안에 알맞은 것은?

> 바닥면적의 합계가 ( ) 이상인 공연장 · 집회장 · 관람장 또는 전시장을 지하층에 설치하는 경우에는 각 실에 있는 자가 지하층 각 층에서 건축물 밖으로 피난하여 옥외계단 또는 경사로 등을 이용하여 피난층으로 대피할 수 있도록 천장이 개방된 외부 공간을 설치하여야 한다.

① 5백 제곱미터　　② 1천 제곱미터
③ 2천 제곱미터　　④ 3천 제곱미터

해설

지하층과 피난층 사이의 개방공간 설치
바닥면적의 합계가 3,000m^2 이상인 공연장 · 집회장 · 관람장 또는 전시장을 지하층에 설치하는 경우에는 각 실에 있는 자가 지하층 각 층에서 건축물 밖으로 피난하여 옥외계단 또는 경사로 등을 이용하여 피난층으로 대피할 수 있도록 천장이 개방된 외부 공간을 설치하여야 한다.

16 다음 중 국토의 계획 및 이용에 관한 법령에 따른 용도지역 안에서의 건폐율 최대 한도가 가장 높은 것은?

① 준주거지역　　② 중심상업지역
③ 일반상업지역　　④ 유통상업지역

해설

건폐율의 최대 한도
- 70% 이하 : 준주거지역, 근린상업지역
- 80% 이하 : 일반상업지역, 유통상업지역
- 90% 이하 : 중심상업지역

17 건축물의 피난층 외의 층에서 피난층 또는 지상으로 통하는 직통계단을 거실의 각 부분으로부터 계단에 이르는 보행거리가 최대 얼마 이내가 되도록 설치하여야 하는가?(단, 건축물의 주요구조부는 내화구조이고 층수는 15층으로 공동주택이 아닌 경우)

① 30m　　② 40m
③ 50m　　④ 60m

해설

직통계단까지의 보행거리
건축물의 피난층 이외의 층에서 거실 각 부분으로부터 피난층 또는 지상으로 통하는 직통계단(경사로 포함)에 이르는 보행거리

구분	보행거리
일반건축물	30m 이하
주요구조부가 내화구조 또는 불연재료로 된 건축물	50m 이하 (16층 이상 공동주택 : 40m 이하)
공장	자동화 생산시설에 스프링클러 등 자동식 소화설비를 설치한 공장으로서 국토교통부령으로 정하는 공장인 경우에는 그 보행거리가 75m(무인화 공장인 경우에는 100m) 이하

18 공동주택과 오피스텔의 난방설비를 개별난방방식으로 하는 경우 설치기준과 거리가 먼 것은?

① 보일러실의 윗부분에는 그 면적이 0.5m^2 이상인 환기창을 설치할 것
② 보일러를 설치하는 곳과 거실 사이의 경계벽은 출입구를 포함하여 방화구조의 벽으로 구획할 것
③ 보일러의 연도는 내화구조로서 공동연도로 설치할 것
④ 기름보일러를 설치하는 경우에는 기름저장소를 보일러실 외의 다른 곳에 설치할 것

해설

② 보일러를 설치하는 곳과 거실 사이의 경계벽은 출입구를 포함하여 방화구조의 벽이 아니라 내화구조의 벽으로 구획할 것

정답　15 ④　16 ②　17 ③　18 ②

공동주택과 오피스텔 난방설비를 개별난방방식으로 하는 경우에 관한 기준

구분	설치기준
보일러의 설치	• 거실 외의 곳에 설치 • 보일러실과 거실 사이의 경계벽은 내화구조의 벽으로 구획(출입구를 제외)
보일러실의 환기	윗부분에 면적 $0.5m^2$ 이상의 환기창을 설치하고 윗부분과 아랫부분에 지름 10cm 이상의 공기흡입구 및 배기구를 항상 개방된 상태로 외기와 접하도록 설치 **예외** 전기보일러의 경우
보일러와 거실사이의 출입구	출입구가 닫힌 경우에는 보일러 가스가 거실에 들어갈 수 없는 구조
오피스텔의 난방구획	• 난방구획마다 내화구조의 벽, 바닥으로 구획 • 60^+ 방화문으로 된 출입문으로 구획
보일러실 연도	내화구조로서 공동연도로 설치
중앙집중공급방식의 가스보일러	• 가스관계법령에 정하는 기준에 의함 • 오피스텔은 난방구획마다 내화구조로 된 방·바닥·60^+ 방화문으로 된 출입문으로 구획

19 국토의 계획 및 이용에 관한 법령상 지구단위계획의 내용에 포함되지 않는 것은?

① 건축물의 배치·형태·색채에 관한 계획
② 건축물의 안전 및 방재에 대한 계획
③ 기반시설의 배치와 규모
④ 보행안전 등을 고려한 교통처리계획

해설

지구단위계획구역에 포함될 수 있는 내용

- 용도지역 또는 용도지구를 세분하거나 변경하는 사항
- 기존의 용도지구를 폐지하고 그 용도지구에서 건축물이나 그 밖의 시설의 용도·종류 및 규모 등 제한을 대체하는 사항
- 기반시설의 배치와 규모
- 도로로 둘러싸인 일단의 지역 또는 계획적인 개발·정비를 위하여 구획된 일단의 토지규모와 조성계획
- 건축물의 용도제한·건폐율 또는 용적률·건축물높이의 최고 한도 또는 최저 한도
- 건축물의 배치·형태·색채 또는 건축선에 관한 계획
- 환경관리계획 또는 경관계획
- 보행안전 등을 고려한 교통처리계획

20 다음 중 건축물의 용도변경 시 허가를 받아야 하는 경우에 해당하지 않는 것은?

① 주거업무시설군에 속하는 건축물의 용도를 근린생활시설군에 해당하는 용도로 변경하는 경우
② 문화 및 집회시설군에 속하는 건축물의 용도를 영업시설군에 해당하는 용도로 변경하는 경우
③ 전기통신시설군에 속하는 건축물의 용도를 산업 등의 시설군에 해당하는 용도로 변경하는 경우
④ 교육 및 복지시설군에 속하는 건축물의 용도를 문화 및 집회시설군에 해당하는 용도로 변경하는 경우

해설

	용도변경 시설군		
건축허가 (↑)	1	자동차관련 시설군	건축신고 (↓)
	2	산업 등 시설군	
	3	전기통신시설군	
	4	문화 및 집회시설군	
	5	영업시설군	
	6	교육 및 복지시설군	
	7	근린생활시설군	
	8	주거업무시설군	
	9	그 밖의 시설군	

정답 19 ② 20 ②

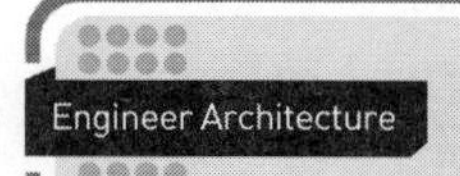

건축기사 (2021년 9월 시행)

01 건축법령에 따른 리모델링이 쉬운 구조에 속하지 않는 것은?

① 구조체가 철골구조로 구성되어 있을 것
② 구조체에서 건축설비, 내부 마감재료 및 외부 마감재료를 분리할 수 있을 것
③ 개별 세대 안에서 구획된 실의 크기, 개수 또는 위치 등을 변경할 수 있을 것
④ 각 세대는 인접한 세대와 수직 또는 수평 방향으로 통합하거나 분할할 수 있을 것

해설

리모델링

(1) 리모델링이 용이한 주택구조
① 각 세대는 인접한 세대와 수직 · 수평방향으로 통합하거나 분할할 수 있을 것
② 구조체에서 건축설비, 내부 · 외부 마감재료를 분리할 수 있을 것
③ 개별 세대 안에서 구획된 실의 크기, 개수, 위치 등을 변경할 수 있을 것

(2) 완화적용 범위

완화규정	완화기준
㉠ 건축물의 용적률 ㉡ 건축물의 높이 제한 ㉢ 일조 등의 확보를 위한 건축물의 높이 제한	㉠~㉢ 기준의 120/100을 적용함

02 국토교통부장관이 정한 범죄예방기준에 따라 건축하여야 하는 대상건축물에 속하지 않는 것은?

① 수련시설
② 교육연구시설 중 도서관
③ 업무시설 중 오피스텔
④ 숙박시설 중 다중생활시설

해설

건축물의 범죄예방 대상건축물

1. 다가구주택, 아파트, 연립주택 및 다세대주택
2. 제1종 근린생활시설 중 일용품을 판매하는 소매점
3. 제2종 근린생활시설 중 다중생활시설
4. 문화 및 집회시설(동 · 식물원은 제외한다)
5. 교육연구시설(연구소 및 도서관은 제외한다)
6. 노유자시설
7. 수련시설
8. 업무시설 중 오피스텔
9. 숙박시설 중 다중생활시설

03 지하식 또는 건축물식 노외주차장의 차로에 관한 기준 내용으로 옳지 않은 것은?(단, 이륜자동차전용 노외주차장이 아닌 경우)

① 높이는 주차 바닥면으로부터 2.3m 이상으로 하여야 한다.
② 경사로의 종단경사도는 직선 부분에서는 17%를 초과하여서는 아니 된다.
③ 곡선 부분은 자동차가 4m 이상의 내변반경으로 회전할 수 있도록 하여야 한다.
④ 주차대수 규모가 50대 이상인 경우의 경사로는 너비 6m 이상인 2차로를 확보하거나 진입차로와 진출차로를 분리하여야 한다.

해설

지하식 또는 건축물식 노외주차장의 차로 굴곡부의 내변반경

원칙	6m 이상
같은 경사로를 이용하는 주차장의 총 주차대수가 50대 이하	5m 이상
이륜자동차전용 노외주차장	3m 이상

정답 01 ① 02 ② 03 ③

04 피난용 승강기의 설치에 관한 기준 내용으로 옳지 않은 것은?

① 예비전원으로 작동하는 조명설비를 설치할 것
② 승강장의 바닥면적은 승강기 1대당 5m² 이상으로 할 것
③ 각 층으로부터 피난층까지 이르는 승강로를 단일구조로 연결하여 설치할 것
④ 승강장의 출입구 부근의 잘 보이는 곳에 해당 승강기가 피난용 승강기임을 알리는 표지를 설치할 것

해설

승강장의 바닥면적은 승강기 1대당 6m² 이상으로 할 것

05 대지의 조경에 있어 조경 등의 조치를 하지 아니할 수 있는 건축물 기준으로 옳지 않은 것은?

① 면적 5천 제곱미터 미만인 대지에 건축하는 공장
② 연면적의 합계가 1천500제곱미터 미만인 공장
③ 연면적의 합계가 2천제곱미터 미만인 물류시설
④ 녹지지역에 건축하는 건축물

해설

대지 내 조경기준

구분	기준	
원칙	적용 면적	대지면적이 200m² 이상인 경우
	적용 기준	• 용도지역 및 건축물의 규모에 따라 해당 지방자치단체의 조례가 정하는 기준에 의함 • 국토교통부장관은 식재기준 · 조경시설물의 종류 · 설치방법 · 옥상조경 등 필요한 사항을 정하여 고시할 수 있다.
조경 제외 대상	• 녹지지역에 건축하는 건축물 • 면적 5,000m² 미만인 대지에 건축하는 공장 • 연면적의 합계가 1,500m² 미만인 공장 • 산업단지안에 건축하는 공장 • 대지에 염분이 함유되어 있는 경우 • 건축물용도의 특성상 조경 등의 조치를 하기가 곤란하거나 불합리한 경우로서 해당 지방자치단체의 조례가 정하는 건축물 • 축사	

구분	기준
조경제외 대상	• 가설건축물(「건축법」) • 연면적의 합계가 1,500m² 미만인 물류시설 예외 주거지역 또는 상업지역에 건축하는 것 • 자연환경보전지역 · 농림지역 · 관리지역(지구단위계획구역으로 지정된 지역을 제외) 안의 건축물 • 다음의 어느 하나에 해당하는 건축물 중 건축조례로 정하는 건축물 ㉠ 「관광진흥법」에 따른 관광지 또는 관광단지에 설치하는 관광시설 ㉡ 「관광진흥법 시행령」에 따른 전문휴양업의 시설 또는 종합휴양업의 시설 ㉢ 「국토의 계획 및 이용에 관한 법률 시행령」에 따른 관광 · 휴양형 지구단위계획구역에 설치하는 관광시설 ㉣ 「체육시설의 설치 · 이용에 관한 법률 시행령」에 따른 골프장

06 건축허가신청에 필요한 설계도서 중 건축계획서에 표시하여야 할 사항으로 옳지 않은 것은?

① 주차장규모
② 토지형질변경 계획
③ 건축물의 용도별 면적
④ 지역 · 지구 및 도시계획사항

해설

토지형질변경 계획은 건축계획서에 표시하여야 할 사항이 아니다.

건축계획서

분야	도서 종류	표시하여야 할 사항
건축 계획서	설계 설명서	• 공사개요 : 위치 · 대지면적 · 공사기간 · 공사금액 등 • 사전조사 사항 : 지반고 · 기후 · 동결심도 · 수용인원 · 상하수와 주변지역을 포함한 지질 및 지형, 인구, 교통, 지역, 지구, 토지이용 현황, 시설물현황 등 • 건축계획 : 배치 · 평면 · 입면계획 · 동선계획 · 개략조경계획 · 주차계획 및 교통처리계획 등 • 시공방법 • 개략공정계획 • 주요설비계획 • 주요자재 사용계획 • 그 밖의 필요한 사항

정답 04 ② 05 ③ 06 ②

분야	도서 종류	표시하여야 할 사항
건축 계획서	구조 계획서	• 설계근거 기준 • 구조재료의 성질 및 특성 • 하중조건분석 적용 • 구조의 형식선정계획 • 각부 구조계획 • 건축구조성능(단열 · 내화 · 차음 · 진동 장애 등) • 구조안전검토
	지질 조사서	• 토질개황 • 각종 토질시험내용 • 지내력 산출근거 • 지하수위면 • 기초에 대한 의견
	시방서	시방내용(국토교통부장관이 작성한 표준 시방서에 없는 공법인 경우에 한한다)

07 국토의 계획 및 이용에 관한 법률상 용도지역에서의 용적률 최대 한도기준이 옳지 않은 것은?(단, 도시지역의 경우)

① 주거지역 : 500퍼센트 이하
② 녹지지역 : 100퍼센트 이하
③ 공업지역 : 400퍼센트 이하
④ 상업지역 : 1000퍼센트 이하

해설

용도지역	용적률 한도
도시지역	• 주거지역 : 500% 이하 • 상업지역 : 1,500% 이하 • 공업지역 : 400% 이하 • 녹지지역 : 100% 이하
관리지역	• 보전관리지역 : 80% 이하 • 생산관리지역 : 80% 이하 • 계획관리지역 : 100% 이하
농림지역	80% 이하
자연환경보전지역	80% 이하
도시지역 외의 개발진흥지구 수산자원보호구역 자연공원 농공단지	200% 이하

08 건축물이 있는 대지의 분할제한 최소기준이 옳은 것은?(단, 상업지역의 경우)

① 100제곱미터 ② 150제곱미터
③ 200제곱미터 ④ 250제곱미터

해설

건축물이 있는 대지의 분할제한 최소기준

용도지역	분할규모
주거지역	$60m^2$ 이상
상업지역	$150m^2$ 이상
공업지역	
녹지지역	$200m^2$ 이상
기타지역	$60m^2$ 이상

09 허가권자가 가로구역별로 건축물의 높이를 지정 공고할 때 고려하지 않아도 되는 사항은?

① 도시 · 군관리계획의 토지이용계획
② 해당 가로구역에 접하는 대지의 너비
③ 도시미관 및 경관계획
④ 해당 가로구역의 상수도 수용능력

해설

허가권자가 가로구역별로 건축물의 높이를 지정 공고할 때 고려사항

허가권자는 다음의 사항을 고려하여 가로구역별로 건축물의 높이를 지정 · 공고하여야 한다.
㉠ 도시 · 군관리계획 등의 토지이용계획
㉡ 해당 가로구역이 접하는 도로의 너비
㉢ 해당 가로구역의 상 · 하수도 등 간선시설의 수용능력
㉣ 도시미관 및 경관계획
㉤ 해당 도시의 장래발전계획

10 다음 중 거실의 용도에 따른 조도기준이 가장 낮은 것은?(단, 바닥에서 85센티미터의 높이에 있는 수평면의 조도기준)

① 독서 ② 회의
③ 판매 ④ 일반사무

정답 07 ④ 08 ② 09 ② 10 ①

해설

① 독서 : 150lux
② 회의 : 300lux
③ 판매 : 300lux
④ 일반사무 : 300lux

11 다음의 옥상광장 등의 설치에 관한 기준 내용 중 ( ) 안에 알맞은 것은?

옥상광장 또는 2층 이상인 층에 있는 노대나 그 밖에 이와 비슷한 것의 주위에는 높이 ( ) 이상의 난간을 설치하여야 한다. 다만, 그 노대 등에 출입할 수 없는 구조인 경우에는 그러하지 아니하다.

① 1.0m ② 1.2m
③ 1.5m ④ 1.8m

해설

옥상광장 또는 2층 이상인 층에 있는 노대나 그 밖에 이와 비슷한 것의 주위에는 높이 1.2m 이상의 난간을 설치하여야 한다. 다만, 그 노대 등에 출입할 수 없는 구조인 경우에는 그러하지 아니하다.

12 국토의 계획 및 이용에 관한 법령상 제1종 일반주거지역 안에서 건축할 수 있는 건축물에 속하지 않는 것은?

① 아파트
② 단독주택
③ 노유자시설
④ 교육연구시설 중 고등학교

해설

제1종 일반주거지역 안에서 건축할 수 있는 건축물

- 단독주택
- 공동주택(아파트 제외)
- 제1종 근린생활시설
- 교육연구시설 중 유치원 · 초등학교 · 중학교 및 고등학교
- 노유자시설

13 노외주차장의 설치에 관한 계획기준 내용 중 ( ) 안에 알맞은 것은?

주차대수 400대를 초과하는 규모의 노외주차장의 경우에는 노외주차장의 출구와 입구를 각각 따로 설치하여야 한다. 다만, 출입구의 너비의 합이 ( ) 미터 이상으로서 출구와 입구가 차선 등으로 분리되는 경우에는 함께 설치할 수 있다.

① 4.5 ② 5.0
③ 5.5 ④ 6.0

해설

주차대수 400대를 초과하는 규모의 노외주차장의 경우에는 노외주차장의 출구와 입구를 각각 따로 설치하여야 한다. 다만, 출입구의 너비의 합이 5.5미터 이상으로서 출구와 입구가 차선 등으로 분리되는 경우에는 함께 설치할 수 있다.

14 건축법령상 공동주택에 해당하지 않는 것은?

① 기숙사 ② 연립주택
③ 다가구주택 ④ 다세대주택

해설

다가구주택 : 단독주택

15 다음은 건축선에 따른 건축제한에 관한 기준 내용이다. ( ) 안에 알맞은 것은?

도로면으로부터 높이 ( ) 이하에 있는 출입구, 창문, 그 밖에 이와 유사한 구조물은 열고 닫을 때 건축선의 수직면을 넘지 아니하는 구조로 하여야 한다.

① 1.5m ② 2.5m
③ 3.5m ④ 4.5m

해설

도로면으로부터 높이 4.5m 이하에 있는 출입구, 창문, 그 밖에 이와 유사한 구조물은 열고 닫을 때 건축선의 수직면을 넘지 아니하는 구조로 하여야 한다.

정답 11 ② 12 ① 13 ③ 14 ③ 15 ④

16 다음 중 옥내계단의 너비의 최소 설치기준으로 적합하지 않은 것은?

① 관람장의 용도에 쓰이는 건축물의 계단의 너비 120센티미터 이상
② 중학교 용도에 쓰이는 건축물의 계단의 너비 150센티미터 이상
③ 거실의 바닥면적의 합계가 100제곱미터 이상인 지하층의 계단의 너비 120센티미터 이상
④ 바로 위층의 거실의 바닥면적의 합계가 200제곱미터 이상인 층의 계단의 너비 150센티미터 이상

해설

옥내계단의 너비의 최소 설치기준

(단위 : cm)

계단의 용도		계단 및 계단참 너비	단높이	단너비
초등학교 학생용 계단		150 이상	16 이하	26 이상
중·고등학교의 학생용 계단		150 이상	18 이하	26 이상
문화 및 집회시설(공연장·집회장·관람장)		120 이상	–	–
판매시설				
바로 위층 거실의 바닥면적 합계가 200m² 이상인 계단				
거실의 바닥면적 합계가 100m² 이상인 지하층의 계단				
그 밖의 계단		60 이상	–	–
준초고층건축물 직통계단	공동주택	120 이상	–	–
	공동주택이 아닌 건축물	150 이상		

예외 승강기 기계실용 계단·망루용 계단 등 특수용도의 계단

17 국토의 계획 및 이용에 관한 법률상 주거지역의 세분에서 단독주택 중심의 양호한 주거환경을 보호하기 위하여 필요한 지역에 대해 지정하는 용도지역은?

① 제1종 전용주거지역　② 제1종 특별주거지역
③ 제1종 일반주거지역　④ 제3종 일반주거지역

해설

제1종 전용주거지역	단독주택 중심의 양호한 주거환경을 보호하기 위하여 필요한 지역
제2종 전용주거지역	공동주택 중심의 양호한 주거환경을 보호하기 위하여 필요한 지역
제1종 일반주거지역	저층주택을 중심으로 편리한 주거환경을 조성하기 위하여 필요한 지역
제2종 일반주거지역	중층주택을 중심으로 편리한 주거환경을 조성하기 위하여 필요한 지역
제3종 일반주거지역	중·고층주택을 중심으로 편리한 주거환경을 조성하기 위하여 필요한 지역

18 건축물의 출입구에 설치하는 회전문의 구조에 대한 설명으로 옳지 않은 것은?

① 계단이나 에스컬레이터로부터 2미터 이상의 거리를 둘 것
② 틈 사이를 고무와 고무펠트의 조합체 등을 사용하여 신체나 물건 등에 손상이 없도록 할 것
③ 출입에 지장이 없도록 일정한 방향으로 회전하는 구조로 할 것
④ 회전문의 회전속도는 분당회전수가 10회를 넘지 아니하도록 할 것

해설

건축물의 출입구에 설치하는 회전문의 구조

① 계단이나 에스컬레이터로부터 2m 이상의 거리에 설치할 것
② 회전문과 문틀 사이 및 바닥 사이는 다음에서 정하는 간격을 확보하고 틈사이를 고무와 고무펠트의 조합체 등을 사용하여 신체나 물건 등에 손상이 없도록 할 것

정답　16 ④　17 ①　18 ④

회전문과 문틀 사이	5cm 이상
회전문과 바닥 사이	3cm 이상

③ 출입에 지장이 없도록 일정한 방향으로 회전하는 구조로 할 것
④ 회전문의 중심축에서 회전문과 문틀 사이의 간격을 포함한 회전문날개 끝부분까지의 길이는 140cm 이상이 되도록 할 것
⑤ 회전문의 회전속도는 분당 회전수가 8회를 넘지 아니하도록 할 것

19 높이 31m를 넘는 각 층의 바닥면적 중 최대 바닥면적이 5,000m²인 건축물에 원칙적으로 설치하여야 하는 비상용 승강기의 최소 대수는?

① 1대 ② 2대
③ 3대 ④ 4대

해설

비상용 승강기의 최소 대수는 1대에 1,500m²를 넘는 3,000m² 이내마다 1대씩 가산이므로

$$\left(1+\frac{A-1{,}500m^2}{3{,}000m^2}\text{대}\right)=1+(5{,}000-1{,}500)/3{,}000$$
$$=1+1.166=3\text{대}$$

높이 31m를 넘는 각 층의 바닥면적 중 최대바닥면적(Am²)	설치대수
1,500m² 이하	1대 이상
1,500m² 초과	1대에 1,500m²를 넘는 3,000m² 이내마다 1대씩 가산 $\left(1+\frac{A-1{,}500m^2}{3{,}000m^2}\text{대}\right)$

※ 2대 이상의 비상용 승강기를 설치하는 경우에는 화재 시 소화에 지장이 없도록 일정한 간격을 유지할 것

20 국토의 계획 및 이용에 관한 법률상 용도지역의 구분이 모두 옳은 것은?

① 도시지역, 관리지역, 농림지역, 자연환경보전지역
② 도시지역, 개발관리지역, 농림지역, 보전지역
③ 도시지역, 관리지역, 생산지역, 녹지지역
④ 도시지역, 개발제한지역, 생산지역, 보전지역

해설

용도지역

도시지역	인구와 산업이 밀집되어 있거나 밀집이 예상되어 해당 지역에 대하여 체계적인 개발 · 정비 · 관리 · 보전 등이 필요한 지역
관리지역	도시지역의 인구와 산업을 수용하기 위하여 도시지역에 준하여 체계적으로 관리하거나 농림업의 진흥, 자연환경 또는 산림의 보전을 위하여 농림지역 또는 자연환경보전지역에 준하여 관리가 필요한 지역
농림지역	도시지역에 속하지 아니하는 「농지법」에 따른 농업진흥지역 또는 「산지관리법」에 따른 보전산지 등으로서 농림업의 진흥과 산림의 보전을 위하여 필요한 지역
자연환경 보전지역	자연환경 · 수자원 · 해안 · 생태계 · 상수원 및 문화재의 보전과 수산자원의 보호 · 육성 등을 위하여 필요한 지역

정답 19 ③ 20 ①

건축기사 (2022년 3월 시행)

01 판매시설 용도이며 지상 각 층의 거실면적이 2,000m^2인 15층의 건축물에 설치하여야 하는 승용승강기의 최소 대수는?(단, 16인승 승강기이다.)

① 2대 ② 4대
③ 6대 ④ 8대

해설

판매시설 6층 이상 거실면적의 합계가 2,000m^2인 10개층 20,000m^2이므로

설치대수산정 : 2+(20,000m^2−3,000m^2)/2,000m^2
=10.5대=11대(8인승 기준)

그러므로 16인승 승강기 6대 설치

건축물의 용도 \ 6층 이상의 거실면적 합계 (Am^2)	3,000m^2 이하	3,000m^2 초과
• 문화 및 집회시설(공연장·집회장·관람장) • 판매시설 • 의료시설(병원·격리병원)	2대	2대에 3,000m^2를 초과하는 2,000m^2 이내마다 1대의 비율로 가산한 대수 이상 $\left(2\text{대}+\frac{A-3{,}000m^2}{2{,}000m^2}\text{대}\right)$
• 문화 및 집회시설(전시장 및 동·식물원) • 업무시설 • 숙박시설 • 위락시설	1대	1대에 3,000m^2를 초과하는 2,000m^2 이내마다 1대의 비율로 가산한 대수 이상 $\left(1\text{대}+\frac{A-3{,}000m^2}{2{,}000m^2}\text{대}\right)$
• 공동주택 • 교육연구시설 • 노유자시설 • 기타 시설	1대	1대에 3,000m^2를 초과하는 3,000m^2 이내마다 1대의 비율로 가산한 대수 이상 $\left(1\text{대}+\frac{A-3{,}000m^2}{3{,}000m^2}\text{대}\right)$

※ 승강기의 대수를 계산할 때 8인승 이상 15인승 이하의 승강기는 1대의 승강기로 보고, 16인승 이상의 승강기는 2대의 승강기로 본다.

02 다음 중 건축물 관련 건축기준의 허용되는 오차 범위(%)가 가장 큰 것은?

① 평면길이 ② 출구너비
③ 반자높이 ④ 바닥판두께

해설

바닥판두께 : 3%

건축물 관련 건축기준의 허용오차

항목	허용되는 오차의 범위	
건축물높이	2% 이내	1m를 초과할 수 없다.
출구너비		–
반자높이		–
평면길이		• 건축물 전체길이는 1m를 초과할 수 없다. • 벽으로 구획된 각 실은 10cm를 초과할 수 없다.
벽체두께	3% 이내	–
바닥판두께		

03 다음 중 내화구조에 해당하지 않는 것은?(단, 외벽 중 비내력벽인 경우)

① 철근콘크리트조로서 두께가 7cm인 것
② 무근콘크리트조로서 두께가 7cm인 것
③ 골구를 철골조로 하고 그 양면을 두께 3cm의 철망모르타르로 덮은 것
④ 철재로 보강된 콘크리트블록조로서 철재에 덮은 콘크리트블록의 두께가 3cm인 것

해설

④ 철재로 보강된 콘크리트블록조로서 철재에 덮은 콘크리트블록의 두께가 4cm인 것

정답 01 ③ 02 ④ 03 ④

04 중앙도시계획위원회에 관한 설명으로 틀린 것은?

① 위원장 · 부위원장 각 1명을 포함한 25명 이상 30명 이하의 위원으로 구성한다.
② 위원장은 국토교통부장관이 되고, 부위원장은 위원 중 국토교통부장관이 임명한다.
③ 공무원이 아닌 위원의 수는 10명 이상으로 하고, 그 임기는 2년으로 한다.
④ 도시 · 군계획에 관한 조사 · 연구 업무를 수행한다.

해설

② 중앙도시계획위원회의 위원장 및 부위원장은 위원 중에서 국토교통부장관이 임명 또는 위촉한다.

05 다음은 건축법령상 직통계단의 설치에 관한 기준 내용이다. (　) 안에 알맞은 것은?

> 초고층 건축물에는 피난층 또는 지상으로 통하는 직통계단과 직접 연결되는 피난안전 구역(건축물의 피난 · 안전을 위하여 건축물 중간층에 설치하는 대피공간)을 지상층으로부터 최대 (　)층마다 1개소 이상 설치하여야 한다.

① 10개　　② 20개
③ 30개　　④ 40개

해설

초고층 건축물에는 피난층 또는 지상으로 통하는 직통계단과 직접 연결되는 피난안전 구역(건축물의 피난 · 안전을 위하여 건축물 중간층에 설치하는 대피공간)을 지상층으로부터 최대 30개층마다 1개소 이상 설치하여야 한다.

06 다음은 승용 승강기의 설치에 관한 기준 내용이다. 밑줄 친 "대통령령으로 정하는 건축물"에 대한 기준 내용으로 옳은 것은?

> 건축주는 6층 이상으로서 연면적이 2천m^2 이상인 건축물(대통령령으로 정하는 건축물은 제외한다)을 건축하려면 승강기를 설치하여야 한다.

① 층수가 6층인 건축물로서 각 층 거실의 바닥면적 300m^2 이내마다 1개소 이상의 직통계단을 설치한 건축물
② 층수가 6층인 건축물로서 각 층 거실의 바닥면적 500m^2 이내마다 1개소 이상의 직통계단을 설치한 건축물
③ 층수가 10층인 건축물로서 각 층 거실의 바닥면적 300m^2 이내마다 1개소 이상의 직통계단을 설치한 건축물
④ 층수가 10층인 건축물로서 각 층 거실의 바닥면적 500m^2 이내마다 1개소 이상의 직통계단을 설치한 건축물

해설

① 층수가 6층인 건축물로서 각 층 거실의 바닥면적 300m^2 이내마다 1개소 이상의 직통계단을 설치한 건축물

07 주차장의 용도와 판매시설이 복잡한 연면적 20,000m^2인 건축물이 주차전용건축물로 인정받기 위해서는 주차장으로 사용되는 부분의 면적이 최소 얼마 이상이어야 하는가?

① 6,000m^2　　② 10,000m^2
③ 14,000m^2　　④ 19,500m^2

해설

판매시설은 주차장 사용비율(건축물의 연면적)이 70% 이상이어야 주차전용건축물로 인정받는다.
그러므로 $20,000 \times 0.7(70\%) = 14,000m^2$ 이상이어야 한다.

정답　04 ②　05 ③　06 ①　07 ③

주차전용 건축물의 주차면적비율

주차장 사용비율 (건축물의 연면적)	건축물의 용도
95% 이상	아래의 용도가 아닌 경우
70% 이상	• 단독주택 • 공동주택 • 제1종 및 제2종 근린생활시설 • 문화 및 집회시설 • 종교시설 • 판매시설 • 운수시설 • 운동시설 • 업무시설, 창고시설 • 자동차관련시설

08 건축법령상 건축을 하는 경우 조경 등의 조치를 하지 아니할 수 있는 건축물 기준으로 틀린 것은?(단, 옥상 조경 등 대통령령으로 따로 기준을 정하는 경우는 고려하지 않는다.)

① 축사
② 녹지지역에 건축하는 건축물
③ 연면적의 합계가 2,000m² 미만인 공장
④ 면적 5,000m² 미만인 대지에 건축하는 공장

해설

③ 연면적의 합계가 1,500m² 미만인 공장

09 시가화조정구역에서 시가화유보기간으로 정하는 기간 기준은?

① 1년 이상 5년 이내
② 3년 이상 10년 이내
③ 5년 이상 20년 이내
④ 10년 이상 30년 이내

해설

시가화조정구역에서 시가화유보기간으로 정하는 기간 기준은 5년 이상 20년 이내이다.

10 공동주택과 오피스텔의 난방설비를 개별난방방식으로 하는 경우의 기준으로 틀린 것은?

① 보일러실의 윗부분에는 그 면적이 0.5m² 이상인 환기창을 설치할 것
② 보일러는 거실 외의 곳에 설치하되, 보일러를 설치하는 곳과 거실 사이의 경계벽은 출입구를 제외하고는 내화구조의 벽으로 구획할 것
③ 보일러의 연도는 방화구조로서 개별연도로 설치할 것
④ 기름보일러를 설치하는 경우 기름 저장소를 보일러실 외의 다른 곳에 설치할 것

해설

③ 보일러의 연도는 내화구조로서 공동연도로 설치할 것

11 건축물의 층수 산정에 관한 기준이 틀린 것은?

① 지하층은 건축물의 층수에 산입하지 아니한다.
② 층의 구분이 명확하지 아니한 건축물은 그 건축물의 높이 4m마다 하나의 층으로 보고 그 층수를 산정한다.
③ 건축물이 부분에 따라 그 층수가 다른 경우에는 바닥면적에 따라 가중평균한 층수를 그 건축물의 층수로 본다.
④ 계단탑으로서 그 수평투영면적의 합계가 해당 건축물 건축면적의 8분의 1 이하인 것은 건축물의 층수에 산입하지 아니한다.

해설

③ 건축물이 부분에 따라 그 층수가 다른 경우에는 그중 가장 높은 층수를 그 건축물의 층수로 본다.

정답 08 ③ 09 ③ 10 ③ 11 ③

12 특별시장 · 광역시장 · 특별자치시장 · 특별자치도지사 · 시장 또는 군수가 관할 구역의 도시 · 군기본계획에 대하여 타당성을 전반적으로 재검토하여 정비하여야 하는 기간의 기준은?

① 5년 ② 10년
③ 15년 ④ 20년

해설

도시 · 군기본계획의 재정비
특별시장 · 광역시장 · 특별자치시장 · 특별자치도지사 · 시장 또는 군수가 관할 구역의 도시 · 군기본계획에 대하여 타당성을 전반적으로 재검토하여 정비하여야 하는 기간은 5년이다.

13 국토의 계획 및 이용에 관한 법령상 주거지역의 세분 중 중층주택을 중심으로 편리한 주거환경을 조성하기 위하여 지정하는 용도지역은?

① 제1종 일반주거지역
② 제2종 일반주거지역
③ 제1종 전용주거지역
④ 제2종 전용주거지역

해설

일반주거지역의 세분

제1종 일반주거지역	저층주택을 중심으로 편리한 주거환경을 조성하기 위하여 필요한 지역
제2종 일반주거지역	중층주택을 중심으로 편리한 주거환경을 조성하기 위하여 필요한 지역
제3종 일반주거지역	중 · 고층주택을 중심으로 편리한 주거환경을 조성하기 위하여 필요한 지역

14 사용승인을 받는 즉시 건축물의 내진능력을 공개하여야 하는 대상 건축물의 층수 기준은?(단, 목구조 건축물의 경우이며 기타의 경우는 고려하지 않는다.)

① 2층 이상 ② 3층 이상
③ 6층 이상 ④ 16층 이상

해설

건축물의 내진능력 공개
사용승인을 받는 즉시 건축물의 내진능력을 공개하여야 하는 대상 건축물의 층수는 2층 이상이다.

15 특별피난계단의 구조에 관한 기준 내용으로 틀린 것은?

① 계단은 내화구조로 하되, 피난층 또는 지상까지 직접 연결되도록 한다.
② 계단실 및 부속실의 실내에 접하는 부분의 마감은 불연재료로 한다.
③ 출입구의 유효너비는 0.9m 이상으로 하고 피난의 방향으로 열 수 있도록 한다.
④ 건축물의 내부에서 노대 또는 부속실로 통하는 출입구에는 30분방화문을 설치하고, 노대 또는 부속실로부터 계단실로 통하는 출입구에는 60분방화문을 설치하도록 한다.

해설

④ 건축물의 내부에서 노대 또는 부속실로 통하는 출입구에는 60+방화문을 설치하고, 노대 또는 부속실로부터 계단실로 통하는 출입구에는 60분방화문을 설치하도록 한다.

16 건축허가 대상 건축물이라 하더라도 건축신고를 하면 건축허가를 받은 것으로 보는 경우에 속하지 않는 것은?(단, 층수가 2층인 건축물의 경우)

① 바닥면적의 합계가 75m²의 증축
② 바닥면적의 합계가 75m²의 재축
③ 바닥면적의 합계가 75m²의 개축
④ 연면적이 250m²인 건축물의 대수선

해설

④ 대수선 : 연면적이 200m² 미만이고 3층 미만인 건축물의 대수선은 신고대상건축물이다.

정답 12 ① 13 ② 14 ① 15 ④ 16 ④

17 건축지도원에 관한 내용으로 틀린 것은?

① 건축지도원은 특별자치시 · 특별자치도 또는 시 · 군 · 구에 근무하는 건축직렬의 공무원과 건축에 관한 학식이 풍부한 자 중에서 지정한다.
② 건축지도원의 자격과 업무범위는 건축조례로 정한다.
③ 건축설비가 법령 등에 적합하게 유지 · 관리되고 있는지 확인 · 지도 및 단속한다.
④ 허가를 받지 아니하거나 신고를 하지 아니하고 건축하거나 용도 변경한 건축물을 단속한다.

해설

② 건축지도원의 자격과 업무 범위는 건축조례로 정하는 것이 아니라 건축지도원 자격은 건축조례, 건축지도원 업무범위는 건축법 시행령에서 정하고 있다.

18 다음 노외주차장의 구조 및 설비기준에 관한 내용 중 ( ) 안에 알맞은 것은?

> 자동차용 승강기로 운반된 자동차가 주차구획까지 자주식으로 들어가는 노외주차장의 경우에는 주차대수 ( )마다 1대의 자동차용 승강기를 설치하여야 한다.

① 10대 ② 20대
③ 30대 ④ 40대

해설

자동차용 승강기로 운반된 자동차가 주차구획까지 자주식으로 들어가는 노외주차장의 경우에는 주차대수 30대마다 1대의 자동차용 승강기를 설치하여야 한다.

19 비상용승강기의 승강장에 설치하는 배연설비의 구조에 관한 기준 내용으로 틀린 것은?

① 배연구 및 배연풍도는 불연재료로 할 것
② 배연구는 평상시에는 열린 상태를 유지할 것
③ 배연구가 외기에 접하지 아니하는 경우에는 배연기를 설치할 것
④ 배연기는 배연구의 열림에 따라 자동적으로 작동하고, 충분한 공기배출 또는 가압능력이 있을 것

해설

② 배연구는 평상시에는 닫힌 상태를 유지할 것

20 막다른 도로의 길이가 15m일 때, 이 도로가 건축법령상 도로이기 위한 최소 폭은?

① 2m ② 3m
③ 4m ④ 6m

해설

막다른 도로의 길이가 15m일 때 : 10m 이상 35m 미만이므로 건축법령상 도로이기 위한 최소 폭은 3m 이상이어야 한다.

막다른 도로의 길이	도로의 너비
10m 미만	2m
10m 이상 35m 미만	3m
35m 이상	6m (도시지역이 아닌 읍 · 면지역 4m)

정답 17 ② 18 ③ 19 ② 20 ②

건축기사 (2022년 4월 시행)

01 막다른 도로의 길이가 30m인 경우, 이 도로가 건축법상 도로이기 위한 최소 너비는?

① 2m ② 3m
③ 4m ④ 6m

해설

막다른 도로의 길이가 30m일 때 : 10m 이상 35m 미만이므로 건축법령상 도로이기 위한 최소 폭은 3m 이상이어야 한다.

막다른 도로의 길이	도로의 너비
10m 미만	2m
10m 이상 35m 미만	3m
35m 이상	6m (도시지역이 아닌 읍 · 면지역 4m)

02 신축 공동주택 등의 기계환기설비의 설치 기준이 옳지 않은 것은?

① 세대의 환기량 조절을 위하여 환기설비의 정격풍량을 3단계 또는 그 이상으로 조절할 수 있는 체계를 갖추어야 한다.
② 적정 단계의 필요 환기량은 신축 공동주택 등에서 100세대 이상 공동주택은 시간당 0.3회로 환기할 수 있는 풍량을 확보하여야 한다.
③ 기계환기설비에서 발생하는 소음의 측정은 한국산업규격(KS B 6361)에 따르는 것을 원칙으로 한다.
④ 기계환기설비는 주방 가스대 위의 공기배출장치, 화장실의 공기배출 송풍기 등 급속 환기 설비와 함께 설치할 수 있다.

해설

② 적정 단계의 필요 환기량은 신축 공동주택 등에서 100세대 이상 공동주택은 시간당 0.7회로 환기할 수 있는 풍량을 확보하여야 한다.

03 주차전용건축물의 주차면적비율과 관련한 아래 내용에서, ( )에 들어갈 수 없는 것은?

> 주차전용건축물이란 건축물의 연면적 중 주차장으로 사용되는 부분의 비율이 95퍼센트 이상인 것을 말한다. 다만, 주차장 외의 용도로 사용되는 부분이 「건축법 시행령」에서 ( )인 경우에는 주차장으로 사용되는 부분의 비율이 70퍼센트 이상인 것을 말한다.

① 종교시설 ② 운동시설
③ 업무시설 ④ 숙박시설

해설

주차장 사용비율 (건축물의 연면적)	건축물의 용도
95% 이상	아래의 용도가 아닌 경우
70% 이상	• 단독주택 • 공동주택 • 제1종 및 제2종 근린생활시설 • 문화 및 집회시설 • 종교시설 • 판매시설 • 운수시설 • 운동시설 • 업무시설, 창고시설 • 자동차관련시설

04 건축물과 분리하여 공작물을 축조할 때 특별자치시장 · 특별자치도지사 또는 시장 · 군수 · 구청장에게 신고를 해야 하는 대상 공작물 기준이 옳지 않은 것은?

① 높이 2m를 넘는 옹벽
② 높이 2m를 넘는 굴뚝
③ 높이 6m를 넘는 골프연습장 등의 운동시설을 위한 철탑
④ 높이 8m를 넘는 고가수조

정답 01 ② 02 ② 03 ④ 04 ②

해설

② 높이 6m를 넘는 굴뚝

05 다음 중 제2종 일반주거지역 안에서 건축할 수 없는 건축물은?(단, 도시 · 군계획 조례가 정하는 바에 따라 건축할 수 있는 경우는 고려하지 않는다.)

① 종교시설 ② 운수시설
③ 노유자시설 ④ 제1종 근린생활시설

해설

용도지역 내 건축제한
운수시설은 제2종 일반주거지역 안에서 건축할 수 있는 건축물에 속하지 않는다.

06 높이가 31m를 넘는 각 층의 바닥면적 중 최대바닥면적이 4,500m²인 건축물에 원칙적으로 설치하여야 하는 비상용 승강기의 최소 대수는?

① 1대 ② 2대
③ 3대 ④ 5대

해설

비상용 승강기의 최소 대수는 1대에
1,500m²를 넘는 3,000m² 이내마다 1대씩 가산이므로

$$\left(1+\frac{A-1,500m^2}{3,000m^2}\text{대}\right)=1+(4,500-1,500)/3,000$$
$$=1+1=2\text{대}$$

높이 31m를 넘는 각 층의 바닥면적 중 최대바닥면적(Am²)	설치대수
1,500m² 이하	1대 이상
1,500m² 초과	1대에 1,500m²를 넘는 3,000m² 이내마다 1대씩 가산 $\left(1+\frac{A-1,500m^2}{3,000m^2}\text{대}\right)$

※ 2대 이상의 비상용 승강기를 설치하는 경우에는 화재 시 소화에 지장이 없도록 일정한 간격을 유지할 것

07 다음 중 대지에 조경 등의 조치를 아니할 수 있는 대상 건축물에 속하지 않는 것은?

① 축사
② 녹지지역에 건축하는 건축물
③ 연면적의 합계가 1,000m²인 공장
④ 면적이 5,000m²인 대지에 건축하는 공장

해설

④ 면적이 5,000m² 미만인 대지에 건축하는 공장이므로 면적이 5,000m²인 대지에 건축하는 공장은 조경을 해야 한다.

구분	기준	
원칙	적용면적	대지면적이 200m² 이상인 경우
	적용기준	• 용도지역 및 건축물의 규모에 따라 해당 지방자치단체의 조례가 정하는 기준에 의함 • 국토교통부장관은 식재기준 · 조경시설물의 종류 · 설치방법 · 옥상조경 등 필요한 사항을 정하여 고시할 수 있다.
조경 제외 대상	• 녹지지역에 건축하는 건축물 • 면적 5,000m² 미만인 대지에 건축하는 공장 • 연면적의 합계가 1,500m² 미만인 공장 • 산업단지안에 건축하는 공장 • 대지에 염분이 함유되어 있는 경우 • 건축물용도의 특성상 조경 등의 조치를 하기가 곤란하거나 불합리한 경우로서 해당 지방자치단체의 조례가 정하는 건축물 • 축사	

정답 05 ② 06 ② 07 ④

08 건축물의 바닥면적 산정 기준에 대한 설명으로 옳지 않은 것은?

① 공동주택으로서 지상층에 설치한 어린이놀이터의 면적은 바닥면적에 산입하지 않는다.
② 필로티는 그 부분이 공중의 통행이나 차량의 통행 또는 주차에 전용되는 경우에는 바닥면적에 산입하지 아니한다.
③ 벽 · 기둥의 구획이 없는 건축물은 그 지붕 끝부분으로부터 수평거리 1.5m를 후퇴한 선으로 둘러싸인 수평투영면적을 바닥면적으로 한다.
④ 단열재를 구조체의 외기측에 설치하는 단열공법으로 건축된 건축물의 경우에는 단열재가 설치된 외벽 중 내측 내력벽의 중심선을 기준으로 산정한 면적을 바닥면적으로 한다.

해설

③ 벽 · 기둥의 구획이 없는 건축물은 그 지붕 끝부분으로부터 수평거리 1.0m를 후퇴한 선으로 둘러싸인 수평투영면적을 바닥면적으로 한다.

09 특별피난계단의 구조에 관한 기준 내용으로 옳지 않은 것은?

① 계단실에는 예비전원에 의한 조명설비를 할 것
② 계단은 내화구조로 하되, 피난층 또는 지상까지 직접 연결되도록 할 것
③ 출입구의 유효너비는 0.9m 이상으로 하고 피난의 방향으로 열 수 있을 것
④ 계단실의 노대 또는 부속실에 접하는 창문은 그 면적을 각각 $3m^2$ 이하로 할 것

해설

④ 계단실의 노대 또는 부속실에 접하는 창문은 그 면적을 각각 $1m^2$ 이하로 할 것

10 국토의 계획 및 이용에 관한 법령상 용도지구에 속하지 않는 것은?

① 경관지구 ② 미관지구
③ 방재지구 ④ 취락지구

해설

미관지구는 경관지구로 통합되어 국토의 계획 및 이용에 관한 법령상 용도지구에 속하지 않는다.

11 도시 · 군계획 수립 대상지역의 일부에 대하여 토지 이용을 합리화하고 그 기능을 증진시키며 미관을 개선하고 양호한 환경을 확보하며, 그 지역을 체계적 · 계획적으로 관리하기 위하여 수립하는 도시 · 군관리계획은?

① 지구단위계획 ② 도시 · 군성장계획
③ 광역도시계획 ④ 개발밀도관리계획

해설

지구단위계획

도시 · 군계획 수립 대상지역의 일부에 대하여 토지 이용을 합리화하고 그 기능을 증진시키며 미관을 개선하고 양호한 환경을 확보하며, 그 지역을 체계적 · 계획적으로 관리하기 위하여 수립하는 도시 · 군관리계획이다.

12 지하층에 설치하는 비상탈출구의 유효너비 및 유효높이 기준으로 옳은 것은?(단, 주택이 아닌 경우)

① 유효너비 0.5m 이상, 유효높이 1.0m 이상
② 유효너비 0.5m 이상, 유효높이 1.5m 이상
③ 유효너비 0.75m 이상, 유효높이 1.0m 이상
④ 유효너비 0.75m 이상, 유효높이 1.5m 이상

해설

지하층에 설치하는 비상탈출구의 유효너비 및 유효높이 기준은 유효너비 0.75m 이상, 유효높이 1.5m 이상이다.

정답 08 ③ 09 ④ 10 ② 11 ① 12 ④

13 지역의 환경을 쾌적하게 조성하기 위하여 대통령령으로 정하는 용도와 규모의 건축물에 대해 일반이 사용할 수 있도록 대통령령으로 정하는 기준에 따라 공개공지 등을 설치하여야 하는 대상 지역에 속하지 않는 것은?(단, 특별자치시장 · 특별자치도지사 또는 시장 · 군수 · 구청장이 따로 지정 · 공고하는 지역의 경우는 고려하지 않는다.)

① 준공업지역
② 준주거지역
③ 일반주거지역
④ 전용주거지역

해설

공개공지 또는 공개공간을 확보하여야 하는 대상

대상지역	용도	규모
• 일반주거지역 • 준주거지역 • 상업지역 • 준공업지역 • 특별자치도지사 또는 시장 · 군수 · 구청장이 도시화의 가능성이 크거나 노후 산업단지의 정비가 필요하다고 인정하여 지정 · 공고하는 지역	• 문화 및 집회시설 • 종교시설 • 판매시설(농 · 수산물 유통시설은 제외) • 운수시설(여객용 시설만 해당) • 업무시설 • 숙박시설	해당 용도로 쓰는 바닥면적의 합계가 5,000m² 이상
	다중이 이용하는 시설로서 건축조례가 정하는 건축물	

14 건축물의 거실(피난층의 거실 제외)에 국토교통부령으로 정하는 기준에 따라 배연설비를 설치하여야 하는 대상 건축물 용도에 속하지 않는 것은?(단, 6층 이상인 건축물의 경우)

① 종교시설
② 판매시설
③ 방송통신시설 중 방송국
④ 교육연구시설 중 연구소

해설

거실에 배연설비설치 대상건축물

규모	건축물의 용도	설치장소
6층 이상의 건축물	• 문화 및 집회시설 • 종교시설 • 판매시설 • 운수시설, 의료시설, 교육연구시설 중 연구소 • 노유자시설 중 아동관련시설 • 노인복지시설 • 수련시설 중 유스호스텔 • 운동시설 • 업무시설, 숙박시설 • 위락시설, 관광휴게시설, 제2종 근린생활시설 중 고시원 및 장례시설	건축물의 거실

15 건축물과 해당 건축물의 용도의 연결이 옳지 않은 것은?

① 주유소 : 자동차 관련시설
② 야외음악당 : 관광 휴게시설
③ 치과의원 : 제1종 근린생활시설
④ 일반음식점 : 제2종 근린생활시설

해설

① 주유소 : 위험물저장 및 처리시설

16 건축법령상 용어의 정의가 옳지 않은 것은?

① 초고층 건축물이란 층수가 50층 이상이거나 높이가 200미터 이상인 건축물을 말한다.
② 증축이란 기존 건축물이 있는 대지에서 건축물의 건축면적, 연면적, 층수 또는 높이를 늘리는 것을 말한다.
③ 개축이란 건축물이 천재지변이나 그 밖의 재해로 멸실된 경우 그 대지에 종전과 같은 규모의 범위에서 다시 축조하는 것을 말한다.
④ 부속건축물이란 같은 대지에서 주된 건축물과 분리된 부속용도의 건축물로서 주된 건축물을 이용 또는 관리하는 데에 필요한 건축물을 말한다.

정답 13 ④ 14 ③ 15 ① 16 ③

해설

③ 증축이란 건축물이 천재지변이나 그 밖의 재해로 멸실된 경우 그 대지에 종전과 같은 규모의 범위에서 다시 축조하는 것을 말한다.

17 건축물의 주요구조부를 내화구조로 하여야 하는 대상 건축물에 속하지 않는 것은?

① 공장의 용도로 쓰는 건축물로서 그 용도로 쓰는 바닥면적의 합계가 500m²인 건축물
② 판매시설의 용도로 쓰는 건축물로서 그 용도로 쓰는 바닥면적의 합계가 500m²인 건축물
③ 창고시설의 용도로 쓰는 건축물로서 그 용도로 쓰는 바닥면적의 합계가 500m²인 건축물
④ 문화 및 집회시설 중 전시장의 용도로 쓰는 건축물로서 그 용도로 쓰는 바닥면적의 합계가 500m²인 건축물

해설

① 공장의 용도로 쓰는 건축물로서 그 용도로 쓰는 바닥면적의 합계가 2,000m²인 건축물에 적용되므로 바닥면적의 합계가 500m²인 건축물은 건축물의 주요구조부를 내화구조로 하여야 하는 대상 건축물에 속하지 않는다.

건축물 주요구조부의 내화구조 대상

- 문화 및 집회시설(전시장 및 동 · 식물원은 제외), 종교시설, 위락시설 중 유흥주점의 용도로 사용되는 관람석 또는 집회실, 장례시설 바닥면적의 합계가 200m²(옥외관람석의 경우에는 1,000m²) 이상인 건축물
- 제2종 근린생활시설 중 공연장 · 종교집회장 바닥면적의 합계가 각각 300m² 이상인 경우
- 문화 및 집회시설 중 전시장 또는 동 · 식물원, 판매시설, 운수시설, 교육연구시설에 설치하는 체육관 · 강당, 수련시설, 운동시설 중 체육관 · 운동장, 위락시설(유흥주점의 용도로 쓰는 것은 제외), 창고시설, 위험물저장 및 처리시설, 자동차 관련 시설, 방송통신시설 중 방송국 · 전신전화국 · 촬영소, 묘지관련시설 중 화장시설 · 동물화장시설, 관광휴게시설의 용도로 쓰는 건축물로서 그 용도로 쓰는 바닥면적의 합계가 500m² 이상인 건축물
- 공장의 용도로 쓰는 건축물로서 그 용도로 쓰는 바닥면적의 합계가 2,000m² 이상인 건축물

18 기반시설부담구역에서 기반시설설치비용의 부과대상인 건축행위의 기준으로 옳은 것은?

① 100제곱미터(기존 건축물의 연면적 포함)를 초과하는 건축물의 신축 · 증축
② 100제곱미터(기존 건축물의 연면적 제외)를 초과하는 건축물의 신축 · 증축
③ 200제곱미터(기존 건축물의 연면적 포함)를 초과하는 건축물의 신축 · 증축
④ 200제곱미터(기존 건축물의 연면적 제외)를 초과하는 건축물의 신축 · 증축

해설

기반시설부담구역에서 기반시설설치비용의 부과대상인 건축행위는 제2조제20호에 따른 시설로서 200제곱미터(기존 건축물의 연면적을 포함한다)를 초과하는 건축물의 신축 · 증축 행위로 한다. 다만, 기존 건축물을 철거하고 신축하는 경우에는 기존 건축물의 건축연면적을 초과하는 건축행위만 부과대상으로 한다.

19 국토교통부령으로 정하는 기준에 따라 채광 및 환기를 위한 창문 등이나 설비를 설치하여야 하는 대상에 속하지 않는 것은?

① 의료시설의 병실
② 숙박시설의 객실
③ 업무시설 중 사무소의 사무실
④ 교육연구시설 중 학교의 교실

해설

③ 업무시설 중 사무소의 사무실은 대상에 속하지 않는다.

정답 17 ① 18 ③ 19 ③

20 부설주차장 설치대상 시설물이 문화 및 집회시설(관람장 제외)인 경우, 부설주차장 설치기준으로 옳은 것은?(단, 지방자치단체의 조례로 따로 정하는 사항은 고려하지 않는다.)

① 시설면적 $50m^2$당 1대
② 시설면적 $100m^2$당 1대
③ 시설면적 $150m^2$당 1대
④ 시설면적 $200m^2$당 1대

해설

부설주차장의 설치기준

용도	설치기준
1. 위락시설	시설면적 $100m^2$당 1대 (시설면적/$100m^2$)
2. • 문화 및 집회시설(관람장 제외) • 종교시설 • 판매시설 • 운수시설 • 의료시설(정신병원 · 요양소 · 격리병원을 제외) • 운동시설(골프장 · 골프연습장 · 옥외수영장 제외) • 업무시설(외국공관 및 오피스텔 제외) • 방송통신시설 중 방송국 • 장례식장	시설면적 $150m^2$당 1대 (시설면적/$150m^2$)

정답 20 ③

건축법규 건축기사 · 산업기사 필기

발행일 | 2022. 1. 10 초판발행
2023. 1. 20 개정 1판1쇄

저 자 | 이재국
발행인 | 정용수
발행처 | 예문사

주 소 | 경기도 파주시 직지길 460(출판도시) 도서출판 예문사
TEL | 031) 955－0550
FAX | 031) 955－0660
등록번호 | 11－76호

정가 : 22,000원

ISBN 978-89-274-4921-8 13540